# 常见植物病害防治
# 原理与诊治

伊建平　贺　杰　单长卷　主编

中国农业大学出版社
·北京·

**图书在版编目(CIP)数据**

常见植物病害防治原理与诊治/伊建平,贺杰,单长卷主编. —北京:中国农业大学出版社,2012.7

ISBN 978-7-5655-0540-9

Ⅰ.①常… Ⅱ.①伊…②贺…③单… Ⅲ.①病害-防治 Ⅳ.①S432

中国版本图书馆 CIP 数据核字(2012)第 091869 号

| | |
|---|---|
| **书　　名** | 常见植物病害防治原理与诊治 |
| **作　　者** | 伊建平　贺　杰　单长卷　主编 |

| | | | |
|---|---|---|---|
| **责任编辑** | 张秀环 | **责任校对** | 王晓凤　陈　莹 |
| **封面设计** | 郑　川 | | |
| **出版发行** | 中国农业大学出版社 | | |
| **社　　址** | 北京市海淀区圆明园西路 2 号 | **邮政编码** | 100193 |
| **电　　话** | 发行部 010-62818525,8625 | **读者服务部** | 010-62732336 |
| | 编辑部 010-62732617,2618 | **出 版 部** | 010-62733440 |
| **网　　址** | http://www.cau.edu.cn/caup | **e-mail** | cbsszs @ cau.edu.cn |
| **经　　销** | 新华书店 | | |
| **印　　刷** | 北京鑫丰华彩印有限公司 | | |
| **版　　次** | 2012 年 7 月第 1 版　　2012 年 7 月第 1 次印刷 | | |
| **规　　格** | 787×1 092　　16 开本　　24.75 印张　　655 千字 | | |
| **定　　价** | 50.00 元 | | |

**图书如有质量问题本社发行部负责调换**

# 编写人员

**主　编**　伊建平　贺　杰　单长卷

**副主编**　徐亚军　田雪亮　王　伟　畅丽萍　路　凡　王　芳

**编　者**　（按单位拼音为序，排名不分先后）

张同香（鹤壁市农业科学研究院）

贺　杰　单长卷　田雪亮　王　伟　魏琦超（河南科技学院）

何伟娜（河南农业广播电视学校新乡市分校）

李来泉（辉县市农业局）

陈明歌（辉县市植保站）

孙延芳（辽宁工程技术大学）

伊建平（许昌市东城区市政管理中心）

李留振　薛金国（许昌林业科学研究所）

路　凡　王　芳（许昌市种子管理站）

徐亚军（商丘师范学院）

黄红旗（汝南县种子管理站）

王俊涛（新乡市经济作物站）

畅丽萍（新乡学院）

赵海英（信阳市农业科学研究所）

李阿根（余杭区农业生态与植物保护管理总站）

# 前　言

　　植物病害是严重危害人类的自然灾害之一。植物被病害侵害后,造成枯死、溃疡等,影响观赏。随着社会的进步、经济的增长和国力的增强,人们对生活质量的要求越来越高。生态环境建设、绿化和美化环境是提高生活质量的重要组成部分。绿地植物和农作物的种植是人类生活的一项主要工作,但植物常常受到病害的严重危害。因此,开展植物病害诊断与防治,对于保障国民经济发展,提高人民生活水平,具有重大意义。

　　为提高广大农民、专业技术人员及城市园林工作者诊断、防治植物病害的实际工作能力,特编写《常见植物病害防治原理与诊治》。本着科学、求实、创新的精神,通过查阅、收集、整理、引用、实践总结,精心编写,多方征求意见,编成此书。

　　本书利用通俗而且专业的语言,由浅入深地介绍了病害的基本知识、基本理论;本书将生态学原理、系统工程学原理、经济学原理、遗传学原理引入到植物病害防控体系中,介绍了Flor的基因对基因假说、第二基因对基因假说、阈值原理、病害管理系统、综合防治等经典的和新的理论。倡导采用有害生物综合治理的观点,在保证生态环境安全和人类健康的前提下,将植物栽培管理措施、生物控制技术、化学防治措施、物理机械措施等有机地结合起来,以安全有效地控制绿地植物的病害,保证植物的观赏价值和经济价值,保障人们的生活质量。

　　本书在编写过程中,重点参考了《园林植物病害诊断与防治》(薛金国等主编,2009)、《植物病害防治原理与实践》(薛金国等主编,2007)、《中国作物种植信息网》(中国农科院作物品种资源研究所,2002)、《草坪建植与养护》(王春梅主编,2002)、《植物病害的发生和防治》(陈延熙主编,1981)、《植物病理学》(华南农学院等主编,1980)、《农业植物病理学》(浙江大学主编,1980)、《北方林果树病虫害防治手册》(张俊楼等主编,1987)、《北京果树栽培技术手册》(北京市林业局主编,1982)等教材、科普书籍。此外,结合生产实际,非常实用。并广泛查阅了《农药学学报》、《遗传学报》、《植病知识》、《北方果树》、《山西果树》、《林业科学》、《北方园艺》、《植物保护学报》等专业杂志。其中有不少新技术或切合实际的经验在书中均多有引用。限于篇幅,无法一一注明,在此一并向各位作者深表谢忱。

　　1概论和2.1植物病害基础知识由伊建平编写,2.2植物病害基本理论及学说由田雪亮编写,3植物病害诊断与签定由徐亚军编写,4植物病害综合控制由畅丽萍编写,5.1花卉植物病害由魏琦超编写,5.2观赏果树病害由徐亚军编写,5.3城市行道树病害由张同香、李留振、薛金国、李来泉、何伟娜编写。5.4草坪常见病害由张同香、李来泉、何伟娜编写,5.5小麦病害由王伟编写,5.6 水稻病害由李阿根、赵海英编写,5.7 棉花病害由贺杰编写,5.8 玉米病害由编单长卷写,5.9 油料作物病害由赵海英编写,5.10 蔬菜植物病害和 5.11 薯类病害由张同香、黄红旗、王俊涛、田雪亮、陈明歌编写,5.12 烟草病害由贺杰、田雪亮、路凡、王芳编写,5.13 药用植物病害由路凡、王芳、孙延芳、王俊涛编写。

本书由于时间仓促和编者水平所限,书中难免有不妥之处,望使用本书的广大读者批评指正。

编　者
2012 年 4 月

# 目　　录

# 1 概论

　　植物病害是严重危害农业生产的自然灾害之一。病害发生严重时,可以造成农作物严重减产和农产品品质下降,影响国民经济和人民生活;带有危险性病害的农产品不能出口,影响外贸;少数带病的农产品,人畜食用后会引起中毒;植物被病害侵害后,造成枯死、溃疡等,不仅减少以植物作原料及燃料的工业生产,还会影响人们的观赏。因此开展植物病害诊断与防治,对于保障国民经济发展,提高人民生活水平,具有重大意义。

## 1.1　植物病理学发展历程

　　植物病害是自然界普遍存在的自然现象,古已有之。中外古籍书志中早有关于植物病害的记载,并对它们提出了各种解释和对策;但是人们用观察、实验等近代科学方法分析研究和防治植物病害,一般认为是从 19 世纪中叶 De Bary 研究真菌对于植物的致病性时开始的。De Bary 关于黑粉病的专著《Die Brand Pilze》是 1853 年发表的,距今已有 150 多年的历史。在这期间,各门科学都在发展,并且相互影响,使得植物病害研究取得了长足进展。按照Cowling 和 Horsfall(1978)分析,把植物病理科学研究历程分为 3 个阶段。

### 1.1.1　定性—描述阶段

　　这个阶段长达 1 个多世纪,从 19 世纪中叶至 20 世纪 50 年代。在 19 世纪末"植物病理学"这个名称在西欧出现时,人们只知真菌是植物的病原,因此,它与"应用真菌学"的内容是难以区分的。其后,在几十年的时间中,各国的研究工作者先后发现和鉴定了由不同类群的病原物(真菌、细菌、病毒、线虫及种子植物等)和非生物因子引起的众多植物病害;逐步认识到病原物、寄主植物和环境三方面因素在病害发生、发展中的作用;发现或发明了一些防治病害的方法、手段和措施。这些方面的经验或实证材料,丰富和发展了植物病理学的内容。

　　20 世纪 40 年代后期,Gäumann(1946、1951)总结了直至第二次世界大战结束前植物病理学领域的主要成果,出版他的巨著《植物感染原理》(中译本《植物侵染性病害原理》),1958 年农业出版社,为植物病理学建立了一个理论体系。书中以病原物的寄生适应性和寄主的感病性相对应的观点,阐述植物感染的基本原理,这不论从病理学观点或流行学观点来看,都是正确的。书中关于"侵染链"的表述，为研究植物病害流行规律提供了一条基本线索，其中还系统而全面地描述了病害流行的形式，分析了病害流行发生和消沉的条件。这些资料为植物病害流行学的形成奠定了基础。

与此同时，Flor(1946、1947)报道了研究亚麻—锈菌关系的遗传学成果，提出基因对基因假说。这个发现从遗传学方面证实了寄主抗病性和病原物致病性的对应关系，但当时未引起植物病理工作者重视。后来，Vanderplank(1975)把 Flor 发表的基因对基因假说评价为"确实是植物病理学历史中的重大事件之一"。现在，这个假说已成为植物病害流行学中关于植物抗病性遗传规律的一个重要概念。

## 1.1.2　动态—定量阶段

第二次世界大战后，传统植物病理学的各个方面都有了较快的发展，取得不少显著或突出的成绩。例如，病原学方面类菌原体和类病毒的发现；病理学（狭义的）方面形成了"植物病理生理学"这门新学科；病害防治方面一些抗生素和内吸杀菌剂的研制和应用等。

传统植物病理学在流行和预测研究方面，也和其他方面一样，长期停留于定性—描述阶段。但从 20 世纪 60 年代初期起，在 Vanderplank(1960、1963)的倡导下，进行了病害流行进展的定量研究，引起了人们的重视，并得到了较快的发展。在 1973 年第二次国际植物病理学会议上，组织了一个学术座谈会，专门讨论了数学和模型在流行分析中的作用。会后由 Kranz(1974)主编的论文集，反映了植物病害流行研究方面已在 20 世纪 60 年代实现了从定性—描述阶段进入动态—定量阶段的转变。这个阶段的资料，除 Vanderplank 的早期著作(1960、1963)和 Kranz(1974)主编的论文集外，还有 Vanderplank 于 1975 年出版的《植物侵染原理》一书。该书应用了定量研究的资料，讨论了病原物、寄主植物、环境、时间和空间这五个决定着侵染程度的因子和它们的相互作用，讨论了寄主—病原物关系的遗传学，也是反映这个阶段流行学水平的一本较系统的专著。

## 1.1.3　理论—综合阶段

20 世纪 60 年代，植物病害流行研究进入动态—定量阶段时，正是现代科学技术处在相互渗透、迅速发展的新时期。因此，植物病理科学的发展，已不再限于定量研究方面，而进入了一个新阶段。例如，寄主—病原物相互作用的遗传学，病害预测预报，病害防治战略和病害综合管理等方面的研究，在此期间也相继开展并有较快发展。与此同时，一些新的研究方法和学术观点，例如，模型、模拟、电子计算机技术以及生态系统观点、普通系统论和系统工程理论、系统分析方法等，在 20 世纪 70 年代初期即开始应用于植物病害流行研究。所有这些，标志着 20 世纪 70 年代之初本门学科就迅速地从动态—定量阶段迈进到理论—综合阶段了。Waggoner 和 Horsfall(1969)、Zadoks(1971)、Kranz(1974、1978、1980)、Robinson(1976)等对开创这个新阶段作出了贡献。

在 1973 年第二次国际植物病理学会议上，Zadoks 作了"流行学在现代植物病理学中的任务"的报告，说明了植物病害流行学的性质、地位和一些主要方面的研究任务。1976 年，Zadoks 和 Koster 曾对流行学的思想发展作了历史的考查。其后，Scott 和 Bainbridge(1978)

主编的英国一个讨论会的论文集,Horsfall 和 Cowling(1978)主编的专题学术论文集,Zadoks
和 Schein(1979)合编的入门书,Vanderplank 近年(1978、1982)关于植物抗病性和流行学问题
的著作,以及各种专门学术刊物中发表的广大植病流行学工作者的大量研究报告和学术论文,
它们从各方面反映了现阶段植物病害流行学的面貌。

　　我国植物病理工作者面向生产实际问题,多年来对于农作物重要病害的流行规律和预测
预报进行了大量的调查研究,积累了丰富的资料。20 世纪 60 年代初期,即有个别学者采用定
量分析方法,研究了小麦条锈病的流行预测。另外,在小麦赤霉病、玉米小斑病以及其他病害
的流行预测研究中采用定量、模型、模拟的方法,取得了一定成绩。我国植物病害流行学工作
者还根据不同研究目标的不同要求,从实际出发,分别采用定性—描述、动态—定量和系统分
析这些适应不同要求的研究方法,为发展我国的植物病害研究而共同努力。

## 1.2　植物保护学的病因观

　　非生物因素和生物因素都可以成为植物的致病因素,这两类因素分属于植物生态系统中
的不同亚系统,性质截然不同。

### 1.2.1　非生物因素

　　非生物因素为植物提供生活条件,其中如光照、大气温湿度、降水、气流等是当前人类无法
控制的因素,但年周期变化有比较稳定的规律,只要不出现突然或特别严峻的特殊情况(如春
季植物萌动时突然降温、冰雹等),植物一般均能适应,不会成为致病因素。土地及肥力因素是
可以预知的,而且多数是人类可以控制的,如改良土壤、补施肥料、适当的灌溉或排水等。正是
这些可控因素常常是直接影响植物健康的基本条件。土壤含盐量高、缺肥及微量元素、缺水及
内涝等都可以成为植物的致病因子。既然保障保护对象的健康是植物保护的根本任务,给植
物以良好的生长条件,自然是植物医学的重要组成部分,况且植物的健康与否还会影响它对生
物病原造成疾病的抗性、耐性和补偿能力。非生物因素与植物的关系,从总体上说属于单向关
系。前者可对后者产生影响,而后者影响不了前者(如光周期、大气候),虽然植物群体有时可
影响局部气候、土质等。

### 1.2.2　生物因素

　　生物病原通过向植物摄取营养、寻找庇护或在生活过程中释放有毒物质而对植物造成伤
害,其中摄取营养是最主要的。这些病原生物在农业上统称为"有害生物"(pests),分为 4 大
类:昆虫和其他节肢动物、植食性脊椎动物、微生物、杂草。农业上的所谓"有害",是经济层面
的概念,随着人们经济需要的改变,益害观念也会改变。如茭白草(*Zizania caduciflora*)受黑
粉病菌(*Venia esculenta*)侵染后茎部肿大,对茭白草来说是疾病,但当人们发现这肿大的茎部
(茭白)可以食用时,作为病原的黑粉病菌就成为益菌。柞蚕(*Philosamia cynthia*)本是林木害

虫,当人们发现柞蚕丝有很大经济价值时,柞蚕成了益虫,柞蚕的多种天敌反而成了害虫,这类例子在农业上并不少见。从植物保护角度看,使植物健康受到影响的因素都应视为病因,至于是否需预防或治疗,则是另一问题。

## 1.2.3　植物与病原生物的关系

植物与病原生物的关系属于双向关系,它们相互影响,相互适应,并且相互竞争而成为彼此进化的动力。它们都是生物,任何生物都有一定的耐害补偿能力。

从这两个特点出发,即使有病原物也不一定影响植物健康,即使出现某些症状(如病斑、叶有缺刻),也未必影响植物生产力,关键在于病原物的数量水平,对经济植物来说,就是经济受害水平(economic injury level,EIL)。在一定的种群数量水平以下的病原物在自然中存在是有好处的。在微观上,病原物的侵害可以诱导植物产生抗性,增强植物的抗害能力,它们的关系正像动物中抗原与抗体的关系。在宏观上,少量病原物的存在,有利于维持良性生态平衡,即维护生态系统的稳定性。

农业病害大流行,归根到底是农田生态系统中生物群落结构单调造成的,所以在很大程度上是人为造成的。因为群落结构越复杂,所形成的种群间网络结构也越复杂。它们互相制约,某一种群数量剧增的可能性极小。同样道理,农田少量杂草(不超过EIL)应该受到保护,而不应消灭。"除草务净"的口号和"彻底消灭(某病虫害)"的口号都是不可取的。

植物还有第三类病因,即人为干扰因素,它实质上也是生物因素。农业生态系统中生物群落单调化,导致病原生物猖獗,是人不了解自然,违反自然规律的结果。如果这是人为干涉自然造成的间接后果,那么还有人为的直接后果,即人造的大量化工产品进入生态系统。化肥、塑料地膜和农药是当前农业增产的重要生产资料,但对它们的不合理使用,恰恰成了损害植物健康的病因,尤其是成为农药中"热门"的除草剂,特别引人注目。这些农业上常用的化学制品往往对植物形成"隐症"性疾病,有时则"滥杀无辜"。严重的问题还在于残留在农作物中的化学制品将通过食物危及人的健康;流失进入水域的化学制品,通过食物链逐级富集,最终损害人的生活环境和健康。但植物保护的建立,最终还是为了人类自己的生存,正如法国有机化学家Barbier(1976)所说,污染的同义词就是死亡! 这里要补充说明一点,并不是所有人造化工产品都是有害的,也不是使用天然产物就是无害的。抗生素本是天然产物,是人医、兽医常用的抑菌制剂。由于它们抑菌的广谱性常为人们所采用,但在植物保护上需慎重考虑。植物体不是单体,而是有多种微生物与之协生的复合体。这正是微生态学得以建立的依据。抗生素的应用有可能伤害非靶标微生物,导致植物体内协生微生物群落失衡,因而影响植物健康,这是一个值得探讨的问题。

植物致病的病因多而复杂,过去没有系统研究的报道,作为植物的预防保护,分析控制病因无疑是十分必要的。

## 1.2.4　植物病害的防治

对植物保护的重点应放在预防上,植物预防包括3部分:①以优良的耕作、栽培技术和合理的水、肥管理,保证植物的健康,即所谓"健身栽培",健康是丰产、防害、耐害的基本条件。

②尽一切可能利用植物的自然免疫和诱导免疫能力，特别是提高对特定病因的免疫能力。③以生态控制的办法减少有害生物种群数量，对外源种群，通过检疫、预测，做好防患准备，这里包括采用对植物安全、不污染环境的药物控制手段。上述三方面的完美结合，有赖于诊断学、流行学和测报技术的紧密配合。对缺肥、缺素、水旱胁迫，以及病、虫、草害的早期诊断，均有较好的研究基础；利用自然免疫和诱导免疫已有突破性进展；有害生物的流行学和测报技术已形成一套体系。

　　在预防未能奏全效时，采取缓解病情和治疗疾病等措施在所难免。这些措施可概括为消除病因和恢复健康两大类。在非生物害源中，不利的天气条件会自然消除，需要的只是恢复健康。缺肥、缺素、旱、涝等问题，一经确诊，也只是采取补救性措施，以期恢复健康。消除生物害源，在植物保护中，由来已久。害源一经消除，仍须采取恢复健康措施，重要的是加强水、肥管理，促进生长，增强抗害免疫和补偿能力，这与预防保护的健身栽培基本一致。只是对于大量生长期不长的草本植物，纵然采取康复措施，往往在时间上已不容许。在农作物中，绝大部分是一年生草本植物，蔬菜生长期更短，在营养生长期间，尚有一定恢复能力，到了生殖生长阶段，尤其到产量已经形成时期，则无康复余地。这一特点决定了在植物保护实践中预防的突出地位。

## 1.3　植物病害发生与流行生态

### 1.3.1　植物病害的定义

　　植物病害是一种生命现象，也是一种典型的生态学现象。对"植物病害"的含义，已有许多讨论或定义，虽各有所不同，但并非根本对立，只是由于有的强调病害发生过程，有的侧重病害的结果（症状）。目前普遍接受的定义认为：由于一种致病生物或环境因素的连续刺激而使寄主细胞和组织发生障碍并导致症状的发展称为植物病害。这种概念概括了病害发生的原因、过程和结果。也就是说，植物病害可由生物因素或非生物因素引起，具有连续刺激过程，症状的发展是生理学和组织学病变的结果。

　　尽管这一定义已具有广泛代表性，但仍存在一些值得讨论的问题：第一，在定义中，虽然未曾提及病原物是否必定具有寄生性特征，但在病原物的描述中，强调兼具寄生性和致病性。现已发现，一些并不侵入寄主，仅以其代谢产物毒害植物而导致病害症状的外病原物（exopathoogen）是存在的。第二，正如林传光先生所指出的，"病害程序的发生主要是由于植物与其环境中的不适合于植物有机体的致病因素（或称病原）的同时存在和彼此之间的矛盾必然进行的直接斗争"，这就意味着植物（寄主）在病害过程中并非完全处于被动状态。这种认识对于摆脱唯病原论的束缚，进一步识别和利用寄主抗病性是有益的。

　　虽然关于植物病害的概念有待完善，但对其发生的原因和危害的认识在不断深化。如果从人类与非生物因素引起的病害打交道算起，大概可以追溯到农业的起始时期。对于病原物引起的侵染性病害，也早在人类历史有记载之前就被注意到了。2 000多年前的《圣经》就有关于植物疫病、瘟病及霉病的记载。公元前 700 年，古罗马人曾尊 Rubigo 为锈神等。如果从生态学的观点考察生物之间的相互关系，就不难理解，生物间以食物链为中心出现的偏利共栖（commensalism）、互利共栖（mutualism）、共生（symbiosis）、竞争（competition）、偏害或拮抗（amensalism 或 antagonism）、寄生（parasitism）及捕食现象（predation）乃是生物间长期共同进化的结果。这种多样性的关系构成生态系统中相互依存又相互制约的机制，从而在特定条件下，达到生物间的相对平衡状态。

## 1.3.2　植物病害与环境条件的关系

　　传统植物病理学也重视环境条件对植物病害发生发展的影响，提出病害三角关系（如果不计时间因素），但这里环境条件仅指非生物因素。人们用这种观点去观察病害现象，常常出现迷惑不解乃至错误的认识。典型例子是小麦全蚀病，小麦全蚀病是世界性病害，以危害严重而著称。当该病在一地发生后，由于现今尚无抗病品种可以利用，因之随着小麦连作，病情逐渐加重直至造成绝产。但人们发现，在绝产地继续种植感病的小麦品种，全蚀病严重程度会突然大幅度下降，乃至小麦地上部难以看到受害症状。这种现象在世界许多国家早有发现，但在几十年内竟无人敢于确证这一事实，因为它有悖于植物病害发生发展的传统论述。直至 20 世纪 70 年代初，才有人评述这一现象。研究表明，小麦单作期间全蚀病这种自然衰退（TAD）是由生物的抑制作用而发生的。这项研究与其他类似的研究一起，充实了植物病害三角关系中环境条件的内涵。环境条件中生物因素对植物病害发生发展的重要性，引起了植物病理学界的极大兴趣，发展了生物防治理论。生态学观点引入植物病理学科，促进了各分支学科的发展，也更新了植物病害防治理论和策略。

　　农业是一种群体生产产业，在很大程度上依赖于干预，这就形成了一个特殊的生态系统——农业生态系统。因此，与人或动物医学相比，植物病理学侧重于面向经过人工改造的植物群体，而对植物病害的研究除重视单一病程（pathogenesis）的剖析外，更重视病害流行学的研究，无论是单一的发病过程，还是植物病害从个别植株到病害严重流行，都受环境因素的制约，生态因子是发病和流行过程中所不可缺少的成分。

## 1.4　生态条件对发病的影响

　　生态条件通过对病原物和寄主以及它们两者的相互关系的作用而影响植物病害病程。可以从以下几类病害分别加以讨论。

### 1.4.1　真菌病害

　　植物病原真菌侵入寄主之前，必须完成与其感病寄主的有效接触，形成活性营养体，方能侵入寄主。这是病程的起始，又称为侵染前期。

　　侵染前期一般可分为两个阶段：被动阶段和主动阶段。病原物从侵染到达植物表面的过程,多数是被动的,如可由风、雨、流水、昆虫、土壤等携带完成。如土传病原物可因寄主根际效应,而有一定的主动生长过程并达到寄主根面。无论病原物是主动还是被动地到达寄主的表面,在侵入寄主前,还有一个主动生长阶段,包括孢子萌发、芽管伸长、菌丝生长、形成附着孢等。病原物在侵染前期的活性与生态因子之间存在极其复杂而有趣的关系。

寄主对病原物主动生长阶段可以产生刺激作用,也可以产生抑制作用。病原物对寄主分泌的化学物质可表现趋化性。一般认为趋化性是非特异性的。如锈病菌及其他一些真菌侵入抗病、感病品种并无差异。有人根据对多种疫霉的研究认为:根部游动孢子的聚集不仅与趋化性有关,而且与趋电性有关。对于病原菌附着孢的形成,以往认为是由于物理作用,但有实验证明 *Rhizoctonia solani* 附着孢的形成既有物理接触作用也有化学刺激作用。寄主表面的形态和结构也对病原物的主动生长和侵入过程有影响,对菜豆锈病菌(*Uromyces phaseoi*)侵入寄主过程的研究表明,叶面角质层凸起的脊决定芽管生长方向,而气孔唇决定芽管停止生长及附着孢的形成。关于寄主对病原真菌侵入的抑制作用也有许多报道。抗病的洋葱品种,外层叶片的死细胞可扩散出酚类物质,抑制炭疽病菌(*Colletotrichum circinaans*)的孢子萌发。另一个著名例证是燕麦根对小麦全蚀病菌的抑制作用,分析证明,这种抑菌物质为荧光糖苷,其对全蚀病的燕麦变种无效,因为它具有产生分解这种物质的糖苷酶,从而使其毒性失活。

环境条件对侵染前的影响是十分重要而显著的。每一病原真菌,都有其适生条件,这也就是植物病害地理分布不同的原因。温度决定病害的起始期和终止期,没有适宜的温度条件,真菌孢子不能萌发,菌丝不能生长。病原真菌对湿度的要求则差异很大,锈菌、霜霉菌等要求高湿并有游离水的条件,否则孢子难以萌发。但白粉菌的孢子萌发仅需要较高的相对湿度,游离水的存在不仅无助于孢子萌发,反而导致孢子吸水过量而爆裂死亡。已有人就湿度、温度、光照强度对寄主抗病性的影响作过评述。氮素肥料施用过量、过迟,降低水稻对纹枯病、稻瘟病的抗病力,这是由于组织柔嫩,不仅易于病原菌侵入,而且在组织内存在过量的游离氮而利于病原菌的生长、扩展。生物因素的作用,可以土壤普遍存在的静菌作用及专性抑制性土壤来说明。土传病原体的接种体,在土壤中处于休眠状态,一般认为这是由于土壤中大量微生物消解了土壤中的养分而使接种体没有足够营养满足其萌发、生长的需要,这是所称土壤静菌作用(mycostasis)。其不仅对真菌有效,对细菌也有效。还有一类土壤有抑菌作用,属专性抑菌作用,称为抑制性土壤。对枯萎镰刀菌的抑制性土壤,即使在人工接种条件下,接种体也不能在该种土壤中定殖。研究证明,这两种土壤抑菌作用都是由土壤或根际的微生物活性而形成的。

侵染的建立、潜育及发病侵染的建立,在生理上以开始利用寄主的营养为标志,在组织学上,以病原菌形成吸器或吸取营养的器官为标志。此后,病程继续发展,病害症状开始表现,整个病程即告完成。

寄主对病原菌侵染立即做出反应。第一个可见的组织变化是形成木质球(lignituber),其可在病原菌穿透寄主细胞壁之前,或在穿透细胞壁期间,乃至已穿透细胞壁之后形成,并包围侵入菌丝,一般认为,这是寄主的愈伤反应,也是寄主的抗病性表现。在多数病程中,最先可见的伤害是寄主的叶绿体,随着病原菌侵染,叶绿体体积增大,之后叶绿体膜破裂。病程后期,寄主细胞膜系统遭到破坏,细胞开始老化并以死亡而告终。组织学和超微结构的研究发现,非亲和的或非寄主植物的抗病性表现为过敏反应(HR),也就是被侵入的寄主细胞快速死亡,病原菌的生长被遏制,吸器被破坏,这种过敏反应看来不是抗侵染的原因而是一个结果。间接证据表明,寄主组织死亡及植物保卫素的合成是由病原物释放的有毒化合物诱发产生的。不过,过敏反应不是这样一种单一反应,在有的植物抗性中,过敏坏死并不发生,而是像生物化学机制所控制的识别异物反应。对小麦秆锈菌侵染过程的研究发现,表现过敏反应的小麦叶片中的RNA是诱发产生坏死的原因。对马铃薯抗晚疫病机制的研究表明,病原菌侵染后,过氧化物酶活性与抗病能力呈正相关。

环境条件对侵染的建立、潜育和发病的影响是显而易见的。一般情况下温度决定潜育期的长短,而大气湿度与症状表现有关,光照在不同病例中作用不尽相同。对杨树和苹果树腐烂病的研究发现,病原菌侵入后潜育期的长短取决于寄主抗病性,抗病性强(树体营养均衡,树皮含水量高)的树体,病害潜育期可无限延长,因而称这种侵染为潜伏侵染。

## 1.4.2　细菌病害

植物病原细菌为单细胞、不产孢的原核生物,抗逆能力差,但繁殖能力强。

多数植物病原细菌具有游动器官——鞭毛。高湿及游离水有利于细菌存活和移动。当某种介体将病原细菌带至感病寄主上之后,病原细菌在一定范围内,表现趋化性运动。

病原细菌只能从寄主伤口和自然孔口侵入,而不能像真菌那样从表皮细胞直接侵入。如根瘤细菌侵染过程,当其到达寄主植物伤口后,首先要附着侵染点,而且有迹象表明,寄主细胞对细菌的两端是有选择性的。能够接受病原细菌附着和侵入的伤口位点称受体位(receptor site),而细菌细胞膜的脂多糖,起识别和附着受体位的作用。附着和侵染的过程,还包括病原细菌产生纤维素丝,从而使菌体及其后代菌体固着于受体位,产生果胶分解酶,使受体位易于吸收病原细菌的 Ti 质粒。继而致病基因与寄主染色体重组,侵染过程完成。

植物病原细菌菌体缺乏保护组织,抗逆能力差,因此适宜的环境条件对其存活和侵染寄主都是十分重要的。对多数病原细菌来说,接近100 %的相对湿度,26~30℃的温度及适当的营养是适于其迅速繁殖的条件。

游离水是病原细菌赖以传播的主要介体,这与细菌代谢过程中体表形成一层黏液物质有关。如果这一黏液层较厚,则称为荚膜。黏液层使菌体相互连接而不易分散,在自然条件下,除昆虫传带的病原细菌外,游离水是最有效的传播介质。不仅如此,病原细菌到达侵染点后也要在游离水中完成趋向性运动。高湿又是完成侵染过程最为重要的条件之一。细胞间相对湿度与游离水对病程的影响也是十分显著的。根据报道,当细胞间相对湿度略低于100 %时梨火疫病菌($E. amylovora$)的繁殖大为减少,因过高湿度和游离水影响 $O_2$ 供应,不利愈伤组织形成。软腐病菌($E. carotovora$)通过分泌果胶酶而有效地降解马铃薯块茎和白菜根茎部。

与真菌病害相比,病原细菌侵入寄主及其潜育过程,需要较高温度。温度对细菌病害的发生发展有多方面的影响,尤其对植物抗病性的影响更值得重视。棉花角斑病菌($X. mal-vacearum$)最适发育温度为 25~30℃,但在新疆棉区,春季棉花播种后,由于低温时间较长,棉花生长迟缓,柔嫩,抗病性差,因此在相对低温条件下病害反而较重。这种现象还在其他细菌病害中发现。

## 1.4.3　植物病毒病害

植物病毒严格寄生于植物活细胞,并在其中进行复制。且没有运动器官和运动能力,也没有生长过程,因此仅能以被动方式传播,而且与寄主的有效接触和侵染过程是同时进行的。

多数植物病毒由介体传播,不同病毒有其特定的传播介体,如昆虫、植物线虫及某些真菌。部分病毒可由机械方式通过汁液摩擦传播。无论哪种传播方式,都必须将病毒传递到与植物活细胞的原生质相接触的位点上。昆虫和植物线虫传播病毒是通过其刺吸口器或口针在取食过程中将病毒注入植物活细胞内。传播病毒的真菌,通过带有病毒的游动孢子在侵染寄主时将病毒带进寄主细胞。摩擦汁液传播,是以机械方式在植物表皮细胞、叶毛等部位造成微伤,同时使病毒与其原生质体接触。应当指出,同一叶片不同细胞对病毒的感病性是不同的,也不是伤口的所有部位都是可侵染位点。据研究,TMV 摩擦接种心叶烟时,造成伤口后 1 min 内很多接种位点即行消失,但有的位点可保持敏感性达 40 min 以上。

营养也对植物抗病性有明显影响,缺钾和缺钙,会使心叶烟对 TMV 的侵染显著感病。

水分对病毒侵染性的影响,一般表现为叶片含水量充分,叶片挺直,则感病性较强。不过,在田间高温干旱条件下,白菜孤丁病严重,可能与降低抗病性和传毒介体虫口密度高等多种因素有关。

另外,植物的营养状况、环境温度、光线等也影响着植物本身的抗性及植物病毒的侵染。

生物因素也可影响寄主抗病性,弱株系免疫就是一个突出的例证。在巴西,用柑橘速衰病的弱株系接种,能有效地防治强株系的侵染和危害。

总之,植物与病原物之间存在相互作用,致病与抗病或免疫是相对的,生态环境对病害的发生、发展起着十分重要的作用。

# 2 植物病害基础知识、理论及学说

## 2.1 植物病害基础知识

### 2.1.1 植物病害

植物病害是指植物在生长过程中受不良环境条件的影响或病原物的侵害,其代谢作用受到干扰和破坏,在生理上和(或)组织结构上产生一系列病理变化,在外部或内部形态上表现出病态,使植物不能正常生长发育,甚至导致局部或整株死亡,并对农业生产造成损失。植物病害的形成,是寄主和病原在外界条件影响下相互作用,经过一系列变化而导致病害的发生。因而,植物病害的发生、发展、流行、危害是植物本身、病原、环境条件等几方面构成的一个链条,其中任何一个环节中断或破坏植物病害就难以发生。

植物生病以后,新陈代谢发生一定的改变。这种改变可以引起细胞或组织的改变以及外部形态的改变而使植物表现不正常,这种外部的改变通常称作症状。症状对植物病害的诊断有很大意义。一般而言,根据症状可以确定植物是否生病,并且作出初步诊断。但是病害的症状并不是固定不变的,同一种寄生物在不同的植物上或者在同一植物的不同发育时期,以及环境条件的影响,都可表现不同的症状;相反,不同的寄生物也可能引起相同的症状。因此,单纯根据症状作出诊断,并不完全可靠,必须进一步分析发病的原因或鉴定病原生物,才能作出正确的诊断。

### 2.1.2 非侵染性病害和侵染性病害

植物病害发生的原因可以是由不适宜的环境条件或者受到其他生物的侵染而引起的,前者称为非侵染性病害(又称生理病害),后者称为侵染性病害。

植物的非侵染性病害是由不适宜的环境条件引起的,其发生的原因很多,最主要的原因是土壤和气候条件的不适宜,如营养物质的缺乏、水分失调、高温和干旱、低温和冻害以及环境中的有害物质等。

非侵染性病害的诊断,在防治上很重要。经过诊断以后才能决定是否需要防治和应该采取防治的措施。症状对非侵染性病害的诊断有很大帮助,非侵染性病害的症状类型大体为:变色、枯死、落花、落果、畸形和其他生长不正常的现象。有时候侵染性病害也能表现出类似的症状,此时便需进一步检查才能作出正确的判断。

非侵染性病害的发生既然是受土壤和气候条件的影响,所以在田间的分布一般是比较成片的,有时也会局部发生。但是,发病地点与地形、土质或其他特殊环境条件有关,这在田间诊断时是很重要的。例如水稻赤枯病发生的田块,土壤一般发黑而有臭气,浮松而多气泡。

经过显微镜检查而不能发现病原物,也是非侵染性病害诊断性状之一。但是病毒病害的病原体,在一般光学显微镜下也看不到,所以这一点并不能区别非侵染性病害与病毒病害。有些侵染性病害,由于病原物产生的数量极少或者存在的部位不是症状表现的部位,显微镜检查时未见到病原物而容易误认为是非侵染性病害。此外,植物的非侵染性病害,往往引起植物组织的衰退和死亡,而滋生某些腐生性真菌或细菌,而误认为是侵染性病害。总之,显微镜检查虽然有很大作用,但是作出诊断结论应该是很慎重的。

非侵染性病害是不能相互传染的,因此可以通过接种试验来诊断。

由生物侵染而引起的病害称侵染性病害(或传染性病害)。引起植物病害的生物称病原生物(或称病原物、病原体),主要包括真菌、细菌、病毒、线虫和寄生性种子植物。根据病原生物将侵染性病害分为真菌病害、细菌病害、病毒病害、线虫病害及寄生性种子植物引起的病害等。

## 2.1.3　病原物的致病性

病原物的致病性是指病原物引致病害的能力。病原物对植物能引起病害的称为能致病,不能的称为不能致病。病原物对一植物要么能致病,要么不能致病,致病性是一种质的属性。能致病的,致病力有强有弱,对寄主引起的发病程度,可以有量的差别。致病力是相对的,只有对同一病原物的不同类型在同一寄主上所引起的发病程度进行比较,才能对致病力的强弱作出评定。例如某病原物有甲、乙两个类型,它们对同一寄主的致病力,可以根据某品种对类型甲比对类型乙更抗病或更感病来作比较。

有人用毒性这一名词来表示致病力的强弱,即毒性较强或较弱。范德普兰克(Vander-plank)提出将致病性这一名词进一步分用毒性和侵袭力两名词来表示。当前在国际间引用这些名词比较混乱。本书暂不加评论,仍沿用病原物的致病性有的能致病,有的不能,能致病的有的致病力强,有的弱的概念。

## 2.1.4　病原物的生活周期和病害的侵染循环

病原物的生活周期也称生活史,是指病原物从一种生活形态开始(如真菌从一种孢子开始),经过一定的生长和发育阶段,最后又产生同一种生活形态所经历的过程。

侵染循环是指病害从前一个生长季开始发病,到下一个生长季再度发病的过程。它涉及病原物的越冬或越夏;病原物的初次侵染和再次侵染;病原物的传播途径。

### 2.1.5　侵染链和侵染环

Gäumann(1946)创用"侵染链"这个名称,并作了解释:"所谓侵染链,意思是侵染物体从寄主到寄主的一系列传播,已被侵染的寄主称为散布体,将被侵染的植物称为接受体,而侵染链中的各个环节称为世代"。Gäumann还把侵染链分作连续的和间断的两类。后来,植物病理学文献中先后出现了侵染环、单循环过程、多循环过程这些名称,都是关于病原物的侵染过程的。所谓侵染环,是指由一次侵染到下一次侵染之间各个阶段所组成的一个周期,是侵染链中的一个环节,相当于Gäumann所称的"世代"。

植物病害中有一些种类,如麦类黑穗病和一些土传萎蔫病,在寄主一个生长季中只完成一个世代或少数世代,它们的侵染链只有一个或少数侵染环,流行是一个单循环过程。绝大多数气传病害的流行是一系列侵染环构成的,它们的侵染链包括多个侵染环,流行是一个多循环过程。多循环过程是由单循环过程组成的,但不等于单循环过程的简单相加或简单集合。多循环过程是比单循环过程高一个层次的过程,两者的组成成分、结构和运动(发展)规律不相同。单循环所涉及的问题,许多可以用传统植物病理学和个体生态学的实验方法来研究,如对比实验法、刺激—反应测试法、统计分析法等都可以采用。多循环过程中的问题,如仅仅应用这些传统的科学实验方法就难以适应要求,需要采用数学的方法以及模型、模拟、系统分析等技术来进行。

### 2.1.6　病原物有性生殖

有很多真菌在其生活史中有有性生殖阶段。在有性生殖中,性细胞结合后,经过质配、核配和减数分裂的过程,基因进行重新组合,遗传性发生变异,所产生的后代,其生物学特性与亲本的不同。

真菌的有性杂交方式有种间、变种间、小种间甚至属间杂交。

### 2.1.7　体细胞重组

有不少真菌,可以在无性生殖阶段通过体细胞的细胞核染色体或基因的重新组合而发生变异。在细菌和病毒中,也有迹象表明通过遗传物质的重组而发生变异。

### 2.1.8　异核现象

在真菌的菌丝体或孢子的每个细胞中,可以含有单细胞核或多细胞核。菌丝体间或孢子萌发后所产生的芽管间可以进行连接,形成在同一细胞中含有在遗传上异核的菌丝体或孢子。这种现象称为在异核体中,来自不同亲本的异核是经过了重新组合的,因此所形成的菌体,其致病性可与亲本不同。

### 2.1.9　准性生殖

真菌病害中有一些病害如稻瘟病,其多数菌丝体和分生孢子的细胞是单核的。其菌丝体和分生孢子萌发后的芽管相互联结形成异核体。有的异核体的细胞核可以进一步结合形成双核体,随之进行减数分裂成为单倍体,这一过程称为准性生殖,是病原物通过染色体或基因的重组而发生变异的原因之一。

## 2.1.10　突变

病原物突然在遗传性状上发生变化称为突变,其原因和遗传物质的突然变化有关。

## 2.1.11　免疫

寄主对病原物侵染的反应表现为完全不发病,或观察不到可见的症状,称为免疫。

## 2.1.12　过敏性反应

有些植物品种对病原物的侵染非常敏感,细胞迅速死亡。作为专性寄生物不能从已死的细胞中摄取养分,因而不能继续发育或死亡。有时病原物并没有死亡,而是被局限在过敏的组织中处于静止状态。其程度随不同的寄主与病原物在外界条件影响下的相互作用而异。现在已经知道,病毒可以从过敏反应的组织中复活。锈菌引起过敏反应后,有时并不死亡,而是处于静止状态,遇到适宜的条件,可以恢复并形成孢子。

## 2.1.13　抗病

寄主受病原物侵染后发病轻的称为抗病。发病很轻的称为高度抗病。

## 2.1.14　感病

寄主受病原物侵染发病较重称为感病,发病很重的称为严重感病。除免疫是绝对的不发病外,抗病或感病都发病,只是有程度上的差异,是相对的。

## 2.1.15　耐病

植物的耐病性是指植物忍受病害的性能。在外观上,植物的发病情况类似感病品种,但病害对产量的影响比感病品种较小。衡量耐病的标准是测定产量。

## 2.1.16　避病

避病不是抗病,而是感病的植物在某种条件下避免发病或避免病害盛发。这与寄主、病原物和环境条件有关。例如甘肃张掖地区由春麦改种冬麦,使传毒蚜虫有越冬寄主,小麦黄矮病就发生严重。如种春麦,则黄矮病就可以减少发生或不发生。冬麦早播,土温较高,就不适宜于腥黑穗病菌冬孢子萌发。小麦早熟,就可以减轻后期叶锈病、秆锈病、白粉病、赤霉病等病的危害。

植物所以能避病,往往与植物的形态、生理或功能的特点有关。棉花品种 OFN-1600 的叶片面积小,苞叶长而窄,向外扭曲,使棉株和棉铃周围的小气候湿度低,因而烂铃较轻。

有的大、小麦品种开花期颖壳关闭,可以避免散黑穗病菌的侵染。

有的植物避病是因为对传毒虫媒有忌避性。例如覆盆子(*raspberry*)的某些品种不发生花叶病,是因为某些媒介昆虫不喜欢这些品种。

## 2.1.17    常发病(地方病)和流行病

常发病是病害的一种平衡状态,稳态流行的病害在一定条件下可以成为流行状态。流行病、常发病、泛域流行病(或泛洲流行病)这些名称来自人类医学,但在医学和植物病理学的用法中有一些差别。Gäumann(1946,1951)曾提出一些定义和病例,值得借鉴。Gäumann 提出以下观点。

"在一个种群中,某种病害的发生如果在时间和空间中都表现集中的,也就是说,在一定的时间和空间范围内某种病害出现的频率和地点都是集中的,称为流行病。如果一种流行病害已经在一个地点流行很久,就称为常发病"。

"某一地区内突发了一种侵染性病害,并且在迅速地侵染大量的个体之后就侵袭了一个新区,那么新区的受侵染,便获得了前进性流行的特点。……假如一种病害流行到许多州,并且造成了大量的死亡,就称为泛域流行病"。

"流行病的发生可以是暴发性的或是迟延性的"。前者的特点是急剧地上升,在达到一个尖锐的高峰之后又急剧地下降。后者进行得很缓慢,拖长而没有一个激锐的高峰"。

"病害的流行曲线有周年循环和长年循环两种形式"。

从以上摘引中,可知 Gäumann 对于流行病的定义和特性的表述是明确的。他指出流行病含有病害强度和广度两方面增加的意义;流行病可以侵袭一个新区而成为前进性流行,以至成为泛域流行病;流行病的发生有暴发性和迟延性两个类型;病害流行曲线有周年循环和长年循环两种型式。Gäumann 关于流行病特性特征的这些表述,至今仍然适用。但对于常发病,Gäumann 只提到"已经在一个地方流行很久的",没有提到广度的增加。按照 Gäumann 的定义,常发病不一定是低水平的病害。他没有排除常发病强度的周期性变化,也没有说常发病停止其成为流行病。

一个地区的常发病,在不同年份之间病害严重度会有一定的波动,但一般变化幅度不大。常发病也可能出现偶发性流行,这是由于环境条件变化或其他原因引起的,一般限制在一定的时间和空间中。

Vanderplank 于 1975 年在他的专著《植物感染原理》中对常发病问题提出了一些独特的见解和理论,对研究常发病问题有重要的启迪作用。主要有以下几方面。

(1)常发病和流行病的区别在于时间的重要性不同,而不在于寄主和病原物是不是当地的。对于流行病,时间是有重大关系的,下一周的病害可能比这一周严重得多。一种病害传入新地区,头几年每年发展扩展的速度很快,是流行病;若干年后,扩展的速度变慢,终至不再扩展,成为地方病。地方病是恒定地存在、惯常地流行的,因此,时间不是一个重要的因子。地方病可称为"无时间性病害"。

（2）流行病和常发病是一个连续统一体。没有纯粹的常发病，也没有纯粹的流行病。在一个主要呈现为常发病所在的地区，会有局部的流行病；同一种病害在甲地是常发病，在乙地是流行病。因为环境条件不能停留不变，流行病和常发病的变异是不可避免的。

（3）常发病是平衡状态的病害，病害水平低，波动小。

（4）常发病的变动和偶发性流行是不可避免的。就专性寄生物的生存来说，影响病害的条件的变异，导致病害发生水平的升降、病害区域的伸展和退缩都是必然的。变异愈大愈频繁，对寄生物愈有利。因此，就专性寄生物而言，绝对的"无时间性"病害或病害的绝对稳定状态是不可能的。因为病害达到一个限度不再传染，不利于寄生物的生存。

（5）病害的稳态流行性含有平衡和共存（即寄主与寄生物共存）两种意义。平衡和共存都由寄主植物所具有的适度的水平抗性来维持。水平抗性是由于在寄主植物中具有正常功能的基因所控制，不是专门的抗性基因控制，过度的水平抗性对寄主植物是有害的。

森林中许多致病性真菌有一个特征是它们的潜伏期长，孢子形成丰富。这个特征使真菌适应于在常发病中存活，是生态上一个有趣的问题。

## 2.1.18　生理小种

病原物的种或变种（或专化型）内在形态上相似，但在培养性状、生理、生化、病理（致病力）或其他特性上有差异的生物型或生物型群称为生理小种。不同生理小种间致病力的差异可以很大。生理小种的概念在真菌、细菌、病毒、线虫等病原物中都适用，细节可以不同。有时细菌的生理小种称菌系，病毒的称毒系。在不同书本中应用的名词不同，常引起混乱。现根据安思沃斯（Ainsworth）和比斯比（Bisby）编的真菌字典（第 6 版，1971 年）和参考一些书籍对这些名词解释如下。

安思沃斯对真菌的种以下的分类是按照下面的顺序排列的：

种（*species*）……禾本科植物秆锈菌（*Puccinia graminis*）

　变种（*variety*）……小麦秆锈菌（*Puccinia graminis tritici*）

　　专化型（*special form*）

　　　生理小种（*physiologic race*）……小麦秆锈菌

　　　生理小种 1 号（*puccinia graminis tritici racel*）

　　　　个体（*individual*）

## 2.1.19　变种与专化型

变种和专化型都是种内对不同植物（一般是不同属）致病力不同的类型。变种除致病力不同外，孢子形态也有差异。专化型则在形态上没有差异，所以一般或根本不根据形态而是根据致病力来划分。

## 2.1.20　生理小种、生物型的区别

生理小种是一个群体，它的含义是种或变种内（或专化型）形态相似但生理特性不同的生

物型或生物型群。生物型是由遗传上一致的个体所组成的群体,一个生理小种,可以包括一类生物型,例如由锈菌的单夏孢子繁殖出的群体,其中每个个体在遗传上都一致,称为生物型。有的由几类在遗传上不同的生物型构成一个群体,例如小麦腥黑穗病菌,每个冬孢子萌发时,都要进行有性杂交,在群体中就包括几类生物型,称为生物型群。

## 2.1.21 寄主抗病性变异

这里所指的抗病性变异,并不是寄主抗病性本身在遗传上发生变异,而是指在不同条件下,寄主抗病性的表现可以发生变化。

在自然界经常观察到一个作物品种在某种条件下表现为抗病,而在另一种条件下则表现为感病。原因主要有以下几方面。

(1)寄主 作物不同的发育阶段,抗病性可以表现不同。例如小麦有些品种在苗期表现对秆锈病感病,但在成株期则表现抗病,称为成株抗病性。棉花对炭疽病主要是苗期和铃期感病。有的小麦品种对叶锈病是叶部的较老组织感病,而新生的组织抗病。所以在一棵麦株上,下部叶片感病,上部叶片抗病。在同一叶片上,叶中下部抗病,中上部感病。水稻在 10 叶期比在 5 叶期抗稻瘟病性较弱,玉米则在 7~9 叶期,才对大斑病表现真正的抗病性。水稻不同器官在不同发育阶段对稻瘟病的抗性不同。叶部在分蘖盛期最感病,穗和穗颈在抽穗后最感病。

(2)病原物 一个抗病品种常常因为在病原物的群体中出现致病力不同的生理小种而表现为不抗病。例如丰产 3 号小麦,在广大地区表现抗条锈病,但在少数地区因为有条锈菌小种 19、20 或 21 存在,就表现为感病。

在意大利以抗赤霉病著称的小麦品种吉阿多 52,在我国测定则严重感病,很可能是因为病菌的生理小种不同。

(3)环境条件

1)温度的影响 作物生长发育如温度不适宜就会诱发传染性病害。小麦和玉米幼苗生长发育对温度的要求是截然不同的。赤霉病菌在高温下引起小麦苗枯病和在低温下引起玉米不少作物因温度降低影响抗病性而诱发病害。

2)水肥的影响 水肥管理与有些病害发生轻重有很大关系。稻田施氮肥过多,稻株细胞里游离氨基酸的量增加,容易诱发稻瘟病。麦田水肥条件好的,由长蠕孢菌引起的小麦叶枯病则显著轻,如中后期缺水缺肥,则发病重。稻田缺水则易诱发胡麻斑病。

环境条件对寄主抗病性的影响,常常不是单因而是多因的。自然界出现的现象,其发生原因常常是复杂的。即便具有水平抗性的作物品种,也会因环境条件不同而抗病性表现不同。

## 2.1.22 病害流行的概念

植物传染性病害的流行用通俗的话来讲就是病害大发生。研究植物病害流行规律的学科是植物病害流行学,已发展成为植物病理学的分支学科之一。研究的中心问题是病害的增长规律。

病害要大发生,就必须有大量的病原物群体。这与病害循环有关,病害循环周转得越快,病原物群体就增长得越快,病害也就增长得越快。

病害循环周转的快慢,首先决定于病害的性质,病害有多循环、少循环或单循环的。多循环病害在一个生长季节中可以有多次的循环,所以如果条件有利,病害就可以大发生。这类病害称为"单年流行"的病害。少循环和单循环病害,不可能在一个生长季节里,而需要经过若干个季节或年份才能积累大量的病原物群体造成病害流行。这类病害,称为"积年流行"的病害。

多循环病害在一个生长季节中能周转多少次,受许许多多的因素影响,也取决于病原物群体和寄主群体的相互作用。只有在各种有利于病害增长的因素的配合下,才能在一定的时间和地理范围内造成病原物群体极大地增长,才能导致病害全面暴发。

一般讲,能在一个生长季节中流行的病害,病原物都是有多次再侵染的,病害在短期内发展快,波及面积大,发生程度重则造成的损失大。例如 1845 年马铃薯晚疫病在爱尔兰大流行,造成历史上有名的大饥荒;1950 年我国小麦条锈病大流行,损失小麦约 60 亿千克;1970 年美国玉米小斑病大流行,损失玉米 165 亿千克,价值 10 亿多美元,都是病害流行的典型例子。

少循环和单循环病害,需要经过一定时期积累足够的病原物群体才能流行。如果不注意防治,这些少循环和单循环病害也会经过一段时期后在较大面积上发生较重。例如新中国成立前东北发生的小麦腥黑穗病普遍而严重,就是长期不进行防治致使病菌大量积累的结果。

上面提到,植物病害流行需要各种有利条件的配合。各种条件是否配合得好,决定着病害是否流行及流行的迟早和程度(大流行、中度流行或轻度流行)。影响病害流行的因素主要有以下几方面。

(1)寄主植物　充足的寄主植物是病害流行的基本条件,没有寄主植物,病害就不会流行。

1)作物品种的感病性　种植感病品种是病害发生和流行的先决条件。在感病品种上病害的潜育期短,病原物形成的繁殖体量大,多循环病害循环的周转率快,在有利条件下,病害容易流行。

种植抗病品种可以有效地防治病害,但如果种植具有垂直抗性的品种,病原物群体中如出现对它能致病的小种,抗病品种就会表现为严重感病。

从外地引进新品种,如在当地不适应或对当地的病原物小种不能抵抗,就会引起病害流行。如湖南省从东北引进水稻青森 5 号引起稻瘟病流行;河北省从罗马尼亚引进玉米杂交种引起小斑病流行;印度引进 IR-8 水稻品种引起白枯病流行。

植物在不同的发育阶段感病性不同,与作物在那个阶段病害流行有关。水稻从分蘖末期至抽穗期前后抗稻瘟病性下降,易感染稻瘟病;马铃薯在开花后抗晚疫病性下降,易感染晚疫病。

2)作物感病品种的栽培面积和分布　植物病害流行范围的大小和危害程度,与感病品种栽培面积的大小和分布有关。感病寄主植物群体越大,分布越广,病害流行的范围也越大,危害也越重。尤其大面积种植同一感病品种,即品种单一化或遗传性同质,就为病原物繁殖积累和扩大传播创造有利的条件,可以导致在短期内病害迅速流行。

(2)病原物　病原物是病害流行的又一基本条件,没有较大的病原物群体,病害就不能流行。

1)病原物的致病力　病原物的致病力发生变异是不可避免的。有的发生变异比较频繁,如小麦锈菌、稻瘟菌和马铃薯晚疫病菌等不断发生变异,产生致病力不同的生理小种,导致作物品种由抗病表现为不抗病和以致病害流行,这是生产中存在的一大问题。

也应该看到,病原物变异后其致病力未必增强,例如从 Carreon 水稻品种分离得 85 个稻瘟菌单胞子分离物,有 80 个不能侵染 Carreon。有的致病力较强的小种例如东北的小麦秆锈菌小种 40,在自然界早已被发现,但长期增长不起来。有的小种不能与其他小种竞争,例如用等量的小麦秆锈菌小种 17 和 19 的夏孢子混合在 Mindum 小麦品种上连续接种,经 4 代后小种 19 就完全被排挤掉。但是有的病原物变异后具有较强的致病力和适应力(fitness),可以逐渐增长而导致病害流行。例如 1970 年玉米小斑病菌 T 小种造成玉米小斑病大流行。

2)病原物的数量　病害的迅速增长有赖于病原物群体的迅速增长。

各种病原物的繁殖能力不同。有的具有高度的繁殖力,在短期内可以形成大量的后代,为病害流行提供大量的病原物。例如小麦条锈菌的一个夏孢子侵入小麦后,可以产生 10～100 个夏孢子堆,每个夏孢子堆可以产生 3 000 个夏孢子。即一个夏孢子繁殖一代,至少可产生 30 000 个夏孢子。稻瘟病叶的一个病斑,每晚可产生 2 000～6 000 个分生孢子并可持 1～2 周。有的病原物如引起棉苗立枯病的丝核菌只以菌丝体在土中蔓延,有的如油菜菌核病菌和小麦全蚀病菌只形成有性孢子而不形成无性孢子,它们都增长较慢,需要积年积累病原物才能引起病害流行。

在一个生长季节中,病原物繁殖的代数和每繁殖一代所需要的时间的长短,与病原物数量的增长有关。前面提过病害有多循环、少循环和单循环,循环一次所需要的时间,因不同的寄主与病原物相结合和受外界条件的影响而异。多循环的如马铃薯晚疫病,在适宜温度下,只需两天半就可以完成一个循环。单循环的,如小麦散黑穗病,需要一年才能完成一个循环。

病原物越冬的数量,与能提供初侵染的病原物的量有关,一般讲,凡当地有初侵染来源和能提供较大的病原物的数量,病害开始发生都较早,以后如条件适宜,病害就可以提早流行和流行的程度较重。例如 1950 年和 1964 年两次小麦条锈病大流行,都是在不少地区前一年秋季冬麦即发生条锈病,有较大的越冬菌量,而春雨来得早又有利于条锈菌大量繁殖,所以条锈病就提早流行。

3)病原物的传播　病原物产生了大量的繁殖体,需要有有效的介体或动力,才能在短期内把它们传播扩散,引起病害流行。

气流,风雨尤其是暴风雨、流水和昆虫传播病原物与病害流行有较大的关系。在小麦抽穗后往往大风后随之降雨,叶锈或秆锈病就有较大的发展。有人计算过,小麦秆锈菌夏孢子上升到 1 500 m 高空时,被时速 48 km 的风带走,其降落地面的距离可达 1 770 km。

水稻白叶枯病,往往在暴风雨后暴发。风雨不仅可以传播病原细菌,还可以使病叶与健叶接触并造成伤口,有利于细菌侵入。

田间流水可以把病原物在田间广泛传播。水稻白叶枯病和烟草黑胫病的流行都与流水传播病原物有关。

有不少病毒是由昆虫传播的。传毒昆虫的数量越多、活动范围越广,病害流行就越广而严重。小麦黄矮病、油菜花叶病等的大流行,和蚜虫的大发生总是一致的。

(3)环境条件　环境条件与病害流行有较大关系的是温度和湿度,它们有的影响病原物,有的影响寄主。

影响病原物侵入寄主前的因素主要是湿度。因为高湿度有利于真菌孢子的萌发和细菌的繁殖,所以雨水多的年份,常引起多种真菌性和细菌性病害的流行。如小麦锈病、稻瘟病和水稻白叶枯病等都是这样。雨水较少的年份,有利于传毒昆虫的活动,所以病毒性病害容易流行,如小麦黄矮病,水稻黄矮病等是这样。雨水较少但田间湿度较高,一些不必须在水滴中而在高湿度下孢子就可以萌发的真菌所引致的病害,如小麦叶锈病和白粉病就可以流行。田间湿度高、昼夜温差大,容易结露。雨多、露多或雾多有利于病害流行,马铃薯晚疫病等是这样。

不同病原物的生长发育,要求最适宜的温度不同,如小麦条锈病、马铃薯晚疫病、玉米大斑病等都在较低的温度下流行,而小麦秆锈病、玉米小斑病、小麦赤霉病等则在较高的温度下流行。

作物生长发育要求适宜的条件,如果条件不适宜可以影响寄主的抗病性,从而诱发病害。如水稻是喜温作物,苗期遇低温容易引起烂秧,抽穗后如降雨带来降温则稻瘟病流行。棉花苗期遇寒流易诱发黑斑病。小麦苗期春冻易诱发根腐病等。

(4)耕作制度和栽培条件 耕作制度的改变,改变了农业生态系统中各因素的相互关系,往往会导致病害的流行。

甘肃张掖地区原为春麦区,后来扩种冬麦,使传毒蚜虫有越冬场所,于是小麦黄矮病严重发生。河北省石家庄地区,小麦密植时可以抑制杂草,从而使丛矮病多在沿田边的小麦上发生。自从在小麦田里实行间作套种后,小麦行间杂草丛生,有利于灰飞虱活动,以致丛矮病逐年加重,达到积年流行的程度。

棉花过早播种,棉苗会遭受立枯病、黑斑病等的严重袭击。水稻施用过多氮肥,有利于稻瘟病流行。稻田缺水容易诱发胡麻斑病。春小麦缺水缺肥,容易诱发长蠕孢菌引起的叶斑病等。

以上是影响病害流行的主要环境条件。应该看到,在植病系统中影响病害流行的因素往往不是孤立地而是综合地起作用的。以稻瘟病为例,如果种植感病品种,施用过多氮肥,冷水灌田,或抽穗后雨多并带来低温,稻瘟病就有可能大流行。

也应该看到各因素所起的作用有主有次,在一定的时间内必有一种因素是主导因素,影响着病害的发展和流行。如上述的稻瘟病流行条件中,即使感病品种、多施氮肥等条件都具备,但没有充分的湿度条件,稻瘟病就不能流行,因此湿度条件就是决定性因素,也就是主导因素。如果湿度具备,则缺肥地块稻瘟病虽也可发生,但不会严重,而多氮肥田块会发生较重。在这种情况下,施用过多氮肥或施肥不当就成为主导因素。

## 2.2 植物病害的基本理论及学说

### 2.2.1 植物病害发生与流行的生态学原理

人们对于植物病害的认识,自从19世纪中叶破除了宗教迷信观念和低等生物自然发生说的障碍之后,就走上了观察、实验、分析、比较的科学研究道路。植物病害研究取得了很多研究成果。与此同时,在推广应用实践经验和科学知识与病害作斗争的过程中,也取得了很大的成绩。在这个过程中,人们的思想中形成了这样一种观念:植物病害是一种不正常的、非自然的、坏的现象,研究植物病理学的最终目的是排除或消灭植物病害。这是植物病理学中一种相当普遍的传统观点,可以称为病理学观点。

　　另一方面，人们在与病害作斗争的过程中，也有一些不成功的经验，甚至失败的教训，从而逐步认识到植物病原物是多变的，难于彻底消灭。近年又因生态学理论观点的广泛传播和影响，因此，在植物病害流行学者中逐步形成另一种看待植物病害的观点。他们把植物病害看作是寄主植物和病原物之间在长期进化过程中出现的一种自然现象，它们在生物群落中可以起到抑制和稳定种群数目的作用，在物质循环和能量流动中也有一定作用，此外还可能有其他作用。总之，病害是生态系统中众多错综复杂关系中的一个环节，是生态系统中的一个组成成分，不能单凭人类的利害观点对它作出主观的评价。这种观点，可以称为生态学观点。

　　对于病害发生发展的原因，两种观点的见解也不相同。病理学观点着眼于植物个体受病，认为根本的原因是病原物侵染寄主，寄主感病和适宜的环境条件也是发病的原因，即所谓"病三角"的观点。生态学观点着眼于群体中的病害状态，认为在自然生态系统中病害处于平衡状态或常发状态，"病三角"的观点是适用的，但在农业生态系统中，病害易于成为流行状态，大多是由于人类活动的干扰，破坏了病害的平衡状态引起的。因此，对于病害流行的原因除"病三角"之外，还应加上"人类干扰"这个重要因素，即所谓"病害四面体"的观点。

　　在处理病害问题的战略目标方面，两种观点也不一致。病理学观点的目标是防治病害，排除或消灭病原物。生态学观点的目标是管理病害；在寄主与病原物共存的前提下，建立人为的病害平衡，把病害控制在不致造成经济危害的水平上。

　　这两种观点的区分，当然是相对的。在对病害发生发展的许多基本规律的认识上，两种观点是一致的。植物病害流行学者在采取生态学观点的同时，注意吸取和继承了传统植物病理学中一些正确的理论和适用的技术。

## 2.2.1.1　生态系统特征

　　(1)生态系统的整体性　"生态系统"这个概念是英国生态学家 A. G. Tansley 于 1935 年首先提出的，它概括了一个早在 19 世纪末 20 世纪初就出现在欧美各国的科学文献中的观点：生物群落与环境之间具有密不可分的联系，它们相互依存，彼此制约，共同发展，形成一个自然整体。Tansley 采用了欧洲当时流行的物理学概念——系统(system)，加上一个前缀——环境(eco-)，组成一个新词——生态系统(ecosystem)，概括了这个观点。这个科学概念出于它包含着丰富的科学思想，因此，一经提出就获得很多生态学家的赞同，并逐渐予以丰富和补充。现在生态学中一般把生态系统解释为：一定空间范围内的生物群落与非生物环境通过能量流动、物质循环和信息传递过程，共同结合而成的生态学单元。有的学者把它简化为这样一个公式："生态系统＝生物群落＋环境条件"。

　　所谓"生物群落"，是指生活在同一环境而相互依存、相互作用的植物、动物、细菌和真菌种群的复合体，它们在一起组成了一个具有自己的成分、结构、环境条件、发育和功能特性的生物系统。群落是比"种群"更高一级的生物组织，包括植物群落、动物群落和微生物群落。其中植物群落不但数量多，外貌显著，而且是动物和微生物赖以生存的基础，是生物群落的核心。

　　在任何情况下，生物群落都是和环境紧密联系，相互作用的。如气候和土壤影响群落，而群落也影响土壤及其局部的气候或小气候。来自环境中的能量和物质，开动了群落的生命机能，并形成它的物质，在群落内从一个有机体转移到另一个有机体，最后又释放回环境。群落及其环境一起被看成一个具有互补关系以及能量流动、物质循环和信息传递的机能系统，这就是生态系统。

　　生态系统的类型多种多样。根据环境性质和形态特征，可以分为陆地生态系统和水域生态系统两大类。陆地上生态环境变化很大,生物群落很多,因此形成了森林生态系统、草原生态系统、荒漠生态系统和冻原生态系统等。水域生态系统包括海洋、湖泊和河流等生态系统。除上述自然生态系统外,还有人工生态系统,包括农田生态系统、城市生态系统,以及水库、运河等生态系统。

生态系统的范围有大有小。任何生物群落与其环境组成的总体,只要有一定的界限,就可成为一个生态系统。一个池塘,一片农田,一块草地,一片森林,一座山脉,一条河流,都是一个生态系统。小的生态系统组成大的生态系统,简单的生态系统构成复杂的生态系统。各种各样的生态系统纵横交错联系起来的综合体系,称为生物圈。生物圈是地球上所有的生物(包括人类在内)和它们的生存环境的总体,是一个行星水平的巨大生态系统。

生物群落有大有小,都是自然界一个能量流动和物质循环的功能单位。它们至少要有一个最低数目和种类的相互关系,"通过相互依存而达到独立"。生态系统中各种生物之间以及各种生物与它们的无机环境之间的错综复杂关系把它们组成一个有机整体,一个成分变化将会对全群落和整个生态系统产生反响性效应。人类在改造自然的过程中,因破坏生态平衡而产生严重后果,所谓受大自然"报复"的事例很多。生态系统这个名称代表了自然界的整体性概念。

(2)演化、演替和顶极 生态系统和生物群落是在演化和演替过程中形成的。现在地球上的各类生态系统,从结构简单、生产力低下的北极荒原(只有地衣、苔藓),到结构复杂、生产力高的热带雨林(生物种属繁多),都是生物与环境经历几十亿年相互作用发展起来的。这个漫长的发展过程,称为演化。生物圈中低级单位的生态系统,如一片森林的发展和变化,则在几百年甚至几十年时间内便可能看到。在某一生态系统中,同一地段上不同生物群落相继更替的过程,叫做演替。演替从没有土壤和植物繁殖体的裸地或原有群落被破坏的地区开始,经过一系列中间阶段,如从地衣—苔藓阶段经过草本群落阶段、灌木群落阶段到乔木群落阶段,最后形成与环境相适应的稳定群落。这种稳定群落叫做顶极群落。顶极群落的生物种类最多,结构最完善,总生物量最高,稳定性最强。

(3)生态系统的成分和生物群落的结构 生态系统的组成成分是指系统内部所含有的若干相互联系的部分,又称要素。它可以分为两大部分:非生物部分——无机环境;生物部分——生物群落。

无机环境:包括太阳辐射(能源);物质代谢材料——二氧化碳、氧、水、无机盐类;基质——土壤、岩石、沙砾和水等,构成植物生长和动物活动的空间;媒质——水、大气、土壤,是生物代谢的媒介。

生物群落:生态学中对于群落中各种生物,根据它们取得营养和能量的方式以及在能量流动和物质环境中所发挥的作用,把它们分成三大功能类群。第一类是自养型进行光合作用的绿色植物和化能合成细菌,叫做生产者;第二类是异养型的细菌、真菌、某些原生动物和一些小形土壤动物,它们分解植物和动物的尸体,叫做分解者(或称转化者、还原者);第三类是异养型的草食动物和肉食动物,叫做消费者。

生物群落中的三大功能类群——生产者、分解者和消费者,也称三个"自然的功能界"。但这是生态学的范畴,与分类学的"界"不能混淆,因为这是功能的分类,而不是物种的分类。群落中的功能界与分类学的界不能等同,但前者是后者的大部分进化的基础。因此,生态学家R. H. Whittaker(1969)提出的"生物的界的新概念"中,主张把高等真菌提升为与动物、植物并列的界,现已为一些分类学家所接受,并为一些进化论研究者所重视。

生物群落在空间上有明显的垂直分化或成层现象,即不同的物种,出现在地面以上的不同高度。生物群落的空间分布又有水平分化或水平格式,即种群的分布状况和多度。

各种植物按其不同生态特性,生活在不同的高度,占据着不同的空间,形成植物群落的地上垂直结构。

在一片森林里,林冠上层是高大的乔木,它们的枝叶表面,可以吸收和散射50%以上的光能。在林冠以下,有较低层的、利用一些残余光能的较小树木。达到上层林冠的阳光不到10%可以穿过这两层树木的叶子。第三层植物是各种灌木,只能利用从林冠透射下来的微弱光能。经灌木层再一次减弱了的光能(为入射光的1%~5%)达到灌木层下面的草本植物。透过草本层到达地被层的阳光,一般只占入射光的1%左右,为森林下部的耐阴植物——苔藓用来维持生长和繁殖。

正如不同植物种适应于不同垂直高度那样,不同的动物种在森林中也占据不同的高度。不同的鸟类以其食性的不同,分别在林冠、树干、林下灌木和草本层中觅食和做巢。许多节肢动物、穴居动物和大量的微生物,分别生活在枯枝落叶层和不同深度的土壤中。

多数种群的水平分布是随机分布式的,即种群在空间分布上彼此独立,生物个体间有一定的距离,但分布不规则。有的种群呈均匀分布,它们在二维空间上各占有一定的面积。还有一些种群成团块分布,即种群在空间上间断成群分布,因而形成簇生团块状。

(4)生态系统的功能　　生态系统的功能表现在生物生产、能量流动、物质循环和信息传递等方面,其中特别是能量流动和物质循环,通过生态系统的核心——生物群落中各种生物之间的食物链,体现了各种生物之间错综复杂的关系,代表了生态系统的基本功能。

食物链(网)和营养级食物链是指生物群落中各种动植物由于食物的关系所形成的一种联系。它们相互间结成一个整体,就像一环扣一环的链条,所以叫食物链。食物链上的每一个环节叫做营养级。每一个生物种群都处于一定的营养级上,只有少数种类兼处两个营养级,如杂食性动物,包括人类。

绿色植物是生态系统的生产者,是一切生物的食物基本来源,位于食物链的开端,是第一营养级(其中包括少数自养的细菌)。

草食动物直接以植物为食料,属于一级消费者,位于第二营养级。例如家畜、野兔、昆虫等(植物病原物也属于此级)。

以草食动物为食的肉食动物属于第二级消费者(以一级消费者为生的生物叫二级消费者,以下类推),位于第三营养级。例如青蛙吃昆虫。以肉食动物为食的肉食动物属于第三级消费者,居于第四营养级。例如蛇吞食青蛙。

此外,还可能有第四级消费者,如虎、豹、鹰和鲨鱼等,出现在比较复杂的生物群落中。细菌、真菌等是分解者,可列为第五和第六营养级。

动植物之间的食性关系复杂多样,营养级的数目不尽相同,在一般情况下是3~5级。各营养级由食物链衔接。能量在生态系统中沿着食物链流动,由这一营养级转移到另一级,食物链是生态系统中能量流动的渠道。由于各级消费者的情况不同,食物链可以分为捕食链、寄生链、腐生链和碎屑食物链等几种。Klement 和 Király(1957)曾在"Nature(London)179:157~158"上报道了一种稀奇的食物链,它是由植物、锈菌、吃锈菌的细菌(*Xanthomonas uredovorus*)和一种寄生于这种细菌的噬菌体组成的。这个例子与植物病害有些关系。

　　在自然界,有专门吃植物的草食动物,也有专门吃动物的肉食动物,还有既吃植物又吃动物的兼食性动物。在微生物中也有腐生而又能寄生的兼性寄生物。因此,同一种生物可能不位于一个营养级上,同一个营养级上还可能有多种动物或微生物。实际上,在生态系统中单纯的线性食物链是极少的,一般都由多条食物链纵横交织,紧密地联结在一起,形成复杂的、多方向的食物网。生态系统越稳定,生物种类越丰富,食物网也越复杂。食物网是自然界普遍存在的现象,食物网维持着生态系统的稳定。

　　生态学金字塔:美国生态学家 R. L. Lindeman 于 1942 年在天然湖泊和实验室水族箱中作调查研究,以确切的数据说明有机物和能量随食物链的顺序,从绿色植物向草食动物、肉食动物等不同营养级转移,生物量和能量逐级变小。营养级之间能量的转化效率平均大约是 10%,称为能量传递的"十分之一"定律,也叫做林德曼效率。形象地说,人食用 0.5 kg 肉食性鱼类,相当于消费 5 kg 草食性鱼类,50 kg 浮游动物,500 kg 浮游植物。

　　在营养级序列上,上一营养级总是依赖下一营养级的能量,下一营养级的能量只能满足上一营养级中少数消费者的需要,逐级向上,营养级的能量呈阶梯状递减。因此形成一个底部宽、上部窄的尖塔形,称为"生态学金字塔"。根据表示方法,生态学金字塔可分为:个体金字塔、生物量金字塔和能量金字塔(也叫生产力金字塔)。生态学金字塔表明,塔的层次多少同能量的消耗关系密切,层次越多能量的利用率越低。人吃粮食、蔬菜和水果是最短的食物链,能量利用率高,但比较经济地利用了植物从阳光那里固定下来的能量。以第二性产品——肉和奶类为食,势必造成量利用上的浪费。当然,为了提高人类的体质,改善人们的生活,增加动物性食品也是必要的。

　　以上说明食物在生态系统各成分之间的消耗、转移和分配过程,就是能量的流动过程。能量来自太阳,经过生态系统暂时固定、流动,最后返回空间。能量为单程流,按前进方向进行,是不可逆的过程,而且数量逐级锐减,能流越来越细,在经过几个营养级之后,能量所剩无几,不足以再维持一个营养级的生命,终至以废热形式全部散失,这是生态系统能量流动的特点。

　　生态系统中的物质循环:生态系统的重要功能,除能量流动之外,还有一个是物质循环。能量来自太阳,而构成生物所需要的物质则由地球供给。生态系统中的物质,主要指生物生命必需的各种营养元素,如碳、氮、磷、钾、钠、镁等。它们在各个营养级之间传递,联结起来构成物质流。物质从大气、水域或土壤中通过绿色植物吸收,进入食物链,然后转移给草食动物,进而转给肉食动物,最后被微生物分解和转化,回到环境中。这些释放到环境中的物质,又再一次被植物吸收利用,重新进入食物链,参加生态系统的物质再循环。这个过程就叫做物质循环。各种主要元素的循环情况,可参阅有关专著,这里不再叙述。

　　(5)生态系统的稳定性——生态平衡　　生态系统是一个能量流动和物质循环的功能单元。在一般情况下,能量和物质的输入和输出在较长时间内大体趋于相等,生态系统的结构和功能处于稳定状态,在外来干扰下,能通过自我调节恢复到原初的稳定状态。生态系统的这种稳定状态也叫生态系统的平衡,通称生态平衡。在一个相对平衡的生态系统中,生物种达到最高和最适量,物种之间彼此适应,相互制约,各自在系统中进行正常的生长发育和繁衍后代,并保持一定数量的种群。生物种类和数量最多,结构复杂,生物量最大,环境的生产潜力充分地发挥出来,这些就是衡量生态平衡的指标。

　　生态系统是一个调节控制系统,它具有反馈机能。能量和物质在生态系统内流动和循环过程中,每一种变化反过来又影响其变化的本身,使变化能改变过来,恢复原来的平衡状态。

生态系统的这种能力,叫做自动调节能力。生态系统的稳定性是由这种自动调节能力来维持的。比如,在一片未开发的原始森林中,如果食叶的昆虫增加,树木生长就受到危害,可是食虫的鸟类却因食物丰富而种群大增,这样,食叶昆虫的增长又受到抑制,树木的生长发育随鸟类种群的增长而恢复正常,生态系统由于自我调节而恢复原初的稳态。原始森林中的昆虫数量一般维持在一个正常的数值,正是由于鸟类和其他动物捕食它们而得到自动控制,才不至于因繁殖过多而酿成虫害。

但是,生态系统的自我调节能力具有一定的限度,即使调节能力很强的生态系统,对外来冲击的耐受力也是有限度的。只是在某一限度内可以自我调节自然界或者人类施加的干扰,这个限度叫"生态阈限"。超越了生态阈限,不论过高或过低,自动调节能力降低甚至消失,生态平衡失调,系统中生物的数量减少,生物量下降,能量流动和物质循环发生故障。这一系列连锁反应导致整个系统慢性崩溃。

影响生态平衡的因素不外乎自然因素和人为因素两大类。自然因素如山洪、泥石流和雷电火烧等,可使生态系统遭到破坏。人为因素对生态平衡的影响,常常比自然因素更为严重。如大面积毁坏森林、草原和其他植被,破坏生态平衡,引起连锁反应,甚至出现意想不到的后果。单一种植的农田及人工林,生物种属简单,生态系统的稳定性脆弱。捕杀某些昆虫天敌,引起虫害加重。工业"三废"和生活垃圾中的有毒物质进入生态系统,产生破坏作用。大量喷撒某些农药,有毒物质沿着食物链转移富集,给生态系统造成严重后果,也给人类的健康带来威胁等等。人类在利用自然和改造自然的活动中,因破坏生态平衡而产生严重后果(所谓受大自然的"报复")的事例是不少的,不在这里一一列举。

### 2.2.1.2　自然生态系统中植物病害的平衡状态

(1)病原真菌在生态系统中的自然地位　植物病原物有真菌、细菌、病毒、线虫等,其中以真菌引起的病害种类为最多。本书主要讨论由真菌所致的、气流传播的重要作物病害流行问题,因此,现在首先对真菌在生态系统中的作用和地位进行一些考察,以便对病害有个较全面的理解。

真菌在生态系统中的作用和地位,可以从两个方面来看:真菌的营养级,真菌与其他物种之间的相互作用。

真菌的营养级:真菌是异养生物,其中大多数种类是腐生物,在生态系统中的物质循环和能量流动中发挥着重要的作用。绿色植物和动物死亡时,它们的尸体最后被分解为简单的化合物,为各种动植物和微生物再利用,这样,在氧、碳、氮和水的循环中起着重要的作用。这种分解作用主要是由真菌和细菌承担的。真菌的绝大部分种类属于这类腐生物,在物质循环中起着分解者的作用。但是,真菌中有不少种类发展了其他的营养方式,因而占据了其他的营养级。植物病原真菌是具有从活的绿色植物上取得营养的杀生营养物和生体营养物,通称寄生物,它们类似于草食动物,属于第一级消费者,位于第二营养级。此外,还有某些真菌能从第一级消费者取得营养,属于第二级消费者,位于第三营养级。例如,能侵袭昆虫和其他动物的单枝虫霉(*Empusa* spp.)和分枝虫霉(*Entomophthora* spp.),能侵袭其他真菌(其中有的是植物病原菌)的青霉(*Penicillium*)、木霉(*Trichoderma* spp.)等。

真菌的不同营养方式是在长期的演化过程中形成的。有人认为寄生物是从腐生物发展而来的,并在真菌的几个分类单位中重复进行了实验。但现在学术界对这个问题有不同意见。有人认为生体营养与死体营养的起源各不相同。有许多种真菌占据了一个以上的营养级,或者不同发育阶段的营养方式不相同。

总之，从生态学观点来看，真菌不论按其营养级可以是分解者、第一级消费者或第二级消费者，它们在生态系统中的能量流动和物质循环中都发挥着重要的作用，它们是生态系统中正常的、自然的、有作用的、与生物群落中其他物种相互依存的成员。

真菌与其他物种间的相互作用。从生态学观点来看，植物侵染性病害主要是一个种间关系问题，即寄主和病原物两个种群之间的相互作用问题。这是属于生物群落或生态系统水平的生命系统中出现的问题。

种群之间的相互作用有几种类型。就它们对于种群增长的作用来看，可以有正、负和中性的3种不同效果。中性的相互作用（用 OO 表示）对于种群增长不产生作用；正的相互作用（用＋＋表示）对两个种群都有利；其形式有原始合作（或协作），这是一种非强制性的关系，即对任何一方都不是必需的；或互利共生（或共生），这是一种强制性的关系，即对二者都是必需的；负的相互作用（用—表示）对两方都产生不利的作用，如竞争。

在某些情况下，可以是对一个种群有利而对另一个没有影响（＋O）；或对一方有负的作用而对另一方没有影响（－O）。前者是偏利作用（或寄居），这是两个种之间的单方面关系，一方有利，另一方既无利也无害，例如树枝上的附生植物，它们只依靠树的支持，根可以从潮湿的空气中吸取营养。后者是一个种群被抑制而另一个保持不受影响的关系，称为偏害作用（或拮抗），如由一种生物产生抗生素。

其他的关系可以是对一个有正的影响而对另一个有损害（＋－）。这样的关系有捕食和寄生。捕食涉及捕食者和被食者（猎物），即一种生物消费另一种。寄生也许可看作是捕食的一种弱的形式，也涉及一种生物（寄主）被另一种（寄生物）所消费，但作为寄生物剥削的结果，不论是寄主幸存或死亡都要经过一段时间。造成寄主终于死亡的寄生物，即起着如同捕食者那样作用的称为"类寄生物"。

各类相互作用之间有时难以截然区分，归在同一类中的关系也常常有不同程度之分。例如上面已经指出，寄生可看作是捕食的一种弱的形式。就在寄生关系内部也有不同的程度，因而又有专性寄生与兼性寄生之分。专性寄生物中有一些对寄主伤害较轻，接近于共生。也有人把寄生关系中那些对寄主植物伤害较大、引起病理过程的另列一类，称为"致病寄生"，但它们与寄生关系不易截然划分。因此，以下我们讨论与植物病害有关的种间关系时，常常只提到寄生关系，对病原物常常通称为寄生物。

种群间各种形式的相互作用，是栖息在同一个生物群落中的各个物种之间相互依存、相互制约的各种错综复杂关系的体现。在这些相互关系中出现了"寄生"这一种关系，它造成植物病害，从人类利用寄主植物的经济利益的观点来看是有损害的，但从生态学观点来看，它可以起到一种抑制或稳定寄主植物种群增长的作用，是种群调节的一个因素。生态学家指出："捕食作用和寄生作用对于缺乏自我调节的种群常常是有利的，它能防止种群过密，使种群免遭自我毁灭"。又指出："负相互作用能增加自然选择力，产生新的适应"（Odum，1971）。

种间相互作用和寄生作用的生态学观点　　生态学中关于种群间相互作用和寄生作用的一般概念，可以摘引 Odum（1971）编著的《生态学基础》中的有关段落作为代表：

"就生态系统一般面貌而言，9 种相互作用可以归结为两类，即负相互作用和正相互作用。关于这些范畴，有两个原理特别值得强调：①在生态系统的发育和进化中，负相互作用趋向于减少，而正相互作用趋向于增加，从而加强两个作用种的存活。②不久前形成的或新的联合，发生严酷的负相互作用的可能性比较老的联合大。"

"种群间负相互作用（捕食、寄生和抗生作用）的一个基本特点就是：在相当稳定的生态系统中，两个相互作用着的种群在协同进化过程中，副作用趋向于减弱。换言之，自然选择使有害的影响减弱，或使相互作用消失，这是因为捕食者或寄生者种群长期地对猎物或寄主种群的压制影响，只能导致一个种群或二者都消灭，因此，首次产生的相互作用（即两个种群首次遭遇在一起）或生态系统遭到大规模的突然性（有时是暂时性的）改变（例如人类活动引起的）时，最常观察到这类严酷的相互作用，我们可以称之为'猝遇病原原理'（principle of instant pathogen），就是由此产生的，它说明了为什么人类无计划地或计划不周地引种和管理常导致流行病暴发。"

以上摘引的两段"概述"是"结论"性的，对于进一步研究种间关系问题具有一定的指导意义。我们在前面曾经提出过：植物病害是一个种间关系问题。更确切地说，是寄生物和植物间的负相互作用问题。以上摘引的生态学理论对于植物病害也是适用的。例如在稳定的生态系统中，寄生物和寄主在协同进化中副作用趋向于减弱，达到病害的平衡；以及由于人类活动引起的变化，产生严酷的负相互作用（如美国栗疫病之例）的事例。

（2）寄生物和寄主植物协同进化和内部稳定性　在一个特定系统中，如捕食者—被食者系统，共生、寄生等内部物种间相互依存的相互作用，是在长期的演化过程中形成的。这个演化过程称为协同进化。协同进化是两个相互作用的种群的联合进化，在其中相互施加选择压力。一个成分中的任何一种进化性变化立即改变它施加于另一成分的选择力量。协同进化要求每一成分对其他成分中的遗传变化的连续的遗传跟踪。它基本上是对一个成分施加于另一个成分上的变化着的选择压力的适应和反适应比赛。

就寄生关系来说，假定寄生物是对寄主要求最严格的专性寄生菌，如锈菌、白粉菌等，它们要求从活的寄主组织取得营养、繁殖和存活的条件。这是寄生菌对寄主植物的高度适应。但专性寄生菌如果演化成为一个完全成功的小种，势必排除自己的寄主和唯一的食料来源，这实际上等于自杀。因此，对于这类寄生菌存在着一个如何不排除寄主而使自己能得到生存的问题。

寄主植物对于寄生菌的寄生也不可能全是一致地感染、从而全被毁灭的。实际上，寄主和寄生菌这两个种群都存在着遗传变异。寄生菌的寄生能力或毒性存在着差异，寄主的抵抗性有强弱的不同。在寄主—寄生物相互作用、相互适应的长期演化过程中，当寄生物的寄生能力增强，寄主种群的增长受到抑制，同时也给寄主施加一种选择压力，促使寄主抵抗能力的增强。当着寄主的抵抗能力增强，寄生菌的种群增长受到抑制，也就对寄生菌施加选择压力，促使寄生能力的增强。通过这个相互施加选择压力，适应和反适应，以及伴随的遗传变异，使受害的寄主种群不被排除，得益的寄生菌种群不能无限增长，而被控制在一定水平上。结果是寄主与寄生菌共存，达到两个物种之间的一种平衡状态。当然，这种平衡状态是通过长期的协同进化过程才达到的，没有足够长的时间是不能实现的，而且平衡是动态的，不是静止的。

当寄主—寄生物系统通过协同进化而达到的平衡状态因受遗传因素或外界条件的干扰和破坏时，寄主—寄生物系统可进行自体调节，保持或恢复平衡状态。一个系统（有机体或集团）这种保持内部稳定的倾向称为内稳定性或稳态。

协同进化是一个很长时间的演化过程，也称宏进化。农业兴起之后，病原菌致病性的演化历时较短（几千年），也称中进化。在数十年时间内出现的致病性变化，也称微进化。现已证明,某些专性寄生的病原真菌,在寄主和寄生菌之间有互补的遗传系统(病原菌的毒性基因与寄主的感病性基因互补),这是协同进化的明证。

大多数寄生性的相互作用必然是很古老的,因而寄主和寄生物已是协同进化的,每一方影响着另一方的选择,每一方都对另一方的遗传变化起着反应。一些最有名的流行病害曾是由于一种病原物被引进到未曾与它协同进化的寄主群体中而造成的。在现代农业中,由于对协同进化的原理不完全理解,以另一种方式造成了严重的病害和防治问题。最初假定一两个基因会提供持久的抗性,引进了一些抗病品种。实际上,这是把一个新的寄主(即抗病品种)引进到一些潜在的毒性病原物的种群中,对这些病原物施加生存的压力。结果,病原物的毒性小种频率上升了,抗病的品种变成了感病的。后一情况是现在流行学家和植物育种家主要关心的问题。

(3)自然寄主种群中的病害 自然生态系统经过很长时间(几千年)的演化,产生了各组成物种之间一种平衡的相互作用。各种植被类型互相混合,共同存在于一个在空间排列、物种成分、演替发展、物种分散和物种密度中相互关联的动态系统中。在这些系统内部,真菌有几种作用,包括作为寄生物的一种。纯粹的植物群丛除了先锋植被之外是少见的,即使那样也存在着较大的种内变异。寄生物是在这种物种密度低和遗传多样性的背景下与寄主协同进化的,它们利用各种不同的变异机制以保持自己和对抗寄主的变化着的抗性能力。寄主的抗性则在对寄生物的反应中进化。由于这些理由,在自然生态系统中,寄主与寄生物共存,病害经常存在,病害水平低,波动少;病害的爆发性流行是少见的,并且只限于一定的时间和空间中。

### 2.2.1.3 农业生态系统和植物病害

(1)农业的起源和农业生态系统的出现 距今约 10 000 年以前,人类还处在旧石器时代,以渔猎采集为生。他们使用木棒和粗陋的石器来防御和猎获野兽,捕捉鱼类,采拾野果、野菜和块根植物等,以维持生活。那时人类只是生态系统中一个普通消费者,对生态系统的干扰和影响不大。

在新石器时代,原始人学会了驯养动物和栽培植物,发明了原始畜牧业和农业。

原始畜牧业是从狩猎中发展起来的。根据考古发掘报告,距今约 8 500 年前,在西亚伊拉克的贾尔木遗址的居民已经饲养家猪。随着被驯养的牲畜日益增加,出现了较大规模的畜群。在那些适于畜牧生长的地区,原始人开始了畜牧生活。游牧部落走向水草丰茂适于放牧的地点,逐渐从其他部落中分离出来。这是人类历史上第一次社会大分工。

原始农业是从采集过程中逐渐产生的。据推测,当时从事采集的是妇女,她们对于那些可食植物的生长和成熟十分关心,通过长期的观察,逐渐认识到某些落地的种子能够发芽生长,提供更多的食物。经过试种,逐渐学会了栽培植物,这样便出现了原始农业。最早种植的植物有小麦(西南亚)、玉米(中美洲)、水稻(东南亚、我国南方)、大麦(我国青藏高原)等。根据近年来考古学、文化人类学和民族植物学的研究证实,在伊拉克、巴勒斯坦境内,距今八九千年前已开始刀耕火种的原始农业。但是,农业的起源地不限于西亚,我国也是最早的国家之一,也是世界上最大的农作物起源中心。粟类作物就是我国劳动人民在黄土高原上从野生植物驯化、选育而成的。从考古发掘来看,我国六七千年前已种植粟、水稻等谷物。根据西安半坡村、河南渑池县仰韶村和山东章丘龙山镇等古代遗址出土的大量文物推知,在新石器时代的初期或中期,在当时是森林草原区的黄河中、下游流域,各氏族就栽培出了农作物,开始从事原始的农业生产活动。又根据浙江余姚县河姆渡古代遗址推知,在新石器时代南方氏族社会也有了原始农业的发展。总之,在 6 000~7 000 年前,我国各个地区的民族部落都适应了当地的自然条件,发展了农、牧业生产。

农业的出现,使人类获得比较稳定的食物来源和定居条件,并为整个社会发展奠定了基础。与此同时,人类也强烈地干扰了自然生态系统,伐去了一部分森林,翻耕了一部分草原来发展农业,在自然生态系统中建立了人工的农业(或农田)生态系统:随着农耕工具的改善,生产力的提高,更多的森林和草原被改造成为农田。目前,世界上耕地面积占陆地总面积的 10%,这些农田生态系统提供了全世界 60 多亿人的食物。有这样的估计,在农业出现以前,当人类还处在以狩猎和采集为生的旧石器时代,世界全部植物和动物的总生产量只能维持 1 000 万人的生活。农业生态系统是人类改造自然的伟大创造中产生的人工生态系统,它的出现大大提高了人类衣食原料的生产效率,为人类的生存和社会经济文化的发展奠定了基础。

(2)农田生态系统与自然生态系统的比较　不同地带和地区的农田生态系统,由于气候条件、土壤条件,动植物区系,适应的动植物,人类的社会经济和栽培活动等方面因素的不同,因而各有特点。总的说来,农田生态系统与自然生态系统相比较,有以下几方面的差别。

生物群落方面:在生物群落的组成方面,物种的数目和种类的多样性大大减少。在农田中最大的种群是人类栽培的高密度、同年龄的农作物,种类单一,结构简单。对于农作物的天然竞争者(如杂草和害虫),人类采取了除草、灭虫等管理措施给予排除,或限制了它们的生长。

农业生态系统的营养结构也有改变。第一营养级(生产者)的成员中减少了种类数而增加了农作物的密度。第二营养级(一级消费者)中增加了家畜、家禽和人类,但其种类数仍然受到了限制。第三营养级也是那样。其结果是生态学金字塔的底加宽了,而顶上变得更狭窄,能量流动和物质循环通过食物网的环节大为减少。这种结构如果没有人力协助是不稳定的。

环境方面:在能量和物质来源方面,除太阳能之外,通过施肥、灌溉等途径给以补充,保证了农作物对养分和水分的要求,发挥了农作物对太阳能的较高固定效率。在目前的耕作条件下,太阳能的最大固定效率已达到这样的水平:水稻 1.64%,大豆 1.13%,玉米 2.18%,甜菜 1.8%。

随着社会经济的发展,农业愈来愈趋向集约化和专业化,从而在农田生态系统中,出现了一些其他方面的新情况。它们包括:①田块的扩大;②田块的聚集;③寄主植物密度的增加;④寄主种群一致性的增加,或在种和品种水平上多样性的减少;⑤在专业化的提高中,促成了连续单作或短期轮作制;⑥植物被病害污染部分交换的增加等。

在农田生态系统中,具有简单遗传抗性的寄主植物是稠密聚集的,农业发展中出现的上述新情况,有利于病害在种群内部,在田块与田块、地区与地区之间的蔓延传播,导致病害加重。

演化和演替:农业生态系统与自然生态系统比较起来是年轻的,它的平衡状态主要依靠人类的活动来维持。它的自然演替是受阻碍的,是停留在"未成熟"状态的"亚顶极"群落,生态学中把这种失调的演替顶极称为"偏途顶极"。这种顶极群落是不稳定的。对于寄主—病原物关系中出现的变化,常常不能及时恢复原来的稳定状态,更没有足够的时间协同进化,达到新的病害平衡。而在自然生态系统中,在寄主和病原物的长期协同进化过程中形成的寄主遗传组成、种群的遗传多样性和基因型的分散,不仅预防了过度的病害增长,使病害保持在较低水平,而且在出现寄主—病原物关系中的变化时,它能通过自动调节,恢复原来的稳定状态。生态学家 May(1975)曾说:"许多人为的农业单作的不稳定性,可能不是来自它们的简单性,更确切地说是来自它们缺乏与害虫和病原物协同进化的任何有效的历史。"又说:"对人类农业单作的反稳定化,其原因主要不是由于简单性,主要是缺乏一个演化谱系。"

(3)农业管理措施与植物病害　自从人类历史上出现农业生产活动以来,经过漫长的原始农业阶段,又经历了 2 000 多年的传统农业阶段,从 18 世纪起,在西欧和北美由于近代工业的兴起和实验科学的建立,开始对农业生产工具和耕作制度进行了一些改革,产生了一些农业科学技术的基础理论。这样,经过 200 多年的过渡时期,大约于 20 世纪 40 年代,一些先进国家开始进入了现代农业阶段,现在已有一些国家实现了农业现代化。其基本特征是:由工业部门投入大量物质和能量于农业,用现代工业装备农业,实现了农业机械化和化学化;现代科学技术应用于农业,培育了优良的品种,改良了栽培管理措施,以及农业生产结构的合理布局和社会化。我国各地农业生产发展水平差别很大,现在正从各地的实际情况出发,向着社会主义农业现代化的共同目标努力前进。

现在农业生产中采用的各种栽培管理措施,总的说来是从有利于提高农业生产的数量和质量,有利于提高劳动生产力和经济效益而采取的,其中也包括有控制病虫危害的措施。但每一项栽培管理措施在不同场合、不同情况下对于病害发生发展会有不同的作用和影响,它们是否对病害的发展和流行有利,可以从它们对病害流行条件的作用和影响来考查。

对于每种病害的流行发展,有 5 个因子是关键性的:①寄主植物群体必须具有感病性,越一致越有利;②寄主植株必须群集或密集在一起,越密越好;③必须有一种毒性病原物存在,并有大量增长的势能,越快越好;④天气和环境中的其他因子必须有利于病原物散布和病害发展;⑤有利条件的时限必须足以支持病害流行。

农业生态系统中任何情况改变或任何农业措施,使得这些因子或其中之一更为有利,就将增加病害流行的机会。在现代农业生产管理措施中,有利于病害流行的条件是经常存在的。

寄主感病性:人类历史上曾赖以为生的食用植物不下 3 000 种,但现在全球近 60 亿人的大多数依靠 15 种植物作为主要食粮。不仅栽培利用的植物种数大大减少,在每种栽培植物中的品种也越来越趋向一致,遗传多样性大大减少,即使这些品种是抗病的,但遗传基础狭窄,如果病原物中出现毒性小种,就容易被侵害,抗病性品种就成为感病性品种。对一种病害抵抗、对另一种病害感染的作物品种也是常见的。总之,人们把作物品种搞得越一致,它们将越易受病害的伤害,这叫遗传易伤性或遗传脆弱性,是现代农业中出现的一个新问题。

寄主植株群集:农业生产把寄主植株群集在一个特定地区、场所、田块或温室中,为病害发展提供了有利于传播的条件。

毒性病原物:毒性病原物的出现是与寄主品种的遗传一致性有联系的。农业措施中也有一些有利于病原物数量积累或增长速率的。

天气和环境因子:这些因子是自然出现的,也受农业管理措施的一定影响,特别是对作物内部的小气候影响较大,常常为病害的发展造成有利条件。

时机因子:许多管理措施,如种植时间、修剪时间、施肥和灌溉时间,以及收获和加工前的贮藏时间等,会造成对病害流行有利的时机。

总之,农业生产中的各种栽培管理措施,固然在提高农业生产的数量和质量,提高劳动生产力和经济效益等方面起了很大的作用,其中也包括防治病害的作用,但也在不少方面(Cowling,1978 年曾提出 12 个方面)可以造成对病害流行有利的条件。这些条件的适当组合,特别是具备了寄主感病性和病原物毒性(致病性)这两个最基本的条件,就有很大可能在适宜环境条件下造成病害的流行。几十年来一些病害严重流行的事例常常可以从人类活动——主要是农业生产活动中找到原因。因此,人们得到这样一个概念:病害发生或流行大多是由人类引起的。这可以看作是一个历史经验的总结。

### 2.2.1.4　病原物的繁殖对策与单利病害和复利病害

(1)r-选择和 K-选择的概念　所谓繁殖对策是指生物分配能量于产生后代的方式方法,是生态学研究种群增长问题中提出的一个理论问题。Macarthur 和 Wilson 于 1967 年提出 r-选择和 K-选择的理论,现已成为生态学中的一个重要概念。r 和 K 这两个名称,来源于逻辑斯谛方程:

$$\frac{\mathrm{d}N}{\mathrm{d}T} = rN\frac{(K-N)}{K}$$

式中:N 是一个种群中个体的实际数目;K 是最大可能数目,通常被解释为环境关于所研究种群的容纳量;r 是增长速率。

根据这个理论,在动植物中有这样两点是明显的:①在生活于严峻的或不可预测的环境中的种群之中,死亡率大多与种群密度无关,个体将分配较多的能量于繁殖,较少的能量于生长、维持和竞争的能力;②在生活于稳定的或可预测的环境中的种群之中,死亡率大多与密度有关,竞争是激烈的,个体将分配较多的能量于非繁殖的活动。前者称为 r-对策者,因为它们保持在逻辑斯谛增长曲线的上升部分;后者称为 K-对策者,因为它们存在于靠近渐近线。

r-对策者的个体是典型的短命的,通常存在不到 1 年。它们的繁殖速率高,发育速度快,能产生大量的后代,但存活的不多。它们是"机会主义者",有利用临时栖息地的能力,常常栖息在不稳定或不可预测的环境中,出现灾难性死亡常常是由于环境造成的,与种群密度的关系不大。对于它们,环境的资源不是限制性的,它们能够在相对无竞争的情况下去利用。r-对策者顽强而又能适应,有广泛传播的工具,是好的开拓者,它们很快地反应到种群的动乱。这样一些物种是演替早期的特征。

K-对策者是与长寿命个体的稳定种群竞争的物种,它们体形较大,产生种子、卵或后代较少。在动物中双亲照顾幼小的;在植物中种子贮存养分以保证幼苗健壮。K-对策者处于这样环境中,其出现的死亡原因多数与密度有关,不可预测的条件较少。它们是"专家",是它们的特殊环境的有效利用者,但它们的种群接近容纳量,资源受到限制。K-对策者是典型的长命的,较长时间才能成熟。这些性质以及它们缺乏广泛传播工具,使得 K-对策者成为差的开拓者。它们是演替后期的特征。

K-对策者和 r-对策者处在不同的选择压力下。在 r-物种中,选择有利于那样一些基因型,它们授予最高可能的内禀增长率,发育快,体形小,早期和单一阶段的繁殖后代数量多,亲代极少照顾。在 K-物种中,选择有利于那样一些基因型,它们授予对付物理和生物压力的能力,忍受较高种群密度的能力,延迟繁殖,体形大,发育较慢,重复繁殖。r-选择有利于生产力;K-选择有利于环境的有效利用(Pianka,1970)。

虽然 r-选择和 K-选择被描述成为两个极性的实体,但选择形成了一个从 r 到 K 的连续统一体。K-选择和 r-选择是在比较生物种中有用的相对名称,但在物种之中和物种之内有对策程度的不同。在一个未饱满的环境条件下一种生物可以表现为 r-对策者,当环境饱满时它可以表现为 K-对策者。当一个种群经受与密度或密集无关的强烈死亡时,具有较高繁殖速率的个体可以留下大量的后代并将统治该地区。在与种群密度有关的强烈死亡下,能忍受在或接近容纳量的高密度的个体将被保留在种群中。

可是,r 和 K-选择的概念有一些缺陷,它们减少了它的有用性和在应用中引起一些问题。例如,许多物种表现较长的生命、重复繁殖,高结实性(生育力)和幼小者的高死亡率,这样兼有 r 和 K-对策者的共同特征。问题大多是因为 K 不能被表示为生活史特性的一个函数而产生的。它是种群、它的资源和它们的相互作用的混合物。另一方面,r 是生活史特性(年龄、存活性和生育力)的一个函数,只有 r 对强的选择压力是敏感的。这样,r 和 K 不是等值的项;它们"不能被减低成为通用货币的单位"(Stearns,1977)。也许只在 r 项中考虑个体对于选择压力的反应更为有利。例如,假定环境的波动或一个种群是接近平衡(K)的,如果幼小者死亡率或出生率波动,而成年者死亡率不波动,那么选择将有利于较迟的成熟,较小的繁殖能力和较少的幼小者;如果成年者死亡率波动,而幼小者死亡率或出生率不波动,那么选择将有利于早成熟、较大的繁殖能力和较多的幼小者(stearns,1976、1977)。

以上是生态学中关于 r 选择和 K-选择理论的一般概念。在动物中,哺乳动物和昆虫分别属于 K-对策者和 r-对策者。在哺乳动物中,熊和旅鼠分别属于 K-对策者和 r-对策者。在植物中,也可按照繁殖对策区分成两类。一类植物分配于营养结构的能量,比分配于花和种子的为多,如多年生的木本植物,它们占据比较稳定的栖息地和演替的较后阶段。这类植物的较大部分能量分配在存续的营养结构,如树干和长寿命的根中,因此它们在一个密集和资源有限的环境中能更好地进行竞争。另一类植物分配较大部分的能量于繁殖,产生大量的种子。它们占据一个相对不稳定的或不持久的环境中和演替的早期阶段。一年生草本植物基本上归入这一类。前一类是 K-对策者,后一类是 r-对策者。

(2)植物病原真菌中的 r-对策者和 K-对策者　在植物病原真菌中,也有可称之为 r 对策者或 K-对策者以及各种中间类型。这里举出三个植物病原真菌繁殖对策的例子来说明这个问题。正如 Zadoks 和 Schein(1979)所指出的:"在作出这是一种合理方法的结论之前有许多问题必须解决"。

例 1　禾谷类秆锈菌,一种 r-对策者

秆锈菌表现是一种 r-对策者,至少在它的夏孢子阶段是这样。它的生物量最多 50%是菌丝体,最少 50%用于散布。后一部分分裂成为无数散布单位,每一个孢子都足以开创一个菌落,它又能每天产生约 2 000 个新的孢子,在它的生命时间里约可产生 20 000 个孢子。这种真菌是一个"机会主义者",因为它为了成功的侵染必须同时具备适宜的温湿度条件,而在一年中不是经常有这样的机会。单一孢子的侵染能力只持续几天。因为在这几天里不一定有适宜的侵染条件,为了存活必须继续产生孢子。这种锈菌适应于长距离传播,一个孢子能否降落在亲合的寄主上是靠机会的。寄主分散会减低侵染效率,而农业中亲合的寄主密集则大大提高侵染效率。

例 2　唐菖蒲干腐菌核病菌,一种 K-对策者

这种真菌(*Stromatinia gladioli*)在荷兰是唐菖蒲栽培的一个威胁,菌核起着散布单位的功能,这些菌核的大小约 1 mm,它们的生物量超过夏孢子的 10 万倍。这种真菌通常每年产生散布单位一代,而禾谷类锈菌为 10～30 代。关于这种真菌的生物量分配还了解得少,可以假定每代或每年分散单位产生率是低的。人类也许可以散布菌核,但没有简单、规则和自然的

散布工具。散布单位的侵染力持续几年而不是几天。当亲合的寄主的根碰机会在旁边生长时,真菌将抓住它的机会,侵染效率是高的。

例3　香蕉萎蔫病(巴拿马病)

此病病原菌($Fusarium\ oxysporum\ f.cubense$)在土壤中能以腐生和其他寄主根上寄生长达20年。它能产生大量的分生孢子,但不起侵染作用,在流行上无重要意义。病害在受病残体、淹水、病切条等侵染的土壤中局部发展。被污染的机具、收获等可造成病害短期迅速增长,暂时提高侵染效率。年份之间由土壤中的菌丝体传带,初始接种体量高。防治主要依靠预防机械传播、长期轮作、控制在数月内不淹水。由于控制淹水麻烦,也想到了利用抗性。此病如果从田块的基础来考虑,它表现像单利病害;如果从一个国家来考虑,把人作为一个传播的媒介,又表现像复利病害。这种病害的散布单位的生物量是什么? 也难以确定。

(3)病原物的繁殖对策与单利病害和复利病害　禾谷类秆锈菌是叶部的气传病原物,散布单位是夏孢子;菌核病菌如$Stromatinia\ gladioli$是土传的有机体,主要为害根部,没有已知的功能孢子形式,最突出的散布单位是菌核,它们通常保持在土壤中。将菌核与夏孢子比较是牵强的,但在繁殖对策上看是可以比较的。秆锈菌是$r$-对策者,它们所造成的病害,按照Vanderplank(1963)的用语是复利病害。菌核病菌是$K$-对策者,它们造成的病害看来属于单利病害这一类。

为了证明的目的,在植物病原物中选取两类对策对立的例子是不难的。可以用很多例子表明$r$-对策者造成复利病害;$K$-对策者造成单利病害。这表明20年来人们在植病流行研究中把植物病害的流行类型分为复利病害和单利病害两类,不仅是定量研究的一个重要出发点,也符合病理学早已阐明的病原真菌的侵染链规律,现在按生态学观点,又从病原物的繁殖对策方面看到了它们与这些流行类型的出现有关联,从而提高了认识。

但是,客观事物是复杂的。正如前面介绍"$r$-选择和$K$-选择"理论时曾经指出它的某些缺陷那样,从这种理论观点来看不同繁殖对策的病原物与它们所造成的病害流行类型之间的关系,也在某些病原物的对策类型划分上遇到了困难,且对种内对策多样性现象现在也还理解得很不够。

(4)繁殖对策的种内多样性　以上提出的$K$-和$r$-对比是种间的对策差别。有趣的是,许多真菌表现一种与孢子多型现象相联系的种内多样性,它们能从一种对策转到另一种。例如,禾谷类秆锈菌,除夏孢子阶段是一种典型的$r$-对策者之外,还选择了一种在不利季节中走向休止(冬孢子)和通过一个生殖阶段(在小檗上的性孢子和锈孢子)的有性重组以增加遗传多样性的对策。各种形式的孢子、繁殖体和侵染单位在对策中的重要意义还不是都已了解的。

繁殖对策的种内多样性可以从它与子囊菌的关系来讨论。子囊菌至少有两种孢子形式,即有性过程产生的子囊孢子和无性的分生孢子。分生孢子是散布单位,用在整个生长期联结的侵染环中;它们是病害的复利阶段的工具。子囊孢子常常与一个不利期间的存活相联系,每年只有一次子囊孢子形成阶段。

繁殖对策的种内多样性是真菌典型的但不是它所独有的一种宝贵财富。这种现象在高等植物中还研究得不多,在高等动物中还不了解。对策的种内多样性看来是为几种需要服务的:越过季节,传播,在有性阶段保持遗传多样性。

## 2.2.2　植物病害的系统观

### 2.2.2.1　系统的定义

普通系统论的创始人、理论生物学家 L. V. Bertalanffy(1972)提出:"系统的定义可以确定为处于一定的相互关系中并与环境发生关系的各组成部分(要素)的总体(集)"。这可作为一个普遍适用的定义。

为了便于从系统方法的角度说明系统的概念,可对这个定义作这样的解释:"系统是由相互依存、相互作用并处在限定边界内的若干要素或部分组成的整体,它具有一定的结构和功能,与外部环境发生输入和输出的关系。"

系统边界的确定:系统是多种多样的。它们的边界有的是分明的,如一个人体、一部机器、一个企业、一项工程、一项协作研究任务等。有的系统是根据人们的理解和研究的目的,从错综复杂、相互联系的多种要素中作为研究对象而划分出来的那一部分,它们可与环境和其他要素相区分,具有相对的"独立性"。但由于人们对系统的理解、研究的规模、所考虑的时间长度等方面的不同,在系统的划分,特别是系统与环境之间的界线的划分,可以有种种差异。

各要素之间的相互关系:系统内部各要素或组成部分之间的联系和相互作用。

系统与环境之间的关系:为了便于研究,把系统与外部环境和其他部分之间的联系简单地表示为"输入"(外界对系统的作用和影响)和"输出"(系统对外界的作用和影响)。"输入"与"输出"之间也不是单向的关系,还有反向的关系,将在"反馈和控制系统"中讨论。

### 2.2.2.2　系统的特征

任何系统都具有3个基本特征:整体性、结构性和层次性。

整体性:系统是由若干要素组成的有机统一体,是一个整体。这个整体的性质不等于各要素在孤立状态下性质的简单相加,即通常所说的"整体不等于各组成部分的总和"。

结构性:系统在整体上的性质不等于各组成部分性质的代数和,其原因在于系统中的各要素不是各自孤立的,而是彼此间联系组成一个相对稳定的结构,成为一个整体,因而发挥着整体的功能。功能决定于结构。同样的组成成分,但由于结构的方式不同,可以成为性质截然不同甚至相反的两个系统。一个系统之所以与其他系统在整体性质上相区别,或基于组成成分不同,或基于结构方式不同,或同时基于这两者。

层次性:系统的各组成部分各有其本身的组成部分,它们本身也是一个系统,通常把它们(要素或组成部分)称为子系统;子系统中又有子系统,系统是多层次的。例如,在生命世界,通常可分为细胞、器官、个体、种群、群落、生态系统等不同层次的生命系统。人体是一个"个体"层次的生命系统,它本身又有神经系统、消化系统、循环系统、呼吸系统等较低层次的系统。自然科学中的系统概念,就是在理论生物学家 Bertalanffy 研究"机体生物学"中得到发展,由"机体系统论"发展成为"普通系统论"。

在其他科学领域也有各自的系统。大至宇宙太空,有太阳系、银河系、河外星系等;小至微观世界,有由原子核和电子组成的原子系统等。在人类社会,则有生产系统、管理系统等,不胜枚举。客观世界就是一个由简单到复杂,按严格等级秩序所构成的大系统。

### 2.2.2.3　反馈和控制系统

系统可以是开放的或是封闭的。封闭的系统与外部环境没有任何形式的物质、能量或信息的交流,不属于生命系统范围。生命系统都是开放系统,即有物质、能量或信息流在其中经过的系统。一个开放的系统,如果它的输出中有一部分又成为输入,重新进入系统,并对未来的输出起某种控制作用的,称为控制系统。所谓反馈就是指输出的一部分又送回到输入并对再输出发生影响(起控制作用)的过程。

如果任何一个输入受系统的状态所决定,就表明存在着反馈。反馈系统具有把系统调节到一种理想状态或置位点的功能。如果系统的状态超过了置位点,即出现"正偏离",反馈系统即启动某种内部机制以减少输入,减慢超过置位点的倾向。如果输入太低,即出现"负偏离",内部机制保持不活动,容许增加输入,直至达到置位点。这种导致系统趋向置位点的调节,称为"负反馈",它使偏离置位点的移动停止或倒转。换句话说,系统的状态(正偏离或负偏离)和它的输入(减少或增加)是相反的关系。

如果反馈的结果是使偏离置位点的移动继续下去,就称为"正反馈"。正反馈导致系统偏离置位点愈来愈大,最后可使系统破坏。

控制系统有一个稳态台阶,它代表负反馈系统能在其中起作用的上限和下限(稳态或内稳定性是系统保持内部稳定的倾向)。当稳态台阶被超过时,如果正反馈仍在继续,除非条件得到校正,最后将破坏该系统。

控制的反应产生稳定的系统。稳定或稳态的系统有对刺激起反应的能力,以保持或恢复系统的原来状态。在自然生态系统中,稳定性意味着系统经受许多变化而仍保持相似的结构,或者意味着持续性,即保持原来的状态。

为了便于理解控制的机制,可举人类的体温调节为例来说明。人类的正常体温是 37℃。如果环境的温度上升,感受器机制(主要在皮肤中)察觉到这个变化,把信息传送到脑。脑作用于信息,发出一个消息给效应器机制,它增加血液流动到皮肤,引起出汗。分泌出来的水分通过皮肤而蒸发,使身体凉快。如果环境温度下降到低于某点,即发生一个相似的程序,但这次是减少血流,引起冷战,一种不自觉的肌肉运动,产生更多的热。如果环境温度变化太大,超过了稳态台阶,控制系统可能破坏,这有两种情况:如果温度太高,身体来不及散热以保持正常的温度,出现了正反馈,身体的代谢作用加速,进一步增加体温,终至热中风或死亡;如果环境温度太低,代谢减慢,进一步减低体温,终至冻死。

以上解释的是系统的一般性质,是从各种类型的系统,包括自然的和人工的系统特性中概括抽象而得的。因此,它们对于研究各种类型的系统,不论在理论上还是在方法上都具有指导意义。但各种类型的系统各有它们自己的特性,系统的一般性质在各种系统中的表现形式也各不相同,因此必须结合实际进行深入而全面的研究,才能理解不同系统的真实性质。

### 2.2.2.4　植病病害系统

按照系统的观点,植物病害是病原物和寄主植物通过寄生作用构成的系统。Robinson(1976)把这个系统称为"植物病害系统"。这个名称现在被用在个体和群体两个不同综合水平上,因此也用在"植物病害流行系统"上。Kranz(1978)指出:可以把植物病害流行"作为系统开放、耦合和动态的系统";并明确指出病害流行是属于群体水平的。现在我们把"植病流行系统"作为病原物和寄主植物两个种群通过寄生作用构成的开放的和动态的生物系统。但因流行学中常常涉及个体病害系统,如果未指明综合水平,就须从上下文中来理解。

(1)自然病害系统和作物病害系统  植物病害是生物群落中的一种自然现象,是在长期进化过程中形成的,是生态系统中的一个组成成分。Robinson(1976)把自然植被中的病害系统,称为自然病害系统。随着自然生态系统被改变成为农业生态系统,复杂的自然植被为简单得多的作物植被所取代,作物群体中的病害系统,称为作物病害系统。他认为:寄主、病原物和环境是组成自然病害系统的三要素。对于作物病害系统,除上述三要素外,还须加上"人类的干预"这个重要的因素,因为人类活动把自然生态系统改变成为农业生态系统,而各种农业管理措施也对病害有作用。在自然病害系统中,寄主和病原物在协同进化过程中形成病害的平衡状态,病害水平低,也称常发状态或地方病状态。在作物病害系统中,由于农业生态系统、种植制度和农业措施等造成一系列有利于病害发生发展的条件,容易引起病害加重,甚至成为流行状态。病害管理的目的就是要建立和保持病害人为的平衡状态。

(2)植物病害中的系统层次  我们可以把植病病害系统作为农业生态系统中若干层次的一个低层次系统。较高一个系统,包括各种病、虫、草害等,称为生物压制系统。有害生物管理系统则包括一些管理要素,如化学防治、生物防治等。加上其他要素,如品种选用、肥料施用、栽培措施和经济情报因素等,则构成作物管理系统。最高一级是农业生态系统,它包括许多成分:土壤、气候、农作物、病原物、家畜、树木、人类本身以及其他要素。

植物病害系统一般是作为群体水平的系统看待的。如果从生态学观点看,它涉及寄主和病原物两个群体的相互作用,是一个群落水平的关系,所以也有人把它看作是群落水平的系统。

在植物病害系统内部还有组成成分或子系统;而植物病害流行多数是一个多循环过程,多循环过程包含一些相互连接又相互重叠的单循环过程。在研究这些子系统或单循环过程时,现在一般把它们作为个体水平的系统处理,常常采用"个体"生物学的实验方法进行。

### 2.2.2.5  植物病害系统的组成成分和结构

(1)植物病害系统的结构成分与环境和人类干预的作用  前面曾经提到,人们认为作物病害系统有寄主、病原物、环境和人类干预4个因素。其实,植物病害系统是由寄主和病原物这两个群体以及它们相互作用的产物,即病害群体构成的。换言之,寄主、病原物和病害(病痕或病株)是植物病害系统的结构成分,有些病害还有病原物的介体或寄主的群体。至于环境和人类干预则对系统中各结构要素起着激发或抑制的作用。例如,叶片潮湿激发了病原物的侵染,使用保护性杀菌剂抑制了病原菌孢子的萌发。人类干预可以改变环境,但按照系统的概念,可把人类干预也作为环境的因素。这些关系在"病害四面体"(图2-2-1)中都没有表示出来,现用图来表示。

(2)流行系统的组成成分  群体水平的植物病害流行系统由哪些成分组成现在还没有一个普遍适用的区分意见。可以作为参考的有:①Kranz(1978)提出的分为病原物、寄主、病害3个子系统;②Robinson(1976)提出的分为垂直系统和水平系统;Mac Kenzie(1980)关于寄主—寄生物等

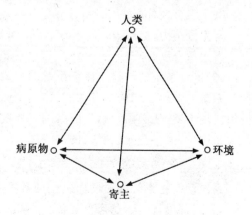

**图 2-1  病害四面体(仿 Zadoks 等,1979)**

级的观点,虽不是从系统分析角度提出的,也有参考价值。

　　Kranz(1979)提出植物病害流行系统包括病原物、寄主、病害3个子系统。子系统病原物是一个群体,它本身也是一个系统。它有自己的组成部分,这些部分之间有质的(如致病性)、量的(接种体数量、基因频制率)、传播阶段等方面差别。

　　子系统寄主是一个群体,是一个系统,是不言而喻的。群体中有不同品种,它们的抗病性不相同,株型、生长形式、发育阶段等有差别,都要进一步具体分析。

　　病害是寄主—病原物相互作用的产物:病原物中有侵袭能力的成员,在适宜的环境条件下与寄主群体中有感病性的成员相互作用,产生病痕。可以把它看作是一个病原体和环境结合在单一寄主植株上形成的一个病痕,也可以把它看作一个病原物群体在寄主群体上造成的病害群体。在病害出现后,就可以把它看作是与病原物和寄主不同的另一个实体或这种实体的群体。这个群体才真正是流行学研究的对象。这个实体曾被 Loegering(1966)称为"病体",它有"自己的基因型和表现型",有"自己的生理学",它不论在个体或群体水平上都具有与病原物和寄主不同的属性。它有一些群体属性,如发病率、严重度、感染梯度等,都是病原物群体所不具有的。研究病害流行固然需要研究病原物的活动,但不能把二者相等同,在这里需要明确地把"病害群体"与"病原物群体"区分开来。"病害"这个群体或系统的内部也包含有质的、量的发展过程(时间的、空间的)等方面的不同成分或要素。

　　垂直系统和水平系统把寄主群体和病原物群体按照它们的抗病性和致病性分别再区分为"同类群"和"类型"(type),这是 Robinson(1976)在《植物病害系统》一书中提出的分析寄主和病原物两个群体的组成成分的方法。他按照 Vanderplank(1968)把植物抗病性区分为垂直抗病性和水平抗性的方法,将寄主群体分为垂直和水平两个"抗病性类群";相应地,把病原物群体分成垂直和水平两个"致病类型"。垂直抗病同类群与垂直致病类型组成垂直系统;水平抗病同类群与水平致病类型组成水平系统。这个分析方法是在他用系统论观点分析病害系统的专著中提出的,所以我们在这里介绍。这种分析曾在阐释两类抗病性和两类致病性的特性并把它扩大应用于抗病、抗虫工作中起过良好的作用。

　　寄主—寄生物关系层次:这是 MacKenzie(1980)提出的群体内寄生物小种、生物型和个体的寄生性能的等级区别,在分析群体的组成成分或群体水平以下的相互关系时有参考价值。以下是区分的等级:

　　寄生性(parasitism)是种(species)的属性;

　　寄生亲合性(parasitic compatibility)是小种(race)的属性;

　　寄生侵袭力(parasitic aggressiveness)是生物型(biotype)的属性;

　　寄生适合度(parasitic fitness)是个体的属性。

　　(3)流行系统的结构　　流行系统的组成成分以各种方式互相结合,形成不同形式的网络,称为系统的结构。结构决定功能,结构不同,功能也不一样。因此仅仅分析流行系统由哪些成分组成还不够,还必须了解它的结构。系统结构一般都用图形来表示,结构图(即系统组成成分关系圈)一般都是比较复杂的网络图。

### 2.2.2.6　系统动态的描述

　　系统动态指系统随时间而发生的各种变化。有两种基本的方法对系统动态作定量描述。

　　(1)内部描述——状态变置法　　即用状态变量和它们的相互关系来描述系统的行为。这个方法是 J. W. ForresLer 于1958年为分析生产管理和库存管理等企业问题而提出的,称为工业动态(或工业动力学);后应用于研究城市问题,名为城市动态;后又被应用于研究世界问题(如罗马俱乐部于 1972 年发表在西方世界引起强烈反响的"未来学"报告《增长的极限》,就是应用这个方法研究的),称为世界动态。现在通称为"系统动态"或"系统动力学",已广泛应用于社会科学和自然科学,20 世纪 70 年代初期应用于生态学,很快就被少数植物病理工作者从生态学引入到植物病理学。

这个方法有 3 个重要特征:①把因果关系的逻辑分析与信息反馈的控制原理巧妙地结合起来;②应用了状态(stabe)[也叫水平(1evel)]和速率(rate)(原指"流速")两个概念;③用差分方程式表示事物的变化。

(2)外部描述——"黑盒"法 即把系统作为一只"黑盒"(不管它的内部成分和结构如何),不破坏它的整体性,只从外部给以一定的"输入",根据它的"输出",研究系统的功能,即从系统的外部通过传递函数 $G(X)$ 描述系统的行为。农业科学中一般应用的实验方法,例如进行一定的处理(输入),测定试验的结果(输出),如施肥试验,施用保护性杀菌剂(输入)、测定它的防病效果(输出)等,用系统科学的术语都可称为"黑盒"法,也称"刺激—反应"法。

内部描述和外部描述常常是结合应用的,状态变量法中的某些参数、系数,常常要通过受控条件下的实验来测定。

## 2.2.3 植物病害发生及流行的遗传基础

### 2.2.3.1 Flor 的基因对基因假说

对于寄主中每一个决定抗性的基因,在寄生物中存在着一个相应的决定致病性的基因。

在寄主—寄生物系统的每一方成员中的每个基因,也许只能由它在该系统的其他成员中的对手给以鉴定,这就是基因对基因假说。

对于寄主—寄生物相互作用遗传学的理解应归功于 Flor 的工作。他对亚麻锈病菌致病性的遗传进行了十多年的研究,发现了抗病性与致病性之间的对应关系,提出了基因对基因假说。用他自己后来(1971)的话说:"在对无毒性亲代小种具有一个抗性基因的亚麻品种上,真菌的(毒性和无毒性杂种)$F_2$ 培养物分离成单因子比率。在对无毒性亲代小种具有 2、3 或 4 个抗性基因的品种上,真菌的 $F_2$ 培养物分别地分离成 2、3 或 4 因子比率。这暗示,对于寄主中每一个决定抗性的基因,在寄生物中存在着一个相应的决定致病性的基因。在寄主—寄生物系统的每一方成员中的每个基因,也许只能由它的该系统的其他成员中的对手给以鉴定。"简单地说,在寄主和寄生物的进化过程中,它们发展了相互对应的基因系统。

亚麻的抗性基因作为复等位基因出现在 5 个位点中。符号 $K$、$L$、$M$、$N$ 和 $P$ 指明基因所在的 5 个位点。已知有 26 个抗性基因,1 个在 $K$,12 个在 $L$,6 个在 $M$,3 个在 $N$,4 个在 $P$ 位点中。在每个位点中的抗性基因,用数字标示以鉴定,如 $L_4$。

致病性基因是隐性的,用对应的抗性基因给以鉴定。这样,$aL_4$ 是指与抗性基因 $L_4$ 配对的致病性基因。对于亚麻锈菌的无毒性基因也报道了复等位性。近年,Laumenee(1977)在亚麻锈病菌、Martin 和 Ellingboe(1976)在小麦白粉菌中,发现了关于抗性与致病性基因互作在表现型中出现的一些与预期结果不一致的复杂情况。这里不详述。

Vanderplank(1975)认为,Flor 提出基因对基因假说是植物病理学历史中重要事件之一。

除亚麻锈病菌之外,在其他寄主—寄生物系统中也陆续报道了基因对基因关系,其中一部分列入表 2-1。

表 2-1　已被推定或证明有基因对基因关系的寄主—寄生物系统

| 寄主 | 寄生物 |
| --- | --- |
| 燕麦属(*Auena*) | 秆锈病菌(*Puccinia graminis avenae*) |
| 棉花属(*Gossypium*) | 角斑病菌(*Xanthomonas maluacearum*) |
| 大麦属(*Hordeum*) | 散黑穗菌(*Ustilago hordei*) |
| 菜豆(*Leguminoseae*) | 根瘤菌(*Rhizobiun*) |
| 亚麻属(*Linum*) | 锈病菌(*Melampsora lini*) |
| 番茄属(*Lycopersicon*) | 叶霉病菌(*Cladosporiun fulvun*) |
| 番茄属(*Lycopersicon*) | 烟草花叶病毒 TMV |
| 苹果属(*Malus*) | 黑星病菌(*Venturia inaequalis*) |
| 茄属(*Solanum*) | 金线虫(*Heterodera rostochiensis*) |
| 茄属(*Solanum*) | 晚疫病菌(*Phytophthora infestans*) |
| 茄属(*Solanum*) | 癌肿病菌(*Synchytrium endobioticum*) |
| 小麦属(*Triticum*) | 白粉病菌(*Erysiphe graminis tritici*) |
| 小麦属(*Triticum*) | 秆锈病菌(*Puccinia graminis tritici*) |
| 小麦属(*Triticum*) | 叶锈病菌(*Puccinia recondita*) |
| 小麦属(*Triticum*) | 条锈病菌(*Puccinia striiformis*) |
| 小麦属(*Triticum*) | 腥黑穗菌(*Tilletia caries*, *T. controversa*) |
| 玉米属(*Zea*) | 锈病菌(*Puccinia sorghi*) |

### 2.2.3.2　稳定化选择和定向选择

(1)稳定化选择　是指寄主群体的抗病性对病原物的选择作用而使病原物的群体组成趋向稳定。在植物病害系统中,寄主群体与病原物群体之间有着相互联结、相互制约的关系。寄主群体的抗病性对病原物群体组成的变化有重要的影响。人们可以利用寄主的群体抗病性对病原物的选择作用来控制病原物群体组成的变化,是植物病害系统处理中处理和调整寄主与病原物的相互关系和作用的重要问题。

具有垂直抗病性的品种对病原物的群体变化能否起稳定化作用,国际间有争论。

当种植的品种的抗病性是属于垂直抗病性时,由于寄主的抗病力与病原物小种的致病力之间有显著的特异的相互作用,垂直抗性对某些小种能抵抗,但对另一些则感染,因此,对病原物小种群体的组成有较强的选择作用。当大面积种植单一的垂直抗性品种时,某些对它能致病的小种,就会迅速滋长起来,成为优势小种;而另一些对它不能致病的小种就会消沉下去,这种垂直抗病性的选择作用,会导致小种群体组成发生剧烈的变化。

如果对具有垂直抗性的品种在植病系统中能处理得恰当,例如采用品种合理布局,品种轮换和利用多抗性品种等,使品种群体的抗病性多样化,也可以对病原物群体变化起稳定作用。

对于具有水平抗性的品种,一般认为对病原物的群体变化能起稳定的作用,因为具有水平抗性的品种虽然能抵抗多种致病小种,但表现是中度抗病,多种小种能在其上寄生。不像垂直抗性品种那样,对小种组成有强烈的选择作用,使小种消长能在不长的时期内发生剧烈的变化。根据基因对基因的假说,针对由多基因控制的抗病性,病原物必须具备由多基因控制的致病性,才能克服这种抗病性,所以在水平抗性表现比较稳定和持久的情况下,病原物的群体组成也相应地保持比较稳定。

在植物病害系统中,正确利用作物品种的群体抗病性,来控制和稳定病原物群体组成的变化,在植物免疫学、病害流行学和植物病害防治的策略上都有重要的意义。

在自然生态系统中,寄主植物和病原物在长期的协同进化过程中相互选择、相互适应,达到相互依存的动态平衡状态,表现为病害经常存在,寄主与病原物共存,病害水平不高,偶尔暴发性流行,但局限于一定时间和空间中,经过一定时间的自动调节,病害又恢复原来的平衡状态。这种动态平衡状态,正是现代人们在病害管理中所希望建立的状态。从遗传学观点来看,在平衡状态下寄主植物对于病原物的侵染是具备了一套防御机制的。理解这套防御机制,可以为农业生态系统中建立病害管理系统提供依据和模板。因此,研究自然生态系统中植物群体对于病害的遗传防御机制,具有重要的理论和实践意义,近年已引起植病和遗传进化研究工作者的重视。

(2)定向选择(前进选择,线性选择,动态选择) 定向选择也和稳定选择那样有利于单个最适值,但它是在按照选择的方向,通过基因型频率和群体平均值的系统改变而达到的结果。定向选择在前进性变化的环境中起作用而导致一种适应的状态。

(3)歧化选择(离心选择) 歧化选择是当两个或更多个具有高适合度的基因型被一个适合度较低的中间基因型分开时发生的。这通常出现在明显不一致而具有不连续的不同"小片"的环境中。歧化选择是一种产生和保持多态现象的机制。

(4)对毒性的定向选择 定向选择是适应的另一名称。如果引进一个抗性基因以育成一个新品种,又病原物由突变而成为毒性或由增加群体中已经存在的毒性基因频率以适应这种新情况,那就是对毒性的定向选择。许多为了抗性而引用的品种的众多失败原因是定向选择。对寄主中的每一个抗性基因,在病原物中就有一个相应的毒性基因,从这个关系来说,它属于基因对基因病害。

定向选择压力可大可小。如果接种体从外部来源进入作物,则压力可能很小或甚至没有,接种体从作物到外界来源的反馈也很少或没有。如果接种体在作物上永久存在而与外部接种体无关,压力就可能大。

对抗毒性的稳定选择或稳定化选择也称稳态,是定向选择的反面。它是对变化的抗性。

稳定选择意指对病原物一个位点上的无毒性比毒性等位基因优先的选择。我们可以想象,病原物群体最初在一特殊位点上有无毒性等位基因的高频率和毒性等位基因的低频率。植物育种家把敌对的抗性基因引进寄主;显然,如果毒性等位基因是普通的,它就不会有意地引进新的寄主基因,因为那样寄主基因当从开始就是无效的,这在田间试验中就会是明显的。抗性引进寄主,病原物就开始对新的遗传环境的适应过程,这个过程就是定向选择。但是,在抗性基因引入寄主之前,无毒性等位基因,假如说是普通的,因而是更适合的等位基因。因此,适应的过程亦即定向选择,涉及用较不适合的等位基因代替更适合的等位基因。反对适应就是稳定选择。

如果在引进一个抗性基因到寄主群体之后,在那个基因上有毒性的病原物的所有已知菌株都被描述成为非侵染性的或不能保存自己的等,它的意思是指在病原物群体内的相对不适度,就是稳定选择起了对抗毒性的作用。

### 2.2.3.3　植物抗病性的遗传学类型和流行学类型

植物抗病性的问题,植物病理学工作者曾经从各方面(从病原物侵染过程,从寄主植物形态、组织的变化,以及从生理生化反应等方面)进行了研究,提出了多种分类方案,这里不再介绍。遗传学工作者也重视研究植物抗病性问题,作出了重要的贡献,他们所区分的抗性类型和一些描述名称,现在也在其他学科包括流行学中应用。在流行学中常常应用的遗传学的抗性名称是寡(或单)基因抗性和多基因抗性,主效基因抗性和微效基因抗性,小种专化抗性和非小种专化抗性,还有一些其他较不常见的名称(见表 2-2)。

表 2-2　一些表达抗病性的遗传学类型的名称

| 抗病性 | 遗传学名称 | 抗病性 | 遗传学名称 |
| --- | --- | --- | --- |
| 专化抗性 | Specific resistance | 一般抗性 | General resistance |
| 单基因抗性 | Monogenic res. | 多基因抗性 | Polygenic res. |
| 寡基因抗性 | Oligogenic res. | 复基因抗性 | Multigenic res. |
| 主效基因抗性 | Major gene res. | 复基因抗性 | Multiple gene res. |
| 小种专化抗性 | Race specific res. | 微效基因抗性 | Minor gene res. |
| 真正抗性 | True res. | 非小种专化抗性 | Race nonspecific res. |
| 质的抗性 | Qualitative res. | 田间抗性 | Field res. |
| 过敏性抗性 | Hypersensitive res. | 量的抗性 | Quantitative res. |
| 原生质抗性 | Protoplasmic res. | 非过敏性抗性 | Nonhypersensitive res. |
| 幼苗抗性 | Seedling res. | 成株抗性 | Adult res. |
| 高抗性 | High res. | 低抗性 | Low res. |
| | | 中等抗性 | Moderate res. |

表 2-2 中把各种抗性区分成专化抗性和一般抗性两大类。大体上说,专化抗性表现明显,抗性程度高,遗传简单,容易培育利用,但抗性不持久,容易被病原物的新小种所克服而丧失抗性;一般抗性则相反,抗性程度较低,因大多是多基因遗传的,分析培育比较困难,以往育种工作者培育利用这类抗性的不多,由于这类抗性持久,不易丧失,近年才引起人们重视。

植物抗病性是一种复合的性状,专化抗性和一般抗性是结合存在的。一般抗性是普遍存在的,一个品种只要它具有抗性,就必然具有一般抗性。专化抗性本身就是在寄生性专化程度较高的寄生物所致的病害中鉴别出来的,因此主要出现在高级寄生物所致的病害中专化抗性以一定的比例与一般抗性相结合,出现在一个抗病品种中。任何一个高抗性品种不会只具有专化抗性而不具有一般抗性。一个抗病品种的专化抗性有可能因为没有出现病原物毒性小种而未被鉴别出来,或被鉴别出来的比例很低。

### 2.2.3.4　野生寄主植物群体对于病害的遗传防御

自然生态系统中植物群体对于病害的遗传防御问题,20 世纪 50 年代末期曾有少数人(如前苏联的 Zhukovsky,1959、1961)报道了一些调查研究结果,但到了 70 年代中期,才有较多的研究工作者讨论这个问题,并在禾谷类作物起源地地中海东南岸地区作了一些调查研究。在此期间,Vanderplank(1975)讨论了常发病(地方病)的特性,指出常发病在一般情况下具有寄主中水平抗性程度高,或病原物中毒性水平相对低,或二者兼备的特性。Nelson(1975)除强调"田间抗性"在常发病中的重要意义外,并着重指出"过敏性"显然不是它们的标志。但在此以前,Person 和 Sidhu(1971)认为,由主效基因控制并与过敏性相联系的抗性"在寄生作用的自然系统中发挥着作用"。1974 年,Browning 根据在以色列对野生禾谷类群体与它们的病原物关系的调查资料,提出这样的假设:野生寄主植物群体的防御机制,看来主要是"寄主群体的多基因一般抗病性或耐病性"和它的必要配对,即"病原物的多基因一般致病性或侵袭力"这两者的"病理—生态表现型"。"寡基因专化抗病性"和"毒性"可能是在进化过程中附加在多基因系统上的,它们主要对种群中的"寄主—病原物稳态"发挥作用。但在寡基因和多基因两类抗性都出现的地方,寡基因系统对于保持稳态能作出显著的贡献(Browning 等,1977)。

　　MacKenzie(1980)指出:"野生植物群体一般兼具有主效和微效基因系统"的保护,并提出可以把主效基因设想成为寄主植物的第一道防线,病原物能否突破这道防线,决定于病原物小种是否具有与寄主起亲和反应的基因。病原物群体中各个体间的亲和性(compatibility)差别是小种的差别,称为毒性。寄主群体中各个体间在亲和性中的相应差别称为垂直抗性。自然植物群体中的第二道防线是水平抗性,是对突破了第一道防线之后的所有"小种"起作用的,它决定着寄主—寄生物的感受性(competence)。病原物群体中与寄主水平抗性相当的感受性差别称为侵袭力。由此可知,Browning 与 MacKenzie 都认为在野生植物群体中专化抗性与一般抗性都出现,但对专化抗性的作用作了不同的设想和解释。

　　Segal,Manisterski,Fischbeck 和 Wahl(1980)在以色列作了调查研究,他们的结论有根据,很值得重视,要点有:①在自然生态系统中,病害虽未见有破坏性的,但偶尔在局部地区强烈发生,杀死了一些野生的燕麦属(Arena)和大麦属(Hordeum)植物的脆弱植株。这样的淘汰过程直接证明了自然选择是在起作用。②他们从将近 30 年的调查研究中揭示了自然生态系统中的防御结构是明显地多样化的,它们包括过敏性,由慢锈和慢霉的复合体按不同比例联结而成的抗性,以及耐病性和避病现象。其比例因寄主群体、它们的病害和气候条件而不同。它们的综合和内聚型式,显然决定于进化。每一个保护要素可以对植物整个一生或对寄主发育的某些阶段发挥作用。③自然生态系统中多样化的遗传混杂体可以极度减轻对于寄生物群体的优势选择压力,或者相反,它缓和了寄生物对于寄主的选择压力。在寄主群体中不同小生境(niches)的多重性促进了许多寄生型式的确立和平衡它们的共存,尽管某些系型已达到持久的突出。所调查的每一个群体样品都包含有便于寄生存活的可接受通道。某些病原物的有性时期对于它们的寄生专化性作出了贡献。④防御团的过敏性成员常常在生态系统中起着重要的作用。它们在某些植物上比较普通,在其他植物上明显缺乏(如受大麦叶锈菌侵害的 Ornithogalum 属植物)。寡基因防御成分是很专化的,从那些广谱的(抗多种小种)到只抵抗单一小种的。它们在自然界出现的频率支持了 Browning(1974)、MacKey(1977)、NPerson(1976)等的观点,即主效基因也是有价值的,不应该抛弃。慢锈和慢霉可能代表一般抗性。它们的性能证实了 Nelson(1978)的论据,即这样的抗性并不是对一种病原物的不同小种起一致的反应。⑤Browning(1974)曾强调从自然生态系统研究所探明的知识与制订农业生态系统的病虫害管理计划的关联性。自然生态系统中的防御系统和对策提供了许多定型的多样性模型,选取一个适当的模型取决于作物、病害和环境,因为"对于控制病害流行的对策没有一个是优越于所有其他的"(Day,1978)。

### 2.2.3.5　植病发生、流行与寄主—病原物的遗传关系

从寄主植物群体对于病害的遗传防御角度来看，植物病害所以会成为流行状态，主要有三种原因：一是未曾有协同进化关系的寄主植物与病原物遭遇，这种情况出现于把一种病原物引进以前未曾出现过这种病原物的地区，或把一种寄主植物引进一个新地区，它未能有机会发展对地区病害的抗性；在这两种情况下，寄主植物缺乏足够的遗传防御，病原物的所有小种或某些小种很可能是毒性的，因而造成破坏性的病害流行。二是寄主植物的遗传防御机制脆弱，遭到毒性强烈的病原物小种侵袭，造成病害流行。这主要是寄主品种单一，造成遗传一致性所出现的问题。三是寄主植物的抗性丧失，原来的抗病品种因大面积种植，对病原物施加压力，造成定向选择，促进病原物毒性小种大量增殖发展，终至克服寄主的抗性，造成病害流行。这主要由于所选育的抗病品种的抗性是专化抗性，抗性本身具有不能持久的弱点所致。

### 2.2.3.6　垂直的和水平的抗病性、致病性

"当一个品种是抵抗一种病原物的某些小种而不抵抗其他小种的，我们称它的抗性是垂直的；当其抗性是普遍一致地对病原物的所有小种的，我们称它是水平的。"

侵袭力是针对水平抗性的，也可称水平致病性；毒性是能克服垂直抗性的，也可称垂直致病性。毒性是寡基因遗传的，侵袭力是多基因遗传的。

Vanderplank 于 1963 年在《植物病害：流行和防治》一书中提出垂直和水平两类抗病性的新观点，受到了植病和育种界的重视，影响了抗病育种工作的方向。他所提出关于抗病性和致病性本质及其变异的一些独特见解和假说，在寄主、寄生物相互作用遗传学研究领域中也常常成为人们讨论和争论的问题，对促进这个领域的研究工作起了积极的作用。

范氏对于两类抗病性和致病性的概念定义和理论假说，是在人们批评、非议中逐步补充完善的。

(1)范氏定义　范氏 1963 年最初提出两类抗病性的定义是："当一个品种是抵抗一种病原物的某些小种而不抵抗其他小种的，我们称它的抗性是垂直的；当其抗性是普遍一致地对病原物的所有小种的，我们称它是水平的"。1968 年，他对垂直抗性的定义表述为："……对一种病原物的某些小种比对其他小种更抵抗的"。这与 1963 年的定义有所不同。

对于病原物的致病性，范氏于 1968 年提出："致病性(pathogenicity)包括侵袭力(aggressiveness)和毒性(virulence)"。并指出：侵袭力是针对水平抗性的，也可称水平致病性；毒性是能克服垂直抗性的，也可称垂直致病性。又指出：毒性是寡基因遗传的，侵袭力是多基因遗传的。他不同意用主效基因和微效基因这一对名称。

(2)两类抗病性的混合存在和 Vertifolia 效应　范氏于 1963 年提出水平抗性和垂直抗性的概念定义时，没有明确指出两类抗性混合存在，但提出了一个在培育垂直抗性过程中丧失水平抗性的例子，他把这种现象称为"Vertifolia 效应"。"Vertifolia"是荷兰马铃薯一个老品种的名称。他从这个品种的一些历史资料中，发现它原来具有发病迟、病害发展慢、病害轻等水平抗性的特点，但在培育抗病品种过程中，人们只注意选育垂直抗性，不注意水平抗性，因此水平抗性降低了，在病害流行时，垂直抗性丧失，受害特别严重。这个例子本来可以说明原来是两类抗性混合存在的，因人类选种关系，反映出二者间的消长情况。但有人误认为他提出的两类抗性是相互脱离、或此或彼的。因此，他在 1968 年的著作中，特别指出："在关于抗性的一些定义中并没有包含这样的意思，即水平或垂直抗性必须纯粹地出现，即品种或者有纯粹的水平

抗性,或者有纯粹的垂直抗性。很可能,垂直抗性从来没有不由水平抗性陪同一道而出现的。难以设想水平抗性等于零,是什么意思。但水平抗性有时可能纯粹出现,即不与垂直抗性混合而出现。"尽管范氏作了这些说明,但仍然有人认为:"Vanderplank 自己的定义注定一个植物基因型将或者表现水平抗性,或者表现垂直抗性;按照定义,不能两者都表现。"针对这类误解或曲解,1982 年范氏又再次说明两类抗性的混合存在。

(3)两类抗性在相互作用和变异系统中的区别　1968 年,范氏又从寄主品种和病原物小种的相互作用中来区别两类抗性,提出:"垂直抗性意指寄主品种与病原物小种之间的一种分化的相互作用(differential interaction);在水平抗性、品种与小种之间没有分化的相互作用。"水平抗性具有抗性序列一致的特点。

1978 年,范氏又从变异系统方面来区分两类抗性,指出:在垂直抗性中,病原物的变异是与寄主的变异质量上相关联的(相关的变异);在水平抗性中,病原物的变异与寄主的差别无关(不相关的变异)。又指出:垂直抗性可以分成:①具有寄主—病原物特异性(specificity)(或译作专化性)的,这类垂直抗性是典型地寡基因遗传的,对于病原物的某基因型高度有效,但对其他具有相应毒性基因的病原物无效。②不具有寄主—病原物特异性的,这类垂直抗性不是真正地非特异性的,但因为相应的毒性是数量遗传的,其特异性虽可由统计分析检测出来,但较不明显。水平抗性就它对于不同种的病原物来说,是具有特异性的。

(4)关于两类抗性的分子假说　1975 年,范氏初步提出毒性和侵袭力的区别:"毒性涉及基因多样性,可能大部分通过突变;侵袭力很可能涉及酶剂量和酶作用的连接和断开。"这个观点到 1978 年发展成为垂直和水平抗性的分子假说,其要点为:垂直抗病性或感病性是由蛋白质的聚合作用决定的;寄主和病原物两者的变异都是质的变异;寄主、病原物的相互变异是疏水性强弱的变异,属于同一等级,寄主所作的,病原物同样也能作,所以具有病原物和寄主的相关变异性,这也是垂直抗病性脆弱性的根源。水平抗病性或感病性是由催化作用或催化产物决定的;寄主和病原物两者的变异都是量的变异;寄主、病原物的变异分属于不同类型,病原物对寄主抗病性的改变不能作出同类型的反应,这是水平抗病性较为稳定的主要根源。

(5)连续变异的抗性和不连续变异的抗性　范氏 1982 年在他的专著中重新陈述了水平抗性和垂直抗性这一对名称在二变量系统中的生物统计学意义,并继 1975 年的著作之后,再一次评价了新出现的一些抗性名称。在此基础上,他提出"连续变异的抗性"和"不连续变异的抗性"这一对新名称,并说明连续变异的抗性指水平抗性,通常也可称为量的抗性;不连续变异的抗性指垂直抗性,也可称为质的抗性。但他未提出以这一对名称替换或替代水平抗性和垂直抗性。范氏之所以提出这一对新名称,一方面反映现在已经认识到抗病性的变异也和其他生物性状的变异一样,本质上就存在着连续的和不连续的、量的和质的两种类型;另一方面可能也与一部分学者在研究"水平抗性的小种专化"问题中提出的一些见解和论点有关。

### 2.2.3.7　病原物毒性的群体遗传

(1)毒性基因突变率和适合度　垂直抗性基因的有效寿命是由病原物群体中毒性等位基因的频率决定的。毒性等位基因频率又是由突变率、无毒性突变成毒性的速率和毒性突变体在与无毒性的非突变体以及其他试图占据同一小生境的有机体竞争中的适合度(fitness)决定的。所谓适合度是指一个生物能生存并把它的基因传给下代的相对能力。因此,一个病原物群体中任一特定毒性等位基因的频率是造成该等位基因的突变率和该等位基因对于携带它的病原物的适合度的一个函数。曾有人根据 Neurospora 的突变率(约为 $10^{-8}$)估计白粉病菌等植物寄生物的毒性突变率为每天每位点 $10^{-8}\sim10^{-7}$。如果毒性等位基因减低适合度,它在群体中的频率将接近于突变率。如果它增加适合度,它的频率将逐代增长,最后接近于 1.0。

(2)小种鉴定和毒性分析　采集病原物标样,接种于一套标准的鉴别寄主品种,根据它们的反应类型来鉴定病原物生理小种的频率及新小种的出现,曾是植病和育种工作者多年进行的一项基本调查。许多病原物由分生孢子或夏孢子繁殖,能作为无性系在培养中保持。这种事实使得许多早期研究者设想生理小种在自然界也是一种固定的无性系实体。这种假定的谬误,现已被人们在小种调查中认识,因此小种调查正在向着描述特定病原物群体中毒性基因频率的方向转移。这种转移是有意义的,因为我们在分析或预报抗病品种崩溃中,最为重要的不是小种的鉴定或定名,而是毒性基因的频率,正如 Day(1974)、Wolfe 和 Schwarzbach(1975)所指出的。在毒性分析中,那些在当地不种植或预计在最近将来也不栽培的鉴定品种,就不要求经常利用。研究的目的性明确,可以减轻不必要的工作量。

对这些预报的频率进行了检验,曾发现预报的和观察的频率是一致的。但也有观察的频率低于预报频率的例子。这些例子被认为是有一种与专门的组合相联系的选择的不利,它可由培育具有二个相应抗性基因的抗病品种而被利用(Wolfe 等,1976)。

病原物群体的毒性的直接分析也可由交替取样技术来完成。有一个方法是利用活动苗圃——由育有已知抗白粉病菌基因的大麦苗的浅盘组成。幼苗在田间暴露 24 h,然后移回温室培育和计数其白粉病菌落(Wolfe 和 Minehin,1976)。由此法测定的不同毒性频率与由田间作物上菌落直接分离的相比较,表明它们的结果相似。活动苗圃的主要不利是它限制在接近实验室或温室的大田作物范围内,以便于准备幼苗和暴露之后的培育。如果能捕捉孢子,运送到测验中心以接种幼苗,这种限制可被克服。

### 2.2.3.8　非等位毒性基因互作和毒性结构

关于非等位毒性基因的相互作用 Vanderplank(1972)曾对加拿大和美国小麦秆锈菌对于小麦抗性基因 $Sr6$、$Sr9a$、$Sr9b$、$Sr9d$ 和 $Sr9e$ 的毒性的资料进行了分析,指出这些非等位毒性基因之间出现的一些不同的相互作用。

(1)对基因 $Sr6$ 和 $Sr9d$ 的毒性间的相互作用和环境的影响　20 世纪 60 年代中期以前,加拿大的抗锈品种 Selkirk 有两个抗性基因,$Sr6$ 和 $Sr9d$。在加拿大,秆锈菌对 $Sr9d$ 的毒性是常见的,对 $Sr6$ 的毒性不常见,而对 $Sr6$ 和 $Sr9d$ 两者都起作用的组合毒性极其罕见,几乎完全不存在(表 2-3)。可知在加拿大有一种非等位基因的相互作用,保持这两种毒性分开。正是这种非等位互作,提供了稳定选择压力,保护 Selkirk 避免秆锈病的危害。

表 2-3　1972—1978 年加拿大小麦秆锈菌在抗性基因 $Sr6$ 和 $Sr9d$
上单独的和组合的毒性在总分离株中的百分数

| 抗性基因 | 1972 年 | 1973 年 | 1974 年 | 1975 年 | 1976 年 | 1977 年 | 1978 年 |
| --- | --- | --- | --- | --- | --- | --- | --- |
| $Sr6$ | 16.8 | 11.3 | 11.1 | 14.2 | 5.3 | 23.1 | 17.1 |
| $Sr9d$ | 82.8 | 88.7 | 92.3 | 93.6 | 94.8 | 72.6 | 74.1 |
| $Sr6+Sr9d$ 期望值 | 13.9 | 10.0 | 10.2 | 13.3 | 5.0 | 16.8 | 12.7 |
| $Sr6+Sr9d$ 实际值 | 0 | 0 | 0 | 0.9 | 0 | 0 | 0 |

注:本资料引自 Vanderplank(1982)。

（2）毒性通过排斥的离解　对 $Sr6$ 和 $Sr9e$ 的毒性之间的离解，在加拿大和美国都是明显的。据美国 1973—1975 年鉴定的菌系资料，约有 2/3 对 $Sr9e$ 是毒性的；对 $Sr6$ 的毒性也并非罕见，同期间大约有 1/10 分离菌系有此毒性。但是，虽然广泛取样，却未发现在这两个抗性基因上的组合毒性。

兼有 $Sr6$ 和 $Sr9e$ 基因的小麦品种，在加拿大和在美国德克萨斯州都抗秆锈病；但兼有 $Sr6$ 和 $Sr9d$ 的小麦品种，只在加拿大抗病，在德克萨斯州则不抗病。假定温度是这些基因上的毒性离解的决定因子，人们将推论具有基因 $Sr6$ 和 $Sr9e$ 的小麦品种保持其抗性的温暖环境要比具有 $Sr6$ 和 $Sr9d$ 的品种较低一些。

以上是说明在基因 $Sr6$ 和 $Sr9d$ 上的毒性之间与基因 $St6$ 与 $Sr9e$ 上的毒性之间，通过排斥而离解，此外，范氏还分析了加拿大的资料，说明在 $Sr9a$ 和 $Sr9d$、$Sr9a$ 和 $Sr9e$；$Sr9b$ 和 $Sr9d$、$Sr9b$ 和 $Sr9e$ 这些成对的抗性基因上的毒性之间，即一方面是 $Sr9a$ 或 $Sr9b$ 上的毒性，另一方面是 $Sr9d$ 或 $Sr9e$ 上的毒性，也是互相排斥的（表 2-4）。

（3）毒性联合作为相斥的间接后果　因为（在加拿大）在基因 $Sr6$、$Sr9d$ 或 $Sr9b$ 上的毒性，与基因 $Sr9d$ 或 $Sr9e$ 上的毒性互相排斥，接着出现的是：一方面在基因 $Sr6$、$Sr9a$ 和 $Sr9b$ 上，另一方面在基因 $Sr9d$ 和 $Sr9e$ 上，这两方面的无毒性和毒性的联合。

（4）一些其他病害中的非等位毒性互作的证据　在燕麦秆锈病菌、小麦叶锈病菌和小麦条锈病菌中，都是非等位毒性互作的例证，这些对于寄主中配对的抗性基因具有特殊的重要性。除了出现在 $Puccinia$ 属中的非等位毒性互作之外，对马铃薯晚疫病菌的情况还不清楚。育种家对于抗性基因 $R1$ 曾给予特殊的兴趣，但对这个基因上的毒性的定向选择很强烈，使得任何想确定是否涉及非等位互作的努力都归于无效。在其他病原物中，有关这一问题的数据很少。

表 2-4　1970—1975 年加拿大小麦秆锈菌在抗性基因 $Sr9a$、$Sr9b$、$Sr9d$ 和 $Sr9e$ 上单独的和组合的毒性占分离株的百分数

| 抗性基因 | 1970 年 | 1971 年 | 1972 年 | 1973 年 | 1974 年 | 1975 年 |
|---|---|---|---|---|---|---|
| $Sr9a$ | 12.8 | 34.4 | 25.7 | 21.6 | 8.7 | 6.9 |
| $Sr9b$ | 12.8 | 34.4 | 26.0 | 21.6 | 14.8 | 6.4 |
| $Sr9d$ | 86.2 | 68.8 | 82.8 | 88.7 | 92.3 | 93.6 |
| $Sr9e$ | | | | | 83.7 | 84.0 |
| $Sr9a+Sr9d$ 期望值 | 11.0 | 23.7 | 21.3 | 19.2 | 8.0 | 6.5 |
| $Sr9a+Sr9d$ 实际值 | 0 | 0 | 0 | 0.9 | 0.5 | 1.5 |
| $Sr9a+Sr9e$ 期望值 | | | | | 7.3 | 5.8 |
| $Sr9a+Sr9e$ 实际值 | | | | | 0.5 | 1.5 |
| $Sr9b+Sr9d$ 期望值 | 11.0 | 23.7 | 21.3 | 19.2 | 13.7 | 6.0 |
| $Srgb+Sr9d$ 实际值 | 0 | 0 | 0 | 0.9 | | 1.5 |
| $Sr9b+Sr9e$ 期望值 | | | | | 12.3 | 5.4 |
| $Sr9b+Sr9e$ 实际值 | | | | | 0.5 | 1.5 |

注：资料引自 Vanderplank(1978)。

（5）非等位基因毒性互作　范氏曾提出一个关于非等位基因毒性互作的假说，认为在互作中涉及病原物的有关毒性蛋白质，它们通过聚合作用引起互作；聚合作用的发生是因为有关蛋白质表面保存了它们共同祖先型式的痕迹（详见范氏原著，1978）。

### 2.2.3.9　第二基因对基因假说

*Flor* 的基因对基因假说讨论了基因的身份。寄主中的抗性基因鉴定了病原物中的毒性基因,反之亦然。现在讨论基因品质。对于 ABC 组中的基因的毒性在品质上与对于 XYZ 组中的基因的毒性不相同;病原物中这些毒性差异必然地反映寄主抗性基因本身中的不相同。

品质差异首先是在 Vanderplank(1975) 提出的"第二基因对基因假说"中识别出来的。这个假说的要点是:在具有基因对基因关系的寄主—病原物系统中,寄主中抗性基因的品质决定着病原物中相对应的毒性基因,当毒性不必要时对存活的适合度。反之,毒性基因当它不必要时对存活的适合度决定着相对应的抗性基因的品质,这种品质由它给予寄主的保护作用来判断。抗性基因按照配对的毒性在病原物群体中是偶有的或常有的而称为强的或弱的。

自从这个假说提出之后,范氏认识到抗性基因的强度(按照上段的定义)不是一个遗传的特性而是受遗传背景和环境的影响。这样,在加拿大基因 $Sr6$ 当它与基因 $Sr9d$ 结合时是强的,因此对小麦育种家是有用的,但当它与基因 $Sr9a$ 结合时是弱的,因为对基因 $Sr6$ 和 $Sr9d$ 的毒性倾向于解离,而对于基因 $Sr6$ 和 $Sr9a$ 的毒性倾向于联合。因此,与假说有关的是:对基因 $Sr6$ 和 $Sr9d$ 的联合的毒性是不常见的,对基因 $Sr6$ 和 $Sr9a$ 的联合的毒性是常见的。可以说明环境作用的是,在加拿大调查的取样环境中基因 $Sr6$ 和 $Sr9d$ 相结合是强的,而在美国调查的取样环境中是弱的。

在农业应用方面,可以从"毒性结构"理论和"第二基因对基因假说"得到这样的启发:抗病育种工作不仅应该重视寄主植物的遗传学,还应该重视病原物的遗传学。一个小麦育种工作者操纵利用小麦属中的 $Sr$ 基因,但这种操纵利用是否得到较好的结果还要依靠锈菌属的群体遗传学。

在小麦秆锈病抗病育种工作中,按照前面所分的两组抗性基因,至少需要两个抗性基因,每组选用一个。按这方式选取,两个抗性基因都将是强基因;反之,如果两个抗性基因都来自同一组,只用两个基因,那将是每个基因都是很弱的。

### 2.2.3.10　抗病性的合理利用和保持抗病性稳定问题

如何合理利用不同类型的抗病性以及如何保持抗病性的稳定以延长抗病品种的寿命,是近年育种家和植病工作者都关心和探讨的问题。

(1)Vanderplank 的观点　从范氏先后在几本专著中表述的观点来领会,我们认为他很重视水平抗性的利用;对于垂直抗性,他也主张要加以利用,但关键是要有一种能持久的、好的或强的抗性基因。他曾注意到病原物小种的存活能力不相同,从"稳定选择"方面寻找利用这种差异的途径。他又从抗性差别方面提出"强"基因和"弱"基因的观点。后来又从病原物小种存活能力的差异和寄主抗性强弱相对应的观点,提出"第二基因对基因假说"。近几年,他又从秆锈菌的资料中分析出非等位毒性基因互作的关系,并由此提出"毒性结构"的理论。这个理论如果得到证实,也就为抗性基因配对结合成"强"的抗性基因型找到了一条道路。

此外,范氏先后在他的著作里提到一些关于垂直抗性利用和保持其稳定持久的主张,归纳起来大致是:①垂直抗性的利用应该从定向选择和稳定选择的强弱上考虑。在"定向选择弱,从而平衡所需的稳定选择也相应地弱"的地方,利用垂直抗性较易成功。②垂直抗性只可用于改进,但不能用于挽救。因此在即使没有垂直抗性、病害也能在自然控制的环境条件下受到控制,育种工作可以利用垂直抗性。③改进垂直抗性的作用,可以从减少定向选择的压力或增加稳定选择的压力这两方面采取措施。减少定向选择压力的途径主要是减少病害的基础水平，诸如水平抗性与垂直抗性相组合，环境的不利（包括杀菌剂的施用）。因此垂直抗性对流行性病害比对地方性病害更适合。稳定选择的压力可以通过长期轮作或其他可以促使病原物离开抗病品种或与垂直抗性有关的寄主植物的措施而增强。④对于保持垂直抗性的持久性问题，范氏主张在合理利用（即用于改进而不是用于挽救）的条件下，通过加强稳定选择的办法以延长新抗病品种的使用年限。他不主张采用经常不断地把新抗性基因引入品种的做法。像加拿大 Selkirk（带有抗性基因 $Sr6$ 和 $Sr9d$，病原菌的非等位基因互作造成了超过定向选择的稳定选择）那样的例子是否会很多，现在还没有得到证实。因此，对稳定选择的研究应与对"新"抗性基因的研究同样受到重视。

（2）关于防止抗性丧失途径的讨论　其他研究者讨论这个问题的较多，所提出的途径有：①利用聚合品种（把几个抗性基因结合到一个品种中去）；②利用多系品种（把几个具有单一抗性基因的品系按一定比例混合成一个多品系的品种）；③抗性基因的地区布局；④抗性基因的轮换使用；⑤利用多基因品种；⑥上述各种方法组合利用（抗性基因布局、轮换与聚合品种和多系品种结合；水平抗性与其他方法结合）。对于聚合品种和多系品种能否延长抗性利用时间，以及哪种方法好，不论在理论分析中或建立模型计算，都未能得到明确的结论。例如，Nelson（1972，1975）曾认为聚合品种有前途，是一个比基因布局或多系品种更好的办法。但 Leonard 和 Czochor（1980）则说：如果病原菌群体中的选择是部分地依靠竞争的相互作用的，则多系品种甚至可能比具有多个抗性基因的纯系品种更为优越。

防止品种丧失抗性的最好对策是什么？现在为什么还不能得到明确的答案？因为有一些影响每种方法效果的因素现在还缺少资料。清泽（Kiyosawa，1982）最重要的因子是稳定选择或每个基因的适合度的测量。此外，①越冬和越夏对于基因型或基因频率的影响；②每个基因型或基因频率或数量的日增长值的性质；③检查基因型或基因频率的更准确有效方法的发展；④如何把接种体的迁移，连同其他因子结合到模拟系统中去，还必须进行广泛研究。

### 2.2.3.11　病原物传播的原点定律

"当以病害对接种体（两者都在算术比例上）作图时，其曲线在原点（0，0）开始。"这就叫原点定律。

（1）传播单位和侵染单位

1）传播单位　寄生性真菌消费了它们所寄生的植物或植物部分。为了存活，它们必须在合适的时间转移到下一个寄生部位。如果不能得到这样的部位，就必须利用替换的方式存活，或者死亡。一个传播单位是病原物的一个传播和存活的结构，它能被视觉识别和计数。一个传播单位可以是病原真菌的单一孢子、一群孢子、一个菌丝片段或为此目的而形成的专门菌丝体。许多侵袭根部的病原物在土壤中形成存活的结构，它们通常是不传播的；当一株成长中的根偶尔与它们接触，出现了侵染，这样的结构在流行学中也是一种传播单位。

2）侵染单位　当一个传播单位与一个适当的植物感病部位接触，给以合适的环境条件，一个传播单位变成为一个侵染单位。一个侵染单位可引致植物的一次侵染，占据一个侵染位点，它能被视觉识别、计数和测量，直至它又产生新的传播单位。

（2）接种体数量与病害数量的关系　在传播单位与侵染单位之间存在着这样的问题：是一个传播单位造成一个侵染吗？一个单细胞的孢子能造成一个病痕吗？对于这个问题——接种体数量与病害数量的关系问题，植物病理学家曾经提出过一些理论和假说。例如，Heald

(1921)提出的"孢子负荷"量,Horsfall(1932)提出的"接种体势能",Gäumann(1950)提出的"侵染数限"等,都认为需要有多于一个的接种体才能实现一次侵染。Vanderplank(1975)对这些理论假说作了系统的考查,并从病原体之间的对抗作用、竞争作用、协同作用等方面进行了探讨。他认为这些理论假说,缺乏可靠的实验根据。他对这个问题提出了一些新的见解,以下是他的见解的要点。

侵染实体的概念:他认为起侵染作用的病原体是一个自足的单位,把这个单位称为侵染实体。这个实体可能是一个由若干孢子组成的传播单位(如小麦条锈菌夏孢子常多个黏成一团),也可能是单一的真菌孢子、细菌细胞或病毒质粒。在复合的侵染实体内部,可能有兼性的协同现象(例如孢子释放的物质互相刺激萌发),不论其中有几个孢子萌发和侵染,但只出现一个侵染。传播单位与侵染实体是不同的概念,"实体"含有"自足"的意义,自足是一种遗传的、内在的品质,传播单位没有自足的含义。

侵染实体是独立地起着侵染作用的,各实体之间没有专性的协同作用或对抗作用。由此他提出一个"侵染实体的独立作用原理"。

(3)关于侵染的概率观点——侵染的根本原理  一个传播单位从受病部位传播到感病部位,要经过释放、传播、降落的过程,并不是所有传播单位都能到达感病部位。已经到达感病部位的传播单位,也不是全部都能变成侵染单位或侵染实体。因此,有效的传播单位,才是致病的决定因素。

### 2.2.3.12  侵染数限(侵染阈值)问题

当接种量低到一定程度以后,发病数量便往往呈现为零,这在实验中常可遇到。这就使人想到"侵染数限"问题,即在某些病害中,是否单一传播体不能引致侵染,必须某一定数量以上的传播体,才能引致一个位点发病。

Vanderplank 认为侵染数限的假说是缺乏证据的。许多病害中单胞接种,甚至细菌的单细胞接种,可以引致发病,便是有力的反证。

通常见到的只有接种量到达一定程度后才能导致发病,可能是由于侵染几率很低,而且由于种种遭遇使这一很低的侵染几率未能成为实现。比如侵染几率为 0.1%,则用几个接种体接种当然极难成功,要用到一千个以上才较易接种成功。如此说来,Gäumann 的所谓侵染数限乃是侵染几率的一种表现。

可能在有些病害中,某些特殊情况会引致貌似侵染数限的现象,即单个传播体不能单独引致发病。比如黑穗病、黑粉病类,一般传播体均为厚垣孢子,但真正具有侵染致病能力的是十和一小孢子结合后所生的侵染菌丝。又如,许多寄生性水平很低的病菌,需要在侵染点分泌出一定量或浓度的酶或毒素后,才能杀死寄主细胞、进行死体营养,才能进一步扩展,最终引致发病。在菌量较大时,这一过程易于完成。否则,如酶或毒素的量不够,也可能被寄主的抗病反应所遏止,不能引致发病。当然,这类现象已涉及广义的协生作用。

### 2.2.3.13  高接种量下的协生作用和拮抗作用

(1)协生作用  在有些病害中,当接种量由低到高时,侵染几率提高了,即 ID-DI(接种量或密度与发病数量)曲线斜率加大了。例如,小麦条锈病菌夏孢子常呈团块散布,几个孢子由某种物质黏在一起,在团块内孢子萌发常比单独散开的孢子更快更好,这可能是一种自我促进作用。因而,接种量大时往往侵染概率较高。下例试验结果似乎指出了这种协生作用。

由表2-5可见:在接种量较低(0.1~1 mg/4 225 cm²)时,实测值和估计值极为相近,但在高接种量(10~100 mg/4 225 cm²)情况下,实测值均高于估计值。估计值大体呈一直线,这是和重叠侵染原理相符的,而在接种量1~10 mg/4 225 cm²,这一区间斜率显著大于实测值,这一区间侵染几率的增大可能反映了协生作用的存在。

表2-5　小麦条锈病不同接种量下的发病结果及其重叠侵染转换值

(曾士迈、张万义,1963—1964)

| 夏孢子接种量/ (mg/4 225 cm²) | 实际发病结果 | | | 经重叠侵染转换后 估计的侵染点/100 叶 $C=-\ln(1-A)\times100$ |
| --- | --- | --- | --- | --- |
| | 病叶率/%($A$) | 病点/病叶($B$) | 病点/100 叶($A\times B$) | |
| 试验一:1963 | | | | |
| 0.1 | 2.68 | 1.0 | 2.68 | 2.71 |
| 1 | 15.0 | 1.1 | 16.50 | 16.25 |
| 10 | 68.2 | 3.95 | 269.40 | 114.59 |
| 100 | 99.0 | 9.60 | 950.40 | 460.51 |
| 试验二:1964 | | | | |
| 0.1 | 2.4 | 1.00 | 2.40 | 2.43 |
| 1.0 | 16.8 | 1.27 | 21.34 | 18.39 |
| 3.2 | 37.6 | 1.68 | 63.17 | 41.34 |
| 10 | 66.2 | 2.23 | 147.63 | 108.47 |
| 32 | 96.4 | 4.28 | 404.00 | 332.42 |
| 100 | 99.6 | 7.23 | 720.10 | 552.15 |

注:孢子沉降塔水平截面积4 225 cm²,接种麦苗放于塔底部,孢子粉用滑石粉稀释,向上喷入塔顶方,令其沉降于上述底面积上。麦苗为感病品种燕大 1817 一真叶幼苗。

在小麦秆锈病中也曾获得过类似资料,说明孢子间存在协生作用。这种现象可能有一定普遍性。但是,这种协生作用并不是侵染所必需的,因为单胞接种也可以成功地引致发病。因此,Vanderplank 把它叫做兼性协生。至于绝对协生,则是指单个接种体不能引致侵染,迄今在菌类病害中还没有发现任何可靠证据。至于在某些病毒病害中,必需不同类型的粒体联合一起才能引致侵染(如紫苜蓿和豇豆花叶病害),这是一种特殊情况,类似黑粉菌必须＋、一有性结合才能侵染,似乎还不是最严格含义的协生现象,不是独立完整的传播体之间的协生。

(2)自我抑制作用或拮抗作用　在有些病害中,接种量过大时,孢子之间便发生相互抑制作用,从而超量接种后,病点数不但不增加,反而明显下降,如大麦白粉病(Domsch,1953)、菜豆锈病(Davison,1964)等。所谓超量接种,即接种量已远远超过自然条件下田间大流行的菌量密度。因此,拮抗作用在自然条件下即便有所发生,也是个别特殊情况。但在人工接种试验中,却并不少见,在抗病性鉴定中应注意这一问题。

## 2.2.3.14　阈值原理

病害要能持续发展下去,必须有一个病斑(病株,……)在其传染期中能够成功地实现至少一个侵染(以引致至少一个下代病斑)。换句话说,每个亲代病斑的日传染率乘以它的传染期,必须等于或大于1,即 $i.c\geqslant1$($i.c$ 表示单位时间内病害的增值率,即每个亲代病斑单位时间内能传染而导致的子代病斑数目)。

这个数值等于 1，病害刚刚能维持不断；大于 1，就能发展，$i.Rc$ 愈大，发展愈快。若 $i.Rc$ < 1，病害即衰退；$i.c = 0$，则新病害不再发生，流行中断，这就是阈值定律。

从长期观点看，如果某种病原物与其寄主已达到并维持住一个动态平衡，即稳态流行（endemic）状况，$i.Rc$ 长期平均等于 1，每段时间中，$i.Rc$ 波动于 1 上左，幅度不大。

流行性强的病害，特点之一是 $i.Rc$ 波动幅度大，在季节流行过程中，波动于 0～100 之间，不同病害波动幅度不同，一年生植物上锈菌目和霜霉菌目的病菌所引致病害是 $i.Rc$ 波动幅度最大的。它们的 $i$ 值较小，$Rc$ 值较高。另外有些病害与上者相比，则 $i.Rc$ 波动较小，且其 $i$ 较长而 $Rc$ 较小。其极端，$i$ 极长而 $Rc$ 很小，则是积年流行病害。但由此可看出积年流行病害和单年流行病害虽有区别，又有联系，在一定水准以上的理论分析中两者是有共性的。

至于 $Rc$ 本身，它又由产孢率 $S$ 和传染效率 $E$ 组成，前者是指每个病斑（广义的）每天产生的传播体数目，后者是指每个传播体通过散布着落之后得以成功地引致侵染的几率。即

$$Rc = S \times E$$

不同病菌，其 $Rc$ 组成不同，有的 $S$ 很大而 $E$ 很小，有的 $S$ 不大而 $E$ 很大，还有种种中间类型。

## 2.2.4　植物病害防治和病害管理

### 2.2.4.1　植物病害防治和病害管理概念的发展

（1）植物病害防治方法、措施及其类别　防治植物病害的方法和措施，在一般植物病理学著作中大多把它们分成植物检疫、培育抗病品种、农业防治、化学防治、物理防治等几类。这是一个便于应用的分类方法。

历史上，Whetzel（1929）最早提出按照防治原理把病害防治方法分成杜绝、歼灭、保护和免疫等四类。这个分类方法后来曾被许多作者所引用。直至 1968 年，美国全国科学院的专刊《植物病害的发展和防治》中，才把它发展和修改为：回避、杜绝、歼灭、保护、抗性培育和治疗等 6 类。此外，还有其他多种分类系统，在此不多列举。

（2）有害生物综合防治和综合治理概念的发展　有害生物综合防治和综合治理这两个概念是近 30 年间在应用昆虫学中逐步发展起来的，它们对于病害防治思想的变化有一定影响。

第二次世界大战后，在害虫防治中，由于大量应用 DDT，出现了一系列非所预料的不利后果：抗性系的出现，已处理虫口的复活，以前次要害虫的猖獗，有益昆虫种群的减少，对其他动物包括人类的连锁效应——残留、公害和法律纠纷等。防治费用也因有效用药量的增加而提高。与此同时，在森林害虫的种群治理中有了新的进展，出现了两方面的发展：一是生物防治；二是通过生态系统管理以保持虫害于经济上可忍受水平的概念的产生。结果从 20 世纪 50 年代起在经济昆虫学中逐步形成一种综合防治的概念。1968 年，FAO 的一个专家小组对它提出了下列权威性定义："……综合防治……被定义为一种有害生物管理系统，它在有联系的环境和有害生物种群动态的范围内，应用所有适合的技术和方法在一个尽可能协调的方式中使有害生物种群保持在一个低于造成经济损害水平上。它的狭义是指特定作物上或特定地方中单种有害生物的管理，广义则适用于农业或森林环境中所有有害生物种群的协调管理。它不

是两种防治技术(如同化学和生物防治)的简单并列或附加,而是所有适合的管理技术与环境的自然调节的和限制的要素的综合"(FAO,1968)。

有害生物治理或综合治理:管理或治理这个名称,虽然已经用在上述综合防治的定义中,但现在人们认为有害生物治理是一个比综合防治含义更广的新概念。它应用生态系统、有害生物种群动态和遗传学以及作物生产经济学的知识,制定一个计划,以保持有害生物种群低于经济损害阈值。它通常要在不同时间为了不同效果而应用几种防治措施,即综合防治。但它不试图歼灭一个有害生物种,而是调节它的种群,允许它在低于经济阈值的水平上生活,这是保持生态系统的稳定性和要求管理连续性的关键要素。害虫治理和害虫综合防治,两者在战术上、经济的前景上都是一致的。但害虫治理以保持生态系统稳定为战略目标,有明确的生态前景,并把治理作为一个不断调整的过程。在这些方面,它比综合防治概念有所发展。这个概念近年所用的完整名称为"有害生物综合治理(IPM)系统"。

"预防为主,综合防治"——我国植保工作方针。我国植物保护工作,在多年实践经验的基础上,在国际植保科技发展的影响下,于 20 世纪 70 年代前期提出了"预防为主,综合防治"的方针。对其中"综合防治"的概念,在 1974 年的一个专题座谈会的纪要中解释为:"综合防治是从农业生产的全局出发,根据病虫与农作物耕作制度、有益生物和环境等各种因素之间的辩证关系,因地制宜,合理应用必要的防治措施,经济、安全、有效地消灭或控制病虫危害,以达到增产增收的目的。"并指出:"综合防治是从农业生产的全局和农业生态系的总体观点出发的;要注意各种措施的配合和协调;要考虑经济、安全、有效。"1975 年在一个全国性工作会议的纪要中又指出:"在综合防治中,要以农业防治为基础,因地、因时制宜,合理运用化学防治、生物防治、物理防治等措施,达到经济、安全、有效地控制病虫危害的目的。"

从以上引用的解释中,得知我国植物保护方针中所指的"综合防治",不论从防治战术或从防治战略上分析,都与国际上提出的"有害生物综合治理"概念相接近。

(3)植物病理学中的综合防治和病害管理概念 植物病害的综合防治,在早年的植物病害著作中即有提到,其起源远比害虫综合防治较早。化学药剂用于真菌性病害防治,除汞制剂外,也没有像杀虫剂那样对生物圈造成严重的威胁。因此,病害综合防治与虫害综合防治这两个概念的起源不相同。

"植物病害管理"这个名称是近 10 年间出现的(Chiarappa,1974;APPle,1977)。它在植物病理学中是一个新概念,它的起源与害虫治理和生态系统这两个概念向植物病理科学的渗透都有关系。Zadoks 和 Schein(1979)曾给病害管理下了这样的定义:病害管理是所有有意识的或无意识的行动的全体,它们起着调节病害水平保持低于经济阈值水平的作用;这些行动可以是针对单一病害的,或是对着威胁一种作物的所有病害的;这些行动可能或不能配合进一个监督防治甚至综合防治的系统中;病害管理或虫害治理都是作物管理的部分,但它们要求个别的专门知识。

发展一种病害管理计划,如同前面已经提到的,应从农业生态系统的整体和农业生产的全局出发,应用 3 个领域的知识:种群动态和遗传学、作物经济学和病害防治技术。病害防治技术已在前面作了概括。

## 2.2.4.2 病害管理系统

(1)病害管理是农业生态系统管理的一个组成部分 在一个农业生态系统中,农作物、病害、人类活动等之间的相互关系,组成一个错综复杂的网络。所有参加管理这个系统的活动一起称为农业系统管理。作物是农业生态系统中的一个子系统,因而作物管理的地位亦如此。一种作物的种植制度是作物管理的子系统。作物保护是作物种植制度中的一个子系统,它又是出由病害管理、虫害管理、杂草管理等子系统组成的。任一病害系统都涉及一个寄主—病原物组合。在病害系统管理内部又有它的子系统,如同基因管理等。

上述内容,可列成大纲形式:

农业生态系统管理

　作物管理

　　种植制度

　　　作物保护(虫害管理,病害管理,……)

　　　　病害系统管理

　　　　　基因管理,……。

(2)病害管理复杂性的不同水平　病害管理由于管理的对象和范围不同,因而具有不同水平的复杂性。最简单的是一个田块中单一病害的管理。这时可以在不损害寄主植物和其他生态因素的前提下,把适用于所管理病害的几种防治措施,其中有的减少,有的降低,有机地结合运用,就有可能达到管理的目的。

复杂性的第二水平是一块田中几种病害系统的管理。以马铃薯为例,据文献报道至少有病毒病 18 种,真菌病 46 种,细菌病 6 种,线虫病 5 种,以及非寄生的病害约 40 种。当然,这些病害并非任何一个地区都有发生,即使发生,其严重度也不是都要求给以专门的注意。但这时必须从种植到收获,针对不同时期有经济重要性的病害采取必要的防治措施,以保证在收获之前病害达不到经济损害水平,而且为了预防贮藏期间或下一季的病害发生,在收获后也要采取必要的防病措施。

管理复杂性的更高水平是一个农场甚至一个地区、一个县、一个省和国家范围的病害管理。这就要求进行全面的、系统的情况分析,针对不同地区、不同时期的主要病害问题,采取各种适用的防治技术,并应注意把病害系统管理与其他系统的管理有机地结合起来。

### 2.2.4.3 研制病害管理计划的原则

Apple(1977)提出了病害管理的一些原则,现按照它们应用在研究制订病害管理计划中的次序陈述如下。

(1)鉴定所管理的病害　在一个生态系统中有明显的或潜在的经济重要性的病害必须给以诊断并鉴定其病原。要收集病原物生态学、病害流行学和该作物其他病虫害的有关资料。鉴定问题是发展病害管理战略的第一步。

(2)规定管理的单位——农业生态系统　农业生态系统相当于自然生态系统的早期的、能动的演替阶段,它的边界常常是实用主义地决定的。一种常态的生态演替将在一个农业生态系统中进行,除非农民通过耕作、灌溉、施肥和农药的使用,不断地供应以能量。进入农业生态系统中的有机体流量也许是高的,因为其中有许多未充满的生态位。这种人为保持的生态系统被一些不同特性的有机体所侵袭,其中有许多成为共居者,对于该系统所支持的产量是必要的(例如根际生物)。某些侵袭者也许无害而不被注意,但其他的则与栽培的作物竞争、取食或寄生,当它们的作用与人类的愿望冲突时,被宣布为"有害生物"。

病原物的迁移能力决定所要管理的农业生态系统的边界。如果这些病原物迁移能力有限,管理单位的边界也许被限制于单一田块(例如土传的胞囊线虫属,*Heterodera*)。如果这些病原物潜力大,病原物生态系统也许包括一个大陆的大部分,例如小麦秆锈菌等气传病原物。因此,病原物生态系统的地理界限是由病原物的迁移特性决定的。但农业生态系统(它是基本的管理单位)的大小是由一组子系统(生物的和物理的,它们组成农业生态系统)的外面界限决定的。

(3)发展管理战略 病害管理战略必须针对着减少病害由已开始的接种体数量,或针对着降低病害在植物种群中增长的速率,或针对着减少二者。植物病理学者传统上注意于减少发病率,而忽视发病率、病原物种群与病害增长率之间的关系,由于缺乏这方面的资料,成为预报发病率和发展长期管理战略的障碍。

发展管理战略必须以一套管理战术或战术的组合为基础,这些战术使病害的减少和作物的生产力达到最优化。关于病原物生态学、病害流行学和其他基本的生态系统关系的知识,是选取和运用现有病害管理战术和发展新战术的基础。

病原物生态学和病害流行学 病原物生态学必须在农业生态系统范围内来理解,它既是选取管理战术,又是在变化着的生产措施条件下预报病原物行为的基础。这就不仅要求有关于病原物生活循环和影响繁殖和存活的条件的知识,又要有关于病原物与农业生态系统中所有可管理成分的相互作用的理解。在这方面,需要不断做调查研究工作。

农业生态系统多样性与稳定性的关系:多样性与稳定性之间的关系在生态学中和害虫治理中都有争论。生态系统中的多样性是指物种的丰富度或每个独立单位的物种数目。稳定性是指系统继扰动之后回复到一个平均位置的能力,平均数本身是与其系统的发展一致的方向移动的。生物量的最大积累一般出现在较少多样性的生态系统中,而增高的稳定性则与增高的物种丰富度和降低的生产力相联系。多样性创造稳定性的"理论"在自然生态系统和农业生态系统中都广泛被接受,但有人认为它是来自自然演替研究的"教条",对于现代农业和林业中被管理的生态系统也许不适用。

Southwood 和 Way(1970)认为一个被管理的农业生态系统中涉及的多样性类型,必须先能判断是负的(反稳定的)或正的(稳定的)多样性关系才能决定。例如,在农业生态系统内部的农作物是保护的中心。引进了一种先前无毒性的病原物的一个侵袭力强的小种,也许提高农业生态系的多样性和微生物区系的丰富度,但减少该系统的稳定性,如果该新小种获得成功。另外,增加腐生物或根病原物的其他竞争物的丰盛度,能提高微生物多样性,从农作物的远景看也提高了根际稳定性。农业生态系统中的动植物区系丰富度也许由于杂草的存在而提高。杂草在生态系统中作为草食性昆虫的捕食者的一个来源也许是有益的,但这种植被也许窝藏病毒、其他病原物或侵袭农作物的昆虫。

从植物病害管理的前景看,农业生态系统中多样性的重要类型是作物种中时间和空间的遗传多样性。一年生作物生态系统中的时间的遗传多样性由有选择地更替作物种而达到,这是调节病原物种群的一种很普通而有效的方式。

明显的是,多样性不加区别地引进农业生态系统中也许不提高稳定性或有益于人类。然而,病害管理战略必须有选择地利用这个概念,最大限度地发挥生物和物理因子在"稳定"病原物种群低于经济阈值的作用。

(4)确定经济阈值 植物病害因为它们损害栽培的作物而被研究,但自相矛盾的是,即使现在也很少可靠的损失估计,由于发展经济阈值要求损失估计,因而经济阈值未曾广泛地用来作为植物病害的管理标准。

经济阈值是那样的病害强度水平,如防治它,使作物的产值增量得以略大于实施一种病害管理战略的花费。虽然定义简单,但精确的经济阈值必须反映许多复杂的和相互作用的变量。由病害引起的损失必须根据作物生产的品质和数量的测定,只有这样才能确定病害数量与损失数量之间的准确关系。与此平行的,所选择的病害管理战术的花费与它们的经济利益之间的关系也必须确定。这两个测定,加上一个反映农民愿意接受所涉及的不确定性(风险)的因子,组成病害管理决策的基础。可用的病害管理战术也许对当季作物并不有利,但可用来作为下季作物管理决策的基础(如同对许多土传的根部病原物)。缺乏有效的或经济的病害管理战术,就应该发展新的管理技术,如对抗病品种、农药或环境的改进。

确定经济阈值的复杂性阻挡了它们的发展和使用。但是,根据观察和经验的经济阈值曾经成功地用在许多有害生物管理计划中。这些阈值当有增添的研究资料可利用时将得到精炼。

(5)发展监测技术　病害管理的一个基本前提是当实际的或预报的病害损失达到经济阈值水平时才被应用。病害问题的范围可以一端是每生长季一致地超过经济阈值,另一端是有造成经济损失的趋势但几率低。在任一极端,监测的数据都将有助于正确掌握防治处理的时机,甚至在某些常发生的严重的病害,并作为对偶发性病害决定是否、何时和何处需要处理的根据。

病害监测还未曾为植物病理学家所广泛应用。对病原物群体动态的监测,在气传病原物和土传病原物中,虽都已有了一些监测方法,但还需要改进和发展新的、有效的技术。对于某些病原物经常存在、环境条件对流行起着主要作用的病害,环境条件的监测是极为重要的。对于测量接种体潜力的更好方法也必须得到发展。

(6)发展描述的和预报的模型　病害管理的最终目的是为农业生态系统发展一些预报模型,通过这些模型使管理的决策能对生产者、消费者和人民大众的最大利益达到最优化。这个过程要作几组复杂数据的收集和综合,每一组与一个动态的生物学的、生理学的、气象的或社会经济的子系统有关联。这个过程要由系统分析和建立数学模型来进行。

一般的系统分析方法分成几个步骤,在病害管理中的模型建立,可分成下列步骤:

1)农业生态系统结构和行为的定性分析　这涉及该系统基本成分和它们的相互作用的鉴定。这个分析可以方便地采用流程框图的形式。

2)对农业生态系统列成数学模型的公式　这涉及写成一些数学方程,它们规定该系统的一些相互作用、基本成分的时间、状态变化和由随机变量(如天气)所施加的机遇方面。这个过程涉及关于作物和每种主要有害生物的子模型,以及一个解释生物气象的子模型,它们被连接起来成为整个农业生态系统的总模型。

3)模型的适合性评价　模型要进行测试,即利用一些假设条件将模型的预报值与根据实际观察该系统的一般期望值相比较。这些演习将鉴定该模型需要改进和需要再加研究的知识差距。

4)农业生态系统行为的数学分析　利用那些描述重要功能成分的实际数据和必要时对模型的修改,该系统的一般行为被查明,并与模拟演习的结果相比较,模拟演习是利用任意的数据输入以评价在一些极端条件下的行为的。

5)农业生态系统管理决策的最优化　在对农业生态系统的输入和输出变量分配了价值得出一个"利益"函数之后,模型被用来寻找那样一些条件,它们使利益最大化。这个过程是人们熟知的数学程序编制。进到这里的机遇方可作为风险和保险额。

可能发展一些实用的病害管理系统而不用公式化的模型建立和系统分析，但发展一个有根据的模型不可能没有对农业生态系统和主要病原物生态学的好的理解。发展一个病害管理系统也是一个动态过程，它反映着农业生态系统的动态和人们对该系统的增长了的知识。理论上，系统（包括它的造模成分）只要求达到那样的复杂水平，即实际的可用性和可靠性。无疑地，许多生态系统对它们发展复杂的模型并不是最适宜的管理方法，因为它们描述和预报的价值与它们的发展、保持和使用的必需费用比较起来不合算。

### 2.2.4.4　病害管理中的几个关键

从经济方面考虑，在管理过程中有几个阈值对于行动决策是起着关键作用的。掌握这几个关键的目的是使病害保持在经济上可接受的水平。

（1）损害阈　病害管理的战略是忍耐病害，但要把它控制在经济水平之下。这个水平曾被昆虫学家称为经济损害水平（Sterns，N，1959），在这里我们称它为损害阈。

（2）行动阈　病害发展的速率 $r$ 取决于寄主抗性、病原物毒性和环境的适合度。品种可以有不同的损害阈。

如果损害阈已知，而病害存在，就必须知道何时行动—行动阈。在适当的时间，必须采取防治措施以减小损失，使病害在收获之前达不到损害阈。杀菌剂研究经验表明了不同药剂在不同条件下能减小损失到什么程度。

这里所称的行动阈，相当于昆虫学家所称的"经济阈值"（ecomomic threshold）。后者是指应该采取防治措施时的虫口密度；这时采取措施可以预防虫害达到"经济损害水平"。

（3）警报阈　为了在采取防治行动之前做好必要的准备工作，例如药械的准备等，确定一个警报阈有时是有用的。警报阈以病害严重程度水平在而定，这时发出要做好防治准备的警报。

警报阈低于和早于行动阈，行动阈又低于和早于损害阈。警报阈是根据病害预测来决定的。

损害阈的决定是以价值判断为根据，价值判断因作物、病害和地区经济发展水平而变异，因此决定损害阈要因地、因时、甚至因人而异，带有主观性，因而其他两个阈值也带有主观性。在决定这些阈值时应从多方面考虑，尽可能取得与参加判断者的意见一致。

（4）否定预测　当行动阈和警报阈可被决定时，也就可能决定不需要采取行动，至少在某个期间内，这叫否定预测。在联邦德国，从 1967 年起由国家气象局借助于电子计算机实施的马铃薯晚疫病预报系统，在从植株出土时起累计生物气象参数数据等级未达到 150 时，都预测为无病，不需要采取防治措施，即是"否定预测"。美国宾夕法尼亚州的"BLITECAST"系统中也包含否定不定预测的等级（即建议不喷药）。

否定预测将来可能会更普及，特别在稻、麦等大田作物，否定预测可以避免造成不必要的防治费用损失。

（5）监督防治　根据病情预测、损失估计和生态上的其他考虑，在专业人员的指导下，使用农药或采取其他防治措施称为监督防治。它是综合防治系统的一个组成部分，比根据一个固定的日程表施用农药或作其他处理更为准确、及时而有效，避免防治次数的过多或过少。

#### 2.2.4.5 病害管理系统研制中的问题

现在的病害管理系统的发展是部分地受经济压力决定的。经济收益高的作物,如果树类,抗病性和耐病性是被忽视的。消费者对产品外观的品质要求愈高,化学处理的要求也提高,处理的次数也增加,生物防治消失了。越专化越有效的杀菌剂出现后,真菌发展了耐性的系统。

对于农业上的一年生作物,常常因为收益较低,培育抗病品种成为预防病害的主要方法。但因育成的品种越来越专化,出现了抗性易于"丧失"的问题。随着品种的专一化,出现了遗传脆弱性的问题。此外,还有一些其他问题现分述如下。

(1)抗病育种的恶性循环或抗病品种的兴衰循环 有人把抗病育种的历史分成3个时期。第一个时期主要是选择利用地方品种,具有相当程度的种内多样性,存在着多基因抗病性。第二个时期(1920—1970年)着重用杂交方法培育单基因或寡基因抗病品种,但在培育这类垂直抗性过程中出现了减损水平抗性的所谓"Vertifolia效果",以及垂直抗性品种遭受病原物毒性小种侵袭而丧失抗性的恶性循环或品种兴衰循环现象。第三个时期是人们在总结前一时期经验教训的基础上,转向培育水平抗性或多抗性品种,并提出了一些保持抗性稳定的基因管理措施。

(2)遗传脆弱性 遗传脆弱性来自遗传一致性。现代植物育种、作物栽培和农业综合企业促使少数作物品种日益占优势,促进了遗传一致性,这就带来一种很大的危险:一旦遇有病原物毒性小种出现,容易遭受严重的损害。1970年美国玉米小斑病大流行是一个明显的例子。

(3)化学防治的恶性循环 较老的保护性杀菌剂含有铜、汞、锰、锡等有效成分,有较广的作用谱,对于病原物中所依据的生化转化作用是不专化的。对于重金属杀菌剂的耐性菌系的发展是罕见的。现代内吸杀菌剂所含的有效成分作用谱窄,容易出现耐性的菌系。

杀菌剂虽然在防治植物病害中发挥着有益的作用,但也会出现不良的效应:①耐性的发展。杀菌剂的作用越专一,这现象越普遍,例如苯菌灵的耐性菌系已屡有报道。②优势的倒转。例如用苯菌灵处理的田块,减少了 *Fusarium* 和 *Cercosporella* 等所致的病害,但 *Rhizoctonia* 的损害大为增加。③生物防治机制的破坏。例如施用铜素剂的苹果园,杀死土中的蚯蚓,落叶上的黑星病菌不易入土死亡,下季病害发生严重。

杀菌剂造成的不良后果大体与杀虫剂相似,但看来问题不及杀虫剂那样尖锐。

(4)接种体的多年积累 病原物接种体的多年积累是轮作周期缩短和病原物散布单位具有高寿命的地方的重要问题。由于轮作周期缩短,由土传真菌引起的病害以及一些叶部病害都有加重的事例。拮抗微生物的发展可对病原物接种体的积累起抗衡作用。

(5)一些可供选择的和较不知名的病害管理系统 以上提到在发展病害管理系统中出现的某些危险和后退,以及可由适当的对策给以避免。此外,针对所出现的问题,还可再提出一些可供选择的和较不知名的病害管理系统。

不适宜位置和条件的回避:如避免在低湿的位置种旱生作物以预防猝倒病和根病,提早小麦播种期,可以减轻江南某些地区的赤霉病。

病害的遏制或排除:如种植材料的检验和检疫。

环境的改变:通过栽培管理措施,改变温湿度条件等。

水平抗性与杀菌剂相结合:对具有水平抗性的品种结合应用杀菌剂,可以使作物得到足够的保护。

(6)关于植物病害的生物防治问题 生物防治通常是与"耕作防治"一起讨论的,后者包括轮作、绿肥作物和其他方法直接或间接地影响病原物种群水平的措施,它们常常由于有利于它的竞争者而发挥生物防治的作用。按照更为严格的定义,生物防治包括直接利用负的相互作用——致病、竞争、抗生或拮抗——以调节一种病原物或有害生物的种群。它也许不包括间接作用的耕作措施。

在植物病理学中,现有大量证据表明一种有机体能对另一种致病性有机体的种群水平起负的作用。这类例子存在于噬菌体和弧状细菌对细菌,病毒对真菌,真菌对真菌,真菌对寄生性显花植物和杂草,细菌对真菌,以及病毒对病毒的作用中。但至今,植物病害的严格意义的生物防治在气传病害尚未见有实用性的例子。可能土传病害的情况有所不同。

这个领域只有在密切注意对生态的影响问题中得到发展,而它的实际应用将依靠坚实的流行病学。目前,植物病害的生物防治以及叶面、根际生物的作用等,都是需要加强研究的新课题,它们的应用前途如何,需要通过实验研究才能明确;应用中将会出现什么问题,需要通过实践才能暴露出来。科学技术就是在这样不断面临挑战、不断取得胜利的征途中前进的。我们对植物病害的生物防治是抱有很大希望的。

# 3 植物病害诊断与鉴定

## 3.1 生物害源引起的植物病害表征与诊断

### 3.1.1 生物害源性植物病害

生物害源引起的植物病害是在有害生物因素的作用下,其生理程序的正常功能偏离到不能或难以调节复原的程度,从而导致一系列生理病变、组织病变和形态病变,生长发育失常或受害,最终使人类所需产品的数量和品质受到损失。这里强调病害一定会出现一些表征,而且不同病害总有不尽相同的表征和显现过程。这些可以作为初步识别病害的依据或提供进一步检查的选择。遇到当地常见的病害,由于种类不会很多,往往根据正确的症状辨识就能做出诊断。生物害源包括致病性微生物、昆虫、螨、杂草及鸟兽,病害表征则是以它们为主的多种因素共同作用的结果。植物病害的诊断是指通过对病害的发病过程、表征以及发病植物的生理变化、组织病变的观察、分析,进而鉴定生物致病因素,以识别病害。作为植物保护工作者,首先要了解植物的正常形态、生长发育过程、生理生化机制以及对环境变化所做出的正常反应。另一方面,又要知晓各种生物害源的生物学特性、传播或活动规律、致病或危害方式。两方面互作会导致病害形形色色的表征,其中包含了许多内在联系和辩证关系。由此也不难理解不同生物害源可以导致大致相同的表征和同种生物可以在植物的不同生育期或不同环境条件下引起不同的表征。如某些真菌和害虫刺激植物,都能产生肿瘤或瘿;病毒、线虫、土壤营养元素缺乏或杂草都可以引起植物生长不良。与人类医学相比,由于可以进行必要的重复试验而使生物害源与表征的一致性得到证明。依此作为诊断的重要环节,应该说,植物病害诊断更加科学和有把握。

人们在田间见到一种生疏的植物病害时,首先要思考是农田生态系统的 3 个亚系统中,哪个出现了反常的变化或不利于植物正常生命活动的作用。如果是由生物致病因素引起的,就要弄清楚具体的物种(属、种)。就这一目标而言,病害诊断又是比较困难的、带有一定风险的工作。可能正是因为这一点,在植物病理学中关于鉴别诊断的论述或专著甚少,即便是仅仅着眼于诊断(包括症状诊断)的资料也很少。与人类疾病诊断技术相比,植物病害的化验、解剖亦不多见。现行植物病害鉴别诊断技术偏重病害表征的观察、辨识和病原物鉴定以及将各种现象连贯起来的思考,除了需要十分丰富的植物保护知识以外,还要有大量的实践经验。生理学家 Waher B. Cannon 在哈佛医学院作学生时就首先提出他称之为"用病案进行医学教学的方法"同样适用于植物保护工作者。

## 3.1.2　植物病害诊断

诊断一词来源于希腊文,意思是"辨别"或者"识别"。17—18 世纪,疾病诊断学(diagnostics of disease)被定义为依据疾病的特征而识别疾病。限于当时的科学技术水平,诊断内容局限于"在疾病的发生、发展和消失过程中所具有的独特症状和体征——也可以说是疾病的历史"(A. M. Harvey,1979),与现代医学中的病情学含义相同,是指辨别病害表现类型并比较这种表现与已经知道的某种病害表现模式雷同而识别病害。其后,"诊断"一词在医学术语中使用频繁,以致其含意变得越发模糊。虽然一向认为"诊断"有"将一种病害与另一种病害区别开来的技艺"的含意,但是很多研究者还是乐意在"诊断"一词前面加上这个修饰词,以强调"确定为某种疾病"为最终目的。

植物病害诊断对病害研究和防治都具有十分重要的意义。研究和学习植物保护的最终目的在于有效地控制病害所造成的损失,而病害种类很多,各有其特殊的发生规律,只有正确的诊断才能把防治工作引上正确的轨道。作为一名植物医生,首先需要掌握的本领就是病害诊断。正确诊断的建立,对于掌握病害发生规律,制订、实施合理的防治方案和搞好预防均有其根本性的指导意义。在生产中遇到一种经常发生的或已经研究清楚的病害时,只有判定哪种病害,才能查阅有关资料,采取相应的防治措施,即所谓的"对症下药"。遇到疑为一种新病害时,也只有一一排除是已知病害的可能性以后,才能开展对该病害各方面的研究工作,所以诊断往往是新病害研究的起点。即使对一种老病害的诊断,也常常会在不同场合的诊断中发现新问题,从而引发新的研究课题。

病害鉴别诊断是一个由表及里、由现象到本质的认识过程,大体包括搜集病例资料、分析病例资料两部分工作,二者缺一不可。若病害发生情况的资料不充分或不准确,或者对资料的理解有错误,或者对各种因素、各种现象和过程连贯起来的思索和分析不合理,都会得出错误的诊断。通常可以把它具体分为实地观察、询问病史、病原物鉴定、对比试验、分析资料和结论检验等步骤。现概述如下。

(1)实地观察、搜集资料　实地观察一般要由宏至微(或由微至宏)、由现状及历史地进行。当我们进入生病的田块时,应该细心观察作物生长的生态环境、作物生长状态以及发病植株上各种症状的综合表现,得出一些总括性的认识,如环境是否适宜该种植物生长,是"旱"还是"涝",栽培管理水平,作物生长状态。这相当于中医诊断中的病相观察,十分有助于进一步的诊断。如作物长势旺盛,则不容易滋生寄生性弱的病原微生物,天气干旱较容易发生蚜虫、红蜘蛛等虫(螨)害。实地观察中,还要注意发病个体的分布格局。它与生物害源的活动、传播、增殖、适生条件以及植物的抗性有密切关系,可以相互印证。如一些集中产卵的害虫常造成被害个体的核心分布,气传病害常呈现随机分布(初期)或均匀分布(后期)。进一步的详细调查如下。

①表征观察　病害的表征,包括感病植物的非正常状态(病状或被害状)和生物害源个体

的形体或群体所形成的病征、卵块、分泌物（如蜜露、吐丝）或排泄物所构成的特征，是病害的直观表现。通过看、嗅、触摸对表征的形态、色泽、质地以及气味进行辨识。广义的症状包括上述的外部症状和通过解剖甚至显微镜观察才能辨识的细胞和组织病变（也有人称之内部症状）。植物医生医治的对象——作物是不能行走的，尽管可以采集病害标本，带到植物医院诊断，但多数植物医生应到发病的田间去进行症状观察，以详尽观察发病个体的全面表现（发病部位、病变类型）、群体的代表性表征、初期表征、中期表征和后期表征以及它们之间的联系。对所观察到的症状要进行详尽的文字记录并区分症状类型。

②询问发病过程和病史　这里所说的发病过程实际上是病害发现的过程和以后观察到的情况。病史是指在以往的年份里观察到的情况，特别是类似的病害症状有没有出现过，最好是直接向农户询问：发现"病害"的时间、病变的过程、以前发生过的病害及有无类似病变现象。

③生态环境的调查　包括土壤耕作情况、土质、pH 值、轮作制度、施肥、灌水、播种时间、播种方式等农业措施；种子来源及以往抗病性表现和天气情况，如：温度、相对湿度、结露、降雨、风和日照等。

实地观察和搜集资料要注意每一个细节，切忌一开始就妄下结论并把以后的调查变成为这一结论而搜集证据的过程。调查中尽可能做到全面、准确，还要注意对比，以明确诱发和影响病害发生的因素。

（2）生物致病因素的鉴定　由于不同的生物因素可以引起相同的症状，而同一种有害生物在不同的寄主植物上和不同的环境条件下可以引起不同的症状，因此必须进一步鉴定致病生物的属种，才能做出正确的诊断。如果病害表征是由于虫害或杂草引起的，在发病现场可以看见较大量的害虫或杂草，甚至可以看到正在吃植物的害虫，对他们的形态进行检索就可以知道其属种，按害虫进行防治就可以了。对于病原微生物则需要按照柯赫氏法则进行一系列的试验，才能确定某种生物是不是诱发某种植物病害的病原物。柯氏法则的基本步骤是：①被疑为病原物的生物体必须经常被发现于检查出病害的植物上。②必须把该种生物从发病植物体上分离出来，并在培养基上（非专性寄生菌），或在易感寄主上（专性寄生物）养成纯培养，并记述其形态。③用上述纯培养物接种于可以感染的植物种或品种的健康植物上必须引起同样的病害。④从接种发病的植物上再次分离到的病原物，它的形态必须和步骤②分离到期的一样。

（3）分析资料建立诊断　病害诊断工作往往是一个复杂的过程，资料分析工作贯穿始终，只不过它所依据的资料量可能会不断增加，结论日趋明朗正确。与其他科学的思维方式一样，资料分析以致诊断可以从两方面进行。一种是根据代表性的、特殊性的症状和生物害源鉴定结果，加上植物医生的直觉判断做出诊断，称为"直择法"。此法适用于病变过程和症状十分典型，植保工作者经验丰富的情况。另一种是"汰选法"。对于病情尚不完全清楚，症状又无特异性，植保工作经验不足时，先把几种可能的病害表征与观察到期的异常现象对比，逐步排除相同点少的病害。这个过程中可能还要做进一步的调查和试验。

（4）实践治疗、验证结论　诊断的检验无论是初步诊断还是做出治疗前的最后诊断都不是诊断的终结，只有通过相应的治疗，控制了该种病害的继续发展以后才能证明所作诊断是正确的。这样说和这样做一方面符合逻辑，另一方面可以及时修正错误的诊断，减少防治工作出现大的失误。

## 3.1.3 侵染性病害的表征与诊断

植物侵染性病害表征通常称为症状,它是受侵染植物发生生理病变、细胞病变和组织病变最终导致的肉眼可见的形态病变。症状一般指外部观察到的病变,有不少植物病理学家试图从病株组织、细胞和生理变化来诊断一种病害,并把这些内部变化称作"内部症状"。依据"内部症状"进行诊断类似于人类医学中的解剖诊断,例如维管束病害除造成整株萎蔫外,植株表面往往没有任何异样,需要切茎或剖茎检查才能看到维管束变褐坏死;染病毒病的植物细胞中常可以镜检到不同类型的内含体。

植物发生病害后,酶和其他化学成分会有所改变,但这种变化大多是非特异性的,不同病害可能发生相似的变化。又由于植物病害种类很多,作为化验诊断的实际应用远不及人类医学。然而,随着近年分子生物学和免疫学方面的发展,出现了多种现代诊断技术,它们显著地提高了诊断的速度和灵敏性。甚至在植物尚未表现出肉眼可见症状之前就能对植物中的病原物进行检测。如电镜检查、酶联免疫法(ELISA)、单克隆抗体免疫技术、核酸杂交技术、波谱技术等。

### 3.1.3.1 形态病变(症状)

症状由病征和病状组成,病状是植物全身或受侵染的局部所显露出来的种种病变,如变色、坏死、腐烂、萎蔫、畸形等。病征是在病株或病部出现的病原物繁殖体或营养体,如霉状物、粉状物、小黑点等。

症状特点和类型与病原物之间往往有着十分密切的关系。症状常常作为病害命名的主要依据,既好记又容易识别。如小麦叶锈病,顾名思义是在小麦叶片上发生椭圆形疱状突起,其夏孢子堆,破裂后散出红褐色夏孢子如铁锈一般。病毒病害则经常以寄主和病状相结合来命名,如烟草花叶病,顾名思义是发生在烟草上的一种花叶症病毒病。对于常见病来说,往往根据某些典型症状就能确定是哪一种病害。由于许多病害具有比较独特的症状,也可以依此做出诊断。至少我们可以根据菌脓判断是细菌病害,根据病部产生黑粉判断该病害是由一种黑粉菌引起的。

一种病害的病状可以出现在植物的某一部位,也可以出现在不同部位或整株。这与病原物寄生专化性和侵染是局部的还是系统的有关,相应的病状也有点发性症状(或局部症状)和散发性症状(或系统性症状)。前者只表现在受到侵染或有病原物的个别器官或局部,看不到明显的连续性;后者在同一寄主个体上可以从侵染点到其他器官、部位,甚至整株都表现症状。

(1)常见的病害病状 可以归纳为下列数种。

①变色(discoloration) 指寄主被侵染后细胞内色素发生变化而引起的外观颜色改变,主要发生在叶片、果实及花上。变色部分的细胞并未死亡,这一点可以区别坏死症的褐色病斑。变色又可分为均匀变色和不均匀变色。

均匀变色:指变色在单位器官上表现是均匀一致的,包括以下方面。

退绿 叶绿素减少,叶片均匀退绿,使叶片呈浅绿色。

黄化 叶绿素减少,胡萝卜素突出所致叶片色泽变黄。

红化 叶绿素减少,花青素突出所致茎叶变为红色。

白化 叶片不形成叶绿素。

褐化、黑化和古铜色化　绿色组织褐变,形成褐色乃至黑色。

银灰化　如水仙黄色条纹病毒病,由于引致细胞间隙增大而表观呈银灰色。

花叶　是指变色和不变色变色部分相间排列,变色部分轮廓清晰,色泽可以是一种也可以是多种。典型的花叶症发生在叶片上,根据变色的分布规律又可以分为以下几种类型。

明脉　主脉及支脉半透明,为花叶病早期表现。

斑驳　变色的斑区为圆形或近圆形,大小、分布有种种不同。

条纹　发生在单子叶植物上,形成与叶脉平行的条形变色。或形成矩条形变色,称条斑。形成虚线状态变色,称条点。

线纹　发生在单子叶植物上,形成与叶脉平行的长条形变色。发生在双子叶植物上的形成连续的曲线形变色。

环斑　发生在双子叶植物上,叶片或果实表面形成圆形环纹,其中心有一个侵染点或斑,侵染点与环纹之间的组织色泽是正常的。

环纹　发生在双子叶植物上,形状基本同环斑,只是不具备侵染点或斑。

橡叶纹　发生在双子叶植物上,变色的花纹似橡树叶片的轮廓。

②坏死(necrosis)　植物细胞和组织死亡,但仍然保持原有的表观形状,这一点可以和腐烂变形相区别。依坏死发生的部位、形状和表现特点,又可以细分为以下类型。

斑点或病斑　寄主组织局部坏死形成形状、色泽不同的斑点。如圆斑(柿子圆斑病)、角斑(受植物叶脉限制,形成多角形病斑。如黄瓜角斑病)、黑斑(大白菜黑斑病)、胡麻斑(斑点较小,形状像胡麻种子,如水稻胡麻斑病)、轮纹斑(坏死部颜色深浅不一,呈几层同心轮纹)或网状坏死。前述变色症中,条纹、条斑、环纹、环斑等也可以发展成同样形状的坏死斑纹。

蚀纹　只有表皮坏死的病斑,多发生在双子叶植物叶片上。

穿孔　病斑坏死部分与健康部分之间形成离层,使病部脱落形成孔洞。

枯焦　早期发生斑点或病斑,迅速扩大并互相愈合,造成寄主组织大片坏死干枯,颜色变褐。

日烧　叶尖、叶缘、果实或其他幼嫩组织迅速死亡,色泽变白或变褐。

立枯　幼苗根部或茎基部坏死,以致全株迅速枯死。一般不造成倒伏。

猝倒　幼苗茎基部坏死软腐,植株迅速倒伏。

疮痂　局部组织坏死,病部表面粗糙,有的形成木栓化组织而使病部隆起。

溃疡　病斑大于疮痂,病部界线明显,稍有凹陷。病害发生在皮层,一般不开裂,周围组织增生。

③腐烂(rot)　植物细胞死亡,组织败坏以致外形也发生改变。由真菌引致的腐烂伴有特殊的酒香味,由细菌引致的腐烂则发出臭味。由于病原物致病机制不同,可以细分为以下几个类型。

干腐　坏死细胞消解和组织腐烂过程中水分及时蒸发,病部呈干缩状。

湿腐　腐烂组织内的水分不能及时散失,病部保持潮湿状态或水浸状。多发生在植物果实、块根、块茎或其他幼嫩多汁的器官上。

软腐　先是寄主细胞中胶层被破坏,细胞膨胀压降低,组织变软,然后是组织消解变成腐烂。

流胶　植物内部坏死组织分解成胶状物并从病部溢出。

④萎蔫(wilting)　寄主植物全部或局部由于水分供应不足或失水过多,细胞缺乏正常的膨压而使枝叶变软,呈下披状。由于土壤水分平衡的短期失调称为暂时性萎蔫,及时补充水分后可以恢复正常。由于种种原因,失水严重导致细胞死亡的症状则无法复原。依其失水速度和表观颜色,可以分为以下几个类型。

青枯　由于茎部维管束发生病变,水分供应受阻。全株或其局部迅速失水、萎蔫并迅速干枯,颜色仍保持原有绿色。

枯萎　病变过程比较缓慢,轻则萎蔫,伴有部分叶片的局部或全部变色、坏死。重病者整株枯死,颜色变褐。

黄萎　轻病株叶片下披,颜色变黄,重病株全株萎蔫以至枯死。解剖检查,维管束变色坏死。

⑤畸形(malformation)　由于受害部分的细胞分裂不正常,或发生促进性病变,或发生抑制性病变,以致使植物整株或局部发生畸形。依据病变性质、部位、形状,细分为以下类型。

矮化　由于整株抑制性病变引致各器官成比例缩小,株形并未发生变化。

矮缩　从整株观察,仅节间缩短或停止生长,植株变矮,叶片大小仍保持正常。

徒长　从整株观察,节间过度伸长,植株显著高于正常株高,植株细弱。

丛簇　发生在茎基部。主茎节间缩短,分蘖明显增多,整株呈丛生状。

丛枝　发生在木本植物上。从一个芽上同时长出很多瘦弱的枝条,形状如扫帚,常被称为疯病。

肿枝　枝条肿大。

扁枝　枝条变扁。

拐节　茎节两侧生长不平衡而使茎节发生拐折。

皱缩　由于叶脉的生长受到抑制而叶肉继续生长,造成叶面凹凸不平。

疱斑　叶片生长不均,正常生长的部分被停止生长或生长较慢的组织受限制,形成一个个突起,且颜色较深。

卷叶　叶片向上或向下卷曲,质地变脆。

小叶　叶片缩短或缩小,单子叶植物叶片呈上尖下宽的矛状,叶片明显变小。

蕨叶和线叶　叶片变窄,形状与蕨类植物叶片相似,称为蕨叶,或变成线形,称为线叶。

耳突　指叶脉上长出一些像耳朵一样的增生物。

根癌或根结　均为根部出现肿瘤。前者主要发生在接近茎基部的主要根系上,肿瘤明显。后者发生在较细的侧根上。肿根病的根膨大,呈手指状。有的根数减少,变短,呈鸡爪状。

发根　根系分枝明显增加,变细,很像一团头发。

肿瘤　植物的局部组织增生,形成形状不一的肿物。

瘿　由真菌、细菌、线虫等病原物或昆虫刺激引起植物在受侵部位发生的球状或半球状突起。

花变叶或花器退化变形　花瓣变成叶片状并失去原来的色泽,变成绿色。

(2)病征　常见的病征可以归纳为以下数种。

①霉状物(mold or mildew)　在病部表面形成由真菌的菌丝、孢子梗、孢子构成的霉层。由于颜色、疏密程度、结构不同而细分为以下数种。

霜霉　由伸出寄主表皮的霜霉菌无性繁殖体构成霜般霉层,比较稀疏,白色或夹杂一些黑色。

　　黑霉　形成黑色霉层。

　　灰霉　形成灰色霉层。

　　绿霉　形成绿色霉层。

　　青霉　形成青色霉层。

　　赤霉　形成红色霉层。

　　②粉状物(dust or powder)　由某些真菌的大量孢子密集而成,孢子成熟后容易脱落。依其颜色又分为:由白粉菌菌丝上长出的孢子梗和分生孢子构成的白粉;由黑粉菌厚垣孢子密集而成的黑粉和由镰刀菌分生孢子构成的红粉。

　　③棉丝状物(cotton wadding)　由大量的藻状菌菌丝及其繁殖体构成,一般为白色。

　　④锈状物(rist)　真菌孢子堆成熟后,寄主表皮破裂散出孢子而形成的类似铁锈状物。由锈菌引起的呈红、黄、褐色,如小麦叶锈病、条锈病、秆锈病。由白锈菌孢子囊堆构成的病征称为白锈。

　　⑤粒状或刺状物(granule or thorn)　由真菌子实体构成,如白粉病菌在病部表面菌丝体上生成的闭囊壳称为粒状或小黑点,寄主表皮下生成分生孢子器并造成小突起称刺状物。其颜色一般为黑色。

　　⑥菌脓或菌胶团(zoogloea)　是细菌病害所具有的特殊病征。由溢出病部表面的细菌和胶质组成,或呈液滴状或呈黏稠的脓状。白色或黄色,干燥后形成黄色小颗粒称菌胶粒或片状菌膜。

　　⑦菌核(sclerotium)　真菌中丝核菌在菌丝体上生成的一种休眠体,形状、大小不一,成熟时为褐色、灰色或黑色。

　　⑧根状菌索(rhizomorph)　真菌菌丝缠结在一起而成的绳索状物。

　　一种病害的病征可能有一定的显现过程,也可能表现出不止一种类型。如小麦白粉病在潮湿环境下,初期生长白色菌丝,属棉丝状病征;后期环境不太适宜时在其上长出闭囊壳,显示小黑粒的病征。

### 3.1.3.2　组织病变

　　凡需要进行解剖并借助显微工具才能观察到的病变,称为组织病变。

　　(1)特殊病原物结构　在病组织中可以观察到真菌菌丝体、子实体、细菌个体、病毒颗粒、线虫个体,它们的形态、大小、结构各异,存在的部位也不同,是病害诊断的有力依据。用于观察的显微工具和制片技术也大有不同。在显微镜下可以看到真菌、线虫、细菌。病毒颗粒以及类病毒、类立克次氏体则必须借助电子显微镜观察。为了观察清楚,常常要对病组织进行透明、染色或其他处理,详见显微镜技术和电镜技术。在具体鉴别一种微生物时,必须借助微生物或病原物分类检索表。应该特别注意观察的是:

　　真菌菌丝体有隔、无隔、菌丝变形,吸器及其形状,原生质团,子实体。

　　细菌的形状,鞭毛着生位置、鞭毛数量、荚膜。

　　病毒颗粒的形状、大小。

　　线虫的形状、大小、生殖器结构。

　　内含体(inolusionbody)它是病毒侵染后一定期间,在寄主细胞中出现的一类正常细胞中不曾见过的小体,也曾称作X-小体。早在1903年俄国的Ivanowski就使用光学显微镜在感染

TMV 的烟草叶片细胞中观察到一非晶体的及晶体的内含体。其后,人们进行了内含体分布、形态结构的电子显微镜观察及染色方法的研究。一般认为:不同病毒在不同种类的植物上,会形成不同形式的内含体。因此,用光学显微镜(包括相差显微镜)来观察病细胞的内含体,也是病毒病诊断的重要方法之一。形成内含体是病毒病害的特性,但并非所有病毒和在任何时候及任何场合都能形成内含体,在这种情况下,不能妄下不是病毒病的结论。

内含体是由病毒粒体组成的,它的基本部分是病毒核蛋白。由于病毒粒体集结后其排列方式不同或病毒粒体、寄主的微器官以及由病毒引致的蛋白质结构集结的形式不同,内含体的形态多种多样,但在绝大多数情况下是固定不变的。常见的内含体有柱状、六角状、球状、层片状、风轮状、卷筒状、梭形条纹体、六角晶体等。非晶状内含体是一团与细胞原生质不同的物质,一般为圆形、椭圆形或变形虫形和风轮状。其大小不一,其中包含病毒粒体、微管、泡囊、各种微器官如核糖体、内原质网及高尔基小体等。晶状内含体形状比较固定。

用光学显微镜观察内含体,最重要的技术是选择适当的部位、观察时间和染色方法。快速染色法利用 1,3-2-原甲苯胍(DOTG)及酸性绿(acid green)两者配制后混合使用,称做 O—G 染色法。此外也使用噻嗪染料如天青 A、B 或 C 等。

(2)寄主细胞和组织的异常形态 包括细胞死亡,组织消解。寄主细胞加速分生,数目增多,导致部分组织膨大增生;寄主细胞体积明显增加形成巨细胞,导致部分组织变大的细胞肥大;寄主细胞分裂速度下降,数目减少,器官形成过程受阻所致的细胞减生和由于种种原因细胞营养不良,体积减小而使组织变小的抑缩生长等内部表现。

(3)代谢产物 包括胼胝质和侵填体,前者可以用间苯二酚蓝染色后进行观察,凡未能着色的部分为胼胝质,它阻止木质部及管胞上的木质形成;后者从柔膜组织发生,通过胞壁小孔而侵入木质部的导管中膨大成囊状,从而阻塞了导管,使植株上部水分供应不足而萎蔫。

### 3.1.3.3 生理病变

植物受到侵染后会发生种种生理变化,包括呼吸强度、光合作用、核酸和蛋白质代谢、营养物质和水分的运转,通过对这些变化的测定,可以诊断植物是否生病,甚至对病原物发挥致病作用的酶、毒素、生长调节物质的测定都可以作为病害诊断的佐证。然而,由于这些生理生化指标的测定并不比症状鉴别和病原物鉴定来得容易,其观察结果也缺乏特异性,一些代谢反应并不是病原物侵染所专有的,所以大多用于病理学或植物抗病性研究而较少用于病害诊断。

### 3.1.3.4 植物受害表征的复杂性

植物侵染性病害的表征是病原物侵染寄主以至建立寄生关系后,病体或病害系统在一定的环境条件下发展变化的结果。因此,表征一方面在其显现过程中的不同阶段,在同一寄主的不同部位以及在不同的环境下都可能有所差异。另一方面,在不同寄主(包括属、种和品种)上和寄主的不同生育期也会有所不同,由此造成了病害表征的多样性和复杂性。具体表现为以下数种。

(1)同症(homo symptom) 指不同属种的病原物所致相同的症状。如桃树上常见的桃穿孔病,典型的症状都是在叶片上形成圆形或不规则形,直径为几毫米的病斑,病斑最后脱落,形成穿孔。而引致这种症状的病原物可以是细菌 *Xanthomonas pruni* (Smith) Dowson、真菌 *Clasterosporium carpophilum* (L. ew) Aderh. 和 *Cercospora circumscissa* Saec.,所致病害分别称为细菌性穿孔病、霉斑穿孔病和褐斑穿孔病。

（2）异症（hetero symptom）　指同一病原物所致不同的症状。不同的症状可能发生在不同部位或器官上，如水稻稻瘟病菌（*Pyricularia oryzae*）侵染叶片形成叶斑，侵染茎节使全节变黑腐烂，侵染穗颈和枝梗造成较长的坏死并导致白穗或瘪粒，侵染颖壳及护颖形成暗灰或褐色、梭形或不整形病斑，以致分别被称为叶瘟、节瘟、穗颈瘟、谷粒瘟。最典型的异症现象莫过于谷子白发病。谷子白发病菌（*Sclerospora grarminicola*（Sacc.）Schrot）卵孢子主要在土壤中越冬，其次是带菌厩肥，再次是带菌种子。初侵染侵入根、中胚轴或幼芽鞘，扩展到生长点下的组织以后形成系统性侵染，在各生育阶段和不同器官上，陆续显露出不同的症状，包括"灰背"（幼苗期叶片略变厚，出现污黄色、黄白色不规则条斑，潮湿时叶背面生出灰白色霜霉状物，即病菌的孢囊梗和游动孢子囊）、"白尖"（株高 60～70 cm 后，病株新叶正面出现平行于叶脉的黄色大型条斑，背面生白色霜霉状物，以后条斑连片呈白色，新叶不能展开，称白尖。白尖不久变褐枯干，直立田间，称"枪杆"）、"白发"（"枪杆"心叶组织逐渐解体，散发出大量黄粉，为病菌的卵孢子。余下的病组织呈丝状、略卷曲如白发）、"看谷老"（能抽穗但造成穗畸形。内外颖受刺激变形，呈小叶状、筒状或尖状横向伸张，病穗呈"刺猬头"，不结粒或很少结粒。病穗初显绿色或带红晕，以后变褐枯干，可散出黄粉，为卵孢子）。除去这些典型症状以外，该病还可以引起芽腐，造成死苗和少量游动孢子囊再侵染引起局部叶斑。一株受病植物上各种症状的综合表现叫做综合症状，也称为病象或并发症。

（3）隐症或症状的隐潜（masking）　在一定环境条件下症状暂时消失，一旦具备适宜发病的条件时症状又能重新出现。在马铃薯的病毒病害中，所有表现花叶型的症状在高温下都会隐潜。覆盆子花叶病毒，在高温（28℃）下不表现症状，气温降低就开始出现斑驳症。番茄感染菟丝子潜花叶病毒后，先在幼叶上造成水渍状斑点，这种斑点很快变褐，随之叶片出现斑驳。而这种症状只出现在头 2～3 个叶片上，以后生长的叶片都很正常，不过在这种叶片上再接种TMV，除了表现 TMV 的症状外，菟丝子潜花叶病毒所致症状也会再次显现。再如樱桃感染了西方 X-病毒，如果嫁接在 Mahaleb 或 Morello 品种的根砧上可以使症状隐潜（裘维蕃，1984）。隐潜的定义也可以扩大到有些病毒侵入一定的寄主后由于寄主细胞高度耐病的生理状态，允许病毒自由增殖而不能引起任何异常表征，这就形成了无症侵染，这样的寄主被称为无症带毒体。例如北美在 1908 年从中国引去一种观赏的柑橘植物，据称带有速衰病毒但并不表现症状。由此，可以把症状的隐潜理解为寄生和共生关系的有条件转化。

裘维蕃（1984）指出：症状的隐潜对研究植物病毒的人来说，是极为重要的。从病毒的流行学来说，无症寄主往往是流行病的病毒来源；对育种工作者来说，无症寄主也可能被误选为生产之用，但是它对感病的同类植物是一种威胁，而且有些无症寄主也能导致严重的减产；从生物学观点来说，深入研究无症的原因将对寄生性的本质和病毒的生活规律有更进一步的认识。

（4）潜伏侵染（latent infection）　由于寄主抗扩展作用或环境条件不适宜，病原物侵入后可以较长时期存活而不向四周扩展，也不表现任何症状；一旦寄主抗病性减弱或遇到适宜的环境条件，病原物就会增殖和扩展，植物才表现症状。这种现象被称为潜伏侵染。这种现象在果树和林木炭疽病和轮纹病上比较常见，如苹果炭疽病（*Glomerella cingulata*（Stonem.）Schr. et Spauld.）。根据北京观察，5月上中旬降雨时，炭疽病分生孢子便飞散传播，至 7 月中下旬果实近成熟期才发病。据国外资料，没有成熟的果实中存在着一种胶质——蛋白质-矿物质的复合物，这是果实抗病的基础。苹果轮纹病（*Physalospora piricola* Nose）也具有潜伏侵染特点，菌丝在枝干组织中可存活 4～5 年，北方果园每年 4～6 月间生成分生孢子，为初侵染来源。

病菌从 5 月下旬的幼果期便开始侵染,而且据青岛市农业科学研究所等的试验证实果实在幼果期抗扩展而不抗侵入。被侵染的幼果并不立即发病,待果实近成熟期、贮藏期或生活力衰退后,潜伏菌丝才迅速蔓延,显现椭圆形轮纹斑和果腐症。潜伏侵染的研究对于明确寄主-病原物相互关系来说具有重要的价值,同时也为适时采取措施防止初侵染提供科学的理论依据。

(5)复合症状或复合症(compound symptom)　是由两种以上的病原物(多指病毒)侵染后共同发生的症状。这种症状不同于两种病原物单独侵染所致的症状。例如 TMV 侵染番茄只产生花叶症及轻微的坏死条斑,而马铃薯 X-病毒侵染番茄只产生轻微的斑驳症,当两种病毒复合侵染时,就会出现一种新的严重的坏死条斑症状。

## 3.1.4　植物病害现代诊断技术

### 3.1.4.1　血清学技术

血清学起源于人类对免疫现象的发现。早在公元 16 世纪以前人类就开始接种牛痘以预防天花。免疫现象是人或热血动物对侵入自己机体的异体物质作斗争的一种自卫反应。它表现为具有抗原性的异体物质进入动物机体内就会刺激机体产生一种相应的抗体。这种抗体又能够通过一系列复杂的过程来消灭或克服侵入机体的有害异体物质,从而获得免疫性。凡是能刺激动物机体产生免疫反应的物质,称为抗原(antigens)。抗体(antibodies)则是由抗原刺激机体的免疫活性细胞而生成的,它存在于血清或体液中,为一种具有免疫特性的球蛋白并能与该抗原在机体内、外发生专化性免疫反应。根据化学组成,可以将抗原分为蛋白、糖、酯三类,其中,能刺激动物机体产生抗体的特性称为免疫性;能与所产生的抗体进行专化性结合的特性,称为反应原性,而将兼具这两种特性的抗原称为完全抗原。实验证明,绝大多数高分子质量的抗原物质均为完全抗原。植物病毒是核蛋白,其分子立体结构表面具有某些化学活性基团(抗原决定簇)可作为被动物免疫性细胞识别为异物的标志,同时又是相应抗体与之进行专化性结合的构型。由于不同病毒之间存在着抗原决定簇的差异,而相关植物病毒的粒体表面,必然具有一定数量的共同抗原结构,人们可以利用血清学方法准确、快捷地判定某种植物病毒的存在与否、存在部位和数量。因此,血清技术在植物病毒病害诊断上具有十分重要的价值。

现代血清学技术已经广泛地应用于病毒、类菌原体、立克次氏体以及蛋白质、蛋白质多糖复体、多糖、多肽等大分子物质的检测。其技术要点是:抗原的提纯、抗血清的制备和各种血清学反应实验。以下仅以血清学技术在植物病毒检测上的应用为例加以说明。

(1)病毒抗原的制备与纯化　要获得高纯度的植物病毒抗血清,首先必须有纯的抗原,如纯的病毒。由于田间病株往往为多种病毒复合侵染,所以在进行生物、电镜和血清学检测前,要分离和纯化病株中的病毒,通常采用以下方法。

1)利用鉴别寄主　例如将芜菁花叶病毒(TYMV)和烟草花叶病毒(TMV)复合侵染的油菜病株汁液接种在心叶烟上,由于芜菁花叶病毒不感染心叶烟,而烟草花叶病毒在心叶烟上产生局部枯斑,挖取单个枯斑,汁液接种油菜就可以得到单纯由烟草花叶病毒侵染的病株。

2)通过传播方式　例如通过桃蚜可以从马铃薯 X-病毒(PVX)和马铃薯 Y-病毒(PVY)复合侵染的病株中分离出 PVY。因为桃蚜不传播 PVX,只传播 PVY。

3)利用病毒体外抗性　利用不同病毒的致死温度、稀释限点或体外存活期的差别,将某一种病毒分离出来。

目前用于植物病毒提纯的方法很多,如盐析沉淀法、差速离心法、乙醇或聚乙二醇沉淀法、等电点沉淀法等。近来采用葡聚糖凝胶分子筛过滤、二乙基乙氨基(DEAE)纤维素柱层析、基础免疫电泳、聚焦电泳、亲和层析等方法,大大提高了获得抗原的纯度。以下介绍一些常用方法。

1)盐析沉淀法　几乎所有的溶质都可以通过在溶液中加入中性盐,如硫酸铵而被析出,蛋白质也如此。在不同病毒的抽提液中加入不同浓度的硫酸铵时,会在某一浓度变幅内析出某种病毒。许多病毒粒体在1/3饱和度的硫酸铵溶液中沉淀,而蚕豆斑驳病毒在浓度达到3/4饱和度时才沉淀。植物蛋白和核糖核蛋白体遇到适当浓度的硫酸铵也会发生沉淀,但大多同时变性。

2)乙醇沉淀法　乙醇可以同水以不同比例混合,从而改变溶液的亲水性,适当浓度的乙醇溶液由于争夺亲合水而使病毒颗粒沉淀。如烟草花叶病毒、南瓜花叶病毒可用50%乙醇沉淀,悬钩子病毒可用70%乙醇沉淀。低浓度乙醇可使植物蛋白和含脂类的结构,如叶绿体、线粒体、内质网膜沉淀变性,从而澄清组织抽提液。TMV及PVX可用图3-1所表示的方法精提纯。

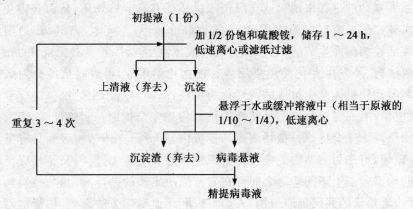

**图3-1　TMV和PXV精提纯步骤**

3)聚乙二醇(简称PEG)沉淀法　此方法要求的设备简单,操作简便且对病毒的破坏性较小,也是一种常用的方法。以水稻普通矮缩病毒提取为例,其操作过程如图3-2所示。

4)差速离心和梯级密度离心法　这种方法常用来制备初提纯液,也能获得较纯的浓缩病毒抗原。具体做法见本书电子显微镜技术部分。

5)等电点沉淀法　利用各种病毒具有不同的等电点,介质溶液的pH值与病毒的等电点相同时病毒的可溶性最小的特性,可以通过调节溶液的pH值沉淀部分病毒。例如对于烟草花叶病毒(等电点pH 3.76~4.68)、番茄丛矮病毒(等电点pH 4.0)、烟草坏死病毒(等电点pH 4.5)等都有较好的提纯效果。

(2)抗血清的制备　在有了纯化抗原的前提下,为了获得满意的抗血清还需要选择试验动物、设计适宜的免疫方案。

1)试验动物　可用于制备抗血清的动物种类很多,如家兔、豚鼠、小白鼠等,大量制备时则

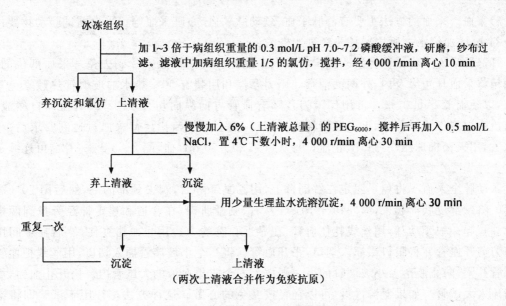

图 3-2　水稻普通矮缩病毒提取步骤

采用马或山羊等。其中最常用的是家兔或白色大耳兔,因为它们容易饲养、管理和繁殖;能产生适量的抗血清,白色大耳兔更便于进行耳静脉注射和采血。

2)免疫途径　主要有耳静脉、肌肉、皮下、腹腔、足掌皮内等,也可以几种途径结合使用。

耳静脉注射　用固定器或人工将家兔固定后,先用70%的酒精棉球消毒想要注射的部位,用灭菌注射器(5号或6号针头)吸取所需量的抗原,从耳静脉注入即可。一般必须进行多次(通常5~6次),间隔3~5 d。注射要固定在一只耳朵上进行,从耳缘开始,逐次地移向耳基部。另一只耳朵留作采血之用,一般在末次注射后7~10 d开始从静脉采取少量血样,测定抗血清滴度。当滴度达到试验要求的高度后,就可以采血。

肌内(或皮下、皮内)注射　选择兔的后腿内侧或外侧肌肉发达的部位,用70%的酒精消毒后,用9号针头垂直插入注射抗原。其注射量一般比静脉注射剂量大,通常每星期注射一次,连续注射4~5次。同样从耳静脉取少量血样,测定滴度上升情况。一般在末次肌内注射后的半个月到1个月采血。

为了延缓试验动物对抗原的吸收,以连续刺激免疫动物机体,提高抗血清滴度,一般在注射液中加入佐剂。佐剂有 Freund、氢氧化铝、甲基纤维素等,最常用的是 Freund。Freund 不完全佐剂的配制方法是羊毛脂、石蜡油按 1:5(或 1:9 等,根据具体情况而定)混合、搅匀,在 $1.05 \text{ kg/cm}^2$ 的压力下经过 20 min 灭菌后置普通冰箱内保存备用。将上述不完全佐剂再按 1 mg/10 mL 的比例加入分支杆菌(如结核杆菌、酪杆菌等,经 70℃ 灭活 30 min),或按 4 mg/mL 的比例加入卡介苗等,就成为完全佐剂。一般使用完全佐剂更能提高抗血清滴度。抗原与佐剂等量混合后,用磁力搅拌器搅拌,或用强力振荡使其乳化,待乳化完全后(滴在水面上完全不扩散),即可注射。

肌内注射与耳静脉注射结合使用有时会取得良好的效果。可以连续几次肌内注射后,静脉注射 1~2 次。无论哪一种方法,往往需要针对不同情况通过试验,确定每次所注射的抗原量。

3)采血　采血的方法主要有静脉采血、颈动脉采血、心脏采血等。采血前试验动物要停食12~24 h,增加给水。所用器具要经过严格消毒。

耳静脉采血　将试验兔装入固定器或人工固定。先用保险刀片剃去兔耳采血部位的毛,用酒精将采血耳边缘及内、外两面消毒。用力摩擦和用装有 50℃热水的玻璃管热敷家兔耳朵里面,以使血管尽量扩张。再用保险刀片顺着血管方向纵向切开 1~2 mm,血即自然流出。当血流变缓或停止时,可用灭菌脱脂棉擦拭切口,血会继续流出。待采血量达到要求后,移去热水管,用灭菌棉球压在刀口上止血。每次可采 20~30 mL 血,隔 2~3 d 采一次,可连续采集数次。

颈动脉全采血　将兔子固定在解剖台上,用乙醚麻醉后,剃去颈部的毛,然后用 70%酒精消毒。将颈部皮肤捏起来,纵向切开 10 cm 左右,剥开肌肉,在食道和迷走神经旁找到两根颈动脉。拉起一根颈动脉,用丝线扎住血管,在靠近心脏的一边用止血钳夹住,然后在中间用眼科剪刀剪开血管并将眼科镊插入切口,张开血管。将一个小玻璃管插入切口,用丝线把血管和玻璃管扎紧,防止脱落。小玻璃管的另一端放入一个收集血液的大试管内。松开止血钳,血即不断流入大试管。如果血流过慢,可以轻轻按摩兔的心脏。这种方法往往用于试验即将结束无须试验兔存活时,一次可以采到 60 mL 血。

心脏采血　将家兔仰缚在解剖台上,固定四肢和头,剪去第二、第三或第三、第四肋之间的毛.摸准心脏部位,经碘酒消毒后,用 100 mL 注射器(7 号或 9 号针头)直接刺入心脏,如果刺准,血会流入注射针管内。用此方法一般可采到 40~100 mL 血,但家兔将会死亡。

(3)抗血清的收集和保存　血液存放在大试管或培养皿(先用无菌生理盐水浸湿内壁)中,凝固后移至 37℃恒温箱中 1~2 h,使血块收缩,析出抗血清。然后移入 4℃冰箱内过夜,次日用移液管吸出抗血清。抗血清为草黄色,如混有细胞,应经低速离心去除。如混有寄主蛋白抗体,可加入健康寄主抗原(寄主蛋白抗原)吸附,以得到较纯的病毒抗血清。

保存抗血清的方法一般为低温保存或冻干保存。制成的抗血清通常要加入 0.01%的防腐剂叠氮化钠(NaN₃)或加入 0.01%的硫柳汞,置于−25~−15℃低温冰箱中保存。有条件的也可以冻成干粉或将血清吸到滤纸片上冻干,于室温下长期保存。使用时只要加生理盐水即可。

(4)血清反应　血清反应是病毒检测或测定的关键技术,方法很多,并且发展很快。大体分为以下几类。

1)沉淀反应　将可溶性抗原与相应的抗体混合,当两者比例适当并有盐类存在时,即有沉淀出现,即为沉淀反应。通常以稀释抗原来配制二者比例。沉淀反应的形式主要有以下几种。

试管絮状沉淀反应　在直径 7 mm 的小试管中加入用生理盐水适当稀释的抗原和抗体各0.5 mL,充分混合后,在 37℃水浴中静置几小时,放入 4℃冰箱内过夜,在黑暗背景下观察有无絮状沉淀出现。

环状沉淀反应　取内径为 2.5 mm 的小试管,加入 0.1~0.2 mL 的抗血清,再取等量不同稀释度的抗原,沿管壁徐徐加入,使之重叠于抗体之上,静置于室温或 37℃中,经数分钟或稍长时间,在抗原和抗体接触面会形成白色沉淀环。

玻片沉淀反应　用微量滴管在载玻片上滴加 0.03~0.05 mL 抗血清和抗原,用细玻棒将抗原抗体混合,玻片在 25℃下保湿 20~50 min,在 80~100 倍暗场照明下观察沉淀反应结果。

此外,还有在半固体培养基质中进行的沉淀反应,如免疫扩散、免疫电泳等。它们是利用抗原和抗体在半固体基质(凝胶)上的扩散作用,使抗原与抗体在浓度比例适当的部位发生沉淀,提高血清反应的分辨能力。

免疫扩散 免疫扩散的方法很多,大体又可分为 4 种类型:单向简单扩散、简单辐射扩散、单向双扩散和双向双扩散。其中免疫双扩散是在一块琼脂凝胶平板上打几个小孔,分别滴入抗原和相应抗体。当抗原和抗体分别向凝胶中扩散并形成浓度梯度时,在二者浓度比例最适的地方就会形成肉眼可见的抗原-抗体络合物沉淀线。如果所加的抗原、抗体比例适当,则沉淀位置和沉淀线走向稳定。因此,用含有已知病毒抗体的抗血清可以检出相应病毒。

免疫电泳 是一种把电泳技术与免疫扩散结合起来的方法,通过电泳将抗原中各种蛋白质组分分离,然后加入特异性抗体,利用扩散沉淀反应进行鉴定。其种类很多,主要有琼脂凝胶免疫电泳、对流免疫电泳、火箭电泳等。

2)凝集反应 微生物细胞在含有特异性抗体的血清和一定浓度的电解质的液体中会凝集成团,叫做凝集反应。病毒是可溶性抗原,与抗体结合不能直接产生凝集反应。如果把病毒的抗体先吸附于一种与免疫无关的颗粒表面,然后与相应的抗原(病毒)结合则会出现凝集反应,叫做间接凝集反应。可以吸附抗体的颗粒有皂土、乳胶、炭末、红细胞等,由此分化出皂土凝集反应、乳胶凝集反应、反向碳素凝集反应、反向间接血凝反应等方法;植物体内的病毒往往吸附在叶绿体表面,可以与抗体结合产生凝集反应,常用的有玻片凝集反应和微量凝集反应。凝集反应的操作简便、快捷,可以直接检测植物汁液是否带有病毒。

3)酶联免疫吸附试验(ELISA) 酶联免疫吸附试验,简称 ELISA,是一种固相吸附和免疫酶技术相结合的方法。将可溶性抗原或抗体包被(或吸附)在固相支持物上,使免疫反应在固体表面进行,并借助结合在抗原或抗体上的酶与底物的反应所产生的有色产物检测相应的抗体或抗原。这种方法的灵敏度高(可测出 $1 \sim 10$ ng/mL 的浓度),特异性强,已广泛用于植物病毒测定和诊断。

4)荧光抗体技术 荧光抗体技术是将荧光色素和专化性抗体球蛋白结合,然后再用这种荧光抗体与相应的抗原结合,而复合物被紫外光照射时会发出肉眼可见的荧光。由于它是具有荧光的抗体与相应的抗原进行专化的免疫反应的结果,所以又称免疫荧光技术,又由于它也可以利用组织化学的方法在组织中进行免疫反应,依靠结合于抗体的荧光染料把组织切片或细胞涂片内的抗原-抗体复合物显示出来,又称为免疫组织化学法。荧光抗体技术实际上包括:抗血清置备、免疫球蛋白(抗体)的提取、荧光素标记抗体、标记抗体的纯化、免疫荧光染色、显微镜玻片的制备和荧光显微镜观察 7 个步骤,荧光抗体制备和荧光抗体染色是最具特色的环节,如图 3-3 所示。荧光染料和紫外光源是这一技术的支柱。常用的荧光色素为异硫氰酸荧光素(FITC)和异硫氰酸四甲基若丹明(TMRITC)。FITC 最大的吸收光波波长为 495 nm,最大荧光(可见光)波长为 525 nm,所以呈绿色荧光反应。TMRITC 最大吸收光波波长为550 nm,最大荧光波长为 620 nm。呈现橙红色荧光反应。荧光染色的方法可以分为直接染色、间接染色和补体法等三大类。

5)放射免疫测定(RIA) 即放射性同位素技术与免疫化学技术相结合的体外测定超微量物质的新技术。在检测植物病毒时,将免疫球蛋白不可逆地吸附到聚苯乙烯离心管上,然后与用同位素标记的抗原特异地结合。一种间接的方法是预先用已知浓度梯度的一系列抗原和固相化球蛋白结合,随后再加入少量但已测知精确量的放射性标记抗原,反应后倾去未结合的标记抗原,在闪烁计数器上计数并作成标准曲线。用未知样品替代未标记抗原,即可测定其病毒数量。

6)免疫电镜(IEM)　是一种用电子显微镜检测抗体与抗原特异性结合的技术。其主要特点是利用抗体与抗原特异性结合的特性,用抗体装饰病毒粒体,使粒体表面呈现晕纹状,扩大了直径,而无特异性结合的病毒则无此装饰。实验操作程序是将适宜浓度的抗血清(抗体IgG)蘸在铜网上,在常温下保湿(置铺湿滤纸的培养皿中)孵育 5 min,用 BP 液 30 滴冲洗,然后将病组织汁液或纯化的病毒悬液滴到用抗血清包被的铜网上,同上方法孵育 15 min,让抗原抗体结合,用 BP 液 30 滴冲洗,再加抗血清(或抗体 IgG),孵育 15 min,用蒸馏水 30 滴冲洗后加 1 滴醋酸氧铀染色,再进行电子显微镜观察。

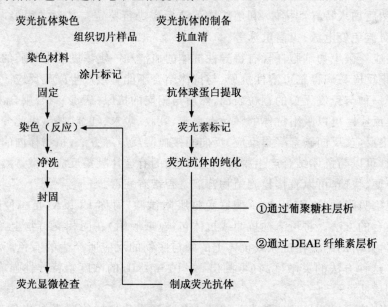

图 3-3　荧光抗体的制备与染色步骤

## 3.1.4.2　电镜技术

自从 1939 年 Kausche 首次在电镜下观察到 TMV 的颗粒以来,电镜技术对病毒学的发展起了巨大的推动作用。电子显微镜具有和光学显微镜类似的结构和原理,但由于它以电子束作为光源,在高电压加速下波长仅为 0.005 nm,分辨率可以提高上千倍。因此可以直接观察到离体或细胞中的病毒颗粒。供透射电子显微镜观察的样品必须做得很薄,一般为 5～100 nm 厚。这样薄的样品需要放在硬的支持物上,一般用铜网,也可用钢、钼或其他金属制成的网。其上还要有一层支持膜,多用火棉胶膜、福尔马膜和碳膜,要进行分辨率极高的观察时可采用微栅孔膜。电镜技术用于病毒病诊断的方式有直接观察寄主细胞和观察离体病毒颗粒两种,无论哪种方式,制片和染色都是关键。

(1)离体病毒颗粒的电镜检测　应用电镜观察病毒粒体形态和结构以辨识病毒,需要一定数量和纯度的病毒和采用负染色技术。因此首先必须把病毒从寄主组织中分离出来。分离、提纯浓缩病毒可以通过前面血清学技术一节中简要说明的化学(如硫酸铵沉淀、聚二乙醇沉淀等)、生物化学(如血清学法)以及生物物理、生物化学结合的荧光抗体等方法进行,这里着重介绍通过物理学的差速离心和蔗糖梯级密度离心法。

1)差速离心法粗提纯病毒　由于植物病毒粒体与寄主组织中各种成分的质量、密度不同，它们在悬浮液中的沉降速度也不相同，因此选择适当的离心速度与离心时间可以将病毒分离出来。一些细胞器和病毒的相对分子质量、大小和沉降系数见表3-1。

表 3-1　一些细胞器和病毒的相对分子质量、大小和沉降系数

| 细胞器和病毒 | 大小<br>/nm | 相对分子质量<br>/×10⁶ | 沉降系数<br>(S₂₀ W) | 离心转速<br>/(r/min) | 离心时间<br>/min |
|---|---|---|---|---|---|
| 细胞核 | 10 000 | | 10 000 000 | 500 | 4 |
| 叶绿体 | 5 000×2 000 | | 1 000 000 | 1 000 | 10 |
| 线粒体 | 1 000 | | 100 000 | 3 000 | 12 |
| 核糖体 | 25 | | 80 | 30 000 | 150 |
| 香石竹环斑病毒 | 29 | 6.7 | 140 | 30 000 | 90 |
| 黄瓜花叶病毒 | 30 | 6.7 | 98 | 30 000 | 120 |
| 芜菁黄花叶病毒 | 28 | 5.7 | 110 | 30 000 | 110 |
| | 20 | 3.0 | 53 | 30 000 | 220 |
| 烟坏死病毒 | 28 | 6.3 | 122 | 30 000 | 100 |
| 卫星病毒 | 21 | 1.9 | 48 | 30 000 | 250 |
| 番茄斑萎病毒 | 50(成对) | | 530 | 30 000 | 25 |
| 马铃薯黄矮病毒 | 110 | | 900 | 30 000 | 15 |
| 烟草花叶病毒 | 300×15 | 40 | 180 | 30 000 | 70 |
| 烟脆裂病毒 | 180×25 | 73 | 295 | 30 000 | 45 |
| | 70×25 | 30 | 193 | 30 000 | 60 |
| 马铃薯 X 病毒 | 518×10 | 35 | 120 | 30 000 | 100 |
| 香石竹隐潜病毒 | 652×12 | 60 | 164 | 30 000 | 70 |
| 马铃薯 Y 病毒 | 685×12 | | 154 | 30 000 | |

注:引自田波,裴美云.植物病毒研究方法.1987;161。

2)蔗糖梯级密度离心法精提纯病毒　用连续的或不连续的液体密度梯度代替均一的悬浮介质，可以得到更好的分离效果。由于粗提纯病毒液中仍有少量的寄主球蛋白粒子，一般可用蔗糖梯级密度离心法去除。方法是配制不同浓度的蔗糖溶液(40%、30%、20%、10%)，由高浓度到低浓度，依次放入离心管，经过层间渗透，形成底部密度最大、顶部密度最小的梯级密度蔗糖液柱。将粗提纯液放在最上层，经过 2 h 以上，28 000～40 000 r/min 的超速离心，包括病毒粒体在内的各种颗粒就会根据他们的沉降速度出现在不同区带。

病毒样品制片方法是将经过提纯浓缩的病毒悬浮液用滴管或白金丝环点到支持膜上或喷到支持膜上。如果直接用新鲜植物汁液制片，只要在支持膜上滴一滴水，将植物切口在其上蘸几下，或直接将植物水孔的吐水滴在支持膜上，稍干后加一小滴负染色液，干燥后即可观察。

(2)细胞中病毒粒体的观察——超薄切片技术　超薄切片技术是最重要、最基本、最常用的透射电镜生物样品制备技术。虽然超薄切片制作过程比较复杂，但除了能观察到病毒颗粒外，还能看到病毒侵染所造成的病理学超微结构，为快速诊断提供更多的依据。所谓"超薄切

片"是直接将病植物或动物组织切成厚度为 0.1 $\mu m$ 以下,一般为 0.05 $\mu m$ 的薄片,作为电镜观察的样品。良好的超薄切片薄而均匀,无皱折、刀痕、震颤和颜色沉淀等,较好地保持了活细胞的精细结构。该项技术包括取材、固定、漂洗、脱水、浸透、包埋、聚合、切片及切片染色等步骤。

组织固定经常采用戊二醛-四氧化锇双固定法。固定前迅速将发病的新鲜材料切成 1 mm 宽,10 mm 长的细条(准备横切样品)或 1 mm 见方的小块。先放在 3‰戊二醛 0.1 mol/L,pH 6.8~7.4 磷酸缓冲液中固定 2 h,再放入 1‰~2‰四氧化锇溶液中固定 2~3 h。固定可在真空干燥器中进行,务必使材料沉在溶液中。为利于固定液更好地渗透到材料内部,常采用抽气处理。每一种材料固定之后,都要用配制该固定液的缓冲液充分漂洗,以除去多余的固定液。

脱水一般用乙醇或丙酮作脱水剂,需采用"等级系列脱水法"逐步置换出生物样品中的水分。所用系列浓度一般为 30％—50％—70％—80％—90％—95％—100％。每一浓度下停留10~20 min,70％浓度下可以停留过夜。80％以前在低温下操作,以后可转入室温下操作,室内相对湿度要低于 50％。

样品包埋过程包括浸透、包埋和聚合等 3 个步骤。先在一系列脱水剂和包埋剂混合液中浸透,包埋剂比例逐步增加直至放入纯的包埋剂中保持半天或过 1 夜(环境相对湿度低于50％)。然后在 37℃温箱中聚合 24 h,再置 60℃温箱中聚合 48 h,即可进行切片。

环氧树脂具有三维交联结构,聚合均匀,收缩率低,对组织损伤小和耐电子束轰击等优点,所以是最常用的包埋剂,特别是 Epon812 及 Spurr 树脂。其中加入硬化剂和加速剂则有利于聚合。典型的配方为:

Epon812(环氧树脂,包埋剂)　　　　　　　　　　　16.2 mL
DDSA(十二烷基琥珀酸酐,硬化剂)　　　　　　　　10.0 mL
MNA(六甲酸酐,硬化剂)　　　　　　　　　　　　　8.9 mL
DMP-30[2,4,6-三(二甲氨基甲基)苯酚,加速剂]　　　1.5％

超薄切片是为电镜观察提供极薄切片样品的关键步骤,需要良好的操作技术,包括选择切刀位置、调整槽液面、校直样品和刀、切片、拨片、展片和切片的收集等。将切片置于带有支持膜的铜网上,干燥后进行电子染色。

电子染色的目的是使细胞或组织中某些成分与一些重金属结合或吸附,以增加电子散射差异。一般采用重金属盐,如醋酸铀以及柠檬酸铅、氧化铅、醋酸铅等铅盐。

## 3.2　主要病原物所致病害的特点诊断

植物生病以后,新陈代谢发生一定的改变。这种改变可以引起细胞和解剖的改变以及外部形态的改变而使植物表现不正常,这种外部的改变通常称作症状。症状对植物病害的诊断有很大意义。一般而言,根据症状可以确定植物是否生病,并且作出初步诊断。但是病害的症状并不是固定不变的,同一种寄生物在不同的植物上或者在同一植物的不同发育时期,以及受着环境条件的影响,都可表现不同的症状;相反,不同的寄生物也可能引起相同的症状。因此,单纯根据症状作出诊断,并不完全可靠,必须进一步分析发病的原因或鉴定病原生物,才能作出正确的诊断。

植物病害发生的原因可以是由不适宜的环境条件或者受到其他生物的侵染而引起的,前者称为非侵染性病害(又称生理病害),后者称为侵染性病害。由生物引起的侵染性病害主要有真菌性植物病害、细菌性植物病害、病毒性植物病害及由线虫引起的植物病害等。

## 3.2.1　真菌病害的诊断

真菌病害主要依据症状和病原真菌形态做出诊断,通常在病组织表面能产生一定的子实体,由此可诊断出是真菌所引起的病害。有些还必须经过分离、培养、接种等一系列工作才能确诊。

真菌病害种类繁多,是植物病害中最常见的一大类群。大多数真菌都能在受害组织上产生菌丝体、子实体或其他孢子,或在体表或在体内,用肉眼可观察到病征。这一点对真菌病害的诊断是很有利的。已经显现病征的,可以直接观察,尚未显现病征的,通常将病害标本用清水冲洗后,放在温度适宜、湿度饱和的器皿内,经过 $1\sim2$ d 培养也可以促进病菌生出繁殖体,以便鉴定病原物。简单诱发还不能产生繁殖体的标本,则需要按柯赫氏法则进行一系列的分离、培养、鉴定。

由于真菌的菌丝体和子实体要用显微镜观察,其形态又是分类的主要依据,因此,在真菌病害诊断中,病原物的显微镜检查是十分重要的程序。菌丝体或繁殖体长出标本或培养基时,一般可以用挑针直接挑取少许,放在加有一滴浮载剂(水或乳酚油)的载玻片上,加盖玻片在显微镜下检查。菌丝体或繁殖体埋藏在病组织内的,则须制作徒手切片后再进行检查。有的真菌种的鉴定依据是孢子的大小,需要进行显微计测。通常采用接目测微尺计测法和螺旋测微计测法。

(1)真菌的一般性状　真菌属于菌藻植物门中菌类植物亚门。它们的营养体都没有根、茎、叶的分化,也没有维管束组织。真菌的细胞内不含叶绿素或其他能营光合作用的色素,因此本身不能合成它们自己所需要的食物,而需要依靠其他生物供给营养物质来维持生活,所以称真菌是异养的生物。

1)真菌的分布　真菌在自然界的分布很广,据估计有 10 万多种,目前已知的有 4 万多种(4 000 属),其中藻菌 1 300 种(245 属),子囊菌 1.5 万种(1 700 属),担子菌 1.5 万种(550 属),半知菌 1.1 万种(1 350 属)。植物病害中,真菌病害是最重要的一类,每种作物上都可以发现几种,甚至几十种。如水稻上已发现的真菌就在 200 种以上,常见的 35 种水稻病害中,有 24 种是真菌病害。作物中最重要的病害如锈病、黑粉病、霜霉病和白粉病等,都是由真菌引起的。因此,植物病害的研究往往从研究植物病原真菌开始。真菌除为害植物外,有些真菌还可为害人类及动物而引起皮肤病等。

真菌也有有益的方面,例如担子菌中的灵芝菌就是很珍贵的中药。医药上常用的抗生素——青霉素,就是半知菌中的青霉菌的一种代谢产物。其他如工业发酵方面,真菌更被广泛地利用。

2)真菌的营养体　真菌的营养体呈丝状,称作菌丝。菌丝可以分枝,许多菌丝团聚在一起,称为菌丝体。低等真菌的菌丝没有隔膜,称无隔菌丝;高等真菌的菌丝都具有隔膜,称有隔菌丝。少数低等真菌的营养体不呈丝状,是一团裸露的原生质,没有细胞壁的变形体。真菌的菌丝可形成各种菌组织:疏丝组织,是一种由菌丝结合较松的组织,疏丝组织中的菌丝细胞尚可分辨出来,呈长形细胞状;拟薄壁组织,菌丝结合紧密,细胞挤压后呈圆形或多角形,与高等植物的薄壁组织相似。由这两种菌组织又可形成各种菌丝的变态:如菌核,是一种坚硬、颗粒状、抵抗不良环境的休眠体,当环境条件适宜时,萌发产生新的营养体或繁殖体;子座,是一种坚硬的垫状组织,可以度过不良的环境,更重要的是子座可以形成各种子实体(真菌产生孢子的机构);菌丝束(根状菌索),是高等真菌中许多菌丝体纠结的菌丝组织,呈绳索状,其外形与高等植物的根相似,可以抵抗不良环境。

　　3)真菌的繁殖　真菌的繁殖能力一般都很强,繁殖方式很多。

　　真菌的无性繁殖　不经过有性过程就能产生各种类型的孢子:粉孢子,从菌丝顶端分割而成;芽孢子,是单细胞真菌出芽生殖而成;厚垣孢子,在菌丝的顶端或中间的个别细胞,膨大、壁增厚而形成;分生孢子,是真菌中最常见的一种无性孢子,它的形状、大小、着生位置是真菌分类的重要依据;孢囊孢子,产生在孢子囊内的一种无性孢子,孢子囊的形态特征在分类上也很重要。

　　真菌的有性繁殖　是经过性细胞配合后,产生各种形态不同的有性孢子:接合子、接合孢子、子囊孢子和担子孢子。

　　真菌的无性孢子和有性孢子以及产生这些孢子的子实体在病害的传播和侵染循环中起着重要的作用,在识别真菌病害中尤为重要。

　　(2)真菌的分类　关于真菌分类的体系,各真菌学家意见是不一致的,一般都是根据形态学、细胞学和生物学特性,参照个体发育及系统发育的研究资料,其中尤其以形态特征为主要依据;除去考虑营养体的形态以外,有性生殖阶段所产生孢子的形态特征,作为重要的分类依据。真菌通常分为藻菌纲(Phycomycetes)、子囊菌纲(Ascomycetes)、担子菌纲(Basidiomycetes)和半知菌类(Deuteromycetes)或称不完全菌类(Fungi imperfeeti)。现将真菌各纲的分类检索表列下:

A. 营养体少数为非丝状的、多核的菌体,多数是分枝发达、多核、无隔膜的菌丝体,菌丝在形成
　　繁殖器官或衰老时才产生隔膜 ……………………………………… 藻状菌纲(Phycomycetes)

A. 营养体是有隔膜、细胞核极少的、多细胞的菌丝体
　　B. 产生有性孢子
　　　C. 有性孢子产生在子囊内,无性生殖发达,形成分生孢子 …… 子囊菌纲(Ascomycetes)
　　　C. 有性孢子着生在担子上,无性生殖不发达 …………… 担子菌纲(Basidiomycetes)
　　B. 不常产生或不产生有性孢子 …………………………………… 半知菌类(Fungi Imperfecti)

A. 有原生质团或假原生质团 ……………………………………………… 黏菌门(Myxomycota)
　　B. 同化阶段为原生质团
　　　C. 原生质团形成网状(网状原生质团) ………… 水生黏菌纲(Hydromyxomycetes)
　　　C. 原生质团不形成网状
　　　　D. 原生质团腐生,自由生活 …………………………………… 黏菌纲(Myxomycetes)
　　　　D. 原生质团寄生在寄主植物细胞内 …………… 根肿菌纲(Plasmodiophoromycetes)
　　B. 同化阶段为自由活动的变形体,此变形体在繁殖前联结为假原生质团 …………………
　　　　……………………………………………………………… 集胞黏菌纲(Acrasiomycetes)

A. 无原生质团或假原生质团,同化阶段为典型的丝状体 ················ 真菌门(Eumycota)

  B. 有能动细胞(游动孢子),有性阶段为典型的卵孢子 ······ 鞭毛菌亚门(Mastigomycotina)

    C. 游动孢子尾生单鞭毛(鞭毛尾鞭型) ·············· 壶菌纲(Chytridiomycetes)

    C. 游动孢子非尾生单鞭毛

      D. 游动孢子顶生单鞭毛(鞭毛茸鞭型) ············· 丝壶菌纲(Hyphochytridiomycetes)

      D. 游动孢子双鞭毛(向后尾鞭型,向前茸鞭型);细胞壁为纤维化的······ 卵菌纲(Oomycetes)

  B. 无能动细胞

    C. 有性阶段

      D. 有性阶段产生接合孢子 ················ 接合菌亚门(Zygomycotina)

        E. 腐生或寄生,寄生的为肉食性,菌丝埋生于寄主组织内········ 接合菌纲(Zygomycetes)

        E. 与节肢动物共生,以吸盘(holdfast)附着在角质层或消化道上,而不是埋生寄主组织内 ···················· 毛菌纲(Trichomycetes)

      D. 有性阶段不产生接合孢子

        E. 有性阶段产生子囊孢子 ················ 子囊菌亚门(Ascomycotina)

          F. 无子囊果及产囊丝;菌体菌丝状或酵母状 ······ 半子囊菌纲(Hemiascomycetes)

          F. 有子囊果及产囊丝;菌体菌丝状

            G. 子囊双层壁;子囊果为子囊腔(子座性) ········ 腔菌纲(Loculoascomycetes)

            G. 子囊典型的为单层壁;如为双层壁,子囊果为子囊盘

              H. 子囊早期消失,分散在无孔口的子囊果(即典型的闭囊壳)内,子囊孢子无分隔 ···················· 不正囊菌纲(Plectomycetes)

              H. 子囊有规则地排列在子囊果基部或四周

                I. 外寄生在节肢动物上;菌体退化;子囊果为子囊壳;子囊无盖 ············
                       虫囊菌纲(Laboulbeniomycetes)

                I. 不外寄生在节肢动物上

                  J. 子囊果为典型的子囊壳(如为子座性的,子囊不消失),具有孔口;子囊无盖,具有顶生的孔口或裂缝 ·········· 核菌纲(Pyrenomycetes)

                  J. 子囊果为子囊盘或近似子囊盘,通常具有大型子实体,生于地面或地下,子囊无盖或有盖·········· 盘菌纲(Discomycetes)

        E. 有性阶段产生担子孢子 ·········· 担子菌亚门(Basidiomycotina)

          F. 担子果缺或由群生在孢子堆内或分散在寄主组织内的冬孢子(休眠的原担子)所代替;寄生在维管束植物上 ·········· 冬孢菌纲(Teliomycetes)

          F. 担子果一般发育良好;担子典型的形成一子实层,腐生或少数寄生

            G. 担子果典型的为裸露的子实体或半封闭的子实体,担子为多隔的或无隔的,担子孢子强烈射出 ·········· 层菌纲(Hymenomycetes)

            G. 担子果典型的为封闭的子实体,担子无隔,担子孢子非强烈射出的 ············
                     腹菌纲(Gastromycetes)

    C. 有性阶段无 ···················· 半知菌亚门(Deuteromycotina)

      D. 芽殖(酵母或类似酵母)细胞具有或不具有特殊的假菌丝,真菌丝少或生长不好
                 芽孢纲(Blastomycetes)

      D. 菌丝发育很好,同化作用的芽殖细胞无

        E. 菌丝不孕、或直接形成孢子或自特殊分枝(孢子梗)上形成孢子,孢子梗集合成多样形式,但不在孢子器或孢子盘内 ·················· 丝孢纲(Hyphomycetes)

        E. 孢子生于孢子器或孢子盘内 ·················· 腔孢纲(Coelomycetes)

　(3)真菌各主要纲所引起的植物病害的诊断　既然真菌是以形态为分类的依据,因此真菌病害的鉴定也是由真菌的形态来鉴定的。

　大多数真菌都能在受害组织上产生孢子或其他子实体,这对真菌病害的诊断是很有利的,但也有例外。通常将这类病害标本用清水洗净,置于湿度较高处,经过1昼夜,可以促进病菌孢子的产生,以便进一步对此病害作出鉴定。但应注意,如处理不当,往往会有许多腐生菌伴随生长,因此鉴定时应加以区别。有些真菌病害标本,表面不易看到孢子或其他子实体,或虽经保湿也未能产生孢子,此时需进一步作分离和培养工作,才能作出诊断。严格说来,分离到病菌后,还需再做接种试验,待接种体表现与原来相同的症状,并能再分离到相同的病菌,这时作出的鉴定就比较可靠。

　1)藻菌纲及其所致病害　藻菌纲真菌是较低等的真菌,大多生活在水中或土壤中。生活在土壤中的藻菌带有两栖性,适应于比较潮湿的土壤。高等的藻菌是陆生的。低等水生藻菌的寄生性很强,是细胞内寄生物,在人工培养基上不容易生长,其中大部分寄生在鱼类和水生植物上,一般与植物病害的关系不大。比较高等的藻菌,生活在土壤中,可以引起植物根部和茎基的腐烂或者苗期的猝倒病。许多陆生的藻菌,可以寄生在高等植物上,其中不少是专性寄生菌,引起极为重要的病害,如霜霉病、白锈病、猝倒病及疫病等。高等的藻菌,少数寄生于昆虫和其他动物,大部分是腐生的,它们产生的孢子散布空气中,引起食品和果实的霉烂。

　藻菌纲可以根据菌体的形态特征和有性生殖的方式分为3个亚纲,重要的目有6个。

　古生菌亚纲(Archimycetes)　大多为水生生物的寄生菌,也有不少腐生菌,寄生在陆生植物的极少。营养体的结构简单,大多为变形体或非丝状结构。无性生殖产生游动孢子,单鞭毛或双鞭毛,生于顶端或尾端。有性生殖是同形游动配子配合形成的接合子。包括有黏壶菌目(Myxochytridiales)及分枝壶菌目(Mycochytridiales)。常见的有根肿菌属(*Plasmodiophora*)及节壶菌属(*Physoderma*)。

　古生菌是低等的藻菌,主要寄生藻类植物、水生真菌、水生小动物和落在水中的花粉上,寄生在高等植物上引起重要病害的不多。古生菌为害植物后,往往引起细胞膨大和细胞分裂,引起过度生长等促进性病变,使植物产生局部的瘤肿等症状,在病害诊断上有一定作用。由于古生菌大多生活于水中,因此它通常侵染植物的地下部分。古生菌病害的初次侵染来源一般都是休眠孢子囊(或称休眠孢子),很少发生再次侵染;休眠孢子囊主要在土壤中,对环境的抵抗力较强,能生活许多年,这给病害的防治增加了困难;通常在土壤过分潮湿的条件下发生较重,随水分和土壤的移动而传播。

　卵菌亚纲(Oomycetes)是藻菌中最大的一个类群,有水生、水陆两栖及陆生,其中包括腐生、兼寄生、兼腐生、寄生及专性寄生物,是一类重要的植物病原真菌。营养体是发达的菌丝体。无性生殖形成双鞭毛游动孢子,大多具有两游现象。有性生殖产生形状、大小分化显著的配子囊,交配后形成卵孢子;有同宗配合和异宗配合。常见的有水霉目(Saprolegniales)及霜霉目(Peronosporales)。

　卵菌是藻菌中最多而且是最重要的一类病原真菌。①低等的卵菌(水霉目)大多生活于池

塘、污水或潮湿的土壤中，腐生，又可为害高等植物或寄生于鱼体上。由于这类真菌的菌丝发达，附着在基物上，在水中漂浮似棉絮状，极易识别。②较高等的卵菌（如霜霉目中的腐霉菌及疫霉菌），大多产生于土壤中，为两栖性的，包括一些弱寄生和寄生的菌类。大多为害植物的根和根颈等部位，引起猝倒病或根腐病，为害果实则引起果腐或疫病。这类病害有的在受害部位可以见到大量的白色菌丝，但也有的不易产生，而必须通过分离培养，方可见到病菌丝及孢子囊。③高等的卵菌（如许多霜霉病菌、白锈病菌和部分疫病菌），大多是陆生的，寄生性较强，有不少是专性寄生的。主要为害植物的叶片、花序等地上部位，引起叶斑、组织膨大，也有引起矮化、丛生等畸形，一般在受害部位有明显的子实体，如呈霜霉状霉层（霜霉菌危害），或白色疱状的孢子堆（白锈菌危害），这类病菌在受害的膨大组织内或叶片内，容易产生有性繁殖器官（藏卵器和雄器）和有性孢子（卵孢子），是诊断这类病害的重要依据。霜霉菌引起的霜霉病，在叶片正面呈黄色角斑，边缘不明显，反面为病菌孢子囊，即肉眼所见到的灰色稀疏的霜霉层，与许多半知菌中丛梗孢菌引起的病斑不同。后者引起的病斑为褐色，边缘较明显，在病斑的正反面都能产生深色绒毛状霉层。卵菌所引起的病害，一般以游动孢子（无性孢子）引起初次侵染和再次侵染，借雨水或气流进行传播，以卵孢子在土壤或病株残余组织内越冬，种子很少带菌。卵菌的生长一般都是在低温（15～20℃）、潮湿的季节，故春、秋两季发病较多。当环境条件适宜时，病菌育期短，再次侵染的次数增多，短时期内可以在大面积范围内蔓延为害，引起病害的流行

接合菌亚纲（Zygomycetes）是藻菌中演化地位较高的一个类群，大多为陆生的腐生菌，在土壤中分布很多，少数是昆虫和植物的寄生菌。菌丝体发达，个别的菌丝具有隔膜。无性生殖产生无鞭毛的孢囊孢子，不能游动。有性生殖产生形状、大小分化不显著的同形配子囊，配子囊融合后发育成接合孢子，异宗配合现象在此亚纲中更为常见。包括毛霉目（Mucorales）及虫霉目（Entomophthorales），常见的属不多。

接合菌是一类较高等的藻菌。几乎全部是陆生的，且都是腐生或弱寄生菌。主要引起植物的花、果实、块根、块茎等贮藏器官的组织坏死，产生白色菌丝状霉层。空气和土壤中有大量的病菌孢囊孢子，引起初次侵染和再次侵染，随空气传播。接合菌中异宗配合现象比较常见，故自然条件下不易形成接合孢子。黑根霉属（Rhizopus）和毛霉属（Mucor）是最常见的接合菌，它们的孢囊孢子散布空气中，是实验室分离培养过程中最容易污染的杂菌。

藻菌纲常见的植物病原菌分属检索表如下，重要的植物病原菌介绍于后。

## 藻菌纲（Phycomycetes）分类检索表

A. 菌体原始，营养体为非丝状的、单核或多核、无细胞壁的菌体。菌体全部或主要部分具有繁殖功能，孢子囊只产生一次（个别例外），有性生殖器官简单 ……………………………………………………………………………… 古生菌亚纲（Archimycetes）

B. 菌体在早期或始终无细胞壁，是单核或多核的变形体，整个菌体形成休眠孢子囊 …………………………………………………………………………… 黏壶菌目（Myxochytridiales）

C. 休眠孢子囊彼此分离，不联结成休眠孢囊堆，似鱼卵块状充塞寄主细胞内 ……………………………………………………………………………… 1. 根肿菌属（Plasmodiophora）

C. 休眠孢子囊成熟时联结成休眠孢囊堆，呈多孔隙的海绵状球体 …………………………………………………………………………… 2. 粉痂菌属（Spongospora）

B. 菌体开始就有细胞壁,有原始的丝状结构,部分菌体形成休眠孢子。囊休眠孢子囊萌发时产生盖状裂口,形成多数单鞭毛的游动孢子 ………… 分枝壶菌目(Mycochytridiales)

  C. 在寄主细胞内寄生时,不形成瘿瘤,仅使寄主组织变色 … 3. 节壶菌属(*Physoderma*)

  C. 在寄主细胞内寄生时,使寄主的茎、冠部形成瘿瘤 …… 4. 尾囊壶菌属(*Urophlyctis*)

A. 菌体发达,营养体为丝状的、多核、无隔膜的菌丝体,部分菌丝分化成繁殖器官,孢子囊能产生多次,有性生殖器官分化复杂

  B. 无性生殖产生形成双鞭毛游动孢子的孢子囊;有性生殖产生形状、大小不同的配子囊(雄器及藏卵器)交配形成卵孢子 ………………………… 卵菌亚纲(Oomycetes)

    C. 藏卵器中形成一至数个卵孢子,孢子囊直接从菌丝上产生,形状与菌丝差别不大,仅稍为肥大 ……………………………………… 水霉目(Saprolegniales)

      D. 游动孢子自孢子囊顶端孔口排出,而后休止

        E. 孔口排出的梨形游动孢子,经过休止阶段,形成肾脏形的游动孢子,新孢子囊连续从老孢子囊的基部产生 5. 水霉属(*Saprolegnia*)

        E. 孢子囊内形成的游动孢子,丛集在孢子囊顶端孔口处,经过休止阶段,形成肾脏形的游动孢子,新孢子囊连续在老孢子囊的侧面产生,呈聚伞花序状 ………………………………………………… 6. 绵霉属(*Achlya*)

      D. 初期游动孢子在孢子囊内休止,排成数列,互相挤压,而呈多角形,萌发产生肾脏形的游动孢子,穿过孢囊壁而放出或直接生芽管;空孢子囊呈网状结构 ………………… 网囊霉属(*Dictyuchus*)

    C. 藏卵器中形成单个卵孢子,孢子囊产生在分化的孢囊梗上,少数直接产生在菌丝上,形状与菌丝显然不同 …… 霜霉目(Peronosporales)

      D. 孢子囊单生在孢囊梗或孢囊梗分枝的顶端

        E. 孢囊梗与菌丝无差别或差别很小 ……………… 腐霉科(Pythiaceae)

          F. 孢子囊一般不脱落,萌发时产生泡囊,其中形成游动孢子 ……………………………………………………… 7. 腐霉属(*Pythium*)

          F. 孢子囊一般脱落,萌发时不产生泡囊,游动孢子在孢子囊中形成,从乳头状突起部泄出 …… 8. 疫霉属(*Phytophthora*)

        E. 孢囊梗与菌丝有显著差异,极个别为菌丝状 …… 霜霉科(Peronosporaceae)

          F. 卵孢子壁与藏卵器壁愈合

            G. 孢囊梗粗壮,顶端丛生小枝 …… 9. 指梗霉属(*Sclerospora*)

            G. 孢囊梗菌丝状 …… 10. 指疫霉属(*Sclerophthora*)

          F. 卵孢子壁与藏卵器壁分离

            G. 孢囊梗单轴分枝至近双叉分枝

              H. 小枝与主轴成直角,顶端钝 …… 11. 单轴霉属(*Plasmopara*)

              H. 小枝与主轴成锐角,顶端尖 …… 12. 假霜霉属(*Pseudoperonospora*)

            G. 孢囊梗双叉分枝

              H. 分枝顶端盘状,四周有小梗 …… 13. 盘梗霉属(*Bremia*)

              H. 分枝顶端尖 …………… 14. 霜霉属(*Peronospora*)

      D. 孢子囊串生在短棍棒状孢囊梗上 …… 白锈科(Albuginaceae)

··············································· 15. 白锈属(*Albugo*)

 B. 无性生殖产生形成孢囊孢子的孢子囊,有性生殖由形状、大小相近的配子囊融合,产生接
  合孢子 ·············································· 接合菌亚纲(Zygomycetes)

  C. 大多是腐生的,孢囊梗细长,孢子囊中一般形成多数孢囊孢子 ··· 毛霉目(Mucorales)

   D. 只产生一种孢子囊,有囊轴,孢子囊壁易破,接合孢子表面粗糙

    E. 孢囊梗直接从菌丝产生,无匍匐丝与假根 ·············· 16. 毛霉属(*Mucor*)

    E. 孢囊梗从匍匐丝上产生,与假根对生 ················ 17. 根霉属(*Rhizopus*)

   D. 可产生两种孢子囊,大型孢子囊产生在孢囊梗顶端,小型孢子囊丛生于孢囊梗顶端
    膨大球体的表面,其中只有一个孢子 ·············· 18. 笄霉属(*Choanephora*)

  根据孢囊孢子鞭毛的情况及其他特征,将藻菌纲分为若干个目。最重要的植物病原菌几乎都是霜霉目的。腐霉属(*Pythium*)和疫霉属(*Phytophthora*)是霜霉目中较低等的类型,现两属中的一些种可以引起苗木的猝倒和林木干部皮腐等病害。在发霉的林木种实上,经常可以看到一些毛霉目的藻状菌,如毛霉属(*Mucor*)和根霉属(*Rhizopus*)等,但它们都是一些腐生的种类,只有在种实生活力微弱、湿度大、气温高的情况下才能造成损害。

  2)子囊菌及其所致病害 子囊菌是较高等的真菌。由于它们当中有许多菌类有性阶段很少或不易产生,而被归入半知菌类。尽管如此,子囊菌仍然是一类非常重要的植物病原真菌。常见的麦类赤霉病、甘薯黑斑病及多种植物的白粉病,都是由子囊菌引起的。子囊菌几乎全部是陆生的;有腐生和寄生的,在不同的发育阶段,寄生性的强弱不同,许多引起植物病害的子囊菌,无性阶段的寄生性较强,有性阶段大多可以行腐生生活。无性阶段所产生的分生孢子,在生长季中繁殖迅速,引起不断再侵染,使病害不断扩大蔓延,至生长季后期或冬季,形成有性繁殖器官,进入越冬和休眠阶段,故子囊孢子是子囊菌病害的越冬和初侵染的主要来源。子囊菌菌丝体在寄主体内的扩展是有局限性的,因此,子囊菌病害以点发性的为多,受害部位都有较明显的边缘,而形成一定形状的病斑。此外,还能引起局部畸形,如疮痂、溃疡、皱缩,也有的引起器官腐烂和植株萎蔫。无论引起什么症状,子囊菌病害通常在病部都能检查到子实体,是这类病害诊断的重要依据。

  子囊菌纲是真菌中分类较复杂的一类。由于这类菌的形态差异大,系统发育过程不明显,因而分类体系意见不一致,目前还不能得出一个比较自然的分类系统。一般根据子实体发育的程度,子囊果的类型,子囊的形态特征、着生及排列的形式等进行分类。子囊单独地或成群地生于菌丝上,不形成任何类型子囊果的称半子囊菌亚纲(Hemiascomycetes),包括内孢霉目(Endomycetales)和外囊菌目(Taphrinales)。子囊生在子囊果内的是真子囊菌亚纲(Euascomycetes),再根据子囊果类型分为4类:

  不正子囊菌类(Plectomycetes):子囊果为球形、无孔口的闭囊壳,少数有孔口。常见的有曲霉目(Aspergillales)及白粉菌目(Erysiphales)。

  核菌类(Pyrenomycetes):子囊果为瓶形、有孔口的子囊壳。常见的有球壳菌目(Sphaeriales)及肉座菌目(Hypocreales)。

  腔菌类(Ascolocumycetes):子囊果为子座组织溶解而成的孢子囊腔。常见的有座囊菌目(Dothideales)。

  盘菌类(Discomycetes):子囊果为盘形、碟形、杯形、开口很大的子囊盘。常见的有柔膜菌目(Helotiales)。

半孢子囊菌亚纲是一类较低等的子囊菌,寄生高等植物的有外囊菌目。它们的寄生性很强,在腐生的条件下不能完成生活史。这类真菌引起的病害不多,常见的有桃缩叶病,梅、杏缩叶病和李果囊病等。它们的共同症状是叶片、枝条或果实受害后引起畸形,叶片呈现不均匀的加厚,产生皱褶,嫩枝形成扫帚状的丛枝,幼果感染后呈囊状,果实膨大而中空。受害部位的表层都可见到灰白色粉状的霉层,是识别此类病害的主要特征。桃缩叶病菌以子囊孢子或分生孢子在桃树的芽鳞间越冬,春季引起侵染,此类病害一年只发生一次,因为夏季温度高,不适于孢子的萌发和侵入,不能引起再次侵染。春季在桃芽开放前不久,用药剂周密喷洒一次,可防除此病,常用的药剂有波尔多液和石灰硫黄合剂。

不正子囊菌类包括了曲霉目和白粉菌目。它们之中有腐生的(如普通常见的青霉菌和曲霉菌),有弱性寄生的(如甘薯黑斑病菌),直至寄生性很强的专性寄生菌(如白粉病菌),其中以白粉病菌引起的植物病害最多。白粉病菌的菌丝大多分布在寄主的表面,菌丝体、孢子梗以及分生孢子在显微镜下都是无色的,肉眼看来呈白色或灰色的霉层,在田间观察时,往往容易与霜霉病混淆。一般白粉病的霉层多分布在叶片正面,而霜霉病的霉层主要分布在叶片背面。此外,白粉病菌的闭囊壳分散在白色菌丝中呈黑色小点,肉眼即可观察到,这也是诊断白粉病的主要特征。闭囊壳内的子囊及子囊孢子通常在秋季或次年春季才能形成,闭囊壳随着枯枝落叶在地面上越冬,温暖地区,菌丝也能越冬。子囊孢子是主要的初次侵染来源,生长季中分生孢子可以引起再次侵染。白粉病菌比较能耐干旱,因此,在炎热干旱的气候条件下也能发生白粉病,我国新疆地区,白粉病发生就很严重。白粉病菌对硫素特别敏感,可用硫黄粉或硫制剂来防治白粉病。

果子囊菌类是子囊菌中比较重要的一类病原真菌,大部分是腐生的,也有不少是寄生的。许多寄生的果子囊菌,其寄生阶段的菌丝体通常产生无性的分生孢子,只是在植物死亡的组织上才形成有性的子囊孢子。球壳菌目及肉座菌目是果子囊菌类的两个重要目,其中球壳菌目中有许多寄生在树木的茎秆上,如黑腐皮壳属(*Valsa*)、苹果腐烂病菌(*Valsa mali*),引起苹果树皮的腐烂,危害极大。引起植物炭疽病的病原真菌,如毛盘孢属(*Colletotrichum*)和盘圆孢属(*Gloeosporium*),它们的有性阶段大多是球壳目的日规壳属(*Gnomonia*)及小丛壳属(*Glomerella*),寄生在植物上的大多是无性阶段,其有性阶段很少产生,有的可以在人工培养基上见到。炭疽病的一般症状是初期在受害部位有粉红色黏液物,后期变为黑色小点,且排列成同心轮纹状。

腔穴子囊菌类与果子囊菌类一样,也是一类极重要的病原真菌。寄生或腐生在高等植物上,引起各种植物叶斑病、根腐病、果实腐烂及干癌病等。它们的有性繁殖阶段大多腐生,发生于枯枝、落叶、落果及树干的溃疡斑中,作为病菌的越冬休眠器官;无性繁殖阶段大多寄生,在生长期由于无性孢子不断的传播,引起多次重复侵染。无性繁殖的子实体类型在此类真菌中比较复杂,往往同一属的真菌,它们的无性繁殖阶段分属于不同的半知菌类。座囊菌目是本类真菌的代表,包括了许多植物病原菌,球腔菌属(*Mycosphaerella*)是多种植物叶斑病菌的有性阶段,它的无性阶段属于多种半知菌类。

盘子囊菌类大多是腐生的,引起木材腐烂,少数可以引起植物的病害。盘子囊菌病害中,最重要的是由核盘菌属(*Sclerotinia*)侵染而发生的油菜菌核病和核果及仁果的褐腐病等。它们共同的特点是能形成菌核,菌核萌发产生子囊盘。由于这类病菌产生的子实体较一般子囊菌的子实体大,肉眼即可观察到,对识别这类病害是很有帮助的。

子囊菌纲常见的植物病原菌分属检索表如下,其重要的植物病原菌介绍于后。

## 子囊菌纲(Ascomycetes)分类检索表

A. 子囊单独形成,分散或成群地生于菌丝上,不形成子囊果 ……………………………

…………………………………………………… 半子囊菌亚纲(Hemiascomycetes)

　子囊呈栅栏状排列在植物表面 …………………………… 外囊菌目(Taphrinales)

　…………………………………………………………… 19. 外囊菌属(*Taphrina*)

A. 子囊大多成群形成于子囊果内 ……………………… 真子囊菌亚纲(Euascomycetes)

　B. 子囊果球形、近球形或瓶形,子实层在子囊果内

　　C. 子囊果球形、无孔口,称闭囊壳;少数是瓶形,有孔口的子囊壳;子囊圆形或椭圆形,无

　　侧丝 ………………………………………………… 不正囊菌类(Plectomycetes)

　　　D. 子囊散生在子囊果内 ……………………………… 曲霉目(Aspergillales)

　　　　E. 子囊果是有长颈的子囊壳 ……………………… 20. 长喙壳属(*Ceratocystis*)

　　　D. 子囊簇生在子囊果内,子囊果是闭囊壳 ……………… 白粉菌目(Erysiphales)

　　　　E. 闭囊壳上有特殊的附属丝,引起植物的白粉病 ………… 白粉菌科(Erysiphaceae)

　　　　　F. 闭囊壳内子囊单个

　　　　　　G. 附属丝菌丝状 …………………………… 21. 单丝壳属(*Sphaerotheca*)

　　　　　　G. 附属丝刚直,顶端二叉状重复分枝,枝端螺旋状卷曲 ……………………

　　　　　　………………………………………… 22. 叉丝单囊壳属(*Podosphaera*)

　　　　　F. 闭囊壳内子囊多数

　　　　　　G. 附属丝菌丝状 ………………………………… 23. 白粉属(*Erysiphe*)

　　　　　　G. 附属丝非菌丝状

　　　　　　　H. 附属丝刚直,基部膨大,顶端尖锐 ………… 24. 球针壳属(*Phyllactinia*)

　　　　　　　H. 附属丝顶端卷曲

　　　　　　　　I. 附属丝不分枝 ……………………… 25. 钩丝壳属(*Uncinula*)

　　　　　　　　I. 附属丝顶端二叉状重复分枝 ……………… 26. 叉丝壳属(*Microsphaera*)

　　　　E. 闭囊壳外无附属丝,有刚毛包围闭囊壳,引起植物煤污病 ………………………

　　　　……………………………………………………… 小煤炱科(Meliolaceae)

　　　　…………………………………………………… 27. 小煤炱属(*Meliola*)

　　C. 子囊果瓶形、有孔口,有子囊壳壁,孔口与壳壁同时形成,称子囊壳 ……………………

　　……………………………………………………… 核菌类(Pyrenomycetes)

　　　D. 子囊壳壁通常黑褐色,质地较硬,子囊间有侧丝,子囊壁单层,顶壁较厚,四周薄 …

　　　………………………………………………………… 球壳菌目(Sphaeriales)

　　　　E. 子座不很发达 ……………………………………… 日规壳科(Gnomoniaceae)

　　　　　F. 子囊壳丛生在菌丝层或子座上,壳壁上有毛 ………… 28. 小丛壳属(*Glomerella*)

　　　　　F. 子囊壳单生于基物内,壳壁无毛 ……………… 29. 日规壳属(*Gnomonia*)

　　　　E. 子座发达,子囊壳生于子座内

　　　　　F. 菌丝在寄主表皮层内形成黑色结实的盾状菌座 …… 黑痣菌科(Phyllachoraceae)

　　　　　…………………………………………………… 30. 黑痣菌属(*Phyllachora*)

F. 菌丝不形成盾状菌座

　　G. 子座生在基物内,部分突出,子囊有柄,柄易消解,子囊散在子囊壳内 ………
　　……………………………………………………… 间座壳科(Diaporthaceae)

　　　　H. 子座鲜艳,黄褐色,革质 ……………………… 31. 内座壳属(Endothia)
　　　　H. 子座黑色,碳质
　　　　　　I. 子囊孢子椭圆形或纺锤形 ………………… 32. 间座壳属(Diaporthe)
　　　　　　I. 子囊孢子腊肠形 …………………………… 33. 黑腐皮壳属(Valsa)
　　G. 子座生在基物外,直立,头状,有长柄,子囊柄不易消解,子囊孢子线形 ……
　　…………………………………………………… 麦角菌科(Clavicipetaceae)
　　………………………………………………………… 34. 麦角菌属(Claviceps)

D. 子囊壳壁通常鲜色,质地较软,子囊间有或无拟侧丝,子囊壁单层,厚薄均匀一致
　　………………………………………………………… 肉座菌目(Hypocreales)

　　E. 子囊壳无子座或表生子座上 ………………… 肉座菌科(Hypocreales)
　　　　F. 子囊壳散生在子座上,壳壁蓝或紫色,子囊孢子多细胞 …………………
　　　　……………………………………………………… 35. 赤霉属(Gibberella)
　　　　F. 子囊壳丛集或分散子座上,壳壁橙色,子囊孢子双细胞 …………………
　　　　……………………………………………………… 36. 丛赤壳属(Nectria)
　　E. 子囊壳埋在子座内,有的后期外露,子囊孢子单细胞 ……………………
　　………………………………………………… 多点菌科(Polystigmataceae)
　　……………………………………………………… 37. 疗座霉属(Polystigma)

C. 子囊果为子座组织溶解而成的子囊腔,没有明显分化的果壁,孔口是子座组织消解而
　　成,无侧丝,只有拟侧丝,早期存在(宿存性)或早期消解(非宿存性),子囊壁双层,每个
　　子座可形成一个或数个子囊腔,子囊腔内有数个子囊 …… 腔菌类(Ascolocumycetes)
　　………………………………………………………… 座囊菌目(Dothideales)

　　D. 子囊成束生在子囊腔内,拟侧丝早期消解 ………… 座囊菌科(Dothideaceae)
　　　　E. 子囊孢子双细胞
　　　　　　F. 子囊孢子双细胞大小相等 ………… 38. 球腔菌属(Myeosphaerella)
　　　　　　F. 子囊孢子双细胞大小不等 ………… 39. 球座菌属(Guignardia)
　　　　E. 子囊孢子多细胞 ………………………… 40. 亚球壳属(Sphaerulina)
　　D. 子囊成排生在子囊腔内,往往有拟侧丝
　　　　E. 子囊孢子单细胞 ……………… 葡萄座腔菌科(Botryosphaeriaceae)
　　　　　　F. 子囊腔散生至群生,无明显的子座 …… 41. 囊孢壳属(Physalospora)
　　　　　　F. 子囊腔初期埋在子座中,后聚集在子座上 …………………………
　　　　　　……………………………………………… 42. 葡萄座腔菌属(Botryosphaeria)
　　　　E. 子囊孢子不是单细胞 ……………… 格孢腔菌科(Pleosporaceae)
　　　　　　F. 子囊孢子双细胞
　　　　　　　　G. 子囊腔孔口周围有刚毛,子囊孢子无色或褐色,双细胞大小不等,拟侧丝永存
　　　　　　　　……………………………………………… 43. 黑星菌属(Venturia)
　　　　　　　　G. 子囊腔顶部无刚毛,子囊孢子深褐色,双细胞,大小相等,拟侧丝后期不易

　　　　　见到 ……………………………………… 44. 绒座壳属(*Gibellina*)
　　　F. 子囊孢子多细胞
　　　　　G. 子囊孢子仅有横分隔
　　　　　　　H. 子囊孢子线形
　　　　　　　　I. 子囊孢子平行排列在子囊内 ……… 45. 蛇孢腔菌属(*Ophiobolus*)
　　　　　　　　I. 子囊孢子扭曲状排列在子囊内 …… 46. 旋孢腔菌属(*Cochliobolus*)
　　　　　　　H. 子囊孢子梭形或长椭圆形
　　　　　　　　I. 子囊孢子无色 ………………… 47. 亚球腔菌属(*Metasphaeria*)
　　　　　　　　I. 子囊孢子黄色或褐色
　　　　　　　　　J. 子囊孢子周围有胶质层 ……… 48. 黑团壳属(*Massaria*)
　　　　　　　　　J. 子囊孢子周围没有胶质层 …… 49. 小球腔菌属(*Leptosphaeria*)
　　　　　G. 子囊孢子有纵横分隔,卵圆形或长圆形,褐色
　　　　　　　H. 子囊腔顶部有刚毛 ……………… 50. 核腔菌属(*Pyrenophora*)
　　　　　　　H. 子囊腔顶部无刚毛 ……………… 51. 格孢腔菌属(*Pleospora*)
　　B. 子囊果是盘状或碟状,称子囊盘,子实层初期外露 ………… 盘菌类(Discomycetes)
　　　C. 子囊没有固定的孔口,顶端不规则地裂开释放孢子 ……… 柔膜菌目(Helotiales)
　　　　D. 子囊盘生在菌核或杂有寄主组织的假菌核上,子囊盘有柄 ……………
　　　　　………………………………………………………… 核盘菌科(Sclerotiniaceae)
　　　　　………………………………………………………… 52. 核盘菌属(*Sclerotinia*)
　　　　D. 子囊盘生在寄主组织内,成熟后露出 ……………… 皮盘菌科(Dermateaceae)
　　　　　E. 子囊孢子单细胞,无性阶段不常见 ………… 53. 假盘菌属(*Pseudopeziza*)
　　　　　E. 子囊孢子双细胞或多细胞,无性阶段寄生性强 …… 54. 双壳属(*Diplocarpon*)
　　子囊菌所引起的植物病害有 36 个属,但主要有:外囊菌属(*Taphrina*),约有 100 个。全都是植物上的寄生物,部分寄生在木本植物上。寄生于叶的引起缩叶病;寄生于花器时,可使子房畸形膨大而中空;寄生于嫩芽的可诱发丛枝。囊孢壳属(*Physalospora*)、黑星病菌属(*Venturia*)、球腔菌属(*Mycosphaerella*)、球座菌属(*Guignardia*)、煤炱属(*Capnodium*)、葡萄座腔菌属(*Botryosphaeria*)等属中,有许多种都能引起林木的严重病害。球针壳属(*Phyllactinia*)、叉丝壳属(*Microsphaera*)等的一些种是阔叶树上常见的病原菌。由于它们的菌丝体和分生孢子在寄主体表形成一层白粉状物,故由上述菌类引起的病害通称白粉病。小煤炱属(*Meliola*)是热带和亚热带林木上常见的煤污病菌。长喙壳属(*Ceratocystis*)、内座壳属(*Endothia*)的一些种是林木的危险病原菌。皮下盘菌属(*Hypoderma*)、散斑壳属(*Lophodermium*)薄盘菌属(*Cenangium*)、斑痣盘菌属(*Rhytisma*)、链核盘菌属(*Monilinia*)等都可引起林木的病害。

　　叉丝单囊壳属(*Podosphaera*)苹果白粉病菌(*Podosphaera leucotricha*),为害苹果的叶片、幼芽及新,叶片正反两面生白色粉状霉斑,叶片皱缩卷曲,颜色变淡,新梢微肿,矮化或干枯。桃白粉病菌(*Podosphaera tridactyla*),为害桃、李、樱桃等叶片,初生白色粉霉层,以后蔓延至全叶。钩丝壳属(*Uncinula*)的葡萄白粉病菌(*Uncinula necator*),为害葡萄的叶、新梢、果梗及果实,受害初期叶片生不明显的小白粉斑,很快蔓延到整个叶片,严重时叶片向上卷曲。新梢、幼果受害产生白色粉霉斑。小丛科属(*Glomerella*)苹果炭疽病菌(*Glomerella cingulata*,

无性阶段 *Gloeosporium fructiginum*），为害苹果、葡萄、梨、枇杷等多种植物的叶、茎及果实，以成熟期及贮藏期最重。黑腐皮壳属（*Valsa*）的苹果树的腐烂病（*Valsa mali*，无性阶段为 *Cytospora mali*），为害果树的枝干，引起溃疡；梨树腐烂病菌（*Valsa ambiens*，无性阶段 *Cytosperma*），为害梨的枝、干，引起溃疡腐烂。丛赤壳属（*Nectria*）的树木癌肿病菌（*Nectria cinnabarina*），为害桑、梨、李、栗、核桃、枫、槭、榆、椴、棒等多种阔叶树木的癌肿病，引起树木溃烂及枝条顶枯；苹果树溃疡（*Nectria galligena*），引起苹果树的溃疡病。球座菌属（*Guignardia*）的葡萄黑腐病菌（*Guignardia bidwelli*，无性阶段 *Phoma uvicola*）及葡萄房枯病（*Guignardia baccae*，无性阶段 *Macrophoma faocida*），为害葡萄的果穗、果梗及叶片等。囊孢壳属（*Physalospora*）的苹果轮纹病菌（*Physalospora obtuse*，无性阶段 *Macrodia gossypina*），主要为害苹果、梨、杏、桃、花红、木瓜、海棠、枣、甜橙等的枝干，叶及果实亦能受害；苹果黑腐病（*Physalospora obtuse*，无性阶段 *Sphaeropsis malorum*），为害苹果、梨、木瓜及山楂的叶、枝梢及果实。

3）担子菌及其所致病害　担子菌是真菌中最高等的一纲，包括许多形态和发育过程很不相似的真菌，从很小的黑粉菌和锈菌、到子实体很大的伞菌。低等的担子菌几乎全部为寄生的，引起植物的黑粉病和锈病；高等担子菌大多是土壤、肥料、木材上的腐生菌，有些寄生树木引起危害，其中有许多是食用菌，如蘑菇、黑木耳、白木耳、灵芝，也有一些是有毒的；经常破坏铁道枕木和电线杆的，主要也是高等担子菌。担子菌病害的症状类型各不相同，黑粉病和锈病可以根据受害部位产生的黑粉状厚垣孢子堆、锈粉状的（夏孢子堆）、黑褐色的（冬孢子堆）等来识别。高等担子菌引起的木材腐烂病及根朽病等除了从症状上识别外，还可借这类病菌的大而明显的子实体进行诊断。此外，有些担子菌为害后引起寄主受害部位肿大、畸形或形成菌瘿（瘿瘤），如茶饼病菌（*Exobasidium vexans*）引起的茶饼病及松瘤锈病菌（*Cronartium quercuum*）引起的松瘤锈病。

担子菌纲根据担子的形态分为两个亚纲。担子有分隔，来源于厚垣孢子的属于半担子菌亚纲（Hemibasidiomyeetes），包括黑粉菌目（Ustilaginates）及锈菌目（Uredinales）。担子不分隔，来源于菌丝的属于真担子菌亚纲（Eubasidiomycetes），包括许多高等担子菌，常见的有伞菌目（Agaricales）。

半担子菌亚纲包括黑粉菌目及锈菌目两个重要的植物病原真菌目。黑粉病是由黑粉菌的侵染而引起的。黑粉菌都是寄生的，但不是专性寄生的，黑粉菌可以在人工培养基上培养，少数黑粉菌还能在人工培养基上完成它的生活史。黑粉菌的寄生性是很专化的，各种作物都有它特殊的黑粉菌寄生，而相互侵染的可能性不大。黑粉菌的菌丝在寄主体内分布很广，许多都遍布全株，引起系统性侵染，但其症状则在寄主体的局部表现，如许多黑穗病，虽然只在穗部表现症状，实际病菌菌丝体是分布全株的；也有的黑粉菌只侵染寄主的个别部位，菌丝只限于侵入点的四周，不引起系统性侵染，如玉米瘤黑粉病。

从寄主任何部位分生组织侵入引起局部性病害。病菌在土壤内休眠，一个生长季中，可以多次重复地进行侵染。病菌可以侵染寄主植物的各个器官（包括根、茎、叶及雌雄花序）。厚垣孢子落在寄主植株上，环境条件适宜，立即开始萌发，形成含有大量黑粉状厚垣孢子的菌瘿。菌瘿成熟后破裂，散出大量厚垣孢子，在土壤内越冬，引起下一年的侵染。属于这一类型的有玉米黑粉病菌（*Ustilago maydis*）等。

半担子菌亚纲中另一个重要的目是锈菌目。锈菌都是专性寄生的。锈菌分布广而危害性亦大，禾谷类作物的锈病和豆科植物的锈病以及梨的锈病都是常见的锈菌病害。锈菌侵入寄主后,从寄主活细胞中吸取养分,不引起寄主细胞的迅速死亡。因此,锈菌一般只引起局部侵染,形成点发性症状,在寄主受害部位产生锈黄色疱状孢子堆。有些锈菌侵染植物后,刺激寄主植物畸形发展,形成组织肿大、丛枝或瘿瘤。

锈菌的生活史在真菌中是最复杂的,具有多形态型,即一种锈菌在其发育过程中,可以产生多种形态不同的孢子。典型的有5种孢子:性孢子、锈孢子、夏孢子、冬孢子和小孢子,冬孢子是锈菌的有性孢子。并不是每一种锈菌都有以上5种孢子。有些锈菌在同一寄主植物上就能完成它的生活史,称为单主寄生。另外一些锈菌必须在分类上并不相近的两种寄主植物上,才能完成其生活史,称为转主寄生。通常以冬孢子阶段的寄主作为主要寄主,另一个寄主称转主寄主。例如小麦秆锈病菌,冬孢子寄生在小麦上,精子器和锈子器产生在小檗上,故小麦是它的主要寄主,小檗是它的转主寄主。有时则以经济上重要的寄主列为主要寄主,例如苹果和梨锈菌,冬孢子寄生在桧柏上,而精子器、锈子器却产生在苹果和梨树上,仍以苹果和梨树作为主要寄主,桧柏作为转主寄主。

锈菌还表现出高度的专化性和变异性。锈菌的寄生性不但是高度专化的,而且有很大的变异性。这表现在一种锈菌其寄主范围往往很狭小,同一科不同的属、同一属不同的种,甚至同一种作物不同的品种之间,其寄生性也有显然不同的分化;而且这种寄生性的变异性也非常大。随着这种寄生专化性和变异性,一种锈菌又可分为许多专化型,专化型下又分为许多生理小种。

重要的林木病原锈菌有胶锈菌属(*Gymnosporangium*)的梨锈病菌(*Gymnosporangium haraeanum*)、苹果锈病菌(*Gymnosporangium yamadai*)为害梨、苹果、山楂等的叶片、果实、嫩梢,产生橘黄色病斑,密生鲜黄色细小粒点。柱锈菌属(*Cronartium*)、栅锈菌属(*Melampsora*)、鞘锈菌属(*Coleosporium*)和层锈菌属(*Phakopsra*)等。

真担菌亚纲是一类高等担子菌,其中伞菌目的某些属是植物病原菌。外担子属(*Exobcsidium*)寄生叶片,刺激寄主引起畸形,其他高等担子菌都是弱寄生的,从伤口侵入,引起树木的根腐病或木材朽腐等。高等担子菌不经常产生孢子,主要依靠菌丝蔓延传播病害,很少引起再次侵染。

担子菌纲常见的植物病原菌分属检索表如下。

## 担子菌纲(Basidiomycetes)分类检索表

A. 担子从厚壁的休眠孢子产生,状如芽管(又称初菌丝),散生,不形成子实层,也无担子果,植物上的寄生菌 ·················· 半担子菌亚纲(Hemibasidiomycetes)

  B. 休眠孢子是厚垣孢子,从菌丝中的细胞产生,引起植物的黑粉病 ·············· ···················· 黑粉菌目(Ustilaginales)

  C. 厚垣孢子单生

   D. 孢子堆成熟时呈粉状

   E. 孢子堆周围没有膜包围

    F. 厚垣孢子较小(5～14 μm),萌发时产生有横隔的担子,侧生担孢子 ········· ···················· 55. 黑粉菌属(*Ustilago*)

    F. 厚垣孢子较大(16～36 μm),萌发时产生无隔膜的担子,顶生担孢子 ·········· ···················· 56. 腥黑粉菌属(*Tilletia*)

　　　　E.　孢子堆周围有膜,中央有寄主组织形成的中轴 ………………………………
　　　　　　………………………………… 57.轴黑粉菌属(*Sphacelotheca*)
　　　D.孢子堆成熟时不呈粉状,埋在寄主组织内 ……… 58.叶黑粉菌属(*Entyloma*)
　　C.厚垣孢子结合成孢子球
　　　D.孢子堆埋在叶内,寄生叶部,孢子球外有不孕层…… 59.实球黑粉菌属(*Doassansia*)
　　　D.孢子堆不埋在叶内,成熟时露出,呈粉状
　　　　E.孢子球外有不孕细胞层,寄生茎叶 ……… 60.条黑粉菌(*Urocystis*)
　　　　E.孢子球外无不孕细胞层
　　　　　F.孢子球不坚固,容易分离 ……… 61.团黑粉菌属(*Sorosporium*)
　　　　　F.孢子球紧密,不易破碎 ……… 62.褶孢黑粉菌属(*Tolyposporium*)
　B.休眠孢子是冬孢子,从菌丝的顶端细胞产生,引起植物的锈病 …… 锈菌目(Uredinales)
　　C.冬孢子有柄,单生,单细胞或多细胞 ……… 柄锈菌科(Pucciniaceae)
　　　D.冬孢子单细胞
　　　　E.冬孢子长椭圆形,顶壁厚 ……… 63.单胞锈菌属(*Uromyces*)
　　　　E.冬孢子横椭圆形或芜菁根状 ……… 64.椭孢锈菌属(*Hemileia*)
　　　D.冬孢子双细胞或多细胞
　　　　E.冬孢子双细胞
　　　　　F.冬孢子柄短,不胶化
　　　　　　G.冬孢子堆黄褐色
　　　　　　　H.冬孢子壁厚,两个细胞间缢缩不深,不能分离 … 65.柄锈菌属(*Puccinia*)
　　　　　　　H.冬孢子壁薄,两个细胞间缢缩很深,容易分离 ………………………
　　　　　　　　………………………………… 66.疣双胞锈菌属(*Tranzschelia*)
　　　　　　G.冬孢子堆白色 ……… 67.不休白双胞锈菌属(*Leucotelium*)
　　　　　F.冬孢子柄长,遇水胶化,孢子壁薄 ………… 68.胶锈菌属(*Gymnosporangium*)
　　　　E.冬孢子多细胞 ……… 69.多胞锈菌属(*Phragmidium*)
　　C.冬孢子无柄,群集成壳状或垫状的孢子柱,生于寄主表皮层或角质层下 ………………
　　　　………………………………… 栅锈菌科(Melampsoraceae)
　　　D.冬孢子彼此上下左右互相连接
　　　　E.冬孢子堆非圆柱状,孢子多层,埋于寄主表皮下 … 70.层锈菌属(*Phakopsora*)
　　　　E.冬孢子堆圆柱形,突出寄主体外 ……… 71.柱锈菌属(*Cronartium*)
　　　D.冬孢子仅侧面结合成一层,埋在表皮层或角质层下
　　　　E.冬孢子很早分隔成四细胞而转变为担子 ……… 72.鞘锈菌属(*Coleosporium*)
　　　　E.冬孢子偶然有多细胞,萌发时自顶部生出担子 …… 73.栅锈菌属(*Melamposora*)
　　C.冬孢子阶段不明 ………………………………… 半知锈菌类
　　　………………………………… 74.锈孢锈菌属(*Aecidium*)
A.担子不从休眠孢子产生,从菌丝的顶端直接产生,通常聚集成子实层,常有发达的担子果,
　绝大多数腐生菌 ……… 真担子菌亚纲(Eubasidiomycetes)
　B.担子有隔膜
　　C.担子圆筒形,以横隔膜分为四个细胞 ……… 木耳目(Auriculariales)

　　　　D. 担子果平伏,非胶质

　　　　　E. 担子果毛绒状,无原担子 ·················· 75.卷担菌属(*Helicobasidium*)

　　　　　E. 担子果蜡质至革质,往往有原担子·············· 76.隔担耳属(*Septobasidium*)

　　B. 担子无隔膜

　　　C. 担子形成的子实层开始即暴露,或在担子孢子成熟前由于担子果的开裂而暴露

　　　　D. 担子圆柱形或棍棒形,顶端生四个小柄,每柄上生一担子孢子,萌发时直接产生芽管

　　　　··················································· 伞菌目(Agaricales)

　　　　　E. 无担子果,担子直接在寄主表面形成子实层,寄生在高等植物上 ··············

　　　　············································· 77.外担菌属(*Exobasidium*)

　　　　　E. 有担子果,多半腐生

　　　　　F. 担子果不发达,很薄,由一薄层菌丝体和成丛的担子组成,聚贴在基物上 ······

　　　　··········································· 78.薄膜革菌属(*Pellicularia*)

　　4)半知菌及其所致病害　半知菌在自然界的分布是真菌中最广泛的一个类群。其中有腐生的,也有不少是寄生的。在植物病原真菌中,最常见到的半知菌有200～300属,在病害鉴定中是接触得最多数一类。

　　半知菌的分生孢子阶段和许多子囊菌的分生孢子阶段相似,所以半知菌绝大多数是子囊菌的无性阶段,少数的是担子菌的无性阶段。由于它们的有性阶段尚未发现,或者不经常产生,分类的地位不易确定,因而单独列为一类,称为半知菌类。事实上,半知菌的含义已经超出这个范围。许多子囊菌的有性阶段一年只发生1次,而经常出现的是它们的无性阶段,为了便于鉴定,可将这些子囊菌的分生孢子的形态作出鉴定,而不一定要等到发现有性阶段后再作鉴定,结果,往往一种子囊菌(少数担子菌也如此)的子囊孢子阶段属于子囊菌纲,分生孢子阶段又属于半知菌类,造成同一个真菌分别属于不同的纲,而且有两个不同的学名习惯上在叙述一种子囊菌(或少数担子菌)的时候,如经常发现的是它的无性阶段,一般就采用分生孢子阶段的学名。

　　半知菌引起的病害症状类型大多数是局部坏死,常见的症状有:

　　叶斑病类型　　如水稻胡麻斑病、稻瘟病等。

　　炭疽病类型　　如棉花炭疽病、红麻炭疽病等。

　　疮痂病类型　　如葡萄黑痘病、柑橘疮痂病等。

　　溃疡病类型　　如苹果腐烂病等。

　　萎蔫病类型　　如棉花的枯萎病、黄萎病,瓜类枯萎病等。

　　腐烂病类型　　如桃褐腐病、茄褐纹病等。

　　半知菌类根据子实体的形态分为多三个目一类群:球壳孢目(Sphaeropsidales)的分生孢子生在球形或瓶形的有孔口的分生孢子器内;黑盘孢目(Melanconiales)的分生孢子生在由平行排列的分生孢子梗组成的分生孢子盘中;丛梗孢目(Moniliales)的分生孢子形成于基质表面,排列疏松成丛的分生孢子梗上;无孢菌目(Mycelia-sterila),一般不产生任何类型的孢子,通常容易产生菌核。目以下主要是根据分生孢子的形状和颜色等性状进行分类的。半知菌的分生孢子随环境条件及孢子的年龄而有所变化,许多半知菌在幼嫩时是单细胞无色的,当老熟时则为双细胞(或多细胞)有色的(或深色的),因此,在鉴定时应该注意子实体及分生孢子的成熟度。

　　丛梗孢目是半知菌中数量最大的一目。其中有许多是高等植物上危害严重的寄生菌或兼寄生菌;有不少是腐生的,习居土壤中,例如常见的工业发酵真菌及医药与农业上的抗生菌。丛梗孢目真菌为害的植物,大多引起叶斑、果腐等症状,病斑有明显边缘或产生色泽不同的绒毛状霉层,为丛梗孢菌病害的诊断特点。

　　黑盘孢目真菌大多寄生高等植物,也有腐生的。黑盘孢菌病害引起特异的症状类型,常见的有炭瘟病和疮痂病,前者在果实上产生明晰的同心轮纹,并形成黑色颗粒状小点(分生孢子盘),排列呈轮纹状;后者在果实上产生圆形凹陷或隆起的病斑,中间灰白色有明显的边缘。有些黑盘孢目的真菌,分生孢子能分泌不同色素(常见的有粉红色或白色),故初期症状往往在病斑上出现粉红色(或白色)黏液,是黑盘孢菌病害的特征之一。本目真菌只能引起局部性病害。

　　球壳孢目是仅次于丛梗孢目的一大类群,寄生的或腐生的,寄生在植物的茎、叶及果实上,引起局部性病害,也有因局部性病害而引起全株死亡。球壳孢菌引起植物病害的症状类型有:斑点病类型,主要侵染叶片,病斑多为圆形,有明显的边缘,中央生黑色小点;溃疡病类型,主要侵染茎秆、枝条,造成溃疡病斑;腐烂病类型,许多蔬菜、果实受害引起干腐或湿腐。无论是哪一种症状,其共同的特点是在寄主受害部位都能产生黑色小点(病菌的分生孢子器),散生、聚生或呈轮纹状排列,初期埋在寄主组织内,后突出表皮外露,在潮湿条件下,分生孢子器吸水而放出孢子角,肉眼观察呈白色细微的小点,这是诊断球壳孢菌病害的重要依据。

　　无孢菌群是一些很少产生分生孢子或其他子实体的担子菌,只能根据菌丝或菌核的形态来鉴定。大多是腐生或兼寄生的,引起植物的根或茎基的腐烂。无孢菌目包括的种类虽远不如半知菌类其他 3 目多,但所引起的病害在生产上都很重要。如多种植物纹枯病及各种菌核病,多种植物的立枯病、白绢病等。无孢菌目的病菌多数习居土壤中,以菌丝、菌核及菌索在土壤内或病株上越冬、传播蔓延,引起危害。

　　半知菌类常见的植物病原菌分属检索表如下,其主要的植物病原菌介绍于后。

### 半知菌类(Fungi Imperfecti)分类检索表

A. 产生分生孢子
　B. 分生孢子和分生孢子梗不产生在分生孢子器内
　　C. 分生孢子梗散生或丛生在基物表面 ·············· 丛梗孢目(Monitiales)
　　　D. 分生孢子梗排列疏松
　　　　E. 分生孢子梗和分生孢子无色 ·············· 丛梗孢科(Moniliaceae)
　　　　　F. 分生孢子单细胞,球形、卵圆形或圆柱形
　　　　　　G. 分生孢子梗短
　　　　　　　H. 分生孢子串生,与分生孢子梗差别很微小
　　　　　　　　I. 分生孢子梗不分枝,分生孢子由上而下依次成熟 ·············
　　　　　　　　········· 79. 粉孢属(Oidium)
　　　　　　　　I. 分生孢子梗分枝,分生孢子由下而上依次成熟 ··············
　　　　　　　　········· 80. 丛梗孢属(Monilia)
　　　　　　　H. 分生孢子单生,与分生孢子有明显差别 ········· 81. 小卵孢属(Ovularia)
　　　　　　G. 分生孢子梗长,它的细胞与分生孢子显然不同,一般有分枝,有的不分枝
　　　　　　　H. 分生孢子串生

I.分生孢子梗不分枝,顶端膨大呈头状,上面聚生成串的分生孢子 ………

………………………………………… 82.曲霉属(*Aspergillum*)

I.分生孢子梗顶端帚状分枝,顶端着生分生孢子…………………………

………………………………………… 83.青霉属(*Penicillium*)

H.分生孢子不串生

I.分生孢子梗呈轮枝状分枝

J.分生孢子呈卵圆形至椭圆形 ………… 84.轮枝孢属(*Verticillium*)

J.分生孢子圆柱形至长形 ………… 85.顶柱霉属(*Acrocylindrium*)

I.分生孢子梗不呈轮状分枝

J.分生孢子梗作二叉状或三叉状分枝,分生孢子聚生成头状体………

………………………………………… 86.木霉属(*Trichoderma*)

J.分生孢子梗分枝不规则,分生孢子疏松聚生在顶端稍膨大的头状体上

………………………………………… 87.葡萄孢属(*Botrytis*)

F.分生孢子双细胞,卵圆形或长筒形

G.分生孢子梗细长不分枝,双细胞大小不等,下端细胞有一喙状凸起…………

………………………………………… 88.复端孢属(*Cephalothecium*)

G.分生孢子梗退化为子座组织细胞,分生孢子短圆筒形,双细胞大小相等或不

相等,上端细胞有一喙状凸起…………… 89.喙孢属(*Rhynchosporium*)

F.分生孢子三或多细胞

G.分生孢子梗无色或淡褐色,一般不分枝

H.分生孢子长卵形或长筒形双细胞或多细胞,单生或串生 …………………

………………………………………… 90.柱隔孢属(*Ramularia*)

H.分生孢子倒梨形,2～3 个细胞 ………………… 91.梨孢属(*Piricularia*)

G.分生孢子梗无色不分枝,鞭状或杆状,多细胞…………………………

………………………………………… 92.小尾孢属(*Cercosporella*)

E.分生孢子梗和分生孢子或其中之一暗色………… 暗色孢科(Dematiaceae)

F.分生孢子单细胞

G.分生孢子梗短,与菌丝不易区别,分生孢子圆形至长圆形,有内生的分生孢子

及厚垣孢子 ………… 93.根串珠霉属(*Thielaviopsis*)

G.分生孢子梗与菌丝有明显区别,树状分枝,只有一种分生孢子,卵圆形、长筒

形至柠檬形 ………… 94.单胞枝霉属(*Hormodendrum*)

F.分生孢子多细胞

G.分生孢子典型的是双细胞,卵圆形或长圆形,褐色,亦有少数无色

H.分生孢子串生或单生有凸起,分生孢子梗橄榄色至褐色 …………………

………………………………………… 95.枝孢属(*Cladosporium*)

H.分生孢子单生,分生孢子梗橄榄色至褐色,有明显孢痕…………………

………………………………………… 96.黑星孢属(*Fusicladium*)

G.分生孢子三或多细胞

H.分生孢子只有横分隔

I.分生孢子梗短,长度很少超过分生孢子,褐色

　　J.分生孢子卵圆形至长圆筒形,褐色 …… 97.刀孢属(*Clasterosporium*)

　　J.分生孢子蠕虫形至针形无色或褐色,分生孢子梗褐色………………

　　　　…………………………………… 98.尾孢属(*Cercospora*)

I.分生孢子梗长,长度超过分生孢子,褐色

　　J.分生孢子光滑

　　　　K.分生孢子卵圆形至倒卵形 ……… 99.短蠕孢属(*Brachysporium*)

　　　　K.分生孢子长卵形至长筒形…… 100.长蠕孢属(*Helminthosporium*)

　　　　K.分生孢子纺锤形,中间1～2个细胞膨大 ……………………………

　　　　　…………………………… 101.弯孢霉属(*Curvularia*)

　　J.分生孢子有刺 ……………… 102.疣蠕孢属(*Heterosporium*)

H.分生孢子有纵横分隔,褐色

　　I.分生孢子串生在分生孢子梗顶端,少数单生,棍棒形至卵圆形,顶端较尖

　　细 ………………………………… 103.交链孢属(*Alternaria*)

　　I.分生孢子单生在分生孢子梗顶端,卵圆形至椭圆形,两端钝圆 ……

　　　…………………………………… 104.匐柄霉属(*Stemphylium*)

D.分生孢子梗排列紧密

　E.分生孢子梗排列成有柄的孢梗束,分生孢子着生在分生孢子梗顶端 ……………

　　…………………………………………… 束梗孢科(Stilbellaceae)

　F.分生孢子圆筒形或棍棒形,多细胞,褐色,分生孢子梗褐色或浅色 ………

　　…………………………………………… 105.拟棒束孢属(*Isariopsis*)

　E.分生孢子梗排列成无柄的分生孢子座……………… 瘤座孢科(Tuberculariaceae)

　F.分生孢子梗及分生孢子无色或鲜色,分生孢子圆形或镰刀形

　　G.分生孢子单细胞

　　　H.分生孢子顶生,圆形,有瘤状突起,橄榄绿色,产生在菌丝的小凸起上,分生

　　　孢子座由菌丝形成 …………… 106.绿核菌属(*Ustilaginoidea*)

　　　H.分生孢子侧生,拟卵圆形至长圆形 ……… 107.瘤座孢属(*Tubercularia*)

　　G.分生孢子二至多分隔

　　　H.分生孢子多细胞,镰刀形,一般2～5个分隔,无色(有时不形成分生孢子

　　　座),有的还形成卵圆形无色的小分生孢子 … 108.镰刀菌属(*Fusarium*)

　　　H.分生孢子线形

　　　　I.分生孢子具有侧生的芽…………… 109.座枝孢属(*Ramulispora*)

　　　　I.分生孢子不具有侧生的芽 ………… 110.胶尾孢属(*Gloeocercospora*)

　F.分生孢子梗橄榄色至褐色或黑色

　　G.分生孢子座为均匀的细胞组成,无刚毛,分生孢子圆形 ………………

　　　…………………………………… 111.附球菌属(*Epicoccum*)

　　G.分生孢子座有刚毛 ……………… 112.漆斑菌属(*Myrothecium*)

C.分生孢子梗和分生孢子产生在分生孢子盘内 ………… 黑盘孢目(Melanconiales)

　D.分生孢子无色

E. 分生孢子单细胞

  F. 分生孢子盘无刚毛

    G. 分生孢子梗极短,产生在子座上,分生孢子盘胶质少,淡褐色或无色,分生孢子极小,椭圆形,菌丝生长慢 ················ 113. 痂圆孢属(*Sphaceloma*)

    G. 分生孢子梗较长,一般无子座,分生孢子盘多胶质,粉红色,分生孢子椭圆形,较大,菌丝生长快 ················ 114. 盘圆孢属(*Gloeosporium*)

  F. 分生孢子盘有暗色刚毛

    G. 刚毛一般着生在分生孢子盘四周,数目较少,分生孢子长椭圆形 ················ 115. 毛盘孢属(*Colletotrichum*)

    G. 刚毛不限在分生孢子盘四周,数目较多,分生孢子新月形 ················ 116. 丛刺盘孢属(*Vermicularia*)

E. 分生孢子多细胞

  F. 分生孢子双细胞,上端细胞一侧具有短的喙状凸起

    G. 分生孢子盘下有放射状菌丝,分生孢子较瘦窄 ················ 117. 放线孢属(*Actinonema*)

    G. 分生孢子盘下无放射状菌丝,分生孢子较肥宽 ················ 118. 盘二孢属(*Marssonina*)

  F. 分生孢子多细胞

    G. 分生孢子长圆形至棒形或线形,较粗短,分生孢子盘苍白 ················ 119. 黏隔孢属(*Septogloeum*)

    G. 分生孢子圆柱形至线形,细长,常弯曲 ··· 120. 柱盘孢属(*Cylindrosporium*)

D. 分生孢子暗色,多细胞

  E. 分生孢子顶端有刺毛

    F. 分生孢子顶端只有 1 根刺毛 ················ 121. 盘单毛孢属(*Monochaetia*)

    F. 分生孢子顶端有几根刺毛 ················ 122. 盘多毛孢属(*Pestalozzia*)

  E. 分生孢子顶端无刺毛、长圆形或纺锤形 ················ 123. 棒盘孢属(*Coryneum*)

B. 分生孢子梗和分生孢子产生在分生孢子器内 ················ 球壳孢目(Sphaeropsidales)

  C. 分生孢子圆形、卵圆形至椭圆形,不是线状

    D. 分生孢子单细胞

      E. 分生孢子无色

        F. 分生孢子器不产生在子座内

          G. 分生孢子器外无刚毛

            H. 分生孢子梗有明显分枝 ················ 124. 树疱霉属(*Dendrophoma*)

            H. 分生孢子梗无明显分枝

              I. 分生孢子直形

                J. 分生孢子甚小,在 15 $\mu$m 以下

                  K. 主要寄生在植物叶片上 ················ 125. 叶点霉属(*Phyllosticta*)

                  K. 寄生在植物的各个部位上 ················ 126. 茎点霉属(*Photma*)

                J. 分生孢子较大,在 15 $\mu$m 以上

　　半知菌有发达的、分隔的菌丝体。从菌丝上分化出分生孢子梗。由梗顶或其侧面生出分生孢子。也有少数种类的分生孢子是孢子梗内生的。分生孢子的形状是多种多样的,无色或暗色,单细胞、双细胞或多细胞。分生孢子梗无色或暗色,分枝或不分枝,单生或集生成子实体。

　　丛梗孢目(Moniliales)　分生孢子梗松散地或成束地生在菌丝体上或寄主表面。广泛引起林木叶斑病的尾孢属(Cercospora),引起各种根病和萎蔫病的镰刀菌属(Fusarium),引起白粉病的粉孢属(Oidium),引起黑星病的黑星孢属(Fusicladium),叶片上病斑梭形,有黄色晕圈,边缘黑褐色,中央灰白色或灰绿色,潮湿时背面能产生出青灰色霉层黑星孢属(*Fusicladium*)梨黑星病菌(*Fusicladium pirina*),为害梨的叶片、果实、枝梢。果实受害,初为黄色、圆形斑点,长出黑霉,病部木栓化,果肉变硬,果实增大,病部龟裂,病果生长受阻而呈畸形;叶片受害,叶背呈现圆形或椭圆形淡黄色病斑,并有黑色霉层;新梢受害,呈黑色或黑褐色椭圆形溃疡性病斑,有黑色霉层。经常腐生在种实上的交链孢属(*Alternaria*)、曲霉属(*Aspergillus*)和青霉属(*Penicillium*)等均属本目。

黑盘孢目(Melanconiales)　分生孢子梗集生在分生孢子盘上。分生孢子盘呈浅盘状,早期埋生在寄主表层组织的下面,成熟时才实露出来,外形与某些子囊盘相似。痂圆孢属(*Sphaceloma*)的葡萄黑痘病菌(*Sphaceloma ampelinum*),为害葡萄的叶片、叶柄、果实、果柄、穗轴、卷须及新梢,病斑赤褐色,凹陷,中央灰白色,边缘紫褐色。柑橘疮痂病菌(*Sphaceloma fawcetti*)为害柑橘的叶片、果实及新梢,受害叶片扭曲,果实表面产生疮痂。引起林木炭疽病的毛盘孢属(*Golletotrichum*)和盘圆孢属(*Gloeosporium*),引起枝枯的黑盘孢属(*Melanconium*),引起叶斑病的盘二孢属(*Marssonina*)等均属本目。

球壳孢目(Sphamjopsidales)　分生孢子梗集生于孢子器中。分生孢子器多近球状,顶端留有孔口,外貌与子囊壳相似。属于本目的重要林木病原菌有壳囊孢属(*Cytospora*)的苹果树腐烂病菌(*Cytospora mandshurica*)为害苹果结果树,枝干阳面及分枝处发病较多,树皮染病后变红褐色,组织软腐,水渍状,腐皮易剥落,病部密生大量小颗粒,即病菌子实体。梨树腐烂病菌(*Cytospora carphosperma*)为害梨树的主干和枝。春季病部出现褐色水肿状,用手按压能下陷,将树皮剥开有酒糟味。盾壳霉属(*Coniothyrium*)的葡萄白腐病菌(*Coniothyrium diplodiella*)为害葡萄的果实、果梗、穗轴、枝及叶片。穗轴最易受侵害,初穗轴上发生褐色水渍状病斑,然后蔓延及果穗,由黄色变成褐色,最后变深褐色,上面布满白色疣状的小粒,果梗干枯,病果干后成僵果。引起枝干腐烂病的肾孢属(*Cytospora*),引起枝枯和叶斑病的大茎点属(*Macrophoma*)的苹果轮纹病菌(*Macrophoma kawatsukai*),为害苹果、梨的枝干及果实,此外也为害杏、桃、枣、甜橙等多种果树。枝干上以皮孔为中心,产生水渍状褐色斑点,病斑扩大呈圆形,隆起呈瘤状,病部与健部交界处有一圈很深的凹沟,最后病部组织翘起如马鞍状,病斑中央生有黑色颗粒,许多病斑连在一起,树皮显得粗糙,故称粗皮病。果实多在成熟期发病,以皮孔为中心,水渍状,褐色,圆形,病斑逐渐扩大,有明显轮纹红褐色,病斑中央表皮下散生黑色小点。葡萄房枯病菌(*Macrophoma faocida*)为害葡萄果实、果柄及穗轴,果柄受害产生红褐色斑点,逐渐扩大后,果柄缢缩,果柄及穗轴干枯,果实失水萎蔫,出现不规则褐色斑,最后变紫黑色,干缩成僵果,表面有黑色小颗粒,僵果挂在树上,不易脱落。苹果干腐病菌(*Macrophoma* sp.)为害苹果、梨、甜橙、杨树等多种植物的枝干。病斑大小、形状不规则,初呈暗褐色,表面湿润,溢出褐色汁液,其后病部干枯,凹陷,呈褐色,周围开裂,生黑色小颗粒。茎点属(*Phoma*)、壳针孢属(*Septoria*)和叶点属(*Phyllosticta*)等。

无孢菌群(Mycelia sterilia)　它们不产生或很少产生孢子。通常以菌丝体、菌核或菌索出现。若发现它们的有性世代则往往属于担子菌。在我国北方地区严重为害多种幼苗,引起猝倒病的丝核菌(Rhizoctonia solani),引起根腐病的小菌核菌(Sclerotium rolfsii)均属本目。

半知菌的生活史一般比较简单。分生孢子萌发产生菌丝体,菌丝体上再产分生孢子梗和分生孢子。在生长季节中如此重复若干代后,以无性孢子或菌核等休眠越冬,或以菌丝体在寄主病死组织内越冬,明年再生成分生孢子侵染寄主。

## 3.2.2　植物细菌病害的诊断和鉴定

目前已知的植物细菌病害有 300 余种,明显少于真菌病害的种类。一种植物上常发生的只不过是一两种,这便使其诊断相对简化。

细菌病害的病状多属于组织坏死、腐烂、萎蔫和畸形四种类型,病征为脓状物。一般细菌病害的病斑呈水渍状或油浸状,对光观察,呈半透明状。由于细菌产生毒素的作用,病斑周围会形成黄色的晕圈。在天气潮湿或清晨结露的情况下,病部常有滴状菌脓出现,通常为黄色或乳白色。侵染叶片薄壁组织的细菌,其扩展因受寄主叶脉限制,常呈角斑或条斑,有的病斑周围产生离层而脱落,形成穿孔。在一般情况下,根据菌溢现象,结合症状观察,又考虑该种寄主植物上已知的少数细菌病害病例,就可以确定是否是细菌病害,有的还能确诊是哪一种病害。

经过初步诊断,认定是细菌病害以后,进一步确定一种病原细菌的致病性和鉴定这种细菌的"种"也是重要的环节。按照前述柯赫氏假定,证明病原细菌致病性的步骤仍然是:共存性观察—分离纯化—接种—再分离。其中,由于各属病原细菌的性状不同,所以分离的难易程度和方法有所不同。假单胞杆菌属(*Pseudomonas*)、黄单胞杆菌属(*Xanthomonas*)比较容易分离,一般采用肉汁陈琼胶培养基,也可以用马铃薯蔗糖琼胶培养基(简称 PDA)。

(1)症状的观察和显微镜的检查　植物病原细菌都是非专性寄生菌。它们与寄主细胞接触后,通常先将细胞或组织致死,然后再从坏死的细胞或组织中汲取养分。因此,导致的症状常是组织坏死和萎蔫,少数能分泌刺激素引起肿瘤。细菌造成的病斑,常在病斑的周围呈水渍或油渍状,在病斑上有时出现胶黏状物称为菌脓。这和真菌性病害产生霉状物和粉状物不同,是细菌性病害的重要标志。为确定是细菌性病害,除了分离培养外,简便的方法可采取病叶,在病、健部交界处剪取一小块组织,放在滴有清水的清洁玻片上,加上盖玻片,不久后对光观察,可见切口处有污浊黏液溢出。在病秆和病薯的切口处,也常可见菌脓溢出。显微镜观察,往往可以看到特殊的溢菌现象。将病部切片镜检时,一般都能看到有大量的细菌从病部维管束切口处溢出,如火山口涌出的岩浆或烟囱冒出的烟雾,称为细菌溢菌现象。这是一种比较简单而又十分可靠的细菌病害诊断方法。

当植物发生了一种细菌病害时,首先要对病征部分作反复仔细的观察,然后在病斑部分作切片,用显微镜检查有无细菌溢出。一般由细菌为害植物以后,在病斑部分可以看到一些水渍状的症状(有的不表现水渍状)。将病部切片镜检时,一般都可看到有大量的细菌从病部溢出(细菌溢),这是诊断细菌病害比较简便而相当可靠的方法。细菌溢从维管束或薄壁细胞组织溢出,由此可以初步确定是哪一种类型的病害,例如萎蔫型的是维管束组织病害,细菌溢多半是由维管束组织中溢出来的。

在一般情况下,根据细菌溢的情况,结合症状观察,就可以确定是否是细菌病害,有的还可以进一步确定是哪一种病害。有时应该将病部作涂片染色检查,如马铃薯环腐病的诊断。

(2)病原细菌的分离　经过初步诊断以后,进行病原细菌的分离和确定它的致病性,对于细菌病害的鉴定是极为重要的一环。各属植物病原细菌的性状不同,所以分离的难易和方法有所不同。棒杆菌属(*Corynebacterium*)细菌对营养的要求较严,而且生长缓慢,除供给适当的营养物质外,为了抑制其他细菌的生长,在培养基中往往还加一些选择性的抑制剂。引起瘿瘤的野杆菌属(*Agrobacterium*)细菌对营养的要求并不严格,但是由于它在瘿瘤组织中的菌量不多,而形成瘿瘤时间很长,有大量的杂菌感染,这就需要在培养基中加入另一类选择性抑制药物,以抑制杂菌的生长。欧氏杆菌属(*Erwinia*)的细菌引起植物的软腐,在软腐的组织中经常有许多腐生菌的生长,而腐生菌的量,可以超过软腐病菌,有时用选择性培养基分离也比较麻烦,因此,用腐烂的病组织接种在无病植株或器官上,使之重新形成新鲜病斑,然后再从新鲜病斑上去分离,这样就比较容易成功。假单胞杆菌属(*Pseudomonas*)和黄单胞杆菌属(*Xanlhomonas*)细菌的分离比较容易一些,只要注意表面消毒,一般就可以分离到它的病原体。

1)分离方法　通常都是采用稀释分离法,而不宜用分离真菌时采用的组织分离法。方法是选择新鲜病叶的典型病斑处,切取小块组织,经过表面消毒后,研碎稀释,然后倒成平板培养,这是常规的方法。还有一种是平面划线分离法,方法是将病材料的小块组织,经过表面消毒以后,放在一片经过灭菌的载玻片上的灭菌水滴中,用灭菌玻棒研碎后,用灭菌的玻棒或接种针蘸取组织液在已凝成平板的培养基上划线,先在半个培养皿平板上划4～5条线,将玻棒重新灭菌后,再从第二条线上,垂直地划出5条线。

划线分离的目的是将单个细菌分开,培养后,分散的形成菌落。然后,根据菌落的培养性状,挑选所需要的菌落,培养而得到菌种。分离到的菌种,可以再重复稀释培养一次,以获得纯的菌种。

分离成败的关键有4个因素:一是材料要新鲜,尤其是不能发霉。如是软腐型标本,一般应先接种,待发病后,再从新鲜病部分离。二是表面消毒要适当,最常用的是用0.1%升汞,但漂白粉消毒更为安全。如果菌量很大,有时也可不加消毒而直接分离。三是选择合适的培养基:分离假单胞杆菌属(*Pseudomonas*)和黄单胞杆菌属(*Xanthomonas*)的细菌,可以用普通的肉汁陈培养基;分离棒杆菌属(*Corynebacterium*)病菌,则要求营养成分更好的选择性培养基。四是菌落的选择,要求菌落出现的时间和形状都比较一致等。

2)分离用的培养基　一般采用肉汁陈琼脂培养基或马铃薯蔗糖琼脂培养基,但是对于一些有特殊营养要求的植物病原细菌或者为了抑制杂菌的生长,往往用特殊的选择性培养基来进行分离。Kado 等(1970 年)设计了5 个属的细菌选择性培养基,其成分如下:

分离野杆菌属(*Agrobacterium*)细菌的培养基:

甘露醇 15 g;$MgSO_4 \cdot 7H_2O$ 0.2 g;$NaNO_3$ 5 g;B. T. B.(溴百里蓝) 0.1 g;$Ca(NO_3)_2 \cdot 4H_2O$ 20 mg;琼脂 15 g;$K_2HPO_4$ 2 g;蒸馏水 1 000 mL;LiCl 6 g;灭菌后 pH=7.2,培养基呈深蓝色。

分离棒杆菌属(*Corynebaeteterium*)细菌的培养基:

葡萄糖 10 g;Tris(三羟甲基氨基甲烷) 1.2 g;酪朊水解物 4 g;*选氮化钠 2 mg;酵母浸膏 2 g;*多黏菌素硫酸盐 40 mg;LiCl 5 g;琼脂 15 g;$NH_4Cl$ 1 g;蒸馏水 1 000 mL;$MgSO_4 \cdot 7H_2O$ 0.3 g;pH=7.8。

注:*多黏菌素和选氮化钠不灭菌,当培养基灭菌后冷却到50℃左右时加入。

分离欧氏杆菌属(*Erwinia*)细菌的培养基:

蔗糖 10 g;B. T. B.(溴百里蓝) 60 mg;阿拉伯糖 10 g;苷氨酸 3 g;酪朊水解物 5 g;硫酸十二烷基钠 50 mg;LiCl 7 g;酸性品红 100 mg;NaCl 5 g;琼脂 15 g;$MgSO_4 \cdot 7H_2O$ 0.3 g;蒸馏水 1 000 mL;调节 pH=8.2;灭菌后降到6.9～7.1。

分离假单胞杆菌属(*Pseudomonas*)细菌的培养基:

甘油 10 mL;酪朊水解物 1 g;蔗糖 10 g;硫酸十二烷基钠 0.6 g;$NH_4Cl$ 5 g;琼脂 15 g;

$Na_2HPO_4$ 2～3 g；蒸馏水 1 000 mL；灭菌后 pH＝6.8。

分离黄单胞杆菌属（*Xanthomonas*）细菌的培养基：

纤维二糖 10 g；$MgSO_4 \cdot 7H_2O$ 0.3 g；$K_2HPO_4$ 3 g；琼脂 0.6 g；$NaH_2PO_4$ 1 g；琼胶 15 g；$NH_4Cl$ 1 g；灭菌后 pH＝6.8；蒸馏水 1 000 mL。

一般地说，这 5 种培养基具有高度的选择性，但也有例外，因为同一属细菌的生理性状和营养要求仍有一定差异，所以，不是在同一属中的细菌都能用上述某种选择性培养基可以分离出来，有时还必须找出更特殊一些的特定选择性培养基。

有许多植物细菌病害，可以由种子传病，但是种子上分离病原细菌却往往不易成功，其原因还不十分清楚。可能有三个因素影响分离的成功，其一是种子内的病菌都处在休眠状态，生长势弱，竞争能力小；其二是杂菌多，污染严重；其三是种子上带有较多的噬菌体。

在分离植物病原细菌时，在培养皿的平板上往往会出现许多黄色菌落的杂菌，其中较常见的是 *Erwinia herbicola*，它在植物表面广泛存在，而且与一些病原细菌一样，有相似的消长规律，它在培养基上生长很快，并且有时还能抑制病原细菌的生长，在分离时往往误认为是病原细菌。此外，还有 3 种假单胞杆菌的细菌也能形成黄色菌落，这些是在分离病原细菌时，应加以注意的。

（3）致病性的测定　对于分离的细菌，通过接种试验确定它的致病性是非常重要的，一般用常规接种的办法，观察表面的症状，尽可能了解它的寄主范围。接种在相应的寄主上，并表现原来的典型症状，是确定致病性的重要依据。

常规接种方法费时费工，对于分离到的大量菌株，要确定哪些是有致病力的，哪些是非致病性的细菌。近年来也有利用细菌性病害过敏性反应进行初次筛选，作为选出致病性细菌的一种快速方法。将致病性细菌的悬浮液用注射的方法接种在烟草叶片的细胞间，往往在 24 h 内就可以表现过敏性的枯斑反应，而腐生性细菌则不表现这种过敏性反应（表 3-2）。

表 3-2　寄主—寄生物的关系

| 组　　合 | 过敏性反应 | 典型症状 |
|---|---|---|
| "毒性"致病性细菌——敏感寄主植物 | － | ＋ |
| "非毒性"致病性细菌——敏感寄主植物 | ＋ | － |
| "毒性"致病性细菌——抗性植物 | ＋ | － |
| 致病性细菌——非寄主植物 | ＋ | － |
| 腐生性细菌——植物（所有） | － | － |

注：①用细菌悬浮液（$10^{7 \cdot 8}$ 个/mL）注射，24 h 内得到结果。②"毒性"是指有致病能力；"非毒性"指已丧失致病能力。

利用这种过敏性反应，还可以测定细菌的菌系，例如青枯病菌（*P. solanacearum*）的菌系，在烟草叶片上的反应就不同：菌系Ⅰ，原来是能为害烟叶的，将它接种在烟叶上，就可表现出典型的症状，而不表现枯斑反应；菌系Ⅱ是为害香蕉的，对烟叶的亲合力较差，接种后表现为枯斑反应。

除去烟草外，也有人试用菜豆等植物作为测定植物过敏性反应的试验植物，同样也可快速测致病性，例如油橄榄的肿瘤病细菌（*P. savastonii*）接种在油橄榄上要较长时间才能发病，用此法接种在菜豆的第一片生长约 7 d 的叶片上，很快就发生枯斑反应。这种方法用于快速测瘤组织中肿瘤细菌的存在，是比较理想的方法之一。利用过敏性反应只能作为一种参考性状，可以初步区分分离到的许多菌种是否是植物病原菌,它的适用范围还要经过更多的试验。因此,致病性的最后确定一般还是要用常规的接种法,如喷雾法、针刺法、灌心法和高压喷雾法($1.5\ kg/cm^2$)等。可以根据作物种类和生育阶段不同而选用合适的接种方法。

(4)植物病原细菌"种"的鉴定 经过分离、纯化和接种试验,确定了它的致病性以后,应进一步作革兰氏染色和鞭毛染色,参照它的培养性状,就很容易确定它是哪一个"属"的植物病原细菌。

植物病原细菌"属"的划分,还是比较明确的,意见分歧不大。但是,对种的分类,情况就比较混乱,主要是致病性在"种"的划分上的意义。许多植物病原细菌的细菌学性状虽然很相似,并且可以有一定程度的变化,但是它们的致病性的差异很明显,而且比较稳定。因此,有人主张根据致病性的差异而分为较多的"种"。例如大豆斑疹病细菌(*X. phaseoliv. sojae*)定为菜豆疫病菌的一个变种,但有人就认为根据其致病性的差异而分为一个独立的种(*X. sojae*)。

另外有些人过分强调细菌学性状的差异,认为属的下面,只能分为少数的几个种,在种的下面就根据致病性的差异,分为许多专化型。例如马铃薯黑胫病菌,原来定为一个种(*E. atroseptica*),目前也有人将它改为软腐病菌的一个专化型(*E. carotovora f. sp. atroseptica*)。这样做法,在一定程度上是合理的,并且是可取的,因为这既反映了病菌引起软腐的共性,又表示致病性的差异。但是超过了一定的限度就不一定适宜了。少数人更走向极端,主张将黄单胞杆菌属(*Xanthomonas*)细菌只分为 5 个种,其余都列为种的专化型,甚至有人主张取消这个属,将所有这个属的细菌都合并在假单胞杆菌属(*Pseudomonas*)中,作为它的一个种(*P. campstris*),其他都列为专化型。这样做法,不仅没有充分的根据,而且一定会造成很大的混乱。

因此,对于"种"的建立,既要注意致病性的差异,又要考虑到细菌学性状。这样,才能比较正确地反映"种"的性状。致病性是细菌种的很重要的鉴别性状,但是必须尽可能做全面的分析和比较,才能避免描述过多的新种。

值得提出的是目前所用的一些细菌学测定方法(特别是生理生化反应),不能反映致病性不同细菌的差别,并不表明它们之间在细菌学性状方面没有差别。近年来,有许多生理和生化方面的研究,例如核酸成分、糖代谢途径、氧化酶和精氨酸脱氢酶的活动,以及营养要求的分析等,证明致病性细菌与腐生性细菌以及致病性不同的细菌之间,表现有明显的差异,这些性状对于种的划分,也有一定的意义。

(5)植物病原细菌的几个"属"及常见"种"的描述 植物病原细菌都是杆状菌,归在五个"属"内:

棒状杆菌属(*Corynebacterium*)

野杆菌属(*Agrobacterium*)

欧氏杆菌属(*Erwinia*)

假单胞杆菌属(*Pseudomonas*)

黄单胞杆菌属(*Xanthomonas*)

还有少数植物病原细菌,放在无孢杆菌属(*Bacfgrium*)中,这个属内细菌的分类地位还未最后确定。

植物病原细菌"属"的界限比较明确,它的划分是根据鞭毛的性状,革兰氏染色反应,菌落的色泽、形状和生理生化反应等。不同"属"的植物病原细菌,引起不同类型的病害,但是一种类型的病害,也可以由不同"属"的病原细菌所引起(表 3-3)。

**表 3-3　几种植物病原细菌"属"的主要特征**

| 属名 | 鞭毛 | 菌落 | 革兰氏染色 | 乳糖发酵 | 水杨甙发酵 | 引起病害类裂 |
|---|---|---|---|---|---|---|
| 棒状杆菌属<br>(Corynebacterium) | 无,少数有极鞭 | 奶黄色 | +* | | | 萎蔫为主 |
| 野杆菌属<br>(Agrobactrium) | 周鞭,1～4根,少数无 | 白色 | — | A** | A | 瘤肿,少数畸形 |
| 欧氏杆菌属<br>(Erwinia) | 周鞭,多数 | 白色 | — | A,AG | A,AG | 软腐为主,少数枝枯,萎蔫 |
| 假单胞杆菌属<br>(Pseudomonas) | 极鞭,3～4根 | 灰白色,有的呈荧光 | — | | | 叶斑,枝枯,萎蔫 |
| 黄单胞杆菌属<br>(Xanthomonas) | 极鞭,1根 | 黄色 | — | A | — | 叶斑,叶枯 |

注:*"+"阳性反应,"—"阴性反应。* *"A"产生酸,"G"产生气体。

由细菌引起的植物病害主要有:欧氏杆菌属(Erwinia)、假单胞杆菌属(Pseudomonas)、黄单胞杆菌属(Xanthomonas)的柑橘溃疡病菌(Xanthomonas citri)为害柑橘的枝、叶和果实,引起溃疡病。桃细菌性穿孔病菌(Xanthomonas pruni)为害桃、梅、李、杏、油桃及樱桃等叶片、枝梢及果实,引起细菌性穿孔病。

## 3.2.3　植物病毒病害的诊断和植物病毒的鉴定

(1)植物病毒病害的分布　植物病毒病害包括由病毒、类病毒及类菌质体所引起的病害。动物、植物和微生物中细菌和放线菌都有病毒病。感染细菌和放线菌的病毒又叫噬菌体。目前已经知道的植物病毒病害有 600 种以上,无论是大田作物、果树、蔬菜和观赏植物都有 1～2 种病毒病,甚至一种作物上有几十种病毒病害。禾本科、葫芦科、豆科、十字花科和蔷薇科的植物受害较重,感染病毒的种类也较多。禾谷类作物病毒病、油菜花叶病、马铃薯病毒病、番茄病毒病和烟草花叶病等病毒病害都是农业生产上的重要问题。

病毒是一类非细胞形态的生物,用普通显微镜是看不到的,必须用电子显微镜观察。用电子显微镜观察植物病毒的质粒有球状(多面体)、杆状(螺旋杆状)及纤维状 3 类。病毒可以提纯结晶。结晶的形状有针状、十二面体及棱锥状晶体。在这些结晶中整齐地排列着各种形状的病毒质粒。这些质粒的结构是一种核蛋白,在核酸形成的轴心外包围着蛋白质外壳。病毒是专性寄生物,离开活体就不能繁殖。病毒的繁殖与真菌和细菌不同,它可影响寄主细胞,改变其代谢途经,在寄主细胞中合成病毒的核蛋白,形成新的病毒。

类病毒是从马铃薯纤维块茎的病薯中发现的,其致病质粒比病毒还要简单,它没有蛋白质外壳,只有核糖核酸碎片,但进入寄主后对寄主正常细胞功能的破坏及自行繁殖的特点与病毒基本相似。

许多黄化型和丛枝型的植物病毒病经研究大多是由类菌质体又叫类菌原质引起的,如水稻黄萎病、桑萎缩病、香蕉缩顶病、枣疯病和泡桐丛枝病等。类菌质体是目前已知能营独立生活的最小的单细胞微生物,能在人工培养基上生长,因此在本质上与病毒是有很大差别的。但是类菌质体有滤过性,由它引起的病害在症状和传播方法方面(多数由叶蝉传染)是与病毒相似的。类菌质体的质粒结构还与细菌有某种相似性,类菌质体是单细胞的微生物,一般是椭圆形的,大小为 $200\ \mu m \times 300\ \mu m$。但由于细胞外无细胞壁,只有一层膜,所以它具有高度的可塑性,使细胞有多种形态,除椭圆形外,还常发现直径 $50 \sim 100\ \mu m$ 的长形细胞,这种可塑性与它的滤过性有关。类菌质体细胞内还有与细菌一样的核质,其成分也是相似的。

此外植物的类菌质体病原对四环素类抗生素敏感,这类抗生素对受害植物可能有治疗作用。

(2)植物病毒病害的症状  病毒是在一般显微镜下看不到的非细胞形态的专性寄生物,因此,病毒学的研究除利用电子显微镜观察它的形态以及血清学和生物化学方法以外,一个很重要的问题是研究病毒对寄主的影响和它们之间的相互关系。症状学就是研究病毒和寄主相互关系的一个方面,它在植物病毒病的诊断上有重要的意义。

各种病毒对植物有不同影响,所以表现的症状也不同。植物病毒病害的症状有以下一些特点。

1)危害性  病毒的感染有时可以在短时间内使组织或植株死亡,但是大部分病毒对植物的直接杀死作用较小,它们主要是影响植物的生长发育,因而降低产量和质量。

2)症状表现  植物病毒病大部分是全株性的,植物感染病毒后,往往全株表现症状,有时与非侵染性病害的症状相似,诊断时必须加以区别。病毒病也有局部性的症状,如在叶片上形成局部枯斑。这种形成枯斑的寄主植物可以用来钝化病毒和进行病毒的定量,在病毒的研究上很重要。

3)发病部位  植物病毒病虽然是全株性的,但是地上部的症状较明显,根部往往不表现明显的症状。近年才证明病毒可以使植物发生根部癌肿症。有时病植株的根部发育受到抑制,也可能是地上部受害的间接影响。

4)外部症状  植物病毒病有所谓外部症状和内部症状之分,它的内部症状就是在寄主细胞中可以形成特殊的内含物。植物病毒病害外部症状的变化很大,可以分为以下 3 种类型。

第一类症状,是影响叶绿素的发育而引起各种类型的变色和退色,这是植物病毒病害最常见的症状。花叶和黄化是其中的两大类。花叶是指叶肉色泽浓淡不匀的现象,叶片呈淡绿、深绿或黄绿色相嵌的斑驳。黄化则是叶片均匀退绿而呈黄绿色或黄色。叶片变色的症状往往不受叶脉的限制,但亦有变色与叶脉相关的,如在花叶症状表现的早期常会出现叶脉色泽特别浅、透光度强,看起来比一般叶脉略宽的所谓明脉症状。亦有叶脉和附近叶肉组织先变色而形成沿脉变色等症状,单子叶植物上表现的条纹或条点就是沿脉变色的原因。除去叶绿素以外,其他色素也可以受病毒的影响,如粟(谷子)红叶病在紫秆品种上的症状是叶片、叶鞘和穗部变红。病毒在花瓣和果实上也能形成各种斑驳。

第二类症状,是引起卷叶、缩叶、皱叶、萎缩、丛枝、癌肿、丛生、矮化、缩顶以及其他各种类型的畸形。畸形可以单独发生或与其他症状结合发生。烟草花叶病的典型症状是花叶,但为害严重时也能引起叶片皱缩和植株矮化。

第三类症状,是引起枯斑、环斑和组织坏死。枯斑可以由局部性的感染引起,也可以由系统性的感染引起,分别称为局部性枯斑和系统性枯斑。环斑发生的情形与枯斑相似。此外细胞和组织的坏死也是常见的症状,叶片、茎秆和果实的组织都可以发生部分坏死,番茄的条纹病毒病的症状就是如此。病毒有时还能引起全株性的坏死。韧皮部的坏死是某些病毒病害的特征。

5)解剖症状　病毒病害除去外部症状外,解剖上也有所改变。病毒可以使细胞或组织死亡或者促使其形成不正常的组织,但最突出的就是在细胞内形成各种内含体。可分为非结晶状的 X-体和结晶状的内含体,又称结晶体两个类型。X-体是一团与细胞原生质不同的物质,往往紧靠在寄主的细胞核上,它的大小不一,一般为圆形或椭圆形,直径 $3\sim35\ \mu m$,X-体的内部结构呈颗粒状和网状,并有液泡。结晶体是无色的长方晶、六方晶,或不规则的结晶,有的结晶体呈纺锤状、短纤维状或卷曲成 8 字形的长纤维状。在极个别的病毒病害中发现在寄主细胞核内存在有内含体。

这两种内含体的性质相似,它们都呈现蛋白质反应,而且它们可以互相转变。根据电子显微镜的观察,证明它们内部都含有病毒颗粒。

形成内含体是病毒的特性,但并不是所有的病毒在任何植物上和任何条件下都能形成内含体。因此,根据内含体的有无来诊断病毒病并不完全可靠。

一种病毒引起的症状,可以随着植物的种和作物的品种而不同,烟草花叶病毒病在普通烟草上引起全株性的花叶,而在烟草的心叶上则形成局部性枯斑。植物受到病毒感染以后,病毒虽然在植物体内繁殖,但有时在一般环境条件下,可以不表现显著的症状,这就是带毒现象。带毒现象表示植物对病毒的高度忍耐性,并与植物的免疫性有关。环境条件和植物的营养也影响症状。环境条件可以改变或者抑制症状的表现,以温度和光的影响最显著。植物体内有病毒,但由于环境条件不适宜而不表现显著的症状,就称为隐症现象。高温可以抑制许多花叶型病毒病害症状的表现,油菜的花叶病就是如此。病毒的混合感染是常见的现象。一株植物可以同时感受两种以上的病毒。特别值得提出的是两种病毒相结合,有时可以产生完全不同的症状。马铃薯的皱缩花叶病是由马铃薯 X 病毒和 Y 病毒引起的。X 病毒单独存在时,使马铃薯发生轻微花叶;Y 病毒单独存在时,在有些马铃薯品种上引起枯斑,X 病毒和 Y 病毒同时存在,则使马铃薯发生显著的皱缩花叶症状。

(3)植物病毒的传染方法和传染来源　病毒的传染方法不仅和防治措施有关,而且病毒病害的诊断首先就要确定它的传染性。传染方法在目前也是病毒鉴定的主要性状之一。植物病毒的传染途径有昆虫传染、汁液传染、嫁接传染 3 种。在自然条件下,昆虫的传染是最主要的,所以许多病毒病害的发生与昆虫有关。汁液传染很少自然发生,但是接触传染的性质和汁液传染相似,在某些病毒中是经常发生的。人工嫁接时,如用带病毒的接穗或砧木,就会传染病毒。一般几乎所有的植物病毒都能由嫁接传染,大部分病毒可以由昆虫传染,只有部分病毒可以由汁液传染。但是也有很容易由汁液传染的病毒(如烟草花叶病毒),反而不能由昆虫传染。果树的病毒一般都能由嫁接传染,但是它们的虫媒往往经过长时期的探索才找到,有的至今还没有发现。

1)昆虫传染　在各种类型的植物病害中,病毒病害的传染与昆虫的关系最为密切。我国发生的重要病毒病害,不少是由昆虫传染的。

传染植物病毒的主要昆虫是半翅目刺吸式口器的昆虫,即蚜虫、叶蝉和飞虱,以蚜虫传染病毒的种类最多。其他如粉虱、介壳虫、盲椿象和蓟马也能传染病毒。少数咀嚼式口器的昆虫如蝗虫和蠼螋也能传染病毒。除去昆虫以外,少数螨类亦是传染病毒的媒介。应该指出,传染一种作物病毒病害的虫媒,并不一定就是严重为害该作物的昆虫。

昆虫传染病毒是专化的,但是专化的程度有所不同。各种类型昆虫的传染能力有显著的差别,如水稻上的几种病毒病,有的只能由飞虱传染,有的只能由叶蝉传染。有的虫媒只能传染一种病毒,有的就能传染许多种病毒。根据现有记载,桃蚜可以传染 50 种以上的病毒,这是传病能力最广的虫媒。同时,一种病毒也可以由一种或数种虫媒传染,甜菜缩顶病的虫媒只有一种叶蝉(*Eutettix tenellus*),黄瓜花叶病则有许多种蚜虫可以作为虫媒,葱头的黄化矮缩病可以被 50 种以上的蚜虫传染;但对大多数病毒而言,往往有一两种或几种主要虫媒。

虫媒在病植物上吸食后,经过一定时间再到健株上吸食,就能将病毒传染到健株上使之发病。虫媒保持传毒能力的期限长短不一,期限的长短主要是由病毒的性质决定,因为同一种虫媒传染不同的病毒,传毒的期限是不同的。但是虫媒的种类也有一定的影响,例如十字花科植物的花叶病毒,由不同的蚜虫传染,它们传毒期限的长短就表现不一。根据病毒在虫媒体内的持久性(即传毒期限的长短),病毒可以分为非持久性的和持久性的两大类。

非持久性的类型 就是虫媒在感染有这类病毒的植物上经短期饲养以后,立即可以将病毒传染到健株上,但是病毒在虫媒体内不能持久,虫媒的传染能力在数分钟后就显著减退,或者很快丧失。甜菜花叶病病毒的虫媒蚜虫,在病株上饲养 5~6 s 即能传病,而传染黄瓜花叶病的蚜虫传病能力只能保持数十分钟至数小时。

持久性的类型 虫媒的传病能力保持时间比较长,有的吸毒一次可以终身传病,甚至经过卵将传毒能力传给后代,但是虫媒在病株上取食以后,并不能立即传病,必须经过一定的时期(潜伏期)才能传病。虫媒不但能终身传毒,并能经卵传给后代。这种虫媒经若干代以后还能传病的情况,说明这些个别植物病毒有在昆虫体内繁殖的可能。

2)汁液传染 汁液传染就是从有病的植株取出汁液,涂擦(或注射)在健全的植株上,就能使健株发病。病毒很少从植物的自然孔口侵入,涂擦汁液时必须形成一定程度的伤口,使病毒可以侵入。汁液传染是人工接种植物病毒的主要方法,但并不是所有的病毒都能由汁液传染。一般花叶型的病毒容易由汁液传染;而黄化型的病毒则很少由汁液传染。油菜的花叶病和烟草的花叶病都很容易由汁液传染。然而,在花叶型的病毒中,汁液传染难易的程度还是有所不同的。汁液能否传染是一种病毒的性状,但是也受寄主植物的影响。在植物体内繁殖量大而在体外存活时期较长的病毒,容易由汁液传染。有些病毒不能由汁液传染,可能是由于榨出的寄主汁液中含有抑制性物质,如蔷薇科植物的汁液含有大量单宁物质,对病毒的侵染有抑制作用。

接触传染是汁液传染的一种形式,但并不是所有汁液传染的病毒都能接触传染。例如,烟草花叶病毒和油菜花叶病毒都能由汁液传染,但是油菜花叶病毒并不能接触传染。接触传染的病毒必须是能够在植物的薄壁细胞组织中大量繁殖,病毒在病株中的浓度极高,当健株与病株接触时,通过极微的伤口,病毒就能传染到健株上而使健株发病。在自然界中,接触传染的病毒并不多,而烟草的花叶病是接触传染最典型的例子。烟草花叶病毒是很容易传染的,非但病株与健株接触可以传染,甚至接触病株后的手和工具再接触健株,也能传染烟草花叶病病。马铃薯 X 病毒和黄瓜花叶病毒也极易通过接触传染。

3)嫁接传染 嫁接传染是病毒最有效的传染方式。几乎所有全株性的病毒病害都能通过嫁接传染,而且目前有许多植物病毒病害还只能由嫁接传染,所以这是证明病毒传染性的常用试验方法。嫁接传染虽然是最有效的方法,但是在自然条件下,只能发生在通过嫁接繁殖的植物,如果树和花卉等。就果树病毒病害而言,取用带病毒的砧木或接穗是很重要的传染途径。果树根部的自然接合也能传染病毒。

　　菟丝子的传染与嫁接传染相类似。菟丝子还可以作为两种不易嫁接的植物之间传染病毒的媒介。菟丝子虽然也可以用来研究病毒的传递问题,但在自然界中它的作用还是受菟丝子的分布和寄主范围的限制。

　　植物病毒传染的来源有各种不同的情况,多年生的木本植物和不断以营养器官繁殖的植物,病毒可以在植物体内繁殖和存活,从病株取得的接穗和插条以及病株形成的块茎、鳞茎和块根等,也都隐藏有病毒。这些无性繁殖器官都是初次侵染的主要来源,可以引起下一年的感染。

　　植物病毒是细胞内的专性寄生物。植物病毒在植物的体外和植物的残体内大多不能长期存活,所以在一年生的草本植物上,病毒如何度过休眠期和再度引起感染,就成为决定病毒病害发生和发展的关键问题。病毒的传染来源,除以上提到的各种情况以外,可以有以下几方面。

　　野生植物和其他作物　植物病毒虽然是专化性寄生物,但是它的寄主范围并不很专化,一种病毒往往可以侵染许多种分类上极不相近的植物,其中有野生的和栽培的,有一年生的和多年生的,生长期迟早也有所不同,所以一种作物的病毒就可能在其他植物上度过休眠期。

　　种子　植物病毒一般很少由病株种子传染。病毒病害虽然大部分是全株性的,但是病株的种子播种以后往往并不发病。目前只有少数豆科植物的病毒证明可以由种子传染,葫芦科植物的种子传染也较其他植物普遍。对于这些病毒而言,带毒的种子就是传染的来源。

　　土壤和作物残体　病毒由土壤传染的很少,有关这方面的知识很不够。土壤传染和作物残体传染有时也很难划分,因为土壤的传染也可能是由于土壤中存在着带有病毒的作物残体。烟草花叶病毒是一种最稳定的病毒,在体外可以长期存活,而且耐高温,烟草花叶病的土壤传染,并不限于作物残体中的病毒,因为寄主的组织腐烂分解以后,其中病毒并不丧失它的侵染能力。土壤传染的病毒虽然比较少,但这是很值得注意的问题。

　　昆虫　昆虫是自然界中病毒传染的主要媒介,但是作为病毒传染的来源,只限于极少数非常持久性的病毒可以在体内繁殖的虫媒。

　　植物病毒必须由伤口侵入,而不像细菌和真菌那样可以从植物的自然孔口侵入,更不能像某些真菌可以以芽管或菌丝穿过寄主表皮的角质层侵入。病毒侵入以后,有的局限在附近的细胞和组织中,但是更常见的情况是在侵入点繁殖、扩展而引起全株性感染。病毒侵入以后一般是在植物的薄壁细胞组织中繁殖和扩展,这时候的移动,是很缓慢的扩散作用,病毒进入韧皮部以后才能很快移动,大致是在韧皮部的筛管中移动。韧皮部是植物运输同化作用产物的组织,因此病毒是随着同化物质输送的主导途径移动的,病毒先向根部移动,然后向地上部分的生长点和其他需要养分较多的部分移动。病毒从地上部分向下面根部移动的速度,显然要比从根部向上移动的速度快得多。

　　(4)植物病毒病害的诊断和植物病毒的鉴定　为了在广泛而复杂的植物病害中,准确地识别植物病毒病害,并且与一些非侵染性病害和药害等相区别,必须按一定的程序进行诊断和鉴定。现将目前应用于诊断和鉴定的一般程序和方法叙述如下。

　　1)植物病毒病害的初步诊断　要确诊一种未知病害是否为病毒病害,首先要进行田间观察。一般来说,感染病毒病的植物在田间的分布多半是分散的,往往在病株的周围可以发现完全健康的植株;而非侵染性病害通常成片发生,而且发病的地点和特殊的土壤条件及地形有关。当然,通过接触传染或活动力很弱的昆虫传染的病毒病在田间的分布也可能较为集中。

如果初次侵染来源是野生寄主上的昆虫,那就很可能在田边的植株上先发生病害。在症状上,病植株往往表现某一类型的变色、退色或器官变态。植株常常从个别分枝的顶端先出现症状,然后扩展到植株的其他部分。随着气候的变化,有时植物病毒病会发生隐症现象。当系统侵染的病毒病植株发生黄化或坏死斑点时,这些斑点通常较均匀地分布于植株上,不像真菌、细菌引起的局部斑点那样在植株上下分布不均匀。此外,大多数的侵染性病害的发生发展与湿度有正相关性,而植物病毒病却没有这种相关性,有时干燥反而有利于传染病毒病的虫媒的繁殖和活动,从而加速病害的发展。

除去田间观察症状外,病植物中内含体的检查以及用化学方法测定病组织的某些物质的累积也可作为诊断的参考。如黄化型病毒病,可从叶脉或茎部切片中,观察到韧皮部细胞的坏死。植株感染病毒后,组织内往往有淀粉积累,可用碘或碘化钾溶液,测定其显现的深蓝色的淀粉斑。花叶型病毒的叶片经测定,在淡绿色部位显现淀粉斑,黄化型病毒病中的淀粉积累更为显著。果树等感染病毒后,叶片中累积的多元酚,可用氢氧化钠溶液测定。病毒在植物细胞中所形成的 X-体可用斐而琴(Feulgen)染色法结合甲烯蓝复染进行鉴别。

证明它的传染性是诊断病毒病害的关键。当一种植物病毒的自然传染方法还不知道的时候,一般都可以用嫁接方法来证明其传染性。但通常对于可疑的病害多半先试用汁液摩擦接种。如果不成功,再进行嫁接试验。甚至有时可用病组织塞入健株茎内的方法接种。对于不能嫁接的植物如禾本科植物,就需用昆虫传染等方法接种进行摸索。一般最好在健株的一个分枝进行接种,然后观察其症状是否扩展到其他部位。

2)植物病毒的鉴定　一种病害经过诊断确定是病毒病害以后,可以进一步鉴定病毒。植物病毒的混合侵染是常见的,所以在鉴定以前必须肯定是一种病毒。目前病毒鉴定的根据主要是传染方法、寄主范围和寄主的反应以及病毒的物理性状,如体外存活的期限、稀释终点以及对温度和药剂的反应等。近年来血清学方法也用于病毒的鉴定。电子显微镜可以直接观察病毒的形态。对于可以提纯的病毒,则可以进行化学分析。但是目前仅有少数病毒经过这方面的研究。

鉴定植物病毒首先要摸清其自然传染方法。在自然界,植物病毒病害多数是由昆虫传染,少数是通过接触传染、嫁接传染或由种子、土壤传播。当进行传染方法试验时,可根据调查研究情况,选用上述可能媒介进行试验,一般最好是从相类似的病毒病的已知传染途径着手。对于昆虫传染的病毒,除确定昆虫的种类外,还要测定病毒在昆虫体内的潜伏期(即传病的无毒虫从吸得病毒到能够传染病毒所经过的时间)和传病昆虫传病的持久性。

研究病毒的寄主范围和寄主的反应对鉴别病毒有很大帮助。不同病毒或不同病毒的株系都有它们自己的寄主范围和不同的寄主反应,故常用亲缘相近的植物和很多病毒都能侵染的著名植物,如普通烟、心叶烟、菜豆、番茄、曼陀罗等,作交互接种。每一种植物病毒,在其一定寄主上,都表现一定的症状。这也为鉴定植物病毒,提供了鉴别性状。例如在我国有多种病毒引起油菜和十字花科植物的花叶病。它们在油菜上表现同样的花叶症状,因此仅按照油菜上的症状,就无法区别,然而根据它们在一系列寄主上的反应,特别是在普通烟和心叶烟上的症状反应可将华东地区的油菜花叶病毒分为 3 类,即芜菁花叶病毒、黄瓜花叶病毒和烟花叶病毒。对于昆虫传染的病毒来说,一般先找传病昆虫栖息频繁的植物进行测定,越冬寄主植物对于非经卵传递的病毒和非持久性病毒是重要的初次侵染来源。在寄主范围试验中,对各种植物表现的症状,要作系统观察,并注意生育期和气温的影响。对不表现症状的植物,经过一定时间之后,还要在原寄主上进行反复接种试验,确定其是否隐带病毒。

病毒的抗性测定也是鉴定植物病毒的方法之一。抗性通常是指病株汁液中的病毒经温度和稀释等处理后的传病能力,这些测定一般用于由汁液传染的病毒。

植物病毒具有较强的抗原特性,如果将它注射到试验动物的血液中,那么就能够产生大量相应的特异性抗体,并且血清中存在的这种抗体在体外又能与相同或相似的病毒起灵敏的反应,由于植物病毒抗血清具有高度的专化性,因此血清学方法可以用来准确鉴定病毒的种和株系。

植物病毒的分类系统很多,但是没有一个方案是比较完善而成熟的,已有的分类系统多半还是偏向于病毒病害的分类而不是病毒的分类。有的分类系统是以症状的类型作为主要的分类标准,然后再考虑传染方法和病毒的其他性状;有的分类系统是以传染的方法和虫媒的种类作为主要分类性状,然后再考虑症状和其他性状。这些分类在实际应用上比较方便,但不一定是合理的。比较合理的分类系统应根据病毒颗粒的形态和一些主要特征。目前国际上正探讨用密码进行病毒分类,他们把每一种病毒都用符号或单位写成一定的程式表示其性状。这种符号程式的内容和排列次序如下:

$$\frac{核酸类型}{核酸链类别}：\frac{核酸分子质量}{病毒分子质量中的核酸含量}：\frac{病毒颗粒外形}{蛋白质衣壳形状}：\frac{寄主}{昆虫介体}$$

如烟草花叶病毒的程式表示为 R/1：2/5：E/E：S/O,程式中的符号和数字依次为 R=核糖核酸,1=单股,$2=2×10^6$,5=5%,E=长形,具平行边,两端不圆,S=种子植物,O=无传播介体。根据密码分类法,对目前研究得较多的约 150 种植物病毒进行了近 50 种性状的详细比较,划分了 16 个植物病毒组。

为了便于病害的诊断,我们将按作物把一些国内发生,比较重要的病毒病害,对其症状、病原病毒的特性、发生规律等特点加以简单介绍。常见的植物病毒病如苹果花叶病毒(*Apple mosaic virus*)在苹果树上的症状只表现在叶片上,呈各种黄化及黄绿色的斑点,斑区沿脉变黄,因而在绿色叶片上形成绿色网纹,后期有坏死斑点。果实上无症状。

## 3.2.4　植物及土中常见线虫的简要检索

线虫是一种低等动物,属无脊椎动物中的线形动物门(Nemathelminthes)的线虫纲(Nematoda)。它在自然界的分布很广,种类也很多,它可以在土壤、池沼中生活,也可以在高山、海洋、河湖中繁殖,既可以在动物和植物体内营寄生生活,也可以在人体内寄生而成为重要的寄生虫病,如常见的蛔虫、钩虫和蛲虫病等。因此,研究线虫不仅是植保领域里的一个重要课题,而且也是人体医学和兽医方面的重要内容之一。

被线虫寄生的植物种类很多。裸子植物、被子植物、苔藓、蕨类、菌藻植物,以及栽培植物上,几乎都可发现有线虫寄生;而每一种植物上,尤其是禾本科、豆科、茄科、葫芦科、十字花科和百合科等作物以及草莓、葡萄、柑橘、桑、柿等果树上,都有许多重要的线虫病害。例如马铃薯金线虫和水稻的茎线虫等还是重要的检疫对象。

许多在土壤中腐生的线虫和半寄生的一些线虫,在一定的条件下,也能为害作物的根部,造成与缺肥相似的症状。此外,线虫还能传播许多其他病原物,或者为其他病原物的侵入打开门户,诱发其他病害的发生。一些剑线虫的为害和活动,还可导致植物病毒病的发生,这是因为这些剑线虫本身还是病毒的媒介。

寄生在植物上的线虫,从其种类和造成损失的严重程度来看,次于真菌、细菌和病毒之后,但是随着人们对线虫病害认识的深入,尤其是线虫往往还与其他病原生物(真菌、细菌和病毒)结合在一起,或者是为其打开侵染的门户,从而加重或诱发许多病害的这种复合作用,近年来已日益被人们所重视,而许多病害,尤其是土传病害的防治工作,随着有害线虫的防治而有了显著进展,因此,在病害的诊断和防治上,必须充分注意到植物寄生线虫和土壤线虫的影响。

近年来的研究还发现,一些寄生在昆虫体内的线虫,可以用来作为生物防治的天敌之一而加以利用。

必须指出的是,在自然界广泛存在的线虫,除去能寄生动植物而引起病害的有害线虫之外,还有大量的腐生线虫、捕食线虫的线虫、取食真菌和细菌的线虫,它们在水中和土壤中营腐生生活,可以帮助促进有机物质的转化和分解,这在大自然中也是有益的方面。

(1)植物寄生线虫的形态结构和生活史  线虫体形细长,两端稍尖,形如线状,故名线虫。少数线虫的雌性成虫可以膨大成球形或梨形,但它们在幼虫阶段则都是线状的小蠕虫。虫体多半为乳白色或无色透明,少数能膨大,在成熟时体壁可以呈褐色或棕色。除去寄生在人体和动物体内的线虫较长以外,一般都是很短小的,通常不超过 1 mm,宽 $50\sim100$ $\mu m$,只有小麦粒线虫的雌虫,可以长达 $3\sim5$ mm,而寄生在鲸鱼体内的线虫则可长达 10 m 以上。

1)虫体构造  线虫虫体通常分为头、颈、腹和尾四部分。

头部有唇、口腔、吻针和侧器等,唇由六个唇片组成,位于最前端,分布在口腔的四周,有的还有乳凸,是一种感觉器官。侧器也是一种感觉器官,在动物寄生线虫和海洋线虫的种类里,侧器比较发达,而植物寄生线虫的侧器多为袋状,一般都不发达。吻针在口腔的中央,是线虫借以穿刺寄主组织并汲取养分的器官,能伸能缩。吻针的形态和结构是线虫分类的依据之一。

颈部是从吻针的基部球到肠管的前端之间的一段体躯,其中包括食道、神经环和排泄孔等。食道的前端与吻针相连,后端连通肠管。

腹部是指肠管和生殖器官所充满的那段体躯,前端到后食道球,后端到肛门。腹部也是线虫虫体最粗的地方。

尾部就是从肛门以下到尾尖的一部分,其中主要有侧尾腺和尾腺,少数雄虫的交合刺延伸到尾部,有的线虫尾尖还有凸起等。植物线虫的尾腺都不发达,侧尾腺也是重要的感觉器官,它的有无是分类上的依据之一。

线虫虫体的分区其实并不像昆虫那样明显,因为它的体壁是由透明的角质膜和肌肉所组成的,不分节,但在角质膜上常有许多密生的横纹和少量的纵线。在肌肉层的内侧即为线虫的体腔,由于它没有上皮鞘和真正的体壁,所以线虫的体腔称为假体腔。假体腔内充满无色的液体,内部器官即分布在体腔液中。

2)生活史  植物寄生线虫的生活史一般都很简单。除去极少数的线虫可以营孤雌生殖(如一些根结线虫)之外,绝大多数的线虫是在经过两性交尾后,雌虫才能排出成熟的卵。线虫卵一般产在土壤中,有的在卵囊中或分散在土壤和植物体内,少数则留在雌虫体内(如胞囊线虫)。卵极小,各种线虫卵的形状和大小,并无十分明显的差异。卵孵化后即为幼虫,幼虫经过 $3\sim4$ 次蜕皮后,即发育成成虫。在幼虫阶段,一般不易区分它的性别,只是到老龄幼虫时,才有明显的性分化。雄虫在交配后不久即自行死亡。从卵的孵化到雌虫发育成熟产卵为一代生活史。线虫完成一代生活史所需的时间,随各种线虫而不同,有的只要几天或几个星期,有的则需要一年的时间(如小麦线虫)。寄生植物的线虫,大多数只能在活的植物组织上吸食,并不断生长繁殖;有的则可以在土中或植物残体中营兼性腐生生活。有些线虫的幼虫虽然可以在土中或水中自由活动,并生活一段时间,但它们主要还是消耗体内原来积存的养分,而并不取食,一旦体内的养分消耗完毕而还未找到适合的寄主,那么线虫就要死亡,这类线虫在土中或水中的存活时间很有限。少数线虫则可以在植物体内休眠而长期存活,如小麦线虫和水稻干尖线虫等。

(2)植物寄生线虫的寄生性 在植物上营寄生生活的线虫,大多数是专性寄生的,它们不能在人工培养基上生长繁殖。而有些寄生在真菌或藻类植物体上的线虫,则可以在人工培养的这些菌丝体上生长繁殖。少数植物寄生线虫可以营兼性腐生生活,因此可以在人工培养基上培养它们。当我们在有病植物上发现了专性寄生的线虫时,往往可以确定这种线虫是它的病原物。而如果在一些植物的根茎部发现一些兼性寄生的线虫时,有时并不能立即就确定它就是该植物的病原物,而必须作进一步的分析和研究,才能确定。

植物寄生线虫的寄生部位常常因不同种类而不同,有的只能在地下部寄生,有的则可以在地上部的茎、叶、花、芽和穗部寄生。由于大多数线虫是在土中生活的,所以植物的地下部分常常受到许多线虫的寄生和侵害,甚至在同一个作物组织内,也可以看到许多不同种的线虫。根据寄生方式的不同,线虫又可分为内寄生和外寄生两种类型。

内寄生 凡线虫虫体全部钻入植物组织内,刺吸植物汁液的称为内寄生,属于这类的如根结线虫(*Meloidogyne* spp.),是典型的内寄生。

外寄生 凡线虫仅以吻针刺吸植物汁液,虫体并不进入植物组织内的称为外寄生,属于这类的如剑线虫(*Xiphinema* spp.)。但是线虫的寄生方式并不就是这两种类型,例如水稻干尖线虫的虫体在地上部的幼芽生长点外面,虫体外面有植物组织保护,但并不完全进入生长点。又例如小麦线虫,开始时为外寄生的,但到孕穗后即全部进入子房,营内寄生生活。

线虫在土壤中的移行速度很慢,活动范围也很有限,这是因为线虫的活动没有任何规律性,所以线虫在田间一种作物上的危害都是有限的,大多呈块状分布,这也是线虫病的一个发生特点。线虫的远距离传播途径主要是凭借种子、苗木、土壤和包装材料等。在一般情况下线虫病不会在短期内大面积流行发生。

植物寄生线虫对一些化学物质有较强的趋化性,尤其是对其适宜的寄主的根部分泌物,趋性更为显著。当线虫移行到寄主组织上以后,即以唇吸附在表面,以吻针穿刺组织,分泌唾液(消化酶),使寄主细胞的内含物被消解而吸收。各种线虫的唾液中的消化酶种类各不相同,所起的作用也不同。一些固定寄生的根结线虫和胞囊线虫等,由于刺吸寄主细胞使吻针附近的薄壁细胞增大,变为巨型细胞(giant cell),其中细胞核融合,细胞空胞化。这种巨型细胞并不死亡,而是不断供应线虫以营养物质;而有些线虫的唾液则可以使寄主细胞变为肿瘤或畸形,一些切根线虫寄生后,则抑制寄主细胞的分裂,阻止根尖生长点的生长,还有一些则使细胞壁中胶层溶解,细胞破坏,组织坏死等,如马铃薯茎线虫和柑橘穿孔线虫。寄主植物受到线虫的这些破坏作用之后,就表现出各种症状。植物地上部受害后表现的症状有:幼芽的枯死,茎叶的卷曲,枯死斑点和种瘿、叶瘿等;植物的地下部受害后,根部的正常机能遭到破坏,根系生长受阻,从而使地上部生长也受到相应的影响,植株生长受阻,矮小,早衰和畸形,表现色泽失常,常与缺肥症状相似。肉汁的鳞茎、球茎等受线虫侵害后,细胞破坏,组织坏死,进而使其他微生物感染而引起腐烂等。在许多情况下,线虫常常是土传病害(如细菌性青枯病、镰刀菌的枯萎病和土传病毒病等)的先导和媒介,还导致许多弱寄生性病原物的入侵和危害。线虫寄生的这种作用,常常会被人们所忽视。

(3)植物寄生线虫的主要类型　植物寄生线虫的危害方式常常与它的分类地位有一定的联系,因此要鉴定某一作物病害究竟是否是线虫病,除了掌握它的主要危害特点之外,还必须对线虫虫体进行仔细的检查与鉴定。所以,了解线虫的分类地位和各种线虫的特征,乃是十分重要的。线虫的分类法,在 20 世纪 50 年代有了较大的变动,目前分类系统较多,以戚特伍德父子(Chitwood and Chitwood,1950)所创建的分类系统较好,但古德伊(Goodey)的分类法也值得参考。根据线虫尾部尾觉器官"侧尾腺口"(Phasmids)的有无,分为侧尾腺口亚纲(Phasmidia)和无侧尾腺口亚纲(Apha.smidia)两类。下面又分为 4 个目和 80 个科。根据目前已有的资料,植物寄生线虫分属这两个亚纲中的两个目,12 个科,76 个属,但主要的线虫病害大多是由矛线科、垫刃总科、滑刃科和环科的一些线虫所引起。这里介绍一些国内常见的作物线虫及其所属的分类地位,同时也简要介绍国外发生严重的一些线虫病害,即对外检疫的线虫种类。重点是介绍属的特征以及它们引起农作物病害的症状特征,同时扼要地描述一些最主要的形态特征。

(4)国内常见重要的植物寄生线虫属的分类地位

一、无侧尾腺口亚纲(Aphasmidia)

(一)嘴刺目(Enoplida)

Ⅰ.矛线科(Dorylaimidae)

1.剑线虫属 Xiphinema

2.长针线虫属 Longidorus

Ⅱ.膜皮科(Diphtherophoridae)

3.切根(毛刺)线虫属 Trichodorus

Ⅲ.索科(Mermithidae)——寄生在昆虫体内的线虫

4.索线虫属 Mermis

二、侧尾腺口亚纲(Phasmidia)

(一)小杆目(Rhabditida)

Ⅰ.头叶科(Cephalobidae)

5.后顶线虫属 Metacrobeles

(二)垫刃目(Tylenchida)

Ⅰ.垫刃科(Tylenchidae)

6.矮化线虫属 Tylenchorhynchus

7.茎线虫属 Ditylenchus

8.粒线虫属 Anguina

9.短体线虫属 Pratylenchus

10.穿孔线虫属 Radophorus

11.肾形线虫属 Rotylenchulus

12. 盘旋线虫属 *Rotylenchus*

　Ⅱ. 异皮科（Heteroderidae）

13. 胞囊线虫属 *Heterodera*

14. 根结线虫属 *Meloidogyne*

　Ⅲ. 环科（Criconematidae）

15. 环线虫属 *Criconema*

16. 鞘线虫属 *Hemicycliophora*

17. 针线虫属 *Paratylenchus*

　Ⅳ. 半穿针科（Tylenchulidae）

18. 半穿刺线虫属 *Tylenchulus*

　Ⅴ. 滑刃科（Aphelenchoidae）

19. 滑刃线虫属 *Aphelenchoides*

关于科、属、种的分类依据，主要是根据食道、生殖器官、体形、头部和尾部的形态特征，但也有人提出划分"种"的时候，应考虑寄主范围的问题。至于虫体形态的大小以及有关器官的比例的记载，除了照相或显微镜描绘以外，常采用德曼（De Man）的测量公式来表示，其测量的代号如下：

$$a = \frac{体长}{最大体宽} \qquad\qquad b = \frac{体长}{自头顶至食道末端的长度}$$

$$c = \frac{体长}{尾长} \qquad\qquad b' = \frac{体长}{自头顶至中食道球的长度}$$

$$v = \frac{自头顶至阴门的长度}{体长} \times 100 \qquad\qquad t = \frac{雄虫精巢的长度}{体长} \times 100$$

体长　　指自头顶（口唇）至尾尖的全长，以 mm 或 μm 表示。

体宽　　指生殖孔部位体躯的直径，如果雌虫膨大成梨形，则以其最宽部位的直径表示。

尾长　　自肛门至尾尖的长度。

生殖孔的位置常以％表示，有时为了某种需要，还特地测量线虫的吻针长，交合刺长等数值。在测量虫体以前，一般都要将线虫（尤其是活跃的线虫）杀死或麻醉，然后才能正确地加以测量。由于在同一种的线虫个体之间，差异也往往很大，因而有时用两个数值来表示其变异的幅度，故这种测量数值并不能作为分类的依据，而只作为形态描述的一种方法。

在自然界线虫的种类有很多，分布也很广，线虫是一类重要的植物病原，全世界已记载的植物线虫有 200 多属 5 000 多种，引起的病害就更多。世界主要农作物因寄生线虫造成的年均损失率为 12.3％，达 780 亿美元。我国 1992 年统计每年种植业因线虫损失 233 亿元。

目前植物线虫病在我国发生普遍、危害严重，几乎每种作物上都有 1～2 种线虫病，有的发生面积不断扩大、危害越来越重，已成为生产上亟待解决的问题之一。

能引起植物病害的主要有：①矮化线虫属（*Tylenchorynchus*），这一类线虫属外寄生，一般寄生在植物的根部，抑制根系的生长发育，使植株地上部发黄矮化。如 *T. martini* 严重为害甘蔗、水稻、大豆和花卉等。②茎线虫属（*Ditylenchus*）主要寄生在植物的茎、芽部分，引起组织的坏死或腐烂、变形、扭曲等。③胞囊线虫属（*Heterodera*）。④根结线虫属（*Meloidogyne*）的花生根结线虫（*M. arenaria*），该线虫是国内检疫对象，也是花生生产上的一个重要病害。主要为害根部的细嫩部分，特别是根尖部分，形成像小米或绿豆大小的根结，进而在侧根，荚果表面也会有许多瘤状结节，地上部分表现黄萎。⑤粒线虫属（*Anguina*）生产中常见的一些重要植物线虫的雌虫特征见表 3-4。

表 3-4　在解剖镜下(40×)常见重要植物寄生线虫属的雌虫特征

| 线虫属名 | 头部 | 吻针类型 | 食道腺与肠 | 尾部 | 卵巢数 | 一般特征 |
|---|---|---|---|---|---|---|
| 腐生性线虫<br>(*Saprozoic*) | 口腔大，侧器发达、明显 | 无，但有的有口囊齿 | 肠色深 | 尖细而长 | 1～2 | 体短粗，活动性强 |
| 短体线虫属<br>(*Pratylenchus*) | 短，头架粗 | 短粗，基球显著 | 盖向腹侧，肠黑色 | 圆、圆锥形 | 1 | |
| 穿孔线虫属<br>(*Radopholus*) | 略带圆形，有缢缩 | 短粗，基球显著 | 盖向背侧 | 圆锥、不规则圆形 | 2 | 两性异形，♂吻针退化虫体小，活动慢 |
| 针线虫属<br>(*Paratylenchus*) | 圆或圆锥形，无头架 | 细而长，♂和幼虫常缺 | 中食道球扩展，与肠部邻接 | 尖 | 1 | |
| 矮化线虫属<br>(*Tylenchorhynchus*) | 圆锥形，头架轻度骨化 | 较长，有基球 | 平接，肠稍黑色，有时有刻点状 | 钝圆 | 2 | 虫体大 |
| 盘旋线虫属<br>(*Rotylenchus*) | 有缢缩，头架骨化重 | 长，粗厚，基球极发达 | 盖向背侧，肠常为黑色 | 粗圆 | 2 | 比 Rotylenchus 细长些 |
| 螺旋线虫属<br>(*Helicotylechus*) | 无缢缩，头架骨化重 | 粗，长，基球显著 | 盖向腹侧，肠黑色 | 粗圆，有时不对称 | 2 | 在水中活动快，体细长，头尾弯曲度大 |
| 茎线虫属<br>(*Ditylenchus*) | 短，无头架 | 短，基球明显 | 平接或稍长 | 尖，急尖 | 1 | 个别种为单卵巢 |
| 毛刺线虫属<br>(*Trichodorus*) | 角状，无头架 | 较长，弯曲 | 平接 | 圆形 | 2 | 在水中常成簇地活动 |
| 鞘线虫属<br>(*Hemicycliophora*) | 切截状 | 很长 | 平接 | 圆形，渐细 | 1 | 在水中活动很慢 |
| 轮线虫属<br>(*Criconemoides*) | 切截状 | 较长，长 | 平接 | 圆锥形或稍尖 | 1 | 虫体稍粗 |
| 胞囊线虫属(幼虫)<br>(*Heterodera*) | 轻度骨化 | 稍长，基球明显 | 遮盖 | 笔尖状 | — | 虫体稍细，肠色深 |
| 根结线虫属(幼虫)<br>(*Meloidogyne*) | 圆锥形 | 较细长，有基球 | 遮盖 | 笔尖状 | — | 在水中活动快，中食道球内瓣门明显 |
| 精刃线虫属<br>(*Aphelenchoides*) | 低，无头架 | 短，无基部球 | 盖向背侧，中食道球粗大 | 圆形至圆锥形 | 1 | |

## 3.3　非侵染性病害植物病害表征与诊断

　　植物的非侵染性病害是由不适宜的环境条件引起的,其发生的原因很多,最主要的原因是土壤和气候条件的不适宜,如营养物质的缺乏、水分失调、高温和干旱、低温和冻害以及环境中的有害物质等。

　　非侵染性病害的诊断,在防治上很重要,经过诊断以后才能决定是否需要防治和应该采取防治的措施。症状对非侵染性病害的诊断有很大帮助。非侵染性病害的症状类型大体为:变色、枯死、落花、落果、畸形和其他生长不正常现象。有时候侵染性病害也能表现出类似的症状,此时便需进一步检查才能做出正确的判断。

　　非侵染性病害的发生既然是受土壤和气候条件的影响,所以在田间的分布一般是比较成片的,有时也会局部发生。但是,发病地点与地形、土质或其他特殊环境条件有关,这在田间诊断时是很重要的。例如水稻赤枯病发生的田块,土壤一般发黑而有臭气,浮松而多气泡。经过显微镜检查而不能发现病原物,也是非侵染性病害诊断性状之一。但是病毒病害的病原体,在一般光学显微镜下也看不到,所以这一点并不能区别非侵染性病害与病毒病害。有些侵染性病害,由于病原物产生的数量极少或者存在的部位不是症状表现的部位,显微镜检查时未见到病原物而容易误认为是非侵染性病害。此外,植物的非侵染性病害,往往引起植物组织的衰退和死亡,而滋生某些腐生性真菌或细菌,而误认为是侵染性病害。总之,显微镜检查虽然有很大作用,但是作出诊断应该是很慎重的。

　　非侵染性病害是不能相互传染的,因此可以通过接种试验来诊断。

　　现将几种主要作物缺肥后引起的症状如表 3-5 所示。

**表 3-5　作物缺乏矿质元素的病症**

| 作物 | 缺氮 | 缺磷 | 缺钾 | 缺钙 | 缺镁 | 缺铁 | 缺硫 |
|---|---|---|---|---|---|---|---|
| 稻、麦、玉米、粟、高粱等 | 新叶发黄,老叶枯死 | 植株矮小,叶和叶基变紫色 | 叶面具有黄绿色的斑点,主根生长不良 | 植株矮小,组织坚硬,严重时幼叶叶尖和边缘部分分裂,生长点死亡 | 叶脉仍呈绿色,脉间黄化 | 叶片呈黄绿色,甚至黄白色 | 叶面具有棕色(或白色)斑点 |
| 大豆、蚕豆、豌豆、紫云英、苜蓿等 | 叶呈黄色,生长弱,自叶面到茎渐变黄 | 植株生长缓慢,矮小,叶呈绿色 | 叶片上有不规则的黄斑,从顶端蔓延到两边后,黄斑部枯死 | 叶面有黄斑或白斑;老叶和茎有时分裂,幼叶不发育,呈卷曲状 | 老叶脉间呈淡绿色,后变黄,叶脉附近仍呈绿色 | | 叶片黄色;茎瘦弱,有棕色斑点 |

续表 3-5

| 作物 | 缺氮 | 缺磷 | 缺钾 | 缺钙 | 缺镁 | 缺铁 | 缺硫 |
|------|------|------|------|------|------|------|------|
| 番茄、马铃薯、烟草等 | 叶淡黄色,老叶如火灼枯死,番茄叶脉有时呈紫色 | 生长不良,有不正常的深绿色 | 从叶尖和叶的边缘开始有枯黄斑点,后扩大到叶脉间,枯死部分脱落;叶面呈凹凸状,枯死;自植株下部向上蔓延 | 初期叶色淡,小叶尖向下弯,叶尖分裂而死,叶的边缘生长不正常,叶色特浓,老叶增厚,产生褐色斑点 | | | |
| 棉花 | 叶黄绿色,下部先黄萎枯死 | 植株矮小,叶灰绿色,延迟开花结铃 | 下部叶片棕色,叶面弯呈凹凸状,叶片有枯死斑 | | 老叶紫红色,叶脉仍呈绿色,叶未成熟就脱落 | | 叶淡绿,植株矮小 |
| 一般植物 | 叶色淡绿,严重时呈黄色。花、果实发育迟缓,黄化 | 植株矮小,叶色深绿或紫红色,有的发生黄斑 | 植株矮小,叶片变褐,老叶深黄色,边缘变褐如灼伤 | 根和叶的皮层脱裂,植株早衰 | | | 幼叶呈现黄斑,扩大到全部叶片 |

# 4  植物病害综合控制

## 4.1  综合控制定义

1967 年联合国粮农组织(FAO)给有害生物综合治理下的定义为:"有害生物综合治理是依据有害生物的种群动态与其环境间的关系的一种管理系统,尽可能运用适当的技术与方法,使有害生物种群保持在经济危害水平以下。"

1972 年美国环境质量委员会(Commitee of Environmental Quality,简称 CEQ)提出的定义是:"运用各种综合技术,防治农作物有潜在危险的各种害虫,首先要最大限度地借助自然力量,兼用各种能够控制种群数量的综合方法,如农业防治法、利用病原微生物、培育抗性农作物、害虫不育法、使用引诱剂、大量繁殖和释放寄生性和捕食性天敌等,必要时使用杀虫剂。"

从上面两个定义我们可以清楚地看到对有害生物进行综合控制有两个原则:一是强调系统生态学原则,即把植物病害作为农业生态系统的组成部分。二是主张最大限度地借助自然力量,兼用各种能够控制种群数量的综合方法。很明显这与传统的植物保护是不同的。

## 4.2  植物害源的多样性

能够对植物造成伤害的因素或条件是多样的。有生物性的,如病害、虫害、草害、鼠害等;也有非生物性的,如极端温度、干旱、冻害、日灼伤、盐碱害、营养失调等。对植物致害的方式也各不相同,有的是独立性致害的,如一些病虫害等;有的是协同致害的,如多数真菌性病害需要适宜的温、湿度条件才能发生、发展和致病。害源不同对植物造成不同的受害表征。

长期以来,人们为了自身的生存和发展不得不同植物害源进行斗争、控制和消除它们,以保证植物产品的质和量,这就是植物保护的基本内容。植物保护的技术核心是消除、驱除或避开植物害源。这同人类医学有着某种质的区别,当对人采取某项医疗措施防治某种疾病时,先要考虑人体能否承受这项疗法或先要明确这项疗法的副作用有多大,而后再行使治疗。例如,在动外科手术前先要进行身体的全身或局部麻醉,在注射某种抗生素前需要先做皮试等。诚然,植物不可能等同于人类,但若借鉴人类医学的成功经验,以植物体为中心,把防治植物害源同植物的正常生长融为一体来考虑,必然会减少植物体用于应付防治措施产生的副作用,而使植物生长得更好,对人类的有益输出更多。

# 4.3　植物害源的治理技术

植物害源具有多种多样,害源与害源之间、害源与植物之间存在着复杂的关系,环境条件与植物害源之间也存在着协调与制约关系。人的活动与植物害源之间的关系也很复杂。因此,植物害源的治理工作是一项复杂的系统工程。曾士迈等(1994)认为生物害源的治理应在IPM思想指导下,对各种防治技术进行选择、协调、组装和优化。他们认为单项防治技术本身是硬技术(hard technology),而确定防治对象的主次、损失估计、策略分析、经济阈值、因素间和防治技术间工作协调、效益评估等为软技术(soft technology)。软技术对硬技术起调节控制作用,以充分发挥硬技术的作用,而硬技术的改进,又可促进软技术的提高,两者相辅相成以最优的防治方案保证总体效益最佳。我们认为植物非生物害源的治理技术同样存在硬技术与软技术及其协调的问题。下面就植物的生物害源经常采用的治理技术(硬技术)分述如下。

## 4.3.1　植物检疫

植物检疫是减少害源的根本性措施,主要包括两方面的内容:

(1)防止将危险性有害生物随同植物及植物产品(如种子、苗木、块茎、块根、植物产品的包装材料等)由国外传入和由国内传出,这称为对外检疫。

(2)当危险性有害生物由国外传入或国内局部地区发生时,将其限制、封锁在一定范围内,防止传播蔓延到未发生的地区,并采取积极措施,力争彻底肃清,这称为对内检疫。

## 4.3.2　农业防治

农业防治是有害生物综合治理的基础措施,包括使用抗性品种、轮作、倒茬、田园卫生、培育抗性种苗、种苗处理、调节播种期、合理施肥、浇水、安全收贮等多种农艺措施相结合的方法。

## 4.3.3　生物防治

生物防治是利用生物及其产物控制有害生物的方法。如利用天敌、益菌、益鸟、益兽、辐射不育、人工合成激素及基因工程等新技术、新方法来防治病虫害。

## 4.3.4　化学防治

化学防治是利用不同来源的化学物质及其加工品控制有害生物的方法。化学防治见效快、应急性强,但应注意其副作用。如要符合卫生、生态和环境保护的要求。并要在经济阈值指导下进行合理用药。

### 4.3.5 物理和机械防治

物理和机械防治即利用各种物理因子、人工或器械防治有害生物的方法。包括捕杀、诱杀、趋性利用、温湿度利用、阻隔分离及激光照射等新技术的使用。

## 4.4 植物害源综合治理体系和效益评估

综合上述分析,可知植物害源的防治应该是以植物保健为中心的防治和康复相结合的系统工程。因此,要深入了解各系统要素的特性,协调好各要素间的关系,使系统的结构趋于合理,才能更好地发挥其功能和取得好的综合效益。植物害源综合控制体系构成可以框架图表示,见图4-1。

### 4.4.1 监测、诊断和决策

(1)监测  监测的对象包括植物、植物害源和环境条件。这是一项基础性工作,需精心设计好监测的具体事项、使用技术和监测时间。

对植物的监测主要包括植物的长势(叶色、株形、叶面积系数等)、生物量、发育阶段、整齐度、密度变化和各种受害表征等的表观内容,还应观察和测定植物的抗逆反应、诱导抗性、植物正常生长发育和受害生长发育的营养反应和生理生化代谢变化等项内容。

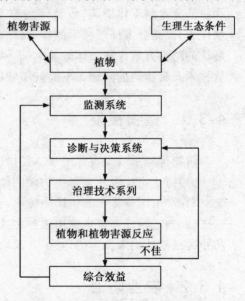

**图4-1  植物害源综合控制体系构成**
(仿管致和)

(2)对植物害源的监测  生物害源的监测主要指对病、虫、草、鼠的监测。对非生物害源的监测应同相关的农事活动和有关部门结合进行。如对土壤、水、肥的监测要同农事操作密切配合进行;灾害性天气的监测要注意经常收听和收看天气预报及经常同气象部门保持联系,同时在田间设立小气候观测站(点)。

(3)对环境条件的监测  对生物条件的监测主要是应经常调查、测定群落中各生物种群的数量动态、比例关系、空间格局等指标;对非生物条件的监测要结合非生物害源的监测一起进行。关键应明确监测的主要内容,规范监测技术,并及时做好数据分析,以能快速掌握环境条件同植物、植物害源的动态关系。

## 4.4.2 诊断和决策

监测的过程也是不断进行诊断的过程,诊断的结果是决策采取防治措施的依据。决策分为不同的层次,如战术的、战略的、政策的等层次(曾士迈等,1994)。层次之分是相对的,一些问题的决策在基层人员看来是战略性问题,而在高层管理部门却可看成是战术性的。层次之间又是相互联系和依赖的,高层次的决策过程需要低层次的信息,低层次的决策往往是局部性的和具体的,应参照高层次的决策(政策和战略性的)才能使工作不致出现方向性失误。我们这里说的决策指基层的战术决策,目的是确定对某种植物害源的综合治理方案。这正像一医生对一个病人作了全面诊断后,必须制订一个治疗方案一样。对于一个植物医生来说,如何控制植物害源避免或减轻植物受害是他的职责。一个合格的植物医生不仅要掌握现有的植物保护知识,还应对植物的生长规律、各种受害的病理反应、生态学、药理学、经济学、环境科学等有较深理解,才能做出有关防治的正确诊断和决策。一个名副其实的植物医院至少应具备如下条件:

(1)要有合格的植物医生。

(2)要有配套的监测、诊断条件。

(3)要有必要的治理条件(如器械、农药、有关植物医学的书刊等)。

## 4.4.3 植物和植物害源对治理技术的反应

一般来说,植物保护技术措施都是针对植物害源而设计的。这些措施实施后对其效应的检验,不同害源的侧重点往往不同。如防治生物害源后,更注意害源本身的反应,像害虫的死亡率有多高,病害的病情指数下降了多少等。对于非生物害源的防治效应评价应注意植物元的反应,如采用防冻措施后,植物冻害减轻的程度,补施某种微肥后,植物体的恢复状况等。植物保护的防治措施是针对植物元和其害源而综合设计的,对其措施实施后的效应既应考察植物的反应又应考察害源的变化,还应综合考察其他的种种直接和间接的效应。如微生物杀虫杀菌剂,由于其没有农产品农药残留和对环境污染问题,使用者仅注重其对目标害源的效应而忽略了其他的效应。实际上微生物农药喷洒在植物和病、虫身体上后不仅对病、虫产生了杀伤作用,也势必干扰了植物体表面菌落的正常活动。但这类问题缺乏调查测定和采取一些补救措旋,可能是造成微生物类农药防治效果不稳定的原因之一。

管致和先生曾对苹果腐烂病的防治方法进行过实验研究,实验分为三种处理:

(1)仅刮除病疤,不涂药。

(2)刮除病疤后涂营养性保护剂腐殖酸钠。

(3)刮除病疤后涂杀菌性保护剂菌毒清。

其防治效果分别为 72.2%,83.3% 和 83.3%,可以看出刮除病疤是防治腐烂病的首要措施,而刮除病疤后涂抹营养性保护剂促进伤口愈合与用杀菌剂的相当。这也说明,增强营养可使病部加快康复,这也是用非杀生性药剂治病的一个实例。他的另一项研究表明,苹果树叶片内:Mo、Fe、Mn 和 K 含量及其比例关系同苹果全爪螨和山楂叶螨的种群密度相关。这表明了植物体自身素质与病虫害发生危害相关。协调植物体内的营养使之不利于发生病虫危害应成为植物医学综合治理技术之一。

## 4.4.4　综合效益评估

　　植物害源治理是系统工程,涉及生物学、生态学、经济学和社会学多种学科,因此该系统工程的效益也应该是综合的,其总目标是:以植物元的保健为中心,协调运用各项防治技术,将植物害源造成的经济损失控制在经济允许损害水平以下,保证获得经济上有利,生态上合理,社会上有益的综合效益最佳或满意,同时潜在的决策失误风险概率最小。综合效益分析可参考层次结构模型图(图 4-2)。

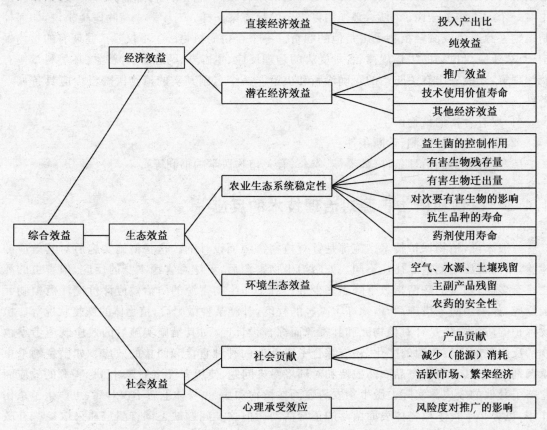

图 4-2　综合防治效益评估中的层次分析结构图(仿赵美琦,1989)

# 5 主要植物病害防治

## 5.1 花卉植物病害

### 5.1.1 月季黑斑病

月季黑斑病 1815 年瑞士首次报道,现在全世界种植月季的地区都有发生,目前我国几乎所有栽植月季的地区均有此病发生。

(1)症状 病原菌主要为害叶片、嫩梢和花梗。发病初期在叶片正面出现紫褐色至褐色小点,逐渐扩大为圆形或不规则形黑褐色病斑,直径 1～12 mm,病斑边缘呈放射状。发病后期叶片变黄,病斑中央灰白色,其上着生黑色小粒点,为病原菌的分生孢子盘。在有些品种上病斑周围常有黄色晕圈,有些品种往往几个病斑愈合为黄色斑块,而病斑边缘还呈绿色,称为"绿岛"。嫩梢、花梗发病产生紫褐色至黑褐色条形斑,微下陷。病害严重时,植株中下部叶片全脱落,仅留下顶端几张绿叶。

(2)病原 病原为盘二孢菌 *Actinonema rosae* (Lib.)Fr.,有性世代为 *Diplocarpon rosae*,属半知菌亚门,黑盘孢目,分生孢子盘着生于病组织表皮下,后突出表皮,分生孢子梗短,不明显。分生孢子长卵形,无色,双胞,分隔处稍缢缩,大为 $(18\sim25)\ \mu m \times (5\sim6)\ \mu m$。分生孢子 2 个细胞大小不等,分生孢子梗短小,见图 5-1-1。

(3)发病规律 病原菌主要以分生孢子在病残体上越冬。第二年当温湿度条件适宜时,孢子萌发,侵入叶片和嫩枝,造成发病,其上产生大量分生孢子,随风雨传播造成多次再侵染。在高温、高湿、阴雨、喷灌条件下发病严重,当植株生长衰弱时易感病。

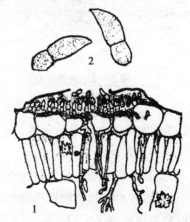

**图 5-1-1 月季黑斑病菌**
1.分生孢子盘及放射状菌丝 2.分生孢子

（4）防治方法

1）农业防治　选择种植抗病品种，合理密植，科学管理水肥，保证植株生长健壮，增强自身抗病能力。对病株在冬季进行重修，清除病茎、枝上的病源。发病初期，及时摘除病叶，减少侵染来源。

2）药剂防治　①土壤表面消毒。在月季栽植区土表撒施 56％百菌酮、75％百菌清、40％甲基托布津等药剂。②生长期用药。夏季新叶刚刚展开时立即开始喷杀菌剂保护直到冬季。雨季一周喷药 2 次，一般 7～10 d 喷药 1 次。常用药剂有：50％多菌灵 500～1 000 倍液、70％甲基托布津 1 000 倍液、25％敌力脱乳油 2 500～3 000 倍液、75％百菌清 500 倍液、80％代锌森 500 倍液、1％波尔多液等。

## 5.1.2　月季根癌病

根癌病又称癌肿病，世界各地都有分布。该病害在我国分布非常广泛，乌鲁木齐、青岛、济南、北京、长沙、南京和郑州都经常发生。病原菌的寄主范围很广，有菊花、石竹、天竺葵、夹竹桃、松、柏、南洋杉、罗汉松等 300 多种植物。

（1）症状　主要为害植株根颈部，有时也可为害枝条和地下根系。病部初期出现近圆形淡黄色小瘤，表面光滑，质地柔软，之后病瘤逐渐增大成为不规则块状，在大的瘤上又长出小瘤。老熟病瘤表面粗糙有龟裂、木栓化、褐色或黑褐色。植株地上部矮化、叶片变小、失绿黄化、失去正常光泽、提早脱落，花朵细弱，重病株提前死亡。

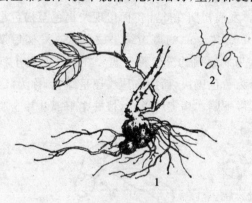

**图 5-1-2　月季根癌病**

1. 症状　2. 病原细菌

（2）病原　月季根癌病是由土壤根癌杆菌（*Agrobacterium tumefaciens*）引起的。菌体短杆状，1～3 根鞭毛极生，革兰氏染色阴性（图 5-1-2）。病菌生长最适温度为 22℃，致死温度为 51℃、10 min，最适宜的 pH 值为 7.3。

（3）发病规律　病菌在病瘤内或土壤中的植株残体上存活，通过灌溉水、雨水、嫁接条、农机具及地下害虫等传播，远距离传播常通过苗木及种条调运传播。病菌通过各种伤口侵入，从而表现出发病症状。在碱性、湿度大的土壤中植株发病严重，连作地发病重，切接嫁接发病率高，苗木根际有伤口的发病重。

（4）防治方法

①加强栽培管理　发现病株及时挖除，集中烧毁。病区应实行轮作，雨后及时排水。

②药剂防治　栽植前把根及根颈处置入 68％或 72％农用硫酸链霉素可溶性水剂 2 000～3 000 倍液中浸泡 2～3 h。

③生物防治　用 K84 菌液浸泡插条、接穗或裸根苗，有较好的防治效果。

## 5.1.3　月季灰霉病

月季灰霉病是世界各地都有分布的一种病害。在我国天津、上海、杭州、江苏等省市有发生。1977年上海植物园月季因灰霉病造成花苞不能正常开放而摘下的花朵难以计数。

(1)症状　初起为水渍状小斑,光滑稍有下陷,发生在叶缘和叶尖。发生在蕾上病斑和叶上相似,呈水浸状的不规则斑,后扩大到全蕾,变软腐败,产生灰褐色霉状物,花蕾变褐枯死。花受侵害时部分花瓣变褐色皱缩腐败。病菌也可侵害已摘去花的枝先端,黑色的病部可以从侵染点下延到以下数厘米。在温暖潮湿的环境下.灰色霉层可以完满长满受侵染的部位。

(2)病原　为灰葡萄孢霉,属半知菌亚门、丝孢菌纲、丛梗孢目、丛梗孢科、葡萄孢属(*Botrytis cinerea* Pers.)的一种真菌。分生孢子梗(280～550)μm×(12～24)μm(图5-1-3),丛生,灰色,后转褐色。分生孢子亚球形或卵形,大小为(9～15)μm×(6.5～10)μm。有性世代为富氏葡萄盘菌[*Botryotinia fuckeliana*(de Bary)Whetzel.]

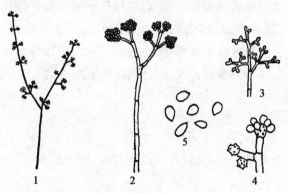

**图 5-1-3　月季灰霉病菌**
1.分生孢子梗　2.分生孢子梗上着生葡萄穗状的分生孢子
3.分生孢子梗上的小梗　4.分生孢子着生状　5.分生孢子

(3)发病规律　病菌以菌丝体或菌核在病残体或土壤中越冬,翌年产生分生孢子以风雨传播或接触传播。从伤口、气孔侵入。可多次重复侵染为害。在嫁接苗木中为了保温而加不洁的护根物时容易发病。露地栽培的月季在梅雨季节容易发病。开花后不及时摘除病斑也易感染。栽植过密或盆栽放置过密时也容易发病。某些香水月季的杂交种容易感染。

(4)防治方法　温室栽培通气要良好,温度不高。塑料棚日间应适当通风,或在棚内再加一层塑料布。及时清除病部减少侵染来源,彻底清除与病芽相连的茎部以下数厘米。必要时喷药保护,可用的药剂有65%的代森锌600倍液,70%甲基托布津1 500倍液,50%多菌灵1 000倍液,75%百菌清700倍液,50%氯硝胺1 000倍液。发生初期,切花的切口处均应喷药保护。

## 5.1.4　郁金香疫病

郁金香疫病又称褐色斑点病。上海植物园引进种植郁金香中,每年都有此病发生。

(1)症状　叶、花瓣、球根上均可发生此病。叶初起为淡黄色的小褪色斑,不久沿叶脉扩展,扩大成圆形,或不规则形的大型病斑,可达数厘米。病斑周围暗色水浸状,后期稍下陷,灰白色,边缘褐色,潮湿时病部长满灰色霉层,全叶腐烂。花瓣上为灰色到淡黄褐色下陷的小斑,散生黑色具碎白点花纹的菌核。茎上为边缘褐色下陷的小斑。病球根外皮赤褐色或黑褐色腐败。内侧有众多的黑色小菌核,1~2 mm大小。剥去腐烂的外皮,白色的内皮表面也有淡褐色到黑褐色的下陷病斑,内皮表面也可有菌核。

(2)病原　(*Botrytis tulipae*)为葡萄孢属的一种真菌。属半知菌亚门、丝孢纲、丛梗孢目、丛梗孢科。参见图5-1-3月季灰霉病菌。

(3)发病规律　病菌以菌丝和菌核在残留的腐败球根和病残体上越冬。有病的球根种植后,受害枯死的幼芽上产生的大量分生孢子是地上部的侵染来源。春季多雨,天气潮湿时病害严重,连作地病重。品种间存在着抗性差异。

(4)防治方法　收获时将有病球根和茎叶收集烧毁。应避免连作或进行土壤消毒,上海植物园曾在种植前1个月以氯化苦消毒有效果,但必须注意安全操作,最好戴防毒面具。种植前球根应严格挑选,球根可以多菌灵、甲基托布津或福美双浸渍或粉衣剂消毒。液剂用200~500倍液浸渍30 min。粉衣剂为球根重量的0.2%~10%,可以在收获后和种植前各处理一次。3月中旬到开花期可用50%多菌灵1 000倍液、甲基托布津1 000倍液进行防治。

## 5.1.5　菊花灰霉病

此病在菊花生长季节经常发生,尤以秋季发生普遍,严重时可引起大量落叶,影响植株开花,降低观赏价值。

(1)症状　病害主要为害菊花的叶、茎、花等部位。叶片受害后在边缘形成褐色病斑,表面略呈轮纹状波皱,叶柄和花柄先软化,然后外皮腐烂。花受害影响种子成熟。

(2)病原　病原为灰葡萄孢 *Botrytis cinerea* Pers.,属半知菌亚门。分生孢子梗丛生、直立、具有分枝,分枝顶端密生卵圆形、单胞、灰褐色的分生孢子,参见图5-1-3月季灰霉病菌。病菌能形成很小的菌核。灰霉病菌10~15℃发育最好。发病要求最低95%以上相对湿度。

(3)发病规律　灰霉病菌的菌核遗留在土壤中越冬,也可以菌丝体和分生孢子在病残体上越冬。田间发病后,病部产生大量分生孢子。分生孢子在田间主要借风、雨传播,农事操作也可传播,在适宜的温、湿度条件下,萌发从伤口或直接穿透寄主表皮侵入,在田间有多次再侵染。高温多雨、栽植过密、氮肥过多或缺乏、管理粗放、土壤质地黏重等都有利于灰霉病发生。

(4)防治方法

1)加强栽培管理　无论是园栽还是盆栽,要求土壤中不带病原菌;发现病叶病株及时清除,集中深埋或烧毁;注意改善通风透光条件,不偏施氮肥,严防土壤渍水。

2)药剂防治　定植前可用65%代森锌300倍液浸根10~15 min;发病初期可喷洒0.3~0.5 °Be石硫合剂,也可用代森锌、多菌灵等药剂。

## 5.1.6  花卉白粉病

### 5.1.6.1  月季白粉病

月季白粉病又名蔷薇白粉病,是世界性病害。严重时造成枯梢、枯叶、花蕾不能开放,影响植株生长、开花和观赏。该病侵染月季、蔷薇、白玉兰、十姊妹、芍药、黄刺梅、玫瑰等植物。

(1)症状  白粉病侵染月季的绿色器官。叶片、花器、嫩梢发病重。早春,病芽展开的叶片上、下两面都布满了白粉层。叶片皱缩反卷,变厚,为紫绿色,逐渐干枯死亡,成为初侵染源。生长季节叶片受侵染,首先出现白色的小粉斑,逐渐扩大为圆形或不规则形白粉斑,严重时白粉斑连接成片。嫩梢和叶柄发病时病斑略肿大,节间缩短病梢有干枯现象。叶柄及皮刺上的白粉层很厚,难剥离。花蕾布满白粉层,萎缩干枯,病轻的花蕾开出畸形花朵。

(2)病原  病菌是蔷薇单囊壳菌[*Sphaerotheca pannosa*(Wallr.)Lev.],属子囊菌亚门、核菌纲、白粉菌目、单囊白粉菌属。

闭囊壳直径为 90～110 μm,附属丝短;子囊 100 μm×(60～75) μm;子囊孢子 8 个,(20～27) μm×(12～15) μm;无性世代为粉孢霉属真菌(*Oidium* sp.),粉孢子串生、单胞、椭圆形、无色、大小为(20～29) μm×(13～17) μm。月季上只有无性世代,蔷薇等寄主植物上有闭囊壳形成。病原菌生长最适温度为 21℃,最低温度为 3℃,最高温度为 32℃。粉孢子萌发最适相对湿度为 97%～99%,水膜对孢子萌发不利(图 5-1-4 示无性世代)。

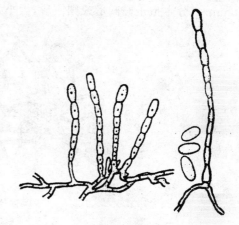

**图 5-1-4  月季白粉病菌(示无性世代)**
(示分生孢子梗及分生孢子)

(3)发病规律

1)侵染循环病菌主要以菌丝体在病梢、病叶、病蕾上及芽内等处越冬。翌年 5 月上旬室外开始产生分生孢子,进行侵染和发病,6～7 月份在新病株上产生大量分生孢子,借风或气流传播,进行多次再侵染。条件适宜时,分生孢子萌发,菌丝在叶表面生长。并生出吸器,从气孔等侵入叶肉组织内吸取营养。气温 20℃左右,空气湿度较高时有利于该病菌孢子萌发侵入。

2)发病条件多施氮肥、栽植过密、光照不足、通风不良、病害重;滴灌和白天浇水能抑制病害发生。一般来说,小叶、无毛的蔓生多花品种较抗病;芳香族的多数品种,尤其是红色花品种均感病。

(4)防治方法

1)减少越冬菌源  结合修剪,剪除病枝、病芽和病叶。休眠期喷洒 2～3 °Be 石硫合剂,消灭病芽中的越冬菌丝或病部的闭囊壳。

2)加强栽培管理,改善环境条  栽植不要过密,注意通风透光;增施磷、钾肥,氮肥要适量;灌水最好在晴天的上午。

3)药剂防治  发病初期可喷布 15%粉锈宁可湿性粉剂 1 500～2 000 倍液,或 50%甲基托布津可湿性粉剂 700～1 000 倍液,或 50%多菌灵可湿性粉剂 600～1 000 倍液。

### 5.1.6.2　瓜叶菊白粉病

瓜叶菊白粉病是各国瓜叶菊温室栽培中常见的病害。苗期发病重,植株生长不良,矮化或畸形,发病重时全叶干枯。

(1)症状　白粉病菌主要为害叶片,也可侵染叶柄、花器、茎秆等部位。发病初期,叶片正面出现小的白粉斑,逐渐扩大,直径 4~8 mm。病重时病斑连接成片,整个植株都布满白粉层。叶片退绿、枯黄。布满白粉层的花蕾不开放或花朵小、畸形,花芽常常枯死。发病后期白粉层变为灰白色,其上着生黑色的小粒点——闭囊壳。苗期发病的植株生长不良,矮化。

(2)病原　病原为二孢白粉菌(*Erysiphe cichoracearum* DC.),属子囊菌亚门,核菌纲、白粉菌目、白粉菌属。闭囊壳直径为 85~144 μm;附属丝多,菌丝状;子囊 6~21 个,卵形或短椭圆形,大小为(44~107) μm×(23~59) μm;子囊孢子 2 个,少数 3 个,形成较迟,椭圆形,大小为(19~38) μm×(11~22) μm,见图 5-1-5。无性世代为肠草粉孢霉(*Oidium ambrosiae* Thun.),分生孢子椭圆形或圆筒形,大小为(5~45) μm×(16~26) μm。

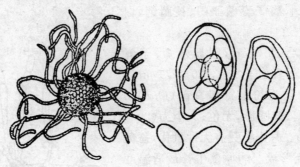

**图 5-1-5　瓜叶菊白粉病菌**
(示闭囊壳、子囊及子囊孢子)

(3)侵染循环及发病条件　病原菌以闭囊壳在病株残体上越冬,成为初侵染源;气流传播;自表皮直接侵入。

温度 15~20℃有利于病害的发生,室温在 7~10℃以下时,病害发生受到抑制。该病发生有两个高峰期,苗期发病盛期为 11~12 月份,成株发病盛期为翌年 3~4 月份。

据北京资料报道,瓜叶菊品种的抗病性差异不显著,均较感病。

(4)防治技术

1)减少侵染来源　注意温室卫生,及时清除病残体及发病植株。

2)喷药保护　发病初期及时喷药,可用 25%粉锈宁可湿性粉剂 2 000~2 500 倍液;80%代森锌可湿性粉剂 500~600 倍液;50%苯来特可湿性粉剂 1 000~1 500 倍液。

3)改善环境条件控制病害发生　通风透光,降低温室中的湿度可减少病害的发生。

### 5.1.6.3　扶郎花白粉病

扶郎花白粉病 1985 年在上海植物园有发生,日本,美国均有此病的记载。

(1)症状　病害在成叶上出现圆形的白色粉斑,严重时整叶像撒上一层白粉一样,为病菌的菌丝体和分生孢子。病菌以吸器伸入寄主组织内吸取养料,从而使叶片失去生机,发黄以至枯死。

（2）病原　（*Erysiphe cichoracearum* DC.）为二孢白粉菌,属子囊菌亚门、核菌纲、白粉菌目、白粉菌科、白粉菌属中的一个真菌,病原形态参见图 5-1-5 瓜叶菊白粉病菌。附属丝菌丝状,闭囊壳球形。

（3）发病规律　上海地区未发现此菌的有性世代,可能是以菌丝或分生孢子越冬。病菌除为害扶郎花外尚可为害野菊花、瓜叶菊等。孢子借气流传播。

（4）防治方法　主要是加强栽培管理。有病的根蘖不能再用来分株繁殖。病叶、病株应及时除去。温室要通风透光。有必要进行化学防治时可喷 20％粉锈宁 2 000 倍液或 50％托布津 500 倍液进行防治。

### 5.1.6.4　金盏菊白粉病

金盏菊白粉病（*Erysiphe cichoracearum* DC. , *E. Polygoni* DC.）,在我国河北、北京、南京、昆明、上海等省市均有发生,日本、美国也有报道。但北京、南京、昆明的金盏菊白粉病菌是由 *E. cichoraeearum* DC. 引起,美国和日本则是由 *E. polygoni* DC. 引起。上海因始终未见到有性世代,尚不明确有性世代系何种白粉菌。

（1）症状　叶和茎均可受害。初起,叶的正反两面出现白色、粉状的圆斑,病情进一步发展时,叶面像铺上一层面粉,茎同样为白色。被害茎叶发黄,不久枯死。在上海,一般在金盏菊开花之后发生,不很严重。

（2）病原　（*Erysiphe cichoracearum* DC. , *E. polygoni* DC.）为真菌白粉菌属中的一种。闭囊壳球形,附属丝菌丝状。闭囊壳内含子囊数个。子囊卵形、亚球形。子囊内含子囊孢子 2 个[二孢白粉菌（*P. cichoracearum* DC.）]或 3～6 个,间或有 2 个或 8 个（蓼白粉菌）。病原形态参看瓜叶菊白粉菌,图 5-1-5。

（3）发病规律　病菌以闭囊壳或菌丝在被害叶、茎的病组织中越冬。在温暖的南方,分生孢子也可能越冬。翌年产生分生孢子侵染为害,上海一般在 5 月份以后为发病盛期。病菌的寄生范围广,可为害其他菊科植物的花卉。

（4）防治方法　清除病残体减少侵染来源,不连作或避免与其他可感染此两种白粉菌的花卉轮作。

### 5.1.6.5　菊花白粉病

（1）症状　菊花白粉病感病初期,叶片上出现黄色透有小白粉斑点,以叶正面居多,主要为害叶片,叶柄和幼嫩的茎叶更易感染。在温湿度适宜时,病斑可迅速扩大,并连接成大面积的白色粉状斑,或灰色的粉霉层。严重时,发病的叶片退绿、黄化;叶片和嫩梢卷曲、畸形、早衰和枯萎;茎秆弯曲,新梢停止生长,花朵少而小,植株矮化不育或不开花,甚至出现死亡现象。

（2）病原　（*Erysiphe cichoracearum* DC.）为二孢白粉菌,属子囊菌亚门、核菌纲、白粉菌目、白粉菌科、白粉菌属中的一个真菌,病原形态参见图 5-1-5 瓜叶菊白粉病菌。

（3）发生规律　在我国南方露地栽培和北方温室内可常年发病。病菌在病株残体内或土中越冬,翌年春季温湿度适宜,子囊果开裂,散出子囊孢子,借气流和风雨传播,扩散,并可多次侵染。5～11 月份均可发病,8～10 月份多发病,20～25℃时易侵染发病。湿度大,光照弱,通风不良和昼夜温差在 10℃以上时最易发生。以 9～10 月份发病严重,主要在秋季多雨、露、雾的潮湿环境下多次侵染发病。在空气湿度大、通风不良、光照不足时容易诱发,在浇水多、植株太密或干旱影响,栽培管理不善,造成植株生长势弱时,发生更为严重。

(4)防治方法

1)清园处理　　在栽培上注意剪除过密和枯黄株叶,拔除病株,清扫病残落叶,集中烧毁或深埋,可大大减少病原物的传染来源。

2)加强生产管理　　栽植不要过密,控制土壤湿度,增加通风透光。避免过多施用氮肥,应增施磷钾肥,增强植株叶片抗病能力。浇水时应保持叶片干燥,防止浇水时水珠飞溅传播,造成再次浸染发病。

3)药物防治　　盆土或苗床、土壤药物杀菌,可用 50% 甲基硫菌灵与 50% 福美双(1∶1)混合药剂 600～700 倍液喷洒盆土或苗床、土壤,可达杀菌效果。发病初期可喷施农抗 120 100倍液,或 50% 加瑞农可湿粉剂或 75% 十三吗啉乳剂 1 000 倍液,隔 10 d 喷 1 次,连喷 3 次可控制病害发生和蔓延。尤其是用 25% 敌力脱(丙环唑)乳油 20 mL 加水 100 kg 喷雾,间隔 10～15 d 喷 1 次,连喷 2～3 次,防治效果较好。另外,在发病期也可用 70% 甲基硫菌灵可湿粉剂32～48 g,或 50% 甲基硫菌灵可湿粉剂 45～67.5 g,加水 70 kg,搅匀喷洒,每 7～10 d 喷 1 次,连喷 2～3 次;也可用 15% 粉锈宁乳剂 1 500 倍液,或 70% 甲基托布津可湿粉剂 800～1 000 倍液,50% 多硫悬浮液 300 倍液,或 20% 粉锈宁乳油 2 000 倍液或 75% 百菌清可湿性粉剂 600 倍液,50% 退菌特 1 000 倍液,每隔 7～10 d 喷 1 次,连喷 3～4 次,可起良好防治效果。

## 5.1.7　月季枯枝病

(1)症状　　枯枝病又称茎溃疡病,仅侵染枝条、茎干部位,多发生在修剪枝条伤口及嫁接处的茎上。发病初期在病部产生红紫色小斑点,之后扩大成中央深褐色,边缘红褐色或紫褐色,稍向上突起的较大病斑,病斑边缘明显。后期病斑深褐色,表面纵裂,上生黑褐色小粒点,即分生孢子器,为月季枝枯病的重要特征。发病严重时,病斑环绕枝干,致使病部以上部分枯死。

(2)病原　　病原为蔷薇盾壳霉,属半知菌亚门。子囊腔球形,黑色,有孔口。子囊初为棍棒形,双层壁,释放孢子后子囊变长,有 8 个子囊孢子,有永存性侧丝。子囊孢子长椭圆形至针形,具有 2 个或更多的分隔,深绿色、黄色或褐色。有性态为 *Leptosphaeria coniothyrium* (Fuckel) Sacc. 盾壳霉小球腔菌,属子囊菌亚门,见图 5-1-6。

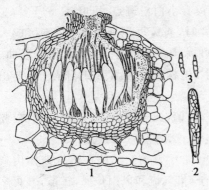

**图 5-1-6　月季枯枝病菌**
1.子囊腔　2.子囊(示双层壁)　3.子囊孢子

(3)发生规律　　病原菌以分生孢子器和菌丝在病株或病残体上越冬,有些地方以子囊壳越冬。翌春产生分生孢子或子囊孢子借风雨传播,从伤口,特别是修剪伤口、嫁接伤口侵入。田间湿度大、管理粗放、过度修剪发病严重。6～9 月份高温干旱枝枯病发生严重。

(4)防治方法

1)加强栽培管理　　及时剪除腐枝、枯枝、腐叶,集中烧毁。修剪枝条应在晴天。修剪、嫁接后精细管理,促使伤口愈合。

2)药剂防治　　修剪伤口处先用 10% 硫酸铜消毒,再涂 1∶1∶150 倍波尔多液保护。发病后,可喷洒 50% 多菌灵可湿性粉剂 500 倍液、75%

百菌清粉剂 600～700 倍液、50％ 退菌特 800 倍液、75％甲基托布津可湿性粉剂 1 000 倍液、50％甲基硫菌灵·硫黄悬浮剂 800 倍液,隔 10 d 左右 1 次,防治 2～3 次。

## 5.1.8　玫瑰锈病

玫瑰锈病是世界性病害。严重时叶片正面布满病斑,背面覆盖一层黄粉状物,发病植株早落叶,生长衰弱,影响生长和开花。该病也是玫瑰花减产的重要原因。玫瑰锈病还可以侵染月季、野玫瑰等植物。

(1)症状　该病侵染玫瑰植株地上部分的各个绿色器官,主要为害叶片和芽。早春病芽基部淡黄色,抽出的病芽弯曲皱缩,上有黄粉,以后逐渐枯死。感病叶片初期下面出现淡黄色病斑,叶背面生有黄色粉状物,即夏孢子堆和夏孢子,秋末叶背生有黑褐色粉状物,即冬孢子堆和冬孢子。

(2)病原　病原菌有玫瑰多胞锈菌(*Phragmidium rosae-rugosae* Kasai)和短尖多胞锈菌. *Phragmidium mucronatum* (Pers.)Schlecht.。属担子菌亚门、冬孢菌纲、锈菌目、柄锈菌科。锈孢子近圆形,黄色,表面有瘤状突起,大小为(23～29) $\mu m \times$(19～24) $\mu m$。夏孢子圆形或椭圆形,黄色,表面有刺,大小为(16～22) $\mu m \times$(19～26) $\mu m$,一般有 4～7 个隔膜,孢子顶端有圆锥形突起,见图 5-1-7。

(3)侵染循环及发病条件　病原菌以菌丝体在玫瑰芽内和以冬孢子在患病部位越冬。玫瑰锈病为单主寄生,夏孢子在生长季节能多次重复侵染。夏孢子由气孔侵入,靠风雨传播。

锈孢子萌发的适宜温度为 10～21℃;夏孢子在 9～25℃时萌发率最高;冬孢子萌发适温为 18℃。

**图 5-1-7　玫瑰锈病菌冬孢子**

发病最适温度为 18～21℃;连续 2～4 h 以上的高湿度有利于发病。四季温暖、多雾、多露的天气,均有利于发病;偏施氮肥加重病害的发生。

(4)防治技术

1)休眠期清除枯枝落叶,喷洒 3 °Be 石硫合剂,杀死芽内病部越冬的菌丝体;生长季节及时摘除病芽或病叶集中烧毁。

2)注意通风透光,降低空气湿度(温室);增施磷、钾、镁肥,氮肥要适量;酸性土壤中施入石灰等能提高寄主的抗病性。

3)初发病期,喷布 15％粉锈宁可湿性粉剂 1 500～2 000 倍液,或敌锈钠 250～300 倍液,或 0.2～0.3 °Be 石硫合剂。

## 5.1.9　花卉锈病

### 5.1.9.1　菊花锈病

(1)症状　主要为害叶和茎,尤以叶受害为重。发病初期在叶片上出现黄色小斑,病叶背对应处也生出小褐绿斑。后产生稍隆起的疱状物,疱状物破裂后,散出大量黄褐色粉状物。颜色由淡褐色逐渐变成黄褐色,严重时常造成全株叶片死亡。

(2)病原　病原为菊柄锈菌(*Puccinia chrysanthemi* Roze.)、堀柄锈菌(*Puccinia horiana* P. Henn)及篙层锈菌(*Phakopsora artemisiae* Hirat.),属担子菌亚门真菌。*Puccinia chrysanthemi* 夏孢子堆褐色,多生于叶背,少数生在茎上,夏孢子黄褐色,球形至椭圆形,具刺,上生突起。冬孢子堆生在叶背或叶柄和茎上,深褐色或黑色,冬孢子栗褐色,倒卵形至椭圆形,见图 5-1-8。

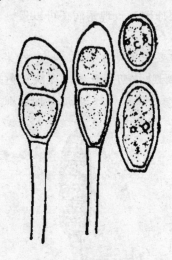

**图 5-1-8　菊花锈病菌**
冬孢子及夏孢子

(3)发病规律　锈菌潜伏在新芽中越冬,随菊苗传播蔓延。露地栽培的菊花在秋末多雨的条件下易发病。栽培管理不善,通风透光不良,土壤缺肥或氮肥过量,土壤渍水,空气湿度过大,都有利于该病的大发生。该病 4~10 月份均可流行危害。

(4)防治方法

1)加强植物检疫　引进品种或调运菊苗,插条时要严格实行检疫。

2)加强栽培管理　从无病健壮植株取插条或分根繁殖菊苗。搞好田园卫生,清除病残体,集中烧毁。实行轮作制度,盆栽要换土。选高燥地、肥沃沙壤土种植。保持通风良好,肥料经充分腐熟。合理施肥,适当增施磷、钾肥以提高植株的抗病能力。

3)药剂防治　发病初期喷洒 15%粉锈宁 1 000 倍液,25%萎锈灵 1 500 倍液,65%代森锌 500 倍液、80%代森锌 500~700 倍液,20%萎锈灵 200 倍液,0.3~0.5 °Be 石硫合剂。

### 5.1.9.2　细叶结缕锈病

细叶结缕草锈病,又名天鹅绒草锈病。上海、杭州等地均有发生。黑龙江、辽宁、山东、台湾等地也有记载。

(1)症状　叶正反两面着生橘黄色的疱状突起,破裂后散出橘红色粉末,严重时草被一片枯黄,人行其中,鞋上可沾上一层橘红色粉状物。

(2)病原　*Puccinia zoyssae* Diet. 为细叶结缕草柄锈,属担子菌亚门、冬孢菌纲、锈菌目、柄锈菌科、柄锈属的一种真菌。锈孢子器生于叶下,围成圈,杯状开裂。锈孢子圆形或椭圆形,淡黄色,大小为(18~24) μm×(14~19) μm,有细密的疣。夏孢子堆生于叶面,针眼状排列,长椭圆形常愈合,裸生、粉状、淡橙黄色。夏孢子卵圆形,圆形,淡黄色或无色,大小为(18~22) μm×(15~17) μm,有细刺。冬孢子堆生于叶两面,以下面为主,椭圆形,0.7~2.0 mm,散生或密集,褐状、黑色。冬孢子椭圆形,棍棒状,栗褐色,大小为(28~38) μm×(17~20) μm。顶端圆形,基部稍细,分节处不紧缩,或稍紧缩。柄无色,长达 100 μm,不脱落,病菌形态可参见图 5-1-8 菊花锈病菌。

(3)发病规律　病菌有转株寄生,另一寄主为鸡矢藤。夏孢子可重复侵染多次。适宜生长温度为 17~22℃。草被过长不及时修剪,病会加重。多雨潮湿时也易发病。施 N 肥多时病重。

(4)防治方法　及时修剪草被,修剪下来的病草应及时携出销毁。购进草被时应认真检查,勿将有病草被引入。喷洒 40％粉锈宁 3 000 倍液防治有效果,孢子堆可以消失。

### 5.1.9.3  萱草锈病

萱草锈病,河北、四川、湖南、江苏、浙江、上海、北京等省市均有发生。

(1)症状  病害在叶和花梗上均可发生。开始在叶片背面及花梗上产生疱状斑点,为病菌的夏孢子堆。表皮破裂后散出黄褐色的粉状物,便是夏孢子,夏孢子堆周围往往失绿而呈淡黄色。严重时叶上布满夏孢子堆,整叶变黄。后期在病部产生黑褐色长椭圆形或条状的冬孢子堆,埋生于表皮下,非常紧密,表皮不破裂。锈病严重为害时全株叶片枯死,花梗变红褐色。花蕾干瘪或凋谢脱落,可减产 30％以上。

(2)病原  (*Puccinia hemerocallidis* Tham.)为萱草柄锈菌,属担子菌亚门、冬孢菌纲、锈菌目、柄锈菌科、柄锈属中的一种真菌。锈孢子器生于叶背,直径 0.2～0.4 mm,杯形,包被边缘外翻而碎裂。锈孢子球形或椭圆形,大小为(12～19)$\mu$m×(10～16)$\mu$m,几乎无色,有瘤,壁厚 1 mm。夏孢子堆多生于叶背,橘红色,直径 0.2～0.4 mm。夏孢子亚球形或椭圆形,带黄色,大小为(18～29)$\mu$m×(16～23)$\mu$m,有瘤。冬孢子堆直径 0.2～0.3 mm,周围有褐色成熟的侧丝。冬孢子棍棒形,大小为(32～64)$\mu$m×(14～22)$\mu$m,顶平,有时圆或尖,分隔处略缢缩。柄淡黄色,长达 35 $\mu$m,病菌形态可参见图 5-1-8 菊花锈病菌。

(3)发病规律  本病为转主寄生的病害,败酱草(*Patrinia villosa* Juss)是其第二寄主。病菌以菌丝或冬孢子堆在残存病组织上越冬,翌年 6 月份至 7 月上旬发病。气温 25℃,相对湿度 85％以上,有利病害发生。种植过密、地势低洼、排水不良时病重。氮肥过多,或土黏贫瘠时病重。品种间抗病性有差异。

(4)防治方法  在栽培管理上要密度适当,及时排水,开花后地上有病部及时剪除烧毁,除去败酱草等杂草,选用抗病品种等对防治本病有效。发病期喷 80％代森锌 500 倍液或 20％粉锈宁 3 000 倍液 1～2 次防治有效。

### 5.1.9.4  向日葵锈病

向日葵锈病在我国发生范围较广,北京、黑龙江、吉林、辽宁、河北、江西、新疆、四川、云南、湖南、河南、山东、江苏等省市均有发生。美国、日本也有此病。

(1)症状  叶上产生褐色的疱状突起,在叶的下表皮形成,破裂后散放出褐色的夏孢子。后期,病部产生黑色的冬孢子堆。

(2)病原  *Puccinia helianthus* Schw. 为向日葵柄锈菌,属担子菌亚门、冬孢菌纲、锈菌目、柄锈菌科、柄锈属的一种真菌。锈孢子器生于叶背时,圆形、不规则形或杯形,包被边缘碎裂。锈孢子球形,有时椭圆形,大小为(21～28)$\mu$m×(18～21)$\mu$m,有瘤,内含物橙黄色。夏孢子堆也生于叶背,直径 1.0～1.5 mm,圆形或椭圆形,裸露后呈褐色。夏孢子球形或椭圆形,大小为(23～30)$\mu$m×(21～27)$\mu$m,有刺,淡褐色,有芽孔 2 个。冬孢子堆叶背居多,黑褐色,直径 0.5～1.5 mm。冬孢子椭圆形或长圆形,两端圆,分隔处稍缢缩,大小为(40～54)$\mu$m×(22～29)$\mu$m,平滑,褐色。柄无色,长达 110 $\mu$m,病菌形态可参见图 5-1-8 菊花锈病菌。

(3)发生规律  病菌为单主寄生,以冬孢子在病残株中越冬。野生向日葵的锈菌可引起栽培品种的严重感染。品种间抗性有差异。

(4)防治方法  引进野生向日葵种源时应避免引入锈病。一发病初喷施嗪胺灵 1 000 倍液或 20％粉锈宁 3 000 倍液进行防治。

## 5.1.10 菊花斑枯病

(1)症状 此病又称褐斑病、黑斑病、叶枯病,在菊花整个生长期均可发生,主要为害叶片。发病初期,叶面散生淡黄色或紫褐色小点,扩大后呈近圆形,或不规则形褐色至紫褐色病斑,边缘清晰或外围有退绿晕圈,后期病斑上密生小黑点,即病菌分生孢子器。发病严重时多数病斑愈合,病叶发黄,变黑、焦枯。植株下部叶最先发病,发黑枯死,然后逐层向上蔓延,严重时可全株枯死。

(2)病原 病原为真菌中的菊壳针孢菌(*Septoria chrysanthemella* Sacc.),属半知菌亚门、腔孢纲、球壳孢目、壳针孢属。分生孢子器球形或近球形,褐色至黑色,器壁膜质,顶部有孔口。分生孢子梗短,不明显;分生孢子针状无色,有隔膜4~9个。病原除为害菊花外,还为害瓜叶菊,图5-1-9。病害在我国广东、陕西、吉林、四川、上海、天津、山东、内蒙古等多个省市发生。

(3)发病规律 病原菌以菌丝体和分生孢子器在病株或病残体上越冬。翌年分生孢子器释放出分生孢子侵染为害寄主,形成初侵染。分生孢子借风雨、昆虫等传播,造成多次再侵染。在10~27℃范围内,有雨露,就可发病,但以秋季孕蕾开花期灌水或下雨造成的高湿条件发病最重。连作田和分株繁殖发病重。秋季高温、多雨的天气发病严重。菊花品种间抗性差异明显,较抗病品种有湖上月、秋色、玉桃和紫桂等。

**图 5-1-9 菊花褐斑病菌**

(示分生孢子器及分生孢子)

(4)防治方法

1)加强栽培管理 ①合理轮作。盆栽土要更换。②搞好田园卫生。生长季摘除病叶、老叶;花后割去病株地上部分,清除病残体集中烧毁或深埋。③选用无病苗木。从无病植株取插条或分根繁殖幼苗。④改进浇水方式。不从植株上部淋浇,沿盆缸边缘浇水;在地面铺草木灰、泥炭土等作隔离层减少水淋传播。⑤降低湿度。种植不宜过密,加强通风透光,改进浇水方法,浇水时间不过迟,降低地上部植株间的湿度,尤其是过夜时的株间湿度。⑥加强管理。避免偏施氮肥,注意氮、磷、钾均衡配合,促使植株生长健壮,提高抗性。

2)药剂防治 进入花期可喷药防病,每隔7~10 d喷1次药,连续喷2~3次,喷药前先摘除病叶、老叶,可提高防效。常用药剂有75%百菌清600倍液、80%大生M-45 600倍液、62.25%仙生600倍液、65%代森锌500倍液、20%富士500~800倍液、1∶1∶160波尔多液喷雾等。

## 5.1.11 菊花花腐病

花腐病是菊花上的重要病害。该病主要侵染菊花花冠,流行快,几天之内可使花冠完全腐烂;也可以使切花在运销过程中大量落花,给商品菊花造成很大的损失。花腐病主要侵染菊科植物。人工接种可以侵染莴苣、洋蓟、金光菊、百日草、向日葵、大丽菊等植物。

(1)症状 该病主要侵染花冠,也可侵染叶片、花梗和茎等部位。花冠顶端首先受侵染,通常在花冠的一侧,花冠畸形开"半边花",病害逐渐蔓延至整个花冠。花瓣由黄变为浅褐色,最后腐烂。在大多数情况下病害向花梗扩展数厘米,花梗变黑并软化,致使花冠下垂。未开放的花蕾受侵染时变黑、腐烂。叶片受侵染产生不规则的叶斑,叶片有时扭曲。茎部受侵染出现条状黑色病斑,几厘米长,多发生在茎干分杈处。

发病部位着生针头状的点粒,即病原菌的分生孢子器。分生孢子器初为琥珀色、成熟后变为黑色。花瓣上分生孢子器着生密集。

(2)病原 *Mycosphaerella ligulicola* Bakeer,Dimock & Davis. = *D. ligulicola*（Bakwr,Dimock & Davis）Von & Arx = *M. chrysanthenti* F. 是该病的有性世代,属子囊菌亚门、腔菌纲、座囊菌目、小球壳菌属。子囊壳球形,直径 96～224 μm,有拟侧丝;子囊倒棍棒状,基部明显变细,大小为（49～81）μm×（8～10）μm;子囊内有 8 个子囊孢子,无色,长椭圆形或纺锤形,双胞,上大下小,分隔处缢缩,子囊孢子大小为（4～6）μm×（12～16）μm,见图 5-1-10。

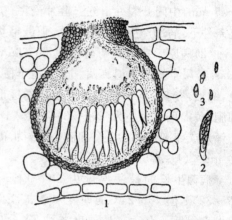

**图 5-1-10 菊花花腐病菌**
1.子囊腔(示子囊及拟侧丝) 2.子囊 3.子囊孢子

菊花壳二孢（*Ascohyta chrysanthmi* F.）是该菌的无性世代,属半知菌亚门、腔孢菌纲、球壳菌目、壳二孢属。分生孢子器着生在寄主组织表皮下。茎上分生孢子器散生、较大,直径 111～325 μm;花瓣上的着生密集,较小,72～160 μm;分生孢子器颈部黑褐色,壁较厚,其余部分为琥珀色,壁薄;分生孢子卵圆形至菱形,直或稍弯曲,单胞或双胞,无色,有油滴,双胞孢子大小为（8～13）μm×（3～4）μm。单胞孢子大小为（4～10）μm×（2～4）μm。在 PDA 培基上分生孢子器及分生孢子生长温度范围为 15～27℃,最适温度为 24℃;分生孢子器在菌落中心产生,形成适温为 26℃;子囊形成适温为 20℃,24℃以上不形成。

(3)侵染循环及发病条件 病原菌以分生孢子器、子囊壳在病残体上越冬。子囊壳在干燥的病残茎上大量形成,而花瓣上却较少。孢子由气流或雨滴飞溅传播,昆虫、雾滴也能传播,插条、切花、种子做远距离传播。在 9～26℃条件下侵染,24℃为侵染适温,38℃抑制侵染。萌发的孢子生活力可以保持 2 d 以上。高温、干燥天气抑制孢子萌发。多雨、多雾、多露有利于病害的发生。

(4)防治技术

1)加强检疫控制病害的蔓延 该病病菌生命力强,流行快,一旦传入就难以根除,因此,加强检疫是控制病害蔓延的好办法。一旦发现引入材料带菌必须立即销毁。

2)减少侵染来源 清除菊花病残体;田间发现病株时,应立即拔除。对病土进行严格的消毒,用热力灭菌或用氯化苦等药物进行熏蒸处理。减少侵染来源。清除菊花病残体;田间发现病株时,应立即拔除。

## 5.1.12 牡丹红斑病

红斑病也叫轮斑病,是为害牡丹最为普遍的病害之一。

(1)症状　主要为害叶片,发病严重时也可为害绿色茎、叶柄、萼片、花瓣、果实甚至种子。叶片发病,初期在叶片背面产生绿色针头状小点,以后扩展为直径3~12 mm的紫褐色近圆形的病斑。叶片正面病斑上有不明显淡褐色轮纹,中央淡黄褐色,边缘暗紫褐色,多数病斑联合时整叶焦枯。叶柄、叶脉受害,初期病斑为暗紫红色的长圆形斑点,稍突起,后来逐渐扩大为3~5 mm,中间开裂并下陷。萼片受害,初期产生褐色突出小点,严重时边缘焦枯。在潮湿天气条件下,病部产生暗绿色霉层,似绒毛状。

(2)病原　病原为芍药枝孢霉(*Cladosporium paeoniae* Pass.),属半知菌亚门真菌。分生孢子梗3~7根簇生,黄褐色,线形,有3~7个隔膜;分生孢子纺锤形或卵形,一至多个细胞,黄褐色。大小为(27~73) $\mu$m×(4~5) $\mu$m;分生孢子纺锤形或卵圆形,1~2个细胞,多数为单细胞,大小为(6~7) $\mu$m×(4~4.5) $\mu$m,见图5-1-11。

病菌生长的最适温度为20~24℃,萌发温度范围为12~32℃,但20~24℃时萌发率最高,12℃以下,32℃以上,萌发率很低。在适宜的温度条件下,分生孢子6 h便开始萌发。

(3)发病规律　病菌主要以菌丝体在病残体上越冬,翌年春季产生分生孢子侵染寄主造成发病,再侵染次数极少,初侵染发病程度决定了整个生长季节发病是否严重。一般下部叶片最先感病。不同品种间抗病性也有差异,抗性比较好的品种有:东海朝阳、小紫玲、兰盘银菊、凤落金池等。阴雨连绵季节病害扩展迅速。

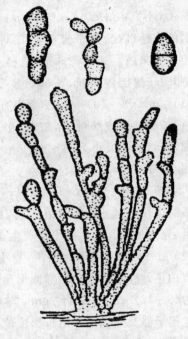

**图 5-1-11　芍药(牡丹)褐斑病菌**
(示分生孢子梗及分生孢子)

(4)防治方法

1)加强栽培管理　合理密植;每年冬季结合清扫田园,以不伤土中芽为原则,沿地面将地上部分的枝叶割去,病残体集中烧毁。田间经常松土、锄草,开花期间保证供应植株正常生长所需水分,花谢后迅速剪掉残花,以免结子消耗养分,降低抗逆性。

2)选用抗病品种　各地因地制宜地选择抗性品种,如东海朝阳、紫袍金带等品种抗性好,粉珠盘、娃娃面、红云迎日等品种抗性较好。

3)药剂防治　早春植株萌动前喷3~5°Be石硫合剂作为铲除剂。发病初期及时摘除病叶,并喷洒药剂,常用药剂有:60%防霉宝超微粉剂600倍液、50%多菌灵可湿性粉剂500倍液、70%甲基托布津可湿性粉剂800~1 000倍液、75%百菌清可湿性粉剂600倍液、50%多硫悬浮剂800倍液等,喷药时注意喷洒均匀、全面,每隔8~15 d喷1次,连喷4~5次。

## 5.1.13 牡丹(芍药)炭疽病

牡丹(芍药)炭疽病广泛分布于世界各地,尤以美国、日本等国家发病重。我国上海、南京、无锡、郑州、北京和西安等地均有发生。其中西安芍药受害最严重。发病严重常使病茎扭曲畸形,幼茎受害则植株迅速枯萎死亡。

(1)症状　可为害植株的叶片、茎秆、叶柄、芽鳞和花瓣等部位,尤其对幼嫩的组织危害大。茎秆受害,初期呈现浅红褐色、长圆形、略下陷的小斑,之后逐渐扩大呈不规则形大斑,病斑中央浅灰色,边缘浅红褐色,病茎扭曲,严重时会引起折断。幼茎受害后植株快速枯萎死亡。叶片受害,沿叶脉和脉间产生小而圆的病斑,颜色与茎上病斑相同,后期病斑可造成穿孔;幼叶受害皱缩卷曲。芽鳞和花瓣受害常造成芽枯和畸形花。天气潮湿时,病部出现粉红色黏质状分生孢子堆。

(2)病原　病原为盘长孢菌(*Gloeosporium* sp.),属半知菌亚门真菌。分生孢子盘生于寄主角质层或表皮下,成熟后突破表皮。通常有褐色至暗褐色刚毛,光滑,由基部向顶端渐尖,具分隔。分生孢子梗无色至褐色;分生孢子短圆柱形、单胞、无色,见图5-1-12。分生孢子萌发后产生褐色、厚壁的附着孢,此为鉴别该病菌的重要特征。

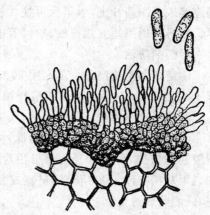

**图 5-1-12　牡丹(芍药)炭疽病菌**
(示分生孢子盘及分生孢子)

(3)发病规律　病原菌以菌丝体在病叶、病茎上越冬。翌年生长期,环境条件适宜,越冬菌丝便产生分生孢子盘和分生孢子。分生孢子借雨水传播,造成初侵染。通常高温多雨的年份病害发生重,每年8~9月份雨水多时发病严重。

(4)防治方法

1)加强田间管理　秋季和早春彻底清除病茎、病叶残体,集中销毁,减少侵染来源,可减轻病害的发生。

2)药剂防治　发生初期,及时喷洒药剂,常用药剂有:65%代森锌500倍液、70%炭疽福美500倍液,连喷2~3次,每隔10~15 d喷1次。

## 5.1.14 牡丹紫纹羽病

牡丹紫纹羽病俗称紫色或黑色根腐病,是牡丹常见的一种真菌性病害。

(1)症状　主要为害植株根系及根颈部位,首先幼嫩根受侵染,逐渐扩展至侧根、主根及根颈部,发病初期在病部出现黄褐色湿腐状,严重时变为深紫色或黑色,病根表层产生一层似棉絮状的菌丝体,后期病根表层完全腐烂,与木质部分离。此病危害期长,患病的植株通常经过3~5年或更长时间才枯死。受害植株生长势减弱、黄化、叶片变小,呈大小年开花,严重时部分枝干或整株枯死。一旦植株根颈部冒出棉絮状菌丝体,证明地下部已大部分腐烂,植株会很快枯死。

（2）病原　病原为紫卷担子菌 *Helicobasidium purpureum*（Tul.）Pat.，属担子菌亚门真菌。子实体膜质，紫色或紫红色。子实层向上、光滑。担子卷曲，担孢子单细胞、肾脏形、无色。

（3）发病规律　病菌以菌索或菌核在土壤中或以菌丝体在病残体中越冬，土壤中的病原菌可存活 3～5 年。条件适宜时，病菌萌发长出营养菌丝，侵入寄主幼根，然后向主根或侧根蔓延。在 5～6 月份产生担子和担孢子，担孢子萌发产生菌丝。病原菌在田间通过灌溉水或雨水、农具等传播。土壤通透性好、持水量在 60%～70%、pH 5.2～6.4 最适合病菌生长发育。地势低洼、排水不良、土质黏重及土壤有机质含量高的地块发生严重；土壤过于干旱发病也重。每年 7～8 月份雨水偏多，发病较重。

（4）防治方法

1）加强栽培管理　增施钾肥，提高植株抗病力；合理中耕及冬翻耕，使地块熟土层经常保持在 25～30 cm，保持土壤疏松，通透性好。避免施用未腐熟肥，加大肥料用量。早春至秋末可将患病植株周围土层挖开使病根暴露并经日光暴晒，可以减轻或抑制病情发展，之后根颈周围应换入干净新沙土，半年后再换 1 次。在病健株之间挖 60～80 cm 深的沟，可阻断菌丝蔓延。牡丹园周围适宜栽植松、柏树等抗病植株，而不适宜栽植杨、柳、槐树等感病植株。

2）药剂防治

①苗木和土壤消毒。苗木用 20% 的石灰水浸根 30 min；也可用 1∶1∶100 的波尔多液浸根 1 h，之后再用 1% 硫酸铜溶液浸根 3 h，用清水冲洗干净栽植。土壤在翻地前施入硫黄粉。

②防治地下害虫。每年早春，及时喷洒敌百虫 800 倍液或辛硫磷 1 000 倍液。

③灌根治疗。发病严重的植株，可挖出烧掉，或切除病根经消毒后重新栽植。对初发或病情较轻的植株，可进行开沟灌根治疗。常用药剂：1 °Be 石硫合剂、200～500 倍硫酸铜溶液、70% 甲基托布津 1 000 倍液，早春或夏末，沿株干挖 3～5 条放射状沟，宽 20～30 cm，深 30 cm 左右，灌药后封土。

## 5.1.15　牡丹病毒病

牡丹病毒病在世界各地种植区都有发生，在局部地区危害比较严重。

（1）症状　由于病原种类较多，所以表现症状比较复杂。牡丹环斑病毒（PRV）为害后在叶片上呈现深绿和浅绿相间的同心轮纹斑，病斑呈圆形，同时也产生小的坏死斑，发病植株较健株矮化。烟草脆裂病毒（TRV）为害后也产生大小不等的环斑或轮斑，有时则呈不规则形。而牡丹曲叶病毒（PLCV）则引起植株明显矮化，下部枝条细弱扭曲，叶片黄化卷曲。

（2）病原物　引起牡丹病毒病的病原主要有 3 种，分别是牡丹环斑病毒（Peony ringspot virus，PRV）、烟草脆裂病毒（Tobacco rattle virus，TRV）、牡丹曲叶病毒（Peony leaf curl virus，PLCV）。PRV 粒体球状，难以汁液摩擦传播，主要由蚜虫传播。TRV 粒体为杆状，能以汁液摩擦接种，另外，线虫、菟丝子和牡丹种子都能传毒。PLCV 主要由嫁接传染。总之生产中用病株分株繁殖，或嫁接及蚜虫均可以传播病毒。上述病毒寄主植物范围广，PRV、PLCV 为害芍药、牡丹；TRV 除为害芍药、牡丹外，还为害风信子、水仙、郁金香等花卉。

（3）防治方法

1）加强检疫　调运繁殖材料或种子时应加强植物检疫措施。

2）减少病毒来源　田间发现病株，应及时清除，清理周围杂草。

3)药剂防治　治虫防病,发现蚜虫,及早喷药防治。

## 5.1.16　百合疫病

此病为百合生产上发生非常普遍的一种病害,在我国南方重于北方。一般病株率为5%～10%,重者可达30%以上,甚至导致植株成片死亡,对百合产量和品质影响很大。

(1)症状　可为害百合的各个部位。茎部发病,初期在病部出现水浸状浅褐色至绿褐色腐烂,逐渐扩展蔓延,导致植株枯死或倒折。叶片受害,初期产生水浸状小斑,之后扩展为灰绿至暗绿色大斑,最终导致叶片腐烂或枯死。花器染病后呈黄褐色至暗褐色软腐,湿度大时在病组织上产生白色稀疏霉层,即病菌孢囊梗和孢子囊。鳞茎受害,初期为水浸状黄褐色坏死斑,以后扩展导致整个鳞茎腐烂,在病组织上产生白色稀疏霉层。

(2)病原　病原为恶疫霉［*Phytophthora cactorum* (Leb. et Cohn) Schrotr.］,属鞭毛菌亚门真菌。菌丝分枝较少,孢子囊卵形至近球形,卵孢子球形(图5-1-13)。

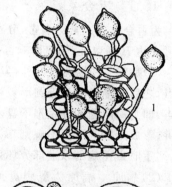

(3)发病规律　病原菌以厚垣孢子或卵孢子在土壤中的病残体上越冬。条件适宜时萌发,侵入寄主引致发病,病部产生大量孢子囊,萌发后释放游动孢子或孢子囊直接萌发造成多次再侵染。通常气温在26～28℃,潮湿或多雨天气适宜发病。田间排水不良,植株茂密柔嫩有利于病害发生。

(4)防治方法

1)农业防治措施　高垄或高畦栽培,整地精细,修好田间排水沟,便于雨后及时排水。合理密植,施用充分腐熟的有机肥,适当增施钾肥,增强植株抗病力。注意田园卫生,发现病株及早挖除,并集中销毁。一旦发病后应适当控制灌水。

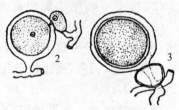

**图5-1-13　百分疫病菌**
1.孢囊梗及孢子囊　2.雄器侧位
3.雄器下位

2)药剂防治　发病初期及时喷药,可用药剂有:75%敌克松可溶性粉剂800～1 000倍液、40%乙膦铝可湿性粉剂300倍液、58%瑞毒霉锰锌可湿性粉剂600倍液、64%杀毒矾可湿性粉剂500倍液、30%氧氯化铜悬浮剂500倍液等。每隔7～10 d喷1次,连喷3～4次。

## 5.1.17　冬珊瑚疫病

冬珊瑚疫病,1979年7月中旬在上海植物园曾严重发生,死亡率10%～90%。美国也有此病的报道。

(1)症状　病害发生后扩展迅速而猛烈。叶斑不定型,似开水烫过一般。植株倒伏或叶片萎蔫下垂。潮湿环境下长有白色绵状霉层。果上病斑水渍状腐烂。潮湿时全果可长满白色霉层。

(2)病原　(*Phytophthora parasitica* Dastur)为寄生疫霉,属鞭毛菌亚门、卵菌纲、霜霉

目、腐霉科、疫霉属中的一种真菌。孢子梗(100～300) μm×(3～5) μm,孢子囊顶生,卵圆形或球形,(24～72) μm×(20～48) μm。卵孢子球形,直径(11～20) μm,壁厚(1.4～2.9) μm,病原形态可参见图 5-1-13 百合疫病。

(3)发病规律　病菌腐生性较强,以卵孢子在地面病组织上越冬,梅雨季节多雨,继之以高温,发病严重。病菌除为害冬珊瑚外,尚可为害其他茄科植物。

(4)防治方法　病害防治从盆土和药物两方面进行。盆土消毒或以新土作为上盆土壤。如用垃圾一定要事先消毒处理,数量少时可将土壤放在高压灭菌锅中 0.12～0.14 MPa。蒸气消毒 2 h。易发病期或发病初期喷 50%疫霉净 500 倍液、或瑞毒霉 4 000 倍液进行防治。

## 5.1.18　炭疽病

### 5.1.18.1　百合炭疽病

为百合生产上常见病害,分布非常广泛,发病地块通常病株率在 20%左右,重病地块发病率可高达 70%以上,明显影响百合生产。

(1)症状　主要为害叶片,发病严重时也可侵害茎秆。叶片发病,初期产生水浸状暗绿色小点,之后逐渐发展为近圆形黄褐色坏死斑点,病斑边缘呈现浅黄色晕圈,后期在病部产生小黑点,即为病原菌的分生孢子盘。发病严重时多数病斑愈合导致叶片黄化坏死。植株茎基部受害,形成近椭圆形至不规则形灰褐至黄褐色略微下陷的坏死斑点,后期同样能够产生小黑点,严重时致使病部以上部分坏死。

(2)病原　病原为葱刺盘孢[*Colletotrichum circinans*(Berk.)Vog.],属半知菌亚门真菌。分生孢子盘浅盘状,基部褐色,分生孢子盘周围生黑褐色刺状刚毛。分生孢子梗单胞,无色,棍棒状。分生孢子新月形,单胞,无色,见图 5-1-14。

(3)发病规律　病原菌以分生孢子盘或菌丝体在土壤中越冬,条件适宜时产生分生孢子通过雨水或田间流水传播,造成初次侵染和多次再侵染。温暖潮湿条件下有利于发病,百合生长期多雨,田间大量积水发病严重。

(4)防治方法

1)农业防治　重病区实行 2 年以上轮作。收获后及时清理田间病残体,减少田间菌源数量。

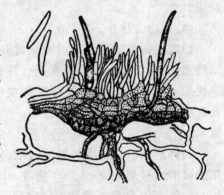

**图 5-1-14　百合炭疽病菌**
(示分生孢子盘及分生孢子)

2)药剂防治　发病初期及时喷药,常用药剂有 25%炭特灵 600～800 倍液、25%施保克乳油 600～800 倍液、40%百科乳油 2 000 倍液、25%敌力脱乳油 1 000 倍液等药剂喷雾,每隔7～10 d 喷 1 次,共喷 2～3 次。

### 5.1.18.2　八仙花炭疽病

八仙花炭疽病在我国上海、南京、天津等地有发生。

(1)症状　主要发生在叶上。病斑初为褐色小点,扩大后呈圆形,边缘黑褐色至蓝黑色,中央浅褐色至灰白色,具轮纹,有轮生的小黑点突起。病斑大小不一,小的仅 1 mm,大的可达

1 cm。

(2)病原  为八仙花刺盘孢,属半知菌亚门、腔孢纲、黑盘孢目、黑盘孢科、刺盘孢属的一种真菌。分生孢子盘黑色,直径 117~184 $\mu m$,刚毛稀少,(31~39) $\mu m$×4.5 $\mu m$。分生孢子椭圆形,大小为(13~15) $\mu m$×(5~7) $\mu m$,病原形态可参见图 5-1-14 百合炭疽病菌。

(3)发病规律  病菌以菌丝或分生孢子盘在病残体上越冬,翌年产生分生孢子,借风雨传播,多从伤口侵染为害,在生长季节可重复侵染,6~9 月份为发病期,阴雨、潮湿的天气有利病害发生。温室盆栽,则可全年发病。

(4)防治法  及时清理病落叶集中烧毁。八仙花为宿根性植物,严重病株可齐地面砍去重新萌生新枝。发病初期喷 75％百菌清可湿性粉 500 倍液,或喷 50％炭疽福美可湿性粉 500 倍液,或 70％托布津可湿性粉 500 倍液进行防治。

### 5.1.18.3  万年青炭疽病

万年青炭疽病在上海、天津、青岛、杭州、武汉、南京等地均有发生。上海各公园内,尤其是地栽的万年青中此病十分普遍。

(1)症状  病害在叶上发生,叶斑灰白色,边缘红褐色,圆形至椭圆形,有轮纹,直径 3~15 mm,几个病斑连在一起时呈不规则形,可达数厘米。

(2)病原  (*Colletotrichum montemcartinii* var. *rhodeae* Trav.)为万年青刺盘孢,属半知菌亚门、腔孢纲、黑盘孢目、黑盘孢科、刺盘孢属的一种真菌。分生孢子盘圆形,黑色,直径 78~130 $\mu m$。刚毛挺直,黑褐色,长 60~100 $\mu m$,顶部尖,成丛生于分生孢子盘中。分生孢子梗短,(10~15) $\mu m$×3 $\mu m$,无色。分生孢子新月形,(13.5~20) $\mu m$×(2.5~3.5) $\mu m$,病原形态可参见图 5-1-14 百合炭疽病菌。也可划入丛刺盘孢属(*Vermicularia*)。

(3)发病规律  病菌以菌丝或分生孢子盘在病残体中越冬,翌年春产生分生孢子,借风雨传播、飞散侵染为害,伤口有利病菌侵入。发生期 5~10 月份。万年青放置于温室中时,全年都可发病。地栽管理粗放比盆栽管理精细的病重。介壳虫为害严重时使植株生长不良,也会加重病情。

(4)防治方法  除去病叶,减少侵染来源。地栽时不能过密,浇水时也要注意不使叶面滞水时间过长,盆栽时应从盆边沿浇入,避免喷灌。注意防虫,发病季节喷 70％炭疽福美 500 倍液进行防治,3~4 次。

### 5.1.18.4  山茶花炭疽病

茶花炭疽病在日本、美国等国家均有发生。上海共青苗圃、杨浦公园也有发生,青岛、昆明也有此病。主要发生在叶上,但也可以为害嫩梢和果实。在和山茶同属的木本油料——油茶上,炭疽病是生产中的严重问题。

(1)症状  叶尖或叶缘容易感病。初期产生淡绿色的病斑。以后变红褐色,后期呈灰色,边缘暗褐色较宽,具轮纹状的褶皱,表面产生黑色小点,也是轮状排列。病斑大小不一,有时几乎可扩大到全部叶片。

在果上,病斑紫褐色到黑色,严重时整个果实变黑。嫩枝上病斑条状、紫褐色,下陷,严重时枝条枯死。在潮湿环境下,果上病部易见粉红色胶状的分生孢子堆。

(2)病原  (*Colletotrichum camelliae* Mass＝*Gloeosporium theae* Zim)为山茶刺盘孢菌。属半知菌亚门、腔孢菌纲、黑盘孢目、黑盘孢科、刺盘孢属中的一种真菌。分生孢子盘直径 150~330

μm。刚毛周生,有隔膜1~3个,大小为(30~72)μm×(4.0~5.5)μm。分生孢子梗(9~18)μm×(3.0~5.5)μm。分生孢子长椭圆形,(10~20)μm×(4.0~5.5)μm,病原形态可参见图5-1-14百合炭疽病菌。据日本资料,其有性世代为山茶球座菌(*Guignardia camelliae*(Cke)Butler.)子囊腔球形、扁球形,直径60~130μm,子囊棍棒形,大小为(52~72)μm×(10~13)μm。含有8个孢子,无侧丝。子囊孢子无色单胞,长椭圆形,大小为(10~17)μm×(5~6)μm。

(3)发病规律　病菌以菌丝或分生孢子在病体上或病株上越冬。病害以5~6月份,8~9月份为发病盛期,风雨交加、久晴骤雨,或雨后烈日,寄主伤口增加,组织柔嫩时容易发病。氮肥过多或生长不良,盆栽茶花放置过密、通风不良时也易感病。

(4)防治方法　以加强抚育管理为主。秋冬进行病株残体处理,去除病叶、病果和病枝,加以烧毁或深埋。上海地区茶花都盆栽放在暖房里越冬,有病株盆和无病株盆应分开放置,不放置过密。浇水时以皮管从盆边沿浇入,切勿喷灌。只有严重发病时才喷药防治。可用的药剂有70%炭疽福美或50%多菌灵1 000倍液。

### 5.1.18.5　兰花炭疽病

兰花炭疽病为害春兰、蕙兰、建兰、墨兰、寒兰等兰属(*Cymbidium*)花卉,引起叶果部位焦黑斑点,严重时整叶枯死。我国四川、浙江、福建、台湾、上海等省市均有发生。随着植物交流的日益频繁,兰花炭疽病在天津、北京也有此病。近据报道,云南昆明市也有发生。

(1)症状　发病初期在叶中部呈现圆形、椭圆形,叶缘呈现半圆形的红褐色斑点,发生于叶尖时,下延成段枯死。在叶基部发生,病斑大型或数量多时也可整叶枯死。后期病斑中心颜色变浅,其上轮生小黑点。病斑大小悬殊,3~30 mm均有,有时病斑呈纵向破裂。果实上病斑不规则,长条形黑褐色斑。

(2)病原　(*Colletotrichum orchidearum Allesch*;*C. orchidearum f. cymbidii* Allesch;*Gloeosporium* sp.)为兰科刺盘孢、兰叶短刺盘孢或盘长孢属的真菌。它们属半知菌亚门、腔孢菌纲、黑盘孢目、黑盘孢科、刺盘孢属或盘长孢属。寒兰、蕙兰上发生的炭疽病病原可能为兰叶短刺盘孢;四川春兰、建兰、婆兰上发生的炭疽病病原多为兰科刺盘孢。北京报道,为害兰花的炭疽菌为盘长孢属的真菌。兰科刺盘孢的分生孢子盘圆形,小而色黑,叶两面均可着生。刚毛黑褐色,有分隔3~4个,直或稍弯,顶端尖削,大小为(50~100)μm×(3~5)μm。分生孢子圆柱形,大小为(12~20)μm×(4~6)μm,一端稍小,透明无色,单胞,具油球或颗粒状内含物。分生孢子梗粗短,基部有色,病原形态可参见图5-1-14百合炭疽病菌。病菌生长以25℃最为适宜,在马铃薯、蔗糖、洋菜及兰叶煎汁培养基上均生长良好。分生孢子萌芽时从一端或两端伸出芽管,有时形成暗色拳状附着胞。萌芽时孢子中间出现分隔,萌芽适温为25~30℃。

(3)发病规律　一盆生长良好的兰花可以是"四世同堂",既有当年萌生的新叶,也有去年、前年甚至前三年的老叶。新叶与老计发病的时间是不同的。老叶从4月初开始发病,以梅雨季节发病较多,7月份以后即逐渐中止。新叶则8月份开始发病,秋雨连绵或台风频繁时发病严重。病菌主要以菌丝体在病组织内越冬,在南方,分生孢子也可越冬。但分生孢子越冬后萌芽率很低。公园或植物园的兰圃中兰盆放置过密,兰叶相互交错一起时容易传病。浇水时当头喷浇容易病重。春天放到室外太早,遭到晚霜为害时病重。盆土黏重,排水不良也会加重病害。当年分盆的兰花比当年不分盆的兰花病重。种和品种间抗病性也有差异,如墨兰、建兰中的铁梗素、蒲兰(金棱边)比较抗病;春兰、蕙兰、风寒兰、建兰中的大头素则容易感病。据杭州植物园报道,春兰中的"大富贵"、"十月"感病严重。

（4）防治方法　加强抚育管理是防治本病的首要问题。兰室要通风透光，盆子以用陶盆、瓦盆为好，瓷盆排水、通气都不好。上盆土壤以微酸性的疏松肥沃的山泥为宜。放置室外时要有荫棚，防止急风暴雨。浇水时从盆子边沿浇入，避免当头淋浇。不能放置过密，盆间空隙以叶片不相互交错为宜。注意不受冻害和霜害，避免造成伤口，增加侵染机会。初病时剪除病叶烧毁，然后喷 1：1：100 的波尔多液保护。发病盛期喷施 50％多菌灵可湿性粉、或喷 50％托布津可湿性粉 500 倍液 3～4 次，10 d 左右 1 次，可以减少感染。

### 5.1.18.6　米兰炭疽病

米兰炭疽病为米兰上一种较为普遍而严重的病害，在我国广东、福建、山东、河北等省，北京、上海、南京、南昌等市均有分布。发病率一般在 5％～40％，而运到北方的苗株在 50％以上，严重的竟达 100％。

（1）症状　此病发生在叶片、叶柄、嫩枝及茎上。发病初期，时尖或叶缘变褐，逐渐向叶片内扩展，病斑边缘明显；当叶柄先发病时，病部变褐，向叶片扩展，使主脉、支脉、及整个叶片依次变褐或向下扩展使复叶柄、小枝及茎变褐形成溃疡斑。在发病过程中，叶片及叶柄不断脱落，最后全株叶片落光，枝条干枯而死。在高湿条件下，病部可产生许多带有橘红色黏液的小黑点，为病原菌的分生孢子和分生孢子盘。

（2）病原　[Colletotrichum gloeosporiodes(Penz.)Saec.]有性世代[Glomerella cingulata (Stonem.)Spauld. et Schrenk]为胶孢炭疽菌，属半知菌亚门、腔孢纲、黑盘孢目、黑盘孢科炭疽菌属的一种真菌。其有性世代为围小丛壳菌，属子囊菌亚门、核菌纲、球壳目、疔座霉科、小丛壳属的一种真菌。病原菌的分生孢子盘在寄主表皮下形成，成熟后突破表皮。分生孢子盘深褐色，扁平或盘状，直径 106～302 $\mu m$，分生孢子盘有少数刚毛或缺，分生孢子梗短、密集成排，顶端产生分生孢子。分生孢子椭圆形，圆筒形或卵圆形，两端钝，单细胞，内含 1～2 个油球，孢子无色，聚集成团呈红色，孢子大小为(11～19) $\mu m$×(3.5～6.0) $\mu m$。分生孢子萌发前形成一个横隔膜，萌芽时产生芽管，其顶端或分枝顶端膨大成附着胞，初无色，很快变成褐色，略作球形或宽头状，边缘完整，大小为(7～12) $\mu m$×(3.5～6.0) $\mu m$。病原菌的子囊壳多产生在病落叶及病枝上，在表皮下形成，单生或丛生在不发达的子座内。子囊壳深褐色，近球形或瓶状，有喙，内有喙丝。子囊直径 55～155 $\mu m$，高 56～137 $\mu m$，壳壁膜质。子囊棍棒形，平行排列于子囊壳内，子囊间无侧丝，子囊壁单层，子囊大小为(30～49) $\mu m$×(9～10) $\mu m$。子囊内含子囊孢子 8 个，长椭圆形或卵形，稍弯曲、无色、单细胞，含 1 个油球，孢子大小为(11～18) $\mu m$×(3.5～5.3) $\mu m$，病原形态可参见图 5-1-14 百合炭疽病菌。

（3）发病规律　病菌以菌丝或分生孢子在叶片或病残体内越冬，成为初侵染来源；在北京发现子囊壳在病落叶或病枝上越冬，以子囊孢子作为初侵染来源，但不是主要的。3 月份开始发病，在温湿度适宜条件下潜伏的菌丝很快产生分生孢子盘和分生孢子，孢子萌发形成附着胞，后形成侵入丝直接侵入寄主，在细胞间生长，潜育期为 7 d。分生孢子在生长季引起多次再侵染。病菌借雨滴（或淋水）、风或昆虫传播，远距离靠苗木传播。气温 25～30℃和高湿条件，利于病害发生发展。

（4）防治方法　运往外地苗木应实行检疫，严格剔除病株。起苗时减少伤根，选择通气好的材料包装，起苗前最好喷洒内吸杀菌剂。温室或生产地注意通风，及时清除和深埋病叶，病枝。药剂防治可喷 80％炭疽福美 400～800 倍液，70％托布津 800～1 000 倍液或 1％波尔多液，50％克菌丹 500 倍液等杀菌剂。

## 5.1.19　百合病毒病

百合病毒病为百合生产上的一种主要病害,分布非常广泛。夏秋季节为发病高峰期,地区间、地块间发病严重程度差异较大。病害严重发生时,病株率可达 10％～30％,严重影响百合产量和品质。

(1)症状　发病后症状表现主要有花叶、坏死斑点、环斑坏死及丛簇。花叶症状主要表现叶面出现浅绿、深绿相间的斑驳,严重的叶片扭曲,花变形或花蕾不开放,有些品种的实生苗可产生花叶症状。坏死斑点主要表现为在发病植株上出现坏死病斑,花扭曲或畸变呈舌状。环斑坏死主要在叶片上产生环状坏死病斑,发病植株不产生主杆,通常无花。丛簇主要指发病植株呈丛簇状,叶片呈浅绿色或浅黄色,产生条斑或斑驳,幼嫩叶片向下反卷、扭曲,整株矮化。

(2)病原　①花叶症状病原为百合花叶病毒(Lily mosaic virus),病毒粒体线条状,致死温度 70℃。②坏死斑点症状病原为百合潜隐病毒(Lily symtomless virus)和黄瓜花叶病毒(Cucumber mosaic virus),百合潜隐病毒粒体线条状,致死温度 65～70℃,稀释限点 $10^{-5}$。③黄瓜花叶病毒粒体球状,致死温度 60～75℃,稀释限点 $10^{-4}$。④环斑坏死症状病原为百合环斑病毒(Lily ring spot virus),致死温度 60～65℃,稀释限点 $10^{-4}$～$10^{-3}$。丛簇症状病原为百合丛簇病毒(Lily rosettle virus)。

(3)发病规律　百合花叶病毒、百合环斑病毒通过汁液接种传播,蚜虫亦可传毒。百合潜隐病毒通过鳞茎带毒传播,汁液摩擦亦可传毒,甜瓜蚜、桃蚜等是传毒介体昆虫。黄瓜花叶病毒、百合丛簇病毒由蚜虫传播。

(4)防治方法

1)选用无病繁殖材料　从无病健株获得球茎,作为繁殖材料,也可采用组培脱毒苗进行栽植。

2)加强田间管理　田间发现病株及时拔除。有病株的鳞茎不得用于繁殖。

3)药剂防治　①发病初期及时喷药。可用药剂有 20％毒克星 500 倍液、5％菌毒清 500 倍液、20％病毒 A 500 倍液、1％抗毒剂 1 号 300 倍液等,隔 7～10 d 喷药 1 次,连喷 3 次。②治虫防病。生长期适时防治蚜虫,减少传毒,可选用 10％吡虫啉 1 500 倍液、50％抗蚜威 2 000 倍液等。

## 5.1.20　百合细菌性软腐病

(1)症状　有伤口侵入引起鳞茎软腐、湿腐。

(2)病原　欧氏杆菌。

(3)防治方法　①清除腐烂鳞茎,改良鳞茎种植条件。②操作中避免造成伤口,减少侵染机会。③化学防治可采用 400 mg/kg 农用链霉素溶液喷洒,也可用 54％可杀得 800～1 000 倍液喷洒。

## 5.1.21　百合立枯病

(1)症状　鳞茎被侵染,初在根尖端变成淡褐色,腐烂,鳞片由淡褐色变成暗褐色。茎部发病的,多自伤口部位开始,茎变暗褐色,干枯。叶部发病色初为淡黄绿色斑点,后变为暗褐色的不整形斑纹,边缘呈淡黑色干枯。

病原在土壤中及种球上越冬。种间抗病性有明显差异,卷丹易受害,铁炮百合次之,鹿子百合最抗病。

(2)病原　芽孢杆菌

(3)防治方法　①选无病球作种球。鳞茎去除外部鳞片后,用50倍的福尔马林液浸泡15 min或用20%石灰乳浸泡20 min。②种球栽植于无病土中,或灭菌土壤中。③避免偏施氮肥,注意排水,防止土壤过湿。④选用抗病种(品种)。⑤喷施1：1：200波尔多液等,防止侵染。

## 5.1.22　百合曲叶病

(1)症状　通常在植株15～20 cm高时,茎中部叶片开始变得明显扭曲或歪斜,扭曲叶片的一边常有褐色坏死斑,常在叶片与茎连接处附近发生。受害叶片上下部叶片都表现正常,植株和花都较正常生长。

(2)病原　假单胞杆菌。常与其他百合病害混合侵染危害。

(3)防治方法　病原早已在鳞茎栽植前感染,并与其他百合病虫害共同侵染,因此,大多采用防止其他新生真菌病原,或在收获、装卸时,避免损伤鳞茎来预防。最好的防止措施是收获后尽快将鳞茎干燥冷藏。因为温暖潮湿的条件有利于细菌的生长和发展。

## 5.1.23　百合灰霉病

(1)症状　被侵染的部位在潮湿环境中,短时间内长出典型的灰霉层。病叶上可见直径1～2 mm圆形或椭圆形病斑,从浅黄色到浅褐色。病斑中心呈浅灰色,边缘深紫色,逐渐深入绿色的健康组织。感染不但从叶片中部开始,而且也可从叶缘开始,使叶片变成畸形,叶片生成受阻。茎也可被感染,最终花蕾完全腐烂或畸形发育。在初期被感染的花蕾外层花瓣上会出现隆起的区域。已开的花对感染极其敏感,并出现灰色的、水泡的、圆形的斑点,这些斑点成为"火"斑。干燥天气病斑变干,病菌停止传播。潮湿天气病斑扩展迅速并连片,致使全叶枯萎。病害严重时也会被侵染,并从侵染点折断。侵染芽,变褐色。幼株被侵染,通常是生长点死亡。

在潮湿的环境下,葡萄球菌会发育产生孢子,孢子可通过风和雨水而迅速传播到临近植株上。孢子在干的植株上不会萌发,因此干燥植株不会被感染,干燥植株不会被感染,在15～16℃及饱和大气压条件下,分生孢子增殖非常快,病害在植株间迅速蔓延。

(2)病原　椭圆葡萄杆菌。

(3)防治方法　①用健康鳞茎繁殖,最好撒布少许硫黄粉预防,并且种植于干燥通风的环境处,降低种植密度。②发现病叶,立即集中销毁,保证清洁卫生。③避免叶片沾水,温室中保持足够的光照和空气流通。④植株可喷布波尔多液,对芽和花可喷代森锌600～800倍液预防(开花前期要求药物残留量要低)。

## 5.1.24　百合鳞茎软腐病

（1）症状　此类菌既侵害单个植株也侵害一个区域植物的根系，鳞茎变软，具有辛辣气味，鳞茎外皮上初有水渍状斑，尔后色变深。鳞茎黏附土壤，包装材料及枯枝等都会带菌引起软腐病。病鳞茎外密布一层厚厚的菌丝层。病菌从伤口侵入外皮，菌丝蔓延到鳞茎基部，并由此进入其他鳞片。在温暖合适条件下，2 d 内鳞茎就可全部烂掉。

这种真菌在潮湿条件和温度 20～30℃时很活跃。它们存在于土壤和种球的根上。不适宜的栽培条件，如差的土壤结构、土壤含盐量高或土壤太湿会促进此病发生。

（2）病原　匐枝根霉、根霉。

（3）防治方法　①挖掘、包装鳞茎时，尽力避免碰伤鳞茎。②避免用草莓和其他果实使用过的包装材料，可避免为害果实的软腐病菌侵染。③装运期间保持低温。及时剔除有病鳞茎。④种植时对土壤进行一般的消毒，在作物长出之后或可能已发生腐霉菌感染的情况下，可以用易于喷洒到作物上的防治腐霉病的杀菌剂，最好在傍晚进行。

## 5.1.25　百合青霉腐烂病

（1）症状　由这两种青霉引起鳞茎木腐状干腐。寒冷贮藏期腐烂缓慢，在鳞片腐烂斑点上长出先是白色的，而后转变为绒毛状的绿蓝色的霉菌。被感染后即使在 −2℃ 的低温环境下，腐烂也会逐步增加。病菌将最终侵入鳞茎的基盘，使鳞茎失去种植价值或使植株生长缓慢。虽然受感染的鳞茎看起来不健康，但只要保证鳞茎基盘完整，在栽种期间植株的生长就不会受到影响。种植后，青霉菌的感染不会转移到茎秆上，也不会通过土壤侵染其他植株。

（2）病原　刺孢圆弧青霉、丛花青霉。

（3）防治方法　参照百合鳞茎软腐病防治①和③。另外，在鳞茎包装基质加硫酸钙、次氯酸盐混合粉（每 22.7 kg 包装基质中加混合粉 171 g）可控制病害的发生。东方杂种系百合鳞茎在 26.7～29.4℃ 的苯来特溶液（每 4.6 L 水加苯来特 50 mL）中浸 15～30 min，浸后使鳞茎干燥，可防止青霉腐烂病。

## 5.1.26　百合茎腐烂病

（1）症状　病害发生在贮运过程中，病菌从鳞茎外皮的基部侵入鳞茎。种球和鳞片腐烂的植株，其生长非常缓慢，叶片呈淡绿色，花茎很少，即使长出花茎也矮小，生长不良。病鳞茎未全部烂掉时就裂开。有伤口的鳞茎易侵染，病变也能侵染完好无损的鳞茎。在地下，鳞片的顶部或鳞片与根盘连接处出现褐色斑点，这些斑点逐渐开始腐烂（鳞片腐烂）。如果根盘被侵染，那么整个种球就会腐烂。茎腐是镰刀菌侵染地上部的症状，识别的标志是基部叶片在未成年时发黄，以后变褐色而脱落，过早死亡。在茎的地下部分，出现橙色到黑褐色斑点，以后病斑扩大，最后扩展到茎内部。之后茎部腐烂，最后植株未成年就死。

此病是由尖孢镰刀菌和自毁柱盘孢菌两种真菌引起。这些真菌通过伤口或寄生昆虫来侵染植株的地下部分，伤口主要是由鳞茎和茎根部裂开而造成的。这些真菌能在鳞茎上扩展，病菌也能通过土壤侵染,某些品种对侵染特别敏感。

(2)病原　尖孢镰刀菌。

(3)防治方法　参照百合青霉腐烂病。

## 5.1.27　百合茎溃疡病

(1)症状　在茎基部和根部形成溃疡,根腐病是这种病菌造成的腐烂症。

(2)病原　丝核薄膜革菌。

(3)防治方法　①清除病株并销毁。②病害发生时可喷布敌克松和五氯硝基苯混合液(70％敌克松和70％五氯硝基苯各25 mL加入114 L水中混合)消毒。

## 5.1.28　百合锈病

(1)症状　在叶背面产生圆形粉状的小疱斑。

(2)病原　单胞锈菌、柄锈菌。

(3)防治方法　①摘除病叶并销毁。②病害发生时可喷布福镁铁和硫黄混合液,也可用粉锈宁,无毒高脂膜防除。

## 5.1.29　百合丛簇病

(1)症状　病株扁化、丛簇、叶片浅绿色或浅黄色、带有斑驳或条纹,幼叶向下卷,扭曲在一起,全株矮化。东方杂种系百合受害严重。兰州百合也时有发现。

(2)病原　百合丛簇病毒、烟草花叶病毒混合侵染。

(3)防治方法　参照百合花叶病。

其他病毒病还有郁金香碎花病毒、百合环斑病毒和烟草环斑病毒对东方百合杂种系百合为害严重。

## 5.1.30　百合叶枯病

(1)症状　在叶片上产生浅黄色至浅褐色、圆形或椭圆形大小不一的病斑。有些品种病斑周围有明显的紫红色边缘,病斑变干易碎裂,通常呈灰白色。发病严重时,整叶枯死。茎秆受害,从侵染点腐烂折断,幼芽变褐腐烂。花受害,产生褐色斑点,湿度大时,迅速腐烂。幼小植株发病,通常生长点死亡。潮湿条件下,病部产生灰色霉层。

(2)病原　病原为椭圆葡萄孢 *Botrytis elliptica* Cooke 和灰葡萄孢 *Botrytis cinerea* Pers.,属半知菌亚门真菌,病原形态可参图5-1-3月季灰霉病菌。

(3)发病规律　病原菌主要以菌核在土壤中或以菌丝块及分生孢子随病残体在土壤中越冬。翌春条件适宜,菌核萌发,产生菌丝体和分生孢子。分生孢子成熟后脱落,借气流、雨水或露珠及农事操作进行传播,侵染为害植株,以后在病部又可产生大量分生孢子,借气流传播造成多次再侵染。低温高湿条件下发病严重,栽植密度过大,管理不当,偏施氮肥发病严重。

（4）防治方法

1）农业防治　发病初期摘除病叶,秋季清除并销毁栽植在室外的植株地上部,从而减少初侵染来源。冬季温室应保持通风良好及充足的光照,浇水时避免弄湿叶片。

2）药剂防治　发病初期及时喷药,常用药剂有:50％多菌灵、70％甲基硫菌灵、50％速克灵、50％扑海因、50％农利灵等,按常规使用浓度喷洒,重点喷洒新生叶片及周围土壤表面,连喷2～3次。

## 5.1.31　百合细菌性叶斑病

细菌性叶斑病是百合生产上的一种重要病害,保护地、露地栽培都可发病。发病地块一般病株率为5％～10％,重病地块可高达20％以上,影响百合产量与质量。

（1）症状　百合各个部位都可受害,但多在植株地上部表现明显症状。发病初期,在叶片上密集产生水渍状绿褐色近圆形小斑点,随病害发展扩展为近梭形黄褐色至暗褐色坏死斑。病斑略微凹陷,边缘水浸状,绿褐色,多数病斑联合时呈现不规则性大斑。空气湿度大时,很短时间内整叶腐烂;干燥时病叶呈浅褐色坏死干枯。病斑扩展至茎部,产生不规则形浅褐至黄褐色坏死斑,之后腐烂或干缩。

（2）病原　病原初步鉴定为一种细菌。

（3）发病规律　病原菌主要在种苗或球茎内越冬,随种苗调运进行传播。条件适宜时发病,通过雨水、流水或昆虫等传播,进行多次再侵染,导致病害扩展蔓延。多雨潮湿条件有利于病害发生。

（4）防治方法

1）加强植物检疫　在调运种苗及球茎时应加强植物检疫措施。

2）加强田间管理　田间发现病株应及时清除。避免大水漫灌,雨后及时排除田间大量积水。

3）药剂防治　①繁殖材料消毒处理。种植前可用0.3％～0.5％盐酸溶液浸泡种球5～10 min。②生长期用药。发病初期及时喷药,常用药剂有:45％代森铵800倍液、72％农用链霉素100～200 mg/kg、新植霉素200 mg/kg、氯霉素50～100 mg/mg、60％琥乙膦铝(DTM)可湿性粉剂1 000倍液,每隔7～10 d喷1次,连喷3～4次。

## 5.1.32　仙客来炭疽病

（1）症状　主要为害叶片。在叶片上产生近圆形病斑,病斑中央色浅,呈淡褐色或灰白色,边缘颜色深,呈紫褐色或暗褐色。后期在病部产生许多小黑点,即为病原物分生孢子器。发生严重时整个叶片枯死。

（2）病原　病原为红斑小丛壳(*Glomerella rufomaculans* Berk.),属子囊菌亚门真菌。子囊壳丛生在不发达的子座(菌丝层)上或半埋于子座内,深褐色,瓶形,有长颈,壳壁四周有毛,子囊壳内不形成侧丝。子囊棍棒形,无柄。子囊孢子长圆形,直或略弯,单胞,无色,见图5-1-15。

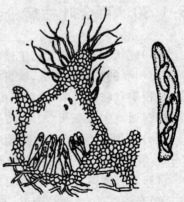

**图 5-1-15　仙客来炭疽病菌**
（示子囊壳及子囊）

（3）发病规律　病原物以菌丝体和孢子在病株残体中越冬，随风雨而传播，翌年温湿度条件适宜开始发病。每年7～8月份为发病高峰期，在秋末时产生子囊壳。

（4）防治方法

1）农业防治　保持田园卫生，及时剪除并销毁病叶。

2）药剂防治　发病初期喷洒药剂，可用药剂有：50%多菌灵、50%托布津、50%扑海因等，每隔10 d左右喷1次，共喷2～3次。

## 5.1.33　仙客来枯萎病

（1）症状　整株发病。通常植株近地面的叶片开始变黄枯萎，逐渐向上蔓延，除顶端几片叶完好外，其余叶片都枯死。剖开块茎，寄主维管束变褐。湿度比较大时，在病部产生粉红色霉层，即病菌的分生孢子梗和分生孢子。

（2）病原　病原为尖镰孢 *Fusarium oxysporum*（Schl.），属半知菌亚门真菌。菌丝初无色，后变黄色。大型分生孢子镰刀形，稍弯，两端尖，无色，0～5个分隔，通常2～3个分隔，大小为(3～5) μm×(20～50) μm。小型分生孢子椭圆形或卵圆形，无色，单胞间或双胞(图5-1-16)。

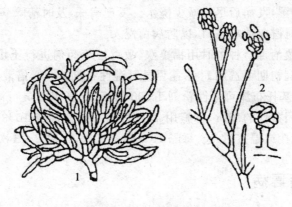

**图 5-1-16　仙客来枯萎病菌**
1.大型分生孢子及分生孢子梗　2.小型分生孢子着生状

（3）发病规律　病原物以菌丝体或厚垣孢子在土壤中的病残体上或附着在种子上越冬。通过流水或灌溉水传播蔓延。从寄生幼根或伤口侵入，进入维管束，堵塞导管，并产生毒素，最终导致病株叶片黄枯而死。一般土壤温度稳定在28℃左右，土壤湿度较大，连作地块，寄主根部伤口较多，植株生长衰弱时发病严重。土壤偏酸，线虫数量大发病严重。

（4）防治方法

1）加强栽培管理　实行3年以上轮作，施用充分腐熟的有机肥。

2）药剂防治　发病初期喷洒药剂，常用药剂有：50%多菌灵、36%甲基硫菌灵、20%甲基立枯磷乳油等，每隔7～10 d用药1次，连续喷3～4次。

## 5.1.34　仙客来灰霉病

仙客来灰霉病是温室、大棚栽培仙客来的重要病害。

　　(1)症状　可以为害叶片、叶柄、花梗、花瓣。叶片受害,起初在叶缘出现水渍状病斑,之后逐渐扩展蔓延至整叶,使全叶变褐干枯或腐烂,在湿度大时,在病部产生灰色霉层,即病菌分生孢子梗和分生孢子。叶柄和花梗受害后,产生水浸状腐烂,并在病部产生灰色霉层。

　　(2)病原　病原为灰葡萄孢 *Botrytis cinerea* Per.,属半知菌亚门真菌。分生孢子梗丛生,不分枝或分枝,直立,有隔膜,青灰色至灰色,顶端色浅。分生孢子在分生孢子梗顶端簇生,椭圆形至近圆形,表面光滑,无色。菌核黑色,扁平或圆锥形,病原形态可参见图5-1-3月季灰霉病菌。病菌发育最适宜温度为20～25℃。

　　(3)发病规律　病原菌可以遗留在土壤中的菌核越冬,也可以菌丝体和分生孢子在病残体上越冬。在田间主要借助气流、雨水、灌溉水、棚室滴水和农事操作等传播。在适宜的温、湿度条件下萌发,由寄主开败的花器、伤口、坏死组织或直接穿透寄主表皮侵入导致发病,发病后,在病部产生大量分生孢子造成多次再侵染。温暖、湿润是灰霉病流行的主要条件。适宜发病条件是气温20℃左右,相对湿度90%以上。通常北方冬、春季,温室大棚温度提不上去,湿度大时,发病严重。

　　(4)防治方法

　　1)加强栽培管理　施足底肥,增强植株抗病能力。浇水不宜太多且不直接浇于叶面,不在阴雨天浇水,注意放风排湿,发病后尽量减少浇水。发现病株,及时清除病残体,并集中高温堆沤或深埋。在养护管理时避免造成伤口,以防病菌侵入。

　　2)药剂防治　①土壤消毒。种植时用福美双、敌克松等药剂进行土壤消毒处理或更换新土。②生长期用药。发病初期可选用50%速克灵可湿性粉剂2 000倍液、50%扑海因可湿性粉剂1 500倍液、70%甲基托布津可湿性粉剂1 000倍液、65%甲霉灵可湿性粉剂1 500倍液等药剂进行喷雾。具封闭条件的场所,可施用45%百菌清烟雾剂或10%速克灵烟雾剂,在傍晚时分几处点燃,封闭大棚或温室过夜。每隔10 d施药1次,连喷2～3次。

## 5.1.35　仙客来病毒病

　　此病害是世界范围内种植郁金香地区广泛发生的一种病害,在我国仙客来病毒病发生也十分普遍。发病率可高达50%以上,发病后致使种质退化,叶片变小皱缩,花少花小,严重影响销售质量。

　　(1)症状　主要为害叶片,发病严重时也可侵染花冠等部位。发病叶片皱缩、反卷,叶片变厚而脆,并且黄化有疱斑,叶脉突起成棱。花畸形、少且小,纯色花瓣上有退色条纹。病重株有时抽不出花梗。植株矮化,球茎变小。

　　(2)病原　病原主要为黄瓜花叶病毒(Cucumber mosaic virus,CMV),病毒粒体为多面体,稀释终点为$10^{-3}$,钝化温度为70～80℃,体外存活期22℃时3 d。

　　(3)发病规律　病毒在病球茎、种子内越冬,为翌年的初侵染来源。主要通过汁液、棉蚜、叶螨及种子传播。病害发生与棉蚜、叶螨的种群密度呈正相关。另外,当仙客来遭受其他病害为害后,易发生病毒病。

　　(4)防治方法

　　1)物理防治　用70℃的高温干热处理种子,脱毒率高。但预先要进行试验,筛选出恰当的处理时间。

2)种植脱毒组培苗　用球茎、叶尖、叶柄为外植体的组培苗,降低带毒率。

3)药剂防治　治虫防病。用天王星3 000～4 000倍液或1.8%爱福丁6 000～8 000倍杀蚜虫、螨虫,灭蚜菌1 500～2 000倍、吡虫啉2 000倍液、莫比朗2 500倍液杀蚜虫,5%尼索朗2 000倍、特螨克威3 000倍、5%卡死克1 500倍液、速螨酮4 000～5 000倍杀螨。

4)合理施肥　土壤中保持氮肥、钾肥的比例为1:(1.2～1.5),磷肥为氮肥的4%～12%。

## 5.1.36 杜鹃叶枯病

杜鹃叶枯病在合肥、成都、桂林、沈阳、昆明、广州等地均有发生。

(1)症状　主要为害叶片,从叶尖、叶缘开始发生,病斑黄褐色,但正面呈浅灰色,病部与健部分界明显,边缘色稍深。严重时形成不规则形干枯可占叶面积的1/2～2/3。后期在病部上产生稍突的小黑点,此即为病菌的分生孢子盘。

(2)病原　杜鹃叶枯病菌为杜鹃多毛孢菌 *Pestalotia rhododendri*(Sacc.)Gusa 属半知菌亚门、腔孢纲、黑盘孢目、黑盘孢科、多毛孢属,分生孢子盘生于叶面,直径140～400 $\mu m$,分生孢子有4个隔膜,纺锤形,大小为(21～27) $\mu m \times$(8～10) $\mu m$,中部细胞黑褐色,最下成一个细胞橄榄色,长16.5～18.7 $\mu m$,两端细胞无色,顶端有鞭毛2～3根,长17～35 $\mu m$,见图5-1-17。

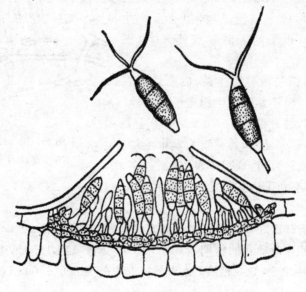

**图 5-1-17　杜鹃叶枯病菌**
(示分生孢子盘及分生孢子)

(3)发病规律　病菌主要从伤口侵入,植株生势衰弱,虫口密度大时,病害较重。因此,土壤瘦瘠,特别是缺铁素营养,植株矮小黄化以及杜鹃冠网蝽(*Stephanitis pyrioides* Scott.)严重发生的年份,病害发生也严重。重病株的叶片大部分脱落,以致植株秃裸,花蕾发育不良,甚至影响下一年花蕾的形成和质量。

(4)防治方法

1)农业防治　加强管理,增施有机肥或复合肥料,尤其要注意缺铁黄化时补充铁素营养,以提高植株的抗病能力。

2)化学防治　发病期间可交替喷洒 30％三唑酮 600～800 倍液或 25％施保克 800～1 000 倍液。

## 5.1.37　杜鹃叶肿病

杜鹃叶肿病又叫杜鹃饼病、瘿瘤病。我国的江西、浙江、江苏、上海、广东、广西、台湾、云南、四川、山东和辽宁等地均有发生。

（1）症状　病菌主要为害杜鹃嫩梢、嫩叶和幼芽。病害初期,叶片表面出现淡绿色、半透明略呈凹陷的近圆形斑,病斑渐变淡红至暗褐色,病部叶片逐渐加厚,正面隆起呈球形至不规则形,严重时全叶肿大呈畸形。病斑表面覆盖一层灰白色粉层,此即病菌的担子层。粉层飞散后,病部变深褐至黑褐色。新嫩梢芽受害后,顶端形成肉质叶丛或肉瘿。花受侵染后变厚、变硬、肉质,形如苹果。

（2）病原　杜鹃叶肿病（*Exobasidium japoni-cum*）是由担子菌亚门、层菌纲、外担菌目、外担菌科、外担菌属的日本外担菌侵染引起的。菌丝寄生在寄主细胞间,担子单个或丛生,从表皮细胞间产生,最后突破角质层,在表面形成一层担子层,担子上产生4 个或 8 个担子孢子,担子间无隔膜或侧丝,见图5-1-18。

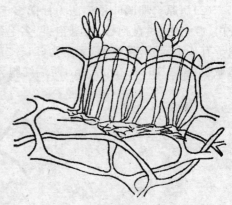

**图 5-1-18　杜鹃叶肿病菌**
（示担子层、担子上着生的担孢子）

（3）发病规律　本菌是活养寄生菌,以菌丝体在植株组织内潜伏越冬。翌年春天产生担孢子,借风吹或昆虫传播、侵染危害,潜育期 7～17 d。1 年中主要有 2 个发病期,一次为春末夏初,另一次为秋末冬初。阴雨天气、阳光不足、栽种过密、通风不良、施氮过多,植株组织徒长过嫩,都有利于病害的发生和蔓延。

（4）防治方法

1)农业防治　在病部出现白色粉层之前彻底清除病叶和病芽。

2)化学防治　在叶芽萌动和抽梢期喷药防治。可交替喷洒 12.5％速保利 2 000～3 000 倍液,12.5％烯唑醇 3 000～4 000 倍液,或 50％复方硫菌灵 600～800 倍液。

## 5.1.38　茉莉炭疽病

茉莉炭疽病是茉莉上的重要病害。炭疽病引起茉莉早落叶,降低茉莉花的产量及观赏性。

（1）症状　该病主要侵害茉莉花的叶片,也为害嫩梢。发病初期,叶片上有退绿的小斑点,病斑逐渐扩大形成浅褐色的圆形或近圆形的病斑。边缘稍隆起,病斑中央组织最后变为灰白色,边缘褐色。后期病斑上轮生稀疏的黑色小粒点,此为病菌的分生孢子盘。病斑多为散生。

（2）病原　茉莉生炭疽菌（*Colletotrichum jasmincola* Tilak.）,为茉莉炭疽病的病原菌,属半知菌亚门、腔孢纲、黑盘孢目、炭疽菌属。分生孢子盘直径 126～225 μm,生于叶表皮下,成熟时突破表皮外露;分生孢子梗无色至淡褐色,有或无分隔;分生孢子有黏胶状物质,卵形或长椭圆形,单胞,无色。分生孢子盘周围有暗色的刚毛,基部较粗,有 2~4 个分隔,病原形态参阅图 5-1-14 百合炭疽病菌。

（3）侵染循环及发病条件　病菌以分生孢子盘和菌丝体在病落叶上越冬,成为翌年的初侵染来源。分生孢子由风雨传播,自伤口侵入。在生长季节有多次再侵染。夏、秋季炭疽病发生严重。多雨、多露、多雾的高湿环境能加重该病的发生。

（4）防治技术

1）减少侵染来源　秋季结合清园彻底扫除病落叶,病残体进行深埋等处理。

2）药剂防治　发病初期开始喷药,常用的药剂有多菌灵可湿性粉剂 800 倍液,或 70%甲基托布津可湿性粉剂 1 000 倍液,或 65%代森锌可湿性粉剂 600 倍液,均有防治效果。

## 5.1.39　花卉根结线虫病

花卉根结线虫病是花卉栽培中的常见病害之一,分布广,为害花卉种类多,如不及时防治,可导致全株矮化,生长衰弱,甚至死亡。除为害牡丹外,还为害芍药、月季、一串红、马兰、瓜叶菊、凤仙花、仙客来等 30 多种花卉。

（1）症状　发病较轻植株地上部症状不明显,病重植株矮小萎黄,影响开花。叶片上尖缘皱缩变黄,提早落叶,甚至整株枯死。在发病植株须根部出现成串大小不等的圆形瘤状物。

（2）病原　病原为北方根结线虫 *Meloidogyne hapla* Chifwood。线虫卵的两端宽而圆,一侧微凹似肾形,包于棕色的卵囊内。幼虫线状,无色透明,头钝,尾稍尖。雌、雄成虫异形,雄虫蠕虫状,灰白色,前端略尖,后部钝圆;雌成虫洋梨形或桃形,乳白色,前端尖细,后端椭圆形、球形或圆形。

（3）发病特点　病原线虫主要以卵和幼虫在根结中或土壤、粪肥中越冬。当土壤温度适宜时,在卵内发育成一龄幼虫,破卵而出成为二龄幼虫,侵入寄主,在根结内发育为成虫,成虫发育成熟交尾产卵,卵集中在雌虫阴门处的卵囊内。卵囊常外露于根结之外,遗落于土壤中,继续孵化侵染。线虫 1 年可完成 3 个世代以上。通气良好的近陵地或沙壤土地发病严重,干旱少雨年份发病重。

（4）防治方法

1）加强植物检疫　病害可随苗木的调运进行远距离传播,一旦发生不易根除,所以在种苗调运时应加强检疫。

2）加强栽培管理　深翻改土,增施有机肥,增强植株的抗病能力。

3）药剂防治　用 10%克线磷颗粒剂、3%克百威颗粒剂等药剂处理土壤。

## 5.1.40　观赏花木白绢病

（1）症状　主要为害苗木茎基部。发病初期,发病部位皮层变褐,逐渐扩展,在病部产生白色绢状、扇形的菌丝层,蔓延至病株周围土壤表面,后期在病部或土表的菌丝层上形成油菜子状的茶褐色菌核。发病植株茎基部及根部皮层腐烂,水分和养分的输送被阻断,地上部叶片变黄枯萎,最终导致整株枯死。

（2）病原　病原为齐整小核菌 *Sclerotium rolfsii* Sacc.，属半知菌亚门真菌。病原菌不产生无性孢子，也很少产生有性孢子，菌丝初期为白色，老熟菌丝呈褐色。

（3）发病规律　病原菌以菌核在土壤、杂草或病残体上越冬。通过雨水进行传播，在适宜的温湿度条件下萌发产生菌丝，侵入植物体，导致植株发病。高温高湿，土壤 pH 5～7 病害发生严重。土壤腐殖质丰富，氮肥充足，土质黏重，发病率高。

（4）防治方法

1）选用无病苗木　调运苗木时，严格进行检查，淘汰有病苗木。

2）农业防治　当植株地上部表现症状后，将基部主根附近土扒开晾晒，晾根时间从早春 3 月份到秋天落叶均可进行，在穴的四周筑土埂，防止水流入穴内；在晾根时寻找发病部位，将根颈部病斑彻底刮除，并用 50 倍抗菌剂 401 等药液消毒伤口，外层涂波尔多液作为保护剂。在病株周围挖隔离沟，封锁病区。

3）药剂防治　①土壤消毒。播种或扦插前用 70％五氯硝基苯处理土壤。②苗木消毒。栽植、扦插前用 70％甲基托布津、50％多菌灵、2％的石灰水、0.5％硫酸铜等药液将苗木根部浸泡 10～30 min；也可在 45℃温水中，浸泡 20～30 min。③生长期用药。发病初期，在苗圃内可撒施 70％五氯硝基苯、50％多菌灵、50％托布津等药剂。

# 5.2　观赏果树病害

## 5.2.1　苹果树腐烂病

苹果树腐烂病俗称臭皮病、烂皮病、串皮病，是我国苹果产区危害较严重的病害之一。该病主要发生在成龄结果树上，重病果园常常是病疤累累，枝干残缺不全，是对苹果生产威胁很大的毁灭性病害。该病除为害苹果树外，还侵染沙果、林檎、海棠、山定子等。

（1）症状　腐烂病主要为害结果树的枝干，尤其是主干分杈处，幼树和苗木及果实也可受害。该病症状有溃疡型和枝枯型两类，以溃疡型为主。

1）溃疡型　多发生在主干、主枝上，发病初期病部表面为红褐色，略隆起，呈水渍状，病组织松软，病皮易于剥离，内部组织呈暗红褐色，有酒精味。有时病部流出黄褐色液体。后期病部失水干缩，下陷，硬化，呈黑褐色，边缘开裂。表面产生许多小黑点，此即病菌的子座，内有分生孢子器和子囊壳。雨后或潮湿时，从小黑点顶端涌出黄色细小卷丝状的孢子角，如果病斑绕枝干一周，则引起枝干枯死。

该病有潜伏侵染现象，早期病变多在皮层内隐蔽，外表无明显症状，不易识别，若掀开表皮或刮去粗皮，可见形状、大小不一的红褐色湿润斑点或黄褐色干斑。只有在条件适宜时，内部病变才向外扩展使外部呈现症状。在条件不适宜情况下，病斑停止扩展，病菌只能潜伏在皮层内，而外部无任何症状表现。

2）枝枯型　多发生在 2～4 年生的枝条、果台、干枯桩等部位，在衰弱树上发生更明显。病部红褐色，水渍状，不规则形，迅速延及整个枝条，终使枝条枯死。后期病部也产生许多小黑点,遇湿溢出橘黄色孢子角。

苹果腐烂病菌也能侵害果实,病斑红褐色,圆形或不规则形,有黄褐色与红褐色相间的轮纹,病斑边缘清晰。病组织软腐状,略带酒糟味。病斑在扩展时,中部常较快地形成黑色小粒点,散生或集生,有时略呈轮纹状排列。潮湿时亦可涌出孢子角。

(2)病原 有性态为苹果黑腐皮壳(*Valsa mali* Miyabe et Yamada.),为子囊菌亚门;无性态为壳囊孢(*Cytospora* sp.)。分生孢子器着生在黑色圆锥形的外子座中,外子座生在病皮表皮层下。分生孢子器扁瓶形,成熟时其内分成多个腔室,各腔室相互串通,有一共同孔口伸出病皮外。内壁密生孢子梗,分枝或不分枝,无色。分生孢子顶生,香蕉形或长肾状,单胞,无色,内有油球,大小为(4~10) $\mu$m×(0.8~1.7) $\mu$m。子囊壳在秋季生于内子座中。内子座位于外子座的下边或旁边。子囊壳黑色,烧瓶状,内壁基部密生子囊。子囊长椭圆形或纺锤形,内有8个子囊孢子。子囊孢子排列成两行或无规则排列,无色,单胞,腊肠形或香蕉形,大小为(7.5~10.0) $\mu$m×(1.5~10) $\mu$m(图5-2-1)。

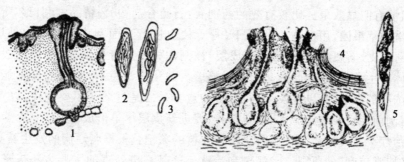

**图5-2-1 苹果腐烂病菌**
1.着生于子座组织内的子囊壳 2.子囊 3.子囊孢子
4.子座剖面示子囊壳 5.子囊壳和子囊孢子

(3)发生规律 病菌主要以菌丝体、分生孢子器和子囊壳在田间病株和病残体上越冬,成为来年发病的主要初侵染来源。翌春,在雨后或高湿条件下,分生孢子器及子囊壳便可排放出大量孢子。由于孢子常与胶质物一起形成孢子角,所以必须先通过雨水冲溅分散而后随风雨大范围扩散。另外,孢子也可黏附在昆虫体表,随昆虫活动迁飞而带菌传病。

苹果腐烂病菌寄生性比较弱,一般只能从伤口侵入已经死亡的皮层组织,但也能从叶痕、果柄痕和皮孔侵入。苹果腐烂病菌具有潜伏特性,病菌侵入后,首先在侵入点潜伏生存,如果树长势健壮,抗病力强时,病原菌就不能进一步扩展致病,而长期潜伏。当树体或局部组织衰弱,抗病力降低时,潜伏菌丝才得以进一步扩展,表现症状。所以,当果树大量结果或果树受冻害以后,树势极度衰弱时,常有腐烂病的大发生。腐烂病一般一年有两次高峰,早春3~4月份,气温回升,病斑扩展迅速,进入危害盛期,5月份发病盛期结束。果树进入旺盛生长期,树体抗病力增强,发病锐减,病斑扩展缓慢。9~11月份,树体停止生长,抗病力减弱,病斑又有增加和发展。因此,2~5月份和9~11月份是刮治腐烂病的重要时期。

(4)防治措施 应采取以加强栽培管理、增强树势、提高抗病力为主,以搞好果园卫生、铲除潜伏病菌为基础;及时治疗病斑,防止死枝死树为保障,同时结合保护伤口、防止冻害等项措施,进行综合防治。

1)加强栽培管理,壮树抗病是控制危害的根本 ①合理施肥。合理施肥的关键有三,一是施肥量要足,根据产量水平及树体生长发育状况及时补充足够的肥料。二是肥料种类齐全,大量元素、微量元素都应兼顾。有机肥和化肥以及氮、磷、钾肥合理搭配。三是提倡秋施肥。中熟果采收前后,一般是9月份至10月上旬,一方面以挖沟施入优质的有机肥并配合适量的化肥,同时加强叶面喷肥,可显著提高树体营养积累,对控制春季高峰有明显效果。②合理灌水。防止早春干旱和雨季积水,③合理修剪。从防病角度来说,一是尽量少造成伤口,并对伤口加以处理和保护;二是调整生长与结果的矛盾,培育壮树;三是调整树势,勿使果园郁蔽。④合理调节树体负载量。克服大小年现象,大年疏花疏果,小年保花保果。实践证明,过量结果是导致严重发病的重要原因之一。⑤保叶促根。加强果园土壤管理,为根系发育创造良好条件,及时防治叶部病虫害,避免早期落叶,削弱树势。

2)搞好果园卫生,清除病菌　①冬、夏季修剪中,及时清除病死枝,及时刨除病树,剪锯下的病枝条、病死树,及时清除烧毁。剪锯口及其他伤口用煤焦油或油漆封闭,减少病菌侵染途径。②喷药。苹果树落叶后和发芽前喷施铲除性药剂可直接杀灭枝干表面及树皮浅层的病菌,对控制病情有明显效果。比较有效的药剂有:石硫合剂、95%精品索利巴尔等。③重刮皮。尤其是发病重的苹果园,用刮皮刀将主干、骨干枝上进行全面刮皮。把树皮外层刮去0.5～1 mm,一般刮粗皮、老翘皮,但不触及形成层,被刮的树皮呈青一块、黄一块的嵌合状。(重刮皮可刺激树体产生愈伤组织)此法防治效果显著。此法应注意:一是刮皮后不能涂刷药剂,更不能涂刷高浓度的福美胂,以免发生药害,影响愈合。二是过弱树不要刮皮,以免进一步削弱树势;一般树刮前刮后要增施肥水,补充营养,促进新皮层尽早形成。

3)病斑治疗　及时治疗病斑是防止死枝死树的关键。根据腐烂病的发生特点,应采取"春季突击刮、坚持常年刮"的原则。①病斑刮治法。这是病斑处理的主要方法。具体做法是,地面铺上塑料布,在病疤周围延出0.5 cm用刀割一深达木质部的保护圈,然后将保护圈内的病皮和健皮彻底刮除,刮掉在塑料布上的病组织集中烧毁。对已暴露的木质部用刀深割1～1.5 cm,最后涂药处理。常用药剂有腐必清可湿性粉剂10～20倍液;1%苹腐灵水剂2倍液、5%菌毒清30～50倍液、腐烂敌20～30倍液、腐必清乳剂2～3倍液、843康复剂原液等。该方法应注意:一是刮口不要拐急弯,要圆滑;不留毛茬,要光滑,尽量缩小伤口,下端留斜茬,避免积水,有利愈合。二是涂抹保护伤口的药剂要既具有铲除作用,又无药害和促进愈合的作用。②病斑敷泥法。就地取黏土,用水和泥,拍成泥饼,敷于病疤及其外围5～8 cm范围,厚3～4 cm,然后用塑料布或牛皮纸扎紧。此法宜在春季进行,翌年春季解除包扎物,清除病残组织后涂以药剂消毒保护。此法用于直径小于10 cm的病疤。③病斑割治法。用刀先在病斑外围切一道封锁线,然后在病斑上纵向切割成条,刀距1 cm左右,深度达到木质层表层,切割后涂药,药剂必须有较强的渗透性或内吸性,能够渗入病组织,并对病菌有强大的杀伤效果。

4)药剂预防　早春树体萌动前,喷布杀菌剂进行保护,药剂有:3～5 °Be石硫合剂、5%菌毒清水剂50倍液等。5～6月份对树体大枝干涂刷药剂(不可喷雾),可选用:40%福美胂可湿性粉剂50～100倍液;5%菌毒清水剂50倍液等。连续应用几年,对老病斑的治疗、防止病疤复发、减少病菌侵入,均有明显效果。

## 5.2.2　苹果轮纹病

苹果轮纹病俗称粗皮,各苹果、梨产区均有发生,随着金冠、富士等质优感病品种的推广。

苹果轮纹病已成为生产上造成烂果的主要病害，一般果园轮纹烂果病发病率为 20%～30%，重者可达 50% 以上，并且在果实贮藏期可继续发病，危害严重。

(1)症状　该病为害苹果、梨、桃、李、杏、枣、海棠等的枝干、果实，叶片受害较少。苹果枝干发病，初以皮孔为中心形成扁圆形、红褐色病斑。病斑中间突起呈瘤状，边缘开裂。翌年病斑中央产生小黑点(分生孢子器和子囊壳)，边缘裂缝加深、翘起呈马鞍形。以病斑为中心连年向外扩展，形成同心轮纹状大斑，许多病斑相连，使枝干表皮显得十分粗糙，故又称粗皮病。

果实多于近成熟期和贮藏期发病。果实受害，初期以皮孔为中心形成水渍状近圆形褐色斑点，周缘有红褐色晕圈，稍深入果肉，很快形成深浅相间的同心轮纹状，向四周扩大，并有茶褐色的黏液溢出，病部果肉腐烂。后期在表面形成许多黑色小粒点，散生，不突破表皮。烂果多汁，有酸臭味，失水后干缩，变成黑色僵果。

(2)病原　有性态为子囊菌亚门，梨生囊孢壳菌(*Physalospora piricola* Nose.)，无性世代为半知菌亚门、轮纹大茎点菌(*Macrophoma kawatsukai* Hara)。分生孢子器扁圆形或椭圆形，具有乳头状孔口，内壁密生分生孢子梗。分生孢子梗棍棒状，顶端着生分生孢子。分生孢子单细胞，无色，纺锤形或长椭圆形。子囊壳在寄主表皮下产生，球形或扁球形，黑褐色，具孔口，内有许多子囊藏于侧丝之间。子囊长棍棒状，无色，顶端膨大，子囊内生 8 个子囊孢子。子囊孢子单细胞，无色，椭圆形(图 5-2-2)。

图 5-2-2　苹果轮纹病菌
左：子囊壳和子囊　右：分生孢子器和分生孢子

(3)发病规律　病原菌以菌丝体、分生孢子器及子囊壳在被害枝干上越冬。翌春在适宜条件下产生大量分生孢子，通过风雨传播，从皮孔侵入枝干引起发病。轮纹病当年形成的病斑不产生分生孢子，故无再侵染。病菌侵染果实多集中在 6～7 月份，幼果受侵染不立即发病，病菌侵入后处于潜伏状态。当果实近成熟期或贮藏期，潜伏的菌丝迅速蔓延形成病斑。果实采收期为田间发病高峰期，果实贮藏期也是该病的主要发生期。病菌是弱寄生菌，老弱树易感病。偏施氮肥，树势衰弱，病情加重；温暖多雨或晴雨相间日子多的年份易发病；苹果品种间的抗病性差异较大，金冠、红富士、金矮生最感病，其次是新红星、新乔纳金、王林等，国光比较抗病。

(4)防治方法　防治策略是在加强栽培管理，增强树势，在提高树体抗病能力的基础上，采用以铲除越冬菌源，生长期喷药和套袋保护为重点的综合防治。

1)加强栽培管理，提高树体抗病力　新建果园注意选用无病苗木。定植后经常检查，发现病苗、病株要及时淘汰、铲除,以防扩大蔓延。苗圃应设在远离病区的地方,培育无病壮苗。幼树整形修剪时,切忌用病区的枝干作支柱,亦不宜把修剪下来的病枝干堆积于新果区附近。加强肥水管理,合理疏果,严格控制负载量。

2)铲除越冬菌源　在早春刮除枝干上的病瘤及老翘皮,清除果园的残枝落叶,集中烧毁或深埋。刮除病瘤后要涂药杀菌。常用药剂有:50%多菌灵可湿性粉剂 50 倍液、5%安索菌毒清50 倍液。也可用苹腐速克灵 3~5 倍液直接涂在病瘤上,不用刮除病瘤。在苹果树发芽前喷铲除性药剂,常用药剂有 3~5 °Be 石硫合剂、50%多菌灵可湿性粉剂 100 倍液、35%轮纹铲除剂 100 倍液、腐必清 50 倍液、苹腐速克灵 200 倍液。

3)生长期喷药保护　使用药剂种类、时期、次数,与果实套袋或不套袋有密切关系。①对不套袋的果实。苹果谢花后立即喷药,每隔 15~20 d 喷药 1 次,连续喷 5~8 次。在多雨年份以及晚熟品种上可适当增加喷药次数。可选择下列药剂交替使用:石灰倍量式波尔多液 200倍液、80%喷克可湿性粉剂 800 倍液、40%多锰锌可湿性粉剂 600~800 倍液、80%大生 M-45可湿性粉剂 600~800 倍液、35%轮纹病铲除剂 100~200 倍稀释液。还可选用 80%山德生、80%普诺、60%拓福、40%博舒、40%福星、38%粮果丰(多菌灵＋福美双＋三唑酮)、80%超邦生、70%甲基硫菌灵、70%代森锰锌＋50%多菌灵、50%多霉威(多霉清)等。在一般果园,可以建立以波尔多液为主体、交替使用有机杀菌剂的药剂防治体系。实践证明,波尔多液与有机合成杀菌剂交替施用,防治效果较好,病菌不易产生抗药性。但在幼果期(落花后 30 d 内)不宜使用,否则可引发果锈。在果实生长后期(8 月底至 9 月底)禁止喷施波尔多液,提倡喷洒保护性杀菌剂与甲基硫菌灵等内吸性杀菌剂交替轮换使用或混合使用。也可试行侵染后防治,即在果实转入感病状态之前(7 月 20 日前后)施用内吸治疗杀菌剂苯菌灵,每隔 15 d 喷 1 次,共喷 2~3 次,据报道防效很好。雨季喷药最好加入害立平、助杀、平平加等助剂,以提高药剂的黏着性。②对套袋果实。防治果实轮纹病关键在于套袋之前用药。谢花后即喷 80%喷克或80%大生 M-45 等,套袋前果园应喷一遍甲基硫菌灵等杀菌剂,待药液干燥后即可套袋。禁止喷施波尔多液,最好不要使用代森锰锌、退菌特等产品,以免污染果面,影响果品外观质量。套袋后应该加强对叶片、枝干病害的防治,如果园中只有部分果实套袋,则不能减少保果药剂。可选用 70%甲基硫菌灵,或 35%轮纹病铲除剂,或 58%多霉威等内吸性杀菌剂。果实脱袋后,如果整个果园保护得好,可不再喷药;如果保护得不好,有大量病原菌存在,则应喷 1~2 次。有效药剂有喷克、甲基硫菌灵、大生 M-45 等。

4)贮藏期防治　田间果实开始发病后,注意摘除病果深埋。果实贮藏运输前,要严格剔除病果以及其他有损伤的果实。健果在仲丁胺中浸 3 min,或在 45%特克多悬浮剂中浸 3~5 min,或在 80%~85%乙膦铝中浸 10 min,捞出晾干后入库。

## 5.2.3　苹果斑点落叶病

苹果斑点落叶病菌是近 10 多年发展起来的一种病害。我国自 20 世纪 70 年代后期开始有苹果斑点落叶病发生危害的报道,80 年代以来在渤海湾、黄河故道、江淮等地的苹果产区普遍发生,成为目前苹果生产上的主要病害。许多苹果园病叶率高达 90%以上,落叶率为20%~80%,造成当年果个小,严重影响树势和翌年的产量。

(1)症状　主要为害叶片,嫩叶较重,也可为害果实和枝条。叶片受害初期,出现极小的褐色小点,后逐渐扩大为直径 3～6 mm 的病斑,病斑红褐色,边缘为紫褐色,病斑的中心往往有 1 个深色小点或呈同心轮纹状。发病中后期,病斑变成灰色。有时多个病斑连在一起,形成不规则的大病斑,有的病斑脱落形成穿孔,叶片枯焦,脱落。天气潮湿时,病斑两面均出现墨绿色霉层,即病菌的分生孢子梗和分生孢子。

枝条发病多发生于 1 年生小枝或徒长枝,形成直径 2～6 mm 的褐至灰褐色凹陷病斑,边缘裂开。

幼果染病,果面出现黑色斑点或形成疮痂。遇高温时,易受二次寄生菌侵染致果实腐烂。

(2)病原　病原为链格孢苹果专化型(*Alternaria alternata* f. sp. mali),属半知菌亚门、链格孢属。分生孢子梗从气孔伸出,束状,暗褐色,弯曲多胞,分生孢子顶生,短棒槌形、纺锤形、卵圆形、椭圆形或近圆形暗褐色,具横隔 2～5 个,纵隔 1～3 个,见图 5-2-3。

(3)发病规律　主要以菌丝和分生孢子在落叶上、一年生枝的叶芽和花芽以及枝条病斑上越冬。翌年,越冬的分生孢子以及春季产生的分生孢子主要借风雨、气流传播。从伤口或直接侵入进行初侵染。据研究,病菌从侵入到发病需要 24～72 h。在 15～31℃ 内,潜育期随温度的升高而缩短。生长期田间病叶不断产生分生孢子,借风雨传播蔓延,进行再侵染。分生孢子一年有两个活动高峰:第一高峰从 5 月上旬至 6 月中旬,孢子量迅速增加,致春秋梢和叶片大量染病,严重时造成落叶;第二高峰在 9 月份,这时会再次加重秋梢发病严重度,造成大量落叶。该病的发生、流行与气候、品种密切相关。高温多雨病害易发生,春季干旱年份,病害始发期推迟;夏季降雨多,发病重。此外,树势衰弱、通风透光不良、地势低洼、地下水位高、枝细叶嫩等均易发病。新红星、红元帅、印度、青香蕉、北斗等易感病;嘎啦、国光、红富士等品种中度感病,金冠、红玉等发病较轻;乔纳金比较抗病。

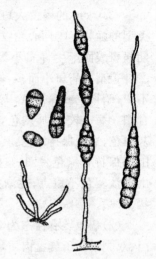

**图 5-2-3　苹果斑点落叶病菌**
(示分生孢子梗和分生孢子)

(4)防治方法　防治策略是以药剂防治为主,辅以农业防治等其他防治措施。

1)加强栽培管理,注意果园卫生　合理施肥,增强树势,提高抗病力;合理修剪,特别是于 7 月份及时剪除徒长枝及病梢,改善通风透光条件;合理灌溉,低洼地、水位高的果园要注意排水,降低果园湿度,秋末冬初剪除病枝,清除残枝落叶,集中烧毁,以减少初侵染源。

2)选用抗病品种　根据生产需要,尽可能种植抗病品种,如金冠、红玉和乔纳金等;减少易感品种的种植面积,控制病害大发生。

3)药剂防治　在果树发芽前结合防治腐烂病、轮纹病,全树喷布 5 °Be 的石硫合剂对越冬病菌有铲除作用。于新梢迅速生长季节可喷施 50％异菌脲、10％宝丽安、10％世高、80％山德生、70％安泰生、80％超邦生、1.5％多抗霉素、80％大生 M-45、50％扑海因、80％喷克、68.75％易保、80％普诺、78％科博等杀菌剂。重点保护春梢,压低后期菌源。一般在春梢叶片病叶率达 10％～20％时,重点喷洒高效农药 2 次,7～8 月份秋梢生长初期再喷药 1 次。用药时,可混合甲基硫菌灵等药剂,将苹果斑点落叶病的防治与轮纹病、炭疽病的防治结合起来。

4)生物防治　目前已有人将芽孢杆菌用于苹果斑点落叶病的防治;也有人把沤肥浸渍液用于该病的先期预防,均取得了较好的效果。

### 5.2.4　苹果褐斑病

苹果褐斑病又称绿缘褐斑病,是引起苹果树早期落叶的最重要病害之一。全国各苹果产区均有发生。危害严重年份,常造成苹果树早期大量落叶,削弱树势,对花芽形成和果品产量、质量都有明显影响。

(1)症状　主要为害叶片,也可为害果实和叶柄。发病初期叶背出现褐色小点,后扩展为0.5～3.0 cm 的褐色大斑,边缘不整齐。后期常因苹果树品种和发病期的不同而演变为 3 种类型的症状。①同心轮纹型。叶正面病斑圆形,中心为暗褐色,四周黄色,外有绿色晕圈。后期病斑表面产生许多小黑点,呈同心轮纹状。背面中央深褐色,四周浅褐色,无明显边缘。②针芒型。病斑小而多,遍布全叶,暗褐色。病斑呈针芒放射状向外扩展,无固定的形状,边缘不定,暗褐色或深褐色,上散生小黑点。后期病叶变黄,病部周围及背部仍保持绿褐色。③混合型。病斑较大,暗褐色,圆形或不规则形。边缘有针芒状黑色菌素,后期病叶变黄,病斑中央灰白色,边缘保持绿色,其上散生许多小黑点。3 种类型症状共同特点是叶片发黄,但病斑周围仍保持有绿色晕圈,且病叶易早期脱落。这是苹果褐斑病的重要特征。果实感病后,先出现淡褐色小斑点,逐渐扩大为圆形,褐色,凹陷,表面有黑色小粒点,病部果肉褐色,海绵状干腐。

(2)病原　有性态为苹果双壳菌(*Diplocarpon mali* Harada et Sawamura),属子囊菌亚门、双壳属。子囊盘肉质,杯状,子囊阔棍棒状,有囊盖,内含 8 个子囊孢子。子囊孢子香蕉形,直或稍弯曲,通常有 1 个分隔,有的在分隔处稍缢缩。无性态为苹果盘二孢[*Marssonina coronaria*(Ell. et Davis)Davis],异名为 *Marssonina mali*(P. Henn)Ito。分生孢子盘初期埋生在表皮下,成熟后突破表皮外露,孢子梗栅状排列,棍棒状;分生孢子无色,双胞,上大下窄且尖,分隔处缢缩(图 5-2-4)。

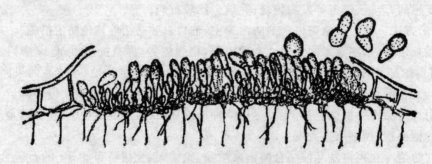

**图 5-2-4　苹果褐斑病菌**
(示分生孢子盘和分生孢子)

(3)发病规律　病菌以菌丝、菌索、分生孢子盘或子囊盘在落地的病叶上越冬,翌年春季遇雨产生分生孢子。随风雨传播,多从叶片的气孔侵入,也可以经过伤口或直接侵入。潜育期一般 6～12 d。潜育期长短随气温的升高而缩短。一般 5 月中下旬开始发病。7～8 月份为发病盛期。不同地区、不同品种发病时间有差别。降雨早而多的年份发病较重。地势低洼、树冠郁闭、通风不良果园发病重。金冠、红玉、元帅、国光等品种容易感病。

(4)防治方法　防治策略以化学防治为主,配合清除落叶等农业防治措施。

1)清除菌源　秋冬季节清除田间落叶,剪除病梢,集中烧毁或翻耕深埋,在果树发芽前结合腐烂病、轮纹病、斑点落叶病的防治,全园喷布 3～5 °Be 的石硫合剂,铲除树体和地面上的菌源。

2)加强栽培管理　多施有机肥,增施磷、钾肥,防止偏施氮肥。适时排灌。合理修剪,保持果园良好的通风透光条件。

3)喷药保护　根据测报和常年发病情况,从发病始期前 10 d 开始喷药保护。就某个地区而言,首次用药时期会因为春雨情况而有所不同,如果春雨早、雨量较多,首次喷药时间应相应提前,如果春雨晚而少,则可适当推迟。不同地区的首次用药时间可能会有较大差异。一般来说,第 1 次喷药后,每隔 15 d 左右喷药 1 次,共喷 3～4 次。常用药剂有 1∶2∶200 波尔多液、40％百菌净可湿性粉剂 1 000 倍液、70％代森锰锌 800～1 000 倍液、70％甲基托布津可湿性粉剂 1 000～1 200 倍液、50％多菌灵 500～800 倍液等。还可用 77％可杀得、80％大生 M-45、35％碱式硫酸铜、70％甲基硫菌灵、10％宝丽安等杀菌剂。为增加药液展着性,可在药剂中加入助杀等展着剂。由于在大多数苹果产区褐斑病和斑点落叶病混合发生,因此,可根据情况,将这两种叶斑的防治结合起来。在套袋之前的幼果期不要使用波尔多液,以免污染果面。套袋早熟品种脱袋后选用优质的可湿性杀菌剂,而晚熟品种脱袋后已基本上无需用药。

## 5.2.5　苹果干腐病

苹果干腐病又称"干腐烂"、"胴腐病",是苹果树枝干的重要病害之一。

(1)症状　主要侵害成株和幼苗的枝干,也可侵染果实。症状类型有 3 种。

1)溃疡型　病斑初为不规则的暗紫色或暗褐色斑,表面湿润,常溢出茶色黏液。皮层组织腐烂,不烂到木质部,无酒糟味,病斑失水后干枯凹陷,病、健交界处常裂开,病斑表面有纵横裂纹,后期病部出现小黑点,比腐烂病小而密。潮湿时顶端溢出灰白色的孢子团。

2)枝枯型　多在衰老树的上部枝条发病,病斑最初产生暗褐色或紫褐色的椭圆形斑,上下迅速扩展成凹陷的条斑,可达木质部,造成枝条枯死,病斑上密生小黑点。

3)果腐型　被害果实,初期果面产生黄褐色小病斑,逐渐扩大成深浅相间的褐色同心轮纹。条件适宜时,病斑扩展很快,数天整果即可腐烂。后期成为黑色僵果。

(2)病原　有性态为 *Botryosphaeria ribis* Gross. et Dugger,属于囊菌亚门、葡萄座腔菌属;子座生于皮层下,不规则的垫状。子囊腔单个或多个,扁球形或洋梨形,黑褐色,有乳头状孔口。子囊长棍棒状,大小为(50～80) $\mu$m×(10～14) $\mu$m,拟侧丝永存性。子囊孢子椭圆形,单胞,无色,见图 5-2-5。

无性世代为大茎点菌属 *Macrophoma* 和小穴壳菌属 *Dothiorella*。分生孢子器近圆球形或扁球形、淡褐色或黑褐色。分生孢子椭圆形,单胞,无色。

(3)发生规律　病菌以菌丝体、分生孢子器及子囊壳在枝干病部越冬,翌春病部菌丝恢复活动产生分生孢子随风雨传播,经伤口、死芽和皮孔侵入。该病菌具有潜伏侵染特点,只有在树体衰弱时,树皮上的病菌才扩展发病。当树皮含水量低时,病菌扩展迅速,所以干旱年份发病重。

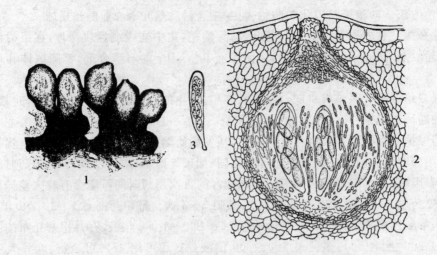

**图 5-2-5    苹果干腐病菌**
1.子座组织溶解形成子囊腔    2.子囊腔内子囊及拟侧丝    3.子囊

（4）防治方法

1）加强管理，提高树体抗病力    选用健苗，避免深栽，移栽时施足底肥，灌透水，缩短缓苗期。幼树在长途运输时，要尽量不造成伤口和失水干燥。保护树体，做好防冻工作。

2）彻底刮除病斑    在发病初期，可剪掉变色的病部或刮掉病斑，伤口涂 10 °Be 石硫合剂或 70％甲基托布津可湿性粉剂 100 倍液。

3）喷药保护    果树发芽前喷 3～5 °Be 石硫合剂、35％轮纹病铲除剂 100～200 倍液等。发芽盛期前，结合防治轮纹病，炭疽病喷两次 1∶2∶200 波尔多液、或 50％退菌特 800 倍液、35％轮纹病铲除剂 400 倍液、50％复方多菌灵 800 倍液。

## 5.2.6    苹果炭疽病

苹果炭疽病又称苦腐病、晚腐病，是苹果上重要的果实病害之一，我国大部分苹果产区均有发生，在夏季高温、多雨、潮湿的地区发病尤为严重。

（1）症状    主要为害果实，也可为害枝条和果台等。初期果面上出现淡褐色小圆斑，迅速扩大，呈褐色或深褐色，表面下陷，果肉腐烂呈漏斗形，可烂至果心，具苦味，与好果肉界限明显。当病斑扩大至直径 1～2 cm 时，表面形成小粒点，后变黑色，即病菌的分生孢子盘，成同心轮纹状排列。如遇降雨或天气潮湿则溢出绯红色黏液（分生孢子团）。病果上病斑数目不等，少则几个，多则几十个，甚至有上百个，但多数不扩展而成为小干斑。少数病斑能够由 1 个病斑扩大到全果的 1/3～1/2。几个病斑连接在一起，使全果腐烂、脱落。有的病果失水成黑色僵果挂在树上，经冬不落。在温暖条件下，病菌可在衰弱或有伤的 1～2 年生枝上形成溃疡斑，多为不规则形，逐渐扩大，到后期病表皮龟裂，致使木质部外露，病斑表面也产生黑色小粒点。病部以上枝条干枯。果台受害自上而下蔓延呈深褐色，致果台抽不出副梢干枯死亡。

（2）病原    有性态为小丛壳属［*Glomerella cingulata* (Stonem.) Spauld. et Sch.］，子囊菌亚门、小丛壳属。子囊壳产生在菌丝层上或半埋于子座内，壳壁有毛，没有侧丝，子囊孢子单胞,无色。

无性态为胶孢炭疽菌[*Colletotrichum gloeosporioides* (Penz.) Penz. et Sacc.],半知菌亚门、炭疽菌属。分生孢子盘埋生于寄主表皮下,枕状,无刚毛,成熟后突破表皮。分生孢子梗平行排列成一层,圆柱形或倒钻形;分生孢子单胞,无色,长圆柱形或长卵圆形(图5-2-6)。

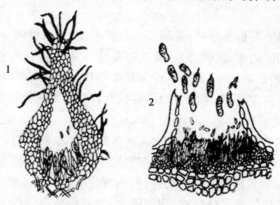

**图 5-2-6　苹果炭疽病菌**
1.子囊壳、子囊和子囊孢子　2.分生孢子盘和分生孢子

炭疽病菌除为害苹果外,还可侵染海棠、梨、葡萄、桃、核桃、山楂、柿、枣、栗、柑橘、荔枝、芒果等多种果树以及刺槐等树木。

(3)发病规律　病菌以菌丝体、分生孢子盘在枯枝溃疡部、病果及僵果上越冬,也可在梨、葡萄、枣、核桃、刺槐等寄主上越冬。翌春产生分生孢子,借风雨或昆虫传到果实上。分生孢子萌发通过角质层或皮孔、伤口侵入果肉,进行初次侵染。果实发病以后产生大量分生孢子进行再次侵染,生长季节不断出现的新病果是病菌反复再次侵染和病害蔓延的重要来源。该病有明显的发病中心,即果园内有中心病株,树上有中心病果。病菌自幼果期到成熟期均可侵染果实。一般6月初发病,7~8月份为盛期,随着果实的成熟,皮孔木栓化程度提高,侵染减少。炭疽病菌具有潜伏侵染的特点,病害潜育期3~13 d。幼果感染的潜育期长,果实成熟后感染的潜育期短,有时病菌侵染幼果,到近成熟期或贮藏期发病。高温、高湿、多雨情况下,发病重;地势低洼、土壤黏重、排水不良、树冠郁闭、通风不良、偏施氮肥、日灼、虫害等均利于该病发生。树势强病轻,树势弱病重。不同品种抗病性也不同。

(4)防治方法　在加强栽培管理的基础上,重点进行药剂防治和套袋保护。

1)农业防治　加强栽培管理改良土壤,合理密植和修剪,注意通风排水,降低果园湿度,合理施用氮、磷、钾肥,避免偏施氮肥。正确选用防护林树种,平原果园可选用白榆、水杉、枫杨、楸树、乔木桑、枸橘、白蜡条、紫穗槐、杞柳等,丘陵地区果园可选用麻栗、枫杨、榉树、马尾松、樟树、紫穗槐等。新建果园应远离刺槐林,果园内也不宜混栽病菌的其他寄主植物。

2)清除病源　结合冬剪,清除枯死枝、病虫枝、干枯果台及僵果并烧毁。生长期发现病果和僵果及时摘除,集中深埋或烧毁。

3)药剂防治　病重果园,苹果发芽前喷1次5 °Be石硫合剂。生长期,从幼果期(5月中旬)开始喷第一次药,每隔15 d左右喷1次,连续喷3~4次,炭疽病的防治用药可参见果实轮纹病。还可选用30%炭疽福美、64%杀毒矾、70%霉奇洁、80%普诺等。中国农业大学在果实生长初期喷布无毒高脂膜,15 d 左右喷 1 次,连续喷 5～6 次,保护果实免受炭疽病菌侵染,效果很好。

## 5.2.7　梨黑星病

梨黑星病又称疮痂病,俗称黑霉病、雾病、乌码、荞麦皮,是梨树的一种主要病害,我国梨产区均有发生,以辽宁、河北、山东、河南、山西及陕西等北方诸省受害最重。一般年份是需要经常加以重视和防治的梨树病害之一,多雨年份尤其要密切注意其发展动态,及时进行防治。

(1)症状　黑星病能为害果实、果梗、叶片、叶柄和新梢等梨树所有的绿色幼嫩组织。其中以叶片和果实受害最为常见。

果实受害,发病初期产生淡黄色圆形斑点,逐渐扩大病部稍凹陷、上长黑霉,后病斑木栓化,坚硬、凹陷并龟裂。刚落花的小幼果受害,多数在果柄或果面形成黑色或墨绿色的近圆形霉斑,这类病果几乎全部早落。稍大幼果受害,因病部生长受阻碍,变成畸形。果实成长期受害,则在果面生大小不等的圆形黑色病疤,病斑硬化,表面粗糙,开裂,呈"荞麦皮"状,果实不畸形。近成熟期果实受害,形成淡黄绿色病斑,稍凹陷,有时病斑上产生稀疏的霉层。果梗受害,出现黑色椭圆形的凹斑,上长黑霉。病果或带菌果实冷藏后,病斑扩展较慢,病斑上常见浓密的银灰色霉层。

叶片受害,发病初期在叶片背面产生圆形、椭圆形或不规则形黄白色病斑,病斑沿叶脉扩展,产生黑色霉状物,发病严重时整个叶背面,甚至叶正面布满黑霉,叶片正面常呈多角形或圆形退色黄斑。叶柄上症状与果梗相似。由于叶柄受害影响水分及养料运输,往往引起早期落叶。

新梢受害,初生黑色或黑褐色椭圆形的病斑,后逐渐凹陷,表面长出黑霉。最后病斑呈疮痂状,周缘开裂。病斑向上扩展可使叶柄变黑。病梢叶片初变红,再变黄,最后干枯,不易脱落,或脱落而呈干橛。

芽鳞受害,在一个枝条上,亚顶芽最易受害,感病的幼芽鳞片,茸毛较多,后期产生黑霉,严重时芽鳞开裂枯死。

花序受害,花萼和花梗基部可呈现黑色霉斑,接着叶簇基部也可发病,致使花序和叶簇萎蔫枯死。

(2)病原

1)无性态　半知菌亚门、梨黑腥孢菌(*Fusicladium virecens* Bon.)在病斑上长出的黑色霉状物即为病菌的分生孢子梗和分生孢子。分生孢子梗丛生或散生。粗而短,暗褐色,无分枝,直立或弯曲。分生孢子着生于孢子梗的顶端或中部,脱落后留有瘤状的痕迹。分生孢子淡褐色或橄榄色,两端尖,纺锤形,单胞。

2)有性态　子囊菌亚门梨黑腥菌 *Venturia pirina* Ader.,一般在过冬后的落叶上产生子囊壳,以在叶背面聚生居多。子囊壳圆球形或扁球形,黑褐色。子囊棍棒状。子囊孢子双胞,上大下小(图 5-2-7)。病菌存在生理和致病性分化的现象。

(3)发生规律　病菌主要以分生孢子或菌丝体在腋芽的鳞片内越冬,也能以菌丝体在枝梢病部越冬,或以分生孢子、菌丝体及未成熟的子囊壳在落叶上越冬。翌年春季一般在新梢基部最先发病,病梢是重要的侵染中心。病梢上产生的分生孢子,通过风雨传播到附近的叶、果上,

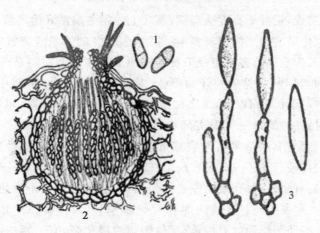

**图 5-2-7 梨黑星病菌**

1.子囊孢子　2.子囊壳　3.分生孢子梗和分生孢子

病菌也有可能通过气流传播。当环境条件适宜时,孢子萌发后可直接侵入。病菌侵入的最低日均温为 8~10℃,最适流行的温度则为 11~20℃。孢子从萌发到侵入寄主组织只需 5~48 h。一般经过 14~25 d 的潜育期,表现出症状。以后病叶和病果上又能产生新的分生孢子,陆续造成再次侵染。冬季温暖而干燥,落叶上的分生孢子可能越冬,有性态越冬的可能性不大;冬季寒冷而潮湿,不利于分生孢子越冬,而有利于有性态的形成并越冬。分生孢子和子囊孢子均可作为病菌的初次侵染源,但以子囊孢子的侵染力较强。

由于气候条件不同,梨黑星病在各地发生的时期亦不一样。如辽宁、吉林等省,一般在 6 月中下旬开始发病,8 月份为盛发期;河北省在 4 月下旬至 5 月上旬开始发病,7~8 月份雨季为盛发期。降雨早晚,降水量大小和持续天数是影响病害发展的重要条件。雨季早而持续期长,日照不足,空气湿度大,容易引起病害的流行。不同品种抗病性有差异。易感病的品种有鸭梨、秋白梨、京白梨、黄梨、安梨、麻梨等;其次为砀山白酥梨、莱阳梨、红梨、严州雪梨等,而玻梨、蜜梨、香水梨、如巴梨等有较强的抗病性。此外,地势低洼、树冠茂密、通风不良、湿度较大的梨园,以及树势衰弱的梨树,都易发生黑星病。

(4)防治方法　防治此病两个关键环节:一是清除病菌,减少初侵染及再侵染的病菌数量,降低病菌的侵染几率;二是药剂防治,抓住关键时机,及时喷洒有效药剂,防止病菌侵染和病害蔓延,重点是降低果实的发病率及带菌率,保证果品质量。

1)消灭病菌侵染源　清除落叶,及时摘除病梢、病叶及病果。秋末冬初清扫落叶和落果;早春梨树发芽前结合修剪清除病梢、叶片及果实,加以烧毁。同时,加强果园管理,合理施肥,合理灌水增强树势,提高抗病力,对减轻发病有很大的作用。

2)喷药保护　使用有效药剂防治黑星病是目前控制黑星病的最有效、最经常应用的技术措施。用药时期、有效药剂及施药技术是提高防治效果的关键。①芽萌动时喷药。病芽是该菌最重要的越冬场所,芽萌动时喷洒有效药剂,可以杀灭病芽中的部分病菌,降低果园中的初侵染的菌量。40%福星、12.5%特谱唑(速保利、烯唑醇)、12.5%腈菌唑等内吸性杀菌剂对梨黑星病有较好的防治效果。②生长期用药。不同梨区、不同年份施药时期及次数不同。总体而言,药剂防治的关键时期有二:一是落花后 30~45 d 内的幼叶幼果期,重点是麦收前;二是采收前 30~45 d 内的成果期,多数地区是 7 月下旬至 9 月中旬。幼叶幼果期。梨树落花后,由于叶片初展,幼果初成,正处于高度感病期;落叶上的越冬病菌开始飞散传播,病芽萌生病梢也产生孢子开始飞散传播。如果阴雨较多,条件适宜,越冬的黑星病菌将向幼叶及幼果转移,导致幼叶及幼果发病,为当年的多次再侵染奠定病原基础。这个时期是药剂防治的第一个关键时期,一般年份和地区,从初见病梢开始喷药,麦收前用药3次,即5月初、5月中下旬及6月上中旬。成果期。7月中下旬以后,果实加速生长,抗病性越来越差,越接近成熟的果实,越易感染黑星病。同时,此时的每一个果实都与当年的经济收益直接相关。因此,采收前30~45 d内,必须抓紧药剂防治,防治果实发病或带菌,保证丰产丰收。根据当年的气候(主要是降雨)条件,此时一般需喷药3~4次,采收前7~10 d,必须喷药一次。最近几年,许多梨园推广套袋技术,由于梨袋有阻断病菌、减少侵染的作用,一般年份可以不喷药。但在黑星病严重流行的年份,套袋梨也需要喷药。有效药剂有40%福星、10%世高、12.5%特谱唑、12.5%腈菌唑、40%博舒等,这些药剂均为内吸性杀菌剂,防病效果优良,有一定的治疗作用,关键时期应当选用。80%超邦生、80%大生M-45、80%喷克、62.25%仙生等为保护性药剂,且几乎没有药害,应在发病前和幼果期使用。70%代森锰锌、50%退菌特、50%代森铵等也都是保护性药剂,但应注意,使用不当,可发生药害,对果面及叶面造成损伤,幼果期应用更要小心。铜制剂也是一种防治黑星病常用的药剂,最常用的是1:(2~3):(200~240)波尔多液,还有绿得宝、绿乳铜、高铜、科博等,这类药剂对黑星病的防治效果也比较好,但在果皮幼嫩的幼果期不宜使用,阴雨连绵的季节慎用。总的来说,在使用药剂时,应该根据发病情况、药剂性能、价格高低等因素合理选择,适当搭配,交替用药,避免或减缓抗药性风险。

新建梨园时应选用抗病品种。不同品种对梨黑星病抗病性差异非常明显,如西洋梨、日本梨较中国梨抗病,中国梨中以沙梨、褐梨、夏梨等系统较抗病,而白梨系统最感病,秋子梨次之。

## 5.2.8 梨黑斑病

梨黑斑病是梨树上的重要病害,在我国梨产区普遍分布,尤以日本梨发病较重,造成大量裂果和落果,损失巨大。

(1)症状 该病主要为害果实、叶和新梢。叶部受害,幼叶先发病、褐至黑褐色圆形斑点,后逐渐扩大,形成近圆形或不规则形病斑,中心灰白至灰褐色,边缘黑褐色,有时有轮纹。病叶即焦枯、畸形,早期脱落。天气潮湿时,病斑表面产生黑色霉层。即病菌的分生孢子梗和分生孢子。果实受害,果面出现一至数个黑色斑点,渐扩大,颜色变浅,形成浅褐至灰褐色圆形病斑,略凹陷。发病后期病果畸形、龟裂,裂缝可深达果心,果面和裂缝内产生黑霉,并常常引起落果。果实近成熟期染病,前期表现与幼果相似,但病斑较大黑褐色,后期果肉软腐而脱落。新梢发病,病斑圆形或椭圆形、纺锤形、淡褐色或黑褐色、略凹陷、易折断。

(2)病原 病原菊池链格胞(*Alternaria kikuchiana* Tanaka),属半知菌亚门链格胞属。病斑上的黑霉是病菌的分生孢子梗和分生孢子。分生孢子梗褐至黄褐色,丛生,基部稍粗,上端略细,有分隔。孢子脱落后有胞痕。分生孢子串生,倒棍棒形,有纵横分隔,成熟的孢子褐色(图5-2-8)。

(3)发病规律 病菌以分生孢子和菌丝体在被害枝梢、病叶、病果和落于地面的病残体上越冬。翌年春季产生分生孢子后借风雨传播,从气孔、皮孔和直接侵入寄主组织引起初侵染。初侵染发病后病菌可在田间引起再侵染。一般4月下旬开始发病,嫩叶极易受害。6~7月份如遇多雨,更易流行。地势低洼、偏施化肥或肥料不足,修剪不合理,树势衰弱以及梨网蝽、蚜虫猖獗危害等不利因素均可加重该病的流行危害。

(4)防治方法

1)清除越冬菌原　在梨树落叶后至萌芽前,清除果园内的落叶、落果,剪除有病枝条并集中烧毁深埋。

2)加强果园管理　合理施肥,增强树势,提高抗病能力。低洼果园雨季及时排水。重病树要重剪,以增进通风透光。选栽抗病力强的品种。

3)药剂防治　发芽前喷5 °Be石硫合剂混合药液,铲除树上越冬病菌。生长期喷药预防保护叶和果实,一般从5月上中旬开始第1次喷药,15~20 d喷1次,连喷4~6次。常用药剂有:50%异菌脲(扑海因)可湿性粉剂、10%多氧霉素(宝丽安)1 000~1 500倍液对黑斑病效果最好,75%百菌清、90%三乙膦酸铝、65%代森锌、80%大生 M-45、80%普诺等也有一定效果。为了延缓抗药菌的产生,异菌脲和多氧霉素应与其他药剂交替使用。

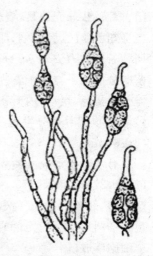

图 5-2-8　梨树黑斑病菌
(示分生孢子梗和分生孢子)

## 5.2.9　梨轮纹病

梨轮纹病又称瘤皮病,粗皮病,俗称水烂,是我国梨树的一种主要病害。南北方均常发生,以南方发病较重。该病主要为害果实和枝干,有时也为害叶片。枝干发病后,促使树势早衰,果实受害,造成烂果,并且引起贮藏果实的大量腐烂。此病除为害梨树外,还能为害苹果、桃、李、杏等多种果树。

(1)症状　识别枝干染病通常以皮孔为中心产生褐色突起的小斑点,后逐渐扩大成为近圆形的暗褐色病斑,直径5~15 mm。初期病斑隆起呈瘤状,后周缘逐渐下陷成为一个凹陷的圆圈。翌年病斑上产生许多黑色小粒点,即病菌的分生孢子器。以后,病部与健部交界处产生裂缝,周围逐渐翘起,有时病斑可脱落;向外扩展后,再形成凹陷且周围翘起的病斑。连年扩展,形成不规则的轮纹状。如果树上病斑密集,则使树皮表面极为粗糙,故称粗皮病。病斑一般限于树皮表层,在弱树上有时也可深达木质部。果实染病初期,以皮孔为中心发生水渍状浅褐色至红褐色圆形坏死斑,有时有明显的红褐色至黑褐色同心轮纹。病部组织软腐,但不凹陷,病斑迅速扩大,随后在中部皮层下产生黑褐色菌丝团,并逐渐产生散乱突起的小黑粒点(即分生孢子器),使病部呈灰黑色。发病果十几天可全部腐烂,皮破伤后溢出茶褐色黏液,常带有酸臭味,最后烂果可干缩,由于病果充满深色菌丝并在表层长满黑点而变成黑色僵果。病果在冷库贮藏后,病斑周围颜色变深,形成黑褐色至黑色的宽边。一个果实上,通常有1~2个病斑,多的可达数十个,病斑直径一般2~5 cm。在鸭梨上采收前很少发现病果,多数在采收后7~25 d内出现。一些感病品种如砀子梨采收前即可见到大量的病果,而且病果很容易早期脱落,叶片发病比较少见。病斑近圆形或不规则形,有时有轮纹,大小为0.5~ 1.5 cm,初褐色,渐变为灰白色,也产生小黑点。叶片上病斑多时,引起叶片干枯早落。

(2)病原　鉴定病原有性世代为梨生囊孢壳(*Physalospora piricola* Nose),属子囊菌亚门、核菌纲、球壳菌目，囊壳孢属；无性时期为轮纹大茎点菌（*Macrophomn kuwatsukai* Hara），属半知菌亚门、腔孢纲、球壳孢目。但是 Von 和 Muller 根据最近研究认为，轮纹菌的有性时期种名应改为 *Botryosphaeria borengeriana* de Not（＝B. dothidea）。病部的黑色小粒点为病菌的分生孢子器或子囊壳。分生孢子器扁圆形或椭圆形有乳头状孔口，直径 383～425 $\mu$m。器壁黑褐色、炭质，内壁密生分生孢子梗。分生孢子梗丝状，单胞，尺度为（18～25）$\mu$m×（2～4）$\mu$m，顶端着生分生孢子。分生孢子椭圆形或纺锤形，单胞，无色，尺度为（24～30）$\mu$m×（6～8）$\mu$m。

有性时期形成子囊壳，子囊壳生在寄主栓皮下，球形或扁球形，黑褐色，有孔口，尺度为（230～310）$\mu$m×（170～310）$\mu$m，内有多数子囊及侧丝。子囊棍棒状，无色透明，顶端膨大，壁厚，基部较窄，尺度为（110～130）$\mu$m×（17.5～22）$\mu$m。子囊内含有 8 个子囊孢子。子囊孢子椭圆形，单胞，无色或淡黄绿色，尺度为（24.5～26）$\mu$m×（9.5～10.5）$\mu$m，侧丝无色由多个细胞组成（图 5-2-9）。

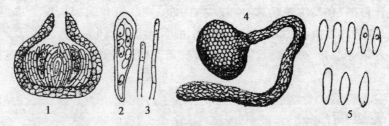

**图 5-2-9　梨轮纹病菌**
1.子囊壳　2.子囊及子囊孢子　3.侧丝　4.分生孢子器　5.分生孢子

病菌发育适温为 27℃，最高温度 36℃，最低 7℃，培养基在 pH 4.4～9.0 的范围内，均适宜菌丝的生长及分生孢子的形成，以 pH 5.6～6.6 为最适。

（3）侵染循环及发病条件

1）侵染循环梨轮纹病病菌以菌丝体、分生孢子器及子囊壳在病部越冬。病组织中越冬的菌丝体，至翌年梨树发芽时继续扩展侵害梨树枝干。一般华北梨区越冬后的分生孢子器在 4 月中下旬开始散发少量的分生孢子，5 月份至 6 月上旬较多，以后孢子数量逐渐减少。分生孢子器内的分生孢子在下雨时溢出，经雨水飞溅或流淌而传播到其他部位，引起初次侵染。孢子传播的范围一般不超过 10 m，但在刮大风时可传播 20 m 远。孢子发芽后，经皮孔侵入枝干，经 24 h 即可完成侵入，15～20 d 后形成新病斑。在新病斑上当年很少形成分生孢子器，要在第二年至第三年才大量产生分生孢子器及分生孢子，第四年产生分生孢子器的产孢能力又减弱，分生孢子器的产孢能力可维持 10 年左右。5～9 年生的病枝干形成孢子极少，13 年以上的病枝干不形成孢子。果实感染，在落花后开始出现症状，可一直持续到采收。被侵染幼果不马上发病，待果实近成熟期或贮藏期生活力衰退时，才不断地蔓延扩展开。轮纹病菌是一种弱寄生病菌，菌丝在枝干病组织中可存活 4～6 年。

2）发病条件品种间抗病差异明显，日本梨系统品种，一般发病都较重，中国梨系统比较抗病，西洋梨或西洋梨与中国梨杂交的品种（如铁头、夹康等）也较抗病。当气温在 20℃以上，相对湿度在 75％以上或降雨量达 10 mm 时，或连续下雨 3～4 d，孢子大量散布，病害传播很快，造成病害流行。另外，病害的发生与管理、树势及虫害等有关，如果园肥料不足，树势弱，枝干受吉丁虫为害重,果实受吸果夜蛾、蜂、蝇等为害多的均发病重。

(4)防治技术

1)新建梨园注意选用无病苗木,幼树修剪忌用病树病枝干作支棍。

2)清除越冬菌源 这是防治轮纹病的基础,可采用以下措施:刮治枝干病斑,发芽前将枝干上轮纹病斑的变色组织彻底刮干净,然后喷布或涂抹铲除剂。可涂抹的药剂有托布津油膏,即 70%甲基托布津可湿性粉剂 2 份+豆油 5 份;多菌灵油膏,即 50%多菌灵可湿性粉剂 2 份+豆油 1 份。另外,5 °Be 石硫合剂效果也好。剪除树上枯死枝,以减少病菌来源。并注意苹果轮纹病的防治,防止混栽园相互传染。发芽前喷一次 0.3%~0.5%的五氯酚钠和 3~5 °Be 石硫合剂混合液,或单用石硫合剂,或 40%的福美胂 100 倍液,或 35%轮纹病铲除剂 100 倍~200 倍液,或二硝基邻甲酚 200 倍液,铲除越冬菌源。

3)加强管理,增强树势。轮纹病菌是一种弱寄生菌,当植株生活力旺盛时,发病显著减轻,甚至不发病。因此,应加强土、肥、水管理,合理修剪,合理疏花、疏果,提高梨树的抗病能力。要增施有机肥,强调氮、磷、钾肥料的合理配合,避免偏施氮肥。

4)生长期适时喷药 喷药时间是以落花 10 d 左右(5月上中旬)开始,到果实膨大结束为止(8月上中旬)。喷药次数要根据历年病情,药剂残效期长短及降雨情况而定。早期喷药保护最重要,所以重病果园及时进行第一、二次喷药。一般年份可喷药 4~5 次,即 5 月上中旬,6 月上中旬(麦收前),6 月中下旬(麦收后),7 月上中旬,8 月上中旬。如果早期无雨,第一次可不喷,如果雨季结束较早,果园轮纹病不重,最后一次也可不喷。雨季延迟,则采收前还要多喷一次药,果实、叶片、枝干均应喷药剂。喷药时,应注意有机杀菌剂与波尔多液交替使用,以延缓抗药性,提高防治效果。常用药剂有 50%多菌灵可湿性粉剂 800~1 000 倍液、50%退菌特600~800 倍液、90%乙膦铝原粉 800~1 000 倍液、1∶2∶(240~360)倍波尔多液、50%托布津可湿性粉剂 500 倍液、80%敌菌丹可湿性粉剂 1 000 倍液、30%绿得保胶悬剂 300~500 倍液、5%菌毒清水剂 500 倍液、40%多硫悬浮剂 400 倍液、50%甲基硫菌灵可湿性粉剂 1 500+40%三乙膦酸铝可湿性粉剂 600 倍液、40%多菌灵悬浮剂 1 000+10%双效灵水剂 400 倍液等。混用效果超过单剂。加入黏着剂效果更好。

5)采前及采后处理 表现症状以前,病菌多在梨果皮孔或皮孔附近潜伏,结合防治梨黑星病,采前 20 d 左右喷一次内吸性杀菌剂,或采收后使用内吸性药剂处理果实,以降低贮藏期的烂果率。50%多菌灵可湿性粉剂 800 倍液,90%乙膦铝原粉 700 倍液,80%乙膦铝可湿性粉剂800 倍液可用于采前喷药;90%乙膦铝原粉 700 倍液或仲丁胺 200 倍液浸果 10 min,用于采后处理,并可预防其他贮藏期病害。

6)果实套袋 疏果后先喷一次 1∶2∶200 倍波尔多液,而后用纸袋将果实套上,可基本防止轮纹病为害。旧报纸袋或羊皮纸袋均可较长时期的保护果实不受侵染。

7)低温贮藏 准备贮运的果品,要严格剔除病果及其他次、伤果。果实 0~5℃低温下贮存可基本控制轮纹病的扩展。

## 5.2.10 葡萄霜霉病

葡萄霜霉病是一种世界性的葡萄病害。我国各葡萄产区均有分布,尤其在多雨潮湿地区发生普遍,是葡萄主要病害之一。1834 年在美国野生葡萄中发现。我国 1899 年记载本病的发生。发病严重时,叶片焦枯早落,新梢生长不良,果实产量降低、品质变劣,植株抗寒性差。

(1)症状 该病主要为害叶片。也能为害新梢、卷须、叶柄、花序、穗轴、果柄和果实等幼嫩组织。叶片发病最初为细小的不定形淡黄色水渍状斑点,后扩展为黄色至褐色多角形斑,其边缘界限不明显。病斑背面生白色浓霜状霉层,此为病菌的孢囊梗和孢子囊。后期霉层变为褐色,常数斑联合在一起成不规则大斑,叶片早落。新梢、卷须、叶柄、穗轴发病,产生黄色或褐色斑点,略凹陷,潮湿时也产生白色霉层,生长停滞,畸形。花穗和幼果受害,花穗腐烂干枯,表面生长白色霜霉,果粒变硬,初为浅绿色,后变为褐色,软化,并在果面形成霜状霉层,不久即萎缩脱落。果实着色后不再受侵染。

(2)病原 葡萄霜霉病是由葡萄生单轴霉 *Plasmopara uiticola* (Berk. et Curt. de Toni)寄生引起的,属鞭毛菌亚门单轴霉属,是一种专性寄生真菌。菌丝体在寄主细胞间蔓延,以瘤状吸胞伸入寄主细胞内吸取养料。孢囊梗无色,成束从寄主气孔长出。单轴分枝,分枝处近于直角,有分枝 3～6 次,一般分枝 2～3 次,分枝末端有 2～3 个小梗,顶生孢子囊。孢子囊无色,单胞,卵形或椭圆形,有乳状突起,萌发产生游动孢子。游动孢子肾脏形,侧生双鞭毛,能在水中游动。病菌的有性生殖产生卵孢子,褐色、球形、壁厚,卵孢子在水滴中萌发产生 1 个或偶尔 2 个细胞的细长芽管,直径 $2～3\ \mu m$,长短不一,在芽管尖端形成梨形孢子囊,大小为 $28～36\ \mu m$,每个孢子囊可形成并释放 30～50 个游动孢子(图 5-2-10)。

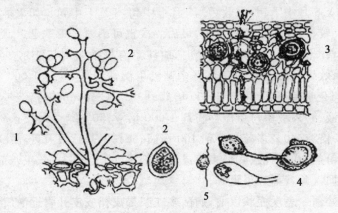

**图 5-2-10 葡萄霜霉病菌**
1.孢囊梗 2.孢子囊 3.病组织中的卵孢子
4.卵孢子萌发 5.游动孢子

(3)发病规律 病菌主要以卵孢子在病组织中或随病残体于土壤中越冬(卵孢子的抗逆力很强,病残组织腐烂后落入土壤中的卵孢子能存活两年)。翌年环境适宜时,卵孢子萌发产生芽孢囊,再由芽孢囊产生游动孢子,借风雨传播,从叶片背面气孔侵入,进行初次侵染。菌丝体在寄主细胞间蔓延,以吸管伸入细胞吸取养分,经 7～12 d 的潜伏期,在病部产生孢囊梗及孢子囊,孢子囊萌发产生游动孢子,进行再次侵染。一个生长季可行多次重复侵染。8～9 月份为发病高峰期,雨后闷热天气更容易引起霜霉病突发,生长后期在病部组织中产生卵孢子。该病的发生与降雨量有关,低温高湿、通风不良有利于病害的流行。果园地势低洼、栽植过密、棚架过低、果园小气候湿度增加,从而加重病情。施肥不当,偏施或迟施氮肥,造成秋后枝叶繁茂,组织成熟延迟,也会使病情加重。品种间抗病性有一定差异,美洲种葡萄较抗病,而欧亚种葡萄则较易感病。

（4）防治方法　该病的防治应在栽种抗病品种的基础上，搞好越冬期防治，尽可能减少初侵染菌源；加强栽培管理，并结合药剂防治。

1）种植抗病品种　在病害常年流行的地区应考虑种植抗病品种，淘汰高感品种。

2）清除菌源　秋末和冬季，结合冬前修剪进行彻底地清园，剪除病、弱枝梢、病果，清扫枯枝落叶，集中烧毁或深埋。秋冬季深翻耕，并在植株和附近地面喷 1 次 3～5 °Be 的石硫合剂，可大量杀灭越冬菌源，减少翌年的初侵染。

3）加强栽培管理　避免在地势低洼、土质黏重、周围窝风、通透性差的地方种植葡萄；建园时要规划好田间灌排系统，降低果园湿度；减少土壤中越冬的卵孢子被雨溅上来的机会；适当放宽行距，行向与风向平行。棚架应有适当的高度；保持良好的通风透光条件；施足优质的有机底肥，生长期根据植株长势适量追施磷、钾肥及氮肥、微量元素等肥料，避免过量偏施氮肥；酸性土壤中增施生石灰。及时绑蔓，修剪过旺枝梢，清除病残叶，清除行间杂草等。实施控产优质栽培。根据不同葡萄品种，采取疏花、疏果、掐穗尖等控制负载量，一般控制在每 667 m² 1 000～1 500 kg 为宜，保持树势良好。有条件者可行果实套袋。

4）药剂防治　注重早期诊断、预防和控制。在未发病前可适当喷洒一些保护性药剂进行预防。1∶0.7∶200 波尔多液，是防治葡萄霜霉病的一种优良的保护剂，应掌握田间出现利于霜霉病菌侵染的条件而尚未发病前使用。根据天气条件，一般使用 3～5 次，每次间隔 10～15 d，能收到很好的防病效果。长期以来，国内外习用此药防治霜霉病。波尔多液含铜离子，对霜霉病菌很敏感，黏着性良好，药效持久，而且没有抗性问题，因而仍是一种可靠有效的药剂。由于葡萄叶对钙很敏感，配制时石灰量要少于硫酸铜的量，防止引起焦叶药害。常用的药剂还有 78% 科博可湿性粉剂 500～600 倍液、77% 多宁可湿性粉剂 600～800 倍液、12% 绿乳铜（松脂酸铜）800 倍液等。病害发生后，可根据实际情况使用一些内吸杀菌剂。如 58% 瑞毒霉-锰锌可湿性粉剂 600 倍液喷洒使用，灌根也有效，它是防治霜霉病的特效药。克露 72% 可湿性粉剂也是防治霜霉病效果较好的一种新药剂，药效期长，常用浓度为 700～800 倍，每隔 15～20 d 喷布 1 次即可。此外，利用甲霜灵灌根也有较好的效果。方法是在发病前用稀释 750 倍的甲霜灵药液在距主干 50 cm 处挖深约 20 cm 的浅穴进行灌施，然后覆土，在霜霉病严重的地区每年灌根 2 次即可。用灌根法防治霜霉病药效时间长，不污染环境，更适合在庭院葡萄上采用。还有 70% 乙膦铝锰锌可湿性粉剂 500 倍液、72% 甲霜灵锰锌可湿性粉剂 500 倍液、64% 杀毒矾可湿性粉剂 500 倍液、68.7% 易保可湿性粉剂 800～1 500 倍液和 52.5% 抑快净可湿性粉剂 2 000～3 000 倍液等。它们既有保护作用，也有治疗作用。在进行化学防治时，对内吸型杀菌剂应注意轮换使用，避免抗药性的产生。同时注意选用能兼防其他病害的药剂。提倡使用生物农药和低毒、低残留的无机杀菌剂。由于霜霉病菌往往从葡萄叶片背面侵入，故喷药时一定要使叶背面着药均匀。另外，最近研制的烯酰吗啉、氟吗啉、霜脲氰等对防治霜霉病也有良好的效果，可选择使用。

## 5.2.11　葡萄黑痘病

葡萄黑痘病又名疮痂病、俗称"鸟眼病"，是葡萄重要病害之一。我国各葡萄产区都有分布。在多雨潮湿地区发病最重。黑痘病常造成葡萄新梢和叶片枯死，果实品质变劣，产量下降,损失很大。

(1)症状　主要为害葡萄的果粒、果梗、穗轴、叶片、叶脉、叶柄、枝蔓、新梢及卷须等绿色幼嫩部分,其中以果粒、叶片、新梢为主,果穗受害损失最大。

幼嫩果粒受害,初期果面有深褐色的小斑点,逐渐扩大成直径 3～8 mm、边缘紫褐色、中央灰白色且稍凹陷的病斑,形似"鸟眼"状。多个病斑可连接成大斑,后期病斑硬化、龟裂,果实变小,味酸,失去食用价值。病斑仅限于表皮,不深入果肉。潮湿时,病斑上出现黑色小点并溢出灰白色黏液。果粒后期受害常开裂畸形。成熟果粒受害,只在果皮表面出现木栓化斑,影响品质。

叶片受害,初期为针头大小、红褐色至黑褐色的小斑点,周围有黄色晕圈。后病斑扩大呈圆形或不规则形,中央灰白色,稍凹陷,边缘暗褐色或紫色,直径 1～4 mm。后期干燥时病斑中央易破裂穿孔,但周围仍保持紫褐色晕圈。病斑常沿叶脉发展并形成星芒状空洞,这是此病的一个显著特征。幼叶受害因叶脉停止生长而皱缩。

穗轴、果梗、叶脉、叶柄、枝蔓、新梢、卷须受害后的共同特点是病斑初期呈褐色、圆形或近圆形的小斑,后期为中央灰黑色、边缘深褐色或紫色、中部明显凹陷并开裂的近椭圆形病斑,扩大后多呈长条形、梭形或不规则形。穗轴受害可使全穗或部分小穗发育不良,甚至枯死。果梗受害可使果粒干枯脱落或僵化。叶脉及叶柄受害,可使叶片干枯或扭曲皱缩。枝蔓、新梢及卷须受害后,可导致生长停滞以至萎缩枯死。

(2)病原　无性态为葡萄痂圆孢(*Sphaceloma ampelinum* de Bary)。我国常见其无性阶段。分生孢子盘黑色,半埋生于寄主组织中,突破表皮后长出产孢细胞及分生孢子。产孢细胞圆筒形,短小密集,无色,单胞,顶生分生孢子。分生孢子无色,单胞,卵形或长圆形,稍弯,中部缢缩,内含 1～2 个油球。

有性态为 *Elsinoe ampelina* (de Bary) Shear,属子囊菌亚门、痂囊腔属。子囊着生在子座内梨形的子囊腔内,内含 4～8 个褐色至暗褐色 3 隔的子囊孢子(图 5-2-11)。该病菌仅为害葡萄。

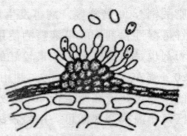

**图 5-2-11　葡萄黑痘病菌**
(示分生孢子盘和分生孢子)

(3)发病规律　病菌主要以菌丝体潜伏在病枝梢、病果、病蔓、病叶、病卷须中越冬,其中以病梢和病叶为主。翌年春季,越冬的病菌在葡萄开始生长时产生大量分生孢子,借风、雨传播到幼嫩的叶片和新梢上,萌发产生芽管直接侵入寄主引起初侵染。侵入寄主后,菌丝体在寄主表皮下寄主细胞间蔓延,也能侵入到细胞内,以后形成分生孢子盘,并突破表皮,产生新的分生孢子,陆续侵染新抽出的绿色部分,不断进行多次再侵染。一般潜育期 6～12 d。病害的远距离传播主要靠带病苗木与插条的调运。在高温多雨季节,葡萄生长迅速、组织幼嫩时发病最重,天气干旱时发病较轻。

(4)防治方法

1)清除菌源　在生长期中,及时摘除不断出现的病叶、病果及病梢。冬季修剪时,仔细剪除病梢、僵果,刮除主蔓上的枯皮,彻底清除果园内的枯枝、落叶、烂果等残体,集中深埋或烧毁。再用铲除剂喷布树体及树干四周的土面。常用的铲除剂有:①3～5 °Be 石硫合剂;②80%五氯酚钠原粉稀释 200～300 倍,加 3 °Be 石硫合剂混合液;③10%硫酸亚铁加 1%粗硫酸。喷药时期以葡萄芽鳞膨大,但尚未出现绿色组织时为好。

2)加强栽培管理　合理施肥,追肥应使用含氮、磷、钾及微量元素的全肥,避免单独、过量施用氮肥,增强树势。同时加强枝梢管理,结合夏季修剪,及时绑蔓,去除副梢、卷须和过密的叶片,避免架面过于郁闭,改善通风透光条件。地势低洼的葡萄园,雨后要及时排水;适当疏花疏果,控制果实负载量。

3)选用抗病品种　不同品种对黑痘病的抗性差异明显,所以在历年发病严重的地区应根据当地生产条件,技术水平,选用既抗病又具有优良园艺性状的品种。如巨峰品种,对黑痘病属中抗类型,康拜尔、玫瑰露、吉丰 14、白香蕉等也较抗黑痘病。

4)喷药保护　在葡萄发芽前喷布 1 次铲除剂,消灭越冬潜伏病菌。常用的铲除剂有 1～3 °Be 石硫合剂等。葡萄展叶后开始喷药,以开花前和落花 70%～80% 时喷药最为重要。可根据降雨及病情决定喷药次数。一般可在开花前、落花 70%～80%、果实如玉米粒大小时各喷 1 次。以后 15 d 时再喷 1 次,基本可控制病害。有效药剂有 70% 甲基硫菌灵、40% 百菌净、70% 霉奇洁、80% 普诺、50% 多菌灵、1:0.5:(160～240) 波尔多液、70% 代森锰锌、40% 锰锌克菌多、77% 可杀得等。80% 大生 M-45、杜邦易保等也有较好防效。新近发展的"红地球"葡萄对铜较敏感,不易使用波尔多液等铜制剂。

5)苗木消毒　外引苗木、插条时彻底消毒是葡萄新发展区预防黑痘病发生的最好方法。一般在栽植或扦插前用 3 °Be 石硫合剂或 10% 硫酸亚铁加 1% 粗硫酸浸条 3～5 min 取出定植或育苗均能收到良好的预防效果。

## 5.2.12　葡萄白腐病

葡萄白腐病又称腐烂病、水烂、穗烂,全球分布,是葡萄生长期引起果实腐烂的主要病害,我国葡萄主要产区均有发生,北方产区一般年份果实损失率在 15%～20%;病害流行年份果实损失率可达 60% 以上,甚至绝收。

(1)症状　主要侵害果粒和穗轴,也能侵害枝蔓及叶片。

果穗受害,一般先在穗轴或小穗轴上发病,初穗轴发生淡褐色水渍状的不整形病斑,逐渐向果粒蔓延。果粒先在基部变为淡褐色,软腐,后整个果粒呈淡褐色软腐。严重时全穗腐烂,病果极易受振脱落,重病园地面落满一层,这是白腐病发生的最大特点。发病后期,病果渐由褐色变为深褐色,果皮下密生灰白色、略突起的小粒点,此为病菌的分生孢子器。天气潮湿时,从小粒点中可溢出灰白色黏液,布满果面,使病果呈灰白色腐烂,所以称为白腐病。天气干热时,病穗的穗轴和果梗萎蔫变褐干枯,未脱落的果粒也迅速失水,干缩成有明显棱角呈猪肝色的僵果,悬挂穗上极难脱落。

枝蔓或新梢受害,往往出现在受损伤部位或接近地面的部位发病。最初出现水浸状、红褐色、边缘深褐色病斑,以后逐渐扩展成沿纵轴方向发展的长条形病斑,色泽也由浅褐色变为黑褐色,病部稍凹陷,病斑表面密生灰色小粒点。病斑发展后期,寄主的皮层与木质部分离,纵裂,皮层的肉质腐烂解离,只剩下丝状维管束组织,使病皮呈"披麻状"。病害严重时,病部缢缩,环绕枝干,可使枝蔓枯死或折断,影响植株生长。

叶片发病,先从植株下部近地面的叶片开始,然后逐渐向植株上部蔓延。多在叶尖、叶缘或有损伤的部位形成淡褐色、水渍状、近圆形或不规则形的病斑,并略具同心轮纹,其上散生灰白色至灰黑色小粒点，且以叶脉两边居多。病斑发展后期常常干枯破裂。

（2）病原　病原为白腐盾壳霉（*Coniothyrium diplodiella*（Speg.）Sacc.），属于半知菌亚门盾壳霉属。

在病组织内菌丝密集形成子座，从子座上产生分生孢子器，分生孢子器球形或扁球形，灰白色或灰褐色；分生孢子梗着生于分生孢子器底部，单胞，淡褐色，分生孢子单胞，褐色至暗褐色椭圆形或卵圆形，一端稍尖（图 5-2-12）。

**图 5-2-12　葡萄白腐病菌**
（示分生孢子器和分生孢子）

（3）发病规律　病菌主要以分生孢子器、分生孢子或菌丝体随病残体在地表和土壤中越冬，其中僵果上的分生孢子器越冬能力最强。越冬后的病菌组织于翌年春末夏初，温度升高又遇雨后，可产生新的分生孢子器及孢子。病菌的分生孢子靠雨滴溅散而传播，风、昆虫及农时操作亦可传播。分生孢子萌发后以芽管对靠近土面的果穗及枝梢进行初侵染，其侵入的途径主要是伤口及果实的蜜腺，有的亦可从较薄的表皮处直接侵入。初侵染发病后，病部产生新的分生孢子器和分生孢子，又通过雨滴溅散或昆虫媒介传播，在整个生长季可进行多次的再侵染。病害的潜育期一般 5～7 d，而抗病品种可长达 10 d。病菌的分生孢子生活力很强，分生孢子器释放的大量分生孢子可存活 2～3 年，干的分生孢子器经 15 年后仍可释放活的分生孢子。高温、高湿和伤口是病害发生和流行的主要因素。发病程度与寄主的生育期、环境及栽培方式、组织成熟度不同的品种抗病性等与发病的轻重也密切相关。

（4）防治方法

1）清除侵染菌源　生长季节经常检查果园，发病初期及时剪除病穗、病枝蔓，拣净落地病果；秋末埋土防寒前结合修剪，彻底剪除病穗、病蔓，扫净病果、病叶，摘净僵果，集中烧毁或运出园外深埋。发病前用地膜覆盖地面可防治地面病菌侵染果穗。

2）加强栽培管理　在病害经常流行的地区，提倡种植园艺性状好的中抗品种，果园多施有机肥，增强树势；结合绑蔓和疏花疏果，提高结果部位，对地面附近果穗可实施套袋管理，减少病菌侵染机会；及时打副梢、摘心，适当疏叶，调节架面枝蔓密度，改善架面通风透光条件；注意果园排水，防止雨后积水，及时中耕除草，降低地面湿度；合理调节植株的挂果负荷量。

3）药剂防治　根据当地历年病害初发期决定首次喷药时间，一般应在发病初期前 5～6 d进行。而后每隔 10～15 d 喷 1 次，连喷 4～5 次。如遇大雨，要立即喷药。有效药剂有 50%福美双可湿性粉剂 600～800 倍液、50％多菌灵可湿性粉剂 800～1 000 倍液、50％退菌特可湿性粉剂 800～1 000 倍液、75％百菌清可湿性粉剂 800～1 000 倍液,还有 50％速克灵、80％普诺、70％霉奇洁、50％多丰农、80％炭疽福美、70％甲基硫菌灵、40％福星等均有较好的防效。此外,克菌丹、特克多、白腐灵等药剂,只要适时使用都有较好防治效果。为防止病菌产生抗药性,要不断更换药剂品种。为控制土面上的病菌,重病果园在发病前应地面撒药灭菌。可用 1 份福美双、1 份硫黄粉、2 份碳酸钙,三者混合均匀后,撒在果园土表,撒施量 15～30 kg/hm²。

## 5.2.13　葡萄炭疽病

葡萄炭疽病又名晚腐病、苦腐病,在我国各葡萄产区均有分布,是葡萄近成熟期引起葡萄果实腐烂的重要病害之一。多雨年份常引起果实的大量腐烂,严重影响葡萄产量。流行年份,病穗率达 50％以上,一些感病品种可高达 70％左右。除为害葡萄外,还能侵害苹果、梨等多种果树。

(1)症状　主要为害着色或近成熟的果实,造成果粒腐烂。也可为害幼果、叶片、叶柄、果柄、穗轴和卷须等,但大多为潜伏侵染,不表现明显症状。着色后的果粒发病,初在果面产生针头大褐色圆形的小斑点,后来斑点逐渐扩大,并凹陷,在表面逐渐长出轮纹状排列的小黑点。当天气潮湿时,病斑上长出粉红色黏质物即病菌的分生孢子团块。发病严重时,病斑可以扩展到半个或整个果面,果粒软腐,易脱落,或逐渐干缩成为僵果。果梗及穗轴产生暗褐色长圆形凹陷病斑,影响果穗生长或使果粒干瘪。

(2)病原　有性态为围小丛壳 *Glomerella cingulata* (Ston.) Spauld et Schr.,属子囊菌亚门、小丛壳属,我国尚未发现。常见的无性态为胶孢炭疽菌 *Colletotrichum gloeosporioides* (Penz.) Sacc.,属半知菌亚门炭疽菌属真菌。该菌寄主繁多,异名有 600 个。分生孢子盘黑色,分生孢子梗无色,单胞,圆筒形或棍棒形,大小为(12～26) μm×(3.5～4) μm。分生孢子无色,单胞,圆筒形或椭圆形,大小为(10.3～15) μm×(3.3～4.7) μm。病菌发育最适温度为 20～29℃,最高为 36～37℃,最低为 8～9℃。

(3)发病规律　主要以菌丝体潜伏在受侵染的一年生枝蔓表层组织、叶痕、病果等部位,以及以分生孢子盘在枯枝、落叶、烂果等病残组织上越冬。翌春环境条件适宜时,产生大量的分生孢子,通过风雨、昆虫传到果穗上,引起初次侵染。分生孢子可直接侵入果皮或通过皮孔、伤口侵入。病菌具有潜伏侵染特点,一般在幼果期侵入。侵染后,大多数不表现症状,到果实着色期才表现症状。着色期后侵染的病菌,潜育期只有 4～6 d。该病有多次再侵染。一般年份,病害从 6 月中下旬开始发生,7～8 月份果实成熟时,病害进入盛发期。降雨、栽培、品种及土壤条件等都与病害流行密切相关。高温多雨是病害流行的一个重要条件。果园排水不良,地势低洼,架式过低,蔓叶过密,通风透光不良,田间湿度大,病残体清除不彻底等有利于发病。葡萄不同品种抗性差异明显,一般果皮薄的品种较感病,早熟品种有避病作用,晚熟品种发病较重。欧亚种感病,欧美杂交种抗病;感病较重的品种有:巨峰、吉姆沙、季米亚特、无核白、亚历山大、白鸡心、保尔加尔、葡萄园皇后、沙巴珍珠、玫瑰香和龙眼等;感病较轻的品种有:黑虎香、意大利、烟台紫、蜜紫、小红玫瑰、巴米特、水晶和构叶等;抗病的品种有:赛必尔 2007、赛必尔 2003 和刺葡萄等。

（4）防治方法

1）清除菌源　受侵染的枝梢、叶痕以及各种病残组织的越冬病菌是炭疽病的主要初侵染来源，应结合冬季修剪剪除留在植株上的枝梢、穗梗、僵果、卷须等，并把落于地面的果穗、残蔓、枯叶等彻底清除，集中烧毁，减少果园菌源。

2）加强栽培管理　生长期要及时摘心绑蔓，使果园通风透光，同时摘除副梢，防止树冠过于郁闭，以减轻病害的发生和蔓延。合理施肥，氮、磷、钾应适当配合，增施钾肥，以提高植株的抗病力。同时要注意合理排灌，降低果园湿度，减轻发病程度。

3）果实套袋　对高度感病品种或发病严重地区，可在幼果期进行套袋。果穗套袋可明显减少炭疽病的发生，应广泛提倡采用。

4）药剂防治　春天葡萄萌动前，喷洒 40％福美双 100 倍液或 5 °Be 的石硫合剂药液铲除越冬菌源。开花后是防止炭疽病浸染的关键时期，6 月中下旬至 7 月上旬开始，每隔 15 d 喷 1 次药，共喷 3～4 次。常用药剂有：喷克、科博 600 倍液，50％退菌特 800～1 000 倍液、1∶0.5∶200 半量式波尔多液、50％托布津 500 倍液、75％百菌清 500～800 倍液和 50％多菌灵 600～800 倍液或多菌灵-井冈霉素 800 倍液。须注意退菌特是一种残效期较长的药剂，采收前 1 个月必须停止使用。

## 5.2.14　柿炭疽病

柿炭疽病在我国南北方均有发生，主要为害柿果及新梢，叶部较少发生，造成枝条折断枯死，果实提早脱落。

（1）症状　发病初在果面出现针头大小深褐色或黑色小斑点，逐渐扩大成为圆形病斑，直径达 25 mm 以上时，病斑凹陷，中部密生略呈轮纹状排列的灰色至黑色小粒点，即病菌的分生孢子盘。遇雨或高湿时，分生孢子盘溢出粉红色黏质的孢子团。病斑深入皮层以下，果肉形成黑色硬块。一个病果上一般有 1～2 个病斑，多则达十几个，病果提早脱落。新梢染病，初期产生黑色小黑圆斑，扩大后呈长椭圆形、中部凹陷褐色纵裂、并产生黑色小粒点，潮湿时黑点涌出粉红色黏质物。病斑长 10～20 mm，其下木质部腐朽，病梢极易折断。如果枝条上病斑较大，病斑以上枝条易枯死。叶片病斑多发生在叶柄和叶脉上，初为黄褐色，后期变为黑色或黑褐色，长条状或不规则形。

（2）病原　病原 *Gloeosporium kaki* Hori 称柿盘长孢菌，异名 *Colletotrichum gloeosporioides* Penz. 称盘长孢状刺盘孢，均属半知菌亚门真菌。分生孢子梗无色、直立、具 1～3 个隔膜，大小为（15～30）μm×（3～4）μm；分生孢子无色、单胞、圆筒形或长椭圆形，大小为（15～28）μm×（3.5～6.0）μm，中央有一球状体。该菌发育最适温度为 25℃，最低 9℃，最高 35～36℃，致死温度为 50℃（10 min），见图 5-2-13。

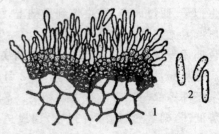

图 5-2-13　柿炭疽病菌
1.分生孢子盘及分生孢子　2.分生孢子

（3）侵染循环及发病条件

1）侵染循环　病菌主要以菌丝体在枝梢病斑中越冬，也可在病果、叶痕和冬芽中越冬。翌年初夏产生分生孢子，进行初次侵染。分生孢子借风雨和昆虫传播，侵害新梢及幼果。病菌可以从伤口侵入,也可直接侵入。由伤口侵入时,潜育期 3～6 d,直接侵入时,潜育期 6～10 d。在北方果区,一般年份枝梢在 6 月上旬开始发病,雨季为发病盛期,后期秋梢可继续发病。果实多自 6 月下旬开始发病,7 月中下旬即可见到病果脱落,直至采收期,果实可不断受害。

2)发病条件 高温高湿利于发病,雨后气温升高或夏季多雨年份发病重。柿各品种中,富有、横野易染病,江户一、霜丸高田、禅寺丸等较抗病。

(4)防治技术

1)加强栽培管理 提高树体的抗病能力。尤其是肥水管理。

2)清除初侵染菌源 结合冬剪剪除病落果,集中烧毁或深埋。或 20％石灰乳浸苗 10 min,然后定植。

3)药剂防治 喷克、科博 600 倍液、50％退菌特 800～1 000 倍液、1∶0.5∶200 半量式波尔多液、50％托布津 500 倍液、75％百菌清 500～800 倍液和 50％多菌灵 600～800 倍液或多菌灵-井冈霉素 800 倍液。须注意退菌特是一种残效期较长的药剂,采收前 1 个月必须停止使用。

## 5.2.15 柿圆斑病

(1)症状 柿圆斑病的病菌主要为害柿树的叶片和果实蒂。叶片感染此病,最初在叶的正面产生黄色小点,以后小点呈褐色,并逐渐扩大为圆斑;病斑周围有褐色或黑色边缘,中心成灰白色;病叶逐渐变为红色,随之病斑外援生黄绿色晕环。一个叶片能有病斑 100～200 个。最后,病叶干枯早落,落叶背面丛生许多小黑点(子囊壳)。落叶后,果实即变红变软而脱落,果味变淡。

(2)病原 *Mycpspjaerella nawae* Hiura et Ikata 称柿叶球腔菌,属于囊菌亚门真菌。病斑背面长出的小黑点即病菌的子囊果,初埋生在叶表皮下,后顶端突破表皮。子囊果洋梨形或球形,黑褐色,顶端具孔口,大小 53～100 μm。子囊生于子囊果底部,圆筒状或香蕉形,无色,大小为(24～45) μm×(4～8) μm。子囊里含有 8 个子囊孢子排成两列,子囊孢子无色,双胞,纺锤形,具 1 隔膜,分隔处稍缢缩,大小为(6～12) μm×(2.4～3.6) μm。分生孢子在自然条件下一般不产生,但在培养基上易形成。分生孢子无色,圆筒形至长纺锤形,具隔膜 1～3 个。菌丝发育适温 20～25℃,最高 35℃,最低 10℃。

(3)发病规律 它的病菌以未成熟的子囊壳在病叶、病蒂中越冬,翌年 6～7 月间放射的子囊孢子随风与传播。病菌从叶背气孔侵入,经 60～100 d,于 6 月底至 9 月初呈现病斑,10 月中旬以后大量脱叶。6 月阴雨连绵发病严重。

(4)防治方法

1)在柿树落花后 20 d 内(5 月 25 日至 6 月 15 日)向叶背喷 1～2 次波尔多液(1∶5∶600),能防治此病。

2)彻底扫除、销毁病叶、病蒂,减少翌年危害。

## 5.2.16 柿树角斑病

(1)症状 它主要侵染柿树叶片和柿蒂。叶片受害初期,叶面出现不规则的黄绿色晕斑,叶脉变为黑色,病斑逐渐为浅黑色;半月后,病斑中部退为淡褐色,并出现小黑点(分生孢子座），因受叶脉阻隔，形成角斑。柿蒂感染此病，病斑发生在柿蒂的四周，不成多角形，褐至深褐色，两面均有小黑点。

（2）病原　柿尾孢 *Cercospora kaki* Ell. et Ev. 是由一种半知菌侵害柿树引起，分生孢子梗基部菌丝集结成块，半球形或扁球形，暗橄榄色，大小为（17～50）$\mu m$×（22～66）$\mu m$，其上丛生分生孢子梗。分生孢子梗短杆状，不分枝，稍弯曲，尖端较细，不分隔，淡褐色，大小为（7～23）$\mu m$×（3.3～5）$\mu m$，其上着生1个分生孢子。分生孢子棍棒状，直或稍弯曲，上端稍细，基部宽，无色或淡黄色，有隔膜0～8个，大小为（15～77.5）$\mu m$×（2.5～5）$\mu m$。病菌发育最适温度为30℃左右，最高40℃，最低10℃。人工培养时最适酸碱度为 pH 4.9～6.2。在马铃薯琼脂培养基上的菌落，近圆形，中央隆起，基底黑色表面黑褐色。

（3）发病规律　柿角斑病病菌，以菌丝在病叶、病蒂上越冬，残留的病蒂是主要侵染来源和传播中心。病菌在病蒂上能存活3年。它侵染叶片时，自叶背侵入。它的潜育期为25～31 d。病斑出现后，不断产生分生孢子，进行再侵染。

（4）防治方法　在6～7月份发病初期，喷布波尔多液（1∶5∶600）1～2次，只要喷洒均匀，特别是叶背喷药要均匀，即能收到较好的效果。

## 5.2.17　褐腐病

这类病害因果树种类不同，发病时期不一致，常发生在久旱之后遇大雨，果实裂果及虫伤部位，其病害症状特点，有土腥味，病征为绒状或绒球状霉层（分生孢子梗及分生孢子），呈同心轮纹状排列。防治上应加强果园水肥管理及化学保护。

### 5.2.17.1　苹果褐腐病

苹果褐腐病是果实生长后期和贮藏运输期间发生的重要病害。主要为害果实，也可侵染花和果枝。该病除为害苹果外，还可为害梨和核果类等果树。

（1）症状　识别被害果面初期出现浅褐色软腐状小斑，病斑迅速向外扩展，数天内整个果实即可腐烂。病果的外部出现灰白色小绒球状突起的霉丛（病菌的孢子座）常呈同心轮纹状排列；果实松软成海绵状，略有弹性。病果多于早期脱落，也有少数残留树上，病果后期失水干缩，成为黑色僵果。贮藏期间，病果呈现蓝黑色斑块。花和果枝受害发生萎蔫或褐色溃疡。

（2）病原　病原 *Sclerotinia fructigena*（Aderh. et Ruhl.）称果产核盘菌，属子囊菌亚门真菌，核盘菌属。异名：*Monilinia fructigen*（Aderh. et Ruhl.）Honey 称果生链盘菌，属子囊菌亚门真菌。无性世代 *Monilia fructigena* Pers. 称仁果丛梗孢，属半知菌亚门，丛梗孢属真菌。病果上密生灰白色菌丝团。其上产生分生孢子梗和分生孢子。分生孢子梗无色、单胞、丝状、其上串生分生孢子，念珠状排列、无色、单胞，椭圆形或柠檬形，大小为（11～31）$\mu m$×（8.5～17）$\mu m$。菌核黑色，不规则，大小1 mm 左右，1～2年后萌发出子囊盘，灰褐色，漏斗状，外部平滑，大小为3～5 mm。盘梗长5～30 mm，色泽较浅。子囊无色，棍棒状，大小为（125～251）$\mu m$×（7～10）$\mu m$，内含8个子囊孢子，单行排列，子囊孢子无色，单胞，卵圆形，大小为（10～15）$\mu m$×（5～8）$\mu m$。自然条件下该菌有性阶段不常发生，见图 5-2-14。

（3）侵染循环及发病条件

1）侵染循环主要以菌丝体或孢子在僵果内越冬，翌春产生分生孢子，借风、雨传播，从伤口或皮孔侵入，潜育5～10 d。果实近成熟期为发病盛期，高温、高湿利于发病。在贮藏运输过

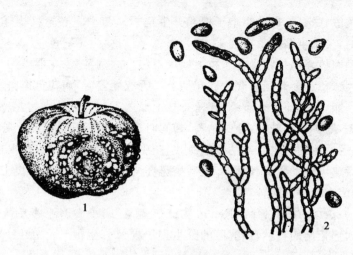

**图 5-2-14  苹果褐腐病菌**
1. 病果　2. 分生孢子和分生孢子梗

程中,由于挤压、碰撞,常造成大量伤口,在高温高湿条件下,病害会迅速传播蔓延。

2)发病条件　褐腐菌最适发育温度25℃,但在较高或较低温度下病菌仍可活动扩展。湿度是该病流行的重要条件。高湿度不仅利于病菌的生长、繁殖、孢子的产生、萌发,还可使果实组织充水,增加感病性。病菌可经皮孔侵入果实,但主要通过各种伤口侵入。果园管理差、病虫害严重、裂果或伤口多等均可导致褐腐病发生,特别是生长前期干旱,后期多雨,褐腐病会大流行。

(4)防治技术

1)加强栽培管理　及时清除树上树下的病果、落果和僵果。秋末或早春施行果园深翻、掩埋落地果等措施,可减少果园中的病菌数量。搞好果园的排灌系统,防止水分供应失调而造成严重裂果。7月下旬及8月下旬各喷一次$(500\sim2\,000)\times10^{-6}$的$B_9$,可减少小国光等品种的裂果率,防止褐腐病发生。

2)药剂防治　在病害的盛发期前,喷化学药剂保护果实是防治该病的关键性措施。在北方果区,中熟品种在7月下旬及8月中旬,晚熟品种在9月上旬和9月下旬各喷一次药,可大大减轻危害。较有效的药剂是1:1:$(160\sim200)$倍波尔多液、50%或70%甲基托布津或多菌灵可湿性粉剂$800\sim1\,000$倍液、70%甲基硫菌灵超微可湿性粉剂$1\,000\sim1\,200$倍液、50%多霉灵可湿性粉剂$1\,500\sim2\,000$倍液等。也可在花前喷洒$3\sim5$ °Be石硫合剂或45%晶体石硫合剂30倍液。

3)贮藏期防治　采收时严格剔除伤果、病虫果,防止果实挤压碰伤,减少伤口。贮藏库温度最好保持在$1\sim2$℃,相对湿度在90%左右,定期检查,及时处理病果、伤果,以减少传染和损失。

### 5.2.17.2  桃褐腐病

桃褐腐病又名菌核病,是桃树上的重要病害之一。全国各桃产区均有发生,尤其以浙江、山东等沿海地区和江淮流域的桃区发生最重。该病能为害桃树的花、叶、枝梢及果实,其中以果实受害最重。除为害桃外,还能侵害李、杏、樱桃等核果类果树。

(1)症状　果实在整个生育期均可被害,以近成熟期和贮藏期受害最重。果实染病初于果面产生褐色圆形病斑,病部果肉变褐腐烂,病斑扩展迅速,数日即可波及整个果面,病斑表面产生黄白色或灰白色绒状霉层,即分生孢子梗和分生孢子。初呈同心轮纹状排列,后布满全果。后期病果全部腐烂,失水干缩而形成僵果,初为褐色,最后变为黑褐色,即菌丝与果肉组织夹杂在一起形成的大型菌核。僵果常悬挂于枝上经久不落,称"桃枭"。花器染病,先侵染花瓣和柱头,初呈褐色水渍状斑点,渐蔓延到萼片和花柄上。天气潮湿时,病花迅速腐烂,表面产生灰色霉状物。若天气干燥,则病花干枯萎缩,残留于枝上经久不落。嫩叶染病,多从叶缘开始,产生暗褐色水渍状病斑,渐扩展到叶柄,全叶枯萎,如同时遭受霜害,病叶残留于枝上经久不落。枝条染病,多系菌丝通过花梗、叶柄、果柄蔓延所致,产生边缘紫褐色,中央灰褐色,稍下陷的长圆形溃疡斑。初期溃疡斑常发生流胶现象,最后病斑环绕枝条一周后,枝条以上即枯死。

(2)病原　鉴定病原菌有两种:

1)*Monilinia fructicola* (Wint.)Rehm. 为链核盘菌,属子囊菌亚门真菌。无性阶段为丛梗孢菌 Monilia,病部长出的霉丛,即病菌的分生孢子梗及分生孢子。分生孢子无色、单胞,柠檬形或卵圆形,大小为(10～27)μm×(7～17)μm,平均大小为 15.9 μm×10 μm,在梗端连续成串生长。分生孢子梗较短,分枝或不分枝。

病菌有性阶段形成子囊盘,一般情况下不常见。子囊盘由地面越冬的僵果上产生,漏斗状,盘径 1～1.5 cm,紫褐色具暗褐色柄,柄长 20～30 mm。僵果萌发可产生 1～20 个子囊盘,子囊盘内表生一层子囊,子囊圆筒形,大小为(102～215)μm×(6～13)μm,内生 8 个子囊孢子,单列。子囊间长有侧丝,丝状,无色,有隔膜,分枝或不分枝。子囊孢子无色单胞,椭圆形或卵圆形,大小为(6～15)μm×(4～8.2)μm。病菌发育最适温度为 25℃左右,在 10℃以下,30℃以上,菌丝发育不良。分生孢子在 15～27℃下形成良好;在 10～30℃下都能萌发,而以 20～25℃为宜。本病菌主要侵害桃果实、引起果腐。

2)*Monilinia laxa* (Aderh. et Ruhl.)Honey,属子囊菌亚门真菌。无性世代为 *Monilia cinerea* Bon. 称灰丛梗孢。分生孢子无色,单胞,柠檬形或卵圆形,平均大小为 14.1 μm×1.0 μm。子囊盘直径 1 cm 左右,具有长柄,柄长 5～30 mm,柄暗褐色。盘内表生一层子囊,子囊圆筒形,大小为(121～188)μm×(7.5～11.8)μm,内生 8 个子囊孢子,单列。子囊间长有侧丝,有隔膜,分枝或不分枝。子囊孢子无色,单胞,椭圆形,大小为(7～19)μm×(4.5～8.5)μm。本病菌主要侵害桃花,引起花腐,见图 5-2-15。

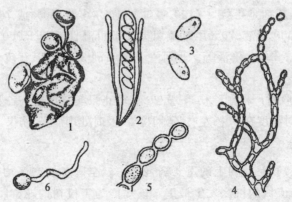

图 5-2-15　桃褐腐病菌

1.僵果及子囊盘　2.子囊及侧丝　3.子囊孢子　4.分生孢子梗及
分生孢子　5.分生孢子链的一部分　6.分生孢子萌发

（3）发病规律　病菌主要以菌丝体在僵果或枝梢的溃疡部越冬,僵果是由病菌菌丝与果肉组织交织在一起形成的大型菌核,病菌在僵果中可存活数年之久。升温后,僵果上会产生大量分生孢子,经气流、水滴飞溅及昆虫传播,引起初次侵染。经伤口及皮孔侵入果实,也可直接从柱头、蜜腺侵入花器,再蔓延到新梢,以后在适宜条件下,还能长出大量分生孢子进行多次再侵染。花期及幼果期低温、多雨,果实成熟期及采收贮运期温暖多湿发病严重。褐腐病的发生情况与虫害关系密切,在果实生长后期,若蛀果害虫严重,并且湿度过大,桃褐腐病常流行成灾,引起大量烂果、落果。病伤、机械伤多,有利于病菌侵染,发病较重;管理粗放,树势衰弱的果园发病也重。果实成熟后,一般果肉柔软多汁、味甜以及皮薄的品种较感病。

（4）防治方法

1)消灭越冬菌源　结合修剪做好清园工作,彻底清除僵果、病枝,集中烧毁,同时进行深翻,将地面病残体深埋地下,可大大减少越冬菌源。

2)加强治虫　桃园多种害虫,如桃食心虫、桃蛀螟、桃椿象等,不但传播病菌,且造成伤口利于病菌侵染。因此应及时喷药防治。有条件套袋的果园,果实膨大期进行套袋,可减轻病害发生。

3)喷药保护　第一次在桃树发芽前喷布 5 °Be 石硫合剂或 45％晶体石硫合剂 30 倍液。第二次在落花后 10 d 左右喷射 65％代森锌可湿性粉剂 500 倍液、50％多菌灵 1 000 倍液、70％甲基托布津 800～1 000 倍液或 65％福美锌可湿性粉剂 300～500 倍液。花褐腐病发生多的地区,在初花期(花开约 20％时)需要加喷 1 次,这次喷用药剂以代森锌或托布津为宜。也可在花前、花后各喷 1 次 50％速克灵可湿性粉剂 2 000 倍液或 50％苯菌灵可湿性粉剂 1 500 倍液。不套袋的果实,在第二次喷药后,间隔 10～15 d 再喷 1～2 次,直至果实成熟前 1 个月左右再喷 1 次药。在多雨高湿情况下,要抓紧短暂的晴天及时喷药。

### 5.2.17.3　梨褐腐病

梨褐腐病发生在梨果近成熟期和贮藏期。在东北、华北、西北和西南部分梨区均有发生。北方各梨区常零星发生,有些果园危害较重。该病菌只为害果实。除梨外,还可为害苹果和桃、杏、李等果树。

（1）症状　受害果实初期为浅褐色软腐斑点,以后迅速扩大,几天可使全果腐烂。病果褐色,失水后,软而有韧性。后期围绕病斑中心逐渐形成同心轮纹状排列的灰白色到灰褐色、2～3 mm 大小的绒状菌丝团,这是褐腐病的特征。病果有一种特殊香味。多数脱落,少数也可挂在树上干缩成黑色僵果,贮藏期中病果呈现特殊的蓝黑色斑块。

（2）病原鉴定　病原 *Monilinia fructigena*（Aderh. et Ruhl.）Honcy,异名 *Sclertinia fructigena* Aderh. et Ruhl. 称果产核盘菌,均属子囊菌亚门真菌。子囊盘自僵果内菌核上生出,菌核黑色,不规则形,子囊漏斗状,外部平滑,灰褐色,直径 3～5 mm,盘梗长 5～30 mm,色泽较浅,子囊无色,长圆筒形,内生 8 个孢子,侧丝棍棒形,子囊孢子单胞,无色,卵圆形,大小为(10～15) μm×(5～8) μm。有性阶段在自然条件下很少产生。无性阶段为 *Monilia fructigenaq* Pets. 称仁果丛梗孢。病果表面产生绒球状霉丛,是病菌的分生孢子座。其上着生大量分生孢子梗及分生孢子。分生孢子梗丛生,顶端串生念珠状分生孢子,分生孢子椭圆形,单胞、无色、大小为(11～31) μm×(8.5～17) μm,见图 5-2-16。

（3）侵染循环及发病条件

1)侵染循环　病菌主要以菌丝体和孢子在病果或僵果上越冬,翌年春季,分生孢子借风雨传播,孢子通过伤口或皮孔侵入果实,潜育期 5～10 d。

2)发病条件　在高温、高湿及挤压条件下,易造成大量伤口,病害迅速传播蔓延。褐腐病菌在 0～35℃范围内均可扩展,最适发病温度为 25℃,因此,该病不论在生长季节或贮藏期都能为害。果园积累有较多的病源,果实近成熟期又多雨潮湿是褐腐病流行的主要条件。不同品种对该病抗性不同,香麻梨、黄皮梨较抗病,金川雪梨、明月梨较感病。果园管理差,水分供应失调,虫害严重,采摘时不注意造成机械伤多,均利于该病的发生和流行。

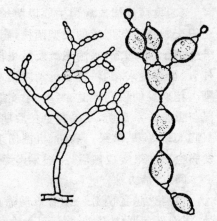

**图 5-2-16　梨褐腐病菌**
(示分生孢子梗和串生的分生孢子)

(4)防治技术

1)加强果园管理。褐腐病是积年流行病害,及时清除菌源,就可以控制病害的流行。秋末采果后耕翻,清除病果,生长季节随时采摘病果,集中烧毁或深埋,以减少田间菌源。

2)适时采收,减少伤口,防止贮藏期发病。贮藏前严格挑选、去掉各种病果、伤果、分级包装。运输时减少碰伤,贮藏期注意控制湿度,窖温保持在 1～2℃,相对湿度 90%。定期检查,发现病果及时处理,减少损失。

3)药剂防治　花前喷 3～5 °Be 石硫合剂或 45%晶体石硫合剂 30 倍液。花后及果实成熟前喷 1:3:(200～240)倍量式波尔多液或 45%晶体石硫合剂 300 倍液、50%多菌灵可湿性粉剂 600 倍液、50%甲基硫菌灵悬浮剂 800 倍液、50%甲基托布津可湿性粉剂 600 倍液、50%苯菌灵可湿性粉剂 1 500 倍液。

贮藏果库及果框、果箱等贮果用具要提前喷药消毒,然后用二氧化硫熏蒸,每立方米空间用 20～25 g 硫黄密闭熏蒸 48 h;也可用 1%～2%福尔马林或 4%漂白粉水溶液喷后熏蒸 2～7 d。

果实贮藏前用 50%甲基硫菌灵可湿性粉剂 700 倍液或 45%特克多悬浮剂 4 000～5 000 倍液浸果 10 min,晾干后贮藏。

## 5.2.18　桃疮痂病

桃疮痂病又名桃黑星病,我国桃区均有发生。病菌主要为害果实,其次为害叶片和新梢等。除为害桃外,还能侵害杏、李、梅、扁桃等多种核果类果树。

(1)症状　果实染病,多在果实肩部,先产生暗褐色、圆形小斑点,后呈黑色痣状斑点,直径为 2～3 mm,严重时病斑聚合成片。由于病斑扩展仅限于表皮组织,当病部组织枯死后,果肉仍可继续生长,因此病果常发生龟裂。近成熟期病斑变为紫黑色或红黑色。果梗染病,病果常早期脱落。枝梢染病,最初在表面产生边缘紫褐、中央浅褐色的椭圆形病斑。大小 3～6 mm,后期病斑变为紫色或黑褐色,稍隆起,并于病斑处产生流胶现象。翌春病斑变灰色,并于病斑表面密生黑色粒点,即病菌分生孢子丛。病斑只限于枝梢表层,不深入内部。病斑下面形成木栓质细胞。因此,表面的角质层与底层细胞分离,但有时形成层细胞被害死亡,枝梢便呈枯死状态。叶片染病,最初多在叶背面叶脉之间,呈灰绿色多角形或不规则形斑,后病叶正、反两面都出现暗绿色至褐色病斑。后变为紫红色枯死斑,常穿孔脱落。病斑较小,直径一般不超过6 mm。叶脉染病,呈暗褐色长条形病斑。发病严重时可引起落叶。

(2)病原　病原为嗜果枝孢菌(*Cladosporium carpophilum* Thum.),属半知菌亚门,枝孢属真菌;根据报道,黑星病菌已发现有性阶段为 *Venturia carpophilum* Fisner.,属子囊菌亚门真菌。分生孢子梗不分枝或分枝一次,弯曲,具分隔,暗褐色,大小为(48～60) μm×4.5 μm。分生孢子单生或成短链状,椭圆形或瓜子形,单胞或双胞,无色或浅橄榄色,大小为(12～30) μm×(4～6) μm。子囊孢子在子囊内的排列,上部单列,下部单列或双列,子囊孢子大小为(12～16) μm×(3～4) μm。分生孢子在干燥状态下能存活 3 个月,病菌发育最适温度为 24～25℃,最低 2℃,最高 32℃,分生孢子萌发的温度为 l0～32℃,但以 27℃为最适宜,见图 5-2-17。

**图 5-2-17　桃疮痂病菌**
(分生孢子梗和分生孢子)

(3)侵染循环及发病条件

1)侵染循环　以菌丝体在枝梢病部或芽的鳞片中越冬,翌年4～5 月份降雨后开始形成分生孢子,借风雨或雾滴传播,进行初侵染。病菌潜育期较长,果实上 40～70 d,枝梢、叶片上 25～45 d,因此再侵染作用不大,一般早熟品种还未显症,即已采收。晚熟品种发病稍重,5～6 月份为病害盛发期,但幼果期发病较轻。

2)发病条件　该病的发生与气候、果园地势及品种有关。特别是春季和初夏及果实近成熟期的降雨量是影响该病发生和流行的重要条件,此间若多雨潮湿易发病。果园地势低洼、栽植过密、通风透光不好,湿度大发病重。桃各栽培品种中,一般早熟品种较晚熟品种发病轻。但有时也受栽培地区小气候及其他条件的影响,如上海水蜜桃、黄肉桃较易感病,而天津水蜜桃、肥城桃则较抗病。

(4)防治技术

1)选栽抗病品种　发病严重地区选栽早熟品种。

2)清除初侵染源　秋末冬初结合修剪,认真剪除病枝、枯枝,清除僵果、残桩,集中烧毁或深埋。生长期剪除病枯枝,摘除病果,防止再侵染。

3)加强栽培管理　注意雨后排水,合理修剪,使桃园通风透光。

4)药剂防治　开花前,喷 5 °Be 石硫合剂＋0.3％五氯酚钠或 45％晶体石硫合剂 30 倍液,铲除枝梢上的越冬菌源。落花后半个月,喷洒 70％代森锰锌可湿性粉剂 800 倍液、50％苯菌灵可湿性粉剂 1 500 倍液、70％甲基硫菌灵超微可湿性粉剂 1 000 倍液。以上药剂与硫酸锌石灰液交替使用,效果较好。隔 10～15 d 喷 1 次,共喷 3～4 次。

5)果实套袋　落花后 3～4 周进行套袋,防止病菌侵染。

## 5.2.19　桃细菌性穿孔病

(1)症状　此病主要发生在桃叶上,桃树的小枝和果实也能染病。叶片感染此病,叶面和叶背靠叶脉处出现水渍状小病斑,病斑有圆形的、角形的或不规则形的,呈紫褐色至黑褐色,病斑周围有一淡黄色的晕圈,后变为小孔,严重时会导致叶片脱落。桃树枝条感染此病,分为春季溃疡和夏季溃疡两种。春季溃疡的病斑,是生在头年夏季感染的枝梢上,病斑呈暗色,春季发展成溃疡;有时病斑环技一周.使枝梢枯死。夏季溃疡,是在夏末发生在当年发出的绿枝上,以皮孔和芽限为中心,形成圆形或椭圆形水渍状略紫色斑点,以后变为褐色至紫黑色,稍凹陷,边缘有桃胶溢出,干后龟裂,有时几个病斑相连,使整个枝条枯死。果实感染此病,初为水渍状褐色小斑,逐渐扩大变成紫色,稍凹陷;在潮湿的条件下,病斑上常出现黄色黏液,内有大量细菌。

(2)病原　*Xanthomonas pruni* (Smith) Dowson 称黄单胞杆菌属、桃穿孔致病型细菌。

(3)发生规律　桃细菌性穿孔病的病原细菌,在树枝溃疡组织内能存活一年以上。春季,病菌凭借风、雨和昆虫传播到桃树的叶片、果实和枝条上,由皮孔和芽痕侵入,5月开始发病,而以 7～8 月份雨季发病严重。树势衰弱、排水通风不良的果园,此病发生较重。

(4)防治方法

1)冬季整形修剪时,应剪除病枝并集中烧毁,以减少越冬菌源。

2)在桃树发芽前喷 5 °Be 石硫合剂,展叶后喷 0.3～0.4 °Be 石硫合剂,在果树生长期可喷代森锌 500 倍液,均有较好效果。

3)排水通风不良的果园,要注意做好排水和通风工作。

## 5.2.20　桃腐烂病

(1)症状　主要为害桃树的主干、主枝,症状较隐蔽,发病初期难以发觉。初染此病时,病部树皮微肿胀,呈淡褐色;不久,外部可见豆粒大胶点,呈椭圆形下陷;撕开表皮,里层发湿,皮层松软腐烂,有酒糟味;然后病部发展到木质部。

(2)病原　桃腐烂病核果黑腐皮壳[*Valsa leucostoma* (Pers.) Fr.],菌丝体集结于表皮下,生成黑色小粒点分生孢子器,分生孢子器周围有一白色圈。分生孢子器遇潮湿则产生黄红色孢子角(病原形态可参见图 5-2-1 苹果树腐烂病菌)。此病能导致枝干或整株果树死亡。

(3)发生规律　桃腐烂病病菌,以分生孢子器、菌丝等在树干患部越冬。3～4 月份,分生孢子角从表皮下的分生孢子器内涌出,凭借风、雨和昆虫等传播。病菌一般从伤口侵入,菌丝在表皮下扩展,被害部位有胶质溢出。此病与冻害有关。树体受冻后,病菌从冻伤口直接侵入,引致发病。

(4)防治方法

1)对果树加强综合管理,以提高树体的抗病力。

2)结合整形修剪,及时清除病株、病枝,以减少病原菌。

3)在春、秋季病菌孢子散发期,可对树体喷布 1∶1∶160 的波尔多液或 0.3～0.5 °Be 石硫合剂,能减少发病。

## 5.2.21　樱桃叶片穿孔病

穿孔病是甜樱桃叶片最常见的病害,包括细菌性穿孔病病原菌 *Xanthomonas pruni*. 和真菌性穿孔病原菌 *Blumeriella jaapii* 和 *Cercospora circumscissa*。细菌性穿孔病发生较普遍,严重时引起早期落叶。真菌性穿孔病种类较多,分布也广,主要有霉斑穿孔病、褐斑穿孔病、斑点穿孔病。

### 5.2.21.1　细菌性穿孔病

(1)症状　该病可以为害叶片、新梢及果实。叶片受害时,初期产生水渍状小斑点,后逐渐扩大为圆形或不规则形状,呈褐色至紫褐色,周围有黄绿色晕圈,天气潮湿时,在病斑背面常溢出黄白色黏质状的菌脓。病斑脱落后形成穿孔,或仍有一小部分与健康组织相连。发病严重时,数个病斑连成一片,使叶片焦枯脱落。

为害枝梢时,病斑有春季溃疡和夏季溃疡两种类型。春季溃疡斑:春季展叶时,上一年抽生的枝条上潜伏的病菌开始活动为害,产生暗褐色水渍状小疱疹,直径 2 mm 左右,以后扩大到长 1~10 cm,宽不超过枝条直径的一半;春末夏初,病斑表皮破裂,流出黄色菌脓。夏季溃疡斑:夏末,于当年生新梢上,以皮孔为中心,形成水渍状暗紫色斑,圆形或椭圆形,稍凹陷,边缘水渍状,病斑很快干枯。

为害果实时,初期产生褐色小斑点,后发展为近圆形、暗紫色病斑。病斑中央稍凹陷,边缘呈水渍状,干燥后病部常发生裂纹。天气潮湿时病斑上出现黄白色菌脓。

(2)病原　细菌性穿孔病是由黄单胞杆菌属的细菌 *Xanthomonas campestris* pv. *prumi* (Smith)Dye. 侵染引起的。革兰氏染色为阴性反应。菌落为黄色,圆形,边缘整齐。

(3)发生规律　细菌性穿孔病的病原细菌主要在春季溃疡斑内越冬,翌春抽梢展叶时细菌自溃疡斑内溢出,通过雨水传播,经叶片的气孔、枝条及果实的皮孔侵入,幼嫩的组织易受侵染。叶片一般于 5~6 月份开始发病,雨季为发病盛期。春季气温高、降雨多、空气湿度大时发病早而重。夏秋雨水多,可造成大量晚期侵染。具有潜伏侵染特性,在外表无症状的健康枝条组织中也潜伏有细菌。

(4)细菌性穿孔病的防治

1)加强栽培管理,增强树势,提高植株的抗病能力。

2)结合冬季修剪,彻底剪除病枯梢,清扫落叶、落果,集中深埋或烧毁,以减少越冬菌源。

3)春季发芽前喷 1∶1∶100 的波尔多液或 5 °Be 石硫合剂,或 45% 的石硫合剂晶体 10 倍液,杀死树皮内潜伏的病菌。5~6 月份喷布 60% 代森锌 500 倍液。硫酸锌石灰液(硫酸锌 0.5 kg、消石灰 2 kg、水 120 kg 混匀)和琥珀酸铜 100~200 倍液,可有效地防治细菌性穿孔病。

### 5.2.21.2　霉斑穿孔病

(1)症状　该病可以为害叶片、枝梢、花芽及果实。叶片上病斑近圆形或不规则形,直径 2~6 mm。病斑中部褐色,边缘紫色。最后病斑脱落,叶片穿孔。发病后期,空气湿度大时,病斑背面长出灰黑色霉状物,为病菌的分生孢子梗和分生孢子。枝梢被害,以芽为中心形成长椭圆形黑色病斑,边缘紫褐色。病斑长 3~12 mm。病斑流胶,有时枯梢。果实受害后形成褐色凹陷病斑,边缘呈红色。

(2)病原　霉斑穿孔病是由半知菌亚门的 *Clasterosporium carpophilum*(Lev.)Aderh. 引起的,病菌以菌丝或分生孢子在病梢或芽内越冬,翌年春季产生孢子经雨水传播,侵染幼叶、嫩梢及果实,病菌在生长季内可以多次再侵染,多雨潮湿是引起发病的主要条件。

(3)防治措施

1)要注意栽培管理,增强树势,提高树体的抗病能力。

2)冬剪时彻底剪除病枯枝,清扫落叶、落果,集中销毁,减少越冬菌源。

3)甜樱桃萌芽前,喷布 1∶1∶100 波尔多液或 5 °Be 的石硫合剂或 45% 石硫合剂晶体 10 倍液,杀死越冬病菌。5~6 月份喷 65% 的代森锌 500 倍液。每 7~10 d 喷 1 次,连喷 3~4 次。

### 5.2.21.3　褐斑穿孔病

(1)症状　该病可以为害叶片、新梢和果实。叶片受害初期,产生针头状大小带紫色的斑点,逐渐扩大为圆形褐色斑,边缘红褐色或紫红色,直径 1~5 mm。病斑两面都能产生灰褐色霉状物。最后病部干燥收缩,周缘与健康组织脱离,病部脱落,叶片穿孔,穿孔边缘整齐。新梢和果实上的病斑与叶片上的病斑类似,空气湿度大时,病部也产生灰褐色霉状物。

(2)病原及发病规律　褐斑穿孔病是由 *Crcosport circumscissa* Sacc. 引起的。病原菌主要是以菌丝体在病叶、枝梢内组织中越冬,翌春气温回升时形成分生孢子,借风雨传播,侵染叶片、新梢和果实。此后,病部多次产生分生孢子,进行再侵染。病菌在 7~37℃ 均可发育,适温为 25~28℃。低温多雨利于病害的发生和流行。

(3)防治方法

1)加强栽培管理,增强树势,提高树体抗病能力。

2)冬剪时彻底剪除病枯枝,清扫落叶、落果,集中销毁。

3)萌芽前喷 1∶1∶100 波尔多液,或 5 °Be 的石硫合剂,或 45% 石硫合剂晶体 10 倍液。落花后喷 70% 代森锰锌可湿性粉剂 500 倍液,或 70% 甲基托布津可湿性粉剂 1 000 倍液,或 75% 百菌清可湿性粉剂 800 倍液,5~6 月份喷 65% 代森锌 500 倍液。每 7~10 d 喷 1 次,连喷 3~4 次。

### 5.2.21.4　斑点穿孔病

(1)症状　该病主要为害叶片。叶片受害后病斑近圆形,直径 2~3 mm,褐色,边缘红褐色或紫褐色,上生黑色小点,为病菌的分生孢子器。最后病斑脱落穿孔。

(2)病原　斑点穿孔病是由半知菌亚门的 *Phyllostica persicae* Sacc. 引起的。病菌主要以分生孢子器在落叶中越冬,翌春产生分生孢子,借风雨传播。

(3)防治方法

1)加强栽培管理,增强树势,提高树体抗病力。

2)彻底清扫落叶,集中销毁。

3)发芽前喷布 1∶1∶100 的波尔多液,或 5 °Be 的石硫合剂,或 45% 石硫合剂晶体 10 倍液,杀死越冬病原。5~6 月份喷 65% 代森锌 500 倍液。

## 5.2.22　樱桃根癌病

(1)症状　根癌病是根部肿瘤病。肿瘤多发生在表土下根茎部和主根与侧根连接处或接穗与砧木愈合处。病菌从伤口侵入,在病原细菌刺激下根细胞迅速分裂而形成瘤肿,多为圆形,大小不一,直径 0.5~8 cm,幼嫩瘤淡褐色,表面粗糙,似海绵状,继续生长,外层细胞死亡,颜色加深,内部木质化形成坚硬的瘤。患病的苗木或树体早期地上部分不明显,随病情扩展,肿瘤变大、细根少,树势衰弱,病株矮小,叶色黄化,提早落叶,严重时全株干枯死亡。

(2)病原　*Agrobacterium tumefaciens* (E. F. Smith & Townsend) Conn. 称根癌土壤杆

菌,属土壤野杆菌属细菌。病菌有三个生物型,Ⅰ型和Ⅱ型主要侵染蔷薇科植物,Ⅲ型寄主范围较窄只为害葡萄和悬钩子等植物。北方导致樱桃根癌病的菌株,属生物Ⅰ型和Ⅱ型。菌体短杆状,大小为(1.2～3) $\mu m \times$(0.4～0.8) $\mu m$,能游动,侧生1～5根鞭毛,革兰氏染色阴性,氧化酶阳性,在营养琼脂培养基上,产生较多的胞外多糖,菌落光滑无色,有光泽,有些菌株菌落呈粗糙形,好氧,适宜生长温度25～30℃,最适pH 7.3,适应pH 5.7～9.2。该菌除为害樱桃外,还为害葡萄、苹果、桃、李、梅、柑橘、柳、板栗等93科643种植物。

(3)传播途径　根癌菌是一种土壤习居菌,细菌单独在土壤中能存活1年,在未分解病残体中可存活2～3年。雨水、灌水、地下害虫、修剪工具、病组织及有病菌的土壤都可传病。低洼地、碱性地、黏土地发病较重。

(4)防治方法

1)禁止调入带病苗木,选用无病苗加强果园管理,增强树势提高抗病能力,增施有机肥料,使土壤呈微酸性。耕作时,不要伤及根茎部及根茎部附近的根。

2)化学防治　定植前,用$K_{84}$菌处理根系防治根癌病效果很好。感病植株刮除肿瘤后用$K_{84}$涂抹病部根系,也可用$K_{84}$菌水灌根。

## 5.2.23　枣锈病

(1)症状　枣锈病主要为害枣叶,使叶背故生淡绿色小点,逐渐变为灰褐色癞斑,在叶脉两侧为不规则形状。以后病部凸起,呈黄褐色(夏孢子堆),最后散发出夏孢子;叶正面呈花叶状,灰黄色,严重时引致落叶。冬孢子堆,一般在树叶脱落后发生较多,为黑色,比夏孢子堆小。

(2)病原　为枣多层锈菌 *Phakopsora ziziphivulgaris* (P. Henn.)Diet. 属担子菌亚门真菌。夏孢子球形或椭圆形,淡黄色至黄褐色,单胞,表面密生短刺,大小为(14～26) $\mu m \times$(12～20) $\mu m$。冬孢子长椭圆形或多角形,单胞,平滑,顶端壁厚,上部栗褐色,基部淡色,大小(8～20) $\mu m \times$(6～20) $\mu m$。

(3)发病规律　枣芽中多年生菌丝是此病病菌越冬源之一。雨水多,果园湿度大时,此病发病多。一般在6月下旬至7月上旬雨量大和降雨次数多时,有利于此病发生。

(4)防治方法　如当年雨水多,应从6月10日前后开始,每隔10～15 d喷一次1:3:200的石灰过量式波尔多液,连续喷2～3次。在干旱年份,在6月上中旬喷一次1:3:200的石灰过量式波尔多液即可。

## 5.2.24　枣疯病

枣疯病又名枣丛枝病、公枣树。在北方各枣区均有发生,危害相当严重,能造成枣树大量死亡。

(1)症状　枣树不论幼苗和大树均可受侵染发病。病树主要表现为丛枝、花叶和花变叶3种特异性的症状。

丛枝　病株的根部和枝条上的不定芽或腋芽大量萌发并长成丛状的分蘖苗或短疯枝,枝多枝小,叶片变小,秋季不落。

花叶　新梢顶端叶片出现黄、绿相间的斑驳,明脉,叶缘卷曲,叶面凹凸不平、变脆。果小、窄,果顶锥形。

**花变叶**　病树花器变成营养器官,花梗和雌蕊延长变成小枝,萼片、花瓣、雄蕊都变成小叶。病树树势迅速衰弱,根部腐烂,3～5 年内就可整株死亡。

(2)病原　类菌原体 *Mycoplasma like* Organism,简称 MLO。据目前研究报道,引起枣疯病的病原可能是类菌原体和病毒混合侵染所致,而以前者为主。

(3)发病规律　该病有两条传播途径。①媒介昆虫。主要有凹缘菱纹叶蝉 *hishimonoides selletus* Uhler、橙带拟菱纹叶蝉 *hishimonoides surifaciales* Kuoh 和红闪小叶蝉 *Typhlocyba* sp. 等,它们在病树上吸食后,再取食健树,健树就被感染。传毒媒介昆虫和疯病树同时存在,是该病蔓延的必备条件。橙带拟菱纹叶蝉以卵在枣树上越冬;凹形菱纹叶蝉主要以成虫在松柏树上越冬,乔迁寄主有桑、构、芝麻等植物。②嫁接。芽接和枝接等均可传播,接穗或砧木有一方带病即可使嫁接株发病。嫁接后的潜育期长短与嫁接部位、时间和树龄有关。病原进入树体先运至根部,增殖后又从下而上运行到树冠,引起疯枝,小苗当年可疯,大树多半到翌年才疯。病原通过韧皮部的筛管运转。病枝中有病原,病树健枝中基本没有。生长季节,病枝和根部都有病原,休眠季节末(3～4 月份),地上部病枝中基本没有病原,而根部一直有病原。病原可能在根部越冬,第二年枣树发芽后再上行到地上部。发病时间较集中在 6 月份。

(4)防治方法

1)引进苗木严格检疫　严格选择无病砧木、接穗和母株作为繁殖材料。同时在苗圃实行检疫,淘汰病苗。在无病区建立无病苗木。同时注意选用抗病性强的品种,据调查金丝小枣易感病,腾号红枣较抗病,交城醋枣免疫。

2)及早铲除病株　刨除重病树,要刨净根部,如有根菌,用草甘膦等杀灭。只有小枝发病的轻病树,在树液向根部回流前,从大分枝基部砍去或环剥,阻止病原向根部运行,连续进行 2～3 年。

3)加强栽培管理　增施有机肥和磷、钾肥,缺钙土壤要追施钙肥,增强树势,提高抗病能力。清除杂草及树下根蘖来杜绝媒介昆虫的繁殖与越冬。

4)防治传毒叶蝉　新建枣园附近最好不栽松、柏,严禁与芝麻间作。药剂防治:根据虫情测报,一般在 4 月下旬(枣树发芽时)、5 月中旬(开花前)、6 月下旬(盛花期后)和 7 月中旬喷洒有机磷剂和拟除虫菊酯制剂防治害虫。注意不要单一用药,有机磷农药和菊酯类农药轮流使用,喷药后遇雨补喷。

5)病树治疗　①枣树落叶至发芽前,在病树主干距地面 20～30 cm 处,用手锯环锯 1～3 圈,锯环要连续,深度一致,锯透树皮而不要伤及木质部太深,以阻断类菌原体向地上部运转;②枣树发芽前彻底去除病枝,要求疯小枝、锯大枝,即不仅去除疯枝,而是将着生疯枝的基枝锯除。对重病树可挖开根蘖基土层,使根基部暴露,用手锯进行环锯,或将与病枝同一方位的侧根乃至全部侧根从基部切断,以去除病。

**可试用四环素灌根**　即在枣树生长期(4～8 月份),将根部钻孔后滴注每升 800 μL 的四环素 500 mL。

**树干灌注土霉素**　方法是在树干基部(或中下部)的两侧,垂直相距 10～20 cm,各钻一个深达髓心的孔洞,用特制的高压注射器向孔内缓慢注入土霉素(每毫升含土霉素 1 万单位),注入的药量依干周的大小而不同。例如干周长大于 30 cm 的树,注入 300～400 mL,防治效果很好,1 年内病不复发。

## 5.3  城市行道树病害

### 5.3.1  杨叶黑斑病

杨树黑斑病又名黑点病、褐斑病、角斑病、黑叶病、黑苗病、秃尖、早期落叶病、梢枯病、枯萎病。

本病分布很广。能为害杨属（*Populus* L.）的许多树木，如小叶杨（*Populus simonii* Carr.）、小青杨（*P. pseudo-simonii* Kitagawa）、青杨（*P. cathayana* Rehd.）、苦杨（*P. laurifolia* Ledeb.）、大青杨（*P. ussuriensis* Korrlar.）、辽杨（*P. maximowiczii* Henry）、西伯利亚白杨（甜杨）（*P. suaveolens* Fisch.）、香杨（*P. koreana* Rehd.）、兴安杨（*P. hsinganica* Wang et Skv.）、黑龙江杨（*P. amurensis* Komalov）、哈青杨（*P. harbinensis* Wang et Skvortzov）、中东杨（*P. berolinensis* Dipp.）等。

（1）症状  本病能为害各种杨树的幼苗、幼树和大树的叶片，形成黑点、黑斑、角斑、褐斑、黑叶、黑苗、枯梢、秃尖等多种病状，导致早期落叶。发病率和造林死亡率常因树种、树龄、造林方式、立地条件不同而有明显的差异。

在进行小叶杨实生苗繁殖时，自幼苗出土后至正常落叶期前均能受害。通常自真叶长出3～4片时开始发病，先自叶背面出现黑点，进而扩大形成黑斑，至7～8月份雨季来临时，黑斑相互连片，叶正面也出现类似症状，叶片迅速变黑干枯而脱落，受害严重的植株，全株形成光杆，梢部干枯，部分苗木当年或次年造林前死亡。如果气候、土壤条件适宜，苗木在子叶期即能受害，造成毁灭性的损失。在进行小青杨或青杨插条育苗的情况下，发病期虽然延至7月上旬至10月上旬，但在雨季来临，苗行内小气候空气湿度增高时，症状发展也十分迅速，病叶中占植株80%～90%的叶片提早30～60 d脱落，严重影响苗木的正常生育。

各种青杨派和少数黑杨派杨树的幼树和大树，其发病期、发病程度、症状特征与小青杨插条苗有不同程度的差异。例如小青杨、小叶杨、哈青杨、中东杨、香杨、黑杨等，由于树种不同，病斑形成黑点、黑斑、褐斑、角斑、黑叶等症状。其中，幼树病斑发展较快，大树病斑发展较慢，青杨派杨树症状出现较早，病斑发展较快，黑杨派杨树症状出现较晚，病斑发展较慢，发病较重的树木，占树冠1/2～1/3的叶片提早20～40 d脱落，对树木生育也有一定的影响。

（2）病原  病原菌隶属于不完全菌类，黑盘孢目，黑盘孢科，盘二孢菌属（盘二孢属）。病原学名 *MArssonina populicola* Mirara（杨生盘二孢）分生孢子盘暗色，初埋生，成熟时多少突出于叶表面，直径200.0～256.0 μm；分生孢子生于分生孢子梗层上，单生，卵形至长椭圆形，无色，两孢，上孢大，钝圆，下孢小，略尖，（12.5～21.5）μm×（3.8～7.0）μm，孢子内含油球2～3个（图5-3-1）。病原菌侵染的适宜气温为22～25℃，成熟的分生孢子在落地病叶上越冬，为翌年初次发病的侵染来源。

流行条件调查和试验研究证明，空气相对湿度和土壤含水量大小是影响病害流行的主要诱因，而寄主植物本身的抗病性强、弱，则是决定病害是否流行的关键，在育苗技术措施中，凡

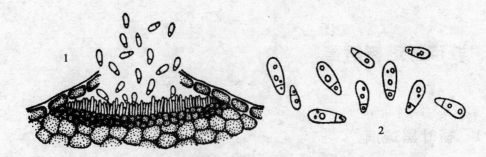

**图 5-3-1　杨生盘二孢**

1.分生孢子盘纵切面　2.分生孢子放大

直接影响土壤含水量的因素,都能导致黑斑病的流行。造林密度大(郁闭度、疏密度在 0.8 或 0.9 的密林地)和播种量大的苗圃地,通常比通风透光比较良好的疏林地(例如垄播、垄插条、林粮间种等)发病重。

在树种抗病性方面,小叶杨实生育苗或造林,不仅在幼苗期年年遭到黑斑病的毁灭性损失,而且在幼林期或成林期发病率和感染指数都比较高。小青杨、青杨插条育苗,虽然发病率或感染指数也较高,但一般不致造成毁灭性的损失。欧美杨,以及用引进的欧美杨与当地品种杂交所获得的优良品种有较高抗性。

(3)防治方法　由于杨树的种和品种甚多,各地区除了选育出一些适宜当地生长条件的优良品种外,也或多或少地保留着一些属于"乡土树种"的老品种;这些地方品种,或多或少具有一定的优良性状,群众喜爱,适宜当地普遍种植。同时,从预防病虫等自然灾害出发,多品种要比单一品种可靠。因此,防治杨叶黑斑病的重点,除了结合多种叶斑性病害的防治,着重从选育抗病性优良品种入手外,也要从多品种的需要出发,采用其他综合性的防治措施。

1)选用抗病、速生、优质的良种。

2)注意苗圃地的选择,要特别注意选择排水良好的沙壤土地作苗圃,在土质黏重的地区,苗圃地应掺沙改良,或加强排灌设施。

3)实行合理密植,改善圃地的环境卫生。经常保持圃地环境卫生,清除枯枝落叶,疏松土壤等育苗技术措施,减轻黑斑病的发生。苗圃地实行轮作或倒茬、造林地实行不同树种混交。清除越冬病原菌,结合营林技术措施或综合利用,于秋末落叶期或春季起苗期,实行秋翻和春翻圃地,将大量病叶翻埋入土壤深层,减少多种叶斑性病害次年的初次侵染来源。

4)药剂防治:凡有条件实行药剂防治的地方,可采用 0.2%～1.0% 的代森锌(含有效成分为 65%)、0.2%～1.0% 的福美铁(含原粉 100%)、1:1:240 或 1:1:160 的波尔多液,向叶背面喷洒,有一定的防治效果。

## 5.3.2　落叶松、杨锈病

落叶松、杨锈病又名杨树锈病、黄粉病、锈病、叶锈病。

据调查和人工接种实验证明,本病原菌的性子器和裸锈子器时期(0、I)寄生在落叶松属(*Larix* Mill.)植物上,已记载的有落叶松(兴安落叶松)[*Larix gmelini* (Rupr.) Kuzenneva]、黄花松(朝鲜落叶松)(*L. koreana* Nakai)、日本落叶松[*L. leptolepis* (Sieb. et Zucc.)Gord. ]、红杉(太白落叶松)(*L. potaninii* Batalin)等;夏孢子和冬孢子时期(II、III)寄生在杨属植物上,已记载的有小叶杨、小青杨、青杨、大青杨、中东杨、香杨、辽杨、加拿大杨、钻天杨、黑杨、河北杨、西伯利亚白杨(甜杨)、云南白杨以及亲缘关系较近的许多杂交类型。

(1)症状 夏孢子时期发生在黑杨派和青杨派杨树的叶背面,感病或高度感病植株,有时也发生在叶正面。发病初期,叶正面稍稍出现不明显的退色斑,3~5 d后,叶背面先出现小型粉堆群聚增多,陆续形成大小不等的鲜橘黄色粉堆,即病原菌的夏孢子堆。夏孢子堆的大小或疏松程度、色泽依不同的杨树种(品种或类型)的感病性程度、叶脉或叶组织的构造而有所不同。属于感病类型的中东杨、小叶杨、小青杨等,夏孢子堆大而多,群聚疏松,色泽比较鲜艳,严重时叶正面也出现类似的夏孢子堆,整个植物的叶片上,布满鲜橘黄色的黄粉,远看一片橙黄,似火烧状。香杨的孢子堆较大,紧密,色稍淡;抗病类型的加拿大杨、钻天杨、黑杨等,夏孢子堆一般小而紧密,通常散生,不明显。平茬后的丛萌枝叶,夏孢子堆稍大而多些,通常不发生在叶正面。7月中旬至10月下旬,叶正面表皮下,陆续出现红褐色至深栗褐色痂疤状斑,即病原菌的冬孢子堆,痂斑大小,也依不同树种有很大差异。感病树种,几乎整个叶片上面布满深栗褐色冬孢子堆,表皮稍稍隆起呈栗褐色,发病严重的植株,病叶失水变干而卷曲,较正常叶片提早1~2个月甚至2.5个半月脱落,苗圃或林地,树冠光秃,部分苗木干梢甚至死亡,大部分苗木生育停滞,严重影响苗木或幼树的质量,削弱树势,为弱寄生性病虫灾害、引起树木死亡创造了条件。

病叶上的冬孢子堆,随病叶落地越冬,翌年4月下旬至5月上旬,当气温回升,每遇春雨,越冬病叶正面出现一层黄粉,为病原菌的担子孢子堆。

(2)病原 病原学名 *Melampsora larici-populina* Kleb.(松杨栅锈菌)病原菌隶属于担子菌纲,多隔担子菌亚纲,锈菌目,层生锈菌科(栅锈科),层生锈菌属(栅锈属)。本病原菌属于全孢型专性转主寄生锈菌,性子器和裸锈子器时期(0、I)寄生在落叶松属植物上,夏孢子和冬孢子时期(II、III)寄生在杨属植物上。本病原菌是我国东北地区的优势种,分布广、寄主多、危害重。性子器多发生在叶片正面退色黄斑上,其次也发生在叶背面和侧面。初期埋生,无色或稍稍淡色,成熟时或多或少突出叶表面,呈淡黄褐色或淡棕黄色,大小为(8.4~11.7) μm×(30.6~69.3) μm;性孢子淡色至无色透明,平滑,椭圆形,大小为(2.4~2.7) μm×(3.4~4.8) μm;裸锈子器无周皮,垫状,稍稍扁平,鲜橙黄色,椭圆形或近似纺锤形,高0.18~0.25 mm,宽0.48~0.63 mm;锈孢子成串连生,基细胞不明显,成熟时的锈孢子橙黄色或铁锈色,球形至广椭圆形,有时有棱角,大小为(20.4~29.2) μm×(24.8~30.6) μm。夏孢子堆多数在叶片背面,直径1.0 mm左右,夏孢子椭圆形至长椭圆形,大小为(21.8~43.9) μm×(15.6~22.6) μm。腰状部孢壁明显增厚达4.9~6.8 μm,一端无刺状疣或不甚明显,侧丝棍棒状和头状,头状部宽度18.0~25.0 μm;冬孢子堆在叶正面表皮下埋生,红褐色至深栗褐色,稍稍隆起呈皮壳状,或痂疤状,冬孢子侧壁相互密接,呈单层栅状,单个冬孢子圆筒形或三棱形,大小为(40.0~57.6) μm×(9.0~11.3) μm。淡棕褐色至褐色,发芽孔不明显(图5-3-2)。成熟的冬孢子随落地病叶休眠越冬,为翌年初次侵染的菌源。

(3)流行条件 气候条件(主要是温、湿度)对锈菌的侵染、发病有利,杨树锈病的发生、发展乃至猖獗流行与气候条件有密切的关系。根据气象观测和群众经验总结,凡是高温、干旱并常有季节性大风的年份,杨树锈病的发生期常较一般年份延迟1.5个月左右,发病率和感染指

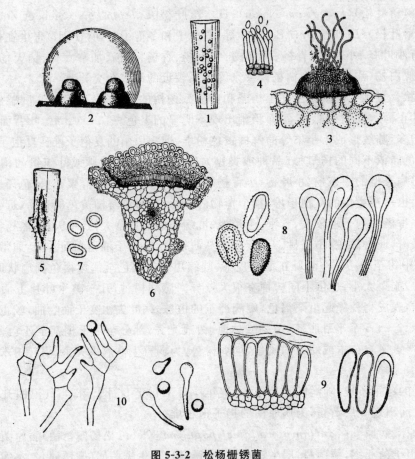

**图 5-3-2　松杨栅锈菌**

1.性孢子器的分泌液×100　　2.具有分泌液的性孢子器外观(×280)　　3.性孢子器纵切面(×400)

4.性孢子梗和性孢子(×750)　　5.裸锈子器(×100)　　6.裸锈子器纵切面(×250)

7.锈孢子(×460)　　8.夏孢子和侧丝(×800)　　9.冬孢子堆和冬孢子(×800)

10.担子、担子梗和担孢子(×800)

数也低;凡气候温和,雨量适中,并时有小阵雨的年份,杨树锈病常早期发生,并迅速蔓延,感染指数一般达 64.2～88.6。室内孢子萌芽及存活力测定结果,也证明了病原菌的萌芽与环境温湿度的关系十分密切。成熟度整齐的锈孢子和夏孢子,在相当于饱和的空气湿度下,均能迅速地萌芽,孢子萌芽率和芽管伸长度显著增高,凡悬浮在水滴中或沉积在水底的锈孢子和夏孢子,完全不能萌发,浮在水滴、水膜表面或边缘的锈孢子和夏孢子,一般只有较低的萌芽率,发芽管往往向水滴或水膜外伸出,自露出水面处产生分枝,靠近水滴和水膜的锈孢子和夏孢子,萌芽势通常较距离水滴远的为高。

　　越冬冬孢子及其担孢子的萌芽,也有与锈孢子和夏孢子萌芽相类似的情况。若将越冬冬孢子试样浸入水中,或浸水后迅速风干,越冬冬孢子均不能萌发。同样,若将人工保湿箱内自然降落在载玻片上的担孢子,一部分放入保湿二重皿内保湿萌发,另一部分作间歇保湿萌发,前者萌芽率很高,后者萌芽率很低,甚至完全不能萌发。

　　在湿度条件适宜的情况下,锈孢子萌芽的最适温度为 15～18℃,夏孢子为 18～28℃,越冬冬孢子为 10～18℃,保湿条件下的担孢子为 15～18℃(越冬冬孢子萌发后所形成的担孢子,如果不在稍低于饱和的空气湿度条件下保存,则短时间内即丧失成活力);如果湿度条件不变,锈孢子萌芽的最低、最高温度极限为 6℃和 31℃,夏孢子为 10℃和 38℃,越冬冬孢子为 2℃和 28℃,担孢子为 2℃和 37℃。孢子萌发实验表明,各种孢子萌发对温度、湿度条件的反应与东北地区自然发病对温度、湿度的反应是一致的。

感病或高度感病树种大量存在:杨树种类甚多,各类杨树对各种杨锈菌的感病性程度各不相同,根据我们在东北各地采集调查和在室内、温室、田间实验研究的结果,银白杨(P. alba L.)、毛白杨(P. tomentosa Carr.)、新疆杨(P. bolleana Louche)等白杨派杨树虽对白杨锈菌(Melampsora rostupii Wagn.)为感病或高度感病树种,而对落叶松、杨锈菌(M. larici-popu-lina Kleb.)则为免疫或高度抗病树种。与白杨、山杨相反,杨树中分布数量最多、分布最广的青杨派和黑杨派杨树,如小叶杨、小青杨、青杨、香杨、中东杨、加拿大杨、黑杨及其亲缘关系较近的杂交类型,如钻天杨×中东杨、钻天杨×小青杨、黑杨×中东杨、中东杨×加拿大杨、钻天杨×小叶杨等只感染松杨栅锈菌,对白杨锈菌和落叶松、山杨锈菌则为免疫或高度抗病类型。以上说明,杨树的不同种或类型,对其相适应的杨锈菌种类,具有比较明显的寄生专化性。在各派杨树中,不同品种或类型的杨树,对同一种杨锈菌的感病性,也往往存在明显的差异。以松杨栅锈菌为例,根据"锈病分级记载标准",可将各杨树种的感病或抗病性差异分为以下四类。

第一类:免疫或高度抗病类型。

对松杨栅锈菌而言、属于第一类的树种有:毛白杨、银白杨、新疆杨、山杨及其亲缘关系较近的杂交类型:发病级为 0 级。

第二类:抗病或高度抗病类型。

属于第二类的树种有:加拿大杨、钻天杨、黑杨及其杂交类型,感染指数一般在 25.0 左右,发病级为一级。

第三类:感病类型。

属于第三类的树种有:小叶杨、小青杨、青杨、香杨、西伯利亚白杨(甜杨)及其杂交类型,感染指数通常在 70.0 左右,发病级为二级或三级。

第四类:高度感病类型。

属于第四类的树种有:中东杨及其杂交类型,感染指数常高达 80.0 以上,发病级为四级。

(4)防治方法

1)选育优质、速生并具有抗病特性的良种:针对杨树分布范围广,栽培面积大,各类杨树对不同的杨树锈菌具有较强的寄生专化性等特点,防治杨锈病最经济又切实可行的途径应该是大力推广选育优质、速生并具有抗病特性的优良品种,从提高寄主植物本身的免疫力入手,达到一劳多得,投资少,见效快的治本目的,在这方面,国外已有很多成功的实例。对锈病有抵抗性的杨树有:P. deltoides、P. laevigiata、P. nigra car. betnlifolia、P. regenerata、P. marilan-dica、P. gelria 等。

2)注意合理间隔中间寄主落叶松属和本寄主杨属植物的栽培距离,使具有转主寄生特性的锈菌侵染链受到空间距离不小于 5 000 m 远的气流障碍,从而降低松杨栅锈菌担孢子的初次侵染能力。

3)结合营林技术措施,清除越冬病原菌:如上所述,杨树叶片上当年形成的冬孢子,随落地病叶休眠越冬,翌年作为病原菌的初次侵染来源。清除或处理越冬病叶,就能清除或减轻越冬病原的隐患。

4)在有条件进行化学防治的幼林地或苗圃,可适当采用预防剂或治疗性内吸剂作为辅助的防治措施。

自每年发病季节前7～10 d至8月中下旬止,采用预防性的波尔多液(1∶1∶240,1∶1∶160,1∶1∶1∶00),每7～10 d向杨树叶背面喷药一次,喷药后1～2 d,如遇大雨或暴雨,再重复补喷一次,有一定的预防效果。

采用25％粉锈宁1 000倍液向杨树叶背面喷射,有良好的治疗效果。

5)苗圃地和造林地应实行合理密植,在有条件的苗圃地或造林地,可实行林粮间种或套种,也可以实行不同树种或不同品种隔行隔带搭配间种,能减轻杨锈病和其他病害的发生,控制病害的蔓延和流行。

## 5.3.3　白杨锈病

白杨锈病别名黄锈病、黄粉病、叶锈病、芽锈病、黄斑病、枯梢病。

国内分布于辽宁、河北、北京、河南、山东、陕西、新疆、广西、四川、贵州、云南等省区;国外分布于欧洲(前苏联、英国、荷兰)。

本病主要为害毛白杨,也为害白杨派的其他杨树和杂交类型,如银白杨、新疆杨(*P. bolleana* Louche)、毛白杨×响叶杨、银白杨×新疆杨、毛白杨×新疆杨等。不为害青杨派和黑杨派的杨树。东北各省白杨派杨树分布甚少,只见引种、育种试验场圃的少量毛白杨、银白杨和新疆杨发生白杨锈病、山杨以及黑杨派、青杨派的各种杨树和杂交类型,均不感染白杨锈病。

(1)症状　主要为害苗木和幼树。发生在嫩茎、小枝梗、叶柄和叶片上。发病初期,常常在幼芽刚刚萌动和放叶时,新梢上就出现密集的黄粉堆,即病原菌的夏孢子堆。展叶后,黄粉堆多集中在嫩叶上,其次在叶柄或枝梢的嫩茎上,孢子堆通常较大,颜色鲜艳,圆形、纺锤形至长纺锤形,(4.6～6.5) mm×(2.0～3.5) mm不等,在林地上,先形成中心病株,再向四周扩散蔓延,受害严重的林木或苗木叶片上,黄粉堆叠叠,叶片卷曲,提早脱落,形成枯梢。由于本病发病期早,发病时间长(5～6个月),并多发生在嫩叶、嫩茎(梢)部,对苗木和幼树的生育影响很大。

(2)病原　病原学名 *Melampsora rostrupli* Wagn. 白杨锈病菌(拟)(杨栅锈菌),病原菌隶属于担子菌纲,多隔担子菌亚纲,锈菌目,层生锈菌科(栅锈科),层生锈菌属(栅锈属)。病原菌的性子器、锈子器和冬孢子时期(0、Ⅰ、Ⅲ)尚不明确。夏孢子的形态,据显微镜检查,夏孢子多呈球形至广椭圆形,有时有棱角,(17.0～25.8) $\mu m$×(13.6～20.4) $\mu m$,孢壁无色,厚度均匀,2.7～3.4 $\mu m$,孢壁表面疣状突起较少,疣间距离为1.8～2.9 $\mu m$,夏孢子间混生头状或棍棒状侧丝,多半呈头状,有时近似棍棒状,头状部大小为(16.8～30.6) $\mu m$ (29.6～44.5) $\mu m$,侧丝上部壁厚3.0～5.8 $\mu m$ (图5-3-3)。

(3)流行条件　在毛白杨为主的杨树分布区域,幼林内中心病株的数量是病害流行的重要因素。由于病原菌能以菌丝状态在白杨的部分冬芽或嫩梢组织中越冬,翌年冬芽萌动时,首先在嫩梢部分形成夏孢子堆,向中心病株的下部叶片和附近植株扩散蔓延,因此,中心病株的存在和数量是白杨锈病发生或流行的重要根源。在中心病株存在数量不少于5％的情况下,如

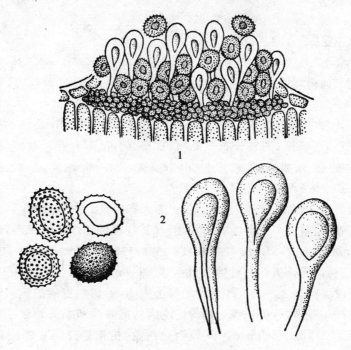

**图 5-3-3  白杨锈病菌**

1.夏孢子堆纵切面  2.夏孢子和侧丝放大

果气候条件适宜(气温在 18～25℃,空气相对湿度稍低于饱和湿度,时有小雨),容易导致白杨锈病的流行。

(4)防治方法  根据白杨锈菌主要以菌丝状态在病芽或病组织内潜伏越冬,翌年重复侵染,形成发病中心病株的特点,防治方法应以早期发现中心病株,消灭初次侵染病原为重点,结合选育抗病品种、药剂早期防治中心病株等三方面入手。

1)早期发现中心病株,消灭初次侵染病原:在以白杨为主要栽培树种的地区,于每年发病初期(3～4 月份),指定专人负责,经常深入林地,巡回检查,及时剪除病枝,摘除病叶、病芽,就地埋入土中或集中沤肥造肥,就能从早期发现中心病株根本上控制病原菌的扩散蔓延。

2)选育抗病、速生优良树种,避免树种单一,实行多品种或多树种搭配种植,是今后营林、造林,综合防治病虫等自然灾害的一项重要措施。国内外的很多造林经验证明,树种过分单一,无论从林学或植保的角度来说,都是不适宜的。例如白杨锈病,专为害各种白杨派杨树及其杂交类型,而青杨、黑杨派的各种杨树对白杨锈病是高度免疫的,如果能结合各地区的气候和土壤条件,从抗病或高度抗病类型中选育良种,就能一举多得,显著见效,相反营造单一的毛白杨片林,一旦中心病株出现,气候适宜,就容易造成灾害。

3)结合中心病株的早期发现,对中心病株和中心病株附近的植株,实行重点喷药防治,选用的药剂有 1% 石灰多量式波尔多液。1:400 倍或 1:500 倍代森锌液;0.1～0.5 °Be 石硫合剂。1:20 倍石灰水。25% 粉锈宁 1 000 倍液向杨树叶背面喷射,有良好的治疗效果。

### 5.3.4  杨树烂皮病

杨树烂皮病别名杨树腐烂病、腐皮病、臭皮病、溃疡病、干癌病、黄丝、黑疹、出疹子、鸡皮疙瘩。

本病分布甚广,国内发生于辽宁、吉林、黑龙江、河南、河北、山东、山西、青海、宁夏、新疆、云南、四川、贵州、甘肃等省区;国外分布于亚洲(日本、朝鲜、叙利亚)、欧洲(前苏联、波兰、捷克、斯洛伐克、罗马尼亚、保加利亚、匈牙利、南斯拉夫、奥地利、瑞典、芬兰、英国、德国、意大利)、北美洲(美国、加拿大)等世界各国。

主要为害杨属的许多种、品种和杂交类型,也能为害柳属的许多树种。

杨树烂皮病分布广,是一个世界性的病害,但就其危害性和损失情况看,国内外均有不同的看法和反映,Benben(1957)认为,本病在波兰是杨树幼树最大的病害之一。Kesselhuth (1953)认为,本病在德国是杨树的一种毁灭性病害。Gyorfi(1954、1957)认为,本病在匈牙利是杨树上两种主要溃疡类型之一。这些学者的看法表明,杨树烂皮病的危害和所造成的损失是十分严重的。另外一些学者,进一步对杨树烂皮病的危害性和损失程度进行了具体的分析和研究。Schmidle(1953)和 Kochman(1958)明确指出,杨树烂皮病只能侵染生长衰弱的杨树,病菌自伤口侵入后,先存活在死亡的组织上,分泌毒素或在环境适宜时才成为寄生性病害。

在国内,很多人认为:杨树烂皮病是一个毁灭性的大病害,一旦发生,往往来不及治疗就使大片林木或苗木遭致死亡,这种看法,虽然反映了杨树烂皮病在一定的发病条件下,确实具有毁灭性的危害现象,但还没有抓住病害发生、发展以至猖獗流行的根本原因,使防治工作总是处于被动、无效的状态。

(1)症状  杨树烂皮病的症状可分为枯梢型与干腐型两种类型。东北各省,多属于干腐型,发生于主干、大侧枝和树干分叉处,枯梢型比较少见。在青海省东部,枯梢型和干腐型都有发生。

枯梢型:症状发生于树梢和枝梢上,诱病因素多由于干旱风、虫害、机械伤所致,患部由褐色变黑色,树皮失水干裂,易与木质部脱离,病皮上散生黑色、灰白色小疹点,即病原菌无性世代之分生孢子器。

干腐型:干腐型烂皮病又可分为干基腐和干腐两类。

1)干基腐  干基腐的诱因,多由于干基部遭受冻害、日灼或水淹引起,也由于牲畜啃咬、人工作业或机械伤害所致。发病初期,树干基部韧皮部由淡黄褐色变黄褐色,通常在西南面或南面有1~2块病斑出现。在病斑逐渐扩展的情况下,树干基部有纵裂、缢缩、下陷等坏死斑痕出现,韧皮部呈深黄褐色至黑褐色,患部皮面长出病菌的分生孢子器(鸡皮疙瘩)和孢子角(黄丝)。由于病斑切断了根部和树干中上部的输导组织,根际萌生一至多个萌生条,树冠展叶晚或不展叶,展开的叶片色淡而瘦小,趋于凋萎死亡状态。

2)干腐  在立地条件和气候条件很不适宜杨树生长的情况下,通常发生干腐型烂皮病。光皮树种往往在患部透出褐色、灰褐色水渍状病斑,初期微微隆起,病、健组织交接明显,粗皮树种不显病斑。当寄主生长特别衰弱,空气湿度较大时,病组织迅速坏死,变软而腐烂,手压之,有褐色液汁流出,有浓厚的酒糟气味。后期,病组织因失水干缩下陷,并自表皮下出现多数针头状的突起,即病原菌的分生孢子器。分生孢子器将近成熟时,突破上皮层,顶端露出皮面,呈黑色或淡褐色。每逢阴雨和空气湿度较大时,从分生孢子器内,溢出混有分生孢子的黏稠物,呈不同粗细的角状,即病原菌的孢子角。孢子角初呈淡色,以后呈枯黄色至赤褐色,遇空气湿度较大的天气,孢子角继续伸长,形成卷曲而细长的丝状物(群众称为黄丝),借助于风雨传播。患部树皮的韧皮部或内皮层,常呈褐色或暗褐色,糟烂如麻状。皮下 0.2～0.5 mm 厚度的木质部,有时也变成褐色。6 月初,有性世代的子囊壳开始形成。先自病部皮下凸出褐色、灰褐色或紫褐色斑块,以后逐渐形成暗紫褐色至紫黑色的隆起斑,表皮下密生许多细小的小黑粒,即病原菌的子囊壳。

(2)病原 病原学名有性世代为 *Valsa sordida* Nits.(污黑腐皮壳),无性世代为 *Cytospora chrysosperma*(Pers.)Fr.(金黄壳囊孢)。

病原菌的有性世代隶属于子囊菌纲,球壳菌目(球壳目),腐皮壳菌科(腐皮壳科),黑腐皮壳属。其无性世代隶属于不完全菌类,类球壳菌目(壳霉目),类球壳菌科(壳霉科),单胞无色亚科,聚壳菌属(多壳囊孢属、聚壳霉属)。有性和无性世代都能产生子座,有性世代之子座类球形或扁球形,不十分明显,初埋生,以后多少突出表皮外。子囊壳埋生于子座中,瓶状,单个散生,直径 350～680 $\mu m$,高 580～896 $\mu m$。壳口长 198～364 $\mu m$,未成熟时呈黄色或黄绿色,成熟时变成暗色或黑色。子囊圆筒形、棍棒状,大小为(37.5～61.9)$\mu m$×(7.0～10.0)$\mu m$,无色透明,子囊壁薄或不明显,通常内含 8 个子囊孢子。子囊孢子单胞无色,腊肠形,向一方稍稍弯曲,大小为(10.0～19.5)$\mu m$×(2.5～3.5)$\mu m$,菌丝无色透明,直径 2.5 $\mu m$。分生孢子器埋生在不规则的子座中,单室或多室,有明显的壳口,直径 0.27～1.5 mm,高 0.08～0.4 mm,壳口长 60.2～93.8 $\mu m$。分生孢子较子囊孢子小,数量很多,生于孢子梗上,单胞,无色透明,腊肠形,向一方稍稍弯曲,大小为(3.75～6.8)$\mu m$×(0.68～1.35)$\mu m$(图 5-3-4)。

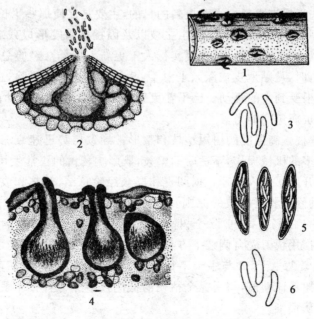

图 5-3-4 金黄壳囊孢

1.树皮上的分生孢子器和孢子角 2.分生孢子器纵切面

3.分生孢子放大 4.子囊壳纵切面 5.子囊和子囊孢子

6.子囊孢子放大

（3）防治方法　杨树烂皮病属于弱寄生、强腐生性真菌侵染所致,因此,在拟定防治方法时,尤其要首先强调"防重于治"的原则,这不仅因为烂皮病一类干部病害,主要为害树木的输导组织(韧皮部),容易导致毁灭性的损失,也由于已受害的树木多半与急性发病的因素相关联,受害面积大,病害发展比较迅速,治疗既要花费较大的人力、物力和财力,伤损部分还常常成为多种病虫害的侵染发源地。因此,防治的重点要以栽培免疫(实行合理的栽培技术)为主,使栽培品种良种化,就能达到控制和消灭杨树烂皮病的目的。在已经发病的情况下,则应着重改善杨树的生长环境,复壮树势,增强寄主的抗病、耐病和愈伤能力。在可能条件下,以化学治疗为辅,用化学药物和油脂类进行患部刮治或涂伤治疗。

1)选育适应地区性强的树种造林:在植树造林时,要严格掌握适地适树的原则,确保杨树的正常生长。由于杨树的种、品种、杂种类型很多,不同种类的杨树,具有不同的适应性和生长特性。因此,在植树造林时,应首先考虑各种杨树相适应的分布区域、立地条件和气候条件。因势利导,趋利避害。

2)加强经营管理,培育杨树生长旺势,提高寄主的抗病、耐病和愈伤愈能力。如能加强经营管理,林木生长健壮,就能使未得病的树木不得病,已得病的树木逐渐伤愈和恢复,控制烂皮病的扩大蔓延。具体措施列举如下。

①除草松土。林地由于抚育作业不及时,致使杂草丛生,土壤板结,直接影响林木的正常生育,因此,在幼林郁闭前,应加强除草松土(林带或行间铲趟)。有条件的地区,可采用"春膛一犁"或"秋膛一犁"的措施,防旱保墒,消灭杂草,提高林木的生长旺势和抗病力。根据在辽宁、吉林西部的调查,凡逐年进行幼林抚育的林分,即使在气候突变、烂皮病猖獗的年份,也较相同立地条件下不进行抚育的林分发病轻或不发病。

②平茬更新和人工促进更新。平茬更新的目的,主要是促使那些生长发育不正常,容易导致腐皮病菌侵染危害的"小老树",和无顶生主枝以及因牲畜啃咬形成残缺木的复壮更新。同时,对已经发生腐皮病较严重的林木,也要实行人工更新。据群众经验总结,平茬应在早春地表刚化冻 10 cm 左右时,从贴地皮或深入土中 4～5 cm 处,用利镐平除,这样做既清除了病株和病原菌,又不使树根受到大的震动。已平茬更新的 1～3 年生幼树和幼苗,生活力旺盛,生长发育迅速,有明显的抗病免疫能力。

3)实行合理的整枝。高强度的树冠整枝和整形常导致树势迅速衰弱,不正确的整枝和林间作业,容易造成过多的机械损伤,不适时的整枝,既影响杨树的正常生长发育,又使整枝伤口不易愈合,给病原菌开辟了侵入途径。据调查和群众经验总结,幼林和成林的整枝,以逐年进行为宜,掌握少修、勤修和弱度修枝的原则。造林后 4～5 年的杨树。每次可剪除全树高 1/3左右的底侧枝;6～8 年的杨树,可剪除全树高 1/2 的底侧枝;生长势弱的杨树,剪枝量应控制在 1/3 以下。修枝时,用快刀先自侧枝下方与主干平行方向砍口,再自上方与主干平行方向砍口,原则上整枝口应紧贴主干,并与主干平行,伤口务求平滑,使之不易存留雨水,容易愈合。修枝的时间,以春季树液流动前,将未完全枯死的低侧枝整除为宜。休眠期整枝,则伤口不易愈合,有利于病菌潜伏侵染。

4)防治枝干部害虫。枝干部害虫如杨树吉丁虫、山杨天牛、光肩天牛、白杨透翅蛾、杨干象虫甲、青叶跳蝉等,不仅影响林木生育,削弱树势,诱发烂皮病的侵染,而且,害虫的侵入孔和羽化孔也是杨树烂皮病潜伏侵染的重要途径。

改善杨树的生长环境,增强树木本身的抗病免疫能力。在立地条件或小气候条件不适于杨树生长,容易诱发烂皮病大发生的场合,应从根本上改善杨树的生长环境,增强树木本身的抗病、耐病能力。

改进林带设计,注意林木结构。今后,在大面积营造农田防护林带时,必须与防治病虫害工作紧密配合,实行不同树种的合理配置或混交。例如,在平坦地或漫岗地带,应营造以杨树或松树为主,榆、黄菠萝等为辅的针阔混交林;在低洼地、河川易涝地带,应营造以柳树为主,水曲柳、花曲柳为辅的混交林;在盐碱地带,更应选用耐盐碱的树种(如柳、榆、槐、柽柳等)营造混交林。在风沙严重的干旱草原地区,根据合理利用地力、林业不与农业争地的原则,应适当加宽主林带,缩小林带间的距离,并在向主风的西南面或偏南面选择适应性强的乔、灌木树种(如柳、榆、小叶杨、紫穗槐等),增设 1～2 行作为保护行,有利于林木的正常生育,减轻烂皮病的发生和蔓延。

城市、村镇、公园等住宅区域的绿化杨树,常由于人畜的活动引起各种机械损伤,立地板结、土壤透水不良,以及移植修剪造成严重的伤根、截干,使立木在生长发育中经常呈现水分不足、养分失调、树势衰弱、易于发病。因此,各有关部门除加强护林宣传教育,应严格掌握修枝整形的强度,修枝口应以涂伤防腐剂(如波尔多液、铜油、臭油等)保护,住宅区域内,可发动群众分片、分段管理,除负责保护树木不受各种机械损伤外,应经常松土,适当灌水、施肥,改善立木生长环境,增强树木生长势,提高树木抗病、耐病的能力。

另外也可以采取以下措施有:

①刮除病斑治疗。先在树下铺一塑料布,用来收集刮落下来的病组织。接着用立刀和刮刀配合刮去病皮,深达木质部,病皮上刮去 0.5 cm 左右健皮,直至露出新鲜组织为止,刮后涂药。所用药有:5％田安水剂 5 倍液,9281 水剂 3～5 倍液,10 °Be 石硫合剂,40％福美胂可湿性粉 50 倍液加 2％平平加,1.5％～2％腐植酸钠。

②涂治病斑。用利刀先在病斑外围距病斑疤 1.5 cm 左右处割一"隔离带",深达木质部,接着在隔离带内交叉划道若干,道与道之间距离为 0.5～1.0 cm。然后用毛刷将配好的药涂于病部。所用药同上。

③喷药铲除病菌。在树木发芽前,在树周密喷 40％福美胂可湿性粉 100 倍液加助杀剂或害立平 1 000 倍液;75％五氯酚钠可湿性粉剂加助杀剂或害立平 1 000 倍液,着重喷 3 cm 以上的大枝。

④敷泥法。此法简单,效果明显,成本低廉。做法是:先查清病斑大小,再将有碍包扎病斑的枝条去掉。再用不和好土(深层土)和成泥。而后在病斑上涂一层泥浆,再在上面抹一层 3～5 cm 的泥,四周比病斑宽 4～5 cm,并多次按压,使之与病斑紧密黏着,中间不能有空气,然后再包上一层塑料布扎紧。半年后去掉。此法有效率可达 98.6％。

## 5.3.5  杨树溃疡病

杨树溃疡病别名杨树水泡型溃疡病、杨树细菌性溃疡病、流汁病、烂皮病、树皮起泡。

能为害杨属的很多树种和杂交类型,如小青杨、小叶杨、青杨、毛白杨、银白杨、山杨、法国杂种、健杨×美杨、健杨×黑杨、辽杨杂种,62-5、格尔里杨、小叶杨×毛白杨、马里兰德杨、青皮大叶杨、白皮小青杨、168 号杂种等。据邓叔群记载,葡萄座腔菌生于阔叶树及灌木的枯枝上,向玉英等记载本病能为害杨树、核桃(胡桃)(*Juglans regia* L.)、苹果(*Malus pumila* Mill)。

(1)症状 多半发生在树干基部 0.2～2.5 m 高度范围内,青皮和白皮的光皮树种症状比较明显,病树的皮面,于每年春末夏初或夏末秋初季节,出现似人体被沸水烫伤的水泡状,初期,明显隆起,十分饱满,馒头状,内部饱含水液,表面光滑,近圆形,直径 0.2～1.5 cm,有时达 2.5～3.5(4.0) cm。后期,在水泡之一侧或正表面,出现小孔状或纵裂状破口,向外流出水液,无色或稍稍淡黄色,遇空气渐变淡褐色、红褐色,乃至黑褐色,风干时,裂口附近残留近似虫粪状的深黑褐色物质,破裂口以下残留流汁的条状痕迹,水泡下陷,干瘪,或在干瘪的水泡边缘或附近又出现新的水泡。感病树种水泡累累,干基部布满点、片、带状的红褐色、黑褐色水液痕迹,至使在远处就可以看到受害的症状。

将未破裂的饱满的水泡用接种针挑破,表皮下呈青绿色,后期,形成层或韧皮部逐渐变褐色。将新鲜的患部皮组织或水泡型病、健交接处的皮组织,取小样在显微镜下观察,病组织或多或少变色,加无菌水静置,未见细菌溢出。

水泡型溃疡在重复发病的情况下,破裂口比较明显,纵向呈纺锤形或长椭圆形,有时呈不正形溃疡,(3.5～8.5) cm×(2.5～5.5) cm,每年 4 月中下旬至 6 月上旬,也自破裂口中流出水液,与水泡型溃疡的变化相同,韧皮部呈褐色至黑褐色,有腥气味,木质部表层 0.2～0.3 cm 深度染成褐色、淡黑褐色,至深黑褐色,受害严重的树木,树势衰弱,常并发杨树烂皮病[*Cytospra chrysosperma*(Pers.)Fr.]等弱寄生性病害,促使树木迅速干枯致死。

(2)病原 病原学名 *Botryosphaeria dothidea*(Moug. ex Fr.)Ces. et de Not.(葡萄座腔菌)[*B. ribis*(Tode)Gross. et Dugg.],无性世代为 *Dothiorella gregaria* Sacc.

本病的病原问题,长期以来一直被认为系细菌侵染所致。近些年来逐渐倾向于真菌侵染致病,1979 年,向玉英等根据从杨树水泡型溃疡病斑上分离出真菌,在室内和自然情况下进行接种试验,获得了成功的结果,产生与自然病斑相同的典型症状;而用杨树水泡型溃疡病斑上分离出的多种细菌,经多次在杨树上接种,均未成功,确认杨树水泡型溃疡病系由真菌有性世代 *Botryosphaer dothidea*(Moug. ex Fr.)Ces. et de、Not.(葡萄座腔菌)和无性世代 *Dothiorella*,*gregaria* Sacc. 侵染所致,而细菌只是杨树溃疡病斑上的腐生菌。

病原菌的有性世代隶属子囊菌纲,假球壳目,葡萄座科葡萄座属(葡萄座腔菌属);无性世代隶属于不完全菌类,类球壳菌目(壳霉目),类球壳菌科(壳霉科),单胞无色亚科,小穴壳菌属。有性世代秋季在病斑上形成,10 月中旬,子囊孢子大多释放。子座直径 2～7 mm,子囊孢子埋生在子座内,洋梨形,(116.4～175.0) $\mu$m×(107.0～165.0) $\mu$m;子囊呈棒形,(49.0～68.0) $\mu$m×(11.0～21.3) $\mu$m,具短柄,壁双层,顶壁稍厚,内含 8 个子囊孢子,子囊间有假侧丝;子囊孢子单胞,无色,倒卵形,(15.0～19.4) $\mu$m×(7.0～11.0) $\mu$m。无性世代在寄主表皮下形成分生孢子器,暗色,球形,单生或集生,(97～233.0) $\mu$m×(97～184.3) $\mu$m;分生孢子单胞,无色,梭形,(19.4～29.1) $\mu$m×(5.0～7.0) $\mu$m。

(3)防治方法 选育抗病品种。相同立地条件下,杨树不同种或不同品种的感病性常有明显的差异,因此,在大面积营造防护林或用材林的地区,应特别注意选育适应性强、生长优质的抗病良种。

发病较轻或有条件的地方,可于每年 4 月下旬至 5 月上旬,结合树干涂白,用波尔多浆、石硫合剂,石灰乳(生石灰 2 kg,水 0.5 kg)涂抹伤口,也可以用消毒的锐刀划破溃疡斑和水泡型溃疡,用 50% 的蒽油,1% 的硫酸铜液,0.2% 硼酸液,1∶300 的 40% 甲醛液,涂抹病部伤口,有一定的治疗作用。

### 5.3.6 杨灰斑病

杨灰斑病发生在黑龙江、吉林、辽宁、河北和陕西等省。从小苗、幼树到老龄树都能发病，但以苗期被害严重，常造成多顶苗，不合造林要求。

(1)症状 病害发生在叶片及幼梢上。病叶上初生水渍斑，很快变褐色，最后变灰白色，周边褐色。以后灰斑上生出许多小黑点，久之连片呈黑绿色，这是病菌的分生孢子堆。有时叶尖叶缘发病迅速枯死变黑，上生黑绿色霉。叶背面病斑界限不明显，边缘绿褐色，斑内叶脉变紫黑色。

嫩梢病后死亡变黑，群众叫这种病状为"黑脖子"，其以上部分叶片全部死亡变黑，刮风时小枝易由病部折断，以后由邻近叶柄的休眠芽生出几条小梢，小梢长成小枝，结果病苗成为一个多叉无顶的小苗。

灰斑病在不同树种上的表现稍有差异。在加拿大杨病叶上，多数只有褐色多边形病斑，无灰白色表皮(图 5-3-5)。

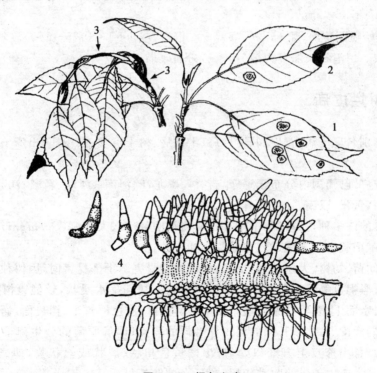

**图 5-3-5 杨灰斑病**
1.灰斑型病状 2.黑斑型病状 3.黑脖子型病状 4.病菌的分生孢子

(2)病原 本病由子囊菌纲座囊菌目的东北球腔菌(*Mycosphaerlla mandshurica* Miura)引起。病菌子囊孢子时代，在自然界很少看到，只在培养条件下才产生。无性世代为半知菌纲黑盘孢目的杨棒盘孢(*Goryneum populinum* Bres.)，分生孢子由 4 个细胞构成，上数第 3 个细胞最大且自此稍弯。孢子在水滴中易萌发。萌发温度是 3～38℃，以 23～27℃为最适宜。孢子在落叶上越冬。

（3）发展规律　越冬后的分生孢子是初次侵染来源，萌发后生芽管及附着胞，由气孔侵入寄主组织，在少数情况下，也能直接穿透表皮侵入。潜育期 5～10 d，发病后 2 d 即可形成新的分生孢子，进行再次侵染。病叶随落叶在地上越冬，翌春得湿气后萌发，生出芽管再进行侵染。

在东北地区，每年 7 月份发病，8 月份进入发病盛期。先出现叶斑病状，雨后发生枯枝病状，有的地区 9 月份病情更重，9 月末基本停止发病。小叶杨、小青杨、钻天杨、青杨、箭杆杨、中东杨、哈青杨、山杨等易感病，黑杨、大青杨次之；加拿大杨虽病，但极轻，在陕西省以箭杆杨受害最重。

病害发生与降雨，空气湿度关系很大，连阴雨之后，病害往往随之流行。

苗床上一年生苗发病最重，2 年生和 3 年生苗及萌蘖条也经常发病，幼树发病较轻，老龄树虽然发病，但受害不大。

（4）防治措施

1）播种苗不要过密，当叶片密集时，可适当间苗，或打去底叶 3～5 片，借以通风降湿。

2）苗圃周围大树下的萌条要及时除掉，以免病菌大量繁殖。培育幼苗的苗床要远离大苗区。

3）6 月末开始喷药防治，喷 65％代森锌 500 倍液，或 1∶1∶（125～170）波尔多液，每 15 d 一次，共 3～4 次。用消石灰加赛力散（10∶1）粉剂效果也好。

## 5.3.7　柳树烂皮病

柳树烂皮病别名臭皮病、腐皮病、腐烂病、干枯病、树干黄丝、黑疹病、出疹子、鸡皮疙瘩、树干红腐病。

本病分布较广，已知国内分布于辽宁、吉林、黑龙江、河南、河北、新疆、江苏、浙江、安徽、湖北、湖南、四川、贵州、云南、甘肃等省区。

能为害柳属的许多种，如垂柳、旱柳、河柳、朝鲜柳、沙柳、大叶柳（$S.\ magnifica$ Hemsl.）、蒙古柳等，据文献记载也为害槭、榆、白蜡等阔叶树种。

（1）症状　幼苗、幼树、大树的枝、干部、梢部均能受害。干部受害时，因树种不同生成暗红褐色、橙黄色、灰黑褐色等纺锤形或不正形块斑。病部初期呈水浸状，较健康树皮色深，以后，由于组织坏死失水而干缩，较健康树皮稍稍下陷，光滑，浅色的树干、树皮面，病健组织交接明显，在干缩下陷的病皮上，陆续长出像鸡皮疙瘩样的疹点，即病原菌的分生孢子器。每当空气湿度增大或雨后，自小疹点上方开口处，挤出橘黄色角状、盾状或丝状物，即病原菌之"孢子角"。在空气湿度大或由于风的吹动作用，"孢子角"伸长呈丝状。树干粗糙的厚皮部分，通常不显示变色病症，当树皮裂缝中挤出大量红褐色、赭红色的孢子块时，树干韧皮部已遭受较严重的危害，韧皮部变黑腐烂，具浓厚的酒糟气味，枝叶迅速变黄干枯脱落，在干死的树皮上，长满病菌的分生孢子器和孢子角。

（2）病原　病原学名 $Cytospora\ chrysosperma$（Pers.）Fr.（金黄壳囊孢）。病原菌的无性世代隶属于不完全菌类，类球壳菌目（壳霉目），类球壳菌科（壳霉科），单胞无色亚科，聚壳霉属（壳囊孢属）。分生孢子器埋生在不规则的子座中，单室或多室，近成熟时，壳口突出表皮外，分生孢子器大小不等，（272.0～408.0）μm ×（182.0～358.0）μm；分生孢子单胞无色透明，稍稍向一方弯曲,呈腊肠状,(3.75~7.25) μm×(1.02~1.85) μm(图5-3-6)。病菌属弱寄生、强腐生真菌,只侵害生长衰弱的活立木,使受害木迅速趋于死亡。病原菌的生物学性状及防治方法详见杨树烂皮病。

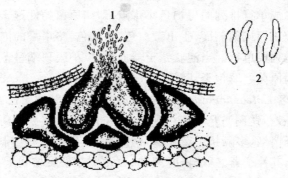

**图 5-3-6　金黄壳囊孢**
1.分生孢子器横切面　2.分生孢子放大

### 5.3.8　柳树枝枯病

柳树枝枯病分布于辽宁、黑龙江,引起幼树或大树干枝、干梢。也分布于河北、四川等省。为害垂柳、沙柳、旱柳,有时也发生在小青杨的枯枝干上。

(1)症状　在弱活立木的侧枝或分枝干上,形成丘疹状小隆起,乍看粗糙感觉,患部树皮变色,呈黄褐色,后期,皮下的小丘疹显著隆起,顶破表皮,露出黄褐色至深黄褐色小疣,与柳树烂皮病相近似或稍大,成熟时,呈不规则开口,突出褐色或黑褐色物即病原菌之子囊盘。

(2)病原　病原学名 *Cenangium populneurn*(Pets.)Rehm(杨薄盘菌)。病原菌隶属于子囊菌纲,蜡钉菌目,埋盘菌科,埋盘菌属(薄盘菌属)。子囊盘初埋生于基物(树皮组织)内。成熟时顶破组织或表皮层,露出褐色或黑褐色物即子囊盘,肉眼下不甚明显,显微镜下略呈盘状,直径 0.5~3.5 mm,散生或群聚生;子囊圆筒形或棍棒状,(77.5~94.5) μm ×(8.5~11.5) μm;子囊孢子单胞无色,呈双行排列,下端单生,子囊孢子 8 个,长椭圆形,(9.5~16.5) μm×(3.5~4.0) μm;侧丝丛生,上端增粗,钝圆,下端较细弱,线形,无色透明,平滑,粗 3.5~4.0 μm。

本病原菌属弱寄生真菌,在寄主生势衰弱的情况下,才发生侵染和为害,促使受害枝干加速枯干致死,因此,寄主生长好坏,是决定是否发病的主要诱因(详见杨树烂皮病)。

### 5.3.9　松针锈病

松针锈病别名松针泡锈病、黄粉病、黄锈病、叶锈病。

国内发布于辽宁、吉林、黑龙江、山东、陕西、江苏、浙江、江西、湖北、广西、四川、贵州、云南、台湾等省区;国外分布于亚洲(日本)、欧洲和拉丁美洲。

(1)寄主　性子器、锈子器(0、I)时期为害松属(*Pinus* L.)的很多树种,如红松(*Pinus koraiensis* Sieb. et Zucc.)、油松(*P. tabulaeformis* Carr.)、赤松(*P. densiflora* Sieb. et Zucc_)、

獐子松(*P. sylvestris* var. mongolica Litv.)等。夏孢子、冬孢子(Ⅱ、Ⅲ)时期在黄檗属(*Phel-lodendron* Rupr.)上。

(2)症状　0、I 症状发生在针叶上。发病初期,松针上生出黄色或黄褐色小点,以后小点逐渐长大,稍稍隆起,形成单行排列的黑褐色小疹点,即病原菌的性孢子器。发病后期,在病患部黑褐色小疹点的对应正面或偏侧面,生出黄白色、橘红色,略扁平的泡状物,即病原菌的泡状锈子器,通常 4～6 个排列成单行。当泡状锈子器成熟时,护膜顶端呈不规则破裂,露出鲜橘黄色、橙黄色粉状物,即病原菌之锈孢子,随风飞散传播。

(3)病原　病原学名 *Coleosporium phellodendri* Kom.(黄檗鞘锈菌)[*Peridermium pini-ikeraiensis* Saw.(海松被孢锈菌);*P. pini*(Willd.)Kleb.(松针被孢锈菌)]。

病原菌隶属于担子菌纲,多隔担子菌亚纲,锈菌目,层生锈菌科(栅锈科),鞘锈菌属(鞘锈属)。系转主寄生锈菌,其性子器、锈子器时期(0、I)发生在松属植物上;夏孢子和冬孢子时期(Ⅱ、Ⅲ)发生在黄檗属(*Phellodendron* Rupr.)植物上。性子器小型,埋生于叶组织中,顶端稍稍突破表皮,露出不十分明显的性子器孔口,外观黑色、黑褐色,略有光泽,在显微镜下呈淡棕褐色至棕褐色,形状类似不完全菌类之分生孢子器,(358.5～530.5)μm×(132.5～187.5)μm。性孢子近似球形至广椭圆形;锈子器泡囊状,故通称为泡状锈子器,此泡状锈子器显著突出叶面,仅基部稍稍埋生于叶组织中,(728.0～946.5)μm×(509.5～628.5)μm;锈孢子成串链生,基细胞有时明显,锈孢子椭圆形或卵形,有棱角,橙黄色至黄褐色,成熟的锈孢子具有明显的疣状胞壁,无色透明,有时稍稍淡橙色,(28.0～38.5)μm×(20.4～26.8)μm;夏孢子堆发生在叶背面黄斑上,散生或聚集成小堆,圆形,直径 0.25～0.6 mm,多数在 0.4 mm 左右;夏孢子单胞,椭圆形至广椭圆形或卵形,淡橙黄色至橙黄色,(20.5～32.9)μm×(16.5～23.5)μm;孢壁无色透明,厚度为 2.0～3.5 μm;冬孢子堆也发生在叶背面黄斑上,于表皮下呈栅状紧密排列,圆形或稍稍角形,直径与夏孢子堆近似,淡黄褐色至黄褐色,单个的冬孢子近圆柱形或三棱形,表面光滑,(54.5～85.5)μm×(16.8～24.3)μm,未发芽前为单胞,发芽时分割成 4 孢(4 室),孢壁无色透明,平滑,顶部孢壁明显增厚。详见黄檗叶锈病,图 5-3-7。

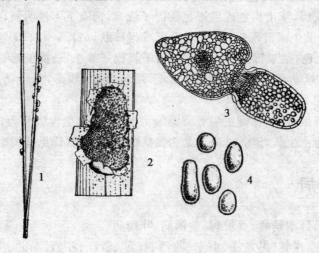

**图 5-3-7　黄檗鞘锈菌**
1.病叶上呈小黑点的性孢子器和泡锈子器　2.已破裂的孢子器放大
3.未破裂的孢子器纵切面　4.锈子器放大

本病为转主寄生锈菌,作为本寄主(媒介)的黄檗属植物与松属植物大量伴生或混生时,容易导致本病害的流行。

(4)防治方法 为减免本病害的发生或流行,不能营造松属和黄檗属的伴生林带或混交林。

在有条件的情况下,可对发病较重的林木,于发病季节喷洒 1∶1∶(170～240)倍液的波尔多液或 0.3～0.5 °Be 石硫合剂,隔半个月后再喷洒一次,有一定的防治效果;25%粉锈宁1 000 倍液、敌锈钠 1∶200 倍液进行叶面喷射,效果更好。

## 5.3.10 松针落叶病

松针落叶病又名落针病、落叶病、叶枯病、节点病。

国内分布于辽宁、吉林、黑龙江、江苏、湖北、浙江、四川、云南等省;国外分布于亚洲(日本)、欧洲(前苏联、荷兰、比利时、英国、法国)、北美洲(美国)。

为害松属、云杉属(*Picea* Dietr.)、冷杉属(*Abies* Mill.)的各种植物,如油松、黑松(*Pinus thunbergii* Parl.)、红松、赤松、樟子松。马尾松(*P. massoniana* Larab.)、红皮云杉(*Picea koraiensis* Nakai.)、冷杉(*Abies* sp.)等。

(1)症状 症状发生在叶片上。幼树发病重,大树发病轻或不发病,受害的林木,叶片自下而上发病,重病植株,叶片当年变黄,干枯而脱落,受害轻的树木,病叶当年不完全变黄脱落,翌年提前显现病征,早期脱落。被害的针叶,初期出现淡黄褐色近圆形的退绿点斑,以后,点斑变黄褐色至褐色,出现有油脂状光泽的疹点,即病原菌的分生孢子器,其间有黑色细横线纹间隔。发病后期,叶片上的细横线纹较明显,病叶被分割成数段,其中出现黑色椭圆形有光泽的膏药状物,长 0.5～1.0 mm,宽 0.3～0.7 mm,即病原菌有性世代之子囊盘。

(2)病原 病原学名 *Lophodermium pinastri*(Schrad. ex Fr.)Chev.(松针散斑壳)。病原菌的无性世代隶属于不完全菌类,类球壳菌目(星裂菌目),盾状壳科(星裂菌科),单胞无色亚科,盾壳菌属(落叶菌属、散斑壳属)。分生孢子器盾状,黑色,初埋生,以后凸出,自裂缝处开口,散出长椭圆形的分生孢子,(5.5～7.5) μm×1.0 μm;其有性世代隶属于子囊菌纲,盘菌目,星裂菌科,散斑壳菌属(散斑壳属)。子囊盘长椭圆形,埋生于寄主组织中,初期,由拟柔膜组织(黑色菌丝体)构成之被膜覆盖,成熟后,呈狭长状裂开,(294.0～482.5) μm×(180.5～284.5) μm,内生圆筒形、棒形、棱形子囊;子囊大小为(69.5～164.0) μm×(8.0～13.5) μm,其间生有丝状侧丝,侧丝顶端呈钩状或稍稍弯曲;子囊孢子丝状,单胞无色,(45.5～74.0) μm×(1.5～2.5) μm。子囊孢子在相对湿度 85%时不能萌芽,93%时开始萌芽,湿度越接近100%,则萌芽率越高。子囊孢子对温度的适应范围较广,在 10～30℃均能萌芽,以 23～26℃萌芽最好。子囊孢子对酸度的适应范围在 pH 3.0～6.5,以酸性环境(pH 3.0～3.5)生长发育最好。在自然条件下,空气湿度大,能促进病菌孢子发育,因此,在多雨的年份,病害容易流行,在地势低洼和土壤黏重、积水的条件下,病害发生比较严重。病菌以落地病叶上的菌丝体和子囊孢子越冬,为翌年发病的根源(图 5-3-8)。

(3)防治方法

①造林地和苗圃地的选择。应选择排水比较良好的沙壤土、壤土地作苗圃,要避免把松树种植在积水的低洼地或黏重的土壤上。

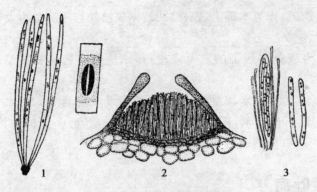

**图 5-3-8　松针散斑壳**
1.病叶上的子囊盘放大　2.子囊盘纵切面　3.具有侧丝的子囊和子囊孢子

②于秋末或早春季节,注意摘除或收集树上和林地四周,特别是树冠下的病叶,烧埋或沤肥造粪,减少病菌重复侵染来源。

③于每年 6 月中旬至 7 月下旬,用 1∶1∶160 的波尔多液或 0.3～0.5 °Be 的石硫合剂,喷洒树冠,用 3%～5% 的硫酸亚铁水溶液喷洒落地病叶,有一定的防治效果。

④实行松属、落叶松属以及其他针阔叶树种的隔行混交,既能减少本病传播和流行,又能预防多种病虫害发生。

⑤加强抚育管理,增强树木生长旺势,提高寄主植物对病原菌的抵抗能力。

喷药防治应掌握好子囊孢子的飞散传播时间,即自子囊孢子放射时起,每隔 15 d 喷药一次,第一次浓度酌减,第二、三次按规定浓度,雨季用药应适当加大浓度,暴雨后应补喷药一次。

## 5.3.11　落叶松早期落叶病

落叶松早期落叶病别名落叶松叶斑病、褐斑病、落叶病。

国内分布于辽宁、吉林、黑龙江、山东(崂山)等省;国外分布于亚洲(日本)、欧洲(德国)。

落叶松早期落叶病是落叶松叶部的一种重要病害,自 1945 年发生在辽宁省草河口林场以来,病害逐年向各地扩大蔓延,截至目前,不仅东北各省,凡有落叶松人工林分布的地区,或轻或重都有本病的发生。

也为害落叶松属的很多树种,如落叶松(兴安落叶松)、日本落叶松、黄花松(朝鲜落叶松)、红杉(太白落叶松)等。

(1)症状　病症发生在叶片上,受害叶片,开始在尖端或近中央部分出现浅黄色的小斑点 2～3 个,直径不超过 1.0 mm,以后,病斑逐渐扩大到 2.0 mm 左右,颜色变成赤褐色,边缘稍稍淡黄色,7 月下旬到 8 月下旬,病斑增多、扩大、相互连接,多数叶片将近全部或 1/2 以上变为赤褐色,远看整个树冠呈火烧状,病叶早期脱落,病斑上隐约出现似针尖大小的小黑点,即病原菌的分生孢子器。

(2)病原　病原学名 *Mycosphaerella larici-leptolepis* Ito et al.(日本落叶松球腔菌)。病原菌的有性世代隶属于子囊菌纲,球壳菌目,小球壳菌科,小球壳菌属(球腔菌属)。落地病叶内的越冬菌丝团,于翌年 5 月下旬形成子囊壳,初埋生于表皮下,成熟时稍稍突出叶表皮,类球形,直径 68.0～119.0 μm,壳壁黑色,子囊壳内生多数棍棒状或圆筒形的子囊,无色透明,内含

8个子囊孢子,子囊孢子无色,椭圆形,或鞋底形,两孢,中央隔膜处稍稍缢缩,孢子大小为(13.6～17.0) μm×(2.7～3.4) μm;其无性世代生成分生孢子器,初埋生,成熟时多少突出表皮,球形,直径为 85.0～90.0 μm,壳壁较薄,内生多数小型分生孢子,单胞无色,长椭圆形或短杆形,大小为(3.4～5.0) μm×(0.8～1.0) μm (图 5-3-9)。

病原菌属于强寄生性菌种,其无性孢子只寄生在叶片上,用人工自然降落法接种子囊孢子,获得了成功的结果。实验证明,有性子囊孢子在相对湿度 90%以上,保湿 4 h,均能萌发,萌芽的最低温度 10℃,最适温度 25～30℃,最高温度为 35℃,最适 pH 2.5～5.2。

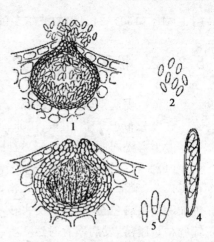

图 5-3-9 日本落叶松球腔菌
1.分生孢子器纵切面 2.分生孢子放大
3.子囊壳纵切面 4.子囊和子囊孢子
5.子囊孢子放大

落叶松早期落叶病的发生发展乃至猖獗流行与气象因子、树种配置、林木组成等因素都有较密切的关系,在发病诱因的诸因素中,以树种间抗病性差异和相适应的气象条件(降雨量、温、湿度等)是促成病害流行的主要条件。在感病树种占优势的地区,遇到降雨量多,空气相对湿度大的年份,就有病害大流行的危险。但在抗病树种占优势的情况下,虽然气候条件有利于病害流行但发病程度亦轻。由此可见,树种抗病性差异,是影响落叶松发病轻重起决定性作用的因素。

(3)防治方法 鉴于落叶松落叶病已广泛发生于东北各地,并借助于气流传播,继续向沿海或内地有落叶松林分布的区域蔓延,因此,防治本病,应根据病害发生的主要特点,确定防治途径。该病树种间抗病性差异较明显,幼林地病重,成林地病轻,病原菌以落地病叶内的菌丝团越冬,翌年形成有性世代作为侵染来源,因此,防治上首先应以选育抗病品种为主,结合营造针阔叶树混交林。在重病区或地块上,要重视消灭越冬病原,并在发病季节,相应开展药剂防治,具体做法如下:

①选育抗病品种是大面积防治病害的根本出路,在材性方面,日本落叶松不仅生长速度比长白落叶松快,抗病性也比长白落叶松明显,因此,应大力培育和营造以日本落叶松占优势的针叶树或针阔叶树混交林,例如:油松与落叶松 1∶1 混交;日本落叶松与长白落叶松 2∶1 混交;日本落叶松与椴树 2∶1 混交。同时进一步从国外引进或选育比日本落叶松更优良的树种,不断繁育,以提高抗病率,既远近结合,又容易在近期内(5～8 年内)见效,从根本上消灭落叶松早期落叶病的危害。

②营造针阔混交林,国内外调查研究证明,混交林与纯林比较,前者不但有利林木正常生育,而且能预防和减轻多种病虫害的发生。

③消灭越冬病原,结合幼林抚育管理,将林冠下或林地内的病叶收集,烧埋或造肥,能减少翌年的初次侵染源。

④合理密植,促进林内通风透光,既有利于林木正常生育,又能减轻多种病虫害的侵害,结合抚育管理,修剪容易感病并对树木正常生育有害的底侧枝,结合卫生采伐和抚育采伐清除被压木、濒死木、病腐木,都能改善林地环境卫生和林木生长环境,起到预防和减轻病害的作用。

⑤药剂防治。在有条件的情况下,对幼林或重病林分实行药剂防治是必要的急救措施,可试用的药剂有:36%的代森锰 100～200 倍液,于发病期喷射树冠 1～2 次,有一定预防效果;采

用 1：1：(160～240)倍的波尔多液,于发病前或发病初期喷射叶面预防。

## 5.3.12　松树烂皮病

松树烂皮病别名松树枝枯病、干枯病、粗皮病、梢枯病。

国内分布于辽宁、山东、江苏、河北等省;国外分布于亚洲(日本)、欧洲(俄罗斯)。

能为害松属的红松、赤松、短叶松、油松、黑松等弱活立木的枝干部和梢部。

(1)症状　松树因缺水、积水、营养失调、虫害等影响树木正常生育的情况下,枝干皮部或梢头部分,常常长满巢穴茶碗状物,即病原菌之子囊盘。发病初期,子囊盘颜色较浅,后期,颜色加深呈茶褐色至黑褐色,受害枝干部迅速枯干死亡,病患部之树皮面,墨黑色,呈粗糙感觉,针叶枯黄脱落,发病率有时达 30%～40%。

(2)病原　病原学名 *Cenangium acicolum*(Fuck.)Rehm(松生薄盘菌)。病原菌之有性世代隶属于子囊菌纲,茶盘菌目(蜡钉菌目),埋盘菌科,埋盘菌属。子囊盘小型,初期在表皮下发育,成熟时破裂而出,茶碗状或杯状,以近似的短柄固着在树皮之缝穴中,初闭合,成熟时张开,直径 1.0 mm 左右,外缘具短毛,黄褐色,风干时,子囊盘向外卷曲,革质,颇坚硬,墨黑色;子囊圆柱形或棒形,无色或稍稍淡色,(68.5～88.0) μm×(8.6～11.5) μm;子囊内生 8 个子囊孢子,呈单行排列,单胞、无色、椭圆形,(8.8～12.6) μm×(3.8～6.0) μm;子囊间混生侧丝,线形,末端加粗,钝圆,无色透明,直径 3.0 μm 左右(图 5-3-10)。病原菌属弱寄生,强腐生性,通常先自生长衰弱的枝梢部、虫伤口、自然伤口、机械伤口侵染,营腐生生活,进而向活组织过渡,由于病菌的侵害,使立木迅速枯干死亡。秋末形成的子囊盘,是病菌的越冬病原,翌年 5 月份,散出子囊孢子,为病原菌初次侵染之菌原。

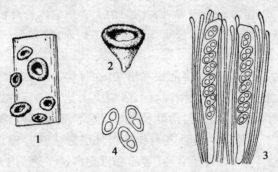

**图 5-3-10　松树薄盘菌**
1.子囊盘着生在树皮上　2.子囊盘侧面　3.子囊、子囊孢子和侧丝　4.子囊孢子放大

(3)防治方法　本病与其他弱寄生、强腐生性真菌相同,寄主植物长势衰弱,是发病的根本原因,因此,凡是影响树木正常生育的因素,都是病害发生的直接诱因,而病原菌的侵染,又加速了寄主植物的衰亡。鉴于这种情况,防治红松烂皮病,首先要从加强幼林抚育入手,增强寄主植物内在的抗病能力,例如,实行合理的修枝技术,营造适当密度的针阔叶混交林,防治松树枝干部病虫害,防止林间作业可能造成的各种机械损伤,避免把松树栽植在低洼易涝地带,实行卫生采伐或抚育采伐,及时清除重病树或无生长前途的濒死木等。在幼林抚育的同时,于秋末春初季节,结合清理林场,将受害的枝条整除深埋或烧毁,消灭越冬病原,也有一定的积极意

义。在有条件的情况下,对发病轻的立木实行喷药治疗,例如,选用 2 °Be 的石硫合剂,对病患部进行喷射,有一定的防治效果。

## 5.3.13　松苗立枯病

松苗立枯病别名立枯病、猝倒病、根腐病、烂根病、萎蔫病、日灼病、首腐病、烂根子、烂种、烂芽。

松苗立枯病是一种广泛分布于世界各国,各森林苗圃的毁灭性病害,在我国各省、市、自治区(盟)的苗圃中,年年都有不同程度的发生,过去历年都曾造成很大的损失。

松苗立枯病菌的寄主范围很广,除能侵害松科的多种苗木,如红松、落叶松、樟子松、油松、赤松、杉松、马尾松外,也能侵害杨、槐、椴、榆、棉花、马铃薯、花生、番茄、大豆、茄子、辣椒、烟草、瓜类等多种植物的幼苗。

(1)症状　松苗立枯病的症状类型很多,但归纳起来可以有以下 4 种类型,即土中腐死型、猝倒型、立枯型和地上腐烂型。

①土中腐死型:当种子播入土中后,子粒吸水、膨大和开始萌动时,或种子业已萌发,但犹未出土时,因受病菌的侵染而发生的腐烂,造成缺苗断垄现象,这种腐烂多为种粒水胀状的腐烂或芽腐死。红松在出土迟的情况下,土中腐烂比较普遍,发病多在近子叶的胚茎部分,病患部呈褐色至深褐色溃疡而后腐烂。在胚茎刚露出地面,子叶部分还未出土时,幼茎地际部分腐烂的情况尤为常见。

造成土中腐烂,多由于催芽做得不好,出土时间延迟,或由于覆土过厚,子粒不易出土,或因覆草过厚,土壤过湿,阳光不易透过,土温不能上升,影响发芽、出土慢,以上这些条件,都有利于病菌的侵染,引致土中腐死型病症。

②猝倒型:猝倒型立枯病的病苗,于幼苗出土后或出土后不久,突然倒伏而枯死。病苗的幼茎,在地基部分最初呈水渍状,以后变为黄褐色,缢缩而猝倒,地上部茎叶呈灰绿色黄萎状。樟子松、落叶松和油松早期发病的症状多属于这种类型。

与病菌引起的猝倒型立枯病相类似的症状,也常常由于地表温度过高,使幼苗幼茎之地基1～2 mm 处,因局部烫伤发生极狭窄的凹陷,地上部猝倒而死。

③立枯型:红松幼苗感染立枯病后,一般不发生猝倒型立枯病;樟子松、落叶松、油松等松苗于后期发病者,也多半不发生猝倒型立枯病。受害幼苗的茎部,于地际部分呈水渍状褐色、黄褐色或深褐色溃烂,病苗"立枯"而死,拔苗时,常将幼茎地际以下的皮层组织留于土中,只将木质部分拔出,群众称为"脱裤子"。松苗发生"立枯型"立枯病的时期较长,这种病苗往往在地下部分得病以后,地上部分较长一段时间并不呈现病状,直到后期根部发病较重时,地上部才呈现黄萎的色泽。

与病菌引起的"立枯型"病状相类似的病症,也常常由于浇水不及时或受盐碱、风沙等生理性因素为害引起,即所谓生理性"旱立枯"。这种生理性旱立枯的病苗,一般多发生于风沙干旱区或重盐碱的苗圃或地块,病苗零星发生或呈块状大片死亡。

④地上腐烂型:在苗床低洼、重湿或阴雨连绵的情况下,出土不久的红松、油松幼苗,于子叶或颈部发生褐色或深褐色溃烂状斑痕,群众称为"首腐病"。在红松、落叶松生育后期,由于苗木密度过大,苗圃通风透光不良,诱发病菌在叶部或茎部生成灰白色蛛网状菌丝体,病状自苗株下部向上部蔓延,受害叶片逐渐变黄枯萎脱落,叶片上形成灰褐色至灰黑色的小粒体,即

丝核菌之菌核。

　　总之,诱致落叶松、樟子松、油松等松苗发生侵染性立枯病的症状,早期以猝倒型立枯病为主,后期则有立枯型症状发生;红松症状类型则以立枯型为主,此外,早期发病多数为土中腐死型,后期发病还有地上腐烂型。

　　(2)病原　　引起松苗立枯病的病原菌比较常见的有 *Rhizoctonia solani* Kühn.〔立枯丝核菌(丝核菌)〕。据邓叔群(1963)记载,其有性世代为 *Corticium solani*(Prill. Ex Delacr.)Bourd. et Galz.(茄伏革菌),*Fusarium oxysporum* Schl.(尖镰孢)*F. solani*(Mart.)App. et Woll.(腐皮镰孢)、*Pythium* sp.(腐霉菌)等。

　　诱发松苗立枯病的原因有生理性的和侵染性的两类,属于生理性立枯病,多由于强烈的日光照射,干旱风的吹袭,气温高,土壤蒸发量大等非生物因素的直接影响,使刚出土后不久的幼苗缺水萎蔫,猝倒,使茎部木质化程度较好的幼苗或大苗缺水枯干"立枯"致死;属于侵染性立枯病者,则多由于土壤中习居的各种立枯病菌侵染或主根上部,使韧皮部之输导组织溃疡腐烂,呈现与上述生理性立枯病相类似的地上部症状。同时,生理性立枯病的诱因,也常常为侵染性立枯病的发病创造了内在的条件。

　　侵染性立枯病的病原有以下几种:

　　①立枯丝核菌(丝核菌)隶属于不完全菌类,链孢霉目(菌丝菌目),无孢霉群(Mycelia sterilia),丝核菌属(丝核属)。病原菌主要是生成无性菌丝,并能生成菌核,菌核间由灰白色菌丝相连接。菌丝或菌丝体呈蛛网状,粗 7.5～11.5 $\mu$m,初期无色透明,后期多分枝,分枝与主枝相连接处稍稍缢缩,并生隔膜,淡黄褐色至黄褐色,逐渐紧密交织成堆,形成灰黄褐色、黄褐色至黑褐色小粒体(菌核)。菌核之形状,大小不等,多数成圆形或扁圆形,少数呈不正形块状,直径 3.8～8.8 mm。据文献报道,本种有多种生理小种,其性质略有差异,发育适温为 22～25℃,最低温度为 13～15℃,对酸碱度的忍耐范围为 pH 3.0～9.5。病菌以菌核或病组织中的菌丝体(菌丝团)在土壤或土壤腐殖质中越冬,翌年发育为新生的菌丝体,侵害幼苗和胚根,当土壤含水量、土壤温度适宜时,土壤中发育的菌丝体,能多次重复感染松苗或其他感病植物。

　　②尖镰孢、腐皮镰孢隶属于不完全菌类,线菌目,瘤座孢科,粘孢亚科、镰孢(霉)属(镰刀菌属)。分生孢子梗棉毛状,褥状,近于平展,分枝,分生孢子单生于顶端,呈镰刀形或新月形,无色透明,大小为(26.5～44.6)$\mu$m×(3.6～4.6)$\mu$m,有 3～5 个隔膜,多数 3 个隔膜,也能生成小型单胞的分生孢子,椭圆形或长椭圆形,无色透明,大小为(7.0～9.5)$\mu$m×(3.0～4.0)$\mu$m,有时在菌丝的一端或中间能生成圆形的厚垣孢子(图 5-3-11)。以菌丝体或厚垣孢子在病组织

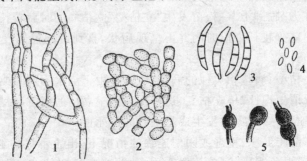

**图 5-3-11**　　1～2 为立枯丝核菌,3～5 为尖镰孢菌
1.菌丝体　2.菌核内的菌丝　3.大型分生孢子　4.小型分生孢子　5.厚垣孢子放大

内或土壤中越冬,为翌年初次之侵染源。病菌发育的适宜温度为15~20℃,最高温度为35℃,最低温度5℃,最适pH为4.5~6.0。本种也有多种生理小种(菌系),其性质略有差异。病菌在土壤中能长期存活,故有土壤习居菌之称。

③腐霉菌隶属于藻菌纲,卵菌亚纲,露菌目(霜霉目),腐霉科,腐霉菌属(腐霉属)。营养菌丝体蔓延于寄主植物之细胞间隙,并于病组织之表面生多量白色棉毛状菌丝,菌丝多分枝,无色透明,无隔膜,致密细弱,分生孢子梗与菌丝不易区别,分生孢子生于菌丝一端或其中间,孢壁薄,球形或柠檬形,成熟时将其内部之原生质脱出,形成孢壁很薄的球囊,内生游动孢子,大小为$(10.0\sim12.5)\mu m\times(7.5\sim8.0)\mu m$。病菌发育的适宜温度为14.5~17.5℃。

松苗立枯病的流行条件主要取决于土壤含水量、降雨量和降雨次数。早期遇土壤含水量高或遇降雨次数多、雨量大的情况下,松苗立枯病就有流行的危险。根据东北各地的资料分析,早期低温多湿条件下发生的病苗,主要为丝核菌侵染所致,其次为腐霉菌。后期高温多湿条件下发生的病苗,则多数为镰刀菌侵染所致,但是,如果早期土温较高,也常有较多的镰刀菌型立枯病的病苗发生。

此外,松苗立枯病的发生轻重乃至猖獗流行,与栽培技术措施也有极密切的关系,例如,选择低洼、黏重、排水不良,前茬是种植马铃薯、棉花、茄子、番茄、大豆、烟草、瓜类的土地作苗圃,或在松苗立枯病发生较重的圃地上长期连作,又不进行土壤消毒,苗床播种密度过大,施用堆肥或未经腐熟的厩肥,不进行种子处理或强度遮光育苗等,都容易诱致松苗立枯病的流行。

(3)防治方法 防治松苗立枯病应以加强经营管理,培育良种壮苗,增强松苗本身抵抗病菌侵染的内在能力为主,化学防治只能作为必要时的一种急救措施,不能作为唯一的或主要的防治方法,具体有以下几种做法。

①注意苗圃地选择:要选择排水、保水良好,土地平缓的沙壤沃土为圃地。如果由于土地条件所限,不得不用不适宜的土地作苗圃时,必须致力于改良土壤,例如在黏重土壤上,用沙土掺混或覆盖,排水不良的易涝地要提前挖好排水沟;干旱地区要修建排灌工程,保证生育期的正常用水等,都有积极的预防作用。

②注意种子处理:东北各地进行种子处理的方式大体有两种,一种为种子混沙催芽处理,另一种为种子雪藏后再经混沙催芽处理。实践证明,经过雪藏催芽处理的种子,具有萌芽、出土、齐苗快,苗木苗壮,保苗率高等优点,此外,经过雪藏的种子,还可以提前播种,足以抵抗不良环境条件;未经雪藏的种子,如遇降温和晚霜容易遭受损失。有些苗圃,采用秋播种子的方法,同样有雪藏的作用,并且出土比雪藏的还早些,幼苗生长苗壮,抗病力强。

③加强经营管理:凡有利于松苗苗壮生长的经营管理措施,都有预防或减轻松苗立枯病发生的积极作用,例如,播种前细致整地,作床,施用充分腐熟的有机肥料做底肥,灌足底水。重茬地或发病地块要进行土壤消毒,土壤消毒的方法很多,如用1.5%的漂白粉和0.15%~0.3%的福尔马林、5%明矾、0.25%~0.5%TMTD(福美双)、0.5%高锰酸钾、五氯硝基苯药土等,其中以播种、出土或出土后10 d按每平方米用5%明矾液4.5 L各浇药一次,或用五氯硝基苯按每平方米5~6 g作药土覆种,防治落叶松等松苗立枯病,效果比较显著,方法也较简便。在缺少药械的情况下,也可以采用床面垫净土、客土、草炭等方法,隔离表土层(5~10 cm),避免病菌对种子和幼苗的直接侵染。播种时撒种要均匀,播量根据种子发芽率确定,播种深度不应超过1 cm,播种后应遮盖苗床,以防土壤表面干燥,促进幼苗出土快而整齐。幼苗生育全期,要严格掌握灌水量,原则上前期要勤灌多次,每次少量,保持床面湿润为度。后期

灌水次数要少,每次要灌透,雨季要注意及时排水等。

全光照(不遮阴)者比同样播种遮阴者发病轻,苗木生育健壮。用杨树插条苗与红松实行林林间种,可减轻病害发生。

④发病期施药,松苗立枯病是一种毁灭性病害,一旦发病,即已造成较大的损失,为了控制病害发展蔓延,喷洒5%明矾或在发病地块施用漂白粉,五氯硝基苯作为药土,有一定的防治效果。

## 5.3.14　刺槐枝枯病

刺槐枝枯病别名枯萎病。

分布于辽宁、河北、江苏、浙江等省。

生于各种阔叶树的树枝上,如刺槐、构[*Broussonetia papyrifera*(L.) Vent.]、鸡桑(小叶桑)(*Morus australis* Poir.)、桑(家桑)(*M. cdba* L.)、桃树等。

(1)症状　发生在各种阔叶树的树枝上,形成灰褐色扁平的垫状物,即病原菌之子座和分生孢子器,发病严重时,枝条上之垫状物纵横排列,进而覆盖枝条表面,呈极其粗糙感觉,受害枝条干枯死亡。

(2)病原　病原学名 *Nothopatella chinensis* Miyake[华座壳霉(中华座壳霉)]。

病原菌隶属于不完全菌类,类球壳菌目(壳霉目),类球壳菌科(壳霉科)、单胞暗色亚科,座壳菌属(座壳霉属)。分生孢子器埋生于子座中,子座初埋生,成熟时突出表面,通常排成单列,壳壁黑色,多不规则,呈多腔室群生,(425.0~768.5) μm×(250.5~485.0) μm,分生孢子器单层,方形、角形、类圆形、椭圆形乃至不规则形,(150.4~346.7) μm×(125.6~325.5) μm;分生孢子器内有无数无色的丝状体,分生孢子椭圆形、长椭圆形,有时近于长方形,初期淡色至淡褐色、成熟时变褐色至暗褐色,单胞,(15.0~27.5) μm×(6.7~10.6) μm,着生于短而无色的小梗上、易脱落、病原菌属弱寄生菌,图5-3-12。多发生在生长衰弱或遭受冻伤、刀伤等非侵染性伤害的立木枝梢部或侧枝上。

(3)防治方法　参看杨树烂皮病防治方法。

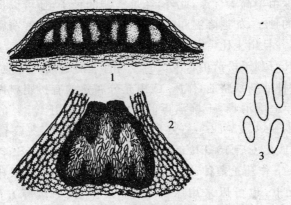

**图 5-3-12　华座壳霉(中华壳座霉)**
1.分生孢子器横切面(示分生孢子在皮下呈多腔室单层排列)
2.成熟的分生孢子器横切面　3.分生孢子放大

## 5.3.15 刺槐枯萎病

刺槐枯萎病别名干枯病、枝枯病、萎蔫病、溃疡病、腐皮病、烂皮病、粉霉病。国内分布于辽宁,国外分布于日本。为害刺槐(洋槐)。

(1)症状 症状发生在幼树或大树的枝、干部。幼树枝干症状比较明显。发病初期,病斑多发生在枝梗和树节处,患部皮面稍稍变色,随病斑扩大颜色加深,呈褐色至黑褐色,梭形,溃疡状。发病后期,病斑凹陷,边缘病、健组织交接处界线明显,多自树皮之皮孔处挤出粉红色至橘红色粉堆,即病原菌之分生孢子堆,取病皮之韧皮部检查,呈褐色、黑褐色至茶褐色,患部之木质部表面呈污黑色纺锤形斑痕,病皮有刺鼻的气味,病斑环绕枝条一周时,病斑以上枝条枯干死亡、树叶呈萎凋状。生长 5 年以上的大树,由于树皮颜色加深、增厚,初期乃至后期病症都不明显,当树皮纵裂缝中挤出病原菌之分生孢子堆时,皮下韧皮部已遭严重破坏,病症与幼树相类似,撕开树皮检查,溃疡状病斑常贯穿整株树干,由于病菌严重破坏了枝干部的输导组织,使水分、养分不能上下运输,引致活立木树叶枯干死亡,遭受毁灭性的损失。

(2)病原 病原学名 *Fusarium solani* Mart. emend. Snyd. et Hans.(槐腐皮镰孢)(拟)(*Fusarium solasi* f. *robiniae*、*Hypomyces solani* Rke. et Berth. emend. Sayd. et Hans. )。

病原菌之有性世代尚未发现,其无性世代隶属于不完全菌类,线菌目(丛梗孢目)、瘤座孢科、黏孢亚科、镰孢属(镰刀菌属、镰孢霉属)。自然条件下形成的小型分生孢子、大型分生孢子与在马铃薯琼脂培养基上形成的基本相同。小型分生孢子无色透明,单胞,椭圆形至长椭圆形,生在较长的分生孢子梗上,$(5.0\sim11.6)\ \mu m \times (3.0\sim4.0)\ \mu m$;大型分生孢子无色透明,新月形或镰刀形,稍稍向两端弯曲,末端细胞稍钝,通常有 3～4 个隔膜,$(26.5\sim60.0)\ \mu m \times (5.5\sim7.5)\ \mu m$ (图 5-3-13)。

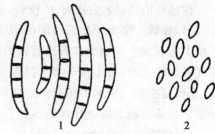

**图 5-3-13 槐腐皮镰孢(拟)**
1. 镰刀型大型分生孢子 2. 小型分生孢子

发育最适温度 24～28℃,在阴雨连绵、空气湿度较大的情况下,病害容易流行。

(3)防治方法 本病原菌寄生专化性较强,在气候条件高温多湿、阴雨连绵的情况下,能对相同立地条件下、不同年龄、不同生长状况的活立木发生潜伏性侵染。由于发病的区域范围较广,受害树木呈点片状发生,因此,今后应进一步研究病原菌的侵染和流行规律。明确树种或品种类型间的抗病性差异、开展预测预报是预防本病流行的主要途径。

## 5.3.16 刺槐烂皮病

刺槐烂皮病别名枝(干)枯病、腐烂病、溃疡病。为害刺槐(洋槐)弱活立木枝干部。

(1)症状 在生长衰弱的立木枝干树皮缝穴中,挤出类似杨、柳树烂皮病菌之孢子角(块)或橘红色琥珀状物,即病原菌之孢子块(堆),受害树木迅速枯死。

(2)病原 病原学名 *Fusicoccum* sp.(槐壳梭孢)。病原菌隶属于不完全菌类,类球壳菌目(壳霉目),类球壳菌科(壳霉科),聚壳梭孢菌属(亚聚壳霉属)。子座埋生于树皮内近木质部处,成熟时,深入木质部约 0.2 mm 深度,使木质部表面形成近似蠹孔的形状,取样作手切片在显微镜下检查,子座呈多腔室,黑色,内部常常被分隔成规整或不规整形,充满梭形或近似梭形的分生孢子,分生孢子单胞,无色透明,平滑,(8.5～12.5)μm×(3.0～4.5)μm;分生孢子梗无色,沿壳壁排列,小棍状,病菌属弱寄生、强腐生性真菌,图 5-3-14。

**图 5-3-14　槐壳梭孢**

1.分生孢子器横切面　2.分生孢子梗和分生孢子放大

(3)防治方法　参考杨树烂皮病、红松烂皮病。

## 5.3.17　槐树枝枯病

槐树枝枯病别名烂皮病、枯枝病、干枝干梢。为害刺槐(洋槐)、槐(*Sophora japonica* L.)。

(1)症状　多生于生长衰弱的幼树枝、干部,其次,在冻伤、日灼伤等伤损的死组织或干枝干梢上也有发生。病患部长出致密的疹状黑粒体,即病原菌的分生孢子器,每逢阴雨连绵后或空气湿度较大时,分生孢子器于顶部突破表皮层,露出黑色的壳口,挤出大量分生孢子,堆积干涸,呈粗糙感觉。病菌的菌丝体继续向上下扩展蔓延,以至整个枝干部长满疹状突起之分生孢子器。病菌也能为害叶片和幼茎。

(2)病原　病原学名 *Mcrophoma sophoricola* Teng(槐生大茎点菌)。病原菌隶属于不完全菌类,类球壳菌目(壳霉目)、类球壳菌科(壳霉科)、单胞无色亚科,大茎点菌属(亚壳霉属)。分生孢子器埋生、单生或孤生,也或多或少聚集群生,成熟时,顶破枝干表皮层,稍稍露出疹形壳口,分生孢子器无子座,壳口部比较明显,近似球形或稍稍扁球形,壳壁黑褐色至深黑褐色,炭质,大小为(192.5～364.0)μm×(160.5～273.0)μm;分生孢子器内充满单胞,无色透明,平滑,长纺锤形或葵花子仁形的分生孢子,大小为(20.5～24.5)μm×(6.2～7.8)μm(图 5-3-15),有时,分生孢子近似长椭圆形。病原菌属弱寄生,强腐生性真菌,以后期(秋末)成熟的分生孢子器在枯枝干上越冬,为翌年初期侵染的病菌来源。

(3)防治方法　同病原菌属弱寄生,强腐生性真菌性病害,参考杨树烂皮病、红松烂皮病。

**图 5-3-15　槐生大茎点菌**

1.分生孢子器横切面　2.分生孢子放大

## 5.3.18　槐树根癌病

槐树根癌病别名槐树根瘤病、根头癌肿病、黑瘤、长瘤子、根癌、肿瘤。

刺槐(洋槐)。据国外文献记载,本病的病原细菌能侵害83属,约300种木本和草本植物,如苹果、梨、樱桃、李子、桃、杨、柳、山楂等。

(1)症状　症状多发生在幼树、幼苗根颈部,有时也在侧根上,形成近圆形、大小不等的瘤子,初期小而平滑,累生或相互愈合,淡黄褐色,以后颜色变深,粗糙感觉,直径4.0 mm乃至9.5 cm。

在受害轻微,瘤子小而少的情况下,本病对树木的影响不甚显著,地上部无明显的变化。在根癌(瘤子)年年增生长大,土壤瘠薄或旱情较重时,由于根瘤对寄主代谢作用的破坏,使受害植株的地上部表现出长势衰弱、叶色发黄、早期脱落、枝叶干枯等症状,严重时导致树木慢性死亡。

(2)病原　病原学名 *Agrobacterium tumefacines* (Smitlh et Towns.)Conn(极毛杆菌)[*Bacterium tumefacines* Smith et Towns., *Pseudomonas tumefacines* (Smith et Towns.) Stevers]。

引起根癌的病原菌,是一种很小的短杆状细菌,近似杆状或卵形,大小为$(1.5\sim3.0)$ μm $\times(0.3\sim1.0)$ μm,具有$2\sim3$根单极生鞭毛,革兰氏染色阴性。

据文献记载,植物根癌细菌系土壤习居性细菌,在没有寄主植物存在时,能在土壤中存活几个月甚至一年多(高尔连科认为,根癌病原细菌的寄生性很不稳定,在环境条件改变时,容易丧失其寄生性或致病性),病菌通常在被害部潜伏越冬,随受病组织脱落在土壤中存活,并扩散传播,也借助于苗木或土壤带菌而远距离传播,遇寄主植物自根部或根颈部的各种伤口侵入。中田觉五郎记载,病菌在琼脂培养基上形成白色、圆形菌落,不液化,明胶,使石蕊牛乳变为蓝色,且能凝固。病菌发育的最适温度为$25\sim30$℃,最高温度为37℃,最低温度为0℃,致死温度为51℃ 10 min,耐酸碱度范围为pH $5.7\sim9.2$,最适pH为7.30。

(3)防治方法

①减免一切有利于病原菌侵入的伤口(如虫伤、冻伤、嫁接伤、沙石摩擦伤和各种机械伤),是预防本病的主要措施。

②严格实行苗木检疫,选除病苗,检验时发现可疑的苗木可用1%~2%硫酸铜液消毒,或将可疑的病患部削去,削口处涂抹石灰乳,均有良好的消毒作用。

③选择未发生过根癌病的土地或种过玉米或其他禾谷类作物的地块作为苗圃地,而不应采用种过蔷薇科植物的园田地作圃地,如果结合育苗,用预先栽植发病严重的双子叶植物(高度感病植物)作为检验植物,当认定检验圃是发病较重的圃地时,应停止使用,或改种禾谷类作物3年后再使用。

④选择偏酸性,排水良好的沙壤土地作圃地。

⑤加强苗圃地的管理,苗圃地应有良好的排水设置,雨季尤应加强排水措施。当选用中性或微碱性的土壤作苗圃地时,应使用有机肥料或其他酸性肥料,禁忌施用石灰。选用发病地作圃地时,可用生石灰消毒或实行换床土、垫净土等方法,减免病菌感染。

⑥发病株也可以用消过毒的锐刀削除病患部分,用波尔多液、石硫合剂、石灰乳(生石灰

2 kg,水 0.5 kg)涂伤,病株周围改换新土填充,也可以用漂白粉作局部土壤消毒。

## 5.3.19 国槐腐烂病

国槐腐烂病在河北、河南、江苏等地均有发现。引起国槐幼苗、幼树的枯死和大树的枯枝。

(1)症状 国槐腐烂病有两种类型,由不同的病原所引起。

由镰刀菌(*Fusarium*)引起的腐烂病多发生在 2～4 年生大苗的绿色主茎及大树的 1～2 年生绿色小枝上。病斑初为黄褐色水渍状,近圆形,渐次发展为棱形,长径 1～2 cm。较大的病斑中央稍下陷,软腐,有酒糟味,呈典型的湿腐状。病斑可环切主茎,使上部枝干枯死。约经20 d,病斑中央出现橘红色分生孢子堆。如病斑未能环切主干,则当年多能愈合。

由小穴壳菌(*Dothiorella*)引起的腐烂病,感病槐树的年龄和发病部位与前者相同,感病初期的症状也相近,但色较前者稍深,边缘为紫黑色,长径可达 20 cm 以上,并可环切树干。后期,病斑上出现许多小黑点,即为病菌的分生孢子器。病部逐渐干枯下陷或开裂。病斑四周很少产生愈合组织(图 5-3-16)。

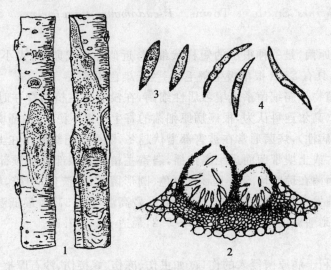

**图 5-3-16 国槐腐烂病菌**

1. 由 *Dothiorella* sp. 引起的幼树干上病斑　2,3. *Dothiorella* sp. 的分生
孢子器和分生孢子　4. 病原菌 *Fusarium* sp. 的分生孢子

(2)病原 病原之一为镰刀菌。这种镰刀菌的分生孢子具 2～5 分隔,老熟孢子的中部细胞常形成厚垣孢子,无色,大小为(36～46) μm×(4.5～5.0) μm。据认为是 *Cibberella briosiann* 的无性世代,但在我国尚未发现其有性孢子。

引起国槐腐烂病的小穴壳菌子座组织暗褐色,埋于寄主皮层组织中;分生孢子器圆形,椭圆形,有孔口,可数个聚生于一个子座中;分生孢子无色,鞋底形,其内含明显的油球(图5-3-16)。

(3)发展规律 *Fusarium* 型的病害约在 3 月初即开始发生(*Dothiorella* 引起的腐烂病发生较晚),3 月上旬至 4 月末是病害严重发展的阶段,5～6 月份产生分生孢子座。病害从早春到初夏时发展最快,1～2 cm 的茎或枝,常在半月左右即可被一个初生的病斑所环切。当病菌形成子实体后(6～7月份),病斑一般都停止发展,并迅速产生愈合组织。从孢子堆出现到病斑完全为愈合组织所覆盖,约需1个月。在自然情况下,5～6月份时,虽有大量的孢子产生,但看不到有新侵染发生,而且进入愈合阶段后,当年及以后绝大多数没有再发的现象,只有个别病斑由于愈合组织发展很弱,于翌年春天有自老病斑向四周扩展的现象,这样的病斑周围没有隆起的愈合组织。

病菌可以从断枝、残枝、修剪伤口等处侵入,虫伤(如秋末大浮尘子产卵所留下的半月形伤口)或死亡的芽等也可侵入。但大多数病斑均发生在因某种原因而坏死了的皮孔处,可见这是此病菌侵入的主要途径。潜育期约1个月。

(4)防治措施　可在春、秋两季用含有硫黄的白涂剂涂抹幼干,早春涂白不得晚于3月初,否则将失去防治效果。

## 5.3.20　胡桃楸(核桃楸)干枯病

胡桃楸(核桃楸)干枯病别名黑疹子、黑炭泡、炭疤、黑脂病。分布国内分布于辽宁、吉林、黑龙江、河北、河南、陕西、江苏等省;国外分布于亚洲(日本)、欧洲(前苏联、意大利)。为害胡桃楸(核桃楸)、核桃(胡桃)、野核桃、枫杨。

(1)症状　症状发生在树干上。在病患部的树皮韧皮部,出现不同大小的黑疹状隆起,初埋生,成熟时,突破树皮之表皮层,挤出大量黑蜡状或炭状物,为病原菌的分生孢子盘和分生孢子,堆积成孢子堆,风干时,涸结,表面平滑,坚硬,凸起呈小瘤状,遇阴雨连绵的天气,黑蜡状的分生孢子易被雨水溶淋而消失,雨后,重新溢出大量分生孢子,形成相同的症状。

(2)病原　病原学名 *Melanconium juglandinum* Kunze(胡桃黑盘孢)。病原菌隶属于不完全菌类,黑盘孢目(盘霉目),黑盘孢科(盘霉科),单胞暗色亚科,黑盘孢属(盘霉属)。分生孢子梗层生于皮下,扁圆锥形或圆盘形,黑色,炭质,分生孢子密集成群,成熟时,遇湿气即大量挤出,堆积于盘口之树干表面,呈黑色块状、疱状或瘤状,纵剖面呈盾状,分生孢子生于分生孢子梗上,层生、孤生或叠生,椭圆形或卵形,单胞,无色,大小为(19.5～27.3) $\mu m \times (11.3～13.8)$ $\mu m$ (图 5-3-17)。

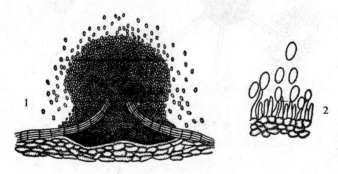

**图 5-3-17　胡桃盘孢**
1.分生孢子盘纵切面　2.分生孢子梗和分生孢子放大

本病原菌寄生性弱,腐生性强,只能为害生长衰弱的括立木和老龄木,但病原菌的侵害能加速生长势弱的立木迅速死亡。

（3）防治方法 参考病原菌寄生性弱，腐生性强病害，如杨树烂皮病。

## 5.3.21 丁香白粉病

丁香白粉病别名白粉病、白叶病、灰霉病。国内分布于辽宁、吉林、黑龙江，国外分布欧洲（俄罗斯）。各地通常为害华北紫丁香、丁香。

（1）症状 症状发生在叶片上。发病期自6月中下旬延至10月上旬。发病初期，叶片两面生稀疏的粉霉状物，即病原菌的菌丝体，分生孢子梗和分生孢子。以后粉霉状物逐渐增多密集连片，以至覆盖全叶面，通常叶正面较多，叶背面较少。发病后期（7月下旬至10月上中旬），叶两面之白粉状物变成灰白色至稀薄的灰尘色，其中陆续出现小黑粒体，肉眼显而易见，即病原菌有性世代之闭囊壳。

（2）病原 病原学名 *Microsphaera syringae* A. Jacz.（丁香叉丝壳）。病原菌隶属于子囊菌纲，被子囊菌目（白粉菌目），白粉病菌科（白粉菌科），叉丝壳属（叉壳属）。菌丝体表生，白色；闭囊壳球形或稍稍扁平的扁球形，初生时黄白色，以后逐渐变成黄褐色、褐色至黑褐色，直径 $81.6 \sim 116.9$ μm；附属丝梗直而短粗，通常 $6 \sim 8$ 根，先有数次分叉，无色透明、平滑，沿水平面扩展，基部稍稍淡褐色，粗 $4.4 \sim 8.2$ μm；闭囊壳内生多个子囊：淡色、淡褐色至淡黑褐色，多数呈椭圆形，少数为广椭圆形，内含 $4 \sim 6$ 个子囊孢子，末端具有尾状短柄，大小为 $(50.2 \sim 64.5)$ μm×$(37.5 \sim 44.5)$ μm；子囊孢子淡色至淡黑褐色，椭圆形或卵形，大小为 $(23.8 \sim 25.2)$ μm×$(14.9 \sim 17.0)$ μm（图5-3-18）。本病原菌寄生性强，多发生在树丛之下部或背阴处的叶片上。病菌的扩散和蔓延一般是下部叶片向上部叶片发展，当年发病主要靠分生孢子重复侵染，而落叶上的越冬闭囊壳，是翌年初次侵染的菌源。

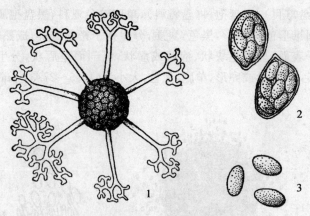

**图5-3-18 丁香叉丝壳**
1.闭囊壳 2.子囊和子囊孢子 3.子囊孢子放大

（3）防治方法

①消灭病菌来源：发病前期（6月中下旬至7月中旬），结合树丛整枝整形及时摘除树丛底部或背阴处的初期病叶，能减轻或延缓当年的病情。发病后期（9月下旬至10月上旬）结合林地管理，清除发病严重并形成卷叶的叶片，或者于晚秋树叶脱落后，彻底清除落地病叶烧、埋或造肥，杜绝病菌感染来源。

②结合林木抚育管理,对树丛底部过密的底枝进行修剪,使树丛内部适当通风透光,不利于病害发生,而有利于主干的生育。

③在发病初期或盛期,选用 0.3~0.4 °Be 石硫合剂,0.5%胶体硫或 2:1 的硫黄石灰粉进行喷药防治,有较好的防治效果;喷射 0.5%~1.0%的苏打肥皂液或 5%肥皂液,也有一定的效果。

## 5.3.22　丁香白腐病

丁香白腐病别名立木腐朽病、心腐病。

国内分布于吉林、黑龙江、河北、山西、甘肃等省;国外分布于亚洲(日本)、欧洲(俄罗斯)。

在东北各原始林区,专为害暴马子[*Synga amurensis*(*Rupr.*)Rupr.]的活立木或枯立木。据文献记载,本病在亚洲(中国、日本)和欧洲(俄罗斯)都生于丁香属(Syringa L.)的活立木干上。

(1)症状　症状多发生在主干中、下部和较粗的侧枝干基部,受害严重的立木,病腐常贯穿整个树干,迅速枯干死亡,木质部 80%贬为薪炭材,易遭风倒或风折。树干上长出本病原菌的子实体,为主要的外部症状;被害木质部形成具粗细线纹的白色腐朽类型,为典型的内部症状。腐朽初期,木质部心材部分稍变淡黄褐色,较健材色泽略深。中期,材质渐变松软,含水率较高,开始出现初期的不甚明显的褐色细线纹,横断面上呈色泽不匀的浅色杂斑,病腐纵向或横向扩展蔓延比较迅速,树干外部开始出现小型子实体。后期,木质部的褐色粗细线纹较明显,横断面上常常形成被粗细褐线分割成不等大小或不正形的块状白色腐朽,呈淡黄褐色、黄白色或洁白色混杂。由于病菌分解木质素,剩下纤维素,心材或边材的纵断面上出现纤维状削离,进而形成蛀孔状不规正的空洞,这时树干上已长满病原菌的子实体,多者达 20 个以上。

(2)病原　病原学名 *Phellinus baumii* Pilàt(鲍姆木层孔菌)。病原菌隶属于担子菌纲,多孔菌目,多孔菌科,木层孔菌属(针层孔菌属)。子实体多年生,无柄,木质,颇坚硬,通常侧生,半圆形,贝壳状,单生、散生或群聚生,横径 3.5~15.5 cm,纵径 3.0~10.0 cm,厚 2.0~7.0 cm,通常 4.0 cm 左右;菌盖正面初期黄褐色,有细短绒毛,以后色变深暗,毛消失,呈黑褐色至深黑色,有较细密的同心环沟或棱纹,纵横龟裂明显,粗糙感觉,基顶部乃至整个正面常附生苔藓植物群,边缘较薄锐或稍钝,色较基部为浅,异色或近同色;菌髓锈褐色或黄褐色,木质,颇坚硬;菌管多层。排列颇紧密,与菌髓同色,分层不甚明显;菌盖反面褐色、深栗褐色至紫赤褐色,毛绒感觉,边缘色浅,呈环带状,不孕性;管孔颇细小致密,圆形,孔缘较薄或稍钝,全缘。1 mm 间 8~9 个乃至 10 个;子实层中混生刚毛体,末端尖锐,基部显著膨大,近纺锤形,壁较厚,淡褐色,(14.0~18.5) μm×(4.5~5.5) μm;菌丝体黄褐色,少弯曲,粗 3.0~3.5 μm;担孢子近球形,淡褐色,平滑,(3.0~3.5) μm×(2.8~3.2) μm(图 5-3-19)。

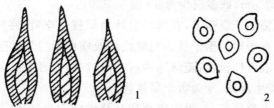

**图 5-3-19　鲍姆木层孔菌**
1.刚毛　2.担孢子放大

（3）流行条件 本病发生严重的林分，疏密度和郁闭度较大，林地低洼或阴湿，被害木经常处于被压抑的状态，生长矮小而细弱，病腐率高达 94.2％～100％，材积腐朽率为 68.4％，树干上长满了病原菌的子实体，相反，在疏密度、郁闭度适中的缓坡和阳坡地，病腐率和材积腐朽率都较低，平均为 61.7％或 28.8％，因此，除了树种本身感病性较强外，立地条件不良，立木经常处于被压抑状态是本病流行的重要原因。

（4）防治方法

①对发病严重的病腐木、枯立木实行卫生采伐，清除病原菌的滋生繁殖场所。

②对发病轻而有生长前途的林木，应结合林场经营管理加强抚育或实行采育兼伐，复壮树势，同时，注意收集树干上出现的子实体，埋入土中或烧毁，消除病原菌感染来源。树干上余留的伤口或树洞，最好用消毒杀菌剂进行伤口消毒，并用涂伤剂涂伤或填堵树洞，防止病菌的再次侵染或淋雨注入。

## 5.3.23　李叶红点病

李叶红点病别名疔病、软骨红斑、红斑病、软骨肿斑。国内分布于辽宁、吉林、黑龙江、河北、陕西、安徽、浙江、四川、云南、贵州、山西、新疆、甘肃等省区；国外分布于亚洲（日本、朝鲜）、欧洲（前苏联）。

为害李属的多种植物，如李、毛梗李、山樱桃、樱桃、细齿稠李等。

（1）症状　症状发生在叶片两面。发病初期，叶面上出现红色、红褐色小疹点，以后逐渐扩大，叶正面渐渐隆起，形成较明显的馒头形或类圆形肿斑，软骨质，表面平滑，略有光泽，表面密生多数红色、红褐色小疹点，即病原菌的子座和分生孢子器；叶背面对应部分呈弧形、凹透镜形凹斑。受害严重时，叶片两面布满红褐色、橙色病斑，叶片卷曲或早期脱落，影响植物的正常生育。

（2）病原　病原学名 有性世代为：*Polystigma rubrum*（Pers.）Dc.，其无性世代为：*Polystigmina rubra* Sacc. 多点霉（红疔座霉）。

病原菌之有性世代隶属于子囊菌纲，肉座菌目，肉座菌科，疔座霉属；无性世代隶属于不完全菌类，类球壳菌目（壳霉目），类瘿肿病菌科（赤壳霉科），红点病菌属（多点菌属，多点霉属，红点菌属，红点属）。有性世代之子囊壳一部分乃至全部埋生于较明显的子座中，或者生于棉絮状之菌丝纲中，子囊孢子 8 个，椭圆形或者近于橄榄形，单胞无色。无性世代之子座埋生于叶片的病组织中，稍稍隆起，呈肿状大斑，鲜橘红色至橙色，软骨质，通常占叶片的全部厚度，内生多数扁球形至球形的分生孢子器，（212.5～275.0）$\mu$m×（175.0～225.0）$\mu$m，壁较薄，淡橙黄色至无色透明；分生孢子器内充满线形或蠕虫形的分生孢子，单胞，无色透明，（20.0～65.5）$\mu$m×（1.05～1.75）$\mu$m，或多或少弯曲（图 5-3-20）。

据文献记载，本病原菌的子囊孢子，在李树放叶后即侵入李叶，在叶片之表皮层间繁殖菌丝体，并形成子座和分生孢子器。孢子器内充满线形或蠕虫形的分生孢子，即为当年重复侵染的病菌来源，并于晚秋形成有性世代，随落地的病叶而越冬，为翌年初次侵染李树，引起发病的病菌来源。病原菌属强寄生真菌，专为害李属植物。

（3）防治方法 于秋末落叶盛期，收集落地病叶烧毁或沤粪造肥，消灭越冬病原菌。病害发生期，结合疏枝修剪，剪除发病较重的枝叶，控制病菌传播蔓延。在有条件实行药剂防治的重病区，可于每年发病期前，向叶背面喷射 1～3 次波尔多液进行预防。

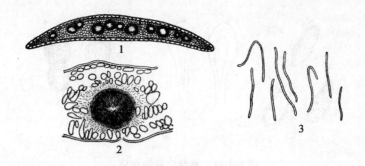

**图 5-3-20　多点霉**

1，2.分生孢子器纵切面　3.分生孢子放大

## 5.3.24　杏树叶锈病

杏树叶锈病别名黑粉病、赤锈、褐锈病。

国内分布于辽宁(沈阳、鞍山、熊岳、本溪、清原)、吉林(长春、吉林)、黑龙江(哈尔滨)，也分布于山东、江苏、江西、湖南、福建、广东、广西、四川、云南、台湾等省区；国外分布于亚洲(朝鲜、日本本州、四国、九州)、欧洲(前苏联)。

能为害李属的多种植物，如杏、辽杏、麦李、梅、桃、西伯利亚杏(山杏)、李等。

本病原菌的性子器、锈子器(0、I)时期寄生在银莲花属和獐耳细辛属植物上；夏孢子和冬孢子(II、III)时期寄生在李属的多种植物上。性子器、锈子器时期生于双瓶梅等植物上；夏孢子和冬孢子时期生于梅、桃、李等植物上。

(1)症状　症状发生在叶片上。东北地区，发病期自 6 月中下旬至 10 月上中旬。9 月以前，杏树叶背面散生或群聚生多数褐色、暗赤黑色粉堆，为病原菌的夏孢子堆。9 月以后，夏孢子堆中逐渐生成与夏孢子堆颇相类似的栗褐色粉堆，为冬孢子堆。叶正面退色黄斑不十分明显，受害严重的叶片卷曲、萎黄或早期脱落。

(2)病原　病原学名 *Tranzschelia pruni-spinosae*(Pers.)Dietel(刺李疣双胞锈菌)(*Puccinia pruni-spinosae* Pers.)。病原菌隶属于担子菌纲，锈菌目，柄生锈菌科(柄锈科)，两圆孢锈菌属(聚柄锈属，疣双胞锈菌属)。系全孢型转主寄生锈菌。性孢子器均匀而稀疏地散生在叶两面的角质层下，暗褐色，直径 110～150 $\mu$m。锈孢子堆均匀地散生在叶背面，杯形至短圆柱形，直径 400～700 $\mu$m，开裂成四瓣；锈孢子近球形至矩形，大小为(18～27) $\mu$m×(15～20) $\mu$m，黄色，有微细小疣，壁厚 1.5～2.5 $\mu$m；包被细胞多角形，大小为(20～35) $\mu$m×(18～28) $\mu$m，外侧壁具条纹，厚 6～8 $\mu$m，内侧壁有疣，厚 3～4 $\mu$m。夏孢子堆在叶背面散生或密聚成大堆，裸露，锈黄褐色；夏孢子生于孢子柄上，长椭圆形或近似纺锤形，顶部光滑，黄褐色，下部淡黄褐色，密生刺状小疣，大小为(26.8～33.2) $\mu$m×(15.5～17.5) $\mu$m；冬孢子由两个近似圆形或稍稍广椭圆形的细胞所组成，两孢有时分离，表面密生刺状小疣，大小为(28.0～42.9) $\mu$m×(19.5～26.5) $\mu$m，生短而易断、无色透明的短柄，柄长 20.8～31.0 $\mu$m(图 5-3-21)。

(3)防治方法　明确并铲除中间寄主是预防本种锈病的重要途径。

在有条件实行药剂防治的重病区，可选用 0.3～0.4 °Be 石硫合剂，400～500 倍的代森锌液，200 倍的敌锈钠液，或 1∶1∶(170～240)的波尔多液向叶背面喷洒 1～3 次，有一定的防治效果。

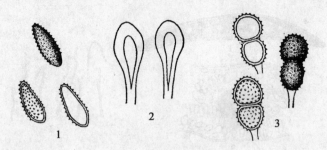

图 5-3-21 刺李疣双胞锈菌

1.夏孢子 2.侧丝 3.冬孢子放大

## 5.3.25 核桃黑斑病

核桃黑斑病又名黑腐病,我国主要核桃产区均有发生。该病主要为害幼果、叶片,也可为害嫩枝,引起叶片枯萎早落,幼果腐烂和早期落果,使病果的出仁率和出油率均降低。该病除为害核桃外,还能侵染多种核桃属植物。

(1)症状 幼果染病,果面发生褐色小斑点,无明显边缘,稍凸起,以后逐渐扩大,变黑下陷,深入核壳及核仁,使整个果实连同核仁全部变黑腐烂脱落。近成熟果实受侵染后,往往只是外果皮,最多延及中果皮变黑腐烂,致果皮部分脱落,内果皮外露,核仁完好,但出油率大为降低。叶片受害后,首先在叶脉上出现近圆形及多角形的褐色小斑点,常数斑连成大斑,病斑外围有水渍状的晕圈,少数病斑后期形成穿孔,病叶常皱缩畸形,枯萎早落。叶柄、嫩枝梢受害,其上形成的病斑长形,褐色,稍凹陷,有时数个病斑连成不规则的大斑,严重时常因病斑扩展而包围枝条将近一圈时,病斑以上的叶片、枝条即枯死。花序受害,产生黑褐色水渍状病斑。

(2)病原病原 *Xanthomonas campestris* pv. *juglandis* Pierce Dye,异名 *Xanthomonas. juglandis*(Pierce)Dowson. 称黄单胞杆菌属甘蓝黑腐黄单胞菌核桃黑斑致病型,属细菌。菌体短杆状,大小为(1.3~3.0)μm×(0.3~0.5)μm,端生 1 鞭毛,在牛肉汁葡萄糖琼脂斜面划线培养,菌落突起,生长旺盛,光滑不透明具光泽,淡柠檬黄色,具黏性,生长适温为 28~32℃,最高 37℃,最低 5℃,53~55℃经 10 min 致死,适应 pH 5.2~10.5,见图 5-3-22。

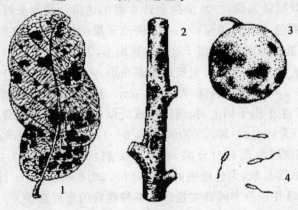

图 5-3-22 核桃黑斑病

1.病叶 2.病枝 3.病果 4.病原细菌

（3）侵染循环及发病条件 病原细菌在枝梢的病斑里越冬,翌春分泌出细菌,借风雨传播到叶、果及嫩枝上为害。病菌能侵害花粉,因此,花粉也能传带病菌。昆虫也是传带病菌的媒介,病菌由气孔、皮孔、蜜腺及各种伤口侵入。在寄主表皮潮湿,温度在 4～30℃时.能侵害叶片;在 5～27℃时,能侵害果实。潜育期 5～10 d,在果园里一般 10～15 d。核桃在开花期及展叶期最易感病,夏季多雨则病害严重。核桃举肢蛾蛀食后的虫果伤口处,很易受病菌侵染。

（4）防治技术

1）清除菌源 结合修剪,剪除病枝梢及病果,并收拾地面落果,集中烧毁,以减少果园病菌来源。

2）及时防治核桃害虫 在虫害严重地区,特别是核桃举肢蛾严重发生的地区,应及时防治害虫,从而减少伤口和传带病菌的媒介,达到防治病害的目的。

3）药剂防治 黑斑病发生严重的核桃园,分别在展叶时（雌花出现之前）、落花后以及幼果期各喷一次 1∶0.5∶200 波尔多液。此外,可喷 50 万单位的农用链霉素也有较好防治效果。

## 5.3.26 核桃细菌性黑斑病

核桃细菌性黑斑病也称为核桃黑。河北、山西、山东、江苏等核桃产区均有发生。据山西左权等地调查,一般被害株率达 60%～100%,果实被害率达 30%～70%,重者 90% 以上;核仁减重可达 40%～50%,被害核桃仁的出油率减少近一半。此病的发生往往与核桃举肢蛾的危害有关,因而更成了核桃生产上的重要威胁。

（1）症状 病害发生在叶、新梢及果实上。首先在叶脉处出现圆形及多角形的小褐斑,严重时能互相愈合,其后在叶片各部及叶柄上也出现这样的病斑。在较嫩的叶上病斑往往呈褐色,多角形,在较老的叶上病斑往往呈圆形,直径 1 mm 左右,边缘褐色,中央灰褐色,有时外围有一黄色晕圈,中央灰褐色部分有时脱落,形成穿孔。枝梢上病斑长形,褐色,稍凹陷,严重时因病斑扩展包围枝条而使上段枯死。果实受害后,起初在果表呈现小而微隆起的褐色软斑,以后则迅速扩大,并渐下陷,变黑,外围有一水渍状晕纹。腐烂严重时可达核仁,使核壳、核仁变黑。老果受侵时只达外果皮（图 5-3-23）。

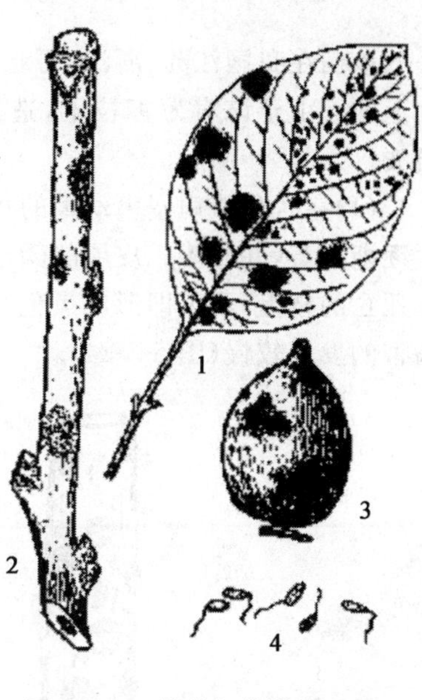

（2）病原 此病由细菌 *Xanthomonas juglandis* (Pierce) Dowson. 所致。菌体短棒状,（1.3～3.0）μm×（0.3～0.5）μm。一端有鞭毛。在 PDA 培养基上菌落初呈白色,渐呈草黄色,最后呈橘黄色,圆形。细菌能极慢地液化明胶,在葡萄糖、蔗糖及乳糖中不产酸,也不产气。

**图 5-3-23 核桃细菌性黑斑病**
1.病叶 2.病枝 3.病果 4.病原细菌

（3）发展规律 细菌在受病枝条或茎的老溃疡病斑内越冬。翌年春天借雨水的作用传播到叶上,并由叶上再传播到果上。由于细菌能侵入花粉,所以花粉也可以成为病原的传播媒介。

细菌从皮孔和各种伤口侵入。核桃举肢蛾造成的伤口,日灼伤及雹伤都是该种细菌侵入的途径。另外,昆虫也可能成为细菌的传播者。

发病与雨水关系密切。雨后病害常迅速蔓延。一般说来,核桃最易感病的时期是在展叶及开花期,以后寄主抗病力逐渐增强。在北京地区的病害盛发期是 7 月下旬至 8 月中旬。这是因为北京前期干旱,所以,虽然核桃植株本身易感病,但雨水缺乏,不利于发病。相反,7~8 月份虽然此时核桃本身抗病性增强了,但因适逢雨季,而且举肢蛾为害,日灼,雹伤等又给病菌侵入创造了有利的条件,所以病害反而严重起来。细菌侵染幼果的适温为 5~27℃。侵染叶片的适温为 4~30℃,潜育期在果实上为 5~34 d;叶片上为 8~18 d。

(4)防治措施  清除病叶,病果,注意林地卫生。核桃采收后,脱下的果皮应予处理。病枝梢应结合抚育管理或采收时予以去除。

目前采收核桃季节普遍提早,而且采收方法主要用竹竿或棍棒击落,这样不但伤树,而且造成伤口,应该改进。

加强管理,增强树势,提高抗病力。

治虫防病,对防治该病很重要。用 1∶0.5∶200 的波尔多液喷药保护具有一定效果。国外用链霉素或链霉素加 2%硫酸铜防治此病均有良好效果。

选育抗病品种。在选育中不但要注意选抗病强品种,而且也要注意选抗虫性强品种。

同时也应充分利用品种的避病性。近几年北京地区推广核桃楸嫁接核桃。据初步调查,所嫁接的核桃比一般核桃的病害要轻。值得进一步研究。

## 5.3.27  核桃枝枯病

该病在我国江苏、浙江、河北等省的核桃和枫杨上发生。据推测,该病是由野核桃转到核桃上的。由于该病为害枝干,造成死亡,因此,不仅影响核桃的产量,而且使材积增长受到损失。

(1)症状  该病侵害幼嫩的短枝,先从顶部开始,逐渐向下蔓延直到主干。受害枝上的叶片逐渐变黄,并脱落。皮层的颜色改变,开始呈暗灰褐色,而后成浅红褐色,最后变成深灰色。在死亡的枝上,不久即形成黑色突起的分生孢子盘,最后大量枝条死亡,并露出灰色的木质部。病害的发展较慢(图 5-3-24)。

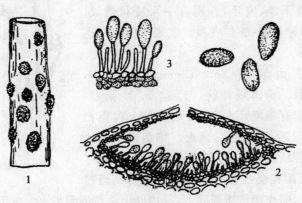

**图 5-3-24  核桃枝枯病**
1.病枝上的子实体  2.分生孢子盘  3.分生孢子梗及分生孢子

(2)病原　半知菌纲黑盘孢目的由矩圆黑盘孢(*Melanconium oblangum* Betk.)引起。分生孢子盘初在表皮下,后突破表皮,呈黑色小突起状。分生孢子椭圆形或卵圆形,单胞,多数两端钝圆或较平缓,有时一端稍尖,暗褐色,大小为$(14\sim25)$ μm×$(4.25\sim13)$ μm(图5-3-24)。

(3)发展规律　据初步观察,病害与冻害及北方地区的春旱有关,病害经常以腐生或弱寄生状态生长在死枝和弱枝上。树木生长旺盛时可以减轻病害。

(4)防治措施　剪除病枝,以防向下蔓延;加强管理,增强树势,提高抗病力;对于幼树做好新枝的防冻和防春旱工作。

## 5.3.28　黄栌白粉病

黄栌白粉病是黄栌上的重要病害。该病对黄栌最大的危害是秋季红叶不红,变为灰黄色或污白色,失去观赏性。

(1)症状　黄栌白粉病主要为害叶片。发病初期,叶片正面出现针尖大小的白色粉斑点,逐渐扩大成为污白色的圆斑,最后发展成为典型的白粉斑,病斑边缘略呈放射状,严重时,白粉斑连接成片,整个叶片被厚厚的白粉层所覆盖。发病后期白粉层上出现白色、黄色、黑色的小点粒——栌叶片不变红闭囊壳,此时白粉层逐渐消解。

叶片退绿,花青素受破坏,呈黄色,引起早落叶。发病严重时嫩梢也被为害。连年发生树势削弱。

(2)病原　病原菌为漆树钩丝壳菌 *Uncinula verniei frae* P. ftenn.,属子囊菌亚门、核菌纲、自粉菌目、钩丝白粉菌属。闭囊壳球形、近圆形,黑色至黑褐色,直径112～126 μm;附属丝顶卷曲;闭囊壳内有多个子囊,子囊袋状、无色;子囊孢子5～8个,单胞,卵形,无色,$(18.7\sim23.7)$ μm×$(9.5\sim12.6)$ μm,见图5-3-25。

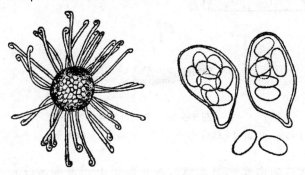

**图 5-3-25　黄栌白粉病菌闭囊壳、子囊及子囊孢子**

(3)侵染循环及发病条件　病原菌以闭囊壳在枯落叶上越冬,成为翌年的初侵染来源;也可以以菌丝体在病枝条上越冬,在温湿度适宜条件下翌年春产生分生孢子进行初次侵染。孢子由风雨传播,直接侵入。

子囊孢子6月中下旬释放。子囊孢子和粉孢子的萌发适温为25～30℃,要求相当高的相对湿度,6月底或7月初叶片上出现白色小粉点。潜育期10～15 d。生长季节有多次再侵染。植株密度大,通风不良发病重;植株生长不良发病重;分蘖多的树发病重;黄栌纯林比黄栌和油松等树种混栽发病重。

（4）**防治技术**　秋季彻底清扫病落叶,剪除病枯枝条以减少侵染来源。春季及时剪除分蘖。加强肥水管理提高树势。栽培黄栌提倡混交林,杜绝纯林栽培。休眠期喷洒 5 °Be 石硫合剂;生长季节喷洒 25%粉锈宁可湿性粉剂 1 000～1 500 倍液,或 15%的粉锈宁可湿性粉剂700 倍液。

## 5.3.29　泡桐炭疽病

泡桐炭疽病在泡桐栽植地区普遍发生,尤其是幼苗期更为严重,常使泡桐播种育苗遭受毁灭性的损失。如郑州(1964 年)实生苗有的发病率高达 98.2%,死亡率达 83.6%。

（1）**症状**　泡桐炭疽病菌主要为害叶、叶柄和嫩梢。叶片上,病斑初为点状失绿,后扩大为圆形,褐色,周围黄绿色,直径约 1 mm,后期病斑中间常破裂,病叶早落。嫩叶叶脉受病,常使叶片皱缩成畸形。叶柄、叶脉及嫩梢上病斑初为淡褐色圆形小点,后纵向延伸,呈椭圆形或不规则形,中央凹陷。(图 5-3-26)。发病严重时,病斑连成片,常引起嫩梢和叶片枯死。在雨后或高温环境下,病斑上,尤其是叶柄和嫩梢上的病斑上常产生粉红色分生孢子堆或黑色小点。实生幼苗木质化前(2～4 个叶片)被害,初期被害苗叶片变暗绿色,后倒伏死亡。若木质化后(有 6 个以上叶片)被害,茎、叶上病斑发生多时,常呈黑褐色枯死,但不倒伏。

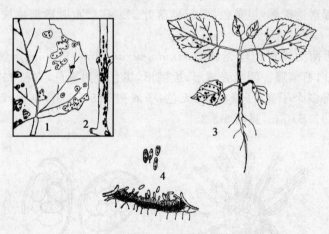

**图 5-3-26　泡桐炭疽病**
1.泡桐叶上病斑　2.嫩枝上的病斑　3.幼苗上的病斑　4.病菌分生孢子盘及分生孢子

（2）**病原**　泡桐炭疽病由半知菌类黑盘孢目的川上刺盘孢菌[*Golletotrichum kawakam*(Miyabe)sawada]引起。病菌的分生孢子盘有刺(但有时无刺)初生于表皮下,后突破表皮外露。分生孢子单细胞,无色,卵圆形或椭圆形(图 5-3-26)。

（3）**发展规律**　病菌主要以菌丝在寄主病组织内越冬。翌年春,在温湿度适宜时产生分生孢子,通过风雨传播,成为初次侵染的来源。在生长季节中,病菌可反复多次侵染。病害一般在 5～6 月份开始发生,7 月份盛发。病害流行与雨水多少关系密切。在发病季节,如高温多雨、排水不良,病害蔓延很快。苗木过密,通风透气不良也易发病。育苗技术和苗圃管理粗放,苗木生长瘦弱也有利于病害的发生。

（4）**防治方法**　苗圃地应选择在距泡桐林较远的地方;病圃要避免连作,如必须连作时应彻底清除和烧毁病苗及病枝叶。冬季要深翻,以减少初次侵染来源。提高育苗技术,促进苗木生长旺盛,提高抗病力。发病初及时拔除病株,并喷1∶1∶(150~200)倍的波尔多液,或65%代森锌500倍液,每隔10 d左右喷1次。

## 5.3.30 柳杉赤枯病

柳杉赤枯病在江苏、浙江、江西和台湾等省都有发生。在日本也是严重的林木病害之一。柳杉在我国栽植越来越广,近年来由于赤枯病的危害,有些地区造成苗木大量死亡。

(1)症状 柳杉赤枯病主要为害1~4年生苗木的枝叶。一般在苗木下部的枝叶首先发病,初为褐色小斑点,后扩大并变成暗褐色。病害逐渐发展蔓延到上部枝叶,常使苗木局部枝条或全株呈暗褐色枯死。在潮湿的条件下,病斑上会产生许多稍突起的黑色小霉点,这便是病菌的子座及着生在上面的分生孢子梗及分生孢子。

病害还可直接为害绿色主茎或从小枝、叶扩展到绿色主茎上,形成暗褐色或赤褐色稍下陷的溃疡斑,这种溃疡斑如果发展包围主茎一周,则其上部即枯死。有时主茎上的溃疡斑扩展不快,但也不易愈合,随着树干的直径生长逐渐陷入树干中,形成沟状病部。这种病株虽不一定枯死,但易遭风折(图5-3-27)。

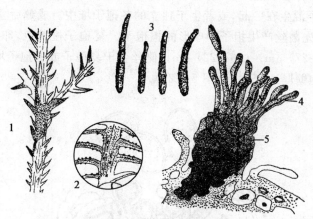

**图 5-3-27 柳杉赤枯病**
1.从病叶扩展到嫩枝上的病斑 2.病部放大 3.病菌分生孢子 4.分生孢子梗 5.子座

(2)病原 柳杉赤枯病由真菌中半知菌类丛梗孢目尾孢属的 *Gercospora sequoiae* Ell. et Bv. (*G. cryptomeriae* Shirai)所引起,分生孢子梗聚生于子座上,稍弯曲,黄褐色。分生孢子鞭状,但先端较钝,有3~5个分隔(少数有6~9个分隔),淡褐色,表面有微小的疣状突起,大小(6~7) μm×(66~70) μm (图5-3-27)。

(3)发生规律 病菌孢子于15~30℃下发芽良好,25℃为发芽最适温度;在92%~100%的相对湿度下才能萌发。病菌主要以菌丝在病组织内越冬,翌年春(4月下旬至5月上旬)产生分生孢子,由风雨传播,萌发后经气孔侵入,约3周后出现新的症状,再经7~10 d病部即可产生孢子进行再次侵染。柳杉赤枯病发展快慢除和温度有一定的关系外,主要和当年大气湿度和降雨情况密切相关。如果春夏之间降雨持续时间长的年份,发病常较重。在梅雨期和台风期最有利于病菌的侵染。另外,苗木过密,通风透光差,湿度大或氮肥偏多等,都易促使苗木发病。柳杉赤枯病在1～4年生的实生苗上最易发生。随着树龄的增长,发病逐渐减轻,7～10年生以上便很少发病。

(4)防治措施　首先应严格禁止病苗外调,新区发现病苗应立即烧毁。要培育无病壮苗,适当间苗。要合理施肥,氮肥不宜偏多。如果是连作或邻近有病株,必须尽可能彻底清除和烧毁原有病株(枝),或冬春深耕把病株(枝)叶埋入土中,以减少初次侵染来源。在苗木生长季节应经常巡视苗圃,一旦发现病苗,应立即拔除烧毁。发病期间用0.5%的波尔多液、抗菌剂401 800倍液及25%的多菌灵200倍液,每2周喷一次。

## 5.3.31　柚木锈病

该病为害柚木的苗木和幼树,导致严重落叶,对林木的生长有严重影响。印度、巴基斯坦、斯里兰卡、缅甸、印度尼西亚、泰国以及我国引种柚木的地方都有此病发生。

(1)症状　受害叶片的上表面呈灰褐色,下表面形成无数细小的夏孢子堆和冬孢子堆,呈亮黄色至橙黄色。

(2)病原　病原为柏木周丝单胞锈菌(*Olivea tectonae* Thlrum.)属锈菌目,柄锈科。锈菌的冬孢子棍棒状或拟纺锤形棍棒状,内含物橙黄色,细胞壁无色,大小为(38～51)μm×(6～9)μm,或者与夏孢子混生在一起,或者生于独立的冬孢子堆中。成熟后立即萌发,产生具有4个隔膜的先菌丝,从先菌丝产生担子和球形的担孢子。夏孢子橙黄色,卵形至长椭圆形,具无数小刺,大小为(20～27)μm×(16～22)μm。侧丝生于夏孢子或冬孢子堆的边缘,圆柱状,向内弯曲,橙黄色,细胞壁厚达25μm(图5-3-28)。

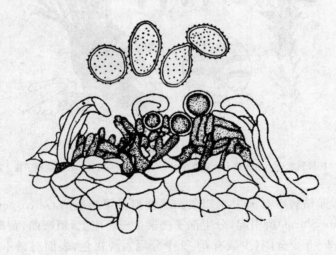

**图 5-3-28　柚木锈病**
(示病菌夏孢子堆和夏孢子)

(3)发生规律　在南方林区柚木的叶片从9月份至翌年5月份普遍受锈菌为害。温暖和干燥的气候有利于此病的发生。

(4)防治措施　修枝或疏伐使林内空气流通,可试用药剂防治。

## 5.3.32 杉木炭疽病

杉木炭疽病在江西、湖南、湖北、福建、广东、广西、浙江、江苏、四川、贵州、安徽等省（区）都有发生；尤以低山丘陵地区为常见，严重的地方常成片枯黄，对杉木幼林生长造成很大的威胁。

（1）症状 杉木炭疽病主要在春季和初夏发生，这时正是杉木新梢开始萌发期。不同年龄的新老针叶和嫩梢都可发病，但以先年梢头受害最重。通常是在枝梢顶芽以下10 cm内的部分发病，这种现象称为颈枯（图5-3-29），是杉木炭疽病的典型症状。主梢以下1～3轮枝梢最易感病，也有一树枝梢全部感病的。

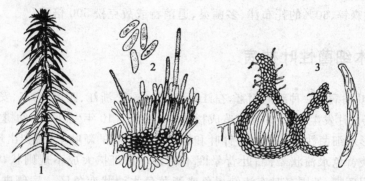

**图 5-3-29　杉木炭疽病菌**
1.嫩梢及针叶受害症状　2.病菌分生孢子盘及分生孢子　3.病菌子囊壳、子囊及子囊孢子

梢头的幼茎和针叶可能同时受侵，但一般先从针叶开始。初时，叶尖变褐枯死或叶上出现不规则形斑点。病部不断扩展，使整个针叶变褐枯死，并延及幼茎，幼茎变褐色而致整个枝梢枯死。发病轻的仅针叶尖端枯死或全叶枯死，顶芽仍能抽发新梢，但新梢生长因病害轻重不同而受到不同程度的影响。在枯死不久的针叶背面中脉两侧有时可见到稀疏的小黑点，高温环境下有时还可见到粉红色的分生孢子脓。

在较老的枝条上，病害通常只发生在针叶上，使针叶尖端或整叶枯死，茎部较少受害。生长正常的当年新梢很少感病。到秋季，由于生理上的原因引起新梢的黄化，这些黄化的新梢较易发生炭疽病。

（2）病原 杉炭疽病的病原是子囊菌纲球壳菌目的围小丛壳属（*Glomerella cingulata* (stonem) scbr、et Spa, uld.）。通常见到的是无性阶段，为半知菌黑盘孢目刺盘孢属的一种（*Golletotrichum* sp.）。分生孢子盘生在病部表皮下，后突破表皮外露，呈黑色小点状，直径50～170 μm；如分生孢子产生得多，聚集在一起，则成粉红色分生孢子脓。分生孢子盘上有黑褐色的刚毛（有时没有），有分隔，大小为（50～120）μm×45 μm。分生孢子梗无色，有分隔，大小为（15～60）μm×4.5 μm。分生孢子无色，单胞，长椭圆形，大小（15～19.5）μm×（4.8～6.6）μm。在培养基上还可自菌丝上直接产生分生孢子。分生孢子在20～24℃萌发最好。萌发时产生一个隔膜。其有性阶段一般较少见到，子囊壳2至多个丛生（或单生），半埋于基质中，梨形，颈部有毛，大小（250～350）μm×（194～267）μm。子囊棒形，无柄，大小（85.8～112.2）μm×（7.2～9.9）μm，在子囊孢子成熟后不久即溶化。子囊孢子无色，单胞，梭形，稍弯曲，排成2列或不规则的2列，大小（19.8～27.7）μm×（5.6～6.6）μm，见图5-3-29。

（3）发展规律　病菌主要在病组织内以菌丝越冬，分生孢子随风雨溅散飘扬传播。人工伤口接种在 20～23℃下，潜育期最短 8 d，在 25～27℃下最快的 3 d 后即可发病。

杉木炭疽病的发生和立地条件及造林抚育措施有密切的关系。经各地调查，凡导致杉木生长削弱的因素，如造林技术标准低、林地土壤瘠薄、黏重板结、透水不良，易受旱涝或地下水位过高，幼树大量开花等，病害发生都重。在立地条件好，高标准造林和抚育管理好的杉林一般发病都较轻。例如江西红壤丘陵地区一般多因土壤瘠薄，生长差，炭疽病常发生较重。

（4）防治措施　杉木炭疽病的防治应以提高造林质量，加强抚育管理为主，促使幼林生长旺盛，以提高其抗病力。其次，可重点辅以药剂防治。

在提高造林质量和加强营林的基础上，用药剂防治时，应在侵染发生期间进行。药剂种类可试用 65% 的代森锌、60% 的托布津、多菌灵、退菌特或敌克松 500 倍液。

## 5.3.33　杉木细菌性叶枯病

杉木细菌性叶枯病是一种新的病害，在江西、湖南、福建、浙江、四川、广东、安徽、江苏等省都有发生，有些林场成片发生，严重的地方造成杉林一片枯黄。10 年生以下的幼树发病常较重。

（1）症状　杉木细菌性叶枯病为害针叶和嫩梢。在当年的新叶上，最初出现针头大小淡褐色斑点，周围有淡黄色水渍状晕圈，叶背晕圈不明显。病斑扩大成不规则状，暗褐色，对光透视，周围有半透明环带，外围有时有淡红褐色或淡黄色水渍状变色区。病斑进一步扩展，使针叶成段变褐色，变色段长 2～6 mm，两端有淡黄色晕带。最后病斑以上部分的针叶枯死或全叶枯死。

老叶上的症状与新叶上相似，但病斑颜色较深，中部为暗褐色，外围为红褐色。后期病斑长 3～10 mm，中部变为灰褐色。嫩梢上病斑开始时同嫩叶上相似，后扩展为梭形，晕圈不明显，严重时多数病斑汇合，使嫩梢变褐枯死。

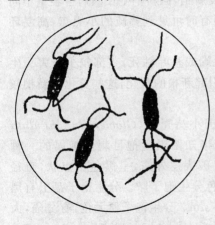

**图 5-3-30　杉木细菌性叶枯病菌**
（示病原细菌）

（2）病原　杉细菌性叶枯病的病原细菌为（*Pseudomonas cunninghamiae* Nanjing F. P I. G. et al.）病菌在马铃薯葡萄糖琼脂或牛肉膏蛋白胨琼脂培养基上菌落呈乳白色。病原细菌为杆状，大小为 (1.4～2.5) μm×(0.7～0.9) μm，单生。两端生有鞭毛 5～7 根（图 5-3-30）。不产生荚膜和芽孢。格兰氏染色阴性，好气。

（3）发展规律　病菌主要在树上活针叶的病斑中越冬。多从伤口侵入，也可能从气孔侵入。人工伤口接种，在室温 24～28℃下，一般 5 d 后即发病。野外接种，潜育期有时为 8 d。

据在江西进贤县的观察，病害于 4 月下旬开始发生，6 月上旬达最高峰，7 月以后基本停止发展。秋季病害又继续发展，但不如春季严重。

在自然条件下，杉树枝叶交错，针叶往往会相互刺伤。在林缘、道旁，特别是春、夏季，处在迎风面或风口的林分更容易造成伤口，而增加病原侵染的机会。因此，这些地方的病害也常较严重。

（4）防治措施　建议在风口的地方造林时栽植（或改换）其他树种；发病重的地方可试用杀菌剂于发病期防治。另外，造林时要注意避免苗木带病。加强营林措施，提高抗病力，也可减少病害的发生。

## 5.3.34　云杉球果锈病

该病在黑龙江、吉林、新疆、陕西、四川、青海、西藏和云南等省（区）均有分布。感病球果提早枯裂，使种子产量和质量大为降低，严重影响云杉林的天然更新和采种育苗工作。据调查，小兴安岭和长白山林区，每年发病株率约为5%，病株被害果达20%。云南丽江的粗云杉和紫果云杉发病中等的球果（1/2果鳞发病），种子发芽率降低1/2，种子千粒重降低1/4～1/3。

（1）症状　云杉球果锈病有三种症状类型，由不同的病菌所造成。

由杉李盖痂锈菌所引起的云杉球果锈病，主要发生在球果上，有时也为害枝条，使成"S"形弯曲和坏疽现象。一年生球果即能受侵。初期，受侵球果之鳞片略突起肿大，随后鳞片张开，翌年鳞片张开更甚，并反卷。在鳞片内侧的下部表皮上密生多个深褐色或橙色的球状锈孢子器，直径2～3 mm，排列整齐，似虫卵状。球果鳞片外侧有时也有锈孢子器。锈孢子器内部充满大量淡黄色粉状物，即为锈孢子。一球果可局部鳞片发病，也可全部鳞片发病，夏孢子及冬孢子阶段寄生于稠李（*Prunus padus*）等樱属植物叶片上。夏孢子堆椭圆形或卵圆形，近无色，围绕着夏孢子堆形成淡紫色多角形病斑，即为冬孢子堆。

云杉球果上的另一种锈病由鹿蹄草金锈菌引起。在云杉球果鳞片之外侧基部形成两个黄色，垫状的锈孢子器。感病球果提前开裂，但鳞片不向外卷。该菌的转主寄主是鹿蹄草，夏孢子及冬孢子长在鹿蹄草的叶片上。我国新疆天山及阿尔泰山林区少数云杉植株上曾发现此病。黑龙江某些林区，曾发现有鹿蹄草锈病，但云杉球果上未见有鹿蹄草金锈菌所致的锈病，而是由杉李盖痂锈菌引起的锈病类型。

云杉球果上还有一种锈病，由 *Chrysomyxa diformans*.Jacz. 引起，为害鳞片及护鳞，有时也为害嫩梢及嫩芽。在鳞片两侧可见到淡褐色，圆形或椭圆形，扁平，蜡质的冬孢子堆，球果受害后，不再继续生长。这一类型锈病见于我国新疆天山一带（图5-3-31）。

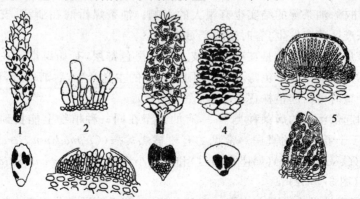

**图 5-3-31　云杉球果锈病**

1. *Chrysomyxa diformans* 所致球果锈病症状　2. *C. diformans* 冬孢子堆放大　3. *Thekopsora areolata* 所致锈病症状　4. *C. pyrolae* 所致锈病症状　5. *T. areolata*.锈孢子器剖面及部分放大

(2)病原 三种类型的锈病病原均属锈菌的栅锈科。其中杉李盖痂锈菌[*Thekopsora areolata*(Fr.)Magn.(*Pucciniastrum padi* Diet.],锈孢子器球形,被膜为深褐色,大小为2～3 mm,锈孢子淡黄色,椭圆形、圆形、六角形或棱形,外壁厚,上有瘤状小突起。串生于锈孢子器中。夏孢子堆埋生于稠李等樱属植物的叶背,夏孢子椭圆形或卵圆形,近无色。冬孢子堆生于叶表面表皮细胞中,冬孢子球形,暗褐色,纵隔2～4个细胞。

鹿蹄草金锈菌[*Chrysomyxa pyrolae*(D.C.)Rostr.],锈孢子器呈淡黄色,扁平,圆盘状,大小为3～4 mm。每个鳞片上生两个锈孢子器,锈孢子淡黄色,串生,表面有疣,球形。在鹿蹄草的叶上产生黄粉状的夏孢子堆,冬孢子堆为红褐色垫状,串生于堆内。

*Chrysomyxa diformans* 冬孢子堆扁平,表面被以蜡质膜,微具光泽,冬孢子单胞,串生,浅黄色,矩形、长椭圆形或不规则形,表面光滑(图5-3-31)。

(3)发展规律 三种锈菌因其种类不同而发生发展规律各有所异,但都属于转主寄生菌。*C. pyrolae* 和 *T. areolata* 的性孢子及锈孢子世代产生在云杉球果上,锈孢子借风力传播而侵害中间寄主稠李或鹿蹄草等植物,形成夏孢子,夏孢子可进行多次再侵染。秋末冬初形成冬孢子而越冬,至翌年萌发产生担孢子侵害云杉球果。

据在四川的调查,*T. aleolata* 所致云杉球果锈病,林缘木和弧立木较林内发病重,阳坡较阴坡发病重,树冠西南面较东北面发病重,树冠上部较下部发病重。

不同的云杉抗病性有所差异,紫果云杉较粗云杉抗病力强,据认为这可能与紫果云杉球果小,鳞片较紧密,以及球果上分泌有大量树脂包围鳞片有关;此外,立木生长良好,发育快,则发病轻,反之,则发病重。

(4)防治措施 选择适宜地点建立云杉母树林进行采种,母树林和种子园内及附近的稠李及鹿蹄草等转主寄主应全部清除;营造混交林;加强抚育管理,增强树势,提高抗病力。

## 5.3.35 煤污病

煤污病是一类极其普遍的病害,发生在多种木本植物的幼苗和大树上。主要为害叶片,有时也为害枝干。严重时叶片和嫩枝表面满覆黑色烟煤状物,因而妨碍林木正常的光合作用,影响健康生长。对柑橘、油茶等的结实也有很大的影响。油茶煤污病在浙江、安徽、湖南、江西、广东、四川等油茶产区普遍发生,有时造成严重损失。

(1)症状 该病的主要特征是在叶和嫩枝上形成黑色霉层,有如煤烟。在油茶上,起初叶面出现蜜汁黏滴,渐形成圆形黑色霉点,有的则沿叶片的主脉产生,后渐增多,使叶面形成覆盖紧密的煤烟层,严重时可引起植株逐渐枯萎(图5-3-32)。

(2)病原 引起煤污病的病菌种类不一,有的甚至在同一种植物上能找到两种以上真菌。但它们主要是属于子囊菌纲的真菌。常见的有柑橘煤炱病(*Capnodium citri*),茶煤炱病(*C. theae*),柳煤炱病(*C. salicinure*)(属座囊菌目)和山茶小煤炱(*Meliola camelliae*),巴特勒小煤炱(*M. butleri*)等(图5-3-32)。

煤污病菌多以无性世代出现在病部。因菌种不同,其无性世代分属于半知菌不同的属,其中烟煤属(*Fumago*)较常见。

(3)发生规律 煤污病菌的菌丝、分生孢子和子囊孢子都能越冬,成为翌年初侵染的来源。当叶、枝的表面有灰尘,蚜虫蜜露,介壳虫分泌物或植物渗出物时,分生孢子和子囊孢子即可在

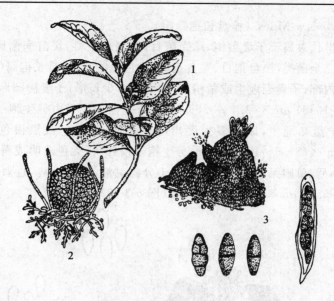

**图 5-3-32  油茶煤污病**
1.病叶  2.山茶小煤炱的子囊壳  3.茶煤炱菌的子囊壳、子囊及子囊孢子

上面生长发育。菌丝和分生孢子可借气流、昆虫传播,进行重复侵染。如根据浙江调查油茶煤污病病菌可以子囊壳越冬,但一般可直接以菌丝在病叶上越冬。病害每年3月上旬至6月下旬,9月下旬至11月下旬为两次发病盛期。病害可以节状菌丝体传播,某些昆虫,如介壳虫可以传带病菌。

病害与湿度关系较密切,一般湿度大,发病重。油茶煤污病在平均温度18℃左右,并有雾或露水时蔓延较快。南方丘陵地区的山坞日照短,阴湿发病往往很重。暴雨对于煤污菌有冲洗作用,能减轻病害。

昆虫,如介壳虫、蚜虫、木虱等为害严重时,煤污病的发生也严重。有些植物,如黄波罗等云香科植物的外渗物质多,病害也严重。

(4)防治措施  由于不通风,闷湿的条件有利于发病,因此成林后要及时修枝,间伐透光;由于煤污病的发生与蚜虫、介壳虫、木虱等的危害有密切关系,防治了这些害虫,绝大多数的煤污病即可得到防治。

## 5.3.36  榆叶炭疽病

榆叶炭疽病别名褐斑病、黑斑病、黄斑、虫粪堆、黑疹。分布于辽宁、吉林、黑龙江,也分布于陕西、江苏等省。为害榆(*Ulmus pumila* L.)、榔榆(*U. parvifolia* Jacq.)榆属(*Ulmus* sp.)。

(1)症状  发病初期,叶片上形成褐色不正形病斑,病斑正面生出灰白色丝条状物,自中部呈放射状排列,丝条状物逐渐消失后,生出如虫粪堆之黑色物,即病原菌的分生孢子堆,在通风不良、潮湿、背阴的林内,分生孢子堆似有光泽;发病后期,病斑上疏生圆形黑点,即病原菌之子囊壳。

(2)病原  病原学名  有性世代为:*Gnomonia ulmea*(Sacc.)Thüm.(榆日规壳)无性世代

为:*Gloeosporium ulmeum* Miles.（榆盘长孢）（拟）。

　　病原菌的有性世代隶属于子囊菌纲,球壳菌目,细颈球菌科,炭疽病菌属（日规壳属）。其无性世代隶属于不完全菌类,黑盘孢目、黑盘孢科,无色单胞亚科、盘长孢属（盘圆孢属）。菌丝体内生于寄主组织内部;子囊壳埋生或稍稍突出,壳口多少长形;子囊椭圆形或纺锤形;子囊孢子长形无色,（9.0～10.8）μm×（3.4～3.8）μm。分生孢子生于由分生孢子梗所组成之分生孢子盘上,分生孢子盘初埋生,以后多少突出叶片表面,呈黑色或黑褐色,圆盘状或褥状,（285.5～410.5）μm×（81.5～138.5）μm;分生孢子梗针状,无色透明或稍稍淡色,呈单层紧密排列,分生孢子小型,单胞无色,数量颇多,由于分泌黏液,不易分离,近似纺锤形、长椭圆形或松子仁状,（4.9～6.8）μm×（1.0～2.5）μm（图5-3-33）。

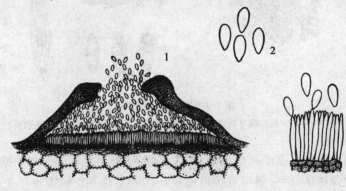

**图5-3-33　榆盘长孢（拟）**

1.分生孢子盘纵切面　2.分生孢子梗和分生孢子

　　（3）防治方法　本病寄生专化性较强,只为害榆属（*Ulmus* L.）植物,因此,营造阔叶或针阔叶树混交林,能控制病害的蔓延。

　　发病初期,结合林木抚育管理,及时剪除发病较重的枝叶,能减少病菌的重复感染。避免过度密植,疏开树冠,使林内通风透光,有利于林木的正常生育,不利于病原菌繁殖和蔓延。

　　榆属的不同种和品种,有一定的抗病性差异,因此,应选育抗病良种进行繁殖和造林。

　　于秋末落叶后期,结合预防多种叶斑性病害收集或处理落地病叶,消灭越冬病原,能减轻或控制病害发生。

　　避免将榆属的感病品种,种植在较肥沃的壤土上,减免病害发生。

　　在有条件的地方,如苗圃、庭园范围内,可实行喷药防治,用药种类有1:1:160波尔多液,0.5%～0.8%的代森锌（含有效成分为65%）喷3～4次。

## 5.3.37　榆树荷兰病

　　榆树荷兰病又称枯萎病。该病为害多种榆属树种,是欧美各国榆树最普遍、最危险的病害。1918—1934年曾广泛流行于欧美各国。近年来由于致病力强的新病菌菌系的出现,在欧洲和北美一些国家再次引起毁灭性的灾害,受害最重的英格兰到1975年底死亡榆树650万株。近几年来美国因此病已损失达10亿美元。这不仅在经济上造成严重损失,而且严重破坏了公园、道路的绿化。迄今为止我国的榆树尚未发现此病,因此,是对外检疫对象。

(1)症状　最初的症状出现在树冠上端的嫩梢,先是叶片萎蔫,嫩枝干枯,以后向下蔓延。病枝上的叶片变成红褐色,或沿主脉卷缩,病害蔓延快时,树已枯死叶片尚保持绿色。干叶片往往长久悬在枝上不落。病害由嫩枝至大枝迅速蔓延,数周或数日内全树即枯死。从枯死枝条的横切面上可以看到靠外面的几圈年轮上有深褐色的短条,在嫩枝上这些条纹连成一褐色环(图 5-3-34)。

(2)病原　由子囊菌纲球壳菌目的榆长喙壳菌[*Ophiostoma ulmi*(Schwwarz.)Moreau]引起,其无性阶段为 *Graphium ulmi* Schwarz。分生孢子梗基部集生成束,顶部成扫帚状,分生孢子在梗束顶部集生成球,长达 15 cm。

入冬后,在病树残留的树皮下或小蠹虫的虫道内可发现长颈的黑色球形的子囊壳(图 5-3-34)。

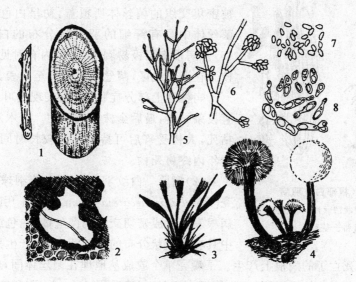

**图 5-3-34　榆树枯萎病**
1.受害病枝　2.病菌菌丝穿过导管之横切面　3.集生之孢梗束　4.带有分生孢子团的孢梗束
5.分生孢子梗　6.分生孢子堆　7.分生孢子　8.放大之分生孢子及呈酵母状萌发情况

病原菌的生长发育最适温度为 25℃,最适 pH 值为 3.4～4.4。

(3)发展规律　榆树枯萎病在炎热的天气及干旱时发展加速。

病菌孢子只有进入导管内才可引起病害,孢子可在导管中随树液流动。孢子的存活期很长,尤其在遮阴处,如在伐倒木上,侵染性可保持达 2 年之久。

病菌的孢子随小蠹虫,如大棘小蠹(*Scolytus scalytus*)和榆波纹棘胫小蠹(*S. multistreatus*)传播,因此,小蠹虫的危害可加剧病害的发展。

发病程度在不同种榆树上有显著差别,所有欧洲种和美洲种榆树均易感染此病,亚洲种榆树抵抗性强。我国大叶榆,小叶榆均属抗病的种类。

(4)防治措施　对于我国,最主要的预防措施是严格地执行对外检疫,以防此病由国外输入;病害可以随苗木、原木及木材传带,应禁止榆树及其原木、木材制品、包装和垫仓的榆木入口,并严禁传病昆虫随其他树种混入国境。

## 5.3.38　白纹羽病

白纹羽病是许多针阔叶树种上常见的一种根病。据记载,栎类、板栗、榆、槭、云杉、冷杉、落叶松等都有发生;其他经济林木(如桑、茶、咖啡等)以及多种果树(特别是苹果)上也比较常见。白纹羽病在我国广泛分布,辽宁、河北、山东、浙江、江西、云南和海南等地都曾有报道。此外,马铃薯、蚕豆、大豆等农作物也可受害。

白纹羽病能侵害苗木和成年树木,被害植株常因病枯萎死亡,对苗木的危害更为严重。病原菌能长期潜伏在土壤内,一旦发生,较难根除。

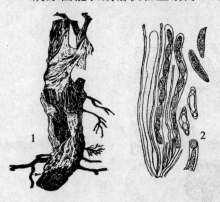

**图 5-3-35　根部白纹羽病**
1.病根上羽纹状菌丝片　2.病菌
的子囊和子囊孢子

(1)症状　检查病株根部,须根全部腐烂,根部表面被密集交织的菌丝体所覆盖,初呈白色,以后转呈灰色,菌丝体中具有纤细的羽纹状分布的白色菌素(图 4-3-35)。病根皮层极易剥落,皮层内有时见到黑色细小的菌核。在潮湿地区,菌丝体可蔓延至地表,呈白色蛛网状。

病株地上部分症状,初期表现为叶片变黄,早落,接着枝条枯萎,最后全株枯萎死亡。苗木发病后,几周内即枯死,大树受害后可持续存活较长时间,如不及时处理,数年内终将死亡。

(2)病原　白纹羽病由子囊菌纲球壳菌目的褐座坚壳[*Rosellinia necatrix*(Han.)Berl.]引起。病原菌常在病根表面形成密切交织的菌丝体,白色或淡灰色,菌丝体中具有羽纹状分布的纤细菌索,并产生黑色细小的菌核。子囊壳只在早已死亡了的病根上产生。子囊壳单个或成丛地埋在菌丝体间,球形,炭质,黑色,孔口部分呈乳头状突起。子囊圆柱形,周围有侧丝;子囊孢子8个,单列,稍弯曲,略呈纺锤形,单细胞,褐色或暗褐色。分生孢子阶段(*Dematophora necatrix* Hart.)从菌丝体上产生孢梗束,有分枝,顶生或侧生 1~3 个分生孢子,孢子卵圆形,无色,单细胞,大小为 2~3 $\mu$m(图 5-3-35)。

(3)发生规律　病原菌以病腐根上的菌核和菌丝体潜伏于土壤内,接触到林木根部时,以纤细菌索从根部表面皮孔侵入,菌丝可延伸到根部组织深处。有性世代不易发现,有性孢子和无性孢子在病害传播上不起重要作用。

病害常发生在低洼潮湿或排水不良的地区,高温季节有利于病害的发生和发展。病原菌可通过带病苗木的运输而远距离传播。

(4)防治措施

1)引进苗木时应注意检查,选择健壮无病的苗木进行栽植。如认为可疑时,可用 20%石灰水或 1%硫酸铜溶液浸渍 1 h 进行消毒,处理后再栽植。

2)苗圃地应注意排水。施肥时应避免氮肥施用过多。

3)发病严重的苗圃地,应休闲或改种禾本科作物,5~6 年后才能继续育苗。

4)发现病株应挖出烧毁,周围土壤用 20%石灰水灌注,进行消毒。所用工具以 0.1%升汞水消毒。

## 5.3.39  紫色根腐病

紫色根腐病通常称为"紫纹羽病"，是多种林木、果树和农作物上一种常见的根病。分布极为广泛。据记载，我国东北各省和河北、河南、安徽、江苏、浙江、广东、四川、云南等省都有发生。林木中如柏、松、杉、刺槐、柳、杨、栎、漆树等都易受害。我国南方栽培的橡胶、芒果等也常有紫色根腐病发生。

紫色根腐病常见于苗圃，苗木受害后，由于病势发展迅速，很快就会枯死。成年大树受害后，病势发展缓慢，主要表现为逐渐衰弱，个别严重感病植株，由于根颈部分腐烂而死亡。

(1)症状　紫色根腐病的主要特征为病根表面呈紫色。病害首先从幼嫩新根开始，逐步扩展至侧根及主根。感病初期，病根表面出现淡紫色疏松棉絮状菌丝体，其后逐渐集结成网状，颜色渐深，整个病根表面为深紫色短绒状菌丝体所包被，菌丝体上产生有细小紫红色菌核(图5-3-36)。病根皮层腐烂，极易剥落。木质部初呈黄褐色，湿腐；后期变为淡紫色。病害扩展到根颈后，菌丝体继续向上延伸，包围干基。六七月份，菌丝体上产生微薄白粉状子实层。

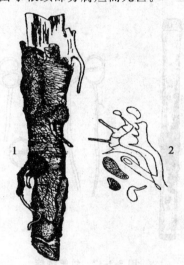

病株地上部分症状表现为顶梢不抽芽，叶形短小，发黄，皱缩卷曲；枝条干枯，最后全株枯萎死亡。

(2)病原　紫色根腐病由担子菌纲银耳目的紫卷担菌〔*Helicobasidium purpureum*(Tul.)Pat.〕引起。子实体膜质，紫色或紫红色。子实层向上，光滑。担子卷曲，担孢子单细胞，肾脏形，无色，大小为(10～12) μm×(6～7) μm(图5-3-36)。

**图5-3-36　紫色根腐病**
1.病根症状　2.病菌的担子和担孢子

病原菌在病根表面形成明显的紫色菌丝体和菌核，菌核直径1 mm左右。以往在没有发现它的有性阶段以前，曾就它的菌丝体阶段命名为*Rhizoctonia crocoruin* Fr.(紫纹羽丝核菌)，至今还有时沿用。

(3)发展规律　病原菌利用它在病根上的菌丝体和菌核潜伏在土壤内。菌核有抵抗不良环境条件的能力，能在土内长期存活，待环境条件适宜时，萌发产生菌丝体。菌丝集结组成的菌丝束能在土内或土表延伸，接触健康林木根部后即直接侵入。病害通过林木根部的互相接触而传染蔓延。孢子在病害传播中不起重要作用。

低洼潮湿或排水不良的地区有利于病原菌的滋生，病害的发生往往较多。

(4)防治措施

1)紫色根腐病可通过带病苗木的运输而传播，在引进苗木时应严格检查，选择健康苗木进行栽植。对可疑的苗木要进行消毒处理。常用的处理方法如：以1%波尔多液浸渍根部1 h，或以1%硫酸铜溶液浸渍3 h，或以20%石灰水浸0.5 h等。处理后要用清水冲洗根部，洗净后进行栽植。

2)加强苗圃管理，注意排水，促进苗木健壮成长。

3)发现病株应及时挖出并烧毁，周围土壤进行消毒。

4)治疗初期感病植株可将病根全部切除,切面用 0.1%升汞水进行消毒。周围土壤可用 20%石灰水或 2.5%硫酸亚铁浇灌消毒,然后盖土。

## 5.3.40 竹竿锈病

竹竿锈病又称竹褥病,为害淡竹、刚竹、哺鸡竹、箭竹和箣竹等竹种,毛竹上尚未发现。本病江苏、浙江、安徽、山东、广西、贵州、四川、陕西等省(区)均有发生。竹竿被害部位变黑,材质发脆,影响工艺价值。发病重的竹子,尤其是直径较小的,可能枯死。被害重的竹林,生长衰退,发笋减少。

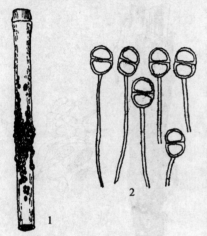

**图 5-3-37　竹竿锈病**
1.病竹竿症状　2.病菌冬孢子

(1)症状　病害常发生在竹竿的中下部或基部,有时小枝上亦有发生。每年 6～7 月份,在受害部位产生椭圆或长条形,黄褐色或暗褐色粉质的垫状物,即病菌的夏孢子堆。当年 11 月份至翌年早春产生橙褐色,不易分离的似革质的垫状物,即病菌的冬孢子堆。当冬孢子堆脱落后,病部呈黑褐色(图 5-3-37)。

(2)病原　为锈菌目柄锈科的皮下硬层锈菌[*Stereostratum corticioides* (Berk. & Br.)Magn.]引起。病菌冬孢子椭圆形至圆形,先端厚,双胞,有长柄,无色或淡黄色(图 5-3-37)。夏孢子近球形至倒卵形,有小刺,近无色至黄褐色。

(3)发展规律　该病在生长过密和管理不良的竹林中易发生,多为害 2 年生以上的植株,而当年生的未见发病。

(4)防治措施　对发病轻的竹林,应及早砍除病株,并行烧毁,以免蔓延。发病期间,约 10 月份,当冬孢子产生之前,喷 0.5～1 °Be 石硫合剂或 0.4%～0.8%的敌锈钠,连续 3 次,有较好的效果。另外,加强竹林的经营管理,合理砍伐,不使竹林过密。可减少病害的发生。

## 5.3.41 竹丛枝病

竹丛枝病又称雀巢病或扫帚病。本病为害刚竹、淡竹、苦竹及哺鸡竹等竹种。在浙江、江苏、河南、湖南、贵州等省均有发生,但以华东地区为常见。

病竹生长衰弱,发笋减少,在发病严重的竹林中,病竹常大量枯死,引起整个竹林生长衰败。

(1)症状　病害开始时,仅个别枝条发病,病枝细弱,叶形变小,节数增多,呈鸟巢状。病丛的嫩枝上叶片退化呈鳞片状,顶端叶鞘内,于 5～7 月份产生白色米粒状物,即病菌的无性世代。秋后,病枝多数枯死。病竹数年内全部枝条逐渐发病,乃至全株枯死(图 5-3-38)。

(2)病原　由子囊菌 *Balansia take*(Miyake)Hara 引起,其分生孢子座产生在病枝顶端叶鞘内,内部不规则地分为数室。分生孢子无色,丝状,3 个细胞,两端细胞较粗短,中间细胞较细长,向一侧稍弯曲,(52.7～57.2) μm×(1.5～1.8) μm。子囊世代稍迟出现,在分生孢子座外方

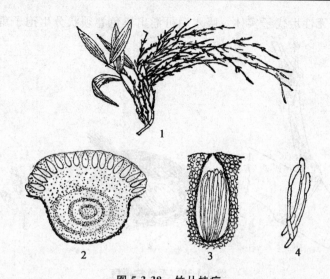

**图 5-3-38  竹丛枝病**
1.病枝（丛枝）  2.假菌核和子座切面  3.子囊壳和子囊  4.子囊孢子

形成淡紫褐色子座，其中生有子囊壳。子囊孢子形状与分生孢子相似，但较大（图 5-3-38）。

（3）发展规律  本病在老竹林以及抚育管理不周的竹林内发生较严重。竹林郁闭度大时，对病害发生有利。

（4）防治措施  本病的防治主要是对竹林进行合理的经营管理，按期采伐老竹，保持适当的密度，并中耕施肥，促进新竹发生。对病竹应及早砍除或随时剪除病枝。造林时不要在有病竹林中选取母竹。

## 5.3.42  毛竹枯梢病

该病在浙江、江西、江苏、上海、安徽等地均有发生。以浙江发生最为严重，是当前毛竹生产的一大障碍。受害植株，轻者个别枝条或部分竹梢枯死，重者整株死亡。不仅影响当年毛竹产量，而且威胁着竹林的生存。据 1973 年浙江不完全统计，该病已遍及全省 9 个地区，50 余县，占全省竹林面积 10％以上。仅杭州、嘉兴二地区，发病新竹达 2 000 余万株，占当年新竹量 42.7％，全株枯死的新竹 480 余万株，占当年新竹量的 13.7％。

（1）症状  该病为害当年新竹，病斑产生在主梢或枝条的节叉处。后不断自竹节向上、下方扩展成棱形，或向一方扩展成舌形，初为褐色后逐渐加深至酱紫色。当病斑环绕主梢或枝条一周时，其以上部分叶片蔫萎纵卷，枯黄脱落。根据病斑发生部分可分棱枯、枯梢、枯株三种类型。产生在枝条节叉处的病斑，扩展后引起该节以上枝条枯死，表现为枝枯型；在主干上某节枝叉处出现病斑，扩展后引起该节以上枝梢全部枯死，表现为枯梢型；若病斑发生在竹冠基部枝叉处，后扩展引起全株杆梢枯死，则表现为枯株型。在发病轻微的年份，本病仅表现为枝枯及枯梢症状；严重年份，三种类型均出现，甚至以枯株型为主。病害大面积严重发生时，竹冠变黄褐色，远看似火烧。剖开病竹，可见病斑处内部组织变褐色。竹筒内长满了白色棉絮状的菌丝体。翌春在病斑上产生疣状或长条状突起的有性世代子实体。天气渐湿时，突起部位不规则开裂，成黑色棘状物，后涌出淡红色至枯黄色胶状物（子囊孢子角）。另一种为散生圆形突起的小黑点,即病菌的无性世代子实体。吸水后可涌出黑色卷须状分生孢子角(图 5-3-39)。

**图 5-3-39　毛竹枯梢病**
1.病枝　2.病菌子囊腔　3.子囊孢子

　　子实体的数量以第三年病枯枝上形成的为多。本病在浙江每年发病始于 7 月上中旬,8~
9 月份为发病盛期,10 月份病斑逐渐停止扩展。

　　(2)病原　本病是由子囊菌纲座囊菌目的小球腔菌属(*Leptosphaeria*)的一种真菌所引起
的。子囊腔黑色,炭质,卵圆形,顶端有喙,喙顶外侧具有毛状物,内侧有喙丝。子囊腔大小为
(220~380) μm×(220~510) μm。子囊棒状,具短柄,壁双层透明,大小为(91~100) μm×
(13.0~20.8) μm。子囊间有假侧丝。子囊孢子 8 枚成双行排列,梭形,直或稍弯,初无色后
变淡黄色,一般有 3 个隔膜,少数有 4 个隔膜的。隔膜处稍缢缩,大小为(19.1~30.9) μm×
(5.2~8.8) μm。无性世代产生分生孢子器,分生孢子单胞,无色,形状不一,一般为腊肠形,
少数弯曲成钩状,大小为(13.0~19.5) μm×(2.6~3.9) μm(图 5-3-39)。

　　病菌在马铃薯琼脂培养基上,菌落开始呈白色,后期变褐色,并产生深褐色的分泌物。菌
丝生长的适温为 25~30℃,在 5℃以下,40℃以上停止生长。条件适宜时,子囊孢子于清水中,
8 h 后即大部分萌发,而分生孢子在清水内则极少发芽。病菌在寄主组织中可存活 3~5 年。
仅寄生于毛竹。

　　(3)发展规律　病菌以菌丝体在病竹上越冬。浙江地区,一般于翌年 4 月份产生有性世
代,6 月份可见无性世代。子囊孢子 5 月中旬开始释放,借风雨传播,由伤口或直接侵入新竹。
病菌侵染的适宜期为 5 月中旬至 6 月中旬。潜育期一般为 1~3 个月。

　　该病在五六月份雨水多,七八月份高温干旱期长的年份发生严重,反之则轻。因五六月份
雨水多,有利于子囊壳的形成和子囊孢子的释放和传播。而 8 月份高温干旱,毛竹蒸腾作用增
强,根部吸收的水分供不应求,大大降低了抗病力,故有利于发病。一般在山冈、风口、阳坡、林
缘,生长稀疏,抚育管理差的竹林内,发病较重。

　　(4)防治措施

　　1)该病的防治首先是在冬季或春季出笋前结合砍伐和钩梢加工毛料两项生产措施,清除
林内的病枝梢和枯株,以彻底消除侵染来源。这是当前防治该病行之有效的基本措施。

　　2)在病菌孢子释放侵染季节(5~6 月份),可连续喷洒药剂 2~3 次。目前有效的药剂有:

①50％苯并咪唑可湿性粉剂1 000倍液；②50％苯来特1 000倍液；③1％波尔多液。

3)加强检疫，严禁有病母竹外运引入新区，防止扩散蔓延。

## 5.3.43　根瘤线虫病

根瘤线虫病在四川、湖南、河南、广东等省的一些苗圃中发生比较严重。据记载，根线虫可寄生在1 700多种植物上，如杨、槐、梓、柳、赤杨、山核桃、核桃、朴、榆、桑、苹果、梨、山楂、卫茅、槭、鼠李、枣、水曲柳、象牙豆、泡桐、忍冬、油橄榄等。苗木根部严重受害后使地上部凋萎、枯死。

(1)症状　苗木根部受害后，在主根和侧根上形成大小不等、表面粗糙的圆形瘤状物(图5-3-40)，切开小瘤，可见瘤中有白色粒状物存在，在显微镜下观察，可见梨形的线虫雌虫。得病植株大部分当年枯死，个别的至翌年春季死亡。

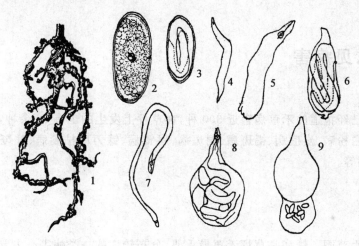

图 5-3-40　根瘤线虫病
1.幼苗根部被害状　2.线虫卵　3.卵内孕育的幼虫　4.性分化前的幼虫　5.成熟的雌虫
6.在幼虫包皮内成熟的雄虫　7.雄虫　8.含有卵的雌虫　9.产卵的雌虫

(2)病原　该病由圆虫类马氏异皮线虫(*Meloidogyne marioni* Goodey)引起，是一种细小的蠕虫动物。其生活史可分为卵、幼虫、成虫三个阶段。卵主要存于寄主根瘤部，长圆形，很小。幼虫像蚯蚓，无色透明，大小为(375～500) $\mu m$×(15～17) $\mu m$，雌雄不易区分。成虫体呈梨形，头部小，大小为(0.4～1.9) $\mu m$×(0.27～0.9) $\mu m$。雌虫不经交配即可产卵，产卵量可达500多粒。雄虫比幼虫大而体形相似，体长1.2～1.9 mm。成虫的雌雄是容易区别的。幼虫在根瘤内发育成熟，交配产卵，产卵时，卵包在胶滴内在根瘤内往往可以发现卵、幼虫、成虫同时存在。在寄主外，成虫的雌虫只能存活很短时间，幼虫可存活几个月，卵可存活2年以上(图5-3-40)。

(3)发展规律　雌虫可在寄主植物内或在土壤中产卵，根瘤内的卵在温暖的土壤中2～3 d即可孵化为幼虫，在土壤中的卵也能孵化。幼虫主要在浅层土中活动，通常分布在10～30 cm处，一般在土面下1～5 cm处较少，而10 cm上下最多，再往下逐渐减少，可在土壤中自由活动，土壤湿度在10％～17％最适线虫存活，温度适宜时(20～27℃)，遇适合的植物根，则从根皮侵入。土温低于12℃时不能侵入，高于28℃时对线虫生活不利。侵入寄主后在寄主植物的中柱内诱生巨型细胞，并在其周围诱生一些特殊的导管细胞。幼虫的分泌物刺激根部产生小瘤状物，在27℃下侵入25 d即形成根瘤。幼虫在瘤内发育为成虫。交配后雄虫死亡，雌虫孕育产卵。

根线虫的传播主要依靠种苗、肥料、农具和水流，以及线虫本身的移动，因其本身移动能力很小，所以其传播范围很难超出30～60 cm的距离。根据观察，有的树种如栓皮栎、桃、紫穗槐、马尾松、杉等，对线虫根瘤病有较强的抵抗能力，而樟树则易感病。

(4)防治措施

1)实行严格检疫，防止病害蔓延。

2)选用无根瘤线虫的土壤进行育苗。对于发病的苗圃进行轮作。

3)土壤处理：用溴甲烷或氯化苦喷洒土壤，熏蒸土壤线虫。用甲醛水处理土壤效果也很好，土壤处理8 d后再栽植苗木。

# 5.4  草坪常见病害

目前，全世界已经报道的禾草病害近300种，在草坪上发生的也有50余种，但常见的草坪病害主要是锈病、白粉病、炭疽病、褐斑病、铜斑病、腐霉病、镰刀菌枯萎病、叶斑病、钱斑病、雪霉病和春季死斑病等。

## 5.4.1  锈病

(1)危害及寄生范围　锈病是草坪禾草最重要、分布较广的一类病害。主要为害禾草的叶片和叶鞘，也侵染茎秆和穗部。因在病部形成黄色至铁锈色的夏孢子堆和黑色冬孢子堆，以散出铁锈状夏孢子而得名。锈菌主要侵染早熟禾、黑麦草、翦股颖、冰草、紫羊茅等冷季型草坪和结缕草、狗牙根等暖季型草坪。

(2)病原　寄生草坪禾草的锈菌多属于柄锈菌属和单胞锈菌属，前者冬孢子双细胞，后者冬孢子单细胞。目前主要的各类为禾柄锈菌(*Puccinia graminis* Pers.)、隐匿柄锈菌(*P. recondita* Rob. ex Desm.)、条形柄锈菌(*P. striiformis* West.)和禾冠柄锈菌(*P. coronata* Cda.)等分别侵染早熟禾、羊茅、翦股颖、黑麦草、冰草、狗牙根和结缕草等(见图5-4-1和表4-1)。

(3)发病规律　在草坪禾草茎叶周年存活的地区，锈菌以菌丝体或夏孢子在病株上越冬。在禾草地上部冬季死亡的地区，主要以冬孢子越冬，也可以以夏孢子形态越冬。锈菌孢子萌发的适宜温度为15～25℃，孢子萌发需有水滴存在或100％的相对湿度，因而在锈病发生时期的降雨量和雨

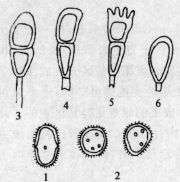

图5-4-1　锈菌的夏孢子和冬孢子

1.秆锈菌夏孢子　2.叶锈菌的夏孢子
3.秆锈菌冬孢子　4.叶锈菌冬孢子
5.冠锈菌冬孢子　6.单胞锈菌冬孢子

目数往往是决定流行程度的主导因素。病原菌生长发育适温 17～22℃,空气湿度在 80％以上有利于侵入。在南方地区,只要有降雨条件,在一年内的大部分时间都可以发病,而在北方地区则主要在每年 7～9 月份发病较重。光照不足,土壤板结,草坪密度高、遮阴、灌水不当、排水不畅、低凹积水均可使小气候湿度过高,有利于发病。偏施氮肥禾草旺长,或施肥不足生长不良,使抗病性降低,都有利于锈病发生。

表 4-1  一些常见禾草锈菌

| 种  名 | 主要禾草寄主 | 分  布 |
|---|---|---|
| Puccinia agrostidicola Tai | 翦股颖 | 甘肃 |
| P. brachypodii Otth. var. | 翦股颖、羊茅、黑麦草 | 吉林、黑龙江、河北 |
| P. poae-nemoralis (Otth.) Cumm. et. Creene. | 梯牧草、早熟禾、黄花茅和三毛草等属 | 陕西、青海、四川、西藏、浙江、福建 |
| P. cynodontis Lacroix et Desm | 狗牙根属 | 山西、陕西、新疆、四川、贵州、云南、河南、湖南、广东、江苏、浙江、安徽、江西、福建、台湾 |
| P. festucae Plowr. | 羊茅属 | 东北、甘肃、江苏 |
| P. hordei Otth. | 黑麦草和大麦属 | 山西、新疆、四川、河南、广西 |
| P. levis(Sac. & Bizz.) Magn | 雀稗属、地毯草属、马唐属 | 四川、云南、西藏、广东、台湾 |
| P. paspalina Cumm. | 雀稗属 | 福建、台湾 |
| P. poarum Niels. | 翦股颖属、羊茅属、梯牧草属、早熟禾属 | 国外广泛、国内不明 |
| P. pygmaea Eriks. | 拂子茅属、羊茅属、翦股颖属 | 东北、河北、江西、福建、贵州 |

(4)防治方法  草坪锈病为气流传播的病害,病原菌的寄生性较强,草种或品种之间存在明显的抗病性差异,因此,采取以抗病草种和品种为主,药剂防治和栽培防病为辅的综合防治措施。

1)种植抗病草种和品种  冷季型草坪中早熟禾和黑麦草易感染锈病,高羊茅较抗锈病;暖季型草种中,结缕草易感锈病,而地毯草则较抗锈病。即使是同一草坪草种,如早熟禾草种中,不同品种抗病性不同。如优异(Merit)、公羊一号(Ram)较抗锈病,而 S-21、康派克(Compact)等则相对易感锈病。

2)药剂防治  发病初期喷洒 15％粉锈宁可湿性粉剂 1 000 倍液或 25％粉锈宁可湿性粉剂 1 500 倍液,防治效果达 93％以上。石硫合剂对草坪锈病有较好的保护作用,而三唑类杀菌剂兼有保护作用和治疗作用。北方地区每年的 6 月上旬开始,每隔 10～15 d 叶面喷施 15％的三唑酮 1 000 倍液,连续喷施 4～5 次可有效地防止草坪锈病的发生。此外,12.5％速保利 2 000 倍液和 12％腈菌唑 2 000 倍液,或喷洒 3～4 °Be 石硫合剂,或 25％粉锈宁 1 500～2 000 倍液,或 65％代森锌可湿性粉剂 500～600 倍液,或 75％氧化萎锈灵 3 000 倍液都对草坪锈病有保护和治疗作用。

3)栽培防病  在北方地区,早春及时烧草可以减少初始菌源,防止过量施用氮肥,适时增施磷、钾肥能提高植株抗病性;合理灌溉可以降低田间湿度,及时修剪能够防止植株生长过密,这些都可以减轻草坪锈病的发生。

## 5.4.2 白粉病

(1)危害及寄主范围 白粉病为禾草常见病害,广泛分布在世界各地。可侵染草坪禾草中狗牙根、细叶羊茅、匍匐翦股颖、草地早熟禾、鸭茅等,其中狗牙根、细叶羊茅和早熟禾发病较重。草坪生长过密,生境郁蔽,光照不足时发病较重,致使草坪生长不良,出现秃斑,严重降低草坪的观赏价值。

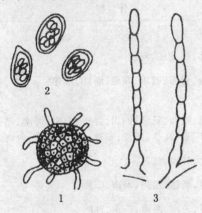

图 5-4-2　禾布氏白粉病
1.闭囊壳　2.子囊孢子和子囊　3.分生孢子

(2)病原 禾草白粉病的病原菌为布氏白粉菌 [*Blumeria framinis*(DC.)Golov. ex Speer = *Erysiphe graminis* DC. ex Merat](图 5-4-2)。无性世代的菌丝和分生孢子在草坪植株叶片上产生白色或稍带褐色的无定形斑片,草坪休眠季节可以产生黑褐色的闭囊壳,闭囊壳上附属丝简单,丝状,1～3 根,闭囊壳内子囊多个。

(3)发病规律 白粉病菌主要以菌丝体或闭囊壳在病株上越冬,也能以闭囊壳在病残体上越冬。主要侵染叶片和叶鞘,也为害茎秆和穗。在南方地区,白粉病一年之中可以有多次发病高峰期,而北方地区只有 1～2 次发病高峰期,分别在 6～7 月份和 8～9 月份。环境温湿度与白粉病发生程度有密切关系,10℃ 以下病害发展缓慢,15～20℃ 为发病适温,25℃ 以上病害发展受抑制。空气相对湿度较高有利于分生孢子的萌发和侵入,但草坪叶片上长期有水滴又不利于分生孢子的生成和传播。如在发病关键时期连续降雨,不利于白粉病的发生与流行。在北方地区,常年春季降雨较少,因而春季降雨较多且分布均匀时,有利于白粉病的发生和流行。水肥管理不当、荫蔽、通风不良等都是诱发病害发生的重要因素。

(4)防治方法

1)种植抗病草种和品种:抗白粉病的草种主要有高羊茅、结缕草、地毯草等,在早熟禾品种中,公羊 1 号(Ram)和塔屯(Touchdown.)等较抗白粉病。选择抗病品种并合理布局。

2)加强草坪的养护管理:控制氮肥用量,适时增施磷钾肥,减少草坪周围乔木、灌木的遮阳,保证草坪冠层的通风透光,合理灌溉,勿过干过湿,防止由于草坪过度干旱而引起抗病性的下降,控制合理的种植密度,适时修剪,提高草坪通风透光条件。

3)药剂防治 一般在播种时可药剂拌种或生长期喷雾。历年发病较重的地区应在春季发病初期开始喷药防治,发病初期喷施 15％粉锈宁可湿性粉剂 1 500～2 000 倍液、25％敌力脱乳油 2 500～5 000 倍液、45％特可多悬浮液 300～800 倍液在每次发病高峰期每隔 10～15 d喷药防治 2～3 次,有效菌剂主要有 70％甲基托布津可湿性粉剂 1 000～1 500 液,50％退菌特可湿性粉剂 1 000 倍液,农抗 120 的 200 倍液,50％多菌灵可湿性粉剂 800 倍液,15％三唑酮可湿性粉剂 1 000～1 500 倍液及 12.5％速保利可湿性粉剂 2 000 倍液。

## 5.4.3 德氏霉叶枯病

(1)危害及寄主范围 德氏霉属真菌寄生多种禾本科草坪植物,属世界性草坪病害。主要引起叶斑和叶枯,也为害芽、苗、根、根状茎和根颈等部位,产生种腐、芽腐、苗枯、根腐和茎基腐等复杂症状。在适宜条件下,病情发展迅速,造成草坪早衰、秃斑,出现枯草斑和枯草区,严重为害草坪景观。其寄主主要是早熟禾、紫羊茅、黑麦草及狗牙根等。

(2)病原  德氏霉叶枯病的病原菌为德氏霉属的几个种(图 5-4-3),如早熟禾德氏霉(*Drechslera poae* [Baudys] Shoem),主要侵染草地早熟禾、羊茅和多年生黑麦草等;黑麦草网斑病菌(*D. andersenii*)和黑麦草大斑病菌(*D. siccans*)主要侵染黑麦草、羊茅属和早熟禾属等,翦股颖赤斑病菌(*D. erythrospila*)主要侵染翦股颖,狗牙根环斑病菌(*D. gigantea*)主要侵染狗牙根属、冰草属和早熟禾属;羊茅网斑病菌(*D. dicty-oides*)主要侵染羊茅属和黑麦草属等草坪植物。

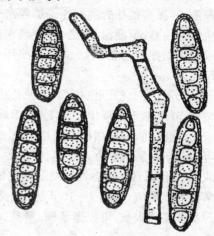

**图 5-4-3  早熟禾叶枯病**
(示分生孢子梗和分生孢子)

(3)发病规律  德氏霉叶枯病初侵染菌源来自于种子和土壤,病原菌主要以菌丝体潜伏在种皮内或以分生孢子附着在种子表面。在草坪种子的萌发、出苗过程中,由于病原菌的侵染造成烂芽、烂根、苗腐等复杂症状。病菌产生大量分生孢子,可通过风、雨水、灌溉水、机械或人和动物的活动等传播到健康的叶或叶鞘上,导致叶枯病流行。病菌叶斑病的发生主要是在春、秋两季;翦股颖赤斑病和狗牙根环斑病,在较温暖的气候条件下发生。

在已经建植的草坪的地上部分,病原菌以菌丝体在病株体内或枯草层的病残体内越冬或越夏,在适宜的温、湿度条件下重新产孢,发生新的侵染。在地下部分主要通过菌丝生长和病健根的接触进行病害的传播,病死根和其他植物组织腐烂后病菌也随之死亡。

影响德氏霉叶枯病的主要因素是温、湿度条件。病菌分生孢子在 3～27℃ 范围内均可萌发。适温为 15～18℃,20℃ 左右最适于病菌的侵染,因此属于一种相对低温病害;一年之中春、秋两个季节可以形成发病高峰期。叶面有水滴是孢子萌发和侵入所必需的条件,因而阴雨或多雾的天气、叶面长期有水膜的存在、午后或晚上灌水是决定病害流行程度的主要因子。

草坪立地条件不良、周围遮阳、郁蔽、土壤瘠薄、地势低洼、排水不良等均有利于病害的发生;光照不足,氮肥过多,缺乏磷、钾肥时,植株生长柔弱,抗病性降低,发病重,草坪管理粗放、修剪不及时、剪草过低,枯草层厚,积累枯、病叶和修剪的残叶没及时清理等,都会有助于菌量积累和加重病害的发生。

虽然德氏霉叶枯病菌引起的叶斑和叶枯多在比较凉爽的春季和秋季严重发生,但是草种和病害不同,对环境条件的要求也不相同,翦股颖赤斑病和狗牙根环斑病则主要发生在温度较高的季节,天气冷凉时发病迟缓。根和根颈部病害多在天气较热、较干旱时发生,在长时间干旱后经受大雨或大水漫灌,都可以使根病严重发生,造成腐烂。由于种子带菌,在新建植的草坪上还会引起烂芽、烂根和苗腐。

(4)防治方法

1)加强进口种子的检疫工作。由于德氏霉叶枯病的病原菌可以由种子传播,种子是最初侵染源,且能引起广泛的传播,因此,加强种子检疫十分关键。把好种子关,播种抗病和耐病的无病种子,提倡不同草种或品种混合种植。

2)及时清除病残体和修剪的残叶,经常清理枯草层。早春以烧草等方式清除病残体和清理枯草层。

3)加强草坪的养护管理。及时修剪,保持植株适宜高度,防止由于植株生长过高、过密,而导致病害的发生。如绿地草坪最低的高度应为5～6 cm。叶面定期喷施1%～2%的磷酸二氢钾溶液,提高植株的抗病性。加强水分管理,浇水应当在早晨进行,特别是傍晚不能灌水。避免频繁浅灌,要灌深、灌透,减少灌水次数,避免草坪积水。适时播种,适度覆土,加强苗期管理以减少幼芽和幼苗发病。合理使用 N 肥,特别避免在早春和仲夏过量施用,适当增施 P、K 肥。

4)种植抗病及耐病的草坪种及品种。蔺股颖、结缕草、钝叶草及羊茅属草坪较抗德氏霉叶枯病,在早熟禾草坪中公羊 1 号 (Ram 1)、蓝博(Rambo)、奖品(Award)等品种较抗病。

5)化学防治。用种子重量的 0.2%～0.3% 的 15% 三唑酮或 50% 福美双可湿性粉剂拌种可以预防病害的发生。早春、初秋的多雨季节,叶面喷洒 15% 三唑酮可湿性粉剂 1 000 倍液,或 70% 代森锰锌可湿性粉剂 800 倍液,或 70% 甲基托布津可湿性粉剂 1 500 倍液,或 75% 百菌清 800 倍液,每隔 7～10 d 防治一次,每次发病高峰期防治 2～3 次,可收到明显的效果。喷药量和喷药次数,可根据草种、草高、植株密度以及发病情况不同,参照农药说明确定。

## 5.4.4　离蠕孢叶枯病

(1)危害及寄主范围　离蠕孢叶枯病也是一种常见的草坪病害,国内外分布相当广泛,主要为害早熟禾、蔺股颖、狗牙根和结缕草,引起全株性病害,导致芽腐、苗枯、根腐、茎基腐和叶斑等症状。造成严重叶枯、根腐、颈腐,导致植株死亡、草坪稀疏、早衰,形成枯草斑或枯草区(又称根腐病)。主要为害叶、叶鞘、根和根颈等部位,叶片和叶鞘上生椭圆形、梭形病斑,充分发展后长可达 0.5～1.0 cm。病斑中部褐色,病、健交界为黄色晕圈,潮湿条件下表面生黑色霉状物。温度超过 30℃时,病斑消失,整个叶片变干并呈稻草色。天气条件适宜时,病情发展迅速,草坪上出现不规则的枯草斑和枯草区。

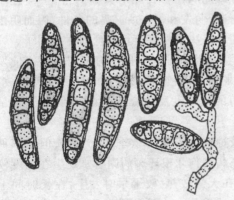

**图 5-4-4　草离蠕孢的分生孢子梗和分生孢子**

(2)病原　离蠕孢叶枯病的病原菌有几个种(见图 5-4-4),分别为禾草离蠕孢(*Bipolanis Sorokiniana*[Sacc.]Shoem)主要侵染各种草坪草,如早熟禾、蔺股颖及紫羊茅;狗牙根离蠕孢(*B. cynodontis*[Marignoni]Shoem)主要侵染狗牙根,引起狗牙根的叶部、冠部和根部腐烂。叶斑形状不规则,暗褐色至黑色;四胞离蠕孢(*B. tetramera*[Mckinney]Shoem),主要侵染狗牙根和结缕草。

(3)发病规律　带菌种子和土壤中病原体为初侵染源,引起幼苗下部分和茎叶发病,并依靠气流和雨水对分生孢子继续传播,进行年复一年的再侵染。禾草离蠕孢(*B. sorokinian*)多在夏季湿热条件下侵染冷季型草坪禾草,在 20～35℃,随气温升高而病情加重,20℃以下时只发生叶斑,23～25℃以上有轻度叶枯,29～30℃以上表现严重叶枯并出现茎腐、茎基腐和根腐,造成病害流行。狗牙根离蠕孢(*B. cynodontis*)和四胞离蠕孢(*B. tetramera*)侵染引起的茎叶病害,适温为 15～20℃,27℃以上受抑制,因而在春季和秋季发病较重。狗牙根和结缕草等暖季型草坪草茎叶部病害多在冷凉多湿的春、秋季流行,根部和根茎部则在较干旱高温的夏季发病较重。

播种建植草坪时,种子带菌率高。播期选择不当、覆土过厚、播种量过大等因素都可能导致烂种、烂芽和苗枯等症状。草坪肥水管理不良、草坪修剪不及时等都有利于病害的发生。

(4)防治方法

1)播种抗病和耐病的无病种子,提倡不同草种或品种混合种植。

2)加强管理水平。适时播种,适度覆土,加强苗期管理以减少幼芽和幼苗发病。及时修剪,保持植株适宜高度。及时清除病残体和修剪的残叶,经常清理枯草层。合理使用 N 肥,特别避免在早春和仲夏过量施用,适时增施 P、K 肥。浇水应当在早晨进行,特别不要傍晚灌水。避免频繁浅灌,要灌深、灌透,减少灌水次数,避免草坪积水。

3)化学防治。播种时用种子重量 0.2%～0.3%的 25%三唑酮可湿性粉剂或 50%福美双可湿性粉剂拌种。草坪发病初期用 25%敌力脱乳油,或 25%三唑酮可湿性粉剂、70%代森锰锌可湿性粉剂、50%福美双可湿性粉剂、25%速保利可湿性粉剂等药剂喷雾。喷药量和喷药次数可根据草种、草高、植株密度以及发病情况不同,参照农药说明确定。

## 5.4.5 弯孢霉叶枯病

(1)危害及寄主范围 弯孢霉菌主要侵染管理不良、生长势衰弱的画眉草亚科和早熟禾亚科的草,有早熟禾、细叶羊茅、草地早熟禾、狗牙根、匍匐翦股颖、加拿大早熟禾、黑麦草等。发病草坪稀疏、衰弱,有时形成不规则形状的病草斑,斑内病草矮小,呈灰白色枯死。草地早熟禾和细叶羊茅的病叶片常由叶尖向叶基部退绿变黄,最后发展为褐色、灰白色,至整个叶片皱缩枯死。此外,病叶上还生成具褐色边缘的椭圆形或梭形病斑。不同种的病菌所致症状也有所不同。

(2)病原 病原菌为弯孢霉属的几个种(见图 5-4-5),主要有新月弯孢(*Curvularia lunata*)和不等弯孢(*C. inaequalis*)两个种,它们的寄主范围都十分广泛。

(3)发病规律 弯孢霉菌主要以菌丝体及分生孢子在病残体上越冬,翌春随气温升高而大量产孢,借气流和雨水传播,并进行再侵染。夏、秋季节发病严重,管理不善,修剪不及时,生长势衰弱的草坪易被侵染,高温、高湿有利于病害流行。

(4)防治方法

1)选用抗病和耐病的无病种子,提倡不同草种或品种混合种植。

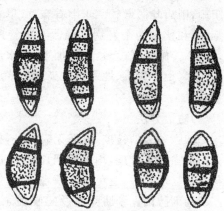

图 5-4-5　弯孢霉的分生孢子

2)加强管理水平。适时播种,适度覆土,加强苗期管理以减少幼芽和幼苗发病。及时修剪,保持植株适宜高度。及时清除病残体和修剪的残叶,经常清理枯草层。合理使用 N 肥,特别避免在早春和仲夏过量施用,适时增施 P、K 肥。浇水应当在早晨进行,特别不要傍晚灌水。避免频繁浅灌,要灌深、灌透,减少灌水次数,避免草坪积水。

3)化学防治。播种时用种子重量 0.2%～0.3%的 25%三唑酮可湿性粉剂或 50%福美双可湿性粉剂拌种。草坪发病初期及时喷施杀菌剂进行防治。常用一般药剂有必菌鲨、25%敌力脱乳油、25％三唑酮可湿性粉剂、70％代森锰锌可湿性粉剂、50％福美双可湿性粉剂、25％速保利可湿性粉剂等。最新药剂推荐:喷克菌、醚菌酯、阿米西达等对真菌性病害特效。

### 5.4.6　雪霉叶枯病

(1)危害及寄主范围　雪霉叶枯病在冷凉高湿地区广泛多布,寄生在适于冷凉地区种植的禾草上,引起各种禾草苗腐、叶斑、叶枯、鞘腐、基腐和穗腐等复杂症状,冬季及早春在低修剪的草坪上出现近圆形斑,直径 2.5～20 cm,发病初期为棕褐色、黑褐色,当枝叶死后变成棕色或白色。病苗生长衰弱,根系不发达或短,在冷湿的气候条件下,叶片交织在一起,上面覆盖粉色菌丝物,潮湿时菌丝发黏。当暴露在阳光下时,斑点可呈粉色,病斑上可见砖红色霉状物,湿度大时病斑边缘现白色菌丝层,有时病部现微细的黑色粒点。条件不适宜时,病原菌以休眠菌丝体或厚垣孢子存在于活或死植株内。施氮过多,冬季草坪覆盖枯草层过厚时易发病。

(2)病原　无性态为雪腐捷氏霉(*Gerlachia nivalis* [ Ces. ex Sau] Cams and Mull ),有性态为子囊菌(*Monographella nivalis* [Schaffn.] Mull)(见图 5-4-6)。

(3)发病规律　雪霉叶枯病由种子、土壤和病残体带菌引起初侵染,发病植株随气流和雨水传播分生孢子和子囊孢子,由伤口和气孔侵入,向其他部位扩展,进行多次重复侵染,使病害扩展蔓延。潮湿多雨和比较冷凉的生态环境有利于发病,病原菌在低温下即能侵染植株叶鞘和叶片,18～22℃为最适温。日均温 15℃ 以上,若连续阴雨,则病叶激增。一年中有春季(早春可能引起红色雪霉病)和秋季两个发病高峰。水肥管理与病害发生有密切关系。施氮肥过多,病害加重,大水漫灌、排水不畅、低洼积水、土质黏重、地下水位高及枯草层厚等都有利于发病。

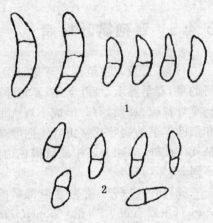

图 5-4-6　雪霉叶枯病
1.分生孢子　2.子囊孢子

(4)防治方法

1)加强种子的检疫,选择无病良种,提倡用三唑类药剂拌种。

2)加强肥水管理,均衡施肥,减少氮肥的施用量,适时增施磷、钾肥,及时排灌,防止水淹。改善草坪立地条件,避免低洼积水,合理灌水,及时清除枯草层等。

3)药剂防治。苯骈咪唑及三唑类杀菌剂均可以防治雪霉病,如 50％多菌灵可湿性粉剂800 倍液,70％甲基托布津可湿性粉剂 1 500 倍液及 15％三唑酮可湿性粉剂 1 000 倍液均有较好的保护作用和治疗作用。

### 5.4.7　铜斑病

(1)危害及寄主范围　铜斑病主要寄生翦股颖,也为害狗牙根、结缕草以及其他早熟禾亚科的草坪禾草。被害草坪散生直径 2～7 cm,橘红色至赤铜色近环形的枯草斑。病株叶片上生红褐色椭圆形小斑,发病后期小病斑汇合形成大病斑,天气潮湿时病叶为气生菌丝覆盖。

（2）病原　病原菌为高粱胶尾孢（*Gloeocercospora sooghi* Bain. et Edg.）(见图 5-4-7)。

（3）发病规律　病菌以菌核在病残体中越冬，翌春萌发后产生分生孢子座和分生孢子，分生孢子借气流及雨水等传播侵染。通常是一种高温病害，发病盛期在 26℃以上，高温多雨有利于发病，20～24℃时菌丝生长最快，土壤瘠薄呈酸性时病害发生严重。

（4）防治方法

1）加强草坪的养护管理，均衡施肥，增施有机肥或氮、磷、钾复合肥，进行草坪的合理修剪，早春采用烧草方法及时清除病残体及枯草层。改良土壤，使 pH 值维持在 7.0 或略高，避免土壤呈酸性，以利于减轻病害。

2）药剂防治。发病初期及时使用代森锰锌、多菌灵、甲基托布津等杀菌剂，可起到较好的防治效果。早春喷施 0.3～0.5 °Be 石硫合剂，高温多雨季节之前喷洒 50%福美双 800 倍液，或 75%百菌清 800 倍液，或 50%代森锰锌 600 倍液，或 12%腈菌唑 2 000倍液。

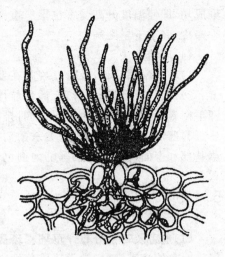

图 5-4-7　高粱胶尾孢分生孢子梗和分生孢子

## 5.4.8　全蚀病

（1）危害及寄主范围　草坪全蚀病在世界各地都有发生，主要为害翦股颖，也可以侵染早熟禾及高羊茅，因此是高尔夫球场果领区的主要病害。全蚀病是一种典型的根部病害，每年春季开始，病根部的病原菌开始传播，并于春末夏初在翦股颖草坪上出现新的发病中心，即枯黄色至淡褐色小型枯草斑。枯草斑可周年扩大，夏末受干热天气的影响，症状尤为明显，呈现暗褐色至红褐色斑块。病株根系腐烂，变成暗褐色至黑色。病株根颈和茎基部 1～2 节后叶鞘内侧和茎秆表面形成黑色菌丝层，密生黑色匍匐菌丝和成串连生的菌丝节，秋季还可见黑色点状突起的子囊壳。多种禾草的混播草坪中翦股颖植株变稀薄，呈黄褐色、褐色，早熟禾、高羊茅等其他混合草种占优势。

（2）病原　病原菌为禾顶囊壳（*Gaeumannomyces graminis*〔Sacc.〕Arx et Oliver）(见图 5-4-8)。病原菌的匍匐菌丝粗壮，黑褐色，有隔，老熟菌丝多生锐角分枝，分枝处主枝与侧枝各形成一横隔膜，呈"A"形。

（3）发病规律　全蚀病菌以菌丝体随病残体在土壤中腐生存活一年以上，甚至可达 5 年，在禾草整个生育期都可侵染。

影响全蚀病发生的因素很多，营养要素缺乏有利于全蚀病发生。严重缺氮或磷土壤、磷比例失调和偏碱性土壤以及保水保肥能力差的土壤，草坪全蚀病发生比较严重。

全蚀病菌侵染的最适土温为 12～18℃，一旦侵

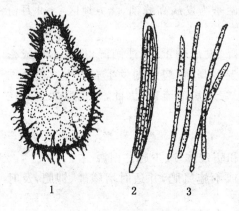

图 5-4-8　禾顶囊壳
1.子囊壳　2.子囊　3.子囊孢子

染成功,即使温度升高受害也很严重。春夏雨水多有利于发病。冬季温暖,春季多雨病重,冬季寒冷,春季干旱则病轻。

(4)防治方法

1)种植耐病品种,及时发现并在发病早期彻底清除病株及枯草斑。

2)加强草坪的养护管理,播种前均匀撒施硫酸铵和磷肥作基肥,增施有机肥,保持氮、磷、钾平衡施肥,以铵态氮为氮源,及时排灌以降低土壤湿度,草坪内不施或少施石灰。

3)药剂防治。采用三唑类杀菌剂如15%三唑酮在播种前拌种或处理土壤,发病早期在禾草基部和土面喷施三唑酮等杀菌剂也有一定的效果。

## 5.4.9 褐斑病

(1)危害及寄主分布 草坪褐斑病是全球分布的可侵染所有草坪草,尤其以冷季型草坪为侵染对象的病害之一,常常造成草坪大面积枯死。寄主范围包括早熟禾、黑麦草、高羊茅、翦股颖等几乎所有的冷季型和许多暖季型草坪植物。病株根部和茎部变黑褐色腐烂,叶鞘上生褐色梭形、长条形病斑,严重时病斑可绕茎1周,病害进一步发展后,叶片也被病菌侵染,在很短的时间内,草坪上就出现枯草斑。枯草斑内病草初为绿色,很快变为褐色。在病鞘、茎基部还可看到由菌丝聚集形成的初为白色后变成黑褐色的菌核,易脱落。在暖湿条件下,每日清晨枯草斑四周有暗绿色至灰褐色的浸润性边缘,称为"烟状圈"。

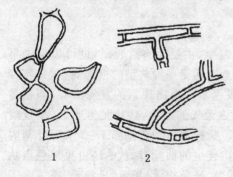

**图 5-4-9 立枯丝核菌**
1.菌核细胞 2.菌丝

(2)病原 病原菌为立枯丝核菌(*Rhizoctonia solani kuhn*)(见图5-4-9),菌丝褐色,直角分枝;分枝处缢缩并形成隔膜。此外,禾谷丝核菌(*R. cerealis van der.* Hoeven)、水稻丝核菌 (*R. oryzaeRykerand* Gooch)和玉米丝核菌(*R. zoae* Voorhees)等也可以寄生多种草坪禾草。

(3)发病规律 丝核菌以菌核和病残体中的菌丝体越夏或越冬。该病害全年均可发生,但以高温高湿的多雨炎热夏季发病最重。立枯丝核菌和禾谷丝核菌在气温15~25℃,降雨较多的条件下为害较重。在南方地区春秋两季为发病高峰期,北方地区7~9月份为发病高峰期。

偏施氮肥,植物生长旺盛、组织柔嫩则抗病能力下降,发病较重,低洼潮湿,排水不良或密植郁闭,修剪不及时,通风不良,光照不足,导致小气候湿度高,褐斑病的发生亦加重。当冷季型禾草生长于不利的高温条件、抗病性下降时,有利于褐斑病的流行,因此,发病盛期主要在夏季。

(4)防治方法

1)选用抗病性强的品种。禾草越冬前清除枯草层和病残体,减少越冬菌源。

2)加强草坪管理,实施氮、磷、钾平衡施肥,要少施或不施氮肥,并适时增施磷、钾肥,及时排灌,及时修剪,避免串灌和漫灌,避免傍晚时分浇水。

3)药剂防治。发病高峰期之前及时喷洒50%代森锰锌可湿性粉剂600倍液,或75%菌清可湿性粉剂800倍液,或50%多菌灵可湿性粉剂1 000倍液,或12.5%速保利可湿性粉剂 2 000 倍液均有明显的效果。

## 5.4.10 腐霉菌枯萎病

(1)危害及寄主分布　腐霉菌枯萎病也是一种世界性分布的草坪重要病害,几乎可侵染所有的草坪植物,其中以翦股颖和多年黑麦草为主要寄主,同时也可以侵染早熟禾、高羊茅、狗牙根等草坪植物。腐霉菌可侵染草坪草的各个部位,发病初期引起根腐和根茎腐烂,很快就可以引起植株所有地上部分的腐烂,并形成枯草斑,清晨枯草斑四周产生棉毛状菌丝体。腐霉菌的适生性很强,冷湿的气候可以侵染危害,高温潮湿时更能猖獗流行。

(2)病原　草坪禾草腐霉病的病原有几个种(见图 5-4-10)如禾谷腐霉(*Pythium graminicol* Subram)、瓜果腐霉(*P. aphanidernatom*[Eds.]Fitzp)、禾根腐霉(*P. arrhenomanes* Drechsl)、群结腐霉(*P. myriotylum* Drechsl)和终极腐霉(P. uItinum Trow)等。其中瓜果腐霉、禾谷腐霉、群结腐霉和终极腐霉在湿热条件下常引起禾草叶腐和根腐。在冷湿条件下也引起根系坏死和叶腐的禾根腐霉、禾谷腐霉、终极腐霉、簇囊腐霉(*P. torulosum*)和万氏腐霉(*P. vanterholii*)等。

(3)发病规律　腐霉菌为土壤习居菌,土壤和病残体中的卵孢子是最重要的初侵染菌源,腐霉菌的菌丝体也可在存活的病株和病残体上越冬。腐霉菌游动孢子可在植株和土壤表面自由水中游动传播,通过灌溉和雨水也能短距离传播孢子囊和卵孢子,菌丝体可借叶片相互接触而传播,草坪修剪等草坪养护过程也能进行人为的传播,造成多次再侵染。苗期和高温高湿的夏季是腐霉病两个发病高峰期。

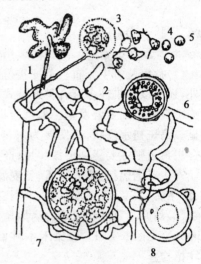

图 5-4-10　禾谷腐霉
1,2.孢子囊　3.泡霉　4.游动孢子
5.休止孢子　6~8.藏卵器、
雄器和卵孢子

高温高湿有利于瓜果腐霉等的侵染,白天最高温 30℃以上,夜间低温 20℃以上,大气相对湿度高于 90%,且持续 14 h 以上时,腐霉病发生严重。如果前期持续高温干旱数日,然后又连续降雨 2~3 d,也会导致腐霉病严重发生。此外,土壤贫瘠、有机质含量低、通气性差、缺磷以及氮肥施用过量的草坪发病也重。

有些腐霉菌对温度的适应性很强,在土壤温度低至 15℃时仍能侵染禾草,导致根尖大量坏死。引起"褐色雪腐病"的一些种类在积雪覆盖下的高湿土壤中侵染禾草,能耐受更低的温度。

(4)防治方法

1)改善草坪立地条件,建坪之前平整土地,深耕过筛,对黏重土壤及沙性土壤进行改良,使之有 20~30 cm 的优质土壤,在施工中要设置排水设施,避免雨后积水,使排水畅通,以减少地表积水,保证草坪健壮生长。

2)加强对草坪的养护管理,适时增施磷、钾肥,提高植株抗病性。草坪施肥应尽量在春秋季进行,施肥前让土壤适当干一些,施肥后浇透水。改进浇水方式,采用喷灌方法浇水,减少根层土壤含水量,并避免傍晚时浇水。尽量做到见干见湿,浇则浇透。适时适度修剪草坪,高温季节有露水时不剪草,应待露水干燥后进行,修剪后不应立即浇水,以避免病菌通过伤口传播。

3)选择抗病及耐病品种,抗腐霉病的草坪品种较少,但耐病品种如美洲王(America)、午夜(Midnight)和公羊1号(Ram 1)可以通过发病后增强根系发育而减轻损失。提倡用不同草种或不同品种混播,以降低染病率。

4)药剂防治。播种前可以用种子重量1%～2%的40%乙膦铝可湿性粉剂和0.5%～1%甲霜灵可湿性粉剂等杀菌剂进行拌种。高温高湿季节应及时采用杀菌剂进行预防,有效的药剂主要用50%甲霜灵可湿性粉剂1 000倍液、40%乙膦铝可湿性粉剂50～80倍液、75%百菌清可湿性粉剂800倍液、50%速克灵可湿性粉剂1 000倍液,50%普力克2 000倍液及70%代森锰锌可湿性粉剂800倍液等。药剂防治一般两次就换一种药剂进行,以免病菌产生抗药性,影响药效。

## 5.4.11　炭疽病

(1)危害及寄主分布　草坪炭疽病属世界分布,病原菌种类复杂,除了为害禾本科草坪植物外,还可以侵染许多百合科地被式草坪植物,是草坪草的重要危害问题。特别是管理不善、长势不良的草地更常发生。禾草炭疽病病原菌主要侵染根、根颈和茎基部,尤以茎基部症状最明显。病斑初水浸状,后发展为灰褐色椭圆形大斑,发病后期病叶相继变黄,变褐以致枯死。百合炭疽菌则主要侵染植株叶片,产生褐色椭圆形病斑,同样引起植株提早枯黄、脱落。

寄主范围包括:剪股颖属、雀麦属、野牛草属、虎尾草属、狗牙根属、野茅属、扁芒草属、羊茅属、甜茅属、大麦属、黑麦草属、黍属、雀稗属、黑麦属、早熟禾属等。

(2)病原　草坪炭疽病的病原菌主要有禾生炭疽菌(*Colletotrichum grami nicolum*[Ces.]Wilson)(见图5-4-11),侵染禾本科草坪禾草;百合炭疽菌(*C. liliacearum*)侵染百合科地被式草坪植物。

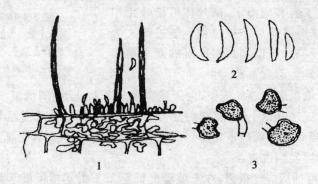

**图5-4-11　禾生炭疽菌**
1.分生孢子盘　2.分生孢子　3.附着胞

(3)发病规律　病原菌以菌丝体和分生孢子随寄主植物和病残体越冬或越夏,分生孢子借气流和水滴传播侵染。草坪建植多年,病残体较多,土壤碱性、缺肥、高温高湿等都有利于病害的发生。

(4)防治方法
1)及时清除病残体,减少越冬菌源。
2)加强草坪养护管理,平衡施用氮、磷、钾肥料,发病季节,适量增加磷、钾肥,如叶面喷施

0.5%～1%磷酸二氢钾溶液;严格控制浇水的时间和次数,避免傍晚时分浇水,以降低草坪的湿度。

3)药剂防治。播种前用种子重量的 0.5%多菌灵、福美双或甲基托布津(均为 50%可湿性粉剂)拌种。早春采用 0.3～0.5 °Be 石硫合剂喷药预防,雨季每隔 10～15 d 喷施杀菌剂,连续用药 2～3 次。发病初期用 50%多菌灵可湿性粉剂 800 倍液,每隔 7～10 d 1 次,直到病情得到控制。此外,还可施用 80%炭疽福美可湿性粉剂 600～800 倍液。

# 5.5　小麦病害

我国小麦播种面积和产量仅次于水稻,是我国第二大粮食作物。但病害一直是限制着我国小麦生产的重要因素。目前,全世界已经记载的小麦病害有 200 多种,其中有 20 多种在我国发生较重。

小麦锈病为主要病害,大流行年份,造成严重损失。如我国 1950 年小麦条锈病大流行,产量损失 60 亿千克,随后十几年间,小麦叶锈病在华北,小麦秆锈病在东北、华南都曾有过流行,给小麦生产造成了较大损失。近几十年内锈病虽没有大面积流行,但小麦条锈病在西北和华北局部地区的某些年份仍发生严重,叶锈病的发生面积也在不断扩大。

小麦赤霉病为长江流域麦区的主要病害,1985 年全国大流行,损失严重。该病不但造成减产,而且产生毒素对人畜具有毒性。

在栽培制度改进及肥水条件提高的条件下,近几十年,小麦白粉病频频流行,损失严重。另外,小麦纹枯病和小麦叶枯病发生也日趋严重,已经发展成为许多麦区的重要病害。

小麦全蚀病和小麦根腐病等根部病害,近年来也有蔓延趋势,应引起重视。此外,小麦病毒病等病害也有加重趋势,防治工作也应加强。

## 5.5.1　小麦叶锈病

小麦叶锈病是一种世界性病害。我国各地都有发生,由于抗病品种较少,部分地区有加重的趋势和流行的可能。

(1)症状　主要为害小麦叶片,也侵害叶鞘,但很少侵害茎秆或穗部。叶片受害,在叶片正面产生圆形至长椭圆形橘红色的夏孢子堆,较小,不规则散生,表皮破裂后,散出黄褐色的夏孢子。偶尔也可穿透叶片,在叶片正、反两面同时形成夏孢子堆,但叶背面的孢子堆比正面的要小。后期在叶背面散生椭圆形黑色冬孢子堆。

小麦上 3 种锈病(图 5-5-1)的症状有时容易混淆。田间诊断时,可根据"条锈成行叶锈乱,秆锈是个大红斑"加以区分。

(2)病原　病原为小麦隐匿柄锈菌(*Puccinia recondita* Rob. ex Desm. f. sp. *tritici* Eriks. et Henn.),属担子菌亚门柄锈菌属。是全孢型转主寄生锈菌,在小麦上形成夏孢子和冬孢子,冬孢子萌发后产生担孢子。国外报道,转主寄主是唐松草和小乌头。在我国,病菌的转主寄生现象和转主寄主均未得到证实。

夏孢子单胞,球形或近球形,黄褐色,表面有微刺。冬孢子双胞,棍棒状,上宽下窄,顶部平

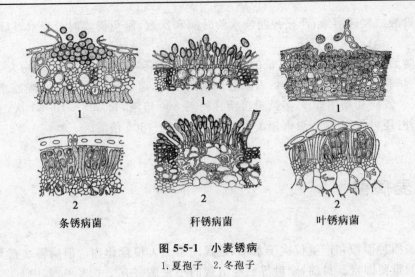

**图 5-5-1　小麦锈病**
1.夏孢子　2.冬孢子

截或稍倾斜,暗褐色。性孢子器橙黄色,球形或扁球形,埋生于转主寄主叶片的表皮下,有孔口。性孢子产生于性孢子器,椭圆形。锈孢子器生于性孢子器相对应的叶背病斑上,杯形或短圆筒状,内生锈孢子。锈孢子链生于锈孢子器内,球形或椭圆形。锈孢子侵染小麦产生夏孢子,完成生活史循环。

小麦叶锈菌对温度的适应范围较广,既耐低温,又耐高温。夏孢子萌发温度为 2～31℃,最适宜温度 15～20℃,在有水膜时即可萌发。冬孢子、锈孢子的萌发适温分别为 14～19℃ 和 20～22℃。

该病通常只为害小麦,但在一定条件下也可侵染冰草属(*Agropyron*)和山羊草属(*Aegilops*)的一些种。

(3)发病规律　病原菌在我国各麦区都可越夏,越夏后成为当地秋苗的主要浸染源。病菌可随病麦苗越冬,春季产生夏孢子,随风扩散,造成多次再侵染,导致病害大流行。病原菌侵入的最适温度为 15～20℃。影响病害流行的因素主要是当地越冬(夏)菌源数量、春季气温和降雨量、栽培管理措施以及小麦品种的抗感性。在大面积种植感病品种的前提下,如越冬菌源多、春季气温高、雨水多,尤其是小麦抽穗前后降雨多,或田间小气候范围内湿度大,容易造成病害流行。冬灌有利于锈菌越冬,氮肥施用过多、过晚,麦株贪青晚熟,病害发生严重。大水漫灌增加湿度,有利于病原菌侵染为害。

(4)防治方法　应采取以种植抗病品种为主,栽培防病和药剂防治为辅的综合防治措施。

1)选育和利用抗(耐)病良种　近年新育成的抗叶锈冬小麦品种有京冬 1 号、8 号,京核 3 号,京 411,北农白,皖麦 26、27、28 号,绵阳 26 号,滇麦 19 号,豫麦 39,新宝丰、陕农 7859、冀 5418、鲁麦 1 号、徐州 21 等,各地应因地制宜引种;在品种选育和推广中应注意多个品种合理搭配和轮换种植,避免单一品种长期大面积种植。

2)加强栽培管理　减少越夏菌源,消灭杂草和自生麦苗,秋苗易发病地区,避免早播;合理密植,避免过多过迟施用氮肥。病害发生时,南方多雨麦区应注意开沟排水,北方干旱旱麦区要及时灌水。

3)药剂防治　播种前用 25% 粉锈宁可湿性粉剂按种子重量的 0.2% 拌种,可降低秋苗发病,减少越冬菌源数量,推迟春季病害流行。春季于抽穗前后,田间病叶率达 5%～10% 时开始喷洒 25% 粉锈宁 1 500～2 000 倍液,隔 7～10 d 1 次,共喷洒 2～3 次。

## 5.5.2　小麦条锈病

小麦条锈病在全世界范围内广泛发生。在我国,主要在陕西、甘肃、青海、河南、山东等省发生,长江中下游麦区发生较轻。流行年份产量降低 20%～30%,严重田块颗粒无收。

（1）症状　主要为害叶片,叶鞘、茎秆及穗部也可受害。叶片受害,初期表面出现退绿斑,随后产生长椭圆形黄色夏孢子堆,较小,成株上沿叶脉排列成行,呈虚线状。后期产生黑色的疱状冬孢子堆,冬孢子堆短线状,扁平,常数个融合,埋伏在表皮内,成熟时不开裂。

（2）病原　病原为条形柄锈菌（*Puccinia strii formis* West. f. sp. *tritici* Eriks.）,属担子菌亚门柄锈菌属。

夏孢子堆长椭圆形,夏孢子单胞球形,鲜黄色,表面有细刺。冬孢子堆多生于叶背,长期埋生于寄主表皮下,灰黑色。冬孢子双胞,棍棒形,顶部扁平或斜切,分隔处略缢缩,柄短。

小麦条锈菌生长发育所要求温度较低。菌丝生长和夏孢子形成的适宜温度为 10～15℃;夏孢子萌发的最低温度为 2～3℃,最高温度 20～26℃,最适宜温度 7～10℃;侵入适宜温度9～12℃。

病菌致病性有明显的生理分化现象,我国已发现 31 个生理小种,分别为条种 1～31 号。

（3）发病规律　条锈菌不耐高温,越夏是病害循环的关键环节。据测定,夏季最热一旬均温超过 22～23℃,条锈菌便不能安全越夏。条锈菌在夏季冷凉山区和高原地区的晚熟小麦、自生麦苗和其他寄主上越夏。越夏后的病菌,秋季随气流从越夏区逐步向冬麦区传播蔓延,侵染秋苗。进入冬季,病害停止发展,病菌以菌丝体在麦叶中越冬。病菌越冬之后,春季气温回升,病叶中的菌丝体复苏形成新的夏孢子,侵染返青后的新生叶片,使病害扩展,引起春季流行,是小麦条锈病危害的主要时期。在种植感病品种的前提下,我国多数麦区,决定春季流行的关键因素是越冬菌量和春季降雨量。越冬菌量大,春季降雨量多,容易引起条锈病流行。

小麦条锈病的发生和流行主要取决于锈菌小种的变化、品种抗性以及环境条件。夏秋多雨,有利于越夏菌原繁殖和秋苗发病;冬季多雪,有利于保护菌原越冬;3～4 月份雨水多、结露时间长,有利于病菌的侵染、发展和蔓延;冬灌有利于锈菌越冬;氮肥施用过多过晚,使麦株贪青晚熟,加重发病;大水漫灌增加田间湿度,有利于病菌侵染。

（4）防治措施　应采取以种植抗锈品种为主,加强栽培管理和药剂防治为辅的综合防治措施。

1）选用和利用抗病品种　抗性品种在利用时,根据生理小种进行抗性品种的合理布局及定期轮换。目前已育成的优良的品种（系）有:中梁 17、绵阳 26、川育 11、川麦 26、丰抗 13、冀麦21、冀麦 23、贵农 20、贵农 21 等。

2）加强栽培管理　适期晚播,减轻秋苗发病,减少秋季菌源。越夏区消灭自生麦苗,减少越夏菌源的积累和传播;合理施肥,增强植株抗病性;合理灌溉,将病害的发生和产量损失减轻到最低程度。

3）药剂防治　这是控制锈病暴发流行的应急措施。药剂拌种可以控制常发区菌源数量。目前可用粉锈宁、速保利等三唑类杀菌剂拌种或成株期喷雾。粉锈宁可按麦种重量 0.03%（a. i）拌种,速保利可按种子量 0.01%（a. i）拌种,持效期可达 50 d 以上。成株期田间病叶率达2%～4%时,应进行叶面喷雾,每公顷用粉锈宁（a. i）75～135 g,用速保利（a. i）45～60 g,一次施药即可控制成株期危害。注:a. i 表示药剂有效成分。

## 5.5.3　小麦秆锈病

　　小麦秆锈病在我国主要发生在东北、内蒙古、西北等春麦区及华东沿海、长江流域和福建、广东、广西的冬麦区,病害发展速度快,危害严重,给小麦生产造成严重损失。

　　(1)症状　该病主要为害小麦茎秆和叶鞘,发病严重时也可为害叶片和穗部。夏孢子堆长椭圆形,在3种锈病中最大,隆起高,褐黄色,不规则散生。病原菌孢子堆穿透叶片的能力较强,同一侵染点叶正反面均出现孢子堆,且背面孢子堆比正面大。孢子堆成熟后表皮大片开裂并向外翻起如唇状,散出锈褐色夏孢子。后期产生黑色冬孢子堆,破裂散出黑色冬孢子。

　　(2)病原　病原为禾柄锈菌(*Puccinia graminis* Pers. f. sp. *tritici* Eriks. et Henn.),属担子菌亚门柄锈菌属,为全孢型转主寄生菌。在小麦上产生夏孢子和冬孢子,冬孢子萌发产生担孢子,担孢子侵染转主寄主小檗(*Berberis* spp.)和十大功劳(*Mahonia* spp.),在其叶片上产生性孢子器和锈孢子器,锈孢子只能侵染小麦,产生夏孢子。夏孢子堆椭圆形至狭长形,3 mm×10 mm。夏孢子单胞,暗黄色,长圆形,表面有细刺。冬孢子有柄,双胞,椭圆形或长棒形,浓褐色,表面光滑,横隔处稍缢缩,有孢子柄。

　　菌丝生长和夏孢子形成的最适温度为20～25℃,夏孢子萌发的最适宜温度为18～22℃。冬孢子萌发和担孢子形成的最适宜温度均为20℃。夏孢子的萌发和入侵需在叶表面具水滴(或水膜)或100％的大气湿度下进行。病菌只有在充足光照条件下才能在植物上正常生长和发育。

　　(3)发病规律　在我国,秆锈菌只能以夏孢子世代在小麦上完成侵染循环,夏孢子在南方为害秋苗并越冬,主要越冬区在福建、广东等东南沿海地区和西南局部地区,次要越冬区主要分布于长江中下游各省。翌年春、夏季,越冬区菌源自南向北、向西逐步传播,经由长江流域、华北平原到东北、西北及内蒙古等地的春麦区,造成全国大范围的春、夏季流行。

　　小麦秆锈病的发生与流行主要取决于锈菌小种变化、小麦品种抗性和环境条件。秆锈菌新的毒性小种可以通过在转主寄主上的有性杂交、突变和异核重组等途径而产生。大面积种植感病品种或者大面积栽培的抗病品种丧失了抗锈性,是锈病流行的基本条件。气候因素可以影响锈菌的存活、生长发育和繁殖,影响小麦品种的抗锈性,还可以影响锈病的侵染过程和大区流行。播期、密度、水肥管理等对麦田小气候、植株抗病性以及锈病的发生有很大的影响。北方麦区迟播发病重,追施氮肥过多过晚,则加重发病。

　　(4)防治方法　应以种植抗病品种为主,农业栽培措施和药剂防治相结合。

　　1)选育和利用抗病品种　各地推广品种主要有:徐州174、敬按908、泰山1号、贵农21、贵农22、天选38等。不同种植区因地制宜选用抗性品种,应注意抗性基因的合理布局,以及具有避病性、水平抗病性和耐病品种的利用。

　　2)加强栽培管理　越冬区,适期晚播;北部麦区适时早播。氮肥早施,增施磷、钾肥;合理密植,创造不利于病菌活动的生态条件。病重时灌水补偿病株失水,从而减轻产量损失。消灭自生麦苗,减少越夏菌源。

　　3)药剂防治　在冬麦区采用0.03％粉锈宁拌种;在小麦扬花灌浆期,病秆率达1％～5％时开始喷药;如病菌菌源量大,春季气温回升早,雨量适宜,则需提前到病秆率0.5％～1％时开始喷药。也可使用速保利等药剂。

### 5.5.4　小麦白粉病

小麦白粉病在世界小麦种植区广泛发生。我国目前有20多个省市发生白粉病,尤以西南各省和河南、山东、湖北、江苏、安徽等省发生较重,而且西北、东北麦区也有日益严重趋势。一般减产5%～10%,严重地块损失高达20%～30%,个别地块甚至达到50%以上。

(1)症状　从苗期至成株期都可以发生。主要为害叶片,严重时也可为害叶鞘、茎秆和穗部。发病初期病部产生黄色小点,之后逐渐扩大为圆形或椭圆形的病斑,表面生一层白粉状霉层(分生孢子),随病害发展逐渐变为灰白色,最后变为浅褐色,并在其上产生许多黑色小点(闭囊壳)。多数病斑可愈合成片,从而导致叶片发黄枯死。重病株矮小细弱,小麦千粒重明显下降。

(2)病原　病原有性态为禾布氏白粉菌(*Blumeria graminis*(DC.) Speer. f. sp. *tritici* Marchal),异名为(*Erysiphe graminis* DC. f. sp. *tritici* Marchal),属子囊菌亚门布氏白粉菌属;无性态为串珠状粉孢菌 *Oidium monilioides*。菌丝无色,以吸器伸入寄主表皮细胞。分生孢子卵圆形,单胞,无色,寿命较短。闭囊壳为球形,黑色,外有发育不全的丝状附属丝。闭囊壳内含有子囊9～30个。子囊为长椭圆形,内含子囊孢子8个或4个。子囊孢子椭圆形,单胞,无色,见图5-5-2。

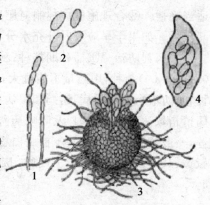

**图5-5-2　小麦白粉病菌**
1.分生孢子梗　2.分生孢子
3.闭囊壳　4.子囊和子囊孢子

白粉病菌在相对湿度0～100%分生孢子均可萌发,随湿度增加,萌发率升高,但在水滴中萌发率反而下降。分生孢子萌发的适宜温度为10～17℃。在植株郁闭,通风透光不良或阴天时发生较重。在温度为10～20℃条件下,子囊孢子形成、萌发和侵入都比较适宜。

病菌只能在活的寄主组织上生长发育。主要为害小麦,也可侵染黑麦和燕麦,但不侵染大麦。

(3)发病规律　白粉病菌的越夏方式目前普遍认为有两种:一种越夏方式是以分生孢子在夏季气温较低的地区的自生麦苗上或夏播小麦植株上越夏,如贵阳地区、四川的雅安和阿坝州、鄂西北及鄂西山区、豫北和南阳山区、陕西关中及渭北山区、甘肃天水等地。另一种越夏方式是以病残体上的闭囊壳在低温干燥的条件下越夏。病菌越夏后侵染秋苗,导致秋苗发病。在冬季病菌以菌丝体潜伏在植株下部叶片或叶鞘内越冬。

病菌的分生孢子和子囊孢子借助高空气流进行远距离传播,随降雨沉落到小麦叶片上,并侵染小麦而引起发病,产生大量的分生孢子进行多次再侵染。

病害的发生和流行取决于品种抗病性、气候条件、栽培条件和菌源数量等。不同的小麦品种对白粉病菌的抗病性差异很大。根据抗病性表现,又可把小麦品种对白粉病菌的抗性分为低反应型抗病性、数量性状抗病性和耐病性等。气候因素对小麦白粉病的发生和流行影响十分明显,其中又以温度和湿度影响最大。温度对春季小麦白粉病的影响包括3个方面:一是始发期的早晚,二是潜育期的长短和病情发展速度的快慢,三是病害终止期的迟早。湿度和降水对病害的影响比较复杂,一般来说,干旱少雨不利于病害发生,在一定范围内,随着相对湿度增加,病害会逐渐加重。虽空气湿度较高有利于病菌孢子的形成和侵入,但湿度过大降水过多则不利于分生孢子的形成和传播,对病害发展反而不利。氮肥过多施用,灌水量大,利于病原菌的繁殖和侵染,同时植株抗病性差,发病较重。发病轻重与菌源量有密切关系。

(4)防治方法　推广抗病品种为中心,减少菌源、加强栽培管理及药剂防治为辅助措施。

1)选育和利用抗病良种　生产上应推广品种抗性较好的品种:如白兔3号、肯贵阿1号、苏肯1号、阿勃、小黑小、黔花4号、郑州831、豫麦17号、鲁麦14号、冀麦5418、宁7840等。由于病菌变异速度快,常导致品种抗性丧失,所以应不断寻找新的抗源,另外,还要充分重视慢病性和耐病性的利用。

2)减少菌源　在越夏区,消灭自生麦苗,麦播前要妥善处理带病麦秸秆。

3)加强栽培管理　①适期适量播种,控制田间群体密度。在越夏区或秋苗发病重的地区适当晚播。②合理施肥。控制氮肥用量,增施磷钾肥。③合理灌溉。北方麦区应冬灌,减少春灌次数。如果干旱应及时补充水分,提高植株抗病能力。

4)药剂防治　①播种期拌种:秋苗发病重的地区,用三唑酮(粉锈宁)按种子量的0.02%~0.03%(a.i)拌种,用药量不能过大,否则会影响出苗。也可用烯唑醇按种子量0.02%(a.i)拌种,对防治小麦白粉病、锈病和根病都有较好效果。②春季喷药防治:春季病叶率达到10%或病情指数达到1以上时,及时喷药防治。常用药剂有:15%三唑酮、20%三唑酮、12.5%烯唑醇等,一般喷洒1次即可基本控制白粉病危害。其他还可用25%敌力脱(氧环宁、丙环唑)、50%硫黄、40%多-硫合剂、十三吗啉、庆丰霉素、70%甲基硫菌灵、50%退菌特等。一般喷洒2~3次。

## 5.5.5　小麦赤霉病

小麦赤霉病主要分布于湿润多雨的温带地区。在我国,主要在长江流域和沿海麦区发生,20世纪70年代以后逐渐向北方麦区蔓延。小麦赤霉病不仅影响小麦产量,而且降低小麦品质,同时感病麦粒内含有多种毒素可引起人、畜中毒。

(1)症状　小麦苗期到成株期均可发生。苗期形成苗腐或基腐,成株期形成茎基腐和穗腐。以穗腐危害严重。发病时一般1~2个小穗被害,有时很多小穗或整穗受害。最初小穗基部为水渍状,以后逐渐褪色呈褐斑,颖壳合缝处产生粉红色霉层(分生孢子)。病害可以向上、下蔓延,危害相邻的小穗,并可伸入穗轴内部,使穗轴坏死,小穗得不到水分而枯死。后期病部产生紫黑色粗糙颗粒(子囊壳)。发病子粒皱缩干瘪,苍白色或紫红色,有时子粒表面产生粉红色霉层。

苗枯是由种子带菌引起的,根鞘及芽鞘呈黄褐色水浸状腐烂,地上部叶色发黄,重者幼苗死亡。茎基腐指茎基部,变褐腐烂,病重时整株枯死。

(2)病原　病原有性态为玉米赤霉菌(*Gibberella zeae*(Schw.)Petch.),属于子囊菌亚门;无性态为禾谷镰刀菌(*Fusarium graminearum* Schw.)属半知菌亚门。此外,黄色镰刀菌(*F. culmorum*)和燕麦镰刀菌(*F. auenaceum*)等多种镰刀菌也可引起发病。

禾谷镰刀菌大型分生孢子多为镰刀形,稍弯曲,顶端钝,基部有明显足胞。一般有3~5个隔膜,单个孢子无色,聚集成堆时呈粉红色。一般不产生小型分生孢子和厚垣孢子。有性态产生子囊壳,散生或聚生于感病组织表面,卵圆形或圆锥形,深蓝至紫黑色,表面光滑,顶端有瘤状突起为孔口。子囊无色,棍棒状,两端稍细,内生8个子囊孢子,呈螺旋状排列。子囊孢子无色,弯纺锤形,多有3个隔膜,见图5-5-3。禾谷镰刀菌菌丝生长的最适温度在22~28℃,分生孢子产生的最适温度为24~28℃,分生孢子萌发的最适温度为28℃,子囊孢子萌发的最适温度为25~30℃。

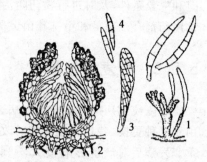

**图5-5-3 小麦赤霉病菌**
1.分生孢子梗及分生孢子 2.子囊壳
3.子囊 4.子囊孢子

禾谷镰刀菌还可侵染大麦、燕麦、水稻、玉米等多种禾本科作物以及鹅冠草等禾本科杂草,此外,还可侵染大豆、棉花、红薯等作物。

(3)发病规律 北方麦区收获后病菌可继续在麦秸、玉米秆等植物残体上存活,并以子囊壳、菌丝体和分生孢子在植物残体上越冬。土壤和带病种子也是重要的越冬场所。病残体上的子囊壳和分生孢子以及带病种子是下一个生长季节的主要初侵染源。小麦抽穗后至扬花末期是感病高峰期,乳熟期以后,除非遇上特别适宜的阴雨天气,一般很少侵染。病菌主要通过凋萎的花药侵入小穗(少数可以从张开的颖缝处直接侵入)。子囊孢子借气流和风雨传播,孢子落在麦穗上后萌发产生菌丝,先在颖壳外侧蔓延后经颖片缝隙进入小穗内并侵入花药,条件适宜,3~5 d即可表现症状。之后菌丝可以水平、垂直扩展危害,导致侵染点以上的病穗出现枯萎。湿度大时在病部产生分生孢子,借气流和雨水传播,进行再侵染。但穗期靠产生分生孢子再侵染次数有限,作用也不大。

赤霉病的发生和流行与气候条件、菌源数量、寄主抗性及生育时期、栽培条件等因素有密切关系。充足的菌源,适宜的气候条件以及和小麦扬花期相吻合,就会造成赤霉病流行。

小麦抽穗扬花期的降水量、降雨日数和相对湿度是病害流行的主导因素,其次是日照时数。小麦抽穗期以后降雨次数多,降水量大,相对湿度高,日照时数少,穗腐发生严重。有充足菌源的重茬地块及相近地块发病严重。各地鉴定结果显示小麦不同品种对赤霉病的抗性存在差异,但目前生产上大面积推广的主栽品种对赤霉病抗性均较差。小麦整个穗期均可受害,但以开花期感病率最高,开花以前和落花以后则不易感染。地势低洼,排水不良,或开花期田间湿度大,有利于发病;氮肥施用过多,加重发病加重。收获后翻地不及时或质量差,大量病残体和菌源遗留田间,翌年病重。

另外,成熟期遇雨收割不及时、收割后遇雨不及时脱粒,或收割后不能及时晒干出场,赤霉病仍可继续发生,造成霉垛、霉堆。

(4)防治方法 防治原则应以农业防治和减少初侵染源为基础,充分利用抗病品种,及时进行药剂保护防治的综合防治措施。

1)选育和利用抗病品种 较抗病的品种有苏麦3号、扬麦4号、华麦6号、宁7840、万年2号等。目前还可利用一些中抗和耐病品种,如东北麦区的新克旱9号、辽春4号、龙麦12、龙麦13等品种发病较轻。

2)加强栽培管理,降低菌源数量 精选种子,合理密植。控制氮肥用量,追肥不宜太晚;小麦扬花期注意排水降湿。及时处理麦秸、玉米秸等植株残体,减少田间菌源数量。小麦成熟后及时收割,尽快脱粒晒干。

3)药剂防治　①种子处理。这是防治芽腐和苗枯的有效措施。可用 50％多菌灵,每 100 kg 种子用药 100～200 g 湿拌。②喷雾防治。这是防治穗腐的关键措施,各地根据菌源情况和气象条件,及时进行喷药防治。最适施药时期是小麦齐穗期至盛花期,施药应宁早勿晚。常用药剂有多菌灵和甲基硫菌灵等内吸杀菌剂。每公顷用药(a.i)450～600 g 对水喷雾。

## 5.5.6　小麦纹枯病

小麦纹枯病又称尖眼斑点病,在全世界小麦种植区普遍发生。我国 20 世纪 80 年代以来,由于品种更换、栽培管理措施的改变及水肥条件的改善,在长江中下游和黄淮平原麦区逐年加重。发病后对产量影响极大,一般发病田减产 10％～20％,严重地块减产 50％左右,甚至绝收。

(1)症状　小麦苗期到成株期都可受害,依次造成烂芽、病苗死苗、茎秆烂茎、倒伏、孕穗枯等多种症状。种子发芽后,芽鞘受侵染腐烂枯死,不能出苗。小麦 3～4 叶期,第一叶鞘上出现中央灰白、边缘褐色的病斑,病重时新叶无法抽出而造成死苗。返青拔节后,在下部叶鞘上产生中部灰白色、边缘浅褐色的云纹状病斑,多个病斑相连接,形成云纹状的花秆,并向内扩展到小麦的茎秆,在茎秆上出现近椭圆形的"眼斑",病斑中部灰褐色,边缘深褐色,两端稍尖。湿度大时,叶鞘内侧及茎秆上可见蛛丝状白色的菌丝体,以及黄褐色的菌核。由于茎部腐烂,后期极易造成倒伏。发病严重时主茎和大分蘖常抽不出穗,形成"枯孕穗",有的虽能够抽穗,但结实减少,籽粒秕瘦,形成"枯白穗"。

(2)病原　为禾谷丝核菌(*Rhizoctonia cerealis* Vander Hoeven),属半知菌亚门,丝核菌属。有性态为担子菌亚门角担菌属(*Cenatobasidium*),自然情况下不常见。另外,立枯丝核菌(*Rhizoctonia solani*)也能侵染小麦引起纹枯病。

病菌以菌丝和菌核的形式存在,不产生任何类型的分生孢子。菌丝分枝呈锐角,分枝处大多缢缩变细,分枝附近常产生横隔膜。菌核初为白色,之后变成褐色,表面粗糙,如油菜籽。菌丝生长的适宜温度为 22～25℃。小麦纹枯病菌根据菌丝融合划分为不同的菌丝融合群(anastomosis group,简称 AG)。我国小麦纹枯病菌的优势菌群是禾谷丝核菌的 CAG-1 群,约占 90％;立枯丝核菌 AG-5 群数量较少。

病菌对大麦也表现强致病力,还能侵染玉米、水稻,但致病力弱。

(3)发病规律　病菌以菌核和菌丝体在病残体中越夏越冬,为翌年初侵染源,其中菌核的作用更为重要。带菌土壤可以传病,混有病残体的病土和未腐熟的有机肥也可以传病,另外,农事操作也可传播。菌核和病残体长出的菌丝接触寄主后,形成附着胞或侵染垫产生侵入丝直接侵入寄主,或从根部伤口侵入。病部产生菌丝向周围扩展蔓延引起多次再侵染。通常田间发病有两个侵染高峰:一是冬前秋苗期,二是春季小麦返青拔节期。

病害发生流行与品种抗性、气候因素、耕作制度和栽培措施关系密切。目前生产上推广的品种绝大多数为感病品种,只有极少数表现耐病或中抗,缺乏免疫和高抗品种。小麦地连作年限长、土壤中菌核数量多,发病重。另外,小麦早播气温较高,纹枯病发病重。农业灌溉条件好,化肥施用量大,播种密度增大,发病加重。冬前高温多雨有利于发病,春季湿度为发病的主导因子。沙壤土地区纹枯病重于黏土地区,黏土地区纹枯病重于盐碱土地区。中性偏酸性土壤发病较重。

（4）防治方法　以栽培防病为基础，种子药剂处理为重点，重病田早期喷药为辅助的综合防治措施。

1）加强田间栽培管理　适当增施有机肥，使土壤有机质含量在1％以上。氮、磷、钾肥合理配比，避免大量施用氮肥，追肥不宜过重。适期晚播，合理密植。及时排水防麦田积水，忌大水漫灌。及时防除杂草。

2）选用抗（耐）病品种　选用当地丰产性能好、耐病或轻度感病品种。如山东省在20世纪90年代初期大面积推广鲁麦4号，在生产中起到了一定效果。另外，各地相继鉴定出了一批耐病品种如豫麦13、河北农大215、临汾5064、温麦4号、豫麦14等。

3）药剂防治　三唑类内吸性杀菌剂效果较好。可用15％三唑酮（粉锈宁）WP或12％的三唑醇、12.5％的烯唑醇、2％立克锈等拌种，药剂用量一般为种子量的0.02％～0.03％（a.i）。2.5％适乐时悬浮种衣剂对小麦纹枯病防效较好。小麦返青拔节期根据病情及时喷药。可使用15％三唑酮、12.5％的烯唑醇等，还可兼治小麦白粉病和锈病。

## 5.5.7　小麦矮腥黑穗病

（1）症状　小麦矮腥黑穗病症状与普通腥黑穗病相比较有以下特点：①病株矮。患矮腥黑穗病的病株，株高度仅为健株的1/3～1/2。②分蘖多。一般病株的分蘖较健株多1/3～1/2，有的病株可多达40个分蘖。③穗形紧密。一般患光、网腥黑穗病的病穗较疏松，而患矮腥黑穗病的小穗排列较紧密。④菌瘿坚实。光、网腥黑穗病的菌瘿，形态上与麦粒近似，内部组织较疏松，每小穗含有菌瘿3～5个；矮腥黑穗病菌瘿则多为圆形，内部组织较坚实，每小穗含有菌瘿5～7个。

矮腥黑穗病除为害小麦外，还能为害大麦、黑麦以及多种禾本科杂草，如鹅观草，雀麦，碱草等。

（2）病原　病原菌为小麦矮腥黑粉菌（*Tilletia contraversa*）属担子菌亚门。成群的孢子为暗黄褐色，分散的孢子近球形，浅黄色至浅棕色，大小14～18 $\mu$m，具网纹，网脊高2～3 $\mu$m，网目直径3～4.5 $\mu$m，有的可达9.5～10 $\mu$m，外面包被厚1.5～5.5 $\mu$m的透明胶质鞘。

（3）发病规律　病菌以厚垣孢子附在种子外表或混入粪肥、土壤中越冬或越夏。当种子发芽时，厚垣孢子也随即萌发，厚垣孢子先产生先菌丝，其顶端生6～8个线状担孢子，不同性别担孢子在先菌丝上呈"H"状结合，然后萌发为较细的双核侵染线。从芽鞘侵入麦苗并到达生长点，后以菌丝体形态随小麦而发育，到孕穗期，侵入子房，破坏花器，抽穗时在麦粒内形成菌瘿即病原菌的厚垣孢子。小麦腥黑穗病菌的厚垣孢子能在水中萌发，有机肥浸出液对其萌发有刺激作用。萌发适温16～20℃。病菌侵入麦苗温度5～20℃，最适9～12℃。湿润土壤（土壤持水量40％以下）有利于孢子萌发和侵染。一般播种较深，不利于麦苗出土，增加病菌侵染机会，病害加重发生。

（4）防治措施

1）种子处理。常年发病较重地区用2％立克秀拌种剂10～15 g，加少量水调成糊状液体与10 kg麦种混匀，晾干后播种。也可用种子重量0.15％～0.2％的20％三唑酮（粉锈宁）或0.1％～0.15％的15％三唑醇（百坦、羟锈宁）、0.2％的40％福美双、0.2％的40％拌种双、0.2％的50％多菌灵、0.2％的70％甲基硫菌灵（甲基托布津）、0.2％～0.3％的20％萎锈灵等药剂拌种和闷种,都有较好的防治效果。

2)提倡施用酵素菌沤制的堆肥或施用腐熟的有机肥。对带菌粪肥加入油粕(豆饼、花生饼、芝麻饼等)或青草保持湿润,堆积1个月后再施到地里,或与种子隔离施用。

3)农业防治。春麦不宜播种过早,冬麦不宜播种过迟。播种不宜过深。播种时施用硫铵等速效化肥作种肥,可促进幼苗早出土,减少侵染机会。冬麦提倡在秋季播种时,基施长效碳铵1次,可满足整个生长季节需要,减少发病。

4)由于矮腥黑粉菌能在土壤中存活多年,故种子处理和轮作都不是防病的根本措施。用五氯硝基苯和六氯苯等处理土壤虽有效,但大面积应用尚困难。同时,冬孢子生活力很强,经75℃干热处理15 min,仍能保持正常的萌芽率。致死温度和处理方法还在研究中。因此,在目前我国尚未发现此病的情况下,加强检疫防止带病种子传入,是预防此病发生的重要措施。凡发现有矮腥黑穗病的地区,应立即上报,按国家植检制度,并采取措施,彻底消灭。

## 5.5.8  小麦黄矮病

(1)症状  典型症状是叶片黄化和植株矮化。当麦株被侵染后,新叶从叶尖开始逐渐向叶身扩展发黄,有时病部出现与叶脉平行但不受叶脉限制的黄绿相间的条纹,黄化部分占全叶面积的1/3~1/2。病叶质地光滑。病株的矮化程度则因发病期及品种而异,发病越早则矮化越严重。冬麦幼苗出土后即可被害,但冬前在大田中一般不显症状。病苗不耐低温,在寒冬期间易死亡;存活下来的病苗在翌春生长不良,分蘖减少,植株矮化。此病在大田中的发病明显时期是从拔节期到抽穗期。

此病的症状因不同作物种类、品种、生育期及环境条件而有所差异。如筱麦病叶表现为红色至紫红色;糜子病叶最初表现为橘红色,逐渐变成黄色至土黄色;有的小麦品种矮化程度很轻。

在田间要注意将本病与生理性黄化区别开来。生理性黄化症状一般都出现在下部老叶片上,且往往是全叶变黄;而本病的黄化症状则是从上部叶片的叶尖开始的,所以早期发病植株的全部叶片都发病变黄,而后期发病植株则以顶部叶片特别是旗叶变黄为主。此外,生理性黄化在田间分布较为均匀,而本病则是由零星发生到普遍发生,有明显的发病中心。

(2)病原  病原物为大麦黄矮病毒(*Barley yellow dwarf virus*=BYDV)。病毒粒体球状,已知可由14种蚜虫传播,其中最重要的是二叉蚜、长管蚜、无网长管蚜、缢管蚜和玉米蚜等,不能通过汁液摩擦传染,也不能通过种子和土壤传染。寄主范围包括小麦、大麦、玉米、高粱、糜子、粟、水稻等作物和鹅观草、燕麦草、雀麦、画眉草、马唐、蟋蟀草和虎尾草等禾本科杂草。

(3)发病规律  病毒只有经由麦二叉蚜(*Schizaphis graminum*)、禾谷缢管蚜(*Rhopalosiphum padi*),麦长管蚜(*Sitobion avenae*)、麦无网长管蚜(*Metopolophium dirhodum*)及玉米缢管蚜(*R. maidis*)等进行持久性传毒。不能由种子、土壤、汁液传播。16~20℃,病毒潜育期为15~20 d,温度低,潜育期长,25℃以上隐症,30℃以上不显症。麦二叉蚜在病叶上吸食30 min即可获毒,在健苗上吸食5~10 min即可传毒。获毒后3~8 d带毒蚜虫传毒率最高,可传20 d左右。以后逐渐减弱,但不终生传毒。刚产若蚜不带毒。冬麦区冬前感病小麦是翌年发病中心。返青拔节期出现一次高峰,发病中心的病毒随麦蚜扩散而蔓延,到抽穗期出现第二次发病高峰。春季收获后,有翅蚜迁飞至糜、谷子、高粱及禾本科杂草等植物越夏,秋麦出苗后迁回麦田传毒并以有翅成蚜、无翅若蚜在麦苗基部越冬,有些地区也产卵越冬。冬、春麦混种区5月上旬冬麦上有翅蚜向春麦迁飞。晚熟麦、糜子和自生麦苗是麦蚜及病毒越夏场所,冬麦出苗后飞回传毒。春麦区的虫源、毒源有可能来自部分冬麦区,成为春麦区初侵染源。

冬麦播种早、发病重;阳坡重、阴坡轻,旱地重、水浇地轻;粗放管理重、精耕细作轻,瘠薄地重。发病程度与麦蚜虫口密度有直接关系。有利于麦蚜繁殖温度,对传毒也有利,病毒潜育期较短。冬麦区早春麦蚜扩散是传播小麦黄矮病毒的主要时期。小麦拔节孕穗期遇低温,抗性降低易发生黄矮病。该病流行与毒源基数多少有重要关系,如自生苗等病毒寄主量大,麦蚜虫口密度大易造成黄矮病大流行。

(4)防治措施  防治黄矮病的根本途径在于选育和推广抗病丰产品种,而在未选育出理想品种之前,则要强调农业防治,加强病害和蚜情调查以及做好药剂治虫防病的工作。

1)选育和推广抗耐病品种  各省区多年的鉴定结果表明目前还没有对黄矮病免疫的品种。在现有的品种中,一般以农家品种表现较好的抗耐病性。陕西测定,较抗黄矮病的品种的抗锈性表现较差,对丛矮病的抗性也较差。从国外引进的品种一般不抗本病。目前,各省区已鉴定出一些在当地表现抗耐病性较好的品种,如山西鉴定出卫东7号、临汾9号、太原116和167以及北京5号等,陕西鉴定出适于在延安地区南部种植的延安3号和6号等,以及适于延安地区北部种植的延安5号和11号,青春3号等品种,适于关中旱源地区种植的有武农132、复壮30号、青春2号和北京6号等。甘肃鉴定出中苏68、兰花、白齐麦、平原50麦等。宁夏鉴定出较抗病的品种有劲麦1号,阿玉2号。这些品种可因地制宜地加以利用。

2)治蚜防病  由于麦蚜是此病的传毒介体,应做好治蚜工作。在冬麦区治蚜的方法如下。

①用拌种或喷药的方法以防治秋苗上的蚜虫,既达到降低冬前蚜虫的虫口密度和越冬基数,也减少了翌春的毒源数量。目前在甘肃及陕西各地经大面积示范的有效方法是在冬麦播种时用75%"3911"原液拌种(每50 kg种子用原液0.1～0.15 kg加水3～4 kg,稀释后洒在麦种上拌匀闷种,次日播种)。经拌种的麦田,由于"3911"的残效期可达1个月左右,故冬前可不必喷药,但如还不能完全控制传毒介体在冬前的整个活动期时,则在虫情较重的地区,还需要进行喷药防治。未经拌种的麦田,可根据秋苗上蚜虫发生情况进行喷药以抑制蚜虫的繁殖和压低其越冬基数。

②早春根据有关部门的病情预报及当地的蚜情(种类、数量及自然带毒率测定等)和病情,及时进行喷药治蚜,以控制麦蚜的繁殖来减少本病的传播和蔓延。治蚜的药剂种类和用量,参看农业昆虫学的麦蚜部分。

3)农业防治  因地制宜地适期播种,以减少传毒介体在秋季繁殖和传毒的机会;加强水肥管理,增施磷肥,可以减低植株受害程度;早春夏末及时消灭田间杂草,对于降低早春的蚜虫基数以及越夏数量都有显著的作用。

## 5.5.9  小麦丛矮病

(1)症状  丛矮病的特征是上部叶片有黄、绿相间的条纹,分蘖明显增多,植株矮缩,形成明显的丛矮状。在小麦出土后不久即可出现症状,最初基部叶片的叶色浓绿,在心叶上有黄白色断续的细线条,而后发展成不均匀的黄绿条纹。冬前显病的植株大部分不能越冬而死亡,轻病株在返青后分蘖继续增多,生长细弱,叶部仍有明显的黄绿相间条纹。病株严重矮化,一般不能拔节抽穗而提早枯死。感病晚的病株包括冬前没有明显症状的及早春被侵染的,则在返青期和拔节期陆续显病,惟叶色较为浓绿,茎稍粗。拔节以后感病的植株仅上部叶片显出条纹,能抽穗但籽粒秕瘦。

(2)病原 病原物为小麦丛矮病毒。根据此病毒所致病害症状、寄主范围、昆虫介体、病毒形态和大小等方面的特点,认为可能是与日本报道的北方禾谷花叶病毒(NCMV)相近似。

1)形态 病毒粒体为杆状,由核表壳(核酸中心和蛋白质衣壳)及外膜组成。在带毒灰飞虱唾液腺中,粒体只有核衣壳而无外膜蛋白质衣壳的螺旋结构一般有 60～70 层。病毒粒体主要分布在细胞质内,时常单个、多个成层或成簇地包于内质网膜内。

2)媒介昆虫 小麦丛矮病毒的媒介昆虫最重要的是灰飞虱,很次要的是白脊飞虱、白带飞虱和小鬼飞虱。

病毒与灰飞虱的关系是一种持久性的关系。病毒能在虫体内增殖,但不能经卵传染。循回期在 20℃时为 11～22 d,以 14～16 d 为多数。取毒饲育时间最好经过 24 h。接种饲育时间最短为 2 min,但一般要求 5～15 min,最好是 2 h 以上。

3)寄主范围 自然寄主除小麦外,还有大麦、黑麦、燕麦、粟、糜子、早熟禾、毛马唐、马唐、稗草、画眉草、狗尾草和芦草等。人工接种寄主有穆和看麦娘等。

(3)发病规律

1)耕作制度和栽培措施 北京农业大学 1975 年的调查结果,棉麦间作和粮麦间作的麦田比平播田发病重,前二者麦田发病率依次为 56.9% 和 76.5%,而平作麦田的发病率为 11%。延安地区 1969—1970 年的试验表明,稀植点播比合理密植条播者发病重;深播(6 cm)较浅播(3 cm)的发病率低,前者为 54.1%,后者为 95.8%。在播种深度相同(6 cm)情况下,经镇压的发病率为 16.7%,未经镇压的发病率为 54.1%。除了深播和镇压能保护分蘖节不易受冻而减少越冬死亡并提高小麦生命力外,冬前镇压还可以消灭部分昆虫介体。冬麦田与春播谷类作物尤其是与糜、粟相邻时,麦田地边发病严重,这是由于糜和粟既是灰飞虱的越夏中间寄主,也是小麦丛矮病毒的毒源植物,且田间杂生的多种禾本科杂草也是传毒介体的嗜食和带毒植物,这就有利于丛矮病毒及其昆虫介体的发生和发展。

早播麦田发病较晚播麦田为重,这是由于灰飞虱从其越夏(冬麦区)或越冬(春麦区)场所首先迁入出苗早的麦田中所致。据延安 1970 年试验报道,在播种期相同(9 月 1 日)的情况下,川地比山地发病重,前者发病率为 25.7%,后者为 4.0%。这是由于川地的禾谷类作物种类多,而气候又有利于灰飞虱的繁殖和活动所致。

2)气候条件 河北省 1974—1977 年的研究结果,认为夏秋多雨及冬暖春寒年份丛矮病重。因为夏秋多雨则杂草滋生,有利于灰飞虱繁殖和越夏而不利于除草整地及影响小麦播种质量;冬暖有利于灰飞虱越冬,而春寒则降低小麦的抗病力。如 1973 年石家庄地区 9 月份的降雨量比常年同期多 1 倍,冬季基本无雪,早春有 3 次降温,1974 年小麦丛矮病大发生。1976 年河北省栾城县 6～8 月份降雨 500.2 mm,比 1975 年同期多 339.4 mm,积温(2 249.3℃)比 1975 年同期低 152.8℃,对灰飞虱繁殖有利,因此,1976 年秋季第四代灰飞虱虫量较 1975 年同期高出 3 倍,造成 1976 年冬麦秋苗丛矮病的大发生。

3)品种抗病性 不同品种的抗、耐病性不同,但还没有发现有免疫的。原北京农业大学在 1974—1977 年的大田调查和人工接毒鉴定结果,所调查和供测定品种都感病,但其抗、耐病程度有差异。延安地区的农家品种如老芒麦、红秃麦感病较重,而外引的和新育的品种如中苏 68 及以中苏 68 为亲本所育出的延安系统的品种则较抗病。

4)麦株生育期 小麦生理年龄越大,抗病性越增强。如保定以北京 10 号小麦为试验材料,分芽鞘期、三叶期、分蘖期、返青期、拔节期及孕穗期等 6 个生育阶段进行人工接种的结果,病情指数相应为 100、85.7、78.3、52.0、10.4 和 0。由此可见麦株受侵越早发病越重,而在返青期受侵的就不再出现死株现象。

(4)防治措施 从长远来看,选育高抗丰产品种是最重要的方向。目前则应以选用较抗(耐)病高产品种及改进农业防治措施为基础,辅以药剂防治,可达到有效地控制丛矮病的目的。

1)改进农业防治措施

①合理安排种植制度 棉麦间作或粮麦间作的麦田有利于丛矮病的发生。因此,实行有计划地倒茬,避免棉麦间作或粮麦间作,并防止粟、糜与小麦相邻种植,可以减轻此病的发生。

②提早翻耕,适期播种 播种前及早翻耕,有利于促进小麦的生长发育和减少田间杂草及毒源植物,从而破坏灰飞虱的生存条件,减轻丛矮病的发生。

早播麦田由于受到从越夏场所迁来的灰飞虱为害早而长,故发病重。各地应因地制宜,适期播种,以避过灰飞虱的发生和迁飞盛期,从而减少本病的发生。

③清除杂草 在冬麦区和春麦区,田间和路边地埂上的某些杂草是灰飞虱和丛矮病毒的越夏或越冬寄主植物,因此清除杂草可以减轻本病的发生。

④肥水管理 实践证明,冬麦灌冻水和早春及时浇返青水均能减轻发病。这是由于浇冻水后造成冰冻层并增大土壤湿度,从而不利于灰飞虱越冬而有利于小麦越冬,而早春及时浇返青水,使越冬小麦及早返青生长,可减轻病毒的为害程度。病地增施肥料有减轻产量损失的作用。

2)治虫防病 由于麦苗一出土即可遭受灰飞虱传毒和为害,引起的损失最大,所以应抓住小麦播种后至出苗前这一时期内进行药剂治虫防病工作。冬麦区秋季治虫对于减少传毒介体的越冬数量和越冬的虫源数量有重要的作用,而在春季则应根据田间虫情及气候条件进行喷药防治。在防治策略上应以秋防为主,春防为辅。秋防时要注意抓好早播麦田和间作麦田的防治工作。对早播麦田可采取对田埂及麦田边行喷稍宽的保护带法,春麦区也可于麦苗出土前采用此法。据河北省试验,在间作麦田中喷药治虫以及出苗后喷药保护,一般防病效果可达 70%~80%。春防是在小麦返青期结合当时虫情进行全田防治,或采取喷保护带的方法进行防治。

常用的药剂有 40%乐果或 50%马拉硫磷乳油 1 500 倍液,每 667 m² 用药 35 kg(如用机动喷雾器,则上述两种药剂的用量为每 667 m² 用药 0.05~0.06 kg 加水 10~15 kg)。

## 5.5.10 小麦全蚀病

(1)症状 小麦全蚀病是一种根病。病菌仅侵染麦根和茎基部 1~2 节。病株地上部矮化,变黄,重者枯死,造成白穗。病株各期症状如下。

①分蘖期 轻病株的地上部症状不明显,重病株稍矮,叶色浅。地下部的种子根及地下茎局部或全部变为灰黑色,次生根也渐变色。

②拔节期　冬麦病苗返青迟缓,分蘖少,叶片自下而上发黄,似干旱缺肥状。在拔节期病株根部大部分变为黑色,在茎基部及其叶鞘内侧可出现较明显的灰褐色菌丝层。

③抽穗灌浆期　田间病株成簇,或点、片出现早枯白穗,雨后因霉菌腐生,病穗为污褐色。病根全部变黑,略具光泽,在茎基部表面及其叶鞘内侧布满紧密交织的黑褐色菌丝层,形成"黑脚"症状。在潮湿环境下,多在茎基部的叶鞘内侧的菌丝层上产生疏密不匀的黑色突起的子囊壳。在土壤干燥的条件下,病根通常不形成"黑脚"症状,病菌也很少产生子囊壳,仅在早衰的无效分蘖上和病根上,生有许多栗褐色的匍匐菌丝体。

(2)病原　病原菌为禾顶囊壳菌(*Gaeumannomyces graminis*)属子囊菌亚门,存在不同的变种,在小麦上的变种称为小麦全蚀病菌(*Gaeumannomyces graminis tritici*)。

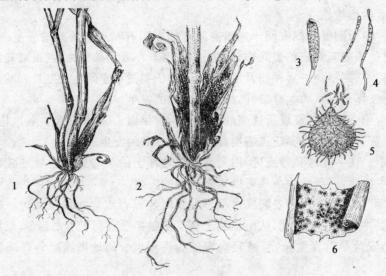

**图 5-5-4　小麦全蚀病症和病原**
1.茎基部表面条点黑斑　2.叶鞘内侧的子囊壳和茎秆上的菌丝层　3.子囊和子囊孢子
4.子囊孢子和孢子萌发　5.子囊壳　6.叶鞘内侧的子囊孢子

此菌在自然条件下尚未发现无性孢子,仅产生子囊孢子。子囊壳黑色、梨形、具孔口,颈突出略弯曲,周围有栗褐色茸毛状菌丝,内含许多棍棒状子囊及拟侧丝。子囊束生,内含 8 个平行排列的子囊孢子,近成熟时子囊消解。子囊孢子丝状,略弯,一端略钝,具 2～8 个隔膜,无色或浅黄色,含油球多枚,萌发时多从两端细胞伸出芽管,发育成菌丝。菌丝绒毛状,鼠灰色,渐变成栗褐色。老熟菌丝粗壮,分隔较稀疏,分枝多呈锐角,分枝处产生分隔,两分隔多形成"Λ"形。菌丝可相互联结形成菌丝束,亦可转化成菌丝结,串生。

小麦全蚀病菌属好气菌,对土中二氧化碳含量十分敏感。发育适温是 15～24℃(最低3℃,最高35℃),致死温度是 52～53℃(湿热),10 min,而在 50℃的干热下经 24 h,不失去侵染力。病菌在 100 cm 土层深度内均有分布,以 0～20 cm 的土层内含菌量最多,向下依次递减。埋入田间 10 cm 的病根茬,在无寄主的条件下,其中病菌可存活 8～15 个月,但在湿土中比在干土内易于死亡。

小麦全蚀病菌的寄主范围较广,包括小麦、大麦、燕麦、谷子、黍及玉米,人工接种。还可侵染鹅观草、看麦娘、画眉草,早熟禾、蟋蟀草、狗尾草及疏花雀麦等田间禾本科杂草。在国外自然发病及人工接种表明,病菌能侵染100余种栽培及野生的禾本科植物。

(3)发病规律　小麦全蚀病的侵染来源比较复杂,病害的发生发展与气象因素、土壤性状、肥料、耕作等都有密切关系。

1)气候条件　在较低的温、湿度环境下适宜于全蚀病菌的生育。当小麦在12~16℃和相对湿度为70%~80%时最易受害。在我国冬麦区,每年在春、秋两季都可形成高峰。秋季在9月下旬至10月上旬侵染幼苗;春季在4月上旬至5月中旬侵害成株。一般秋苗感病远比春季成株期受害大。

2)土壤性状　由于小麦全蚀病菌是一种好气性真菌,它在正常的生育过程中,需要土壤内有充足的氧气,而不需要土壤中的二氧化碳。凡沙质壤土,其通透性好,有利于二氧化碳的逸散,能有效地降低根际二氧化碳的浓度,一般发病较重。在偏碱性土壤中,因这类土壤能作为二氧化碳的受体,同样可以减少根际二氧化碳的浓度,发病也重。反之,土质坚实的黏性土或土壤湿度过大乃至长期淹水的田块,其通透性差,不仅缺氧,而且有利于二氧化碳的积累,对病菌生育不利,发病较轻。

另有研究指出:上述的差异主要是各类土壤中微生物区系、拮抗作用及产生的毒素不同所致。例如在土质坚实的黏性土中,微生物产生的毒素足以抑制病菌的正常生育。已经证实全蚀病菌的休眠菌丝体在这类土壤中可以逐渐消减。此外,有人在消毒土壤中加入木霉(*Trichoderma* sp.)、镰孢霉(*Fusarium* sp.)、青霉(*Penicillium* sp.)、曲霉(*Aspergillus* sp.)等能杀死休眠菌丝,同时人工培养基的试验,也证实了这个结果。

3)施肥　据报道,氮、磷、钾三要素缺乏时容易引起发病;缺磷或缺钾时也显著加重发病。因而在田间土壤瘠薄缺肥,特别是缺乏有机肥料时小麦感病性增加。磷肥对病菌无抑制和杀伤作用,但能增加茎秆粗壮和根系发育,从而加强病株抗侵染及恢复生长的能力,可减轻本病为害。

4)轮作　由于本病菌可在病株残体及土壤中存活一年以上,而其寄主范围基本上是禾本科植物,所以在病区凡实行与非禾本科植物轮作的,发病较轻。在禾谷类作物中,虽然玉米及谷子较抗病,感病后仅种子根和须根变黑、次生根局部变黑而茎基部正常,但对本病发生却起桥梁作用,所以小麦与玉米连作有利于病菌在田间存活和积累,使小麦发病逐年加重。但全蚀病发展到盛期,有自然衰退现象。在土壤中多年积累病株残体,有利于土壤中拮抗性微生物的孳长,因而对病原物的存活不利。

至于品种抗病性问题,目前在大、小麦中还没有找到抗病品种,但小麦中红麦比白麦较抗病。

(4)防治措施　根据小麦全蚀病的传播规律及病菌的生物学特性,要控制和消灭危害,必须以杜绝传病途径为前提,做到保护无病区;封锁、消灭零星病地;老病区以培养地力,增强小麦抗病性为基础,因地制宜地推行轮作换茬、增施有机肥和磷肥、选用耐病丰产良种及加强栽培管理等综合农业措施,使防病与高产栽培相结合,控制危害,压缩病区,达到防病增产的目的。

1)严格执行检疫制度,保护无病区　麦种夹带病残体及用病麦秆做包装材料是病害远距离传播的主要方式,因此,要把好种子关,严禁病秸做包装材料外运,确需从疫区引进少量良种,应经产地检疫,调无病地块麦种,就地风选、筛选,彻底汰除种间夹带物。为了确保麦种不带菌,播前用有效成分0.1%的托布津浸种20 min,或用52~54℃温水浸种10 min。国外用木菌素－Ⅲ浸种，有一定防效。为了严防病菌在当地定殖及扩大蔓延，坚决封锁零星发病地块，对病株高割留茬，2～3 年内不种小麦、玉米等作物，改种非寄主作物。

2）轮作　轮作不仅涉及病菌的残存，而且能调节土壤的肥力、结构及微生物区系，直接及间接地有利于作物。在不减少夏收面积和当年总产不断增加的前提下，有计划地改种非寄主作物，压缩发病地块，在粮区可与水稻轮作，稻田长期积水能促使病菌窒息死亡，或与非寄主植物如马铃薯、甘薯、大豆及油菜等轮作，在经济作物区，可改种棉花、花生、烟草、大麻及蔬菜等，能明显地降低病害。

3）增施有机肥和磷肥　有机肥和磷肥，既能培养地力，改良土壤，又有利于麦根发育，提高抗病力，同时，还有利于土壤微生物活动，对病菌有一定的抑制作用。为防止土粪传病，病区不用病场土、病麦糠、病根茬等积肥，不从病地挖土垫栏及造肥。带病麦糠积肥必须经高温发酵，在大暑前后把麦糠拌湿，堆放在平地上，堆高 2～3 m，堆宽 4 m，堆长不限，堆表泥封或用塑料薄膜覆盖，经 1～2 d 后，堆温可达 50℃以上而灭菌，发酵 3 d 后拆垛用于积肥，垛四周一尺厚及垛底半尺厚的麦糠，发酵温度不足 40℃，要收集再做第二次发酵。

4）选用耐病品种　目前还没有发现抗病品种，可利用品种间耐病性的差异，一般是根系发达的品种表现耐病。当前生产上冬麦较耐病的有：烟农 13、烟农 685、济宁 3 号、丰麦 1 号、高38、卫东 8 号、平凉 79 等，春麦有甘麦 11 号、甘麦 12 号、甘麦 23 号、金塔 34、金塔 359 及 59-196 等。

5）药剂防治　每 667 $m^2$ 施 50％或 70％托布津或 25％或 50％多菌灵等药剂 2～2.5 kg，每 0.5 kg 药剂对水 200 kg 或对细土 10 kg，在播前施入播种沟内、地上部，防效有 70％～80％。又 07 号（三氮唑化合物）每 667 $m^2$ 施 1.5 kg（水液沟施）；50％炭疽福美，每 667 $m^2$ 施 2.5 kg（对土撒施）；4％塔其卡，每 667 $m^2$ 施 5 kg（撒施），都有较好的防效。

# 5.6　水稻病害

我国水稻种植面积占全国耕地面积的 1/4，在全国居于第一位，稻米是我国主要粮食作物之一，年产量占全国粮食总产的 1/2。但是，水稻病害的危害严重地影响着我国的水稻生产。在现行防治水平下，每年减产仍高达 200 亿千克。因此，防治水稻病害对我国的农业发展、农村稳定和农民生活水平的提高都具有极其重要的意义。

据报道，全世界水稻病害有近百种，我国正式记载的有 70 余种，其中，有 20 多种病害危害较大。稻瘟病、白叶枯病和纹枯病仍然是水稻的 3 大病害，发生面积大，流行性强，危害严重。多年来，对这 3 大病害的防治始终采取以种植抗病品种为主，加强肥水管理和进行药剂防治的综合治理措施，多数水稻种植区基本控制了病害造成的危害。但病害发生流行规律复杂，防治难度较大，尤其是品种抗性不能稳定持久，药剂防治效果不够理想，另外，长期使用单一药剂，水稻抗药性问题日趋突出。因此，水稻 3 大病害今后仍将是重点监控对象。

由病毒和植原体引起的一类水稻病害，发生种类日益增多，我国已发现 12 种，其中黄矮病、普通矮缩病、黑条矮缩病、条纹叶枯病等病害曾经严重发生，损失极大。今后应该加强这类病害的研究和预测，防止大面积发生。

近年来,稻曲病发生逐渐加重,某些地区已成为第一大病害。该病害不仅影响产量,对品质影响也很大。20世纪80年代,首次在浙江发现细菌性基腐病,目前江浙一带稻区危害严重。

水稻恶苗病、干尖线虫病等在20世纪50年代曾发生严重,20世纪60年代得到控制,近年又有所回升。

另外,由于肥水条件的改变,全球气候的变化,耕作栽培制度的改变,病害防治所面临的问题会更加复杂。

## 5.6.1　稻瘟病

稻瘟病是水稻生产中的重要病害之一,也是世界上分布、危害最重的水稻病害之一,流行年份,一般发病田块损失在10%～20%,严重时可达40%～50%,甚至颗粒无收。

(1)症状　稻瘟病在各生育期和各个部位都有发生,据受害时期和部位的不同,分为苗瘟、叶瘟、叶枕瘟、节瘟、穗瘟、穗颈瘟、枝梗瘟和谷粒瘟。叶瘟、穗颈瘟最常见且危害大。

1)苗瘟　3叶期以前发生。最初在芽和芽鞘上出现水渍状斑点,之后病苗基部呈黑褐色,上部呈黄褐色或淡红色,严重时病苗枯死。湿度大时,病部有灰绿色霉层产生。

2)叶瘟　3叶期至穗期均可发生。依品种抗性和天气条件,可出现以下4种症状类型。

白点型　病斑为白色近圆形小斑点。多在显症时遇到不适宜气候条件时发生,不稳定,如遇适宜温、湿度能迅速转变为急性型病斑。

急性型　病斑呈近圆形、暗绿色、水渍状,针头至绿豆大小,后逐渐发展为纺锤形。叶片正、反两面产生大量灰绿色霉层。在品种感病,温、湿度条件适宜时发生,病斑大量出现,预示病害将会流行。

慢性型　病斑呈纺锤形,最外层黄色,称中毒部,内圈褐色,称坏死部,中央灰白色,称崩溃部,病斑两端有向外延伸的褐色坏死线,为稻瘟病的典型病斑。湿度大时病斑背面产生灰绿色霉层。

褐点型　病斑为褐色小斑点,多局限于两叶脉之间,常发生在抗病品种或稻株下部老叶上,不产生分生孢子。

3)叶枕瘟　叶耳、叶舌、叶环发病的总称。病斑初为污绿色,后期呈灰白色至灰褐色。湿度大时有灰绿色霉层,引起叶片早枯或穗颈瘟。

4)节瘟　一般发生在穗颈下第一、第二节上,病斑初期为褐色小点,之后扩展至整个节部。湿度大时,生灰绿色霉层。常因水分和养料的输送受阻,影响谷粒饱满。发生早而重时,亦可造成白穗。

5)穗颈瘟和枝梗瘟　为害穗颈、穗轴和枝梗。病斑初期为褐色小点,逐渐扩展围绕穗颈、穗轴和枝梗,因品种不同病部呈黄白色、褐色或黑色。发病早,多形成全白穗,发病晚,瘪粒增加,影响米质。

6)谷粒瘟　为害谷壳和护颖。较早发病,谷壳上病斑大而呈椭圆形,可延及整个谷粒,造成暗灰色或灰白色的瘪谷。发病较晚,则产生椭圆形或不规则形的褐色斑点。

(2)病原　有性态为灰色大角间座壳(*Magnaporthe grisea* (Hebert) Barr.),属子囊菌亚门、大角间座壳属;无性态为稻梨孢 *Pyricularia oryzae* Cav.,属半知菌亚门、梨孢霉属。病菌以分生孢子侵染水稻为主。分生孢子梗 3～5 根成束或单生，从病部气孔或表皮伸出，不分枝，有 2～8 个隔膜，基部淡褐色，上端色淡，顶端陆续产生分生孢子。分生孢子梨形，初无隔膜，成熟时通常有 2 个隔膜。分生孢子密集时呈灰绿色。田间常见的是无性态的分生孢子梗和分生孢子，见图 5-6-1。

稻瘟病病菌除侵染水稻外，还可侵染小麦、大麦、玉米、狗尾草、稗、早熟禾、珍珠粟和雀稗等植物。

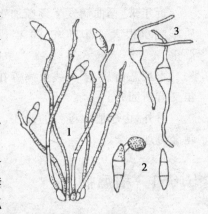

**图 5-6-1　稻瘟病病菌**
1.分生孢子梗　2.分生孢子
3.分生孢子萌发

（3）发病规律　病菌以菌丝和分生孢子在病稻草、病谷上越冬，是翌年病害的主要初侵染来源。另外，未腐熟的粪肥及散落在地上的病稻草、病谷也可成为初侵染源。翌年气温回升到 20℃ 左右时，遇降雨不断产生分生孢子。孢子主要借风雨传播，引起周围秧田或大田稻株发病，产生大量分生孢子，引起多次再侵染，导致病害严重发生。

稻瘟病的发生与品种和环境关系密切。

不同品种对稻瘟病菌的抗性差异较大。有些品种能在较广的稻区或较长时间种植而不感病。如谷梅 2 号、谷梅 3 号、谷梅 4 号、红脚占、青谷矮 3 号、中国 31、奥羽 244 等是较好的抗源材料。同一品种在不同的生育期抗性表现不同，一般成株期较为抗病，苗期（四叶期）、分蘖盛期和抽穗初期为感病时期。一般籼稻较粳稻抗病，耐肥力强的品种其抗病性也强。同一生育期叶片抗病性亦随出叶后日数的增加而增强。出叶当天最感病，5 d 后抗病性迅速增强，13 d 后就很少感病。水稻分蘖末期出新叶最多，因此也是叶瘟出现的高峰期。稻穗以始穗期最易感病，抽穗 6 d 后抗病性逐渐增强。特别当易感病的稻株生育期与适宜的发病天气条件相吻合时，则更易发病。依品种的抗病机制而言，一般株型紧凑，表现较为抗病。寄主表皮细胞的硅质化和细胞的膨压程度与抗侵入、抗扩展的能力呈正相关。另外，过敏性坏死反应是抗扩展的一种机制。

温度、湿度、降雨、雾露、光照等对稻瘟菌的繁殖和稻株的抗病性都有很大影响。当气温在 20～30℃、相对湿度达 90% 以上时，有利于稻瘟病发生。在 24～28℃ 时，湿度越高发病越重。天气时晴时雨，或早晚常有雾、露时，最有利于病菌的生长繁殖，病害容易流行。低温和干旱也有利于发病，尤其抽穗期忽遇低温，水稻的生活力削弱，抽穗期延长，感病机会增加，穗颈瘟较重。阳光和风与发病关系也很密切。日光不足时，稻株光合作用缓慢，淀粉与氨态氮的比例低，硅化细胞数量少，植株柔软，抗病性下降，病害发生加重。风是传播病菌的动力。

栽培管理措施直接影响水稻的抗病性和通过影响田间小气候而影响病菌的生长发育。①施肥。偏施氮肥引起植株徒长、组织柔软、株间郁闭、湿度增加、植株根系腐烂、降低生活力，病害发生严重。②灌溉。长期深灌的稻田、冷浸田以及地下水位高、土质黏重的黄黏土田，稻株根系发育不良，植株抗病力降低。但田间水分不足（如旱秧田、漏水田），稻株抗病能力降低，发病较重。③布局。感病品种连片种植易导致病害大流行；生育期不整齐，稻区存在大量菌源，晚熟品种发病严重。

地势高，光照少、水温低、气流强、云雾多、结露时间长的地区，水稻生活力减弱，往往发病较重。

（4）防治措施　应以选育和利用抗病品种为中心，农业防治措施为基础，辅之以药剂防治的综合措施。

1)选育和利用抗病品种　我国已筛选出了大批抗源和供生产应用的抗病高产良种。各地因地制宜选用抗病品种,如红脚占、谷梅 2 号、谷梅 3 号、湘资 3150、三黄占、天津野生稻等品种可作为良好的抗源使用。杂交稻冈优 22、油优 22、寻杂 36;常规稻吉粳 57、吉粳 60、京引 127、普黏 7 号、藤系 137、牡丹江 20、龙粳 8 号等品种可推广使用。抗病品种应合理利用,做到:①抗病品种定期轮换。②抗病品种合理布局。③应用多主效抗病基因和微效抗病基因品种。

2)减少初侵染源　在收获时,对病田的稻草和谷物分别堆放,病稻草应在春播前处理完毕。如病草用作堆肥和垫栏,应充分腐熟。对带菌种子进行消毒:可用 1% 石灰水浸种,15～20℃浸 3 d,25℃浸 2 d,保持水层深 20 cm 左右,浸种过程中不搅动;或用 80% 丰 402 浸种 2～3 d。

3)加强栽培管理　合理施肥,控制氮肥用量,注意氮、磷、钾配合,适当施用含硅酸的肥料,如草木灰、矿渣、窑灰钾肥等。做到施足基肥,早施追肥,中后期看苗、看天、看田酌情施肥。绿肥用量不宜超过 45 000 kg/hm²,并适量施用石灰加速绿肥腐烂。水分供应与施肥配合。一般保水回青后,应在分蘖期浅灌,移苗后根据土质排水晒田(肥田、黏重田可重晒,沙性田、瘦田轻晒或不晒),减少无效分蘖,促进根系纵深生长,提高植株抗病力。

4)药剂防治　苗瘟一般在秧苗 3～4 叶期或移栽前 5 d 施药;穗颈瘟可于破口至始穗期第一次喷药,之后根据天气情况在齐穗期施第二次药。常用药剂有:75% 三环唑 375～450 g/hm²、2% 春雷霉素水剂 1 350 g/hm²、40% 稻瘟灵可湿性粉剂 1 500 g/hm²、40% 异稻瘟净乳油 1 875～2 250 g/hm²、对水 900 kg 喷雾。

## 5.6.2　水稻纹枯病

水稻纹枯病是全世界水稻种植区的重要病害之一,又称"花秆"、"烂脚病"、"富贵病"等。主要分布于亚洲稻区,我国长江流域一带和南方稻区危害较重。发病后叶枯和鞘枯,结实率下降,秕谷增多,一般减产 10%～20%,严重时达 50% 以上。

(1)症状　从秧苗期至穗期都能发生,以抽穗前后危害最重。主要为害叶鞘,也可为害叶片。

叶鞘受害,初期在近水面出现水渍状、暗绿色小病斑,逐渐扩展成椭圆形或云纹状的病斑,病斑中央呈灰绿色,边缘呈暗褐色,多数病斑愈合成云纹状大斑块。发病严重叶鞘上的叶片常枯死。叶片上的病斑与叶鞘相似。稻穗发病,发病较轻,穗呈灰褐色,导致结实率降低,并有黑褐色瘪谷;受害严重,常不能抽穗,或全穗枯死。

在湿度比较大时,病部长出白色或灰白色的蛛丝状菌丝体,后期形成菌核,褐色,坚硬。病组织表面有时生一层白色粉末状子实层(担子和担孢子)。

(2)病原　有性态为佐佐木薄膜革菌(*Pellicularia sasakii* (Shirai) Ito),属担子菌亚门薄膜革菌属。无性态为立枯丝核菌(*Rhizoctonia solani* Kühn)。

无性时期产生菌丝和菌核,菌丝初期无色,老熟时变成淡褐色,分枝与主枝成锐角,分枝处明显缢缩,且在分枝不远处有隔膜。病部的气生菌丝体可形成扁球形菌核,菌核内外颜色均为褐色。有性时期产生担子和担孢子。担子及担孢子在病组织上形成灰白色粉状子实层,见图

5-6-2。

在自然条件下可侵染水稻、玉米、大麦、小麦、高粱、粟、甘蔗、甘薯、芋、花生、大豆、黄麻、茭白、稗、莎草、马唐草、游草等 21 科植物；人工接种，可侵染 54 科的 210 种植物。

**图 5-6-2　水稻纹枯病菌**
（示担子和担孢子）

（3）发病规律　病原菌主要以菌核越冬在土壤中，另外菌丝和菌核也可以在病稻草及其他寄主上越冬，成为下一生长季节的初侵染源。春耕灌水后，越冬菌核飘浮于水面，栽秧后随水漂流附着稻株基部叶鞘上，在适温、高湿条件下，萌发长出菌丝，从叶鞘缝隙处进入叶鞘内侧，通过气孔直接穿破表皮侵入，不断扩展，向外长出气生菌丝，造成多次再侵染。

病害发生轻重与菌核数量、气候条件、栽培管理措施、品种抗性和生育期等因素有关。上季或上年发病较轻田块，菌核打捞干净田块及新垦田，发病较轻，病情指数与菌核量成直线关系。纹枯病为高温高湿型病害。在适宜温度范围内，湿度越大，发病越重。决定病害流行的关键因子是雨湿，其中以降水量、降雨日、湿度（雾、露）为最重要。雨日多，相对湿度大，发病重。长期深水灌溉，田间湿度大，利于发病。施氮肥过多、过迟，利于病菌侵入，且易引起倒伏，病害发生更重。田间种植密度过大，造成郁闭，有利于菌丝生长蔓延，植株抗病能力差，利于发病。一般矮秆阔叶型感病，抗病性籼稻＞粳稻＞糯稻；杂交稻易感病，生育期短的品种发病重；矮秆分蘖力强的品种发病重，2～3 周龄的叶鞘和叶片耐病，抽穗之前上部叶鞘叶片较下部叶鞘叶片抗病，水稻孕穗、抽穗期较幼苗及分蘖期感病。

（4）防治措施　贯彻以农业防治措施为基础，药剂防治为辅助的综合防治措施。

1）选育和利用抗病品种　品种间抗性存在显著差异，发病严重地区可选种一些抗病品种。

2）加强水肥管理　合理排灌，做到浅水发根、薄水养胎、湿润长穗，在分蘖末期到拔节前适时适当晒田，贯彻"前浅、中晒、后湿润"的用水原则。氮、磷、钾、农家肥等肥料配合施用，以农家肥为主，氮肥应早施。

3）清除菌源　灌水耙田后，在插秧前彻底打捞混杂在"浪渣"中的菌核，清理病稻草，铲除田边杂草，可大大降低田间菌源数量，从而减轻前期发病。

4）药剂防治　发病初期（分蘖末期）施药抑制气生菌丝生长，控制病害水平扩展；后期（孕穗期至抽穗期）施药抑制菌核的形成及病害的垂直扩展。常用药剂有：井冈霉素，每公顷喷施 40～60 mL/L 药液 1 100 kg，另外，50％多菌灵、50％硫菌灵、30％菌核净均可使用。据报道，在发病初期喷施芽孢生防菌株 B908，也可取得明显的防治效果。

## 5.6.3　水稻白叶枯病

水稻白叶枯病是一种世界性病害。在我国，目前除新疆外，各省（市、区）均有发生，尤以华东、华中和华南稻区发生普遍，危害较重。水稻受害后，一般减产 10％～30％，严重的减产 50％以上，甚至颗粒无收。

（1）症状　由于品种抗性、环境条件和病原菌侵染方式的不同，发病后常见症状有以下几种类型。

1）普通型　典型的叶枯型症状。一般在分蘖期后才明显发生。多从叶尖或叶缘开始发生,初期产生暗绿色水渍状短线,随后沿叶脉从叶缘或中脉迅速扩展成黄褐色至枯白色病斑,可达叶片基部和整个叶片。病、健组织交界明显,呈波纹状(粳稻品种)或直线状(籼稻品种)。湿度大时,病部可见浅黄色珠状菌脓,干燥时形成菌胶粒。

2)急性型 适宜环境条件下在感病品种上发生。病叶暗绿色,扩展迅速,随后几天内全叶呈青灰色或灰绿色,失水纵卷青枯,病部有蜜黄色珠状菌脓。出现这种症状标志着病害正急剧发展。

3)凋萎型 在秧田后期至拔节期发生。病株心叶或心叶下 1~2 叶首先失水、青枯,之后其他叶片相继青枯。发病较轻时仅 1~2 个分蘖青枯死亡;严重时整丛枯死。折断病茎,用手挤压基部,有大量黄色菌脓溢出;在刚刚青卷的枯心叶面内有珠状黄色菌脓。

4)中脉型 目前我国仅在广东发现。发病植株仅新生叶片均匀退绿或出现黄绿色宽条斑,随后植株生长受到抑制。病株茎基部和病叶下面的节间有大量菌脓。

(2)病原 病原为稻黄单胞杆菌稻致病变种(*Xanthomonas oryzae* pv. *oryzae* (Ishiyama) Swing),假单胞菌科黄单胞杆菌属。异名为 *Xanthomonas campestris* pv. *oryzae* (Ishiyama) Dye。

菌体短秆状,两端钝圆,单鞭毛极生,不形成芽孢和荚膜,但在菌体表面有一层胶质分泌物。在琼脂培养基上菌落呈蜜黄色或淡黄色,圆形,边缘整齐,质地均匀,表面隆起,光滑发亮有黏性。革兰氏染色阴性。生长温度为 5~40℃,最适温度 26~30℃。

病菌主要侵染水稻,还可侵染杂草。人工接种时还能侵染雀稗、马唐、狗尾草、芦苇等禾本科杂草。

国内外根据病菌对不同水稻品种的致病力不同,可分为不同的生理小种。根据在 IR26、Java14、南粳 15、Tetep、金刚 30 等 5 个鉴别品种上的反应特征,可将我国的菌株分为 7 个致病型(Ⅰ~Ⅶ)。

(3)发病规律 主要初侵染来源是带有病原菌的谷种和病稻草,另有马唐及其他寄主。新病区以带菌稻种为主,老病区则以病稻草为主。病菌随流水传播到秧苗根际,之后从叶片的水孔和伤口、茎基和根部的伤口以及芽鞘或叶鞘基部的变态气孔侵入,引起发病。发病植株溢出菌脓,借风雨或流水传播,进行多次再侵染。

水稻白叶枯病的发生流行与品种抗性、病原菌致病型(小种)变化、气候条件、耕作栽培条件等有密切关系。

目前生产上多数栽培稻和野生稻抗性差异很大。虽然没有免疫品种,但有些品种抗谱广、抗病性强。一般糯稻抗病性最强,粳稻次之,籼稻最弱,籼稻品种间抗性也有明显差异。近年生产上新育成的籼稻抗病品种主要有青华矮 6 号、扬稻 2 号等。我国的常规粳稻品种对白叶枯病的抗性较好。杂交稻的抗性,除主要受恢复系的抗性基因控制外,也受不育系抗性的影响,在与野稗型不育系配组的杂交稻中,抗性主要取决于恢复系的抗性基因型。

水稻白叶枯病的发生流行主要取决于病菌的增殖能力和致病力的分化状况或致病型(小种)的组成情况。

水稻白叶枯病发生的适宜温度为 25~30℃,20℃ 以下和 33℃ 以上受抑制。适温、多雨和日照不足有利于发病。尤其是台风、暴雨或洪涝对植株造成大量伤口,有利于病菌的传播和侵入,更易引起病害暴发流行。地势低洼、排水不良或沿江河一带稻区发病也重。

以中稻为主的地区和早稻、中稻、晚稻混栽的地区病害易于流行,而纯双季稻区病害发生轻。氮肥施用过多或过迟,或绿肥埋青过多,均可导致秧苗抗病力减弱,同时造成郁闭高湿,加重发病。深水灌溉或稻株受淹,发病较重。大水漫灌、串灌可促使病害扩展与蔓延。

(4)防治措施　在控制菌源的前提下,以种植抗病品种为基础,秧苗防治为关键,狠抓肥、水管理,辅以药剂防治。

1)严格检疫工作,杜绝种子传病　无病区要防止带菌种子传入,保证不从病区引种,确需从病区调种时,要严格做好种子消毒工作。种子消毒方法:①80%抗菌剂"402"2 000倍液浸种48~72 h;②20%叶青双500~600倍液浸种24~48 h。

2)选用抗病品种　不同病区,有计划地压缩感病品种面积,因地制宜种植抗病、丰产良种,各地要选用抗当地主要小种的丰产品种。目前各地都有抗病、丰产性能较好的品种。籼稻抗病品种有青华矮6号、华竹矮、晚华矮1号、扬稻1号、扬稻2号;粳稻品种有秀水48、矮粳23、南粳15、盐粳中作、中华等;杂交稻有抗优63、中鉴96-1、中组73、浙大724、银朝占、七星占、两优5189等。

3)培育无病壮秧,压低菌源数量　选用无病种子,选择地势较高且远离村庄、草堆、场地的上年未发病的田块做秧田,避免中稻、晚稻秧田与早稻病田插花;避免用病草催芽、盖秧、扎秧把;整平秧田,湿润育秧,严防深水淹苗;秧苗三叶期和移栽前3~5 d各喷药1次(药剂种类及用法同大田期防治)。

4)加强肥、水管理　应做到排灌分开,浅水勤灌,适时烤田,严防深灌、串灌、漫灌;要施足基肥,早施追肥,避免氮肥施用过晚、过量。

5)药剂防治　喷药防治除应抓好秧田防治外,在大田期特别是水稻进入感病生育期后,要及时调查病情,对有零星发病中心的田块,应及时喷药封锁发病中心,防止扩散蔓延;发病中心多的田块及出现发病中心的感病品种高产田块,应进行全田防治。病害常发区在暴风雨之后应立即喷药。目前常用的杀菌剂有:20%叶青双(噻枯唑,川化018)、20%龙克菌(叶青双的铜络合物)、25%叶枯灵及10%叶枯净(5-氧吩嗪)等300~500倍喷洒。秧苗期可用中生菌素浸种(用量100 mg/kg)。

6)生物防治　人们正在尝试用水稻白叶枯病菌毒性基因缺失突变株及其他生防菌株防治水稻白叶枯病。如突变株Du728喷雾处理水稻幼苗再接种白叶枯病菌,防治效果达50%左右。

## 5.6.4　水稻苗期病害

水稻苗期病害也叫"烂秧",是水稻自播种至整个苗期发生的多种生理性病害和侵染性病害的总称。生理性病害是由不良环境造成的,常见的有烂种、烂芽、漂秧、黑根等。烂种指播种后种子腐烂不发芽,烂芽指幼芽陷入秧板泥层中腐烂,漂秧指种子发芽后长时间不扎根,稻芽漂浮,最后腐烂死亡,主要是因为种子质量差,或催芽过程中稻种受热或受寒或秧田整地播种质量欠佳、蓄水过深,缺氧窒息等原因所造成的。"黑根"是指植株中毒的现象,当秧田施用未腐熟的绿肥或大量施用有机肥和硫酸铵苗肥后,又加田间蓄水过深,土壤中广泛存在的硫酸根还原细菌迅速繁殖,产生大量硫化氢、硫化铁等还原性物质,毒害稻苗,从而使稻根变黑腐烂,植株死亡。

侵染性烂秧主要包括绵腐病、稻苗恶苗病、苗瘟和立枯病。

（1）症状

1）绵腐病（*Seed and seedling rot of rice plant*）　在水育秧田发病严重，播种后5～6 d即可发生。发病初期在种壳裂口处或幼芽基部出现少量乳白色胶状物，之后4周长出白色絮状菌丝，呈放射状，常因为氧化铁沉淀或藻类、泥土黏附而呈铁锈色、绿褐色或泥土色。病稻种腐烂不发芽，或病苗基部腐烂而枯死。初期在秧田出现零星病点，如持续低温复水，可迅速蔓延，全田枯死。

2）立枯病（*Damping-off of rice plant*）　旱育秧田及半旱育秧田发生较重。因环境条件、发病早晚及病原物类型而表现复杂症状。早期受害，植株枯萎，茎基软弱，易拔断，较晚受害心叶萎垂卷缩，茎基软腐，全株黄褐枯死，病部长出白色、粉红色或黑色霉层。

（2）病原　绵腐病主要由绵霉属（*Achlya* sp.）真菌引起，主要包括：层出绵霉 *A. prolifera* (Nees) Debary、稻绵霉 *A. oryzae* Ito et Nagal、鞭绵霉 *A. flagellata* Coder 等，属鞭毛菌亚门真菌。菌丝管状，无隔膜，发达而有分枝。有性生殖形成卵孢子，卵孢子球形，厚膜，抗逆力强，经休眠后萌发，内部分割而形成游动孢子。

立枯病病原比较复杂，主要由下列半知菌所引起：镰刀霉属 *Fusarium* sp. 和立枯丝核菌 *Rhizoctonia solani* Kühn.。镰刀霉属包括：禾谷镰刀菌 *F. graminearum* Schw.、木贼镰刀菌 *F. equiseti* (Corda) Sacc. 和尖孢镰刀菌 *F. oxysporum* Schlecht 等，属于丝孢纲真菌。分生孢子镰刀状，弯曲或稍直，无色透明，有多个分隔，小型分生孢子椭圆形或卵圆形。木贼镰刀菌小型分生孢子稀少，尖孢镰刀菌易产生小型分生孢子和大型分生孢子，且大型分生孢子多型；菌丝在生长后期可产生蓝绿或暗蓝色菌核。立枯丝核菌只产生菌丝和菌核。幼嫩菌丝无色，成锐角分枝，分枝处缢缩，多分隔。老熟菌丝淡褐色，分隔缢缩显著，菌核形状不规则，直径1～3 mm，褐色。

（3）发病规律　引起此类病害的病原物均为土壤习居菌，绵霉菌、腐霉菌还普遍存在于污水中，它们一般不易侵染健壮幼苗，仅当秧苗生机衰弱时才猖獗为害。

腐霉菌以菌丝、卵孢子在土壤中越冬，游动孢子靠流水传播。镰刀菌一般以菌丝和厚垣孢子在多种寄主的残体上及土壤中越冬，靠菌丝蔓延于行株间而传播。

侵染性烂秧的菌源条件或多或少是经常具备的，主导发生烂秧的因素乃是秧苗抗病性。当天气不良和管理不当，致使秧苗生机衰弱，各种弱寄生菌乘虚而入。低温阴雨，光照不足是引起烂秧的重要因素，其中尤以低温影响最大。此外，土质黏软，整地粗放，播种后常因种谷陷于泥中而引起腐烂。秧板不平、积水而妨碍幼芽的呼吸作用，或隆起处的秧苗易遭受霜冻和阳光灼伤，都易引致烂秧。当寒流来临气温下降时，如未能及时灌水保温，或阴雨天深灌过久，或用污水灌溉的都易烂秧。

（4）防治方法　以提高育秧技术，改善环境条件，增强稻苗抗病力为主，药剂防治为辅的综合防治措施。

1）改进育秧方式，保证秧田质量　应因地制宜采用塑料薄膜育秧和温室蒸气育秧。秧田应选择避风向阳，地势较高而平坦，肥力中等，灌溉方便的田块。整地力求精细。施足基肥，播种前除去板面杂草和稻根。

2）精选谷种　种谷要做到纯、净、健壮。在浸种前认真做好晒种工作，以提高种子的生活力和发芽率。晒种后，进行风选、盐（泥）水选种和对种子浸种消毒后再行催芽。

3）适期播种，提高播种质量　南方稻区在日平均气温12℃以上，才可大批播种露地秧；北方稻区气温要稳定在 10℃时播种,一般采用水床育秧。播种量要适当,落谷要均匀,塌(埋)谷不见谷。覆盖物应采用暖性而有肥效的草木灰等,播种后让其自然落干和晒秧板。增温通气,保证秧苗齐、全、匀、壮。

4)提高浸种催芽技术 浸种催芽应掌握在温度基本稳定在 10℃以上进行,催芽时掌握好温度和水分。

5)加强水肥管理 一般保持寸水育苗。施肥要掌握稳、轻、重的原则,使秧苗"得氮增糖",增强抗寒力。

6)药剂防治 ①秧板消毒。可以选用下列土壤杀菌剂:敌磺钠、恶霉灵、甲霜灵等。②秧苗期喷雾。在水稻 3 叶期,每平方米浇洒 65%～70%敌克松 1 000 倍液或 5.5%浸种灵Ⅱ号3 000～5 000 倍液 2～3 kg,对秧苗青枯、黄枯防效显著;5.5%浸种灵Ⅱ号乳油 5 000 倍液浸种,对立针期立枯病有显著防效。对苗床土壤进行调酸处理和用恶霉灵处理,也能有效防治水稻秧田立枯病、青枯病。

## 5.6.5 水稻胡麻斑病

水稻胡麻斑病在我国各稻区普遍发生,当水稻生长不良时发病严重。发病后主要引起苗枯、叶片早衰、千粒重降低,影响产量和米质。近年来随着水稻施肥及种植水平的提高,该病危害已逐年减轻,但在山区及施肥水平较低的地区,发生仍较严重。

(1)症状 整株受害,水稻各生育期都可发病。种子发芽不久,芽鞘受害变褐,甚至枯死。幼苗受害,主要在叶片或叶鞘上产生褐色圆形或椭圆形病斑,严重时甚至引起死苗。叶片受害,产生大小似芝麻粒椭圆形或长圆形褐色至暗褐色病斑,病斑边缘明显,外围常有黄色晕圈,病斑上有轮纹,后期病斑中央呈灰黄或灰白色。严重时,多数病斑愈合,形成大斑(主要在感病品种上出现)。叶鞘上的症状与叶片症状基本相似。穗茎、枝梗受害变暗褐色,与稻穗颈瘟相似。湿度大时,病部产生大量黑色绒毛状霉。

(2)病原 水稻胡麻斑病病原无性态为 *Bipolaris oryzae* (Breda de Haan) Shoean. et Jain,异名为 *Helminthosporium oryzae* Breda de Haan,属半知菌亚门平脐蠕孢属真菌。

分生孢子梗常 2～5 根成束从气孔伸出,基部膨大、暗褐色,越往上渐细渐淡,不分枝,顶端曲膝状,有 2～25 个隔膜。分生孢子倒棍棒形或圆筒形,弯曲或不弯曲,两端钝圆,有 3～11 个隔膜,隔膜处不缢缩,见图 5-6-3。

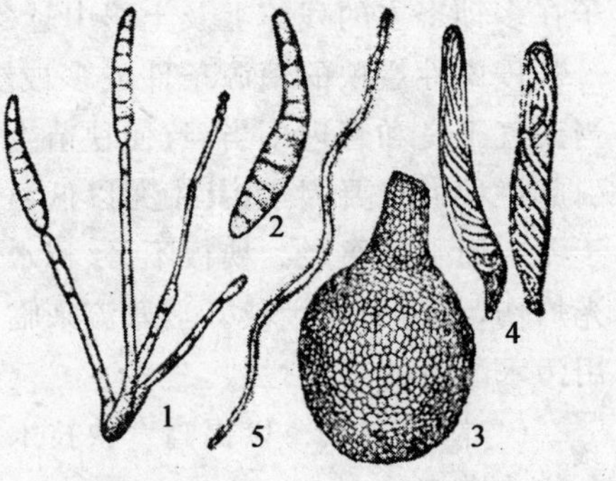

菌丝在 28℃左右时生长最好,分生孢子形成适宜温度为 30℃左右;孢子萌发要求水滴或水层,同时相对湿度要在 92%以上。

图 5-6-3 水稻胡麻斑病菌
1.分生孢子梗及分生孢子 2.分生孢子 3.子囊壳
4.子囊及子囊孢子 5.子囊孢子(外有黏胶膜)
(引自原浙江农业大学编)

(3)发病规律 病菌的自然寄主有水稻、看麦娘、黍、稗和糁等。病菌有生理分化现象,不同菌系对寄主的致病力有差异。病菌以分生孢子附着于稻种或病稻草上或以菌丝体潜伏于病稻草组织内越冬,为翌年主要初侵染源。播种病种后,潜伏的菌丝可直接侵染幼苗。稻草上越冬菌丝体产生大量分生孢子随气流传播,引起秧田或本田初次侵染。之后产生大量分生孢子进行多次再侵染。

一般土层浅、土壤贫瘠、保水保肥力差的沙质田和通透性不良呈酸性的泥炭土、腐殖质土等发病重。当植株生长过程中缺氮、缺钾及缺硅、镁、锰等元素时易发病。秧苗缺水受旱,生长不良时易发病。通常籼稻较粳、糯稻品种抗病,早稻较晚稻抗病。同一品种苗期和抽穗前后易感病。

(4)防治方法　以农业防治为中心,药剂防治为辅助。

1)农业措施　深耕,增施有机肥作基肥,适量施用生石灰。在施足基肥的同时要注意氮、磷、钾配合使用,科学施用微量元素肥料。科学用水,实行浅水勤灌最好。在收获时,对病田的稻草和谷物分别堆放,病稻草应在春播前处理完毕。

2)药剂防治　在抽穗至乳熟阶段,重点保护剑叶、穗颈和谷粒不受侵染。有效药剂有50%菌核净、50%菌霜(菌核净+福美双)等。

## 5.6.6　水稻条纹叶枯病

水稻条纹叶枯病主要分布于日本、朝鲜和我国的华东、华北、西南和中南部分省、市。一般发病田减产在5%左右,重病田减产20%～30%。

(1)症状　发病初期病株心叶出现沿叶脉的黄绿色或黄白色短条斑,以后常连成片,使叶片一半或大半变成黄白色,但在病叶边缘仍表现退绿短条斑。高秆品种发病后心叶弯曲下垂而成"假枯心",矮秆品种发病后心叶展开仍较正常。发病较早的植株提前枯死,发病晚的只在剑叶或叶鞘上有退色斑,但抽穗不良或穗畸形不实。病株分蘖一般减少。

(2)病原　病原为水稻条纹叶枯病毒(Rice stripe *Tenuivirus* (RSV)),属纤细病毒属。病毒粒体为多面体,内含体呈"8"或"0"形,可见于病株叶鞘内表皮细胞内。病毒稀释限点为$10^{-4}$～$10^{-3}$,钝化温度为55℃,4 min,传毒介体为灰飞虱,可经卵传播。寄主范围较广,除水稻外,还有玉米、小麦、高粱及多种杂草。

(3)发病规律　水稻条纹叶枯的初侵染源是带毒越冬的稻飞虱。病害的发生程度与灰飞虱发生量及迁移情况密切相关。

(4)防治方法　应采取"以治前熟,保后熟"为主的治虫防病综合措施。在灰飞虱传毒之前以10%吡虫啉1 000倍液防治飞虱。清除田边、路边、沟边杂草,以减少虫源、毒源。此外,可因地制宜种植抗病品种。品种合理安排,提倡连片种植和连片收割。

## 5.6.7　水稻普通矮缩病

水稻普通矮缩病主要分布在日本、菲律宾、朝鲜和我国的华东、西南和中南的部分省市。

(1)症状　发病植株矮缩僵硬,色泽浓绿,病株新叶沿叶脉呈现断续的退绿白色点条,根系发育不良。早期发病,分蘖少,移栽后多枯死;分蘖前发病一般不能抽穗;发病较迟,虽能抽穗,但结实不良。

(2)病原　病原为水稻普通矮缩病毒(Rice Dwarf Virus (RDV)),属呼肠弧病毒属。病毒粒体为球状正二十面体。病毒的稀释限点为$10^{-4}$,钝化温度为45℃,10 min;在0～4℃可保持侵染性 48 h。主要由黑尾叶蝉传播,另外,大斑黑尾叶蝉和电光叶蝉也可传播。病毒可经卵传至下代。寄主范围较广,除水稻外,还可侵染大麦、野生稻、黑麦和小麦及多种杂草。

(3)发病规律　初侵染源主要是获毒的越冬黑尾叶蝉三四龄若虫。带毒黑尾叶蝉能经卵传毒,任何影响黑尾叶蝉越冬和生长繁殖的因素也都影响病害的发生流行程度,其中以气候条件和耕作制度最为重要。矮秆品种比高秆品种感病。

(4)防治方法　以黑尾叶蝉迁飞高峰期和水稻主要感病期为治虫防病的中心,加强农业防治措施。重点做好黑尾叶蝉的两个迁飞高峰期的防治。防治黑尾叶蝉常用药剂有:马拉松、叶蝉散等;选种和选育抗(耐)病品种;秧田远离重病田,减少受病机会;生育期相同或相近的品种应连片种植;发现病情,及时治虫,并加强肥水管理,促进健苗早发;早稻收割时,有计划地分片集中收割,从四周向中央收割,然后进行药杀。减少黑尾叶蝉栖息藏匿场所。

## 5.6.8　水稻黄萎病

水稻黄萎病主要发生于东南亚各国以及日本和我国的华东、华南、西南部分省市和台湾省。

(1)症状　病株茎叶均匀退色,呈淡黄绿色至淡绿色,新出叶或嫩叶上更为明显。分蘖矮缩丛生、叶变窄小,质地柔软,后期常出现高节位分枝,分枝上叶片呈竹叶状。植株早期发病的虽不枯死,但不能抽穗结实;后期感染的植株常不表现症状,仅在再生稻或迟分蘖上表现症状。

(2)病原　病原为水稻黄萎病植原体(Rice Yellow Dwarf Phytoplasma(RYDP))。植原体圆至卵圆或不规则形,80～800 nm,无细胞壁,只具一层单位膜,存在于病株韧皮部细胞内和黑尾叶蝉等传毒介体的中肠和唾腺内。以四环素或金霉素等处理,病株症状受抑制,媒介昆虫传毒能力也受影响。由黑尾叶蝉、大斑黑尾叶蝉和二点黑尾叶蝉传播。除水稻外,此病还可侵染看麦娘、甜茅和假稻等杂草。

(3)发病规律　病害的初侵染来源主要是获毒的越冬黑尾叶蝉三四龄若虫。另外,早、中稻上繁殖的二三代获毒成虫,随早、中稻的收割,迁向晚稻而成为晚稻发病的侵染源。黑尾叶蝉在晚稻田大量发生危害并传染,使此病不断严重。影响黑尾叶蝉越冬和生长繁殖的因素是影响病害的发生流行因素,以气候条件和耕作制度最为重要。矮秆品种比高秆病重。

(4)防治方法　防治方法同水稻普通矮缩病。

## 5.7　棉花病害

棉花是我国重要的经济作物,在我国主要分布在西北、黄河流域、长江流域及华南地区。棉花在整个生育期,病害一直是影响其生产的重要因素。在我国已发现的棉花病害有 40 多种,危害严重的约有 15 种。如棉花苗期发生的立枯病、疫病、炭疽病和黑斑病;成株期发生危害较重的黄萎病和枯萎病;铃期的疫病、红粉病、红腐病和炭疽病等,造成烂铃和僵瓣,影响棉花品质。

## 5.7.1　棉花苗期病害

棉花苗期病害在世界各产棉区广泛分布,种类较多,常造成较大损失。在我国棉花种植区已发现 20 多种棉苗病害,北方棉区以红腐病、立枯病和炭疽病为主;南方棉区以炭疽病为主。新疆棉区以立枯病和红腐病为主,发病率一般为 50％～75％,重者高达 90％,是全国棉苗病害发生最重的地区。

(1)症状

1)红腐病　幼苗出土前造成烂种、烂芽。出土后,病菌为害根尖,并且扩展至整个根系和茎基部使其变褐腐烂,地面以下受害嫩茎常常肥肿,群众称"大脚苗"。子叶受害,多在叶缘产生半圆形或不规则形褐斑。高湿条件下,在病部可见粉红色霉状物。

2)立枯病　棉花出苗前发病,造成烂种、烂芽;棉苗出土后,在幼苗根部和茎基部产生黄褐色长条斑,之后扩大围绕整个根茎部位,形成黑褐色环状缢缩,病苗萎蔫枯死,造成烂根。在病部可见菌丝体。子叶受害,产生不规则形黄褐色病斑,之后干枯脱落形成穿孔。

3)炭疽病　棉苗出土造成烂芽,出土后发病,在幼苗根茎部或茎基部产生褐色、凹陷的梭形大斑,有些产生纵裂、下陷,四周缢缩,幼苗枯死。子叶受害,在叶缘产生褐色半圆形或近圆形病斑。真叶受害产生圆形或不规则形暗褐色大斑。叶柄受害可造成叶片早枯。

(2)病原

1)红腐病　由多种镰刀菌(*Fusarium* sp.)侵染所致,它们都属半知菌亚门、镰刀属。大型分生孢子新月形,大多 3～4 隔,少数 5 个隔膜;小型分生孢子量大,卵形、梭形或椭圆形,无色、单胞,串生于分生孢子梗上(图 5-7-1)。此菌的寄主范围较广,除棉花外,还为害水稻、麦类、玉米、高粱、甘蔗、甜菜等作物。

2)立枯病　无性态为立枯丝核菌 *Rhizoctonia solani* Kühn.,菌丝发达,初期无色、较细,老熟菌丝黄褐色,较粗壮,分枝处也多呈直角分枝。菌核不规则形,褐色至暗褐色(图 5-7-2)。自然情况下很少发现其有性态。

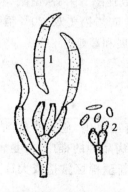

**图 5-7-1　棉红腐病菌**
1. 大型分生孢子梗和分生孢子
2. 小型分生孢子梗和分生孢子

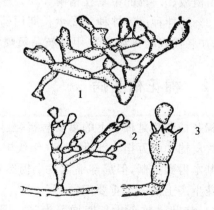

**图 5-7-2　棉花立枯丝核病菌**
1. 老熟菌丝　2. 初生菌丝　3. 担子和担子孢子

3)炭疽病　无性态为棉刺盘孢 *Colletotrichum gossypii* Southw.。病菌的无性态产生近圆形、浅盘状的分生孢子盘,盘上生有许多单胞、无色、棍棒状的分生孢子梗。分生孢子长椭圆形或短棒形,无色、单胞,孢子大量堆集时多呈粉红色黏质物。在分生孢子盘周围生有许多暗褐色的刚毛(图5-7-3)。

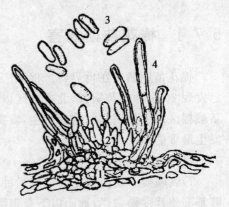

**图 5-7-3　棉花炭疽病菌**
1.分生孢子盘　2.分生孢子梗
3.分生孢子　4.刚毛

(3)发病规律　初次侵染来源主要是土壤、病株残体和种子。翌年播种后,带菌种子或土壤中的病菌也随之萌动,进行初次侵染,植株发病后,产生的分生孢子可通过流水、气流、雨水、昆虫及耕作活动等传播,进行多次再侵染。

病害的发生流行与气候条件、种子质量和耕作栽培措施密切相关。播种后1个月内若遇持续低温多雨,特别是寒流袭击,棉苗病害会严重发生。种子质量差,尤其是有较多秕子、破子,播后容易被侵染,形成发病中心。播种过早或过深,出苗延迟,抗病能力差,易感病。土壤质地与病害发生有密切关系,据报道,沙土发病较壤土重,黏土发病最轻。连作地病重,低洼积水、地下水位高、通气性差,棉苗长势弱,发病较重。

(4)防治方法　应以农业防治为基础,种子处理和喷药保护为辅助的综合防治措施。

1)加强栽培管理　①精选种子。选择优质良种作为种用。剔除病、虫、伤、瘪籽等种子。②播种地准备。秋耕冬灌,尽量深翻耕,将表层病菌和病残体翻入土壤深层,使其腐烂分解,减少病原。播前整地,达到"平、松、碎、净、墒"。③适期播种。早播易引起烂种死苗,晚播不能发挥增产作用。最佳播期取决于地温和终霜期,一般平均气温稳定在12℃,可露地播种;平均气温稳定在10℃,可铺膜播种。④加强田间管理。出苗后及早中耕松土,雨后中耕,破除板结,可提高地温,减轻发病。间苗时剔除病苗和弱苗。低洼棉田应注意开沟排水,重病田与禾本科作物轮作,都可减轻发病。

2)药剂防治　①种子处理。各地根据实际情况可进行药剂拌种。常用药剂:50%多菌灵、30%苗菌敌、0.3%的甲基立枯磷、0.8%~1%的苗病、30%敌唑酮、20%敌菌酮、50%甲基硫菌灵、0.3%的拌种灵等拌种。②生长期用药。苗期发病,可用50%福美双、20%稻脚青、50%多菌灵、70%代森锰锌和70%甲基硫菌灵喷雾,以控制病害扩展和蔓延。

## 5.7.2　棉花枯萎病

棉花枯萎病是棉花上的重要病害,全国各主要产棉区普遍发生,危害严重,估计每年因此病损失皮棉200万担。20世纪80年代中期以后,随大量抗病品种的推广,枯萎病在我国南北棉区基本得到控制,但局部棉区发生仍然较重,其中特别是新疆棉区常造成大片死亡,目前仍是棉花生产上的一个重要问题。

(1)症状　整个生长期均可为害。因生育阶段和气候条件不同,田间常表现不同的症状类型。

1)黄色网纹型　病苗子叶或真叶叶脉局部或全部退绿变黄,叶肉仍保持一定的绿色,使叶片呈黄色网纹状,最后干枯脱落。

2)黄化型　病株多从叶尖或叶缘开始,局部或全部退绿变黄,随后逐渐变褐枯死或脱落。

在苗期和成株期均可出现。

3)紫红型 叶片变紫红色或呈紫红色斑块,以后逐渐萎蔫、枯死、脱落,苗期和成株期均可出现。

4)凋萎型 叶片突然失水退色,植株叶片全部或先从一边自下而上萎蔫下垂,不久全株凋萎死亡。一般在气候急剧变化,阴雨或灌水之后出现较多,是生长期最常见的症状之一。

5)矮缩型 病株表现节间缩短,植株矮化,顶叶常发生皱缩、畸形,一般并不枯死。矮缩型病株也是成株期常见的症状之一。

同一病株可表现一种症状类型,有时也可出现几种症状类型,苗期黄色网纹型、黄化型及紫红型的病株若不死亡都有可能成为皱缩型病株。无论哪种症状类型,其病株根、茎维管束均变为黑褐色。

病株不同症状类型的出现,与环境条件有一定关系。一般在适宜发病条件下,特别是在温室内做接种试验,黄色网纹型的症状较多;在田间,气温较低时易出现紫红型;而在气温急剧变化,如阴雨后迅速转晴变暖或灌水后则容易出现黄化型和凋萎型的症状。田间枯萎病通常表现点片死苗和大量枯死,成株期以凋萎和矮缩型最常见。

(2)病原 病原菌为尖孢镰刀菌萎蔫专化型 *Fusarium oxyspoium* Schl. f. sp. *vasinfectum* (Atk) Snyder & Hanson,属半知菌亚门、镰刀菌属。病菌可产生3种类型的孢子,即小型分生孢子、大型分生孢子和厚垣孢子。小型分生孢子无色,单胞,卵圆形、肾脏形等,假头状着生,产孢细胞短;大型分生孢子无色,多胞,镰刀形,略弯曲,两端细胞稍尖,足胞明显或不明显,多数有3个隔膜;厚垣孢子淡黄色,近球形,表面光滑,壁厚,间生或顶生,单生或串生(图5-7-4)。

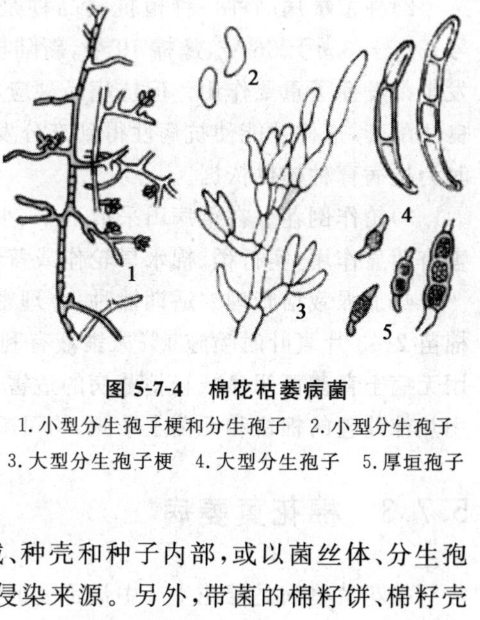

图 5-7-4 棉花枯萎病菌
1.小型分生孢子梗和分生孢子 2.小型分生孢子
3.大型分生孢子梗 4.大型分生孢子 5.厚垣孢子

病菌寄主范围较宽,除为害棉花外,还可为害甘薯、蔬菜等。

(3)发病规律

1)初侵染 病菌主要以菌丝体潜伏在棉籽的短绒、种壳和种子内部,或以菌丝体、分生孢子及厚垣孢子在病残体及土壤中越冬,成为翌年的初侵染来源。另外,带菌的棉籽饼、棉籽壳及未腐熟的土杂肥和无症状寄主,也可成为初侵染来源。病菌在土表及土壤表层内的病棉秆中可存活18个月,采用热榨处理(72~80℃,经4~5 h)的棉籽饼不带菌,而冷榨处理的带菌。棉花枯萎病菌通过猪、牛的消化道后并不丧失其致病力,故用带菌的棉花病叶、病秆作为饲料或用其做成未经高温发酵的土杂肥,仍可成为初侵染来源。

2)传播 种子带菌是病害远距离传播的主要途径,近距离传播主要与农事操作有关,如耕地、灌水、大风及施用未经腐熟的土杂肥或未经热榨处理的带菌棉籽饼等,都可造成病害近距离传播。

3)侵入与发病 病菌最易从棉株根部伤口侵入,也可由根梢直接侵入。土壤线虫较多的棉田所造成的伤口为病菌侵入创造了条件。病菌侵入后其菌丝先在表皮细胞和皮层中扩展,4~5 d后便会穿过内皮层,进入导管。其菌丝沿导管壁生长发育,菌丝细胞壁与导管壁紧密接触,产生吸胞伸入导管壁内,并在菌丝上产生小型分生孢子。病菌不仅能通过根、茎木质部较大的导管向上方扩散,分布到整个棉株,同时还可通过棉铃铃瓣及种皮内较小的维管束,使种子带菌。病菌虽在棉株整个生长期都能侵染,但以现蕾前侵入为主。自然情况下从侵入到显症一般需要1个月左右。

4)再侵染 枯萎病虽有再侵染,但以初侵染为主。北方及长江流域棉区,逢秋季多雨,重病株枯死后,在病秆及节部都可产生大量分生孢子进行再侵染。当年受再侵染的病株,外部没有症状,仅导管变色。

枯萎病的发生与流行主要与品种抗病性、气候条件、栽培措施和耕作制度密切相关。

(4)防治方法 棉花枯萎病属系统侵染的维管束病害,至今尚缺乏有效药剂,一旦发生,难于根除。必须采取以种植抗病品种和加强栽培管理为主的综合防治措施。

1)保护无病区 目前我国无病区的面积仍然较大,因此应控制病区棉种向无病区引种。必须引种时,应消毒处理,种子经硫酸脱绒后,再在80% 402抗菌剂55~60℃药液中浸0.5 h,或用有效成分0.3%多菌灵胶悬剂在常温下浸泡毛种子14 h。要建立无病留种田,选留无病棉种。

2)种植抗病品种 种植抗病品种是防治棉花枯萎病最经济、有效的措施。如中棉所24号、27号、35号、36号,豫棉19号,新陆早9号、10号等基本上都是抗病品种,对控制枯萎病的发生都发挥了重要作用。但抗病品种应不断提纯复壮,同时与优良的栽培措施相结合,即良种良法配套,这样才能使抗病性得到充分发挥。还应密切注意生理小种的分布、消长和变异,及时为抗病育种提供依据。

3)轮作倒茬 在重病田采取玉米、小麦、大麦、高粱、油菜等与棉花轮作3~4年,对减轻病害有明显作用,实行稻、棉水旱轮作或苜蓿与棉花轮作以及种植绿肥等效果更佳。

4)加强栽培管理 适期播种,合理密植,及时定苗,拔除病苗,棉田增施底肥和磷钾肥,在棉苗2~3片真叶时喷施1%尿素液有利于棉苗生长发育,提高抗病力。在棉花育苗移栽地区用无病土育苗可明显减轻枯萎病的危害。在病田定苗、整枝时及时将病株清除,田外深埋,施用热榨处理的棉饼和无菌土杂肥,均可减轻发病。

## 5.7.3 棉花黄萎病

棉花黄萎病是棉花生产中最重要的病害,也是全国农业植物检疫对象之一。已遍布世界各主要产棉区。我国于1935年由美国引进斯字棉时传入,后随棉种调运不断扩大。据估计,我国棉花黄萎病的发生面积每年大约为266.7万公顷,占全国植棉面积的一半,重病田133.3万公顷,每年损失皮棉约为200万担。已成为棉花生长发育过程中发生最普遍、损失严重的病害,是我国棉花持续高产稳产的主要障碍。

(1)症状 黄萎病一般在现蕾后才开始发生,开花结铃期达高峰。其症状主要分为如下类型。

1)普通型 生长中后期(棉花现蕾期)棉株下部叶片开始发病,后逐渐向上部发展,病叶边缘稍向上卷曲,叶脉间出现不规则病斑,叶脉附近仍保持绿色,呈西瓜皮状花斑,重病株叶片枯焦、脱落,仅剩顶部少数小叶,蕾铃稀少,棉铃提前开裂,后期病株基部生出细小新枝。纵剖病茎,木质部上产生浅褐色变色条纹。开花结铃期,有时在灌水或中量以上降雨之后在病株叶片主脉间产生水浸状退绿斑块,较快变成黄褐色枯斑或青枯,出现急性失水萎蔫型症状,但植株上枯死叶、蕾多悬挂并不很快脱落。

2)落叶型 这种类型症状在长江流域和黄河流域棉区都已发现,危害十分严重。主要特点是顶叶向下卷曲退绿、叶片突然萎垂,呈水渍状,随即脱落成光秆,表现出急性萎蔫落叶症状。叶、蕾,甚至小铃在几天内可全部落光,后植株枯死,对产量影响很大。

枯萎病和黄萎病的主要区别:①枯萎病发病早,出苗后即可发生,现蕾期达发病高峰;黄萎病发病较晚,一般在现蕾期才开始发生,花铃期达高峰。②枯萎病症状可由下向上发展,也可沿顶端向下发展形成"顶枯症";黄萎病的症状则一般由下而上逐渐向上发展,不形成顶枯症。③枯萎病常引起植株明显矮化、枯死;黄萎病一般不产生严重矮化和早期死亡。④枯萎病叶脉可变黄,呈黄色网纹症;黄萎病没有叶脉变黄的症状。⑤黄萎病、枯萎病都引致维管束变色,黄萎病变色较浅,多呈黄褐色;枯萎病颜色较深,多呈黑褐色或黑色。发病重的棉株茎秆、枝条、叶柄的维管束全部变色。必要时镜检病原即可确诊。维管束变色是鉴定田间棉株是否发生枯、黄萎病的最可靠方法,也是区分枯、黄萎病与红(黄)叶枯病等生理病害的重要标志。

另外,在枯、黄萎病混生病田还可看到黄萎病和枯萎病发生在同一棉株上,以枯萎病为主的混生型病株,主茎及果枝节间缩短,株型常丛生矮化,病株则部分叶片皱缩变小,叶色变深或呈现黄色网纹的典型枯萎症状,但在病株中下部叶片叶脉间则呈现黄色掌状斑驳或掌状枯斑的典型黄萎病症状。以黄萎病为主的混生型病株,大部分叶片呈现块状斑驳或掌状枯斑的典型黄萎病症状。但顶端叶片皱缩、叶色加深,有时个别叶片也呈现黄色网纹的典型枯萎症状。

(2)病原 病原有两种:大丽花轮枝孢 *Verticillium dahliae* Kleb. 和黑白轮枝菌 *V. albo-atrum* Reinke et Berthold,均属半知菌亚门真菌,我国主要是前者,病原形态见图 5-7-5。*Verticillum dahliae* 菌丝体白色,分生孢子梗直立,呈轮状分枝,轮枝顶端或顶枝着生分生孢子,分生孢子长卵圆形,单胞,无色,孢壁增厚形成黑褐色的厚垣孢子,许多厚壁细胞结合成近球形微菌核。该菌在不同地区,不同品种上致病力有差异。

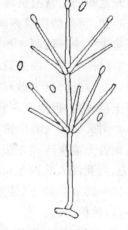

图 5-7-5 棉黄萎病分生孢子梗和分生孢子

(3)发病规律

1)初浸染 病菌主要在土壤、病残组织、带菌的棉籽、棉籽壳和未经腐熟的土杂肥中越冬。另外,由于病菌的寄主范围很广,田间带病作物也是重要的初侵染来源。棉籽带菌率很低,却是远距离传播重要途径。黄萎病菌所产生的微菌核待病残体分解后,便释放到土壤中,对不良环境具有很强的抵抗力。病残体和土壤中的微菌核是主要的侵染来源。在病残体未腐烂完以前,菌丝一直可在病残组织内存活并产生微菌核,在病残体分解后,部分微菌核仍能存活 8～10 年。遇到适宜环境便可萌发侵染寄主。

2)传播、侵入与发病 棉花黄萎病的传播途径和传播方式与枯萎病基本相同。在适宜条件下黄萎病菌的微菌核或分生孢子萌发产生的菌丝可直接由棉花根系的根毛或伤口处侵入,穿过表皮细胞,在皮下组织内生长,进入木质部的导管,在导管内繁殖,产生大量分生孢子,分生孢子随植物营养输送到植株的各个部位。由于菌丝及孢子大量繁殖,并刺激邻近的薄壁细胞产生胶状物质等堵塞导管,病原菌还可产生毒素,使植株萎蔫枯死。

3)再侵染　黄萎病菌主要以初侵染为主,再次侵染作用不大。

黄萎病发病的最适宜温度为 25～28℃,在田间温度适宜,雨水多且均匀,月降雨量大于 100 mm,雨日 12 d 左右,相对湿度 80% 以上发病重。一般蕾期零星发生,花期进入发病高峰期。连作棉田、施用未腐熟的带菌有机肥及缺少磷、钾肥的棉田易发病,大水漫灌常造成病区扩大。

(4)防治方法

1)保护无病区　做好检疫工作,严防病区扩大;应严格禁止落叶型病区黄萎病随调种传入无病区和普通黄萎病区。

2)选用抗病品种　高抗品种有新陆中 2 号;抗病品种有辽棉 5 号,中棉所 12 号,豫棉 19 号,辽棉 10 号,辽棉 7 号,中棉 9 号,中棉 1 号、19 号,中棉 99 号,中 3723,中 8004,中 8010,晋 68-420、86-4、86-12,晋棉 21 号、16 号,湘棉 16,鄂抗棉 3 号,临 66610 等;耐病品种有晋无 2031、中棉 18 号、晋无 252、鲁 343 等。在黄萎病、枯萎病混合发生的地区提供选用兼抗(耐)黄萎病、枯萎病的品种。如陕 1155,辽棉 5 号,辽棉 7 号,中棉 12 号(381),豫棉 4 号,冀棉 15 号,中棉 17 号,中棉 16 号等。目前生产上推广的一些抗病品种一般达不到高抗水平,有些只能达到耐病的水平,且抗性遗传基础狭窄,基本上都由少数几个抗源及其后代相互杂交选出,急待开发和创造新的抗源,采用包括生物技术在内的多种育种方法,提高其抗病性。应制定一套统一的、规范的抗黄萎病鉴定方法。品种抗病性丧失的原因及强致病性落叶型菌系的分布等也应进一步开展调查和研究,以便为抗病育种和品种合理布局提供依据。

3)轮作倒茬　加强栽培管理:提倡与禾本科作物轮作,尤其是与水稻轮作,效果最为明显。不要偏施、过施氮肥,做好氮、磷配合施用,注意增施钾肥,提高抗病力。改善棉田生态环境使棉田土温较高,但湿度不宜过大,忌大水漫灌,可减少发病。

4)消灭病点　对个别零星病区特别是落叶型黄萎病的零星病区,除拔除病株烧毁外,可采取氯化苦土壤熏蒸。方法是拔除病株后,在病株周围 1 m² 土壤内打孔 25 个,孔距和孔深均为 20 cm,每孔注入药液 5 mL,立即盖土踏实并盖上塑料薄膜或在土表泼水,防止挥发,提高药效。10～15 d 后翻土,使残留药气挥发干净后再行播种。应力求做到及时发现,及时消灭,扑灭一点,保护一片。

5)药剂防治　在棉花开花期连续 2 次喷洒 40 mg/kg 的缩节胺对抑制黄萎病有明显效果,新疆棉区在棉花生长期采取全程化控对黄萎病有一定效果。在 2～5 叶期喷施 1.5% 的尿素也有减轻发病的作用。近年用 12.5% 治萎灵液剂 200～250 倍液,于发病初期、盛期各灌 1 次,每株灌对好的药液 50～100 mL,防效 80%～90%。

6)棉种消毒处理　取比重为 1.8 的浓硫酸放入砂锅等容器加热到 110～120℃,按 1∶10 的比例慢慢地倒入棉籽中,边倒边搅拌,等棉子上绒毛全部焦黑时,用清水充分洗净,然后再用 80% 的抗菌剂 402,用量为种子重量的 2～3 倍,加热至 55～60℃后浸泡棉子 30 min,可有效地杀灭棉种内、外的枯萎病和黄萎病病菌。也可用 50% 多菌灵可湿性粉剂 10 g 溶在 25 mL 的 10% 稀盐酸中,对水 975 mL,再加 0.3 g 平平加(棉纺用渗透剂,也可用海鸥牌洗涤剂替代)配成 1 000 mL 药液,再按每 5 kg 棉用药液 17.5～20 kg 于室温下浸种 24 h。还可把多菌灵配成 0.3% 悬浮剂于温室下浸种 14 h。

## 5.7.4　棉铃病害

　　为害棉铃的病菌有 40 余种,常见的有 10 余种。其中最主要的是棉铃疫病,其他常见的还有炭疽病、角斑病、红粉病、黑果病、曲霉病、软腐病、红腐病、灰霉病和茎枯病,这些病害常复合侵染,同时发生,常年导致棉花减产 15%～20%,多雨年份可达 50% 以上,不仅造成严重减产,还使纤维品质变坏,衣分下降,种子质量变劣,给棉花生产带来较大损失。

　　(1)症状

　　1)棉铃疫病　主要为害棉株下部的大铃。发病时多从棉铃基部萼片铃缝,铃尖或铃面侵入,最初铃面出现淡褐至青褐色水渍状小斑。一般不软腐,形状不规则,边缘颜色渐浅,界限不很明显。病斑不断扩散,使全铃变青褐色至黄褐色或黑褐色。潮湿时在铃面局部生出一层薄薄的白色至黄白色霜霉状物,即病菌的孢子囊和孢囊梗。

　　2)炭疽病　棉铃发病初在铃面上生暗红色小点,逐渐扩大并凹陷,呈边缘暗红色的黑褐色斑。潮湿时病斑上生橘红色或红褐色黏质物,即病菌的分生孢子盘。严重时可扩展到铃面一半,甚至全铃腐烂,使纤维成黑色僵瓣。

　　3)红腐病　病菌多从铃尖、铃面裂缝或青铃基部易积水处侵入,发病后初成墨绿色、水渍状小斑,迅速扩大后可波及全铃,使全铃变黑腐烂。潮湿时,在铃面和纤维上产生白色至粉红色的霉层。重病铃不能开裂,形成僵瓣。

　　4)红粉病　在不同大小的铃上都可发生,病菌多从铃面裂缝处侵入,病部产生深绿色斑点,几天后产生粉红色霉层,后不断扩展,可使铃面局部或全部布满粉红色厚而紧密的霉层。高湿时腐烂,铃内纤维上也产生许多淡红色粉状物,病铃不能开裂,常干枯后脱落。

　　5)黑果病　棉铃被害后僵硬变黑,铃壳表面密生突起的黑色小点,后期表面布满煤粉状物。病铃内的纤维也变黑僵硬。

　　(2)病原

　　1)棉铃疫病　病原为苎麻疫霉 *Phytophthora boehmeriae* Saw.,属鞭毛菌亚门、疫霉属。

　　2)炭疽病　无性态为棉刺盘孢 *Colletotrichum gossypii* Southw.,病菌的无性态产生近圆形,浅盘状的分生孢子盘,盘上生有许多单胞、无色、棍棒状的分生孢子梗。分生孢子长椭圆形。

　　3)红腐病　由多种镰刀菌 *Fusarium* spp. 侵染所致,它们都属半知菌亚门、镰刀属。

　　4)红粉病　病原为玫红复端孢 *Cephalothecium roseum* (Link et Fr.) Cda,属半知菌亚门、复端孢属。有资料报道,粉红聚端孢 *Trichothecium roseam* (Bull.)Link 也可为害棉铃,引起红粉病。

　　5)黑果病　病原为棉色二孢 *Diplodia gossypina* Cooke,属半知菌亚门色二孢属。

　　(3)发病规律　棉铃病害种类较多,但多数寄生性较弱,除炭疽病菌、红腐病菌等可在种子上越冬成为主要初侵染来源外,其他多在土壤及其病残体上越冬,所以土壤及其病残体是最重要的初侵染来源。另外,有些棉铃病菌寄主范围较广,田间一些感病寄主植物也可成为初侵染来源。棉铃疫菌、炭疽病菌和红腐病菌都可在苗期感染幼苗,前期感染也可为中后期的铃病发生提供菌源。其侵染途径与病菌种类及其寄生性有关:寄生性较强的,如炭疽病菌、棉铃疫菌等,除伤口侵入外,还可直接侵入,其他多由伤口或棉铃裂缝等处侵入。发病后,病菌则通过风、雨和昆虫传播,进行再侵染。湿度大,再侵染次数多,铃病严重发生。

(4)防治方法

1)加强栽培管理　应施足基肥,早施、轻施苗肥,重施花铃肥,氮、磷、钾要配合施用,防止棉株生长过旺,枝叶过密,郁闭,以增强抗倒、抗病能力。做好棉田排水系统,在多雨或灌溉后,及时排水,降低田间湿度,减少病菌滋生和侵染机会。及时采摘烂铃,并将烂铃带出田外集中处理,以减少再侵染来源。巧用生长调节剂可以调节棉株生长,减少烂铃危害。

2)药剂防治　根据具体病害种类,在棉田铃病发生初期,应及时防治。可选用药剂有:0.5%的波尔多液、70%代森锰锌、50%多菌灵、50%福美双、80%大富丹、64%杀毒矾、40%乙膦铝、25%瑞毒霉、25%甲霜灵等,用药时必须注意,在盛花期后1个月(约8月上旬),每隔10 d左右,喷药一次。药剂要均匀喷洒在棉株 1/3～1/2 下部棉铃上,才能生效,后几种药剂主要针对棉铃疫病。另外要加强对棉铃虫、红铃虫和金刚钻等害虫的防治。

## 5.7.5　棉花角斑病

棉花角斑病又名角点清,是细菌性病害,在全国各棉区均有发生。棉花一旦感染角斑病,就会引起大量落花、落铃、落叶,甚至造成烂铃,严重影响籽棉产量和品质。

(1)症状

为害根部以外的整个棉株,并造成缺苗,蕾铃脱落和棉株死亡,影响棉花的产量和品质。棉苗子叶受害,初期呈现深绿色小点,逐渐扩大成圆形油渍状斑,最后变成黑褐色。真叶受害,在叶背面先出现深绿色小点,后迅速扩大变成油渍状,由于受叶脉限制而成多角形病斑,病斑还可沿主脉发展而达叶柄,呈黑色条斑,造成叶片枯黄脱落。茎秆受害,初现水渍状病斑,后环状扩展包围茎秆,使一段茎秆全被包围成环状,病斑部位变细而弯曲,使茎秆容易折断枯死。棉铃受害,初为深绿色小点,后成透明油渍状圆形病斑,有时数个病斑连接成不规则形,病斑下陷变褐,使棉铃易开裂。有时成铃受害多限于部分铃室,形成僵瓣,内部纤维呈黄色而降低品质。病铃的棉子带有病菌,成为次年初侵染来源,棉花角斑病的共同症状是棉株各部位的病斑上,分泌出黄色黏液状菌脓,里面含有大量细菌。

(2)病原　棉角斑单胞杆菌 *Xanthoumonas campestris* pv. *malvacearum*(Smith),细菌,黄单胞杆菌属。菌体短杆状,两端钝圆,1～3根单极生鞭毛、有荚膜。病菌存在生理分化现象。

(3)发病规律　病菌在棉种或病残体上越冬,带菌的棉籽是最重要的初侵染源,未分解的病残体也能成为初侵染来源。带菌棉种发芽后,病从气孔或伤口侵染子叶,湿度大时病斑处大量溢出菌脓,借风、雨、昆虫传播,进行再侵染。一个生产季节有多次再侵染。侵入棉铃的病菌,可深入到纤维和种子,引起种子带菌。

(4)防治方法

1)加强栽培管理　苗期加强中耕,降低土壤湿度,少施氮肥,增施磷钾肥,及时整枝打杈,摘除老叶、残枝、败叶、烂铃并集中深埋或烧毁,切勿将病残体遗留田间。

2)种子处理　播种前先把棉籽用硫酸脱绒处理,可以有效地消灭棉种短绒上携带的角斑病菌,同时还可以杀灭由种子传播的其他病菌。具体方法是用工业浓硫酸(比重为1.85)1 000 mL,处理带绒棉籽 10 kg。首先把带绒棉籽放在陶瓷容器内,将浓硫酸徐徐倒在带绒棉籽上,边倒边搅拌,当棉籽呈黑褐色光泽时,即达到要求,此时应立即用清水反复冲洗,直到棉籽不显酸味为止,然后晾干后播种。

3)药剂防治　棉花出苗后一旦发生角斑病,可用1∶1∶200倍波尔多液或72%农用链霉素10 g加水30 kg,按每公顷9 000 kg药液均匀喷雾,或用12%绿乳铜600倍液喷洒,都有较好的防治效果。

# 5.8　玉米病害

玉米在我国种植面积和总产量仅次于小麦和水稻,除可用于食用外,还是牲畜的优良饲料,另外,还是轻工、医药工业的重要原料。玉米在生长过程中往往受到病害的影响,造成产量损失在10%左右。

据报道,我国玉米病害有30多种,目前发生严重的病害有弯孢霉叶斑病、灰斑病、病毒病、茎腐病、纹枯病、大斑病、小斑病、丝黑穗病等。

## 5.8.1　玉米弯孢霉叶斑病

玉米弯孢霉叶斑病又称黄斑病、拟眼斑病、黑霉病,过去一直危害很轻。20世纪80年代中后期,以黄早4为亲本玉米杂交种的扩大种植,该病日趋严重,目前已成为河北、河南、山东、山西、辽宁、吉林、北京、天津等玉米主产区的重要叶部病害。1994年北京种植西玉3号,发生弯孢霉叶斑病,减产20%~30%;1996年辽宁绥中县,1.8万公顷玉米发生弯孢霉叶斑病,减产粮食800万千克。弯孢霉叶斑病在玉米抽雄后扩展蔓延迅速,严重植株,叶片布满病斑,甚至干枯,对产量影响很大。

(1)症状　玉米弯孢霉叶斑病主要发生在玉米叶片,也可为害叶鞘。典型症状初为退绿小斑点,逐渐扩展为圆形或椭圆形退绿透明的病斑,直径一般为1~4 mm,中央枯白色至乳白色,边缘暗褐色,周围有淡黄色晕圈,严重时全株叶片密布病斑,病斑偶有联合,造成全叶枯死。在潮湿条件下,病斑正、反两面均可产生灰色霉层。

(2)病原　病原为新月弯孢菌 *Curvularia lunata*(Wakker)Boed.和不等弯孢霉 *C. inaeguacis*,属半知菌亚门、弯孢霉属。分生孢子梗单生或数根丛生,暗褐色,不分枝,有隔,顶部多呈屈膝状,顶端和侧面着生分生孢子。分生孢子淡褐色、灰褐色,棍棒形或椭圆形,向一端弯曲,多有3个隔膜,中间2个细胞膨大(图5-8-1)。

病菌生长适宜温度为28~32℃,孢子萌发最适宜温度为30~32℃,最适宜湿度为饱和湿度。

(3)发病规律　病原菌主要以菌丝体潜伏于病残组织中越冬,也可以分生孢子越冬。病原菌也可为害水稻、高粱及禾本科杂草等,所以田间带菌杂草也是病害发生的初侵染源。经过越冬的菌丝体可产生分生孢子,借气流和雨水传播到田间玉米叶片上,在有水膜的情况下侵入,使植株发病,并产生分生孢子进行多次再侵染。

玉米弯孢霉叶斑病为喜高温、高湿的病害,高温多雨的天气有利于该病发生。植株抗病性随生育期推后而减弱,表现在苗期抗性较强,13叶期最感病。如遇高温、高湿天气,8月下旬田间病害大流行。另外,低洼积水田和连作田发病较重。

(4)防治方法 应采取以选育和利用抗病品种为主的综合防治措施。

1)选育和种植抗病品种 选育和种植抗病品种是最经济有效的防治方法,也是防治玉米弯孢霉叶斑病的根本措施。目前在田间发病较轻的自交系和杂交种有:农大108、郑单14、高油115、农大951等。各地因地制宜地选用抗病品种,还应广泛地收集抗病种质资源,积极培育抗病品种。

2)加强栽培管理 加强田间管理,合理轮作和间作套种,合理密植,前期施足底肥,后期适时追肥,防止脱肥,提高植株抗病力。玉米收获后及时清理病株和落叶,集中处理或深埋。

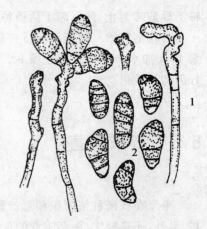

**图 5-8-1 玉米弯孢霉叶斑病菌**
1.分生孢子梗 2.分生孢子

3)药剂防治 当田间发病率在5%～10%,天气条件特别适宜时,立即喷施药剂。常用药剂有:45%敌力脱、75%百菌清、50%多菌灵、50%甲基硫菌灵、80%炭疽福美、40%新星、70%代森锰锌、50%福美双、50%退菌特等。

## 5.8.2 玉米灰斑病

玉米灰斑病是世界玉米产区普遍发生的一种叶部病害,在我国各玉米产区均有不同程度的发生,尤以北方玉米产区危害大。

(1)症状 主要为害玉米叶片,发病严重时也可侵染叶鞘和苞叶。发病初期产生淡褐色病斑,逐渐扩展为灰褐色、灰色至黄褐色的与叶脉平行矩形条斑。病斑中间灰色,边缘有褐色线,病斑大小(0.5～20) mm×(0.5～2) mm。有时病斑连片,使叶片枯死。在叶片两面产生灰色霉层。

(2)病原 无性态为玉米尾孢菌 *Cercospora zeae-maydis* Tehon et Daniels. ,属于半知菌亚门、尾孢属。有性态为子囊菌亚门、球腔菌属(*Mycosphaerella*),很少见,在病害循环中作用不大。分生孢子梗3～10根,丛生,暗褐色,1～4个隔膜,直或稍弯,着生分生孢子处孢痕明显。分生孢子倒棍棒形,细长,直或稍弯,无色,具1～8个隔膜,基部倒圆锥形,脐点明显,顶端渐细,稍钝。

(3)发病规律 病菌在病残体上越冬,成为翌年的初浸染源。翌年春,从子座组织上产生分生孢子,借风雨传播,进行多次再侵染。该病主要在玉米抽雄后侵染植株叶片。湿度是影响该病发生的关键因素,在温暖、湿润的山区和沿海地带发生。免耕或少耕的田块发病重。

(4)防治方法 以选用抗病品种为主,辅之以栽培管理和药剂防治的综合防治措施。

1)选用抗病品种 目前生产上应用的抗病品种有:沈试29、沈试30、丹933、丹3034、丹270、丹408、丹413、丹286等。

2)加强栽培管理 玉米收获后,及时深翻或轮作,减少越冬菌源数量。播种时施足底肥,及时追肥,防止后期脱肥。搞好轮作倒茬,实行间作套种,改善田间小气候。

3)药剂防治 发病初期可采用75%百菌清、50%多菌灵等药剂进行喷药防治,间隔7～10 d喷1次,连续2～3次,有较好的防治效果。

## 5.8.3　玉米大斑病

玉米大斑病是全世界玉米产区的重要叶部病害。我国东北、华北北部、西北的春玉米产区和南方山区的冷凉玉米产区发病较重。一般发病产量损失15％～20％,病重地块产量损失达50％以上。

(1)症状　玉米从苗期到成株期均可发生,自然条件下苗期很少发病,玉米抽雄以后发病严重。

主要为害叶片,严重时也可为害叶鞘、苞叶和子粒。发病初期产生灰绿色小斑点,之后沿叶脉扩展,形成黄褐色或灰褐色梭形大斑,病斑中间颜色较浅,边缘较深。病斑一般长5～10 cm,宽1～2 cm。发病严重时,常常多个病斑相互连合,植株提早枯死。湿度较大时,病斑产生灰黑色的霉状物。

(2)病原　病原无性态为玉米大斑突脐蠕孢菌 *Exserohilum turcicum*（Pass.）Leonard ＆ Suggs,属半知菌亚门、凸脐蠕孢属。有性态为大斑毛球腔菌 *Setosphaeria turcica*（Luttrell）Leonard et Suggs,属子囊菌亚门真菌。分生孢子梗单生或2～6根,丛生,一般不分枝,橄榄色,圆筒形,直立或上部膝状弯曲,2～8个隔膜。分生孢子2～8个隔膜,以4～7个隔膜为多数,着生在分生孢子梗顶端或弯曲处,分生孢子橄榄色,直,呈梭形,脐点明显突出于基细胞之外（图5-8-2）。菌丝生长最适温度28℃,分生孢子形成的最适宜温度23～25℃,孢子萌发的适宜温度26～32℃。病原菌除了为害玉米外,也可侵染高粱、苏丹草、约翰逊草、稗草和野生玉米等禾本科植物。

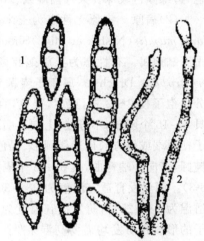

**图5-8-2　玉米大斑病菌**
1.分生孢子　2.分生孢子梗

(3)发病规律　病原菌主要以菌丝体或分生孢子在病残体上越冬,另外,种子和堆肥中的病菌也能越冬,成为翌年的初侵染来源。越冬之后产生的分生孢子,借风雨和气流传播,接触到寄主表面,分生孢子萌发侵入寄主,使植株发病,潮湿的条件下,产生大量分生孢子,又可随风雨传播进行多次再侵染。

病害的发生流行主要决定于品种抗性、气候条件、栽培条件和耕作制度等。目前尚未发现具有免疫的玉米品种,但玉米品种间对大斑病菌的抗性有明显差异。在环境中具有足够菌源并且大面积种植感病品种的情况下,大斑病的发病程度主要决定于温度和雨水。该病的发病适温为20～25℃,适宜发病的湿度条件是相对湿度在90％以上。连作地病重,轮作地病轻;单作地病重,间套作地病轻;晚播、栽培过密地块发病重;地势低洼的地块病重。

(4)防治方法　以推广和利用抗病品种为主,加强栽培管理和药剂防治为辅。

1)种植抗病品种　目前我国推广的抗病品种主要有:Mo17、掖单系列品种(如掖单13等)、登海系列品种、吉单101、吉单111、中单2、郑单2、吉713、四单12、四单16、掖107、沈试29等。

2)加强栽培管理　施足基肥,适时追肥,氮、磷、钾肥合理配合,从而提高寄主的抗病能力。

适时早播,合理密植,降低田间湿度。搞好田间卫生,及时清除病株(叶)。

3)药剂防治 如抗病品种抗性丧失或在发病初期可喷施化学药剂,常用药剂有:10%世高、70%代森锰锌、70%可杀得、50%扑海因、50%菌核净、50%多菌灵、50%退菌特、75%百菌清、70%甲基硫菌灵等。

## 5.8.4 玉米小斑病

玉米小斑病是全世界温暖潮湿玉米产区的重要叶部病害。我国各玉米产区都有发生,一般发病田块减产20%～30%,重病田减产可高达80%,甚至颗粒无收,损失惨重。

(1)症状 苗期到成株期均可发生,玉米抽雄后发病加重。主要为害叶片,发病严重时也可为害叶鞘、苞叶、果穗和子粒。发病初期在病部产生水渍状小点,之后逐渐变黄褐色或红褐色,边缘颜色较深。天气潮湿或多雨条件下,病部产生大量灰黑色霉层。

(2)病原 病原无性态为玉米平脐蠕孢菌 *Bipolaris maydis*(Nishik et Miy.)Shoem.,属半知菌亚门平脐蠕孢属。有性态为异旋孢腔菌 *Cochliobolus heterostrophus* Drechsl.,属于子囊菌亚门/旋孢腔菌属。分生孢子梗2～3根,束生,褐色,直立或曲膝状弯曲,具3～15个隔膜,不分枝,上端有明显孢痕。在分生孢子梗顶端或侧方长出长椭圆形、褐色的分生孢子,两端钝圆,多向一端弯曲,具3～13个隔膜,脐点平截(图5-8-3)。菌丝发育适宜温度为28～30℃,分生孢子形成适温为23～25℃,萌发适宜温度为26～32℃,分生孢子的形成和萌发均需要高湿条件。自然条件下,还可侵染高粱。

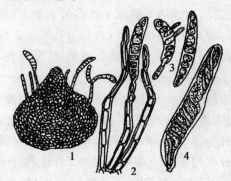

**图5-8-3 玉米小斑病菌**
1.子囊壳及分生孢子 2.分生孢子梗及分生孢子
3.分生孢子及其发芽 4.子囊及子囊孢子

(3)发病规律 病原菌主要以菌丝体在病残体内越冬,另外,也可以分生孢子越冬,但存活率很低。经过越冬的病原菌翌年遇到适宜的环境条件即可产生分生孢子,分生孢子通过气流传播到玉米植株上,条件适宜时可萌发侵入,导致发病。一旦遇到潮湿条件,产生大量分生孢子借气流传播进行多次再侵染。

病害的发生和流行与品种的抗病性、气候条件和栽培管理措施有密切关系。玉米品种间抗性存在明显差异,目前尚未发现免疫品种。同一植株在不同生育期或不同叶位的抗病性也存在差异。通常新生叶片抗病性强,老叶和苞叶抗病性差;玉米生长前期抗病性强,后期抗病性差。7～8月份平均温度在25℃以上,雨日、雨量、露日、露量多的年份和地区,小斑病发生重。肥料充足,增施磷、钾肥,适时追肥,发病迟且轻。低洼、排水不良、土质黏重地块发病重。

(4)防治方法 以种植抗病品种为主,加强栽培管理,适时进行药剂保护。

1)选用抗病品种 目前抗性表现较好的品种有:丹玉13、中单2、豫玉11号、烟单14、掖单4、郑单14、冀单29、西93等。

2)农业防治 施足基肥,及时追肥,氮、磷、钾肥配合施用。适期早播,合理间作套种或宽窄行种植,合理密植。降低田间湿度,及时中耕、除草。发病严重地块及时摘除底叶,收获后及时清除病残体。

3)药剂防治　在病害大流行年份可用喷施药剂作为补救措施。有效药剂有:10%世高、50%扑海因、50%菌核净、50%敌菌灵、75%粉锈宁、77%可杀得、70%代森锰锌、12.5%的速保利和45%大生等,每7天喷1次,连续喷药2～3次。

## 5.8.5　玉米瘤黑粉病

玉米瘤黑粉病是玉米产区的重要病害。在我国分布较广,通常北方发病重于南方、山区重于平原。一般发生早、病瘤大,减产严重。

(1)症状　为局部侵染性病害,玉米整个生育期,地上部具有分生能力组织都可受害。拔节前后,叶片或叶鞘上可出现病瘤。叶片上的病瘤较小,常成串密生,一般不能产生黑粉。茎或气生根上也可产生大小不等的病瘤。雄花受害形成长囊状或角状的病瘤。雌穗受害在上半部或个别籽粒上形成病瘤,严重的全穗形成大的畸形病瘤。病瘤初期为白色、有光泽、肉质多汁,后期表面暗褐色,内部变黑。病瘤成熟后,外膜破裂,散出大量黑粉。

(2)病原　病原为玉米瘤黑粉菌 *Ustilago maydis*(DC.)Corda,属担子菌亚门、黑粉菌属。冬孢子球形或椭圆形,暗褐色,壁厚,表面有细刺状突起。玉米瘤黑粉菌有明显生理分化现象,除侵染玉米外,还能侵染两种大刍草(*Euchlaena luxurans* 和 *Eu. mexikana*)。

(3)发病规律　病原菌主要以冬孢子在土壤、病残体上越冬,也可混在粪肥或黏附于种子表面越冬。越冬后,冬孢子萌发产生的担孢子和次生担孢子随风雨传播,直接穿透寄主表皮或从伤口侵入寄主幼嫩的具有分生能力的组织,形成病瘤,病瘤内部产生大量冬孢子,随风雨传播,进行多次再侵染。

此病的发生与品种抗性、菌源数量、环境条件等因素密切相关。目前还没有发现免疫品种。玉米种、品种间抗性差异较大。连作田病重,田间地头秸秆堆积较多的地块发病重。干旱少雨地区,土壤中缺乏有机质,田间的冬孢子保持较高生活力,翌年菌源数量大,发病严重。高温、潮湿、多雨地区,发病较轻。暴风雨、冰雹、农事操作及害虫危害均可造成大量伤口,利于发病。

(4)防治方法　应采取以减少菌源、种植抗病品种为主的综合防治措施。

1)减少菌源　清除田间病残体,重病田实行2～3年轮作,田间病瘤未变色前及早割除,集中处理。

2)选用抗病品种　各地因地制宜地选用抗病品种,如农大60、科单102、嫩单3号、辽原1号和海玉8号等品种。

3)加强栽培管理　合理密植,氮、磷、钾肥配合施用。及时灌溉,保证水分供应。及时防虫,减少耕作时的机械损伤。

4)种子处理　可用0.1%丰401抗菌剂、35%菲醌粉剂、25%粉锈宁WP等药剂进行种子处理。

5)田间用药　玉米出苗前可用50%克菌丹200倍液,或15%三唑酮750～1 000倍液喷洒,每公顷1 500 kg进行土表喷雾,消灭初侵染源,幼苗期喷洒1%波尔多液。病瘤没出现前喷15%三唑酮、12.5%烯唑醇,花期喷0.2%的福美双可降低发病率。

## 5.8.6　玉米茎基腐病

此病又称青枯病,世界各玉米产区都有发生。我国目前在广西、浙江、湖北、陕西、河北、山东、辽宁等省(区)均有发生,一般发病年份发病率10％～20％,严重年份达20％～30％,个别地区高达50％～60％,严重为害时可导致绝产。

(1)症状　玉米青枯病是在玉米生长后期发生的病害,一般在乳熟期开始发病。发病初期,整株叶突然呈现青灰色干枯。随着发病时间的延长,叶片逐渐变黄,而根和茎基部由水浸状逐渐变褐,髓部维管束变色易分离。茎基变软变空,引起植株倒伏,有些病株果穗下垂。

(2)病原　主要由腐霉菌和镰刀菌侵染引起。

腐霉菌主要种类有:瓜果腐霉 *Pythium aphanidermatum* (Eds.)Fitzp,肿囊腐霉 *P. inflatum* Matth.,禾生腐霉 *P. gramineacola* Subram,属鞭毛菌亚门、腐霉属。

镰刀菌主要种类有:禾谷镰刀菌 *Fusarium graminearum* Schawbe 和串珠镰刀菌 *F. moniliforme*,属半知菌亚门、镰刀菌属。分生孢子多数3～5个隔膜,不产生小型分生孢子和厚垣孢子。在麦粒上可产生黑色球形的子囊壳,子囊棍棒形,子囊孢子纺锤形,1～3个隔膜。瓜果腐霉菌丝发达,白色棉絮状,游动孢子囊丝状,不规则膨大,小裂瓣状,孢子囊萌发后释放出游动孢子。

串珠镰刀菌、禾谷镰刀菌生长适宜温度25～26℃;分生孢子萌发最适宜温度20～26℃。腐霉菌在23～25℃生长最好。

(3)发病规律　禾谷镰刀菌以菌丝和分生孢子,腐霉菌以卵孢子在病株残体组织内外、土壤中存活越冬,成为翌年的主要侵染源。种子可携带串珠镰刀菌分生孢子。带有镰刀菌的植株残体可以产生子囊壳,翌年3月中旬以后释放出子囊孢子,借气流传播进行初次侵染。种子带菌也是田间初侵染来源。分生孢子和菌丝体借风雨、灌溉机械和昆虫进行传播,在温暖潮湿条件下进行再侵染。病菌自伤口或直接侵入根颈、中胚轴和根,使根腐烂。地上部叶片和茎基由于得不到水分的补充而发生萎蔫,最终导致叶片呈现黄枯或青枯、茎基缢缩、果穗倒挂、整株枯死。

病害发生与品种抗性、气候条件、栽培条件及耕作制度有着密切关系。各品种对茎基腐病的抗性差异明显,但同一品种对腐霉菌和镰刀菌的抗性无显著差异,即抗腐霉菌的品种也抗镰刀菌。病害发生与降雨关系密切,雨后暴晴发病重,久雨乍晴,发病较多。夏玉米前期干旱、中期多雨、后期温度偏高年份发病较重。连作地发病重,生茬地病轻。早播和早熟品种病重,适期晚播或中晚熟品种病轻。岗地和洼地发病重,肥沃地块发病轻,土质瘠薄地块发病重。

(4)防治方法　选育和利用抗病品种为主,加强栽培管理为辅助。

1)选育和种植抗病品种　近年选育和鉴定出的兼抗自交系有获白、沈5、武109、武117、7943、E28、5003、330、20143、360、340、丹黄02等。兼抗杂交种和杂交组合有丹玉16、沈单7、冀丰58、农大60、铁单8、沈试29、沈试30、沈单5、瓦试15、吉单141、吉单118、吉单122、冀单22、冀单23、桂3号、桂顶5号、辐三1号。各地可因地制宜地选用一些优良抗性品种。

2)加强栽培管理　①搞好田间卫生。收获后彻底清除病残体,减少侵染源。②轮作换茬。与其他非寄主作物轮作,减少田间菌源累积。重病田可与水稻、甘薯、马铃薯、大豆等作物实行2～3年轮作。③适期晚播。在不耽误农时的情况下适期晚播。④加强田间管理。施足基肥,在玉米拔节期或孕穗期增施钾肥或氮、磷、钾肥配合施用。

3)种子处理 播种前用25％粉锈宁拌种。

4)生物防治 玉米生物型种衣剂(ZSB)拌种(1：40拌种)或用诱抗剂(氟乐灵)浸种对茎基腐病有一定的防效。

## 5.8.7 玉米丝核菌穗腐病

(1)症状 丝核菌侵入玉米果穗后,早期在果穗上长出橙粉红色霉层,后期病果穗变为暗灰色,在外苞叶上生出白色至橙红色或暗褐色至黑色小菌核。

(2)病原 *Rhizoctonia solani* Kuhn 称立枯丝核菌,属半知菌亚门真菌。病菌形态特征参见玉米纹枯病。

(3)发病规律 玉米丝核菌以休眠菌丝和菌核在籽粒、土壤或植物残体上越冬。该菌大多为表面生。温暖、潮湿的天气有利于该菌的侵染和病害扩展。

(4)防治方法

1)首先要防治玉米纹枯病,从清洁病原、栽培耕作防治和药剂防治入手,详见玉米纹枯病。

2)选用抗病品种。

3)适当调节播种期,尽可能地使该病发生的高峰期,即玉米孕穗至抽穗期,不要与雨季相遇。

4)发病后注意开沟排水,防止湿气滞留,可减轻受害程度。

5)必要时往穗部喷洒5％井冈霉素水剂,每667 m² 用药50～75 mL,对水75～100 L 或用50％甲基硫菌灵可湿性粉剂600倍液、50％多菌灵悬浮剂700～800倍液、50％苯菌灵可湿性粉剂1 500倍液、40％农利灵可湿性粉剂1 000倍液。视病情防治1次或2次。

6)在干旱缺水地区每667 m² 用20％井冈霉素可湿性粉剂或40％多菌灵可湿性粉剂200 g制成药土在玉米大喇叭口期点心叶,防治玉米穗腐病,防效80％左右,同时可混入杀螟丹粉剂等杀虫剂兼防螟虫。

## 5.8.8 玉米青霉穗腐病

(1)症状 该病主要发生在机械损伤、害虫或鸟等为害的果穗上,在籽粒上或籽粒间产生青绿色或绿褐色霉状物,多发生在穗的尖端。病菌侵入种胚的,种子发芽时,引致幼苗萎凋。

(2)病原 *Penicillium oxalicum* Currie et Thom 称草酸青霉,属半知菌亚门真菌。形态特征见高粱青霉颖枯病。

(3)发病规律 病原菌一般腐生于各种有机物上,产生分生孢子,借气流传播。通过各种伤口侵入为害,也可通过病健果穗接触传染。青霉病病菌发育适温18～28℃,相对湿度95％～98％时利于发病。

(4)防治方法

1)选用健康无病的种子。

2)尽量避免造成伤口,注意防止鸟害。

3)必要时喷洒70％甲基硫菌灵超微可湿性粉剂1 000倍液或50％苯菌灵可湿性粉剂

1 500 倍液、40％多菌灵胶悬剂 600 倍液、50％甲基硫菌灵可湿性粉剂 500～1 000 倍液、45％特克多悬浮剂 3 000～4 000 倍液,对青霉病防效显著。

## 5.8.9　玉米矮花叶病毒病

(1)症状　我国 1966 年在河南辉县首次发现,接着陕西、甘肃、河北、山东、山西、辽宁、北京、内蒙古也有发生。玉米整个生育期均可感染。幼苗染病心叶基部细胞间出现椭圆形退绿小点,断续排列成条点花叶状,并发展成黄绿相间的条纹症状,后期病叶叶尖的叶缘变红紫而干枯。发病重的叶片发黄,变脆,易折。病叶鞘、病果穗的苞叶也能现花叶状。发病早的,病株矮化明显。该病发生面积广,危害重。

(2)病原　*Maize dwarf mosaic virus* 简称 MDMV,称玉米矮花叶病毒,属马铃薯 Y 病毒组。病毒粒体线状,大小 750 nm×(12～15) nm,在电镜下观察病组织切片有风轮状内含体。体外保毒期为 24 h,致死温度 55～60℃,稀释限点 1 000～2 000 倍。病株组织里的病毒在超低温冰箱保存 5 年后仍具侵染能力。

(3)发病规律　该病毒主要在雀麦、牛鞭草等寄主上越冬,是该病重要初侵染源,带毒种子发芽出苗后也可成为发病中心。传毒主要靠蚜虫的扩散而传播。传毒蚜虫有玉米蚜、桃蚜、棉蚜、禾谷缢管蚜、麦二叉蚜、麦长管蚜等 23 种蚜虫,均以非持久性方式传毒,其中玉米蚜是主要传毒蚜虫,吸毒后即传毒,但丧失活力也较快;病汁液摩擦也可传毒;染病的玉米种子也有一定传毒率,一般在 0.05％左右。除侵染玉米外,还可侵染马唐、虎尾草、白茅、画眉草、狗尾草、稗、雀麦、牛鞭草、苏丹草等。玉米矮花叶病毒有 A、B、C、D 及 O 株系,其中 A、B 两个株系最重要。A 株系主要侵染玉米和约翰逊草,B 株系只侵染玉米。我国已鉴定出 B 株系、O 株系。病毒通过蚜虫侵入玉米植株后,潜育期随气温升高而缩短。该病发生程度与蚜量关系密切。生产上有大面积种植的感病玉米品种和对蚜虫活动有利的气候条件,即 5～7 月份凉爽、降雨不多,蚜虫迁飞到玉米田吸食传毒,大量繁殖后辗转为害,易造成该病流行。近年我国玉米矮花叶病北移大面积发生。一是主推玉米品种和骨干自交系不抗病,自然界毒源量大,气候适于介体繁殖、迁飞等。二是种子带毒率高,初侵染源基数大。经检测 81515、M017、掖 107 种子带毒率分别为 0.1％、0.13％、0.16％,8112 为 1.04％,7942 的种子带毒率高达 12.6％,黄早4478 未检测到种子带毒。种子带毒率增高,致田间初侵染源基数增大,在抗病品种尚缺乏情况下,遇玉米苗期气候适宜,介体蚜虫大量繁殖,病毒病即迅速传播。

(4)防治方法

1)因地制宜,合理选用抗病杂交种或品种　如丰单 1 号,中单 2 号,农大 3138,农单 5 号,新单 7 号,郑单 1 号、2 号,黄早 4 号,武早 4 号;鲁单 31 号,丹玉 6 号,陕单 9 号,丰三 1 号,陇单 1 号,天单 1 号,武 105,东泉 11、12、13 号,张单 251,中玉 5 号,冀单 29 号等。

2)在田间尽早识别并拔除病株　这是防治该病关键措施之一。

3)适期播种和及时中耕锄草,可减少传毒寄主,减轻发病。

4)在传毒蚜虫迁入玉米田的始期和盛期,及时喷洒 50％氧化乐果乳油 800 倍液或 50％抗蚜威可湿性粉剂 3 000 倍液、10％吡虫啉可湿性粉剂 2 000 倍液。

# 5.9  油料作物病害

## 5.9.1  花生叶斑病

(1)症状  花生叶斑病又称黑斑病。主要发生在叶片上,其次为害叶柄、托叶、茎秆和花轴。病害发病初期形成褐色小点,扩大后在叶正、背两面形成褐色圆形或近圆形病斑,大小 0.5～8 mm,叶柄、茎秆和花轴染病后病斑成黑褐色椭圆形,病斑扩展后融合成大型不规则斑块。叶斑正面和背面颜色基本相同。老病斑周围常有淡黄色晕圈(图 5-9-1)。

(2)病原  Cercosporidium state of *Mycosphaerella berkeleyi* W. A. Jinkins 称落花生小球壳的短胖孢阶段。病菌子座主要产生于叶斑背面,半球形,暗褐色;褐色、不分枝、短粗的分生孢子梗丛生于子座上。梗座生于表皮下,近球形或长条形,褐色至黑

**图 5-9-1  花生叶斑病**

色,宽 75～197 μm。分生孢子暗青黄色,倒棍棒状或圆筒状,短粗,褐色,顶部钝圆,基部倒圆锥平截,多数有 3～5 个分隔,不缢缩。分生孢子梗丛生或散生,青褐色至烟黑色,色泽均匀,宽度较规则,直立或呈膝状弯曲,不分枝,平滑,孢痕疤明显,厚而突出,宽 1.8～3.1 μm,坐落在折点处,具横隔膜 0～1 个,大小(16～59.6) μm×(4.4～7.9) μm。除为害花生外,还为害豆科植物。

(3)发病规律  病菌主要以分生孢子座、菌丝团、分生孢子和厚垣孢子在病残体上越冬,也可以子囊腔在病组织中越冬,但不是主要初侵染源。当条件适宜时,在病残体上越冬的子座和菌丝团产生分生孢子,借风、雨传播,孢子落到花生叶片上,遇适宜温度和水滴,萌发产生芽管,直接穿透表皮进入寄主细胞间蔓延,产生分枝型吸器侵入细胞内汲取营养。花生叶斑病的发生和气候条件、栽培管理、品种等因素都有一定关系。气候条件中温湿度影响大。病菌生长适温为 10～30℃。7～9 月份高温多雨、气候潮湿,病害重;少雨干旱年份发病轻。土壤瘠薄、连作田易发病。老龄化器官发病重;底部叶片较上部叶片发病重。早熟品种鲁花 3 号、中熟品种海花 1 号易感病。一般直立型品种较蔓生型小粒种抗病。

(4)防治方法  ①选用抗病品种。如湛油 1 号,农花 26 号,中花 2 号,群育 101,P12,山花2000 号,鲁花 6 号、9 号、11 号、13 号、14 号,粤油 23 号,浪江 3 号,选用直立型大粒品种,一窝猴等。②增施有机肥。提倡施用酵素菌沤制的堆肥或腐熟的有机肥。采用配方施肥技术,增施磷、钾肥,提高抗病力。③与其他作物轮作 2～3 年。实行麦套花生。④加强田间管理。如地膜覆盖、及时翻耕土地等。⑤药剂防治。药剂防治一般在田间病叶率 5%～10%开始。发病初期喷洒 70%甲基硫菌灵(甲基托布津)可湿性粉剂 1 000 倍液或 50%苯来特(苯菌灵)可湿性粉剂 1 500 倍液、50%多菌灵可湿性粉剂 500 倍液、70%百菌清可湿性粉剂 600～800 倍

液、40％百菌清悬浮剂(顺天星1号)600倍液、80％喷克可湿性粉剂600倍液、80％代森锰锌可湿性粉剂500～800倍液、农抗120水剂200倍液、50％胶体硫200倍液、1∶2∶200倍式波尔多液等,喷药时宜加入0.2％洗衣粉做展着剂,一般间隔15～20 d一次,共2～3次。

## 5.9.2　花生锈病

(1)症状　叶片染病初期在叶片正面出现淡黄色斑点,叶背面出现许多微白色斑点,后叶两面上的斑点扩大为淡红色突起斑,表皮破裂,露出锈褐色粉末状物,即病菌的夏孢子堆和夏孢子。下部叶片先发病,渐向上扩展。随叶上夏孢子堆增多,病叶很快变黄干枯,远望似火烧状。叶柄、托叶、茎、果柄和果壳上的夏孢子堆与叶上相似,多为椭圆形,长达1～2 mm。当夏孢子堆密布叶片后,病叶变黄、干枯,脱落(图5-9-2)。

图5-9-2　花生锈病

(2)病原　*Puccinia arachidis* Speg. 称落花生柄锈菌,属担子菌亚门真菌,仅为害花生。全国花生产区均有发生,南方重于北方。我国花生上未见冬孢子阶段。病菌以夏孢子作为初侵与再侵接种体,夏孢子近圆形,大小(22～34)$\mu$m×(22～27)$\mu$m,橙黄色,表面具小刺,孢子中轴两侧各有一发芽孔。

(3)发病规律　花生锈病的初次侵染源,存在着本地菌源和外地菌源两种可能性。花生锈病在广东、海南等四季种植花生地区辗转为害,在自生苗上越冬,翌春为害春花生。花生锈病的初侵染源主要来自上茬的田间病株,以夏孢子辗转传播危害。夏孢子借风雨形成再侵染。夏孢子萌发温度11～33℃,最适25～28℃,20～30℃病害潜育期6～15 d。春花生早播病轻,秋花生早播则病重。偏施氮肥、过度密植、植物生长过于繁密、田间郁蔽、通风透光不良、排水条件差则发病重。雨量多、湿度大则发病重。水田花生较旱田病重。高温、高湿、温差大利于病害蔓延。北方花生锈病初侵染来源尚不清楚。

(4)防治方法　①选用抗(耐)病品种。如粤油22、粤油551、汕油3号、恩花1号、红梅早、战斗2号、中花17等。②农业措施。增施有机肥和磷钾钙肥。因地制宜地调节播期,合理密植,及时中耕除草,高畦深沟,清沟排水,提高植株抗病力。③加强田间管理。清洁田园,及时清除田间病残体,并及时消灭田间自生苗。花生地畦沟,做到沟沟相通,能排能灌,降低土壤湿度。④药剂防治。对多年发病地块,在播种前可结合整地每公顷用石灰粉225～375 kg拌硫黄粉7.5 kg于土表,进行杀菌消毒。或在播种后喷施50％胶体硫150倍液杀菌。发病初期喷洒95％敌锈钠可湿性粉剂600倍液、75％百菌清可湿性粉剂600倍液、50％胶体硫150倍液、1∶2∶200波尔多液或15％三唑醇(羟锈宁)可湿性粉剂1 000倍液,每667 m² 用对好的药液60～75 L。喷药时加入0.2％增效剂(如洗衣粉等)。在每年的5～6月份和8月下旬至9月中旬要特别关注正处于开花、插针期的春、夏花生和秋花生锈病动态。第一次喷药适期为病株率50％,病叶率5％,病情指数小于2。

### 5.9.3 花生青枯病

（1）症状　我国长江流域、山东、江苏等省发病重，河北、安徽、辽宁有少量发生。花生青枯病是典型的维管束病害，从苗期到收获期均可发生，以盛花期发病最重，一般在初花期最易感染此病。青枯细菌主要侵染根部，病株地下部首先从主根尖端开始变褐湿腐，病菌从根部维管束向上扩展，最后全根腐烂。在病株地上部首先看到主茎顶梢叶片失水萎蔫，初发病时早晨叶片张开延迟，傍晚提早闭合。主茎顶梢第一、二叶片先萎蔫，侧枝顶叶暗淡萎垂，1～2 d后全株叶片急剧凋萎，但叶片仍呈青绿色，故称青枯病（图5-9-3）。横切病部呈环状排列的维管束，可见维管束变成淡褐色至深褐色，潮湿条件下，用手捏压切口处溢出混浊的白色细菌黏液。

图5-9-3　花生青枯病

（2）病原　*Pseudomonas solanacearum* Smith 称青枯假单胞杆菌Ⅰ号小种，属细菌。菌体短杆状，两端钝圆，大小（0.9～2）$\mu$m×（0.5～0.8）$\mu$m，具极生鞭毛1～4根，无芽孢和荚膜，革兰氏染色阴性。好气性，致死温度52℃。在牛肉汁玉脂培养基上菌落圆形，直径2～5 mm，光滑，稍有突起，乳白色，具荧光反应，6～7 d后渐变为褐色，并失去致病力。最适pH 6.6，含盐量达1%时，生长受到抑制。国外发现该菌有4个生理小种。其中Ⅰ号小种侵染花生、番茄、姜、甘薯等作物，Ⅲ号小种侵染马铃薯。该菌寄主范围广，可侵染蝶形花科、菊科等44科近300种植物。

（3）发病规律　花生青枯菌主要在土壤中、病残体及混有病残体的未充分腐熟的堆肥中越冬，成为翌年主要初侵染源。病菌在田间主要靠土壤、流水及农具、人畜和昆虫等传播。病菌通过根部伤口或自然孔口侵入寄主，通过皮层进入维管束，在维管束内迅速繁殖，由导管向上蔓延，造成导管堵塞，并分泌毒素引起植株中毒，产生萎蔫和青枯症状。病菌还可向四周薄壁细胞组织扩展，分泌果胶，溶解中胶层，致组织腐烂，腐烂后的组织上的病菌散落至土壤中，再借助土壤流水等途径侵入附近的植株进行再侵染。病菌在土壤中能存活1～8年，一般3～5年仍保持致病力。花生青枯病发生轻重主要受耕作、气候条件和品种抗性影响。连作使土壤中病菌数量逐年增多，连作年限越长，发病越重，头1年病率为5%的花生田，第2年继续种花生，病率可增至30%～40%。黏土利于发病。管理粗放、积水、地下害虫多、土层浅、排水不良、保水保肥差的地块发病重。青枯病喜高温多湿，花生播种后日均气温20℃以上，土壤潮湿，5 cm深处土温稳定在25℃以上6～8 d开始发病，旬均气温高于25℃，旬均土温30℃，遇多雨天气。或时晴时雨，病害往往比较严重。花生品种间抗病性往往差异很大，蔓生型品种较直立型品种抗病。

（4）防治方法　①合理轮作。大力推广水旱轮作或花生与冬小麦轮作。根据发病轻重决定轮作年限，发病率在10%～20%的轻病田实行1～3年轮作，发病率在50%以上的重病田实行4～5年轮作。②选用抗病品种。如抗青10号、11号、鲁花3号、鄂花5号、中花2号、粤油92、桂油28、泉花3121、粤油22号、粤油320号、粤油250等抗病品种。③加强田间栽培管理，注意田间卫生。深耕土壤，增施石灰、草木灰和磷肥作基肥，开好排渠沟，及时排除渍水，防止湿气滞留。发病初期及时拔除病株，收获后清除田间病残株，烧毁或施入水田作基肥，促使植株生长健壮。④药剂防治。应用药剂防治青枯病有待进一步研究。播种前每 667 m² 施石灰 35～50 kg，使土壤呈微碱性，以抑制病菌生长，减少发病。发病初期喷施 100～500 mg/kg 的农用链霉素，每隔 7～10 d 喷一次，连续喷施 3～4 次。⑤改善灌溉条件。旱坡地花生播种前，进行短期灌水泡浸，可促使病菌大量死亡。

## 5.9.4　花生条纹病毒病

（1）症状　安徽以北花生区发病率 50％ 以上，常年流行，减产 20％。花生染病后，病株以顶部嫩叶症状最明显，先在顶端嫩叶上现退绿斑块，表现为叶色浅绿与绿色相间的轻斑驳，沿叶脉现断续的绿色条纹或橡叶状花斑或一直呈系统性的斑驳症状，产生以花叶为主的复合症状。除种传和早发病的植株稍矮外，病株一般不矮化，叶片也不明显变小（图 5-9-4）。

图 5-9-4　花生条纹病毒病

（2）病原　*Peanut stripe virus* 简称 PStV，称花生条纹病毒，属马铃薯 Y 病毒组。病毒粒体线状，长 75～770 nm，宽 12 nm，沉降系数为 150 S，在氯化铯中的浮力密度为 1.31 g/cm³。病组织细胞质内具筒形风轮状内含体。病毒蛋白质亚基分子质量为 33 500 道尔顿，克里夫兰烟可作为繁殖寄主。PStV 钝化温度 60～65℃，稀释限点 $10^{-4}$～$10^{-3}$，体外存活期 3～5 d。PStV 除侵染花生外，还可为害大豆、芝麻、望江南、决明、绛三叶草，白羽扇豆等。

（3）发病规律　该病毒种传率高达 21.3％，一般 1％～10％，带毒花生种子是主要初侵染源，并在 PStV 的远距离传播中起重要作用。PStV 花生种传率的高低可能受环境条件、病毒株系和花生基因型等因素的影响。花生种子的胚和子叶带毒，成熟种子种皮不带毒。PStV 种传率与花生品种和侵染时期相关，珍珠豆型花生的种传率高于普通型和中间型，早期感染的带毒率高，花针期以后感病，种子带毒率明显下降。生产上由于种子传毒形成病苗，田间发病早，花生出苗后 10 d 即见发病，到花期出现发病高峰。该病发生程度与气候及蚜虫发生量正相关。蚜传是 PStV 在田间扩展的主要途径。PStV 能通过豆蚜（*Aphis craccivora*）、桃蚜（*Myzus percicae*）、大豆蚜（*A. glycines*）、洋槐蚜（*A. robiniae*）、棉蚜（*A. gossypii*）等多种蚜虫以非持久性方式传播，且传毒效率较高。小粒种子带毒率较大粒种子高。花生出苗后 20 d 内的雨量是影响传毒蚜虫发生量和该病流行的主要因子。

（4）防治方法　①选选育和利用抗病毒病品种。至今尚未找到对 PStV 高抗或免疫的花生栽培材料，只是选出了一些症状较轻，且发病迟、种子带毒率低、损失率小的具田间抗性或耐病性的材料。如道花 28、花 37、鲁花 9 号、14 号、豫花 1 号、海花 1 号、山花 2000、徐系 1 号、徐花 3 号、徐州 68-4、冀油 2 号、89-6 花生、大花生 H 花-3 等。②选用无病毒花生种子。花生种子带毒率达到 2％～5％ 就足以导致 PStV 的流行。选用无毒种子是控制条纹病毒病危害的有效措施。从无病区调种,也可建立无病留种田或距病田 100～400 m 建立隔离地带,繁殖后用于大面积生产,基本上可以控制花生条纹毒病。用轻病田留的种子也可减少发病。花生品种对 PStV 的种传性相对稳定,因此,目前能够做到的是尽量选用种子带毒率低的品种,选播大粒种子,以降低初侵染源和病害的发生率。使用脱毒剂 1 号或 2 号处理种子,或用种子重 0.5%的 35%种衣剂 4 号拌种。③合理轮作。花生与小麦、玉米、高粱等作物间作,可减少蚜传。④加强田间管理。采用地膜覆盖驱蚜、适时播种避蚜、及时喷药防蚜和种植隔离植物隔蚜等措施对延缓和减轻 PStV 的流行危害都有一定作用。可在花生出苗后平铺长 80 cm、宽 10 cm 银灰膜条,高出地面 30 cm 驱蚜效果好。⑤药剂防治。田间有蚜虫墩率 20%～30%,每墩蚜 20～30 头时,应马上喷洒 40%氧化乐果乳油 1 500 倍液或 50%抗蚜威可湿性粉剂 2 000 倍液、3.2%氯苦参乳油,每 667 m² 用 50～70 mL。喷洒抗毒丰(0.5%菇类蛋白多糖水剂原名抗毒剂 1 号)300 倍液或 10%病毒王可湿性粉剂 500 倍液。

## 5.9.5  花生芽枯病毒病

(1)症状  花生芽枯病毒病主要发生在广西,最高发病率达 20%。病株顶端叶片出现很多伴有坏死的褪绿环斑或黄斑,常沿叶柄或顶端表皮下的维管束变为褐色坏死或导致顶端枯死,顶端生长受抑,严重的节间短缩、叶片坏死,植株矮化明显(图 5-9-5)。

(2)病原  Tomato Spotted Wilt Virus,简称 TSWV,称番茄斑萎病毒。病毒粒体系带有一层脂蛋白双膜的球状物,大小 70～90 nm,钝化温度 45～50℃,体外存活期 5～6 h,稀释限点 $10^{-3}$～$10^{-4}$,可系统侵染花生、绿豆、大豆、豌豆、田菁、番茄、辣椒、普通烟、芝麻等,引致花叶、环斑、坏死等症状。

图 5-9-5  花生芽枯病毒病

(3)发病规律  该病主要由花生田烟蓟马(*Thrips tabaci*)等 4 种蓟马传毒。土壤黏重、偏酸,多年重茬,肥力不足、耕作粗放、杂草丛生的田块易发病。偏施氮肥,生长过嫩,播种过密、行间距小、郁闭易发病,高温、干旱、蓟马为害严重的发病重。

(4)防治方法  ①选育利用抗病品种。如中花 1 号、83-15007-1 等较耐病。②合理轮作。和非本科作物轮作,水旱轮作最佳。③加强田间管理,注意田间卫生。及时清除田间及四周杂草和农作物病残体,集中烧毁或沤肥,减少病源和虫源。适时早播,早间苗、早培土、早施肥,及时中耕培土,培育壮苗。采用测土配方施肥技术,适当增施磷钾肥,增强植株抗病力,减轻病害。采用地膜覆盖栽培,防止土中病菌为害地上部植株。④合理灌溉。高温干旱时应科学灌水,以提高田间湿度,减轻蓟马、蚜虫、灰飞虱等危害与传毒。严禁连续灌水和大水漫灌。选用排灌方便的田块,开好排水沟,降低地下水位,达到雨停无积水。⑤药剂防治。土壤病菌多或地下害虫严重的田块,在播种前撒施或沟施灭菌杀虫的药土。播种后用药土覆盖,易发病地区,在幼苗期喷施一次除虫灭菌剂。使用酵素菌沤制的堆肥或腐熟的有机肥,施用的有机肥不得含有植物病残体。可使用 15%金好年乳油 1 500 倍液、50%抗蚜威可湿性粉剂 2 500～

3 000 倍液、25％阿克泰水分散粒剂 6 000～8 000 倍液、5％锐劲特悬浮剂 2 000 倍液、70％艾美乐水分散粒剂 10 000～15 000 倍液等防治蓟马；使用脱毒剂 1 号或 2 号处理种子，或用种子重量 0.5％的 35％种衣剂 4 号拌种，使种子消毒。发病时喷施 10％病毒王可湿性粉剂 500 倍液，每隔 10 d 一次，防治 1～2 次。

## 5.9.6　花生斑驳病毒病

(1)症状　发生普遍，是整株系统性侵染病害，发病株率 25％以上，减产 20％左右。病株矮化不明显或不矮化。上部叶片形成深绿与浅绿相嵌的斑驳、斑块或坏死斑，常在叶片中部或下部沿中脉两侧形成不规则形或楔形、箭载形斑驳，也有的在叶片上部边缘现半月形的斑驳，重者植株瘦弱。该病常与花生条纹病毒病混合发生，表现黄斑驳、绿色条纹等复合症状(图 5-9-6)。

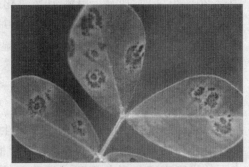

图 5-9-6　花生斑驳病毒病

(2)病原　Peanut Mottle Virus，简称 PMoV，称花生斑驳病毒，属马铃薯 Y 病毒组。病毒粒体线状，在病组织产生卷筒型风轮状内含体，长 740～750 nm，钝化温度 54～65℃，稀释限点 $10^{-4}$～$10^{-7}$ 倍，体外存活期 0～7 d。

(3)发病规律　主要靠汁液接触传染，也可靠豆蚜、棉蚜、桃蚜、玉米蚜等进行非持久性传毒，花生也能传毒，但传毒率仅为 0.02％～2％，菜豆种子传毒率低于 1％，自然侵染寄主除花生外，还有大豆、豌豆、豇豆等。花生轻斑驳病毒通过种子传播，种传率一般在 10％～20％，有的品种高达 20％以上。早期感病的种子带毒率高，晚期感病的带毒率低；小粒种子带毒率高，大粒种子带毒率低。花生条纹病毒种传病苗以全株叶片表现斑驳症状为主要特征；再侵染病株初期在顶端嫩叶上出现退绿斑，随后发展为浅绿与绿色相间的轻斑驳，沿叶脉形成绿色条纹以及橡树叶状花叶等症状，早期感染的病株稍矮化。种传病苗是田间花生条纹病毒病流行的初侵染源，再由蚜虫取食或试探取食扩散传播。苗期干旱、花生蚜量大病害重。

(4)防治方法　①选用抗、耐病品种。选用感病轻和种传率低的品种，并且选择大粒子仁作种子。采用无毒或低毒种子，杜绝或减少初侵染源。如花 17，徐州 68-4 等。②加强田间管理，注意田间卫生。早期拔除种传病苗，及时清除田间和周围杂草，减少蚜虫来源，可减轻病害发生。推广地膜覆盖种植，地膜具有一定的驱蚜效果，可以减轻病毒病的危害。③药剂防治。可用 25％的辛拌磷(812)盖种，每 667 m² 用药量 0.5 kg，花生出苗后，用 40％氧化乐果乳剂 800 倍液防治蚜虫，每 667 m² 喷药液 60～70 kg。

## 5.9.7　花生根结线虫病

(1)症状　又称花生根瘤线虫病。此病主要为害根部，对产量影响很大，一般减产 20％～30％，严重的减产 70％～100％。受害幼根的尖端逐渐膨大，形成小米至绿豆大小的不规则根结。根结上长出许多不定须根，经过多次反复侵染，根系就形成乱发状的须根团。线虫钻入花生根部中柱造成根液渗流,损耗养分,易引起次生病害。线虫还可侵害果壳、根颈和果柄,果壳受害形成乳白至褐色瘤状突起。果柄和根茎形成葡萄状虫瘤簇。花生根组织受到破坏,影响根系的正常机能,致使植株生长缓慢或萎黄不长,植株矮小,始花期叶片变黄瘦小,底叶叶缘焦枯,叶片提早脱落。花小且开花迟,结果少而小,甚至不结果。线虫根结一般发生在根端,整个根端膨大,不规则,表面粗糙,长生长许多不定须根,剖视可见乳白色粒状雌虫(图5-9-7)。

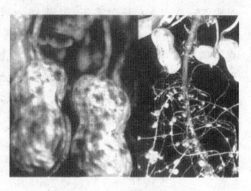

**图 5-9-7  花生根结线虫病**

(2)病原  花生根结线虫主要有两个种:*Meloidogyne hapla* Chitwood 称北方根结线虫和 *M. arenaria*(Neal)Chitwood 称花生根结线虫,均属垫翅目、异皮科,根结线虫属植物寄生线虫。两种线虫形态基本相同,前者北方根结线虫近尾尖处常有点刺,近侧线处无不规则横纹。后者花生根结线虫近尾尖处无点刺,近侧线处有不规则横纹。两种线虫都是雌雄异体,整个发育阶段有卵、幼虫及成虫三个时期。北方根结线虫的寄主范围很广,除花生外,还有大豆、绿豆、扁豆、冬瓜、南瓜、甜瓜、黄瓜、洋葱、番茄、马铃薯等。根结内的线虫不耐干旱,但有长期耐水的能力,水浸135 d,仍具有侵染能力。

(3)发病规律  病原线虫主要以卵在土壤中的病根、病果壳虫瘤内外越冬,也可混入粪肥越冬。北方根结线虫可寄生550余种植物。花生根结线虫已知也能侵害330种植物。翌春季气温回升,卵开始发育孵化变成1龄幼虫,1龄幼虫在卵内脱皮一次后破卵而出,成为2龄幼虫,活动于土壤中,伺机侵入花生和其他寄主植物。幼虫从花生根尖处侵入,引起根组织过度生长形成根结,幼虫则在根结内生长发育,再经三次脱皮发育变成虫。花生根结线虫的卵和2龄幼虫常存在于病根、病果、带病株残余的肥料和病田的土壤中。二龄侵染幼虫行动很慢,整个季节的移动距离一般只有20~30 cm,但是它能借助工具、人畜及流水为媒介,进行近距离的传播,并可借助病果作远距离传播。此病在沙性大、保水力弱、通气良好的丘陵沙地或沙壤土发病较重,在常年连作花生地发生较重;而在通气不良的黏壤土和返碱地发病较轻,在多年轮作地或者水旱轮作地发生较轻。干旱年份易发病,雨季早、雨水大、植株恢复快发病轻。土壤湿度在20%以下和90%以上均不利于线虫侵染,在70%左右最为适宜。幼虫侵染花生的土壤温度范围为11.3~34℃,在土温为12~19℃时,幼虫侵入所需时间为10 d,在20~26℃时,4 d已大量侵入,温度高于26℃不利于幼虫侵入。线虫的发育适温为20~25℃。

(4)防治方法  ①加强检疫。根据花生研究所试验,花生荚果含水量低于8%~10%时,线虫便失去侵染力,所以荚果含水量的测定可以作为一个检疫标准。因为花生根结线虫的寄主范围广,所以要对有关寄主种植材料实行检疫,以保护无病区,严禁从病区调种或引种。②合理轮作。水田花生实行水旱轮作,可以大大减少土壤里的线虫数量,减轻发病。旱地花生与禾本科作物如小麦、玉米、高粱、谷子等轮作2~4年,轮作年限越长,效果越明显。③加强田间管理,注意清洁田园卫生。病害局部发生时,在病田周围挖沟隔离,防止此病进一步扩展。修建排水沟。忌串灌,防止水流传播。收获时拔除病根,并将病土犁翻曝晒,以减少线虫数量;病根、病株及病果壳要集中处理,可作燃料,不可用以垫圈、铺栏和作肥料;铲除杂草,重病田可改为夏播。④药剂防治。在花生播种前10~15 d,每667 m² 施用80%二溴氯丙烷乳剂3 kg,

对水 75～150 kg,开沟施药,沟深 16 cm,沟距 33 cm 药液均匀施入沟内,即覆土耙压平整,以免挥发。用 10％涕灭威(铁灭克)颗粒剂 2.5～5 kg、3％呋喃丹(克百威)颗粒剂 5～6 kg、5％克线磷颗粒剂 2～12 kg、5％硫线磷(克线丹)颗粒剂 8 kg、5％米乐尔颗粒剂 3.6 kg,也可用 10％甲基异柳磷或甲拌磷、硫环磷、灭克磷颗粒剂 4～6 kg,播种时要分层播种,防止药害。同时注意人畜安全。⑤生物防治。应用淡紫拟青霉和厚垣孢子轮枝菌能明显起到降低线虫群体和消解其卵的作用。

## 5.9.8 芝麻立枯病

(1)症状　芝麻立枯病是苗期常见重要病害。幼苗期受害较轻,常以开花结实期受害最重。在幼苗上,根部首先变褐腐烂,在茎秆上病斑初呈黄褐色水渍状,这种水渍状斑在条件适宜时,能迅速绕茎部扩展,形成大型圆筒形乃至不规则状斑。病斑后期变成银灰色至黑褐色,其上密生针头状小黑粒(病菌分生孢子器及小菌核)。全株发病后,叶片由下而上卷缩、萎蔫,顶稍弯曲下垂,以后叶片和蒴果均变成黑褐色。病株常较健壮株矮小,遇有天气干旱或土壤缺水时,重病株可全株变黑枯死(图5-9-8)。

图 5-9-8　芝麻立枯病

(2)病原　*Rhizoctonia solani* Kuhn 称立枯丝核菌,属半知菌亚门真菌。该菌主要以菌丝体传播和繁殖,该菌不产生孢子,初生菌丝无色,老菌丝常呈一连串桶形细胞。菌核近球形或不规则形,黑褐色。芝麻立枯病的寄主很多,除芝麻外,还有豆类、花生、甘蔗、向日葵、烟草、棉花等。

(3)发病规律　病菌以菌丝或菌核在土壤、病残体、种子上越冬,成为翌年初侵染源。芝麻播种后,菌核萌发产生菌丝侵入种子和幼芽,带菌核的种子是引起烂种烂芽的主要菌源。在芝麻发育阶段,苗期和盛花期后是两个发病高峰期。菌核在土壤中能存活 2 年之久,因此轮作年限不应少于 3 年。7～8 月份高温多雨季节,病害发生严重。

(4)防治方法　①选用抗病品种。北方可选用驻芝 1 号、驻芝 2 号等抗病品种,南方可选用中芝 5 号、易阳白等抗病品种。②加强栽培管理,注意田间卫生。及时清除田间病残株,精细整地,施足底肥,采用高畦栽培。③实行 3 年以上轮作栽培。不能与其他寄主植物轮作,最好与禾谷类作物轮作。④化学防治。对种子进行消毒,消毒方法是将种子浸入 55℃温水中处理 10 min。或者使用种子重量 0.2％的 40％福美双粉剂拌种。

## 5.9.9 芝麻叶枯病

(1)症状　各芝麻产区均有发生。近年河南一带发病重。主要为害叶片、叶柄、茎和蒴果。叶片染病时,初生暗褐色近圆形至不规则形病斑,大小 4～12 mm,具不明显的轮纹,严重的叶干枯脱落。叶柄和茎染病时,产生梭形斑,后变为红褐色条斑。蒴果染病时,生圆形稍凹陷病斑,呈红褐色。此病蔓延很快,若生长后期遇连阴雨天,仅 20 d 左右即可引致大量落叶,大大降低产量(图5-9-9)。

(2)病原　*Corynespora sesamum*（Sacc.）Goto 称
山扁豆棒孢菌,属棒孢属。此外,叶枯病病原还有一种
*Helminthosporium sesami* Miyake 称芝麻长蠕孢,属半
知菌亚门真菌。该病原分生孢子倒棍棒形,大小(150～
240) $\mu m \times$ (6～8) $\mu m$,梗单生不分枝,常弯曲,有5～9
个隔膜,褐色。

(3)发病规律　病菌以菌丝或分生孢子在病残体内
或种子及土壤中越冬,病叶落于潮湿地面,产生大量分
生孢子。分生孢子借风雨传播,引起叶、茎、蒴果发病。

**图5-9-9　芝麻叶枯病**

田间相对湿度80%以上,平均温度25～28℃时发
病严重。芝麻生育后期,雨日多、降雨量大的年份发病重。

(4)防治方法　①种子处理。选用无病种子或用53℃温水浸种5 min来消毒。②实行轮
作。最好与其他作物轮作栽培。③加强田间管理,注意田间卫生。及时清除病株残体,深翻土
地,适当增施磷、钾、钙肥。选择排水良好的地块种植芝麻,避免枝叶覆盖地面,雨后及时排水,
防止湿气滞留。④化学防治。发病初期用40%多菌灵胶悬剂700倍液,或25%多菌灵可湿性
粉剂500倍液,或70%代森锰锌可湿性粉剂600倍液,或70%甲基托布津可湿性粉剂700倍
液等药剂喷雾防治,最好在花期和封顶前各喷洒1次。

# 5.9.10　芝麻黑斑病

(1)症状　主要为害茎秆和叶片。茎秆染病时,现黑褐色水浸状条斑,症状严重的植株枯
死。叶片染病时,出现圆形或不规则形褐色病斑。田间常见
大病斑和小病斑。前者有同心轮纹,上有黑色霉状物,直径1
～10 mm;后者轮纹不明显,圆形至近圆形,边缘略具隆起,内
部浅褐色(图5-9-10)。

(2)病原　*Alternaria sesami*（Kawamura）Mohanty &
Behera. 异名 *A. sesamicola* Kawamura,称芝麻链格孢,属半
知菌亚门真菌。分生孢子倒棍棒形,黄褐色,单生或串生,具
3～12个横隔膜,0～9个纵隔膜,大小(26～102) $\mu m \times$ (6～
26) $\mu m$,喙长。分生孢子梗黄褐色至暗褐色,具隔膜,不分
枝,大小(32～98) $\mu m \times$ (3.5～6) $\mu m$。病菌生长适温20～
30℃,最适 pH4.5。

(3)发病规律　病菌菌丝存在于病种子种皮内,偶尔进
入胚或胚乳。病菌随种子或蒴果传病。降雨频繁和高湿易
发病;傍晚的相对湿度和日最高温度对该病影响很大;芝麻
生长期时晴时雨或晴雨交替频繁的年份发病重。

**图5-9-10　芝麻黑斑病**

(4)防治方法　①选用抗病品种。因地制宜地选择适合当地种植的抗病品种。用针对性
药剂加新高脂膜拌种,能驱避地下病虫,隔离病毒感染,不影响萌发吸胀功能,提高种子发芽

率。②加强田间管理。合理追肥，多施、增施腐熟的有机肥及磷、钾肥，少施氮肥，并在生长期喷施促花王 3 号抑制主梢旺长，协调植物营养生长、生殖生长平衡，并在抽穗期前喷施壮穗灵，以强化农作物生理机能，提高授粉、受精、灌浆质量，增加千粒重。③化学防治。播种后 30 d、45 d、60 d 喷洒 70%代森锰锌可湿性粉剂 500 倍液或 3：3：500 倍式波尔多液、40%百菌清悬浮剂 500 倍液，并喷施新高脂膜 800 倍液提高药剂有效成分利用率，预防芝麻黑斑病发生。

### 5.9.11　芝麻轮纹病

（1）症状　主要为害叶片，叶上病斑不规则形，大小 2～10 mm，中央褐色，边缘暗褐色，有轮纹（图 5-9-11）。

（2）病原　*Ascochyta sesamicola* P. K. Chi 称芝麻生壳二孢，属半知菌亚门真菌。分生孢子圆柱形至椭圆形，无色透明，多为双胞，少数为单胞，中间隔膜处略缢缩，大小（6～11）μm×（2～4）μm。分生孢子器球形至近球形，器壁浅褐色，膜质，大小 84～104 μm。分生孢子器散生或聚生在寄主感病组织中。

**图 5-9-11　芝麻轮纹病**

（3）发病规律　病原菌以分生孢子器存在于种子和病残体内在土壤中越冬，翌春产生新的分生孢子，成为初侵染源。气温 20～25℃，长期阴雨天气或者相对湿度高于 90%易发病，借风雨传播，花期易染病。

（4）防治方法　①实行轮作。最好与其他作物轮作栽培。②加强田间管理，注意田间卫生。适时间苗，及时中耕，增强植株抗病力。收获后及时清除病残体。雨后及时排水，防止湿气滞留。③播种后 30 d、45 d、60 d 喷洒 70%代森锰锌可湿性粉剂 500 倍液或 3：3：500 倍式波尔多液、40%百菌清悬浮剂 500 倍液、80%喷克可湿性粉剂 600 倍液、50%扑海因可湿性粉剂 1 500 倍液，预防轮纹病发生。

### 5.9.12　芝麻疫病

（1）症状　主要为害芝麻的叶、茎和蒴果。叶片染病时，初生褐色水渍状不规则斑，潮湿状态下病斑扩展快，呈深褐色湿腐状，病斑边缘出现白色霜状霉，干燥时病斑呈黄褐色。在干、湿交替明显的气候条件下，病斑扩展形成大的轮纹圈；病斑在干燥条件下，常收缩成畸形。茎部染病时，病斑初为墨绿色水渍状，随后逐渐变为深褐色病斑，环绕茎部，无明显边缘，潮湿条件下迅速向上下扩展，茎部发病后，严重的常使全株枯死。生长点染病嫩茎收缩变褐枯死，潮湿条件下易腐烂。蒴果染病后，病斑为墨绿色水渍状，后变褐凹陷（图 5-9-12）。

**图 5-9-12　芝麻疫病**

（2）病原　*Phytophthora nicotianae* van Breda

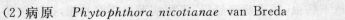

& Haan 异名 *P. nicotianae Breda* var. Sesami Pras.,称烟草疫霉(芝麻疫霉),属鞭毛菌亚门真菌。孢囊梗假单轴分枝,顶端圆形或卵圆形;孢子囊梨形至椭圆形,顶端具乳突,单胞无色,大小(37.4~51) μm×(23.8~27.2) μm,萌发产生游动孢子。卵孢子圆形,平滑,双层壁,黄色,萌发时形成芽管。

(3)发病规律 病菌以菌丝或卵孢子形式存在于病残体上在土壤中越冬,初侵染发生在苗期,病菌从茎基部侵入,10 d 左右病部产生孢子囊。发病始于芝麻现蕾期。病菌产生的游动孢子借风雨传播进行再侵染。菌丝生长适温 23~32℃,产生孢子囊适温 24~28℃,高温高湿气候易发病。

(4)防治方法 ①选用抗病品种。选择优质高产、耐渍、抗病性强品种,如豫芝 8 号、易芝1 号等。②种子处理。播种前用 55℃温水浸种 10 min 或 60℃温水浸种 5 min,晾干后播种。或用五氯硝基苯加福美双拌种(1∶1),用药量占种子重量的 0.5%~1%;或用 0.5%硫酸铜溶液浸种 0.5 h。③实行轮作。芝麻土传病虫害严重,最忌连作,芝麻与棉花、甘薯及禾本科作物实行 3~5 年轮作,能较好地控制病害发生流行。④注意田间卫生。芝麻收割后及时清除田间病残体,集中烧毁或深埋以减少越冬菌源。及时拔除病株,带出田外销毁,防止病菌扩散蔓延。⑤加强栽培管理。合理密植,不可过密。增施基肥,加强肥水管理,基肥以中迟效有机肥为主,并混施磷、钾肥,苗期不施或少施氮肥,培育健苗,使病菌不易侵入。采用高畦栽培,及时清沟排水,防止田间有积水,降低田间湿度。⑥化学防治。在病害发生前喷药保护,或发病初期用药。防治药剂有 37%枯萎立克可湿性粉剂 800 倍液,40%多菌灵悬浮剂 700 倍液,50%甲基托布津可湿性粉剂 800~1 000 倍液,80%硫酸铜可湿性粉剂 800 倍液等。

## 5.9.13 油菜苗期根腐病

(1)症状 主要为害油菜幼苗根部和根茎部,油菜病株靠近地面的茎叶首先出现黑色凹陷病斑,引起未出土或刚出土幼苗茎基部初呈水渍状,在茎基部或靠近地面处现褐色病斑,略凹陷,后渐干缩,根茎部缢缩,致油菜幼苗根茎腐烂。成株期受害后,根茎部膨大,根上均有灰黑色凹陷斑,稍软,主根易拔断,严重时油菜苗全株枯萎(图 5-9-13)。

(2)病原 该病为多种真菌侵染引起。主要病原有 *Alternaria tenuis* Nees 称链格孢、*Fusarium oxysporum* Schlecht 称尖镰孢菌、*Pythium debaryanum* Hesse 称德马利腐霉,此外还有 Sclerotium rolfsii Sacc. 称齐整小核菌。链格孢的分生孢子梗不分枝或分枝,淡橄榄褐色至绿褐色,弯曲,顶端孢痕多个,大小

**图 5-9-13 油菜苗期根腐病**

(5~125) μm×(3~6) μm。尖镰孢菌的子座灰褐色。有大型分生孢子和小型分生孢子两种类型,小型分生孢子一般不与大型分生孢子混生。厚垣孢子球形,平滑或具褶,大多单细胞,顶生或间生,大小 5~15 μm。该菌还可侵染番茄、马铃薯、甜瓜、草莓等。德马利腐霉的菌丝直径约 5 μm,孢子囊球形至卵形,大小 15~27 μm。卵孢子球形,平滑,直径 10~28 μm,壁薄,厚度约 1 μm。齐整小核菌的有性态为 *Athelia rolfsii* (Curzi) Tu. & Kimbrough. 称罗耳阿太

菌,属担子菌亚门真菌。在 PDA 培养基上菌丝体呈辐射状扩展,白色,茂盛。菌丝粗 2～8 μm,分枝不呈直角,具隔膜。菌核初为乳白色,后变浅黄色至茶褐色或棕褐色,球形至卵圆形,大小 1～2 mm,表面光滑有光泽,由 3 层细胞组成,外层棕褐色,表皮层下为假薄壁组织,中间为疏丝组织。

(3)发病规律　链格孢以菌丝体和分生孢子在病残体上或土壤中越冬,翌年产生分生孢子进行初侵染和再侵染。该菌寄主种类多,分布广泛,但寄生性不强,在其他寄主上形成的分生孢子,是该病的初侵染和再侵染源。雨季该病扩展迅速。尖镰孢菌主要以菌丝体、分生孢子及厚垣孢子等在土壤中或种子上越夏或越冬,未腐熟的粪肥也可带菌。病菌随雨水及灌溉水传播,从根尖或根部伤口直接侵入,侵入后经薄壁细胞到达维管束,在维管束中,病菌产生有毒物质堵塞导管,致植株萎蔫枯死。德马利腐霉病菌以卵孢子在土壤中存活或越冬。翌年条件适宜产生孢子囊,以游动孢子侵入寄主或直接长出芽管侵入寄主。齐整小核菌以菌核在土壤中越冬。翌年条件适宜时,以菌丝形式进行初侵染。借水流传播使病害扩展蔓延,进行再侵染。连作、土质黏重、地势低洼地区发病重,高温多湿的季节易发病。

(4)防治方法　①实行轮作。与禾本科作物实行 2～3 年轮作。重病地避免连作。②加强田间管理。及时拔除、烧毁病残株,适当增施充分腐熟有机肥或日本酵素菌沤制的堆肥。③防治传病昆虫。④化学防治。发病初期用敌克松 500～800 倍液喷雾防治,或用培养好的哈茨木霉 0.4～0.45 kg,加 50 kg 细土,混匀后撒覆在病株基部,能有效地控制该病扩展。病穴及其邻近植株淋灌 5% 井冈霉素水剂 1 000～1 600 倍液或 50% 田安水剂 500～600 倍液、20% 甲基立枯磷乳油 1 000 倍液,每株(穴)淋灌 0.4～0.5 L 或用 40% 拌种灵加细沙配成 1∶200 倍药土;每穴 100～150 g,隔 10～15 d 1 次。

## 5.9.14　油菜软腐病

(1)症状　我国芥菜型、白菜型油菜上发生较重。多数病株初时在茎基部或靠近地面的根茎部产生水渍状斑,后逐渐扩展,表现为外叶在中午萎蔫,继之叶柄基部腐烂,略凹陷,表皮微皱缩,表皮下陷,露出菜球。也有的茎基部腐烂并延及心髓,上有污白色菌脓,有恶臭,病株一触即倒或菜球用手一揪即可拎起。后期皮层易龟裂或剥开,内部软腐变空,植株萎蔫而死(图 5-9-14)。

(2)病原　*Erwinia carotovora* subsp. *carotovora* (Jones) Bergey et al. 称胡萝卜软腐欧文氏菌胡萝卜软腐致病变种,属欧式杆菌属的一种细菌,喜高温高湿。菌体短杆状,周生 2～8 根鞭毛,无荚膜,不产生芽孢,革兰氏染色阴性。病菌不耐光照和干燥,在体外存活期为 15 d 左右。生长发育最低温度 4℃,最高温度 38℃,最适温度 25～30℃,适宜 pH 5.3～9.2,中性最适。

图 5-9-14　油菜软腐病

(3)发病规律　该病菌可在病株体内和病残体上繁殖、越冬、越夏,也可潜伏在越冬昆虫体内越冬,翌年病原菌经流水传播。该病菌寄主范围广,该病由土壤带菌传病,易从伤口及其他病痕处侵入,引起初侵染。在寄主发病过程中,病菌先破坏寄主维管束细胞壁,随后进入薄壁细胞扩展为害。病害的发生与品种抗病性、气候条件、管理栽培措施等有关。平畦栽培,田间积水、肥水不足、播种过早、病虫害多,温度高、湿度过大发病重。

(4)防治方法 ①选用抗病品种。发病重的地区,选用青帮类型抗腐病的品种。②实行轮作。避免连作,播前 20 d 耕翻晒土,以减少土壤中病原菌数量。可以和禾本科或豆科植物轮作栽植,特别不能与萝卜、甘蓝、菜花等十字花科连作。③加强田间管理,注意田间卫生。及时清除病残体,用酵素菌沤制的堆肥或充分腐熟的有机肥做基肥。采用高畦栽培,防止冻害,减少伤口。④化学防治。种子提前使用药剂处理。发病初期喷洒 72%农用硫酸链霉素可溶性粉剂 3 000~4 000 倍液或 47%加瑞农可湿性粉剂 900 倍液、30%绿得保悬浮剂 500 倍液、14%络氨铜水剂 350 倍液,隔 7~10 d 1 次,连续防治 2~3 次。

## 5.9.15 油菜立枯病

(1)症状 油菜立枯病又称纹枯病。是油菜上常见病害,各种植区普遍发生,严重影响油菜产量。主要为害叶柄和茎。叶柄染病时,近地面处有凹陷斑,潮湿条件下病斑上产生浅褐色蛛丝状菌丝。茎部染病时,基部初生黄色小斑,后渐成浅褐色水渍状,出现黑褐色凹陷病斑,以后渐干缩,病苗折倒(图 5-9-15)。

图 5-9-15 油菜立枯病

(2)病原 *Phizoctonia solani* Kuhn 称立枯丝核菌 AG2-1 和 AG-4 菌丝融合群,属半知菌亚门真菌。该菌主要以菌丝体传播和繁殖。初生菌丝无色,后为黄褐色,具隔,粗 8~12 $\mu$m,分枝基部缢缩,老菌丝常呈一连串桶形细胞。菌核近球形至不规则形,直径 0.1~0.5 mm,无色或浅褐至黑褐色。担孢子近圆形,大小(6~9) $\mu$m×(5~7) $\mu$m。有性态为瓜亡革菌(*Thanatephorus cucumeris* (Frank)Donk.),属担子菌亚门真菌。

(3)发病规律 病菌以菌核或厚垣孢子在土壤中休眠越冬。翌年地温高于 10℃开始萌发,进入腐生阶段,在适宜发病条件下,该病菌易从伤口、根部的气孔或表皮侵入,使病害发生。病部长出菌丝后向四周继续扩展,有的形成子实体,产生担孢子随风飞散,落到植株叶片上产生病斑,为害植株。该病还可通过雨水或种子传播蔓延。土温 11~30℃、土壤湿度 20%~60%时易发生侵染。高温、连阴雨天多、光照不足、幼苗抗性差易染病。

(4)防治方法 ①选用抗病品种。根据当地立地条件,因地制宜地确定适宜播种品种。不宜在纹枯病重的稻田种油菜。②实行轮作。有条件的可实行 3 年以上轮作。改善耕作制度,根据当地气候,因地制宜地确定适宜播种期,不宜过早播种。③加强田间管理。合理灌溉,播种后遇连续几天高温天气,应及时浇水降低地温,控制该病发生;如遇连阴雨天气,应及时开沟排水,降低田间湿度。科学施肥,施用日本酵素菌沤制的堆肥,也可采用猪粪堆肥,避免偏施氮肥,增强植株抗病力。④化学防治。播种前使用培养拮抗菌 *Bacillus cereas* 对土壤或种子进行处理,可有效地抑制丝核菌。必要时喷洒 70%敌克松可湿性粉剂 600~800 倍液。也可喷洒 20%甲基立枯磷乳油 1 200 倍液。

## 5.9.16　油菜病毒病

(1)症状　全国各油菜产区均有发生。该病症状因油菜类型不同略有差异。白菜型油菜、芥菜型油菜,主要产生叶片出现明脉和沿叶脉退绿,然后产生黄绿相间的花叶,叶片皱缩不平,心叶扭曲,病株明显矮缩,生长缓慢。甘蓝型油菜,则现系统型枯斑,老叶片发病早症状明显,后波及新生叶上。初发病时产生针尖大小透明斑,后扩展成近圆黄斑,中心呈黑褐色枯死斑,坏死斑四周油渍状。茎薹上现紫黑色梭形至长条形病斑,后不断向分枝和果梗上扩展,在茎、角果上产生褐色条斑,植株矮化,角果扭曲,叶片提早枯黄脱落(图5-9-16)。

**图 5-9-16　油菜病毒病**

(2)病原　油菜等十字花科蔬菜的病毒病的毒原系由 Turnip Mosaic Virus(简称 TuMV),称芜菁花叶病毒和 *Cucumber mosaic virus*(简称 CMV),称黄瓜花叶病毒及 Tobacco Mosaic Virus(简称 TMV),称烟草花叶病毒三个类群侵染引起的,其中主要是芜菁花叶病毒,常使油菜减产52%～63%,一般芜菁花叶病毒单独侵染率50%～76%,广西则为24.32%,生产上 TuMV 与 CMV 复合侵染较多,占70.27%,CMV 单独侵染率仅占5.4%。

(3)发病规律　油菜病毒病的传播媒介主要是蚜虫(包括桃蚜、萝卜蚜、甘蓝蚜等)。除十字花科外,还可侵染菠菜、茼蒿、芥菜等。油菜苗期是易感病期,病害发生与气候条件、栽培管理也有很大的关系,若气温在15～20℃,相对湿度70%以下,有利于蚜虫繁殖为害,加速病毒的传播,施氮肥过多、田边杂草多、排水不良的田块发病也重。引起油菜花叶、新生叶皱缩畸形,植株矮小,重病株多在抽薹前死亡。

(4)防治措施　①选用丰产抗病品种。因地制宜地选用抗病毒病的油菜品种,如抗芜菁花叶病毒的有:宁油7号,大仓8001、8007、81-23,当油3号,甘油5号,71-8,730,西南302,崇油202,川油花叶,新都4号,国庆25,红油1号,皖油12、13号,核杂2号,湘杂油1号,黔油双低2号,两优586蓉油3号,甘白油菜,江盐1号,滁油4号,豫油2号,中双4号等抗病毒病品种。②合理栽培管理。调节播种期,根据当年9～10月份雨量预报,确定播种期,多雨年份可适当早播,雨少年份应适当迟播。苗床四周提倡种植高秆作物,可预防蚜虫迁飞传毒。③加强田间管理。合理密植、加强田间肥水管理,增强植株抗病能力,可减轻危害。应将田间杂草铲除干净,并将杂草用于沤肥,以减少病毒病毒源。油菜田尽可能地远离十字花科菜地。④化学防治。用25%种衣剂2号1:50或卫福1:100倍液拌裹油菜,30 d内可控制蚜虫、地下害虫为害,对防治病毒病有效。发病初期喷洒0.5%抗毒丰菇类蛋白多糖水剂300倍液或10%病毒王可湿性粉剂500倍液或1.5%植病灵乳剂1 000倍液、83增抗剂100倍液,隔10 d 1次,连续防治2～3次。及时喷洒40%乐果乳油1 000～1 500倍液或50%马拉硫磷乳油1 000～1 500倍液、50%灭蚜净4 000倍液、20%氰·马乳油6 000倍液防治蚜虫。

## 5.9.17 向日葵菌核病

（1）症状 该病害发生于整个生育期，造成茎秆、茎基、花盘及种仁腐烂。常见的有根腐型、茎腐型、叶腐型、花腐型 4 种，其中根腐型、花腐型受害重。根腐型从苗期至收获期均有发生，苗期染病时，幼芽和胚根生水浸状褐色斑，扩展后腐烂，幼苗不能出土或虽能出土，但随病斑扩展萎蔫而死。成株期染病时，根或茎基部产生褐色病斑，逐渐扩展到根的其他部位和茎，后向上或左右扩展，长可达 1 m，有同心轮纹，湿度大时病部长出白色菌丝和鼠粪状菌核，重病株萎蔫枯死，组织腐朽易断，内部有黑色菌核。茎腐型主要发生在茎的中上部，初生椭圆形褐色斑，后逐渐蔓延，病斑中央浅褐色具同心轮纹，病部以上叶片萎蔫。叶腐型病斑褐色椭圆形，稍有同心轮纹，

图 5-9-17　向日葵菌核病

潮湿时迅速扩展至全叶，天气干燥时病斑从中间裂开穿孔或脱落。花腐型起初花盘背面生褐色水渍状圆形斑，后扩展至全花盘，组织变软腐烂，潮湿条件下长出白色菌丝，菌丝在籽实之间蔓延，最后形成网状黑色菌核，花盘内外均可见到大小不等的黑色菌核，果实不能成熟（图 5-9-17）。

（2）病原 *Sclerotinia sclerotiorum* （Lib.） de Bary 称核盘菌，属子囊菌亚门真菌。菌丝体绒毛状白色，菌核初期白色渐变为浅灰绿色或灰黑色，形状各异。菌核萌发形成子囊盘，子囊盘圆形，褐色，大小 4～9 mm。盘内列生子囊和侧丝。子囊无色，棍棒形，大小（108～135）μm×（9～10）μm，内生子囊孢子 8 个。子囊孢子，单胞，无色，椭圆形，大小（10.2～15.3）μm×（4.6～7.0）μm。分生孢子单胞，无色透明。

（3）发病规律 病菌以菌核在种子、病残体及土壤中越冬。翌年气温回升至 5℃ 以上，土壤潮湿，菌核萌发产生子囊盘，子囊孢子成熟由子囊内弹射出去，借气流传播，以向日葵为寄主生存。在种子上越冬的病菌直接为害幼苗，菌核上长出菌丝侵染茎基部引起腐烂。病菌生长温度 0～37℃，最适 25℃。菌核形成温度 5～30℃，最适 15℃，菌核经 3～4 个月休眠期，从菌核上产生子囊盘。形成子囊盘温度 5～20℃，最适 10℃。菌核埋入土中 7 cm 以上很难萌发。子囊孢子萌发温度 0～35℃，5～10℃ 萌发最快，该菌能侵染 41 科 200 余种植物。春季低温、多雨茎腐重，花期多雨盘腐重。适当晚播，错开雨季发病轻。连作田土壤中菌核量大，病害重。

（4）防治方法 ①选用抗病品种。如龙葵杂 1 号、Ro-924 等。②实行轮作。与禾本科作物实行 5～6 年轮作。③加强田间管理。清除田间病残体，发现病株拔除并烧毁。将地面上菌核翻入深土中使其不能萌发。增施磷钾肥。④化学防治。播种前，用 35～37℃ 温水浸种 7～8 min 并不断搅动，菌核吸水下沉，捞出上层种子晒干。种子内带菌采用 58～60℃ 恒温浸种 10～20 min 灭菌。用种子重量 0.32％ 的 50％ 腐霉利或 40％ 菌核净可湿性粉剂拌种。花盘期喷洒 40％ 纹枯利可湿性粉剂 800～1 200 倍液或 50％ 农利灵可湿性剂 1 000 倍液、50％ 腐霉利可湿性粉剂 1 500～2 000 倍液、70％ 甲基硫菌灵 1 000 倍液、60％ 防霉宝超微可湿性粉剂 1 000 倍液，重点保护花盘背面。

## 5.9.18 向日葵灰霉病

(1)症状 该病在向日葵各生长阶段均可发生,但主要为害花盘。初呈水渍状湿腐,潮湿状态下长出稀疏的灰色霉层,严重时花盘腐烂,不能结实,严重影响产量(图5-9-18)。

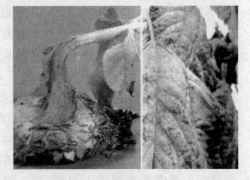

图5-9-18 向日葵灰霉病

(2)病原 *Botrytis cinerea* Pers. ex Fr. 称灰葡萄孢,属半知菌亚门真菌。有性态为 *Botryotinia fuckeliana* (de Bary) Whetzel. 称富氏葡萄孢菌,属子囊菌亚门真菌。病菌的孢子梗数根丛生,褐色,顶端具1～2次分枝,分枝顶端密生小柄,其上生大量分生孢子。分生孢子单胞,近无色,圆形至椭圆形,大小(5.5～16) μm×(5.0～9.25) μm(平均11.5 μm×7.69 μm),孢子梗(811.8～1 772.1) μm×(11.8～19.8) μm。除侵染向日葵外,还侵染番茄、茄子、菜豆、莴笋、辣椒等多种蔬菜。

(3)发病规律 病菌以菌丝、分生孢子和菌核形式附着在病残体上或遗留在土壤中越冬。越冬的分生孢子随气流、雨水及农事操作进行传播蔓延。各时期均可侵染向日葵,以侵染花盘发展最快、危害最大,该病发生温度范围2～30℃,适温17～22℃,相对湿度93%～95%条件下,病菌才能生长和形成孢子。病菌在35～37℃下经24 h即可死亡。

(4)防治措施 ①选用抗病品种。②合理栽培技术。适期播种,花盘期尽量避开雨季;播种前种晒种1～2 d。③加强田间管理。合理密植,提高田间植株透气性;雨后及时排水,防止湿气滞留;并适时中耕除草、灌溉排水、合理施肥,喷施促花王3号促进花芽分化,提高花粉受精质量;在开花前喷施壮穗灵提高受精、灌浆质量,增加千粒重,提高坐果率,使籽实饱满,达到产量提高。④化学防治。播种前用以种子量0.5%的40%菌核净可湿性粉剂拌种驱避地下病虫,隔离病毒感染,提高种子发芽率和出苗率。发病初期应根据植保要求喷施针对性药剂进行防治。

## 5.9.19 向日葵细菌性茎腐病

(1)症状 主要为害茎和葵盘,以茎为主。茎部症状分褐腐和黑腐两种。褐腐型染病组织变褐呈湿腐状,后向上下及髓部扩展,病菌进入髓部后致髓部腐烂变褐,呈糨糊状。木质部、导管组织也逐渐变褐,茎秆开裂、髓部萎缩中空。病茎外部变褐或倒折,这种类型一般发病较早。黑腐型染病处呈水浸状,先呈橄榄绿色,后变黑,病茎部凹陷,呈墨汁状,髓部很快软腐、萎缩变空,病茎外部变黑,呈条状开裂,田间发病较晚的主要是黑腐。花盘染病亦可造成褐腐和黑腐,病部初呈不规则水渍状,褐色或黑色,条件适宜时病情扩展很快,造成整个葵盘褐腐或黑腐,并向茎秆扩展,使葵盘组织崩溃萎缩,只残留纤维和空盘。潮湿条件下全盘腐烂(图5-9-19)。

图5-9-19 向日葵细菌性茎腐病

（2）病原　此病病原有 3 种：*Erwinia carotovora* subsp. *carotovora* (Jones) Bergey et al. 称胡萝卜软腐欧氏杆菌胡萝卜软腐致病变种、*E. carotorora* subsp. *atroseptica* (Van Hall) Dye. 称胡萝卜软腐欧氏杆菌黑腐致病变种、*Pseudomonas caryophylli* (Burkholder) Star and Burkholder 称石竹假单胞菌，均属细菌。3 种细菌在田间经常混合发生，其中 *Erwinia carotovora* subsp. *carotovora* 和 *Pseudomonas caryophylli* 主要引起褐腐型茎腐病，*Erwinia carotovora* subsp. *atroseptica* 主要产生黑腐型症状。胡萝卜软腐欧氏杆菌胡萝卜软腐致病变种菌体杆状，两端钝圆，大小（1.0～2.0）$\mu m$×（0.5～0.7）$\mu m$，周生 2～5 根鞭毛，革兰氏染色阴性，兼性嫌气性。胡萝卜软腐欧氏杆菌黑腐致病变种菌体杆状，大小（1.5～2）$\mu m$×（0.5～0.6）$\mu m$，能链生，无荚膜，无芽孢，周生 2～8 根鞭毛。革兰氏染色阴性，兼性嫌气性。石竹假单胞菌菌体杆状，大小（1.6～1.7）$\mu m$×（0.6～0.75）$\mu m$，极生多根鞭毛，无荚膜，无芽孢，革兰氏染色阴性，体内有聚-$\beta$ 羟基丁酸盐积累，好气性。

（3）发病规律　3 种病原细菌寄主范围广，各处普遍存在，条件适宜时即可引起发病。雨水多、伤口及自然裂口多的条件下发病重，在田间 3 种细菌经常混合发生。

（4）防治措施　①选用抗病品种。因地制宜地选育和推广种植抗病品种。②实行轮作。提倡与非寄主植物实行轮作 3 年以上，减少侵染源。③加强田间管理。科学施肥，合理施氮、磷、钾肥，提高植株抗病力；合理灌溉，雨后注意排水；收获后及时清除病残体，带出田外集中处理。④化学防治。发病初期喷洒 14%络氨铜水剂 350 倍液或 30%碱式硫酸铜胶悬剂 400 倍液、70%甲基托布津可湿性粉剂 1 200 倍液、50%退菌特可湿性粉剂 600 倍液、75%百菌清可湿性粉剂 600 倍液、80%代森锌可湿性粉剂 500～600 倍液、50%多菌灵可湿性粉剂 1 000 倍液。

## 5.9.20　大豆猝倒病和立枯病

（1）症状　猝倒病主要侵染幼苗的茎基部，近地表的幼茎发病初现水渍状条斑，后病部变软缢缩，呈黑褐色，病苗很快倒折、枯死。根染病，病害初期呈现不规则褐斑，严重的引起根腐，地上部茎叶萎蔫或黄化。立枯病的幼苗和幼株主根及近地面茎基部出现红褐色稍凹陷的病斑，皮层开裂呈溃疡状，幼苗受害严重时，茎基部变褐缢缩折倒而枯死或植株变黄、矮小，生长缓慢（图 5-9-20）。

**图 5-9-20　大豆猝倒病和立枯病**

　　(2)病原　　猝倒病病原为 *Pythium aphanidermatum* (Eds.)Fitz. 瓜果腐霉和 *Pythium debaryanum* Hesse 德巴利腐霉,均属鞭毛菌亚门真菌。立枯病病原为 *Rhizoctonia solani* Kuhn 称立枯丝核菌 AG-4 和 AG1-IB 菌丝融合群,有性态为 *Thanatephorus cucumeris* (Frank) Donk 称瓜亡革菌,属担子菌亚门真菌。

　　(3)发病规律　　病菌以卵孢子在 12~18 cm 表土层越冬,并在土中长期存活。翌春季升温后,在适宜条件下萌发产生孢子囊,以游动孢子或直接长出芽管侵入寄主。此外,在土中营腐生生活的菌丝也可产生孢子囊,以游动孢子侵染幼苗引起猝倒。田间的再侵染主要靠病苗上产生孢子囊及游动孢子,借水流传播到贴近地面的根茎上引致更严重的危害。病菌生长适宜温度 15~16℃,适宜发病地温 10℃,温度高于 30℃受到抑制,低温对寄主生长不利,但病菌尚能活动,尤其是育苗期出现低温、高湿条件,利于发病。感病期发生在幼苗子叶养分基本用完,新根尚未扎实之前,这时真叶未抽出,碳水化合物不能迅速增加,抗病力弱,遇有雨、雪等连阴天或寒流侵袭,地温低,光合作用弱,幼苗呼吸作用增强,消耗加大,致幼茎细胞伸长,细胞壁变薄病菌乘机侵入,因此,该病主要在幼苗长出 1~2 片叶之前发生。

　　立枯病病菌以菌核或厚垣孢子在土壤中休眠越冬。翌年地温高于 10℃开始萌发,进入腐生阶段,在适宜发病条件下,该病菌易从伤口、根部的气孔或表皮侵入,使病害发生。病部长出菌丝后向四周继续扩展,有的形成子实体,产生担孢子随风飞散,落到植株叶片上产生病斑,为害植株。该病还可通过雨水或种子传播蔓延。土温 11~30℃、土壤湿度 20%~60%时易发生侵染。高温、连阴雨天多、光照不足、幼苗抗性差易染病。

　　(4)防治措施　　防治大豆猝倒病:①选用抗病品种。选用六月白、州豆 30、鄂豆 4 号等品种。②实行轮作。③加强栽培管理。防治大豆猝倒病施用酵素菌沤制的堆肥和充分腐熟有机肥。合理密植,防止地表湿度过大,雨后及时排水。④化学防治。发病初期开始喷洒 40%三乙膦酸铝可湿性粉剂 200 倍液或 70%乙磷·锰锌可湿性粉剂 500 倍液、58 甲霜灵·锰锌可湿性粉剂 500 倍液、64%杀毒矾可湿性粉剂 500 倍液、18%甲霜胺·锰锌可湿粉 600 倍液、69%安克锰锌可湿性粉剂 1 000 倍液、72.2%普力克水剂 800 倍液,隔 10 d 左右 1 次,连续防治 2~3 次,并做到喷匀喷足。

　　防治大豆立枯病:①做好栽植前准备工作。选用排水良好高燥地块种植大豆,播种前施用石灰调节土壤酸碱度,使种植大豆田块酸碱度呈微碱性,每 667 m² 施生石灰 50~100 kg。②加强田间管理。苗期做好保温工作,防止低温和冷风侵袭,浇水要根据土壤湿度和气温确定,严防湿度过高,一般上午进行浇水。有条件的施用 5406 抗生菌肥料或 SH 土壤添加物,主要成分为甘蔗渣、稻壳、贝壳粉、尿素、硝酸钾、过磷酸钙、矿灰等。③化学防治。施用移栽灵混剂,杀菌力强,同时能促进根系对不利气候条件的抵抗力,能从根本上防治立枯病的发生和蔓延。

## 5.9.21　大豆茎枯病

　　(1)症状　　茎枯病分布在东北、华北等各地,多发生于大豆植株生育的中后期。主要为害茎部,最初发生于茎下部,以后逐渐向上发展,渐蔓延到茎上部。病斑长椭圆形,灰褐色,以后扩大呈黑色条斑;落叶后收获前植株的茎上症状最为明显(图 5-9-21)。

　　(2)病原　　*Phoma glycines* Saw. 称大豆茎点霉,属半知菌亚门真菌。分生孢子器球形或

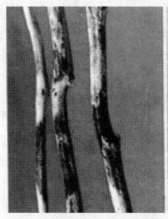
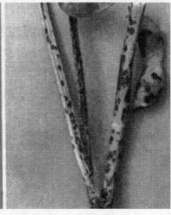

图 5-9-21　大豆茎枯病

近球形,散生或聚生在表皮下,器壁膜质,褐色,孔口周围的细胞暗褐色,直径 105~280 μm;分生孢子球形或椭圆形,单胞,无色,两端钝圆,内含 2 个油球,大小为(2~4) μm×(2~3) μm。

(3)发病规律　病菌以分生孢子器在病茎上越冬,翌年初侵染植株,借风雨进行传播蔓延。

(4)防治措施　①选用抗病品种。②加强栽培管理。及时清除病株残体,秋翻土地将病株残体深埋土里,减少菌源。

## 5.9.22　大豆疫霉根腐病

(1)症状　大豆各生育期均可发病。出苗前染病引起种子腐烂或死苗。出苗后染病引致根腐或茎腐,造成幼苗萎蔫或死亡。成株染病后茎基部变褐腐烂,病部环绕茎蔓延至第 10 节,下部叶片叶脉间黄化,上部叶片退绿,造成植株萎蔫,凋萎叶片悬挂在植株上。病根变成褐色,侧根、支根腐烂(图 5-9-22)。

(2)病原　*Phytophthora megasperma* f. sp. *glycinea* Kuan & Erwin 称大雄疫霉大豆专化型,属鞭毛菌亚门真菌。有性态产生卵孢子。卵孢子球形,壁厚,单生在藏卵器里。雄器侧生。卵孢子发芽长出芽管,形成菌丝或孢囊。孢囊无乳状突起,萌发后形

图 5-9-22　大豆疫霉根腐病

成游动孢子或直接萌发生出芽管。形成游动孢子适温 15℃,最低 5℃,孢子囊直接萌发适温 25℃。卵孢子在水中 4 d 后萌发,每天需光照 2 h 以上。24~27℃卵孢子萌发率高达 78%,15℃或 30℃萌发率只有 8%~9%。该菌已划分出 24 个生理小种。

(3)发病规律　病菌以卵孢子在土壤中越冬成为该病初侵染源。带有病菌的土粒被风雨传播到大豆上能引致初侵染,积水土中的游动孢子遇上大豆根以后,先形成休止孢子,后萌发侵入,产生菌丝在寄主细胞间蔓延,形成球状或指状吸器汲取营养,同时还可形成大量卵孢子。土壤中或病残体上卵孢子可存活多年。卵孢子经 30 d 休眠才能发芽。湿度高或多雨天气、土壤黏重,发病严重。重茬地易发病。

(4)防治措施 ①选用抗病品种。根据当地小种选择具抵抗力的抗病品种。②种子处理。播种前用种子重量 0.3% 的 35% 甲霜灵粉剂拌种。③加强栽培管理。播种时沟施甲霜灵颗粒剂，使大豆根吸收可防止根部侵染。及时深耕及中耕培土。雨后及时排除积水防止湿气滞留。④化学防治。必要时喷洒或浇灌 25% 甲霜灵可湿性粉剂 800 倍液或 58% 甲霜灵·锰锌可湿性粉剂 600 倍液、64% 杀毒矾可湿性粉剂 900 倍液。必要时可喷洒植物动力 2003 或多得稀土营养剂。

## 5.9.23 大豆菟丝子为害大豆

(1)症状 大豆苗期受害，菟丝子以茎蔓缠绕大豆，产生吸盘伸入寄主茎内汲取养分，致受害大豆茎叶变黄、矮小、结荚少，严重的全株黄枯而死。

(2)病原 菟丝子有两种。*Cuscuta chinensis* Lam. 称中国菟丝子和 C. australis R. B 称欧洲菟丝子。属寄生性种子植物。种子椭圆形，大小 $(1\sim1.5)$ mm $\times(0.9\sim1.2)$ mm，浅黄褐色。中国菟丝子茎细弱，黄化，无叶绿素，其茎与寄主的茎接触后产生吸器，附着在寄主表面吸收营养，花白色，花柱 2 条，头状，萼片具脊，脊纵行，使萼片现出棱角。欧洲菟丝子藤线状，右旋缠绕，幼嫩部分初黄色，后渐变花白色，蒴果扁球形，吸器卵圆形，与中国菟丝子很相似。两者主要区别：欧洲菟丝子萼片背面光滑无脊，雄蕊着生于 2 个花冠裂开间弯曲处，蒴果成熟后，花冠仅包住蒴果下半部，破裂时呈不规则开裂；中国菟丝子萼片背面具纵脊，雄蕊与花冠裂开互生，蒴果成熟后被花冠全部包住，破裂时呈盖裂（图 5-9-23）。

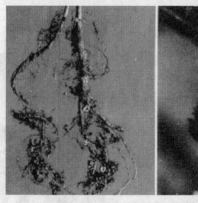

**图 5-9-23 大豆菟丝子为害大豆**

(3)发病规律 菟丝子种子可混杂在寄主种子内及随有机肥在土壤中越冬，其种子外壳坚硬，经 1~3 年才发芽，在田间可沿畦埂地边蔓延，遇合适寄主即缠茎寄生为害。

(4)防治措施 ①播种干净种子。精选种子，防止菟丝子种子混入。②实行轮作。受欧洲菟丝子为害的地方，可实行与玉米轮作或间作。③加强田间管理，注意田间卫生。摘除菟丝子藤蔓，带出田外烧毁或深埋。深翻土地 21 cm，以抑制菟丝子种子萌发。锄地，在菟丝子幼苗未长出缠绕茎以前锄灭。④施用净肥。推行厩肥经高温发酵处理，使菟丝子种子失去发芽力或沤烂。杜绝粪肥传播此病。⑤化学防治。喷洒鲁保 1 号生物制剂，使用浓度要求每毫升水中含活孢子数 3 000 万~4 000 万个，每 667 m² 用 2.5 L，于雨后或傍晚及阴天喷洒，隔 7 d 1 次，连续防治 2～3 次。在喷药前,如能破坏菟丝子茎蔓,人为制造伤口,防效明显提高。

# 5.10　蔬菜植物病害

## 5.10.1　番茄晚疫病

番茄晚疫病是露地和保护地栽培番茄上的重要病害之一。该病发病后扩展迅速,流行性强,如遇 7～8 月份多雨季节病害极易发生和流行。除为害番茄外,还可为害马铃薯等多种茄科植物。

(1)症状　主要为害番茄幼苗、叶、茎和果实。以叶和青果受害最重。苗期发病,叶片上产生淡绿色水浸状病斑,边缘生白色霉层,病斑扩大后呈褐色,病斑由叶向茎蔓延,使幼茎呈水浸状,缢缩,变黑,常使幼苗折倒萎蔫。成株期发病,一般从中下部叶片开始发病,逐渐向上部叶、茎蔓延。叶片受侵染,其叶尖或叶缘开始呈不规则的暗绿色水渍状病斑,边缘不明显,后病斑渐变褐色,湿度大时,叶背的病、健交界处有一圈白霉层。如果条件适宜,病斑继续扩展至整片叶并霉烂。茎及叶柄受害,初呈水浸状斑点,病斑呈暗褐色或黑褐色腐败状,很快绕茎及叶柄一周呈软腐状缢缩或凹陷。潮湿时表面生有稀疏霉层,引起病部以上枝叶萎蔫。果实发病,近果柄处形成油浸状暗绿色病斑,渐变为暗褐色至棕褐色,边缘明显呈云纹状,病部较硬,一般不变软,潮湿时长出少量白霉,迅速腐烂。

(2)病原　致病疫霉 *Phytophthora infestans* (Mont.) de Bary,属鞭毛菌亚门、疫霉属真菌。菌丝分枝,无色无隔,多核。病斑上的白霉层是病菌的孢囊梗和孢子囊。孢囊梗单根或成束由气孔伸出,无色。孢子囊为无色、单胞、卵圆形,顶生或侧生;孢子囊不产生游动孢子,直接产生芽管侵入寄主,低温下萌发释放游动孢子。游动孢子肾形,双鞭毛,水中游动片刻后静止,鞭毛收缩,变为圆形休止孢。休止孢萌发产生芽管侵入寄主。卵孢子不多见,病原形态见图 5-10-1。

(3)发病规律　病菌主要以菌丝体在马铃薯块茎中越冬,或在冬季棚室栽培的番茄上为害,有时可以厚垣孢子在落入土中的病残体上越冬,为翌年发病的初侵染来源。孢子囊借气流或雨水传播,从气孔或表皮直接侵入,在田间形成中心病株。病菌的营养菌丝在寄主细胞间或细胞内扩展蔓延,经 3～4 d 潜育,病部长出菌丝和孢子囊,借风雨传播蔓延,进行多次再侵染,引起病害流行。

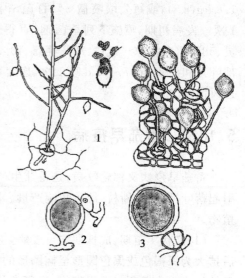

**图 5-10-1　番茄晚疫病**
1.孢子梗、孢子囊和游动孢子　2.雄器侧生
3.雄器包围在藏器基部

晚疫病是一种危害性大、流行性强的病害。发生轻重与气候条件关系密切,低温高湿是病害发生和流行的主要因素。降雨的早晚,雨日多少,雨量大小及持续时间长短是决定该病发生和流行的重要条件。在番茄的生育期内,温度条件容易满足,病害能否流行与相对湿度密切相关。在相对湿度 95%～100% 且有水滴或水膜条件下,病害易流行。田间地势低洼,排灌不良,过度密植,行间郁闭,导致田间湿度大,易诱发此病。土壤瘠薄,追肥不及时,偏施氮肥造成植株徒长,或肥力不足,植株长势衰弱,利于发病。凡与马铃薯连作或邻茬地块易发病。此外,番茄品种间抗病性存在明显差异。

(4)防治方法　应以推广抗病品种为基础,并结合消灭中心病株、药剂防治和改进栽培技术等综合措施。

1)选育和利用抗病品种　番茄的不同品种对晚疫病的抗病能力有很大差别。国内的品种有跃进,虎头,康华 1 号、3 号、8 号,文胜 2 号、3 号,青海 3 号,渝红 2 号,中蔬 4 号、中蔬 5 号,佳红,中杂 4 号、6 号以及从国外引入的德友 1 号,荷兰 5,波友 1 号等都是较抗病的品种,可因地制宜地选种。

2)实行轮作　重病田与非茄科作物实行 2～3 年以上轮作,选择土壤肥沃、排灌良好的地块种植番茄。

3)加强栽培管理　合理施肥,氮、磷、钾配合使用;合理密植,避免植株徒长,保持植株健壮,增强植株抗力;选择地势较高、排水良好的沙壤土种植,合理灌溉,雨季及时排水,降低田间湿度;及时整枝打杈和绑架,适当摘除底部老叶、病叶,改善通风透光条件;中心病株出现应立即清除病叶就地深埋;保护地番茄从苗期开始严格控制生态条件,防止棚室高湿条件出现。

4)药剂防治　在出现中心病株后立即喷药(尤其是在中心病株周围 100 m 内),保护地采用烟雾法和粉尘法防病,傍晚关闭大棚或温室,施用 45% 百菌清烟剂,每公顷用药 1.5～1.8 kg(a.i)或每公顷喷撒 5% 百菌清粉尘剂 0.75 kg(a.i),第二天通风换气,隔 9 d 左右 1 次。发病初期,喷施下列杀菌剂:百得富、72.2% 普力克、80% 必备、40% 疫霜灵、25% 甲霜灵、58% 雷多米尔－锰锌、72% 赛露、40% 甲霜铜、64% 杀毒矾、72% 克露等,注意保护植株中下部叶片和果实,隔 7～10 d 喷 1 次,连续 4～5 次。保护地用药掌握在上午 10 点以后,喷药后通风散湿。

## 5.10.2　番茄早疫病

番茄早疫病又称轮纹病,是番茄生产上的重要病害之一。全国各地均有发生,发病严重时引起落叶、落果和断枝,严重影响产量。除为害番茄外,还为害马铃薯、茄子、辣椒和曼陀罗等植物。

(1)症状　苗期、成株期均可发病,主要侵害叶、茎、花、果实。叶片初呈针尖大的小黑点,后扩大为深褐色或黑色圆形至椭圆形的病斑,边缘多具浅绿色或黄色晕环,中部现同心轮纹,且轮纹表面生毛刺状不平坦物,病斑常从植株下部叶片开始,逐渐向上蔓延,发病严重时植株下部叶片全部枯死。茎部染病,多在分枝处产生褐色至深褐色不规则圆形或椭圆形病斑,同心轮纹不明显,表面生灰黑色霉状物,即分生孢子梗和分生孢子;叶柄受害,生椭圆形轮纹斑,深褐色或黑色。青果受害,始于花萼附近,初为椭圆形或不定形褐色或黑色斑,稍凹陷,有同心轮纹,后期果实开裂,病部较硬,密生黑色霉层,病果常提早脱落。

（2）病原　病原为茄链格孢菌 *Alternaria solani*（E. et M.）Jones et Gro 侵染所致。属半知菌亚门、链格孢属真菌。分生孢子梗自气孔伸出，单生或簇生，圆筒形，有1～7个隔膜，暗褐色，分生孢子长棍棒状，顶端有细长喙黄褐色，具纵、横隔膜，大小（120～296）μm×（12～20）μm。病菌生长温度范围很广 1～45℃，最适宜温度为 26～28℃（图 5-10-2）。

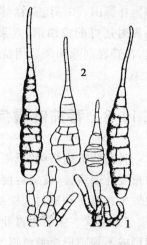

**图 5-10-2　番茄早疫病菌**
1.分生孢子　2.分生孢子梗

（3）发病规律　病菌主要以菌丝体和分生孢子在病残体上越冬，还可以分生孢子附着在种子表面越冬，成为翌年发病的初侵染源。翌年春天条件适宜时，产生的分生孢子通过气流和雨水传播，分生孢子在常温下可存活 17 个月。病菌一般从气孔或伤口侵入，也能从表皮直接侵入。在适宜的环境条件下，病菌侵入寄主组织后一般 2～3 d 就可以形成病斑，3～4 d 后病部产生大量的分生孢子传播并进行多次再侵染。

温、湿度与发病密切相关，温度保持 15℃左右，相对湿度在80％以上，病害开始发生。气温保持 20～25℃，病情发展最快。露地栽培重茬地，地势低洼，排灌不良，栽植过密，贪青徒长，通风不良发病较重。此外，植株长势与发病有关，早疫病在苗期和成株期均可发病，但大多在结果初期开始发生，结果盛期发病较重；老叶一般先发病，幼嫩叶片衰老后才发病。水肥供应良好，植株生长健壮，发病轻；植株长势衰弱，早疫病发生危害严重。

（4）防治方法

1）选栽抗病品种　粤农 2 号、早雀钻、小鸡心、茄抗 5 号、奥胜、奇果、矮立红、密植红、荷兰5 号等品种较抗病，可以选栽。也可以利用杂交种，北京早红与奥农 2 号杂交，或北京早红与满丝杂交，其杂种一代具有较强的抗病力。

2）种子处理　从无病植株上采收种子。如种子带菌，可用 52℃温汤浸 30 min，取出后摊开冷却，然后催芽播种。

3）轮作　选择两年没种过茄科作物的土地作苗床。避免与其他茄科作物连作，重病田实行与非茄科作物 2～3 年轮作。

4）加强栽培管理　合理密植，及时绑架、整枝和打底叶，利于通风透光。番茄生长期间应增施磷、钾肥，特别是钾肥，或使用蔬菜专用肥，做到盛果期不脱肥，提高寄主抗病性。露地番茄注意雨后及时排水，清除落叶、残枝和病果，结合整地搞好田园卫生。保护地番茄重点抓生态防治，应重点调整好棚内湿度，尤其是定植初期，闷棚时间不宜过长，防止棚内湿度过大、温度过高，减缓该病发生蔓延。

5）药剂防治　防治早疫病应掌握在发病前即开始喷药预防。发病前开始喷洒50％扑海因可湿性粉剂 1 000～1 500 倍液或 75％百菌清可湿性粉剂 600 倍液、58％甲霜灵·锰锌可湿性粉剂 500 倍液、64％杀毒矾可湿性粉剂 500 倍液、50％双扑可湿性粉剂 800 倍液。发病初期用 3％农抗 120 水剂 150 倍液或 2％武夷霉素 150～200 倍液喷雾，隔 5～7 d 喷 1 次，连喷 2～3 次。保护地番茄在发病初期喷撒 5％百菌清粉尘剂，每公顷用药 750 g，隔 9 d 喷 1 次，连续3～4 次，或用 45％百菌清或 10％速克灵烟剂，每公顷用药分别为 1.5 kg 和 0.35 kg；还可喷洒下列杀菌剂：10％普诺、75％百菌清、50％扑海因、80％喷克、1.5％多抗霉素、50％加瑞农等。

番茄茎部发病会造成断枝,对产量影响很大,可用高浓度药液涂病茎,如用 1.5% 多抗霉素、50% 扑海因、70% 代森锰锌、50% 托布津涂刷,隔 7～8 d 1 次,对早疫病有较好的治疗作用。必要时还可配成油剂,效果更好。有些地区采用刮治的方法,即对茎部或分枝处已发病的部位,在轻轻刮除病斑后用抗菌剂"401"、50% 托布津可湿性粉剂 500 倍液涂刷,也有较好的治疗效果。

## 5.10.3　番茄叶霉病

番茄叶霉病俗称"黑毛",在我国的东北、华北、华东各省都有发生。该病是保护地番茄上的重要叶部病害,发病后使叶片变黄枯萎,影响番茄产量和品质。严重时可减产二三成。该病仅发生在温室和塑料大棚栽培环境中的番茄上。

(1)症状　主要为害叶片,严重时也可为害茎、花和果实。叶片发病,初期叶片正面出现椭圆形或不规则形淡黄色退绿斑,边缘不明显,叶背面病斑上长出灰紫色至黑褐色的绒状霉层,是病菌的分生孢子梗和分生孢子。湿度大时,病叶正面也长出霉层。随病情扩展,叶片由下向上逐渐卷曲,整株叶片呈黄褐色干枯,发病严重时可引起全株叶片卷曲。嫩茎及果柄上的症状与叶上相似,并可延及花部,引起花器发病。果实发病,果蒂附近或果面形成黑色圆形或不规则形斑块,硬化凹陷,不能食用。

(2)病原　病原为 *Fulvia fulva* (Cooke) Cif.,属半知菌亚门、褐孢霉属,分生孢子梗成束从气孔伸出,初无色,后呈褐色,大部分细胞上部偏向一侧膨大。其上产生分生孢子,产孢细胞单芽生或多芽生,合轴式延伸。分生孢子串生,孢子链通常分枝。分生孢子圆柱形或椭圆形,初无色,单胞,后变为褐色,双细胞(图 5-10-3)。

(3)发病规律　病菌以菌丝体或菌丝块在病残体内越冬,也可以分生孢子附着在种子表面或菌丝潜伏于种皮越冬。翌年条件适宜时,从病残体上越冬的菌丝体产生分生孢子借气流传播引起初侵染,另外,播种带菌的种子也可引起初侵染。该病有多次再侵染,冬季病菌在保护地番茄上可继续繁殖为害,直接传播到苗床或露地番茄上为害。病菌萌发后,从寄主叶背面的气孔侵入,菌丝在细胞间蔓延,并产生吸器伸入细胞内吸取水分和养分,形成病斑。环境条件适宜时,病斑上又产

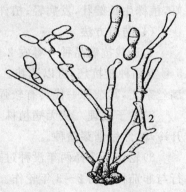

**图 5-10-3　番茄叶霉病菌**
1.分生孢子　2.分生孢子梗

生大量分生孢子,进行不断再侵染。病菌也可从萼片、花梗的气孔侵入,并能进入子房,潜伏在种皮上。一般地势低洼,通风不良,种植过密的地块,多雨高湿,温度适宜的条件下,病害发生严重。保护地湿度偏高,春大棚遇上连阴天或连雨天,加之放风不及时,棚内温暖、湿度大,更使病害迅速发展蔓延。

(4)防治方法　在加强栽培管理的基础上,及时喷药防治,控制病害的发生。

1)无病田采种和种子处理　设无病留种田,避免种子带菌。市购种子进行 53℃ 温水浸种 30 min,晾干后催芽播种。2% 武夷霉素、硫酸铜浸种,或用种子重量 0.4% 的 50% 克菌丹拌种。

2)选播抗病品种　番茄品种间对叶霉病的抗性具有明显差异。现有品种中双抗 2 号,抗

病粉佳,佳红,沈粉3号等较为抗病。重病田应与其他蔬菜间隔3年以上轮作。

3)温室或大棚的消毒 发病严重的温室,在定植前进行硫黄烟熏处理,按每110 m²面积,用硫黄250 g加锯末500 g,拌匀后分放几处,点燃后密闭烟熏几小时,定植后用45%百菌清烟雾剂,每公顷3 750 g。如果先密闭大棚使棚温升至20℃以上处理,效果更好。

4)加强栽培管理 采用双垄覆盖地膜及膜下灌水的栽培方式,可增强土壤湿度,降低棚内空气湿度,抑制番茄叶霉病的发生;对于棚室番茄采用生态防治法,如控制棚内温湿度,适时通风,适当控制浇水,水后及时排湿。露地番茄注意田间的通风透光,不宜种植过密,并适当增施磷、钾肥,提高植株的抗病能力。雨季要及时排水,以降低田间湿度,及时整枝打杈,摘除老叶病叶,增强通风。发病重的地区,应与其他作物实行3年以上轮作。

5)药剂防治 发病初期,及时喷药保护,喷药要喷在叶片背面。有效药剂有:50%扑海因可湿性粉剂1 500~2 000倍液,2%武夷霉素水剂150倍液、50%多·硫悬浮剂800倍液、75%百菌清可湿性粉剂600倍液以及70%甲基硫菌灵、60%防霉宝超微粉、47%加瑞农、80%大生M-45等。隔7~10 d喷1次,视病情连续喷施2~3次,每公顷用药液750 L。保护地番茄在傍晚时封闭棚室,用45%百菌清烟剂3~3.75 kg/hm²熏蒸,或喷撒7%叶霉净粉尘剂,或5%百菌清粉尘剂或10%敌托粉尘剂,隔8~10 d 1次,每公顷15 kg,连续或交替轮换使用。

## 5.10.4 番茄病毒病

番茄病毒病是番茄生产上的重要病害之一,在我国番茄产区普遍发生,危害严重。一般春番茄每年大约减产30%,夏、秋番茄损失更为严重,有的年份或局部地块几乎绝收,严重影响番茄生产。

(1)症状 番茄病毒病田间症状多种多样。在同一植株上有时会同时出现两种或两种以上不同症状类型。常见的症状类型有:花叶型、条斑型和蕨叶型3种,其中以条斑病对产量影响最大,其次为蕨叶病。

1)花叶型 田间常见的症状有两种:一种是在番茄叶片上引起轻微花叶或微显斑驳,植株不矮化,叶片不变小,只是在较嫩的叶片上出现深绿与浅绿相间的斑驳,对产量影响不大;另一种番茄叶片有明显花叶,随后新叶变小,叶脉变紫,叶细长狭窄,扭曲畸形,植株矮化,下部多卷叶,基部已坐果的果小质劣,多呈花脸状,对产量影响较大。

2)条斑型 病株上部叶片呈现或不呈现深绿色与浅绿色相间的花叶症状。植株茎秆上中部初生暗绿色下陷的短条纹,后变为深褐色下陷的油渍状坏死条斑,逐渐蔓延扩大,以致病株萎黄枯死。病果畸形,果面散布不规则形褐色下陷的油渍状坏死斑。有时先从叶片开始发病,叶脉坏死或散布黑褐色油渍状坏死斑,后随叶柄蔓延至茎秆,在茎秆上形成条斑状病斑。

3)蕨叶型 症状多发生在植株上部,上部新叶细长呈线状,生长缓慢,叶肉组织退化,甚至不长叶肉,仅剩下主脉,形成蕨叶。病株一般明显矮化,中下部叶片向上卷起,严重的卷成管状。全株腋芽所发出的侧枝都生蕨叶状小叶,上部复叶节间短缩,呈丛枝状。发病早时,植株不能正常结果。

(2)病原 我国报道的主要有6种:烟草花叶病毒 Tobacco mosaic virus(TMV)、黄瓜花叶病毒 Cucumber mosaic virus(CMV)、马铃薯 X 病毒 Potato virus X(PVX)、马铃薯 Y 病毒 Potato virus Y(PVY)、烟草蚀纹病毒 Tobacco etch virus(TEV)、和苜蓿花叶病毒 Alfalfa mosaic virus(AMV),也可能是多种病毒引起复合侵染。我国北方以 TMV 为主,南方以 CMV 为主,长江中下游地区以 TMV 和 CMV 为主。春番茄上以 TMV 为害为主,秋番茄上以 CMV 为主,春、秋番茄上均存在有 TMV 和 CMV 的复合侵染。

(3)发病规律　烟草花叶病毒寄主范围很广,可以在多种多年生的植物和宿根性杂草上越冬。还可附着于番茄种子表面果肉残屑上,少量可侵入种皮内和胚乳中越冬;此外,还可以在干燥的烟叶和卷烟中越冬,以及寄主的病残体中存活相当长的时期。所以,带毒的卷烟和寄主的病残体也可以成为病害的初次侵染来源。TMV 具有高度的传染性,可接触传染,主要通过田间各项农事操作(移栽、整枝、打杈、中耕、锄草等)传播病毒,但蚜虫不传毒。近年来,国外许多报道都涉及 TMV 的土壤传播,烟草花叶病毒的土壤传播是以土中残存的病毒通过植物根、茎、叶的伤口直接侵入的接触传播为特点。黄瓜花叶病毒由多种蚜虫传播,但以桃蚜为主,主要在多年生的植物和宿根性杂草上越冬,如鸭跖草、紫罗兰、反枝苋、刺儿菜等,这些植物在春季发芽后蚜虫随之发生,通过蚜虫的取食与迁飞,将病毒传播到附近的番茄地里,引起番茄发病。

(4)防治方法　防治原则是选用抗病、耐病品种,加强栽培管理技术,防治蚜虫、避免传毒,结合使用抗毒剂等综合措施。

1)选栽抗病品种　这是防治番茄病毒病的根本措施。目前国内先后培育出了许多抗耐 TMV 和 CMV 的品种,如强丰、丽春、中蔬 4 号、中蔬 5 号、佳红、早丰、佳粉 10 号、毛粉 802、双抗 2 号、542 粉等,各地可因地制宜选用。

2)种子处理　种子在播种前先用清水浸泡 3~4 h,再放在 10%磷酸三钠溶液中浸种 20~30 min,捞出后用清水冲洗干净,催芽播种。还可用肥皂水搓洗种子 4~6 min,再在 0.1%高锰酸钾溶液中浸 10~15 min,这样,可以去除附在种子表面的烟草花叶病毒。

3)加强栽培管理　实行 2 年以上轮作,避免与茄科蔬菜尤其是番茄连作。结合深翻,促使带毒病残体腐烂。适时播种,培育壮苗。育苗阶段加强管理,定植前 7~10 d 可用矮壮素灌根。定植后适当蹲苗,促进根系发育;施足底肥,增施磷钾肥,实施根外追肥,提高植株抗病性。花叶病在发病初期用 1%过磷酸钙或 1%硝酸钾作根外追肥,可提高耐病性。坐果期,避免缺水缺肥;农事操作时,如在进行分苗、定植、整枝、绑蔓、打杈时,有病的和无病的分开操作,避免人为传播;接触病株后,要及时用肥皂水或 10%磷酸三钠溶液消毒洗手;苗期、缓苗后和坐果初期,喷增产灵或喷 NS-83 增抗剂,促使植株健壮生长提高抗病力。

4)早避蚜、治蚜　抓紧苗期及定植至第一穗果膨大前防治蚜虫。用银灰膜全畦或畦梗覆盖,或用银灰膜做成 8~10 cm 的银灰条拉在大棚架上,利用银灰膜反光驱避蚜虫,以减少蚜传 CMV。也可种植屏障作物避蚜,隔 3~4 畦番茄间种 1 行玉米(50~60 cm 1 株)。另外使用杀虫剂防治蚜虫,减少病毒的传播。同时要及时清除田边、地坎杂草,邻作蔬菜也要及时喷药灭蚜。

5)药剂防治　发病初期喷施 2%宁南霉素、20%毒病毒、1.5%植病灵、20%病毒 A、抗毒剂 1 号等,每隔 10 d 喷 1 次,连续喷 3 次。

## 5.10.5　瓜类白粉病

白粉病是为害瓜类的一大病害。全球及我国南北菜区均有发生,主要为害黄瓜、丝瓜、冬瓜、南瓜、西葫芦、西瓜、甜瓜等葫芦科作物。如果防治不当，则会造成严重减产，甚至失收。

（1）症状　白粉病主要为害瓜类的叶片，也为害叶柄、茎蔓，而瓜果则较少染病。叶片染病，从植株下部叶片起发生，发病初始时在叶面或叶背产生白色粉状小圆斑，后逐渐扩大为不规则形，边缘不明显的白粉状霉层粉斑，这是病菌的菌丝体、分生孢子梗和分生孢子。幼茎也有相似症状。后期霉层变灰白色，长出许多黑色小粒点，这是病菌的有性世代闭囊壳，病叶组织变为黄褐色而枯死。叶柄和茎蔓染病，同样在病部会长出一堆堆白粉状霉层，严重时可使叶柄或茎蔓萎缩枯干。

（2）病原　病菌是由子囊菌亚门白粉菌属和单囊壳属两种真菌：葫芦科白粉菌 *Erysiphe cucurbitacearum* 和瓜类单囊壳 *Sphaerotheca cucurbitae* 引起的，后者比前者更为常见（图 5-10-4）。两种白粉菌寄主范围广，除葫芦科作物外，还可侵染向日葵、车前草、蒲公英、月季等多种植物。

（3）发病规律　病菌常以闭囊壳随病残体在田间越冬。在冬季有保护地栽培的地区，病菌也可以分生孢子和菌丝在被害寄主植物上越冬，并不断进行再侵染。翌年春天，越冬后的闭囊壳释放子囊孢子或菌丝上产生的分生孢子，在温、湿度适宜时萌发产生菌丝在寄主表皮扩展蔓延，以吸器伸入寄主表皮细胞内汲取营养和水分。条件适宜，病部又产生分生孢子，借气流和雨水飞溅传播，进行多次再侵染。至晚秋或生长后期，在受害部位再次形成闭囊壳越冬。空气相对湿度大，温度在 20～24℃ 时，最利于白粉病的发生和流行。保护地瓜类白粉病发生较露地为重。土壤缺水，灌溉不及时，光照不足，浇水过多，施肥不足，氮肥过量，管理不当，植株徒长，通风不良，排水不畅等均有利于白粉病的发生。

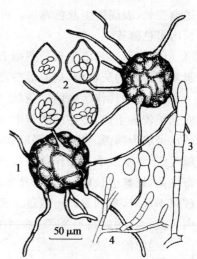

**图 5-10-4　瓜类白粉病菌**
1.闭囊壳　2.子囊　3.分生孢子
4.分生孢子梗（仿李洪连）

（4）防治方法

1）选用抗病品种　一般抗霜霉病的品种也抗白粉病，北方型品种以津杂、津春、津研系列较抗白粉病。

2）加强田间管理　注意通风透光，施足底肥及时追肥，合理浇水，防止植株徒长和早衰。

3）药剂防治　发病初期可选用下列杀菌剂：15％粉锈宁、62.25％仙生、45％特克多、2％抗霉菌素、2％武夷霉素、40％多硫悬浮剂、福星、特富美、70％甲基硫菌灵、多·硫悬浮剂、高脂膜、农抗 120、Bo-10 等喷雾防治。多种药剂交替使用，以免产生抗药性。大棚、温室等保护地瓜类定植前，先用硫黄粉或百菌清或三唑酮烟雾剂熏蒸，每 50 m³ 棚室用硫黄粉 120 g，加锯末250 g，盛于花盆内，分放几点，傍晚密闭棚室，暗火点燃锯末熏一夜；也可用 45％百菌清烟剂6 kg/hm²，15％三唑酮烟剂 11.5～13.5 kg/hm² 熏蒸。

## 5.10.6　瓜类灰霉病

灰霉病是严重为害棚室瓜类生产的一种侵染性病害，病菌主要为害幼瓜，其次是叶和茎，尤以黄瓜危害更为严重，一般损失在 30％ 以上。

（1）症状　黄瓜灰霉病主要为害幼瓜，也侵染叶、茎。幼瓜发病，病菌多从开败的雌花侵入，雌花受害后花瓣呈水浸状腐烂，并密生灰色至淡褐色霉层，进而向幼瓜扩展，致脐部呈水渍状，幼花迅速变软、萎缩、腐烂，表面密生灰色霉层，并扩展至整个瓜条，病瓜停止生长继而腐烂或脱落。叶部发病，大部分是由病花落下引起，形成灰褐色圆形或不规则大病斑，中央褐色，表面长出灰色粉状霉。烂瓜或烂花附着在茎上时，能引起茎部腐烂，严重时下部茎的节腐烂致蔓折断，植株枯死。

在南瓜、西葫芦上，主要为害花、幼果、叶、茎和较大的果实。花和幼实的蒂部初为水浸状，逐渐变软，表面密生灰色霉层。叶上产生大圆形病斑，形成轮纹和灰霉。果实萎缩腐烂，有时长出黑色菌核。

（2）病原　病菌为灰葡萄孢 *Botrytis cinerea*，属半知菌亚门、葡萄孢属真菌。该病菌可引起多种作物的灰霉病，病原形态可参见图 5-1-3 月季灰霉病菌。

（3）发病规律　病菌以菌丝、分生孢子或菌核附着在病残体上，或遗留在土壤中越冬。分生孢子较耐干燥，能在病残体上存活 4～5 个月。由于病菌寄主多，其他蔬菜上产生的分生孢子也可成为菌源。病菌主要以病组织接触传染，分生孢子和从其他菜田汇集来病菌分生孢子随气流、雨水及农事操作传播蔓延。黄瓜开花结瓜期是该病侵染和烂瓜的高峰期，灰霉菌为弱寄生菌，植株生长弱，病势明显加重。春季连阴天多，气温不高，棚内湿度大，结露持续时间长，放风不及时，发病重。一般过于密植，氮肥施用过多或缺乏，灌水过多，通风透光不好，均易使病害流行。棚温高于 31℃，病情不扩展。

（4）防治方法

1）选用抗病品种　牟瓜 1 号对黄瓜灰霉病的抗性较强，在重病区，可把推广牟瓜 1 号当做防治灰霉病的重要措施之一。

2）加强田间管理　无菌土育苗，可采用 50％多菌灵 8～10 g 与 15 kg 干细土配成药土撒施；定植田应进行 2 年以上轮作。推广高畦覆地膜或滴灌栽培法，控制棚室内湿度。生长前期及发病后，适当控制浇水，多中耕，提高棚温，降低湿度，尽量减少顶棚滴水。及时整枝绑架，摘除植株下部老叶，增加通风透光。苗期果实膨大前 1 周及时摘除病叶、病花、病果，保持棚室干净。防止蘸花传病，可在配好的蘸花药液中按有效量 0.1％加入多菌灵或速克灵，一并蘸花和防病处理。收获后彻底清除病残，深翻，重病田可在盛夏休闲时深翻灌水，将水面漂浮物捞出深埋或烧毁。

3）药剂防治　棚室发病初期可采用烟雾法或粉尘法防治。烟雾法用 10％速克灵或疫霉净或 45％百菌清烟剂，每公顷用药 333～375 g，熏 3～4 h。粉尘法于傍晚喷撒 10％灭克粉或 5％百菌清粉或 10％杀霉灵粉尘剂，每公顷用制剂 1 kg，隔 9～11 d 1 次，连续或与其他防治方法交替使用 2～3 次。棚室或露地发病初期还用喷洒方法防治。常用杀菌剂有：50％速克灵可湿性粉剂 2 000 倍液、50％扑海因（异菌脲）可湿性粉剂 1 500 倍液或 50％托布津可湿性粉剂 500 倍液等。上述杀菌剂预防效果好于治疗效果，发病后应适当加大用药量，为防止产生抗药性提倡轮换交替或复配使用。一些生产上对扑海因和速克灵产生抗药性的地区，建议采用 65％甲霉灵，防效好于速克灵，同时 6.5％的甲霉灵粉尘的防效又好于可湿性粉剂。也可用多氧霉素、抑菌灵等药交替使用或混用。

## 5.10.7　瓜类枯萎病

瓜类枯萎病又称蔓割病、萎蔫病,是瓜类作物上一种重要的土传病害,全国各地都有发生。可为害多种瓜类作物,以黄瓜、西瓜、冬瓜、苦瓜发病最重,病害流行时可使瓜田出现大量死藤,减产可达30%以上。

(1)症状　整个生育期都可发病。幼苗发病,子叶变黄萎蔫,重病株枯萎,茎基部变褐缢缩,多呈猝倒状。成株期发病一般在开花结果后表现症状,初期病株叶片从下向上逐渐萎蔫,似缺水状,中午更为明显,早晚尚能恢复,经数日后整株叶片枯萎下垂,不再恢复常态。茎蔓基部稍缢缩,常纵裂,溢出琥珀色胶体物。在潮湿环境下,茎基部表面常产生白色或粉红色霉层。将病茎纵切剖视,维管束呈褐色。

(2)病原　病菌由镰刀菌 *Fusarium oxysporum* 侵染所致,属半知菌亚门镰刀菌属真菌(图 5-10-5)。根据对不同瓜类的侵染力差异分为 4 个专化型:①黄瓜专化型。*F. oxysporum* f. sp. *cucumarinum* 主要为害黄瓜,能轻度感染西瓜、冬瓜。②西瓜专化型。*F. oxysporium* f. sp. *niveum* 主要侵染西瓜,也可侵染甜瓜,很少侵染黄瓜。③甜瓜专化型。*F. oxysporum* f. sp. *melonis* 侵染甜瓜,也侵染黄瓜。④丝瓜专化型。*F. oxysporum* f. sp. *luffae* 主要侵染丝瓜。

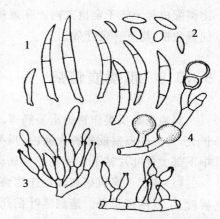

**图 5-10-5　瓜类枯萎病菌(尖孢镰刀菌)**
1.大型分生孢子　2.小型分生孢子(仿李洪连)
3.分生孢子梗　4.菌丝和厚垣孢子

(3)发病规律　病菌主要以菌丝和厚垣孢子在土壤、病残体、种子及未腐熟的带菌粪肥中越冬,成为翌年的初侵染来源。病菌的生活力极强,在土壤中可存活5~6年,厚垣孢子通过牲畜的消化道后仍能存活。种子带菌作为老病区的初侵染来源是次要的,但通过调种远距离传病的作用不可忽视。病菌通过根部伤口或直接从侧根分枝处的裂缝及幼苗茎基部裂口侵入,以菌丝或寄主产生的侵填体等堵塞导管,另外病菌还能分泌毒素干扰寄主代谢系统,使植株细胞中毒死亡,并使导管变褐色。病菌靠灌溉水、土壤耕作及地下害虫和土壤线虫在田间传播。地下害虫和土壤线虫既可以传病,又可制造伤口和降低植株抗病性,有利于病菌传染和病害发生。

瓜类枯萎病其发生与土壤性质,耕作栽培,灌水施肥等密切相关。连作地病重,轮作地病轻。酸性土壤,土质黏重,地势低洼,土壤冷湿,土层瘠薄,耕作粗放等均有利于发病。不同品种的抗病性有一定差异。

(4)防治方法

1)选用抗病品种　因地制宜地筛选抗病良种。黄瓜品种有:津研5号、津研7号、津杂1号、津杂2号、津杂3号、津杂4号,津春4号、春丰2号、早丰2号、中农5号等。西瓜品种有伊姆、多利、京欣1号、京抗1号、京抗2号、京抗3号、郑抗1号、郑抗2号、郑抗3号等。选用时应考虑兼抗其他主要病害。

2)加强栽培管理瓜田翻晒土壤　高畦深沟,施足优质有机底肥,整平畦面利于雨后排水降湿。开花结瓜后不可脱肥,适当增施磷、钾肥。发现病株及时拔除。

3)轮作　最好与非瓜类作物轮作 2～3 年,或与水稻轮作 1 年。

4)培育壮苗　选用优质种子,52℃温水浸种 10 min,催芽播种。用无病新土育苗,营养钵分苗,培育子叶肥大、叶色浓绿、茎粗节短、根系集中的无病壮苗。

5)嫁接防病　瓜类枯萎病菌具有明显的专化型,据此特点,选用一些不能被本专化型病菌侵染的瓜苗作砧木,与生产栽培的瓜苗嫁接起到防病的作用。目前,西瓜除用黑籽南瓜作砧木外,还可采用葫芦进行嫁接。黄瓜采用黑子南瓜作砧木进行嫁接防病,多采用靠接或插接法进行。

6)药剂防治　用 15%多菌灵：盐酸：0.1%平平加：水,按 1：5：0.5：500 的比例配制后常温下浸种 1 h,捞出冲洗后再浸到冷水中 3 h 后,催芽播种。播前重病地或苗床地要进行药剂处理,每平方米苗床用 50%多菌灵 8 g 处理畦面。用多菌灵或重茬剂：干土按 1：100 的比例配成药土施于定植穴内。在发病前或发病初用多菌灵、施保功、重茬剂、双效灵、瓜枯宁药剂等灌根,均有一定疗效。

## 5.10.8　瓜类炭疽病

炭疽病是瓜类作物的重要病害之一,全国各地普遍发生。近年来,随着保护地面积的不断扩大,北方的温室或塑料大棚内,瓜类炭疽病的发生有上升的趋势,病害流行年份常造成植株中下部大量叶片枯干。果实产生病斑降低品质或完全失去商品价值。

(1)症状　炭疽病在瓜类作物整个生长期内均可发生,但以植株生长中后期发生最重,为害叶片、茎蔓和瓜果。造成茎叶枯死,果实腐烂,收获后在贮运过程中也可发病。不同瓜类其症状稍有差异。

1)西瓜　幼苗发病,子叶上出现圆形褐色病斑,发展到幼茎基部变为黑褐色,且缢缩,甚至倒折,但病斑部位较立枯病高。成株期发病,在叶片上出现水浸状圆形淡黄色斑点,后变褐色,有时有紫色晕圈和同心轮纹,干燥时易破碎穿孔,潮湿时病斑正面生粉红色黏稠物或黑色小点,茎蔓和叶柄受害,初为黄褐色水渍状,后变黑色长圆形病斑,微凹陷,病斑绕茎或叶柄一周,病斑以上部分萎蔫枯死。果实受害,初为暗绿色水渍状斑点,后扩大呈褐色圆形凹陷斑,凹陷处常龟裂,潮湿时生粉红色黏稠物。幼瓜受害,畸形或腐烂。

2)黄瓜　受害症状与西瓜相似,但叶上病斑呈红褐色,有黄色晕圈。成熟瓜条易受害,病瓜弯曲变形,病斑圆形,黄褐色,稍凹陷。

3)甜瓜　果实受害,病斑较大,显著凹陷,开裂常生粉红色黏稠物。

(2)病原　病原有性态为 *Glomerella cingulata* var. *orbicularis Jenkins*, W. et Mc Combs. 属子囊菌亚门、小丛壳属,自然条件下很少见。无性态为瓜类炭疽菌 *Colletotrichum orbiculare* (Berk. et Mont.)Arx,属半知菌亚门炭疽菌属,异名为 *C. lagenarium* (Pass.) Ell. et Halst.。病斑上散生的黑色小点即病菌的分生孢子盘,产生在寄主表皮下,成熟后突破寄主表皮外露。分生孢子盘中散生有暗褐色的刚毛;分生孢子梗圆筒状,无色,单胞,分生孢子长圆或卵圆形,单胞,无色,分生孢子聚集成堆后呈粉红色黏状物(图 5-10-6)。

(3)发病规律　病菌主要以菌丝体和拟菌核随病残体在田间越冬,种子表面附带的菌丝体也可越冬。病菌还能在温室或大棚内旧木料上腐生。翌年长出分生孢子通过风雨溅散或昆虫传播,在适宜条件下分生孢子萌发长出芽管进行初次侵染引起发病。若种子带菌,播种出苗后即可引起子叶发病。由病斑上形成的分生孢子盘再产生大量新的分生孢子,经流水、雨水、昆虫或人为活动传播可频频进行再侵染,使病害扩展蔓延。摘瓜时瓜果表面携带的分生孢子,在贮运中也能萌发侵染造成瓜果发病。

高温、多雨、潮湿的天气利于此病的发生和流行。另外,管理不当,氮肥过量,排水不畅,田间湿度高,土壤瘦瘠,种植密度过大,植株衰弱,瓜类作物连作或邻作,病菌来源多等,都有利于诱发炭疽病,品种不同抗病性也有差异。

(4)防治方法

1)选种抗病品种 不同品种抗病性有差异,抗炭疽病的黄瓜品种有碧春、农大秋棚1号、中农2号、中农5号等;西瓜品种有郑抗8号、海农6号、新澄1号、新克等。

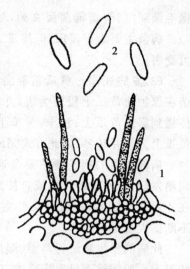

**图 5-10-6 瓜类炭疽病菌**
1. 分生孢子盘 2. 分生孢子(仿李洪连)

2)选用无病种子和种子消毒 要从无病植株、健康瓜内采种;如种子可能带有病菌,应进行种子浸种消毒,种子消毒采用 50~51℃ 温水浸种 20 min 或 100 倍液的冰醋酸浸种 30 min 或 100 倍福尔马林液浸种 30 min 或硫酸链霉素加水稀释 100~150 倍浸种 10 min 或用 70%甲基托布津可湿性粉剂 700 倍液浸种 30 min 后洗净,再催芽播种。

3)加强栽培管理 选择排水良好的沙壤土种植,覆膜栽培,与非瓜类作物实行 3 年轮作或与水稻轮作 1 年,注意清除田间病残体;施足优质有机底肥,注意合理密植,合理灌水。保持良好的通风透光条件,防止空气湿度过大,避免大水漫灌,结瓜期及时补充追肥。

4)药剂防治 发病初期可选喷的药剂有:70%霉奇洁、75%百菌清、25%施保功、70%甲基硫菌灵、60%拓福、50%福美双、80%普诺、50%多福合剂、80%炭疽福镁、80%大生 M-45、4%抗霉菌素、80%山德生等。隔 7~10 d 喷 1 次,连喷 3~4 次。保护地还可用 45%百菌清烟剂 3.75~4.5 kg/hm² 熏蒸或喷撒 5%百菌清粉尘剂,或 65%甲霉灵和克炭疽等粉尘剂 15 kg/hm² 等。

## 5.10.9 黄瓜霜霉病

黄瓜霜霉病又称为"火龙"、"跑马干"。我国各地都有发生,露地和保护地栽培的黄瓜常受此病危害。在适宜发病条件下,病害流行速度极快,短时间即可使叶片变黄枯死,减产高达 30%~50%。

(1)症状 主要为害叶片。正面呈现不规则退绿黄斑,潮湿条件下病斑背面产生灰黑色霉层;随病情发展,子叶变黄干枯。成株期发病,多在植株进入开花结瓜以后,通常从下部叶片开始发生。发病初期,叶背出现水浸状病斑,早晨或潮湿时更为明显,后病斑扩大呈黄绿色,渐变为黄色至褐色,受叶脉限制病斑多角形,不穿孔。湿度大时病斑背面产生灰黑色至紫黑色霉层(孢囊梗和孢子囊)。病重时常多个病斑连片使叶片变黄枯干。在抗病品种的叶片上病斑小,圆形,发病慢,霉层稀少。

(2)病原 病原为古巴假霜霉菌 *Pseudoperonospora cubensis* (Berk. et Cert.) Rostr.,属

鞭毛菌亚门、假霜霉菌属真菌,是一种专性寄生菌(图 5-10-7)。病菌主要为害黄瓜,但甜瓜、南瓜、丝瓜、冬瓜、苦瓜等也可受害。

　　(3)发病规律　黄瓜霜霉病菌在我国北方地区,冬季病菌在保护地黄瓜上侵染为害,并产生大量孢子囊,翌年逐渐传播到露地黄瓜上;秋季,黄瓜上的病菌再传到冬季保护地黄瓜上为害并越冬,以此方式完成周年循环。

　　病部产生的孢子囊主要是通过气流和雨水传播。孢子囊萌发后,从寄主的气孔或直接穿透寄主表皮侵入。潜育期在 4~10 d,随后,病斑上又产生孢子囊进行多次再次侵染,不断扩大蔓延为害。

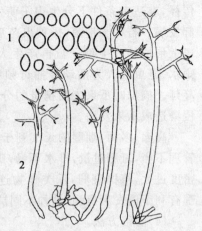

**图 5-10-7　黄瓜霜霉病菌**
1.孢囊梗　2.孢子囊(仿李洪连)

　　此病的发生和流行与温、湿度关系密切。黄瓜生长期间的温度一般能够满足发病要求,所以湿度是决定发病与否和流行程度的关键因素。多雨、多露、多雾、昼夜温差大、阴晴交替等气候条件有利于该病的发生和流行。保护地霜霉病的发生除与上述条件有关外,还受棚室内小气候条件的影响,棚室内湿度过高,昼夜温差大,夜间易结露,该病会严重发生。栽培措施是决定霜霉病发生程度的一个重要因素,尤其在保护地更是如此。靠近温室、大棚及苗床附近的黄瓜发病早且病重;地势低洼,栽培过密,通风透光不良,肥料不足,浇水过多,植株徒长,地表潮湿等都发病重。保护地管理操作不当,放风排湿时间不够,晚上闭棚过早,叶面水膜形成多,霜霉病发生就重。黄瓜不同品种对霜霉病的抗性差异很大。一般早熟品种、品质好的品种抗病性差。

　　(4)防治方法

　　1)选用抗病品种　抗病性较好、品质优良的露地栽培的品种有:中农 2 号、中农 6 号、中农 8 号,津杂 3 号、津杂 4 号、京旭 2 号等;保护地栽培的品种有:津春 3 号、津春 4 号、津杂 2 号、中农 7 号、碧春等。各地可因地制宜地选用。

　　2)加强栽培管理　地块要深耕整平,根据土壤肥力采用配方施肥技术。选择地势较高、排水良好、离温室或塑料大棚较远的地块栽种露地黄瓜。培育和选用壮苗,定植后在生长前期适当控制浇水,适时中耕,以促进根系发育。有条件的地方采用滴灌和膜下暗灌技术,避免大水漫灌。生长后期叶面喷 0.1% 尿素加 0.3% 磷酸二氢钾,或喷施宝每毫升对水 11~12 kg,可提高抗病性。另外,喷施 1% 红糖或蔗糖溶液,也可减轻病害发生。

　　3)药剂防治　在发病初期进行药剂防治。有效药剂有乙膦铝·锰锌、霜霉威、克霜氰、霉奇洁、普力克、北方露丹、百菌清、赛露、安克锰锌、克露、山德生、扑霉特等。保护地还可用烟雾法或粉尘法进行防治,常用的烟剂有霜霉清、疫霉净、百菌清等;粉尘剂有防霉灵、百菌清、多百等。为避免产生抗药性,杀菌剂要交替使用。

　　4)生态防治　保护地黄瓜可采用生态防治来控制霜霉病。即利用黄瓜与霜霉病菌生长发育对环境条件要求不同,创造利于黄瓜生长发育,抑制病原菌的方法达到防病目的。具体方法是:上午日出后使棚温迅速升至 25~30℃,湿度降到 75% 左右,有条件的早晨可排湿 30 min,实现温、湿度双控制,既抑制了发病,同时又满足了黄瓜光合作用的条件,增强了抗病性。下午,温度上升及时放风,使温度下降到 20~25℃,湿度降到 70% 左右,实现温度单控制。傍晚,放风2～3 h,使上半夜温度降至15～20℃,湿度保持在70%左右,既控制了湿度,不利于发病,又创造了利于光合产物输送和转化的温度条件。下半夜由于不通风,湿度上升至85%以上,但温度降至12～13℃,低温对霜霉病的发生不利,对黄瓜生理活动也无影响,当夜间温度高于12℃时,即可整夜通风,实现温、湿度双控制。

## 5.10.10 茄子黄萎病

茄子黄萎病又称凋萎病,俗称"半边疯","黑心病",是茄子生长过程中的重要病害之一,各地普遍发生。近几年来在部分地区呈加重发生的趋势,尤其是保护地栽培发病迅速,且病情严重,严重影响了茄子的产量和品质。一般病田发病率为50%～70%,减产20%～30%,重病田发病率达90%以上,减产近40%,严重时甚至毁棚绝产。此病除为害茄子外,还可侵染番茄、辣椒、马铃薯、瓜类及棉花、烟草等38科100多种植物。

(1)症状 茄子黄萎病在定植不久即可发病,但门茄坐果后开始显现症状。多自下而上或从一边向全株发展。发病初期,叶缘或叶脉间退绿变黄,渐渐发展至半边叶或整个叶变黄,或黄化斑驳,或呈掌状黄斑。发病早期,晴天中午前后病叶呈现凋萎,早晚尚能恢复。随着病情的发展,不再恢复。病株上的病叶由黄渐变成黄褐色向上卷曲,凋萎下垂以致脱落。重病株叶片往往落光,植株呈光秆或仅剩几张心叶。植株可全株发病,或从一边发病,半边正常,故称"半边疯"。重病株果实小,质硬,长茄呈弯曲状,果皮皱缩干瘪。剖检病株根、茎、分枝及叶柄等部,可见维管束变褐色。剖开成熟果实可见其维管束变黄褐色。但挤压各剖切部位,未见混浊乳液渗出,与茄青枯病区分。

(2)病原 病原为大丽轮枝孢 *Verticillium dahliae* Kelb.,属半知菌亚门轮枝孢属。菌丝体初无色,老熟时变褐色,有隔膜。能形成厚垣孢子或聚集形成拟菌核。分生孢子梗直立,较长,有2～4层轮状分枝,每层分枝有3～5枝,在顶端和分枝顶端产生分生孢子。分生孢子单胞,椭圆形,无色(图5-10-8)。

(3)发病规律 病菌以休眠菌丝、厚垣孢子和微菌核随病残体在土壤越冬,成为翌年的初浸染源。土壤中病菌可存活6～8年,微菌核可存活14年。病菌也能以菌丝体和分生孢子在种子内越冬,是病害远距离传播的主要途径。病菌通过混有病残体的肥料、带菌土壤和茄科杂草,借风、雨、人、畜及农具传到无病田。翌年病菌从根部的伤口或直接从幼根表皮、根毛浸入,后在维管束繁殖,并扩展到枝叶,该病在当年不进行重复浸染。温暖高湿有利于该病害的流行,发病适温为20～30℃,在此温度范围内,湿度越高,发生越严重。在茄子始花期至盛果期若雨水多,或土地低洼,容易渍水。井水漫灌,或灌水后遇暴晴天气,水分蒸发快,造成土壤干裂伤根。土质黏重,多茬连作,地温偏低或过高;施用未腐熟有机肥或缺肥以及土壤中线虫和地下害虫为害等均有利于病害的发生发展。

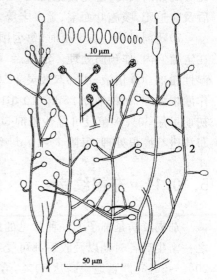

**图5-10-8 茄子黄萎病菌**
1. 分生孢子 2. 分生孢子梗

(4)防治方法

1)选用抗(耐)病品种 如河南许昌紫茄(Ⅱ6B077)、昆明长茄(Ⅱ6B0358)、辽宁紫长茄(Ⅱ6B0540)、江苏盐城吉长茄(Ⅱ6B0990)、黑龙江齐茄3号、长茄1号,龙杂茄1号等较抗病。

2)无病地或健株采种及种子处理 在无病地应抓好无病田耕种工作,做到自留自用或从无病田采种或从无病区调种,严禁从病区引种,引入种子应做好种子处理。播种前种子用50%多菌灵500倍液浸种2 h,或用种子重量的0.2%的80%福美双或50%克菌丹拌种,或55℃温水浸种15 min,冷水冷却后催芽、播种。

3)采用穴盘育苗 选用净土、净肥或无病营养土穴盘育苗,穴盘苗1穴1株,植株分布均匀,营养土养分充足,通透性好,故菜苗粗壮,根系发达,起苗定植时一般不伤根或伤根轻,栽后无返苗期,增强了抗病性。

4)实行轮作倒茬 旱地轮作以4~5年为宜,避开其他茄科植物与瓜类作物茬口,与韭菜、葱蒜类轮作较好;水旱轮作1年为宜,如与水稻轮作一年即可收到明显效果。

5)嫁接防病 据资料记载,茄子嫁接苗抗黄萎病、青枯病能力强,发病率能降低4.7%~34.5%砧木可选用赤茄、托鲁巴姆等。嫁接方法以劈接法、贴接法(斜切接)为好。

6)加强栽培管理 定植地早翻耕整地,保护地提早扣棚烤田。在10 cm土层土温稳定在15℃以上时,选晴天中午抓紧定植,定植时要精心操作,尽量减少根系出现伤害。定植后,以促进伸根发棵为中心,前期要注意提高土温,增加土壤通透性。为此,灌水宜勤浇小水,晴天灌水,不灌过冷井水。灌水后及时中耕,茄子生长期间要通过灌水保持土表湿润而不龟裂为宜。勤中耕,前期以增加土温为目的的中耕可稍深些;后期以保墒防裂为目的的中耕可浅些。施足充分腐熟的粪肥,避免偏施氮肥,增施磷、钾肥。追肥量要适当,避免化肥烧伤根系。门茄收获后及时追肥,喷施叶面宝、爱多丰等,提高植株抗病力。

7)药剂防治 在定植时,每公顷用50%多菌灵可湿性粉剂5 kg拌细土100 kg成药土,撒在定植穴内,作预防处理。定植后,可用70%敌克松可湿性粉剂500倍液或用50%多菌灵可湿性粉剂500倍液、10%双效灵1 500倍液、70%甲基硫菌灵500倍液等喷洒根部和地面,或作灌根处理,每株灌0.25 kg,10 d 1次,连续灌2~3次,能收到较好的防病增产效果。在发病初期可用50%多菌灵可湿性粉剂500倍液作喷雾处理或喷洒硝基黄腐酸盐,用70%甲基托布津进行灌根处理,每隔7~10 d喷(灌)1次,连续喷(灌)2~3次。

## 5.10.11 茄褐纹病

茄褐纹病是茄子上一种常见的病害,此病仅为害茄子。在我国分布广泛,是北方三大茄病之一。生产各时期以及收后都可受害,常引起死苗、枯枝和果腐,其中果腐损失最大,一般损失20%~30%,严重地块高达80%,给菜农造成严重的经济损失。

(1)症状 茄褐纹病虽然从苗期到果实成熟期均可发病,但因发病部位不同可分为幼苗猝倒或立枯、枝干溃疡、叶斑和果腐等不同症状。幼苗受害,茎基部出现黑褐色凹陷病斑,当病斑环绕茎周时,病部缢缩,导致幼苗猝倒死亡,大苗则立枯。成株期感病,叶片形成白色小斑点,以后逐渐扩大为不规则形病斑,边缘深褐色,中间浅黄色,其上着生许多小黑点,呈轮纹状排列或散生。茎部受感染出现溃疡病斑,病斑边缘深褐色,中央灰白色,上面密生小黑点,以后病部凹陷、干腐,皮层脱落,木质部外露,风吹易折断,后枯死。果实感病,最初在表面形成褐色病斑,呈圆形或椭圆形,稍凹陷,后扩大到全果,斑面产生同心轮纹,密生黑色小粒点,病果后期软腐脱落,或留在枝上呈干腐状僵果。

(2)病原 茄褐纹拟茎点霉 *Phomopsis vexans*(Saccardo et Sydow)Har.,属半知菌亚门真菌。有性世代 *Diaporthe vexans*(Sacc. et Syd.)称茄间座壳菌,属子囊菌亚门真菌。有性世代少见。茄褐纹拟茎点霉分生孢子器寄生于寄主表皮下,成熟后突破表皮外露。孢子器近球形,凸出孔口,壁厚而黑。分生孢子单胞,无色,有两种形态:在叶片上,分生孢子椭圆形或纺锤形;在茎上,分生孢子呈线形或拐杖形。上述两种分生孢子可长在同一个或不同的分生孢子器内(图 5-10-9)。

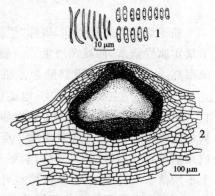

**图 5-10-9 茄子褐纹病菌**
1. 两种类型的分生孢子 2. 分生孢子器

(3)发病规律 病菌以分生孢子器附着在种子表面,或以菌丝体潜伏于种皮内,或随病株残体在土壤中越冬,一般可存活 2 年以上。带病种子是翌年幼苗的初次侵染来源。土壤带菌可引起茎部溃疡,种子带菌常引起幼苗猝倒和立枯。茄子植株感病后,病部产生的分生孢子通过风、雨及昆虫进行传播和再侵染,如条件适宜即引起病害流行。夏季高温多雨,湿度大,栽植地低洼易涝,土质黏重,排水不良,茬地连作,偏施氮肥,生长过密,通风透光差,均易引起发病。

(4)防治方法

1)选用抗病品种 通常长茄子比圆茄子抗病,白皮茄、绿皮茄比紫皮茄抗病。如北京线茄、成都竹丝茄、吉林羊角茄、天津二㧾、铜川牛角茄、灯泡茄、白荷包茄、吉林白、牛心茄等发病少。

2)选播无病种子和进行种子消毒 设无病留种田或由无病株上采种。买来种子应进行消毒,其方法是用 55℃温水浸种 15 min 或 50℃温水浸种 30 min,取出后凉水冷却,晾干播种。或 1 份 50%福美双可湿性粉剂,加 1 份 50%苯菌灵可湿性粉剂,再加 3 份泥粉制成混粉,用种子干重的 0.1%拌种。

3)进行苗床灭菌 育苗最好每年不重茬或用新苗床土。旧苗床必须进行土壤处理,每平方米用 50%多菌灵可湿性粉剂 10 g,或 50%福美双可湿性粉剂 8 g,加细干土 20 kg 拌匀,播种时一半药土铺底,一半药土盖种。

4)加强栽培管理 重病区采取 3～5 年轮作。起垄栽培,覆盖地膜,调节氮、磷、钾肥配比,施足底肥,雨季排水,生长中后期实行小水勤浇,及时清除病株残叶,减少病源,培育壮苗,增强植株抗病性,降低发病,减少损失。

5)实施药剂防治 幼苗期或发病初期,喷用 58%甲霜灵锰锌可湿性粉剂 500 倍液、64%杀毒矾可湿性粉剂 500 倍液、40%甲霜铜可湿性粉剂 700 倍液、70%代森锰锌可湿性粉剂 600 液,或 75%百菌清可湿性粉剂 600 倍液以及 1∶1∶200 波尔多液。每隔 7 d 左右喷 1 次,连喷 2～3 次。

## 5.10.12　茄子绵疫病

茄子绵疫病又称疫病,俗称"烂蛋",是茄子三大病害之一,全国各地普遍发生。常造成茄子果实腐烂滴落,而减产严重。一般年份病果率在 20%～30%,如遇 7～8 月份多雨年份,烂果率高达 50%以上。此病除为害茄子外,还可侵染番茄、辣椒、马铃薯、黄瓜等多种蔬菜。

(1)症状　主要为害果实,也能侵染幼苗叶、花器、嫩枝、茎等部位。苗期发病,造成猝倒死亡。果实发病,近地面的果实先发病,初期果实腰部或脐部出现水渍状圆形病斑,后扩大呈黄褐色至暗褐色,稍凹陷半软腐状。湿度大时,病部表面长出茂密的白色棉絮状菌丝,迅速扩展,病果落地很快腐败;幼果发病,病果呈半软腐状,果面遍布白色霉层,形成黑褐色僵果留挂在枝上不脱落。叶片发病,多从叶缘或叶尖开始,初期病斑呈水渍状、褐色、不规则形,常有明显的轮纹。潮湿条件下病斑扩展迅速,形成无明显边缘的大片枯死斑,病部生有白色霉层。干燥时病斑边缘明显,叶片干枯破裂。嫩枝感病多从分枝处或由花梗及果梗处发生,病斑初呈水渍状,后变褐色以致折断,上部枝叶萎蔫枯死。

(2)病原物　病原菌为 *Phytophthora parasitica* Dastur. ,为鞭毛菌亚门真菌。孢囊梗无色纤细,不分枝。孢子囊无色,卵圆形,大小为(18～76) μm×(15～60) μm。孢子囊顶端乳头状突起明显。游动孢子卵形,双鞭毛,大小为(10～14) μm×(6～8) μm。病菌的有性时期是在病组织内产生雄器和藏卵器,经结合后在藏卵器内形成卵孢子。藏卵器球形,薄壁,无色,直径 21～25 μm。卵孢子球形,厚壁,淡黄褐色,直径 19～22 μm,直接萌发为芽管,芽管生长为菌丝,病原形态可参见图 5-10-1 番茄晚疫病。

(3)发病规律　病菌以卵孢子随病残组织在土壤中越冬。翌年卵孢子经雨水溅到茄子果实上,萌发长出芽管,芽管与茄子表面接触后产生附着器,从其底部生出侵入丝,穿透寄主表皮侵入,后病斑上产生孢子囊,萌发后形成游动孢子,借风雨传播,形成再侵染,秋后在病组织中形成卵孢子越冬。病菌生长发育适宜温度 28～30℃,适宜发病温度为 30℃,相对湿度 85%,有利于孢子形成,湿度 95%以上菌丝生长旺盛。在适宜条件下,病果经 24 h 即显症,64 h 即可再侵染。因此,高温多雨,湿度大成为此病流行条件。地势低洼,水位较高,土壤黏重及雨后水淹,管理粗放和杂草丛生的地块,发病重。

(4)防治

1)选用抗病品种　如兴城紫圆茄、通选一号、贵州冬茄、济南早小长茄、辽茄 3 号、丰研 1 号、四川墨茄、竹丝茄、青选 4 号等。

2)农业防治　选择高低适中、排灌方便的田块,秋冬深翻,施足优质充分腐熟的有机肥,采用高垄或半高垄栽植;及时中耕、整枝,摘除病果、病叶;采用地膜覆盖,增施磷、钾肥等。

3)化学防治　发病初期喷洒 75%百菌清可湿性粉剂 500～600 倍液,或 40%三乙膦酸铝(乙膦铝)可湿性粉剂 200 倍液、70%乙膦·锰锌可湿性粉剂 500 倍液、58%甲霜灵·锰锌 400～500 倍液、72.2%普力克水剂 700～800 倍液、72%绿乳铜乳油 500 倍液、80%大生可湿性粉剂 600 倍液,对上述杀菌剂产生抗药性的地区可选用 72%杜邦克露可湿性粉剂 800 倍液,或 69%安克锰锌可湿性粉剂 900 倍液。隔 7～10 d 1 次,防治 2 次或 3 次,同时要注意喷药保护果实。

## 5.10.13 十字花科蔬菜软腐病

十字花科蔬菜软腐病又称水烂、烂疙瘩，是白菜和甘蓝包心后期的主要病害之一。全球广泛分布，我国各省、市菜区均有发生，常在生长中后期造成烂株，病害流行年份可造成大白菜减产50％以上，甚至绝收。北方的大白菜在窖藏期可造成烂窖。除为害十字花科蔬菜外，还可为害马铃薯、番茄、莴苣、黄瓜、胡萝卜、芹菜、葱类等蔬菜，引起不同程度的损失。

（1）症状　软腐病症状因寄主植物、器官、环境条件的不同略有差异。其共同特点是：发生部位从伤口处开始，初期呈浸润状半透明，以后病部扩展成明显的水渍状，表皮下陷，有污白色细菌溢脓。内部组织除维管束外全部腐烂，呈黏滑软腐状，并发出恶臭。

白菜和甘蓝多在包心后开始表现症状。初期植株外围叶片萎蔫，早晚尚能恢复，但反复数天后萎蔫加重就不能再恢复，露出叶球。重病植株结球小，叶柄基部和根茎处心髓组织完全腐烂，用手触压病组织内充满黄褐色黏滑物质，臭气四溢。病株一踢即倒，一拎即起。有的从外叶边缘或心叶顶端向下扩展，或从叶片虫伤处向四周蔓延，最后造成整个菜头腐烂。腐烂病叶在晴暖干燥环境下失水变成透明薄纸状。

萝卜受害，多从根尖虫伤或切伤处开始，呈水渍状褐色软腐，以后病部上下发展呈软腐状。病、健界线明显，常有汁液渗出。留种株出现老根外形完好，内部心髓腐烂而仅存空壳的情况。

（2）病原　病原为胡萝卜欧氏杆菌胡萝卜致病变种 *Erwinia carotovora* pv. *carotovora* Dye，属薄壁菌门、欧文氏菌属。菌体短杆状，无荚膜，不产生芽孢，具2～8根周生鞭毛，大小（0.5～10）$\mu$m×（2.2～3.0）$\mu$m，革兰氏染色反应阴性。病菌在土壤中未腐烂寄主组织中可存活较长时间。但当寄主腐烂后，单独只能存活2周左右。

（3）发病规律　在北方，病菌主要在带病采种株和病残组织中越冬。但若病残体腐烂分解了，细菌就会很快死亡。此外，菜田一些害虫如跳甲、小菜蛾等也可带有细菌。田间发病的植株，春天栽于田间的带病采种株，土壤、粪肥以及贮窖周围的病残体上均带有大量病菌，为重要的初侵染来源。春季病菌经雨水、灌溉水、施肥和昆虫（如黄条跳甲、甘蓝蝇、花条椿象、菜粉蝶等）等传播，从自然裂口或伤口侵入寄主。细菌分泌果胶酶分解寄主细胞的中胶层，使细胞分离崩解。初侵染发病后释放出大量细菌，通过传播频频进行再侵染。细菌也可以从幼苗根部侵入，进入导管后潜伏起来，到条件适宜时才引起发病。与该病原细菌的寄主连作、邻作或串灌田发病较重。田间遗留的病残体多，土质黏重、地势低、田间郁蔽、温度高、湿度大、害虫多或其他因素引起的伤口多、施用了未腐熟的有机肥以及田间管理粗放等均有利于细菌的侵染和发病。各种十字花科蔬菜不同品种抗病性有差别。

（4）防治方法　防治软腐病宜以改善耕作栽培的控病措施、防治害虫和选用抗病品种为主，结合药剂治的综合措施。

1）种植抗病品种　因地制宜地选用抗病品种。

2）改善栽培管理　尽可能不与寄主作物连作或邻作，与水稻轮作一年便可以大大减少菌源。精细翻耕整地，促进病残体腐解；起高畦整平畦面，播前覆盖地膜，秋白菜适当晚播，使包心期避开传病昆虫的高峰期；施足基肥，肥料充分腐熟，及时追肥，促进菜苗健壮；小水勤浇，不可漫灌、串灌，雨后及时排水；发现病株立即拔除深埋，且病穴应撒石灰消毒，防止病害蔓延。

3）治虫防病　早期注意防治地下害虫，可用50％辛硫磷2 000倍灌根。从幼苗期加强防条跳甲、菜青虫、小菜蛾、甘蓝蝇等害虫,可用 2.5％溴氰菊酯、21％增效氰・马、40％乐果等喷雾。

4)药剂防治　播种前种子可用"灵丰"按种子量 0.3％～0.5％拌种。发病初期及时喷药防治。较好的药剂有:72％农用硫酸链霉素可溶性粉剂 3 000～4 000 倍液、新植霉素 4 000 倍液,还有 14％络氨酮、50％代森铵、10％高效杀菌宝、20％喹菌酮等。每隔 7～10 d 喷 1 次,连续喷 2～3 次 还可兼治黑腐病等。

## 5.10.14　十字花科蔬菜霜霉病

十字花科蔬菜霜霉病是大白菜、油菜、甘蓝、萝卜等蔬菜上普遍发生的一种病害,北方地区大白菜受害尤重。越是秋季气候冷凉,昼夜温差较大的地区,此病危害越重。西北、华北秋季多雨、多雾地区,也是大白菜霜霉病的常发区。

(1)症状　此病主要为害叶片,其次为害茎、花梗和种荚等。白菜幼苗受害,叶面症状不明显,叶背产生白色霜霉,严重时幼苗变黄枯死。成株期叶片发病,初在叶正面产生水浸状、淡绿色斑点,逐渐扩大转为黄色至黄褐色受叶脉限制的多角形病斑,环境条件适宜时,病情加剧,背面产生白色霜霉。病斑连片,使叶片变黄、干枯、皱卷。包心期后从外叶向内层层干枯,最后仅存心叶球。花轴受害后肥肿,弯曲畸形,丛聚而生,呈龙头拐状,俗称"老龙头",病部也长出白色稀疏的霉层;花器肥大畸形,花瓣变绿色,久不凋落。种荚黄褐色,细小弯曲,结实不良,常未成熟先开裂或不结实,病部长满白色的霉层。

甘蓝和花椰菜发病,幼苗也可被害产生霜霉,变黄枯死。成株叶片正面产生微凹陷,黑色至紫黑色,多角形或不规则病斑,病斑背面长出霜状霉层,但多呈现灰紫色。花椰菜的花球受害后,顶端变黑,重者延及全花球,使之失去食用价值。

受害萝卜叶部症状与白菜相似,根部则为黄色或灰褐色的斑痕,贮藏中极易引起腐烂。其他如油菜、芥菜、菜薹和榨菜上的症状均与白菜相似。

(2)病原　病原为寄生霜霉菌 *Peronospora parasitica* (Pers.)Fries,属鞭毛菌亚门、霜霉属。菌丝体无隔、产生球形或囊状的吸器伸入寄主细胞内汲取养分。无性态在菌丝上产生孢子囊梗,从气孔伸出,无色,无隔,状如树枝,分枝顶端的小梗尖细,略弯曲,呈钳状,小梗尖端生一个孢子囊。孢子囊长圆形至卵圆形,无色,单胞,萌发时直接产生芽管。有性态产生卵孢子,卵孢子黄色至黄褐色,球形,壁厚,表面光滑或有皱纹(图 5-10-10)。病菌为专性寄生菌,有明显的生理分化现象。

(3)发病规律　霜霉病主要发生在春、秋两季。初侵染来源有 3 种:①病菌主要以卵孢子随病残体在土壤中越冬,翌春萌发侵染春菜如小白菜、油菜等,卵孢子萌发出的芽管,从寄主气孔或表皮直接侵入,菌丝在细胞间隙扩展,引起寄主组织病变。以后产生孢囊梗及孢子囊,从气孔伸出,

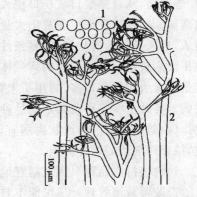

**图 5-10-10　十字花科蔬菜霜霉病菌**
1.孢子囊　2.孢子囊梗

形成霜状霉层。孢子囊由气流和雨水传播,在一个生长季节可进行多次再侵染,使病害扩展蔓延。②病菌也可以菌丝体在采种株内越冬,翌年病组织上产生孢子囊反复进行侵染。③病菌

还能以卵孢子附于种子表面或以病残体混在种子中越冬,翌年播种后侵染幼苗。卵孢子在土壤中可存活1～2年。春菜发病中后期,叶片病组织内、采种株被害花梗及种荚内,均可形成大量卵孢子。只要条件适宜,卵孢子经1～2个月的短期休眠即可萌发,侵染当年秋季的大白菜、萝卜和甘蓝等。周年种植十字花科蔬菜的地区,病菌可整年在各种寄主作物上辗转为害。温差较大和多雨高湿,或雾大露重的条件,最有利于此病的发生和流行;播种过密,间苗过迟,蹲苗过长,整地不平,地势低洼积水,通风不良,追肥不及时或偏施氮肥也利于病害发生。

(4)防治方法 应以加强栽培管理和消灭初侵染源为主,合理利用抗病品种,加强预测预报,配合药剂防治等综合措施。

1)选用抗病品种 由于抗花叶病品种也抗霜霉病,各地可因地制宜地选用。

2)加强耕作管理 ①种子消毒。播种前用25％瑞毒霉或50％福美双可湿性粉剂或75％百菌清可湿性粉剂拌种,用药量为种子重的0.3％～0.4％。②合理轮作。与非十字花科蔬菜隔年轮作,水旱轮作效果更好。③适期播种。秋白菜适期晚播,使包心期避开多雨季节。④加强栽培管理。精细整地;高垄栽培,及时排除积水,降低田间湿度;增施磷、钾肥,适期追肥,增强植株抗病力;结合间苗拔除病株,摘除病叶,集中处理。

3)药剂防治 发现中心病株及时喷药保护,控制病害蔓延。可选用25％甲霜灵(瑞毒霉)600～800倍液,58％瑞毒霉锰锌500～700倍液,75％百菌清500倍液,72％克露600～800倍液,65％代森锌500倍液喷雾。还有72.2％扑霉特、69％安克·锰锌、40％乙膦铝、72.2％普力克、70％霉奇洁、72％北方露丹、64％杀毒矾、70％安泰生等。间隔7～10 d,连续防治2～3次。

## 5.10.15 胡萝卜黑腐病

真菌性黑腐病在胡萝卜生产上发生较轻,一般年份为害不重,只有在温度较高、降雨量较多的年份发生较重。

(1)症状 从苗期到成株期或贮藏期均可发生,主要为害肉质根、叶片、叶柄及茎。叶片染病,形成暗褐色病斑,严重的致叶片枯死。叶柄上病斑长条状。茎上病斑多为梭形至长条形斑,病斑边缘不明显。在田间湿度大时,病部表面密生黑色霉层,即为分生孢子梗及分生孢子。肉质根染病多在根头部形成不规则形或圆形稍凹陷黑色斑,严重时病斑扩展,深达内部,使肉质根变黑腐烂。

(2)病原 胡萝卜黑腐链格孢菌 *Alternaria radicina* Meier, Drech. Et Ed.,属半知菌亚门真菌。

(3)发病规律 病原菌主要以分生孢子或菌丝体在病残体上越冬,翌年春季分生孢子借气流传播蔓延。温暖多雨的天气有利于发病。

(4)防治方法

1)农业防治 病菌主要在肉质根上越冬,亦可以在病残体或种子上越冬。为翌年初侵染源。在田间,应注意清除病残体,集中处理。重病地块,实行2年轮作。收获或装运过程中,注意肉质根操作。在入窖前剔除病伤肉质根,并晾晒后贮藏。

2)种子处理 从无病株上采种,做到单收单藏。如种子带菌,在播种前用种子重量0.3％的50％福美双,或40％拌种双粉剂拌种。

3)加强栽培管理　增施底肥,适时追肥及灌水。

4)药剂防治　发病初期喷洒75％百菌清可湿性粉剂600倍液,或70％代森锰锌可湿性粉剂400倍液,或40％灭菌丹可湿性粉剂300倍液,间隔10 d喷药1次,连续防治3～4次。

## 5.10.16　芹菜斑枯病

芹菜斑枯病又称晚疫病、叶枯病,俗称"火龙"。各地都有分布,保护地芹菜发病重于露地,是冬春保护地芹菜的重要病害,对产量和质量影响很大。在收获后的贮运、销售期仍可继续为害。

(1)症状　主要为害叶片,也为害茎和叶柄。症状分大斑和小斑两种类型,大斑型多发生于南方地区,小斑型多发生于北方地区。

叶片受害,早期两种类型症状相似。病斑初为淡褐色油浸状小斑点,逐渐扩大后中心坏死。后期症状两型有差异,大斑型病斑可扩大到3～10 mm,边缘清晰呈深红褐色,中间褐色并散生少量小黑点;小斑型病斑多不超过3 mm,一般0.5～2 mm,常数斑联合,中间黄白色,边缘清晰呈黄褐色,病斑外周常有黄色晕圈,病斑中央密生小黑点(分生孢子器)。在叶柄和茎上两型病斑相似,均为长圆形,稍凹陷,色稍深,散生黑色小点。

(2)病原　病原为芹菜生壳针孢 *Septoria apiicola* Speg.,为半知菌亚门,壳针孢属,异名有:*S. apii-graveolentis* Dor. 称芹菜大壳针孢和 *S. apii*(Briosi et Cav.)Chest 称芹菜小壳针孢菌。病菌发育最适宜温度为20～27℃,分生孢子萌发温度范围是9～28℃,种子上病菌的菌丝体和分生孢子的致死温度为48～49℃,30 min。

(3)发病规律　病菌主要以菌丝体在种皮内或随病残体越冬并在其上可存活1～2年。借风、雨传播,农具和农事活动也可以传播。远距离传播靠带菌种子。分生孢子遇水滴萌发产生芽管从气孔或直接穿透寄主表皮侵入体内,条件适宜时潜育期8 d左右,在病株上产生分生孢子器及分生孢子进行再侵染。冷凉多雨的天气利于病害的发生和流行,分生孢子从分生孢子器中向外分散和萌发需要潮湿、多雨的环境条件,故温度在20～25℃和高湿情况下发病严重。保护地中放风排湿不及时,昼夜温差大,结露过多,均能诱发斑枯病的发生。

(4)防治方法　坚持"预防为主,综合防治"的方针,按无公害蔬菜的技术规程去做。

1)选择抗病品种　芹菜品种间的抗病性具有不同程度的差异。

2)无病留种或种子消毒　种子是重要的初侵病源,应选择无病株作留种母根,采收无病种子。市购种子需要消毒,常用48～49℃温水浸种,搅拌种子并保持水温,按时取出置于冷水中冷却后,晾干播种。此处理需增加10％的种子量。

3)加强田间管理,看苗追肥,增强植株抗病力　田间注意防涝排湿,减少结露,切忌大水漫灌。

4)药剂防治　当田间发现中心病株时,就应用70％代森锰锌500倍液,50％DT或可杀得"2000"500倍液喷雾。如发病严重可采用以下3种方式交替喷雾:①50％多菌灵胶悬剂500倍液和75％进口百菌清500倍液混配。②石灰半量式的波尔多液(石灰0.5:硫酸铜1:水200)和0.1％硫黄粉混配。③大生500倍液。以上3种农药,每公顷每次用量750 g,不得超过1 050 g,安全间隔期7 d。

## 5.10.17 芹菜根结线虫病

近年来,随着保护地栽培面积的扩大,根结线虫病发生危害情况日渐严重。受害后一般减产 20%～30%,严重的植株矮化、黄萎,甚至死亡,对蔬菜的产量和质量影响很大。河南省的开封、郑州、商丘、扶沟、洛阳等地都有发生,近些年有逐渐加重的趋势,在局部地区危害较大。

(1)症状 此病在芹菜苗期至成株期均可发生。以侵染根系造成发病,受害后根部侧根形成大量的根结(即瘿瘤)。主根根结较少,须根增多,在侧根上形成似绿豆或大米粒大小的半珠状瘤状物,表面白色光滑,后期变成褐色,使整个根肿大粗糙,呈不规则形。发病后,首先在根尖上产生米粒大小的瘤状物,以后病瘤逐渐增多增大,大小不等,大的似花生米状。由于根的生长不良,地上部分生长迟缓,发育受阻,植株矮小,植株表现矮小黄化,似缺肥缺水状。干旱时易萎蔫至死。

(2)病原 病原是南方根结线虫 *Meloidogyneincognita*,雌虫为洋梨形,主要在寄主体内营寄生生活,致使寄主组织发生突变、增生变为根结,虫体大多埋在根结中。雄虫细长,尾部稍尖,主要生活在根部附近土壤中。

(3)发病规律 以成虫或卵在病组织内随病根残体或以幼虫在土壤中越冬,越冬幼虫或越冬卵孵化后由根部侵入,引起田间初侵染。一般番茄或黄瓜在初花期就可出现根瘤,但以盛花初期为多,苗期不表现症状。对叶菜类蔬菜以移栽后 1 个月表现症状。其传播途径主要是灌溉水、病(株)苗或繁殖用带线虫的块根及块茎,病株残根沤肥等。土壤质地以沙土或沙壤土病重,重茬地发生也重。线虫的发育适宜温度为 25～30℃,温室大棚中的蔬菜始花期地上部即出现症状,露地栽培以 6～8 月份为发病盛期。凡土壤质地肥沃,幼茎健壮,水肥适宜病害轻。久旱无雨或浇水不匀及土壤湿度大的地块有利于发病。

(4)防治方法 线虫的生活场所主要是在土壤中,因而应采取农业防治与土壤药剂处理相结合的方法才能收到较好的防治效果。

1)轮作防病 线虫类能侵染多种蔬菜,但在感病程度上有明显差异。可利用蔬菜生长期短、容易换茬的特点,将重病地改种感病轻的蔬菜品种,能获得明显的防治效果。据调查,瓜类、芹菜、番茄较易感病,受害重,可与葱、蒜、韭菜、辣椒等感病轻的蔬菜轮作。经试验,将前茬是芹菜、黄瓜的地块改种大葱、大蒜后,10～15 cm 土层中线虫量减少 75.4%～86%,发病程度明显减轻。

2)盛夏季节深翻晒田 在高温季节每隔 7～10 d,深翻土 2 次,可杀死土壤表层部分线虫卵或幼虫。温室大棚可随茬休闲时进行。

3)清洁田园 黄瓜、番茄等拉秧后,残留的病根带有大量的根结线虫和卵,要及时收拾清理出田外销毁,同时铲除田中杂草以减少下茬虫量。

4)选用抗病和耐病品种 培育无病壮苗:西粉 3 号、佳粉 2 号、L402 较耐线虫病。温室栽培选用无病土育苗,可以减轻病害发生,且在移栽时认真检查,发现病根及时剔除。

5)药剂防治 播种或定植前,均可取得显著效果。

### 5.10.18 芹菜叶斑病

芹菜叶斑病又称早疫病、斑点病,各地发生普遍,危害严重。露地和保护地芹菜均可发生,保护地重于露地。

(1)症状 主要为害叶片,其次是茎和叶柄。叶片初生水浸状黄绿色斑点,以后发展成圆形或不规则形病斑,大小 4~10 mm,黄褐色,边缘黄色或深褐色。病斑不受叶脉限制,可扩展连片,最后叶片干枯。叶柄和茎上病斑产生水浸状条斑或圆斑,后变褐色,稍凹陷,大小 3~7 mm。田间湿度大时,病斑上生有稀疏灰白色霉状物(分生孢子梗和分生孢子)。

(2)病原 病原为芹菜尾孢菌 Certospora apii Fres.,属半知菌亚门、尾孢属。病菌发育适宜温度 25~30℃,分生孢子形成适宜温度 15~20℃,萌发适宜温度 28℃。

(3)发病规律 病菌以菌丝块随病残体在土表越冬,种子也可带菌越冬。通过风、雨水及农事操作传播。由气孔或直接从表皮侵入。高温高湿有利于病害的发生。发病的适宜温度为 25~30℃,相对湿度在 85%以上。夏、秋季育苗不防雨,不遮阳,则发病早而重。生长期间,遇高湿多雨,田间缺水、缺肥,生长势弱均易发病。保护地中湿度大,或昼夜温差大,易结露则病情较重。芹菜品种抗病性有差异,津南实芹 1 号较耐病。

(4)防治方法 芹菜早疫病的防治以加强栽培管理为主配合药剂防治。

1)无病地采种或进行种子消毒 种子用 48℃温水浸种 30 min,再移入冷水中浸 5~10 min,晾干后播种。

2)加强栽培管理 夏播育苗时要遮阳、防雨、防露。深耕并施磷、钾肥。重病地轮作 2~3 年。保护地栽培要及时通风降湿,防止棚内滴水和叶面结露。

3)药剂防治 发病初期及时摘除病残体并立即喷药。有效药剂有:50%多菌灵、70%代森锰锌、75%百菌清等,每隔 5~7 d 施药 1 次,连续 2~3 次。保护地可用 5%百菌清粉尘剂喷粉,7.5~15 kg/hm$^2$,或 45%百菌清烟剂,5.25 kg/hm$^2$。

## 5.11 薯类病害

全世界已报道甘薯病害 50 多种,我国已发现近 30 种。发生普遍而危害较重的有:甘薯黑斑病、甘薯根腐病、甘薯瘟病、甘薯茎线虫病和甘薯软腐病等。

全世界已报道的马铃薯病害有近百种,在我国危害较重,造成损失较大的有 15 种。如马铃薯晚疫病、马铃薯花叶病毒病、马铃薯卷叶病毒病、马铃薯黑胫病、马铃薯青枯病、马铃薯环腐病等。一般发病田减产 10%~30%,严重地块损失高达 70%以上。

### 5.11.1 甘薯黑斑病

此病又称甘薯黑疤病,世界各甘薯产区均有发生。1890 年首先发现于美国,1905 年传入日本,1937 年由日本鹿儿岛传入我国辽宁省盖县。随后,该病逐渐由北向南蔓延为害,已成为我国甘薯产区危害普遍而严重的病害之一。据统计,我国每年由该病造成的产量损失为5%～10%,此外,病薯中可产生甘薯黑疱霉酮等物质,家畜食用后,可引起中毒,严重者死亡。用病薯块作发酵原料时,能毒害酵母菌和糖化酶菌,延缓发酵过程,降低酒精产量和质量。

(1)症状　在苗期、生长期及贮藏期都可以发生。为害薯苗、薯块,不为害绿色部分。幼苗基部产生凹陷的圆形或梭形小黑斑,以后逐渐扩展,严重时环绕幼苗基部形成黑脚。植株地上部衰弱,矮小,叶片发黄,甚至枯死。病苗移栽后,重则不能扎根枯死,发病较轻的在近土面生少数侧根,植株长势衰弱,叶片发黄,易枯死。发病轻的即使成活,结薯少。病斑可蔓延至薯块。薯块上的病斑初期为黑色小点,后逐渐扩大成圆形、椭圆形或不规则形膏药状稍凹陷病斑,轮廓清晰。病斑下层组织墨绿色,病薯变苦。湿度大时,病部产生灰色霉状物,后期病斑上丛生黑色刺毛状物及粉状物。

(2)病原　病原为薯长喙壳 *Ceratocystis fimbriata* Ellis et Halsted 属子囊菌亚门、长喙壳属。菌丝初期无色透明,老熟后深褐色或黑褐色。分生孢子无色,单胞,圆筒形或棍棒形。厚垣孢子暗褐色,球形或椭圆形。子囊壳呈长颈烧瓶状,基部球形,颈部极长,称壳喙,子囊梨形或卵圆形,内含8个子囊孢子。子囊孢子无色,单胞,钢盔形,在病害的传播中起重要作用。在自然情况下,主要侵染甘薯。

(3)发病规律　病菌以子囊孢子、厚垣孢子和菌丝体在薯块或土壤中病残体上越冬。带病种薯和秧苗为病原物主要的初侵染来源,另外,混杂有病残组织的土壤和肥料也可以作为初侵染来源。病菌通过种薯、种苗、土壤、肥料和人畜传播,接触到寄主可侵染部位,导致发病。薯块易发生裂口或薯皮较薄易破裂、伤口愈合速度较慢的品种发病较重。目前,尚未发现免疫品种。秧苗地下部的白色部分易于病原菌侵入。在20～38℃范围内,温度越高,寄主抗病性越强。多雨年份、地势低洼、土质黏重地块病重;地势高燥、土质疏松地病轻。伤口多的薯块发病重。

(4)防治方法　以选用无病种薯为基础,培育无病壮苗为中心,安全贮藏为保证,辅之以药剂防治的综合防治措施。

1)加强植物检疫　严禁从病区调运种薯、种苗。

2)选用无病种薯　秧苗、土壤、粪肥干净不带菌,在农事操作中防止传菌。育苗前要严格淘汰有病、有伤口、受冻害的种薯。之后进行种薯消毒,可用方法有:①温汤浸种。将薯块先在40～50℃温水中预浸1～2 min后,移入50～54℃温水中浸种10 min。之后要迅速排种,保证苗床温度不能低于20℃。②药剂浸种。可采用45%代森铵水剂、50%多菌灵 WP、70%甲基硫菌灵 WP、88%乙蒜素 EC 等对种薯进行药剂处理。

3)培育无病壮苗　保证苗床土干净,并且施用无菌肥料。育苗初期,高温处理种薯以促进伤口愈合。通过高剪苗获得不带菌或带菌少的薯苗。育苗过程中,可用50%多菌灵 WP、70%或50%甲基硫菌灵 WP 等药剂喷床或浸苗,浸苗时,要求药液浸至秧苗基部10 cm左右。

4)安全贮藏　种薯适时收获、严防冻伤,精选入窖,避免损伤。入窖后进行高温处理以促进伤口愈合。

5)选用抗病品种　抗病品种有济薯7号、南京92、华东51、夹沟大紫、烟薯6号。

6)加强栽培管理　实行轮作倒茬,增施干净有机肥,及时防治地下害虫。

## 5.11.2　甘薯茎线虫病

此病又称糠心病、空心病等,是甘薯生产上一种毁灭性病害。在我国山东、河北、河南、北京和天津等省市发病较重。苗期到贮藏期均可为害,减产可达 10%～50%,甚至绝收。

(1)症状　为害薯块、薯蔓及须根。苗期受害,出苗率低、矮小、发黄。茎基部内有褐色空隙,剪断后流出乳液。大田期受害,主蔓茎部表现褐色龟裂斑块,内部呈褐色糠心,蔓短、叶黄、生长缓慢,严重的导致枯死。薯块受害通常表现 3 种症状类型:①糠皮型。皮层青色至暗紫色,病部凹陷或龟裂。②糠心型。皮层完好,内部呈褐、白相间的干腐。③混合型。发病严重时,糠皮和糠心两种症状同时发生。

(2)病原　病原为腐烂茎线虫 *Ditylenchus destructor* Thorue,属于线虫纲,垫刃目,茎线虫属。茎腐烂线虫为迁移型内寄生线虫,一生中有卵、幼虫、成虫 3 个时期。雌、雄虫均呈线形,虫体细长,两端略尖,雌虫较雄虫略粗大。据报道,腐烂茎线虫的寄主植物达 70 多种。除为害甘薯外,还可为害小麦、蚕豆、荞麦、马铃薯、山药、胡萝卜、萝卜、薄荷、大蒜和当归等。

(3)发生规律　甘薯茎线虫能在甘薯病组织和土壤中越冬,卵、幼虫、成虫均可越冬,以幼虫为多。甘薯茎线虫除薯叶外,其他各部分组织都能为害,因此,薯块、薯苗、薯蔓等繁殖材料都可以带有茎线虫,成为传播源。病组织残留田间或进入积肥中又可使土壤、肥料受到污染,成为病土、病肥,成为新的传播源。其他为人、畜的活动和农具携带,也可以直接和间接地起到传病的作用。土壤中的茎线虫大多数集中在干湿土层交界、有墒情的部位,在薯苗栽插 13 h 左右即可侵入薯苗,多自薯苗地下部白根或薯块表皮的自然孔口侵入,在有伤口、裂口时,更利于侵入。甘薯茎线虫病是由一种为害甘薯的茎线虫造成的,此线虫在 2℃ 就开始活动,7℃ 以上就能产卵,孵化和生长的最适温度为 25～30℃。茎线虫对干燥环境也有很强的忍耐力,在特别干燥的环境中处于休眠状态,遇水即可恢复活动。由于它在 7℃ 以上就能生长发育、繁殖、为害,所以甘薯在生长期和贮藏期都能发病。

(4)防治方法　茎线虫抗逆力强,传播途径广,在土壤中存活年限长,一经传入很难控制。所以应加强植物检疫,保护无病区;病区应建立无病留种地,选用抗病品种。

1)加强植物检疫　在生长期、收获期以及入窖、出窖、育苗阶段进行查苗、查薯,严禁病区的病薯、病苗向外调运,或不经消毒直接用于生产。病区薯干外调也应实行检疫。

2)选用抗病品种　抗性较好的品种有农青 2 号,美国红,鲁薯 3 号、7 号,济薯 10 号、11 号,北京 553,豫薯 7 号,苏薯 7 号,烟 250,泰薯 2 号等;还可选用鲁薯 5 号,济薯 2 号、烟 3,烟 6,海发 5 号,短蔓红心王等耐病品种。

3)繁殖无病种薯　选无病留种地,严格选种、选苗,并用 50% 辛硫磷浸苗 0.5 h。防止农事操作传入茎线虫,无病种薯单收且用新窖单藏。

4)加强栽培管理　①实行轮作。重病地应与玉米、小麦、高粱、谷子、棉花、花生、芝麻等实施 5 年以上轮作,水旱 3～4 年轮作效果更佳。②清除病残体。春季育苗、夏季移栽和甘薯收获入窖贮藏三个阶段严格清除病薯残屑、病苗、病蔓,集中烧毁或深埋。

5)药剂防治　①药剂浸薯苗。辛硫磷浸薯苗 15 min。②土壤处理。80% 二溴乙烷熏杀土壤内线虫。其他药剂如三唑磷、茎线灵颗粒剂等也都有不同程度的防治效果。

## 5.11.3　甘薯贮藏期病害

甘薯贮藏期生理性病害主要是由低温引起的冻害;侵染性病害主要有:黑斑病、茎线虫病、软腐病、干腐病等。

(1)冻害　薯块受冻,初期与健薯无明显差别,用手指轻压薯皮有弹性,剖开冻薯,薯皮附近的薯肉迅速变褐,受冻越严重变褐速度越快。受冻部分水浸状,用于挤压,有清水渗出。

甘薯在 9℃以下的低温环境贮藏时间较长,就会破坏薯块的生理机能,产生冻害。收获过晚,窖外受冻。另外,贮藏中期和后期,由于窖浅或防寒保暖条件差发生冻害造成腐烂。

(2)侵染性病害

1)软腐病　发病薯块,患病组织软化,呈水浸状,破皮后流出黄褐色汁液,带有酒味。病部表面长出白色棉状菌丝,并生出灰黑色小粒,即病菌孢子囊。病原为接合菌亚门的匍枝根霉 *Rhizopus stolonifer* (Ehr. ex. Fr) Vuill.。菌丝及孢囊梗白色,孢子囊黑色,孢子囊内含大量褐色、单胞、圆形的孢囊孢子。病菌在 23~25℃发育最好,孢子萌发适温范围为 26~29℃。病菌从伤口侵入,由死的寄主组织提供营养。一般自薯块两端或死蔓和毛根相连处开始侵入,使细胞离析,组织溃散而形成腐烂症状。病菌随气流传播。病菌除为害甘薯外,还可为害多种作物的果实和贮藏器官。薯块受冻,病菌易于侵入。

2)干腐病　有两种类型。一种是薯块上散生圆形或不规则形凹陷的病斑,内部组织呈褐色海绵状,后期干缩变硬,在病薯破裂处常产生白色或粉红色霉层。由半知菌亚门镰刀菌引起。另一种干腐病多在薯块两端发病,表皮褐色,有纵向皱缩,逐渐变软,薯肉深褐色,后期仅剩柱状残余物,其余部分呈淡褐色,组织坏死,病部表面生出黑色瘤状突起。由子囊菌亚门间座壳属的甘薯间座壳菌 *Diaporthe batatatis* Har. et F. 引起。病菌从伤口侵入,贮藏期扩大危害,收获时过冷、过湿、过干都有利于贮藏期干腐病的发生。

3)灰霉病　初期与软腐病症状相似,纵切病薯可见许多暗褐色或黑色线条,后期病薯失水干缩形成干硬的僵薯。当窖温在 17℃以上时,病部表面生出灰色霉层。甘薯灰霉病由半知菌亚门的灰葡萄孢 *Botrytis cinerea* Pers. 引起。薯块有冻害造成的伤口时极易受侵染。发病适温为 7.5~13.9℃,20℃以上发病缓慢。

4)其他贮藏病害　甘薯贮藏期病害还有拟黑斑病、炭腐病、坚腐病、青霉病、毛霉病等,都可造成不同程度的危害。

(3)防治方法

1)选择窖型　选用大屋窖,丘陵地区用窑窖;黄河中下游地区常用井窖。

2)旧窖消毒　铲去窖壁的土,有条件最好进行消毒,用抗菌剂"401"或"402"熏蒸,或用硫黄熏蒸,甲醛喷洒,封闭 2 d 后打开通气。

3)适期收获　一般在旬平均气温 14~15℃,降霜之前收获,避免薯块受冻,从而减少侵染。

4)入窖前的处理　收获后放在 35~37℃下处理 4 d,以愈合伤口,或用 70%甲基硫菌灵浸薯,滴干药液后趁湿入窖。

5)精心选薯,细心窖藏　入窖时,精心选择健薯,剔除病薯以及虫伤薯、霜冻薯、机伤薯等,以减少病原菌侵染。在收获、运输、贮藏时,轻拿轻放,防止造成伤口。

6)加强薯窖管理　入窖初期的 15～20 d,要敞开窖门,散去水分,通风换气,晚上或雨天应关闭窖门,待窖温稳定在 10～14℃时,关闭窖门。冬季窖温应保持在 11～13℃,不能低于9℃。春季气温回升后,开门降温通风,闭门保温保湿。

## 5.11.4　马铃薯病毒病

(1)症状

1)花叶型　花叶症状种类很多,它们可以是由一种病毒单独侵染的结果,也可由两种以上病毒复合侵染所造成。

①普通花叶　植株生育较正常,叶片基本不变小,仅中上部叶片表现轻微花叶,或有斑点,叶片很少出现卷曲或不平。这种病株中常有马铃薯普通花叶(PVX)病毒存在,且分布极广,我国马铃薯产区普遍发生,但为害较轻。

另外,马铃薯轻花叶(PVA)病毒,潜隐花叶(PVS)病毒,皱缩(PVM)病毒也可引起类似的症状。

②重花叶　又称条斑花叶。叶片变小,病株的叶脉、叶柄及茎上均有黑褐色坏死条斑。初期叶片呈现斑驳花叶或有枯斑,后期植株下部叶片干枯,但不脱落,表现垂叶坏死。这种类型由马铃薯重花叶(PVY)病毒引起。这个种分布很广泛,为害也较重。

③皱缩花叶　病株叶片严重皱缩,花叶严重,叶片变小,小叶叶尖向下弯曲,全株呈绣球状,显著矮化,叶脉、叶柄及茎上均有黑褐色坏死条斑,病株落蕾不开花或早期枯死。皱缩花叶病由(X＋Y)病毒复合侵染所引起。我国南北方普遍存在,为害很重,减产 60％～80％,是我国为害最重的马铃薯病毒病。

2)卷叶型　由卷叶病毒(PLRV)所引起。此病毒分布很广,一般减产 30％～40％,也是减产的主要类型之一。

病株叶片边缘以中脉为中心向上卷曲,严重的卷成圆筒状,叶片较硬而脆,有时叶背呈红色或紫红色,植株生长受抑制、矮化,叶柄着生成锐角,块茎小而密生,维管束变成黑褐色或发生网腐症。

3)束顶型　由马铃薯块茎类病毒(PSTV)所引起。

叶与茎成锐角向上束起,叶片变小,常卷曲,呈半闭半合状而扭曲,全株失去润泽的绿色,有时顶部叶片呈紫红色。块茎由圆变长,呈长纺锤形。芽眼突起,芽屑突出,有时表皮有纵裂纹。

(2)病原　马铃薯"病毒病"种类复杂,就目前所知,国外报道有 25 种。其病原包括病毒、类菌原体和类病毒,其中类病毒仅引起马铃薯纺锤形块茎病一种,类菌原体引起四种,其余种类由病毒引起。经研究鉴定,国内已发现有近 10 种。例如花叶病的 X、Y、S、M、A、F/4 等病毒;卷叶型的卷叶病毒;束顶型的马铃薯纺锤形块茎类病毒以及矮生型的黄矮及绿矮等病毒。现将几种主要病毒性状特点列表于 5-1。

表 5-1　几种病毒性状特点

| 病毒名称 | 学名 | 特性 | | | | | | 在主要鉴别寄生上的症状 | 主要寄生 |
|---|---|---|---|---|---|---|---|---|---|
| | | 病毒结构 | 致死温度 | 稀释终点 | 体外存活期(d) | 血清反应 | 传播方式 | | |
| X | Potato Virus X(PVX) | 线状弯秆形,长5.12μm,宽0.12μm | 68~75℃ | 1:(10^{-5}~10^{-6}) | 60~90 | 明显 | 汁液真菌菟丝子 | 千日红:接种后5~7d,叶片上出现紫红色坏死斑 | 烟草、曼陀罗、辣椒、番茄、千日红、矮牵牛等 |
| Y | Potato Virus Y(PVY) | 线状弯秆形,长7.30μm,宽0.105μm | 52~55℃ | 1:(100~1000) | 1~2 | 较明显 | 汁液蚜虫 | 洋酸浆:叶片上出现淡褐色坏死斑 | 烟草、番茄、龙葵、矮牵牛、洋酸浆等 |
| S | Potato Virus S(PVS) | 短秆状,长6.60~6.80μm | 60℃ | 1:1000 | 2~3 | 明显 | 汁 | 灰藜:播种后20~25d,出现局部黄色病斑 | |
| M | Potato Virus M(PVM) | 线状,长6.50μm | 65~73℃ | 1:(5000~10000) | | 明显 | 汁液蚜虫 | 毛曼陀罗:局部失绿斑 | |
| 马铃薯纺锤形块茎类病毒 | Potato Spindle Tuber Virus (PSTV) | 为双股RNA,双股螺旋,核酸 | 60~65℃ | 1:(1000~10000) | 在干组织中,7~17d仍有侵染力 | | 汁液蚜虫种子 | 番茄:叶片变矮小,皱缩、卷曲,严重时叶脉坏死,生长停止 | |
| 卷叶病毒 | Potato Leaf Roll Virus (PLRV) | 球状,直径0.24~0.25μm | 42~45℃ | 1:100 | | 不明显 | 蚜虫 | 出洋酸浆:接种后12d出现卷叶症 | 番茄、洋酸浆、曼陀罗属、天仙子属、灯笼草等 |

(3)发病规律

1)温度　影响发生和流行的环境因素主要是温度。据调查试验得知:在马铃薯生长季节,尤其当结薯期遇上高温时,可导致马铃薯毒病的严重发生。其原因与马铃薯的种性及病原物对温度的适应性有关。马铃薯原产南美洲的高山地带,适于冷凉和昼夜温差大的气候环境,块茎发育适温18℃,最高不超过21℃,温度过高会抑制块茎生长和降低其抗病力。同时已经证实高温有利于寄主体内马铃薯病毒的复制和繁殖。据报道:"早熟白"的马铃薯品种感染皱缩花叶(X+Y)病毒后,若栽培在冷凉条件下(结薯期温度15℃),其体内X病毒浓度较低,稀释限点为1:8,若栽培在25℃以上时,则X病毒浓度升高,稀释限点为1:32。又如将感染了马铃薯花叶型病毒病并已退化的种薯在西藏日喀则(海拔3 800 m)种植,可使株形恢复正常,产量与未退化的对照区相近。这也说明高海拔、低温、阴凉的生态环境,除延缓病毒的增殖外,能使马铃薯恢复正常生长,增强抗病力。

2)品种抗病性　马铃薯品种间抗病性差异很大。黑龙江省普遍栽培的克新1、2、3、4、7号,内蒙古的乌盟601、乌盟684,甘肃的渭会二号、渭会五号,河北的坝薯七号、虎头,青海的高原七号,河南的郑薯二号、郑742,吉林的青薯一号,湖北的双丰收、676-4,四川的巴山白,山西的双季一号、同薯三号、同薯八号,广东的农林1号、信宜大叶红皮、佛山S4600和西北果等都比较抗病,退化轻,产量高。

3)种薯带毒率及传毒昆虫的数量　病害发生轻重还与毒源基数及传毒昆虫的数量相关。凡种薯带毒率高,田间初期病株也多,为传毒昆虫的传播提供大量毒源。气候温暖干燥,有利于蚜虫的生育,但高温干燥蚜虫增殖最快,低温干燥其增殖可受抑制,因此,毒源多,传毒媒介猖獗,则有可能造成全田严重发病。

(4)防治措施　马铃薯病毒病(包括类病毒病和类菌原体病)这一类病害都可以通过种薯代代相传,在田间还可由媒介昆虫传染,以致发病率逐年增加,产量逐年迅速下降,最后使良种失去生产的价值。因此,这类病害在防治上应以生产和采用无病种薯为主,辅以选用较抗病品种、药剂治虫及栽培防病等综合防治措施。

1)生产和采用无毒(包括病毒、类病毒和类菌原体)种薯

①建立繁殖无毒种薯的制度　在马铃薯种植面积在百万亩左右的地区,都应建立生产种薯的体制,建立从原种场至一般生产用的各级种子田,原种场最好设置在蚜虫发生少的高纬度或高海拔地区,如黑龙江省北部或南方的高山区,也可以选择适当的种植时期避开蚜虫活动的高峰,经常喷药治虫防病和拔除病、杂、劣株,保证种薯全部不带病,以供应一级种子田繁殖种薯用。种子田应与一般生产田和蚜虫的中间寄主作物田距离50 m以上,为了减少蚜虫传染还可适当比生产田迟一点播种而又比生产田提早一点收获。种子田还可以分为一级、二级等各级种子田,每一级种子田容许的带病率不同。一般生产田采用种子田生产的种薯来种植,由于种薯带病率极低,植株生长壮旺,即使在生长期间发生感染,对产量影响不大。

②选育无毒种薯的方法　选育完全无毒种薯的方法有两类,一类是从大量种薯中通过各种检验方法来选出无病种薯,另一类是使已带毒的种薯脱"毒"。

a.幼芽鉴定法　这是最早的方法,将薯块逐一编号,在早春挖取种薯顶部芽眼,按编号顺序种在温室中,母薯也按编号分别保存。温室温度保持在20℃左右,待芽长10～15 cm时检查幼苗是否带"毒",如不带"毒"则其母薯可用作无"毒"种薯供繁殖用。此外,在感染病毒较轻的种薯中,有些芽眼是不带毒的,因此用芽眼繁殖以后经过检验无毒也可以获得无毒植株。

b.茎尖组织培养法  当马铃薯某些品种带毒极为普遍时,可用茎尖组织培养法使这些品种重新获得无毒种薯,因为带毒薯块发出的幼芽,其尖端约 0.1 mm 内的组织(包括分生组织)绝大多数不含病毒。用无菌操作法切取幼芽的茎尖组织,放在含有适当成分的琼脂培养基上,在光照条件下生长,在 1~3 个月内就可长成幼小的无毒苗。病薯先喷洒硫脲,或在培养基中加孔雀绿、赤霉酸等,都可提高无毒苗的百分率。由于此法培养出来的苗可能有少数还带毒,所以还需经过检验才可进一步进行培育和繁殖。

c.实生苗留种  在马铃薯病毒和类病毒中,仅发现马铃薯纺锤块茎类病毒可通过种子传染,而马铃薯 X 病毒只在某些品种中有极少量种子带毒,因此,在没有马铃薯纺锤块茎病的地区,用种子长出来的实生苗是基本无毒的。但由于实生苗当代分离现象已十分严重,不易保持其品种特性,所以其应用受到限制,很多国家已不采用这个方法。

d.热处理消毒  热处理可使马铃薯卷叶病毒钝化,带毒种薯经 35℃、56 d 或 36℃、39 d 处理后可钝化种薯内所带病毒。采用变温处理法,即把种薯特别是切块每天在 40℃下处理 4 h,随即在 16~20℃下处理 20 h,如此继续处理 42 d,也可消除卷叶病毒。此法在气温高的印度已在生产上应用。

③病毒检验法

a.肉眼检查  马铃薯纺锤块茎病薯为纺锤形,而感染马铃薯卷叶病毒的薯块的切面有网状坏死斑,可以用肉眼检查,但感病轻的其症状不明显,不易区别,但田间感病植株多数是容易识别的,所以在种子田植株生长期间可根据症状和生长势彻底淘汰病弱株。

b.抗血清鉴定  马铃薯 X、M、S 等病毒的抗血清较易制备,鉴定效果明显,应用较广。马铃薯 A 病毒血清效价较低,鉴定效果不明显。马铃薯 Y 病毒抗血清效价高,但反应不够准确,很少应用。马铃薯卷叶病毒的抗血清还未能制备。

c.染色鉴定法  马铃薯卷叶病毒使寄主块茎的筛管中形成葡聚糖栓塞物,因此,可用染色反应鉴定,如将薯块切片用间苯二酚(溶于浓氨水)染色后在显微镜下观察,病薯块的韧皮部呈深蓝色。但后期感病的块茎栓塞物形成少或不形成,染色法鉴定不明显。此法鉴定的准确性可达 86%~96%。

2)选育和利用抗病和耐病品种  马铃薯的病毒病种类很多,不易得到一个兼抗品种,但如针对一两个最严重的病毒病进行选育抗、耐病品种,看来还是不难的。我国各地最普遍而严重发生的是马铃薯皱缩花叶病,其次是马铃薯卷叶病。目前我国各地品种中,如白头翁、丰收白、疫不加、克新 1 号和广东佛山地区农业科学研究所选育的广红 2 号等对病毒 Y 的抗性较强,因而也对皱缩花叶病(X+Y)的抗性较强;同时,也有不少品种是较抗、耐卷叶病的,可加以利用,并进一步选育更为理想的抗、耐病品种。

根据马铃薯对病毒侵染的反应,可分为四种不同类型的抗性:

①免疫或高抗  免疫或高抗品种在病毒进入后有抑制病毒繁殖的作用,所以不表现任何症状,体内也不存在病毒。这类品种很少,如 S41956、沙科、塔瓦(Tawa)等。

②过敏型抗性  当植物感染病毒后,即产生坏死反应,侵入点的细胞坏死,病毒被钝化,如坏死反应比较缓慢时,病毒可通过韧皮部而扩散并产生"系统坏死"和"顶端坏死",甚至全株坏死,病毒也被钝化,这样就自行消灭了作为再侵染源的病株或病部,从而使全田植株不致被感染而健康生长,所以这种抗性也称"田间免疫"。

③田间抗性  主要是植物的一些特性如在生理上提早达到老龄而产生的阻碍病毒繁殖和

转移的抗性,具有这种抗性的品种在田间条件下感病株数较少。

④耐病性　具有耐病性的品种感病后可表现或不表现症状,但不显著降低产量。由于耐病品种带有大量病毒可传染为害其他马铃薯品种和其他寄主作物,而且病毒还会发生变异而产生致病性更强的毒系,所以一般不宜随便种植和选育。

3)药剂治虫防病　马铃薯病毒病大多数是由昆虫媒介特别是蚜虫传播,所以及时治虫有显著防病效果,治蚜必须在蚜虫迁飞之前。对于蚜虫传染的非持久性病毒如马铃薯 Y 病毒所引起的病害,喷药次数应多些,而对于蚜虫传染的持久性病毒如马铃薯卷叶病毒所引起的病毒,喷药次数可少些而间隔长些。

4)加强栽培管理　主要目的是促进早熟保证增产,并避免在高温天气下结薯。为了达到这个目的,宜因地制宜,适期播种,高畦栽培,合理管水用肥,注意改良土壤理化性质等。黑龙江克山曾以块茎切开两半,分别种于施厩肥和不施厩肥的土壤中,不论是盆栽式还是田间试验的结果,都证明有机肥料能减轻病情。

## 5.11.5　马铃薯环腐病

(1)症状　本病症状特点是病株表现萎蔫和块茎维管束呈环状腐烂。

重病薯不能发芽出土或延迟出土。病苗生长缓慢,植株矮小瘦弱,叶小,叶尖或叶缘变褐枯焦,向内纵卷,病株常提早枯死,多数不结薯或结少量小薯,但也常腐烂掉。一般病株在生长前期表现正常,到现蕾至开花盛期症状明显,病株顶部叶片变小,叶缘上卷,色灰绿,软而薄,呈现失水状萎蔫,同时大多数茎上的叶片也由下而上地萎蔫下垂。这种萎蔫症状有时仅在一两个侧枝上出现。病株初期在早、晚或遇雨时能稍恢复,后来逐渐黄化萎雕甚至枯死,但枯叶不易脱落。

马铃薯有些品种感病后表现的症状和上述的有所差异。如男爵、白头翁等的症状主要表现在叶片上,叶肉退色呈现黄绿或灰绿色斑驳,叶尖出现褐色枯斑,并向内纵卷,症状先从植株基部叶片开始,逐步向上蔓延,最终普及全株而枯死。此外,还可因为气候条件的影响,病株表现"隐症",如种植在青海脑山高寒湿润地区的马铃薯,病株地上部多表现"正常",难与健株区分。

新收获的病薯和健薯,在外表上无明显区别,但贮藏后病薯症状明显,皮色变暗,脐部红褐色而发软。纵切病薯,可以看到环状维管束有不同程度的乳黄色和腐烂,用手挤压病薯从腐烂环中涌出黏稠的乳黄色菌脓和分解了的细胞残余,皮层和髓部易于分离。感染较轻时,病薯仅在脐部呈现向两面伸展的"八"字形、水渍状,淡黄至黄褐色病变。在紫外线照射下,病薯剖面有绿色荧光。当被软腐细菌、镰刀菌或其他微生物后继侵染时,病薯常出现薯肉发沙、软腐、薯皮龟裂和薯肉中空等现象。

(2)病原　病原细菌为马铃薯环腐棒状杆菌(*Corynebacterium sepedonicum*),属棒状杆菌属。菌体短杆状,有时呈棍棒状、球形或卵圆形。多单个生长,无鞭毛,不能游动,无荚膜和芽孢。有时在迅速裂殖时,可见到"V"形和"L"形菌体。菌体在培养基上生长很慢,菌落乳白色(可因不同培养基而呈现乳黄色),微隆起,半透明,表面光滑,有光泽,边缘整齐。

此菌为好气性细菌。生长最适温度为 20~23℃,最高为 31~33℃,最低为 1~2℃,致死温度为 50℃、10 min。生长最适酸碱度为 pH 7.0~8.4。革兰氏染色阳性。此菌存在着菌系分化,据吉林农业大学鉴定,从该校"男爵"品种分离到的 E5 菌株,要比从黑龙江的"男爵"品种上分离到的 5、6、19-4 三个菌株的菌体大,致病力也较强,可使甲基红变色,血清反应只对本抗原有凝集作用,定为两个菌系。

环腐病菌在脱离寄主组织后,在土壤内受其他微生物颉颃作用很快死亡。在培养基上30～60 d 有可能因培养基干燥而失去活力。

此菌的专化性较强,在自然情况下只能为害马铃薯。人工接种还能使番茄、茄子等产生萎蔫症状。

(3)发病规律  此病发生最适土温为 19～23℃,土温超过 31℃时,病害发展就受到抑制,低于 16℃时,症状减轻。因此,气候干热月份,病株显现较快,而气候冷凉或播种过晚时,病株甚至可以不表现症状。在我国北方省、区,马铃薯自 4 月下旬适期播种,直到 6 月夏播留种期间,土温都在 16～28℃范围内,此外,薯块本身含水分 80% 以上,已适宜于病菌生长和病害的发生。因此,上述地区 4～6 月份的温湿度不成为病害发生与否的限制因素,所以本病发生区域往往偏于温度较低的北方地区。

环腐病菌致病力很强,对所有马铃薯栽培种和一些野生种都能侵染致病。但品种间抗病性差异显著,经各地鉴定,表现抗病的品种有铁筒、赫拉、宁紫七号、高原三号、高原七号、胜利一号等。较抗病品种有克新一号、双季一号、同薯八号、虎头、211、克疫等。易感病品种有里外黄、克新四号、高原五号、反修四号等。

(4)防治措施  由于带菌种薯是环腐病发生的主要初侵染源,为此必须加强植物检疫工作,以保护无病区。在病区里则应以建立无病留种田为重点,结合应用抗病品种,采用综合防治措施。各地实践证明,只要连续 3 年认真贯彻上述综合防治措施,就可基本上控制环腐病的传播和为害。

1)严格执行检疫制度  严格检疫,防止病薯传入和输出。调种前,应派专人进行产地检查或种薯检验。在用肉眼难于确诊时,可采用细菌溢镜检和革兰氏染色法检验,必要时尚可进行分离培养,经证明确实无病后方可调入。

2)建立无病留种田  建立无病留种田是防治环腐病的根本措施。从无病留种田获得的无病种薯,供大田生产用。生产队应普遍建立无病留种田,其面积应为马铃薯播种总面积的10%～15%。

无病留种田应全部采用小整薯播种,既能避免污染的切刀扩大传染,又能抗旱增产。实践证明小整薯播种比切块播种减轻发病率 50%～80%,提高出苗率 70%～95%,增产 20%～30%。目前不少地区已应用于大田生产。

"小"整薯可在头一年从大田中选择农艺性状好又抗病的品种,于马铃薯开花后收获前选择和标记健株,收获时单收单藏,也可以从无病区调入。翌年播种前选择重量 0.5 kg 左右,表皮光滑,芽眼均匀,薯色薯形合乎该品种特性的无病小整薯作种用。

留种田也可以采取夏播或适当晚播。一方面由于种薯经过较长时期的放置,促进了症状表现,便于淘汰病薯;另一方面也由于晚播缩短了生育期可减轻病害。据黑龙江等省的经验,留种田采用整薯夏播(7 月上中旬)不仅环腐病发病率由 35% 以上压低到 1%,而且病毒性退化株率由 40% 以上压低到 7% 以下,防治效果很显著。内蒙古采用留种田播期较大田播期推迟 10～15 d,可减少发病率一半以上。出苗后结合中耕和在植株开花后期结合除杂去劣,进一步挖除病株,集中处理。

种薯收获应早于大田,单收单藏,以免混杂。窖藏期间宜加强管理,以减少环腐病和其他病害的发生为害。

3)芽(苗)栽　由于应用整薯催芽,避免了切刀传染,并通过选薯、选芽,汰除了病薯、病芽和萌芽,防病效果可达80%以上,增产20%～25%,所以芽栽也是一项有效的防病增产措施。在甘肃、宁夏等省、区已较普遍地应用于留种田和大田生产。

4)选用健薯,汰除病薯　播种前种薯提早出窖,堆放室内晾种(也叫困种)或催芽晒种,以促进病薯症状的发展和暴露,便于病薯的淘汰。如河北坝上等地区的"土沟薄膜法"催芽晒种,淘汰病薯效果很好。

5)切刀消毒　环腐病主要通过切刀进行传染,所以在切薯块时要做好切刀消毒。切种人员每人应准备两把刀,一盆药水,切薯前每拿一个薯块先看外表,有病的立即淘汰,外表正常的削去尾部进行观察,有病者也立即淘汰,无病的随即切种,每切一薯块换一把刀。消毒水可用75%酒精,5%石炭酸,0.1%高锰酸钾或5%食盐开水等灭菌。

6)选育抗病品种　品种间抗病性有明显的差异,但还未发现有免疫的。各地选育了许多抗病性能好、产量高、品质好的品种或品系,在生产中发挥了良好作用。在杂交育种工作中应注意选用双亲抗病亲本。

7)利用实生苗　由于环腐病菌不侵入种子,所以利用自交或杂交实生苗所结块茎,也可获得无病种薯。在控制环腐病上已有应用。

## 5.11.6　马铃薯晚疫病

(1)症状　晚疫病可发生于叶、叶柄、茎及块茎上。在叶上往往发生在叶尖和叶缘上,开始是一个水渍状小斑,逐渐扩大呈圆形或半圆形暗绿或暗褐色大斑,且病斑与健部交界处有白色稀疏的霉轮,尤其在叶片背面更为明显。天气潮湿,病斑扩展很快,严重时病斑扩展到主脉或叶柄,叶片萎蔫下垂,最后整个植株变为焦黑,呈湿腐状。天气干燥时,病斑干枯变褐,不产生霉轮。

薯块感病时形成淡褐色或灰紫色不规则形病斑,稍微下陷,病斑下面的薯肉呈深度不同的褐色坏死部分,病薯很容易被其他腐烂菌侵染而变成软腐。

当田间刚开始发病,或由于天气干燥,病斑上没有白色霉状物,不能肯定是否晚疫病时,可将病叶采回保湿培养一昼夜,如为晚疫病,则产生稀疏的白霉,可镜检病原菌而确定。病薯不能肯定时,也可将表面洗干净,表面经消毒后切片培养,在15～18℃条件下4 d左右,薯块切面上能长出白霉来。

茎部很少直接受侵染,但是,叶斑有时可以顺着叶柄一直扩展到茎部,在茎部的皮层形成长短不一的褐色条斑。茎斑在潮湿的环境下也会长出稀疏的白霉层。在田间检查发病中心时,通常先在上层叶发现极个别的病斑,拨开茂密的株丛,就可能在下层叶片中找到较多的病叶,而且还可能见到茎部有从地下部通上来的条斑,这是带病种薯长出的病苗,叫中心病株(图5-11-1)。

(2)病原　病原菌为致病疫霉菌(或马铃薯晚疫病菌)*Phytophthora infestans*,属鞭毛菌亚门。

1)形态和生理　菌丝无色、没有隔膜、多核、在菌丝内部能形成休眠的褐色厚膜孢子。在病叶上看到的白色霉状物是病原菌的孢囊梗和孢子囊。孢囊梗从寄主的气孔伸出,无色,有1～4个分枝,每个分枝的顶端产生孢子囊。孢子囊无色单胞、卵圆形,顶端有乳头状突起。

孢子囊吸水后,形成具双鞭游动孢子。游动孢子浮游片刻,便脱落鞭毛产生芽管。孢子囊也可直接产生芽管。上述两者均需在水滴中萌发。孢子囊形成的温度范围为 7～25℃,产生游动孢子适温为 10～13℃,极限为 6～15℃,但孢子囊直接萌发温度范围为 4～30℃。菌丝则在 13～30℃均能生长,以 20～23℃最佳。

在一般情况下此菌不产生有性世代,自然条件下仅在墨西哥发现大量卵孢子,在人工培养基上则在许多国家曾多次见到。

2)寄生性和寄主范围　该病菌寄生性很强,一般要求活寄生,不易在普通人工培养基上培养。但也不是专性寄生菌,可在煮熟的麦片、无菌的马铃薯以及在某些特定的培养基上生长并形成孢子囊(图 5-11-2)。

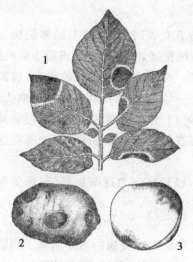

图 5-11-1　马铃薯晚疫病

1.叶片症状　2.马铃薯块茎病状

3.病薯横切面

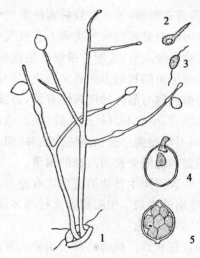

图 5-11-2　马铃薯晚疫病病菌

1.孢囊梗和孢子囊　2.游动孢子萌发

3.游动孢子　4.孢囊子萌发　5.孢子囊

病菌的寄主范围比较窄,栽培植物中只能侵染马铃薯和番茄。番茄与马铃薯上的病原菌有交互侵染的能力,在番茄上分离得到的晚疫病菌致病力较强,能侵染比较抗病的马铃薯品种,而马铃薯上的病原菌对番茄的致病力较弱,只有从比较抗病的马铃薯品种上分离得到的菌种才能侵染番茄。

3)生理小种　致病疫霉菌有明显的生理分化现象,有许多个生理小种采用"致病疫霉生理小种的国际命名方案"命名。该方案系用 16 种抗病类型品种作鉴别寄主,它们是由 4 个基因型(称为 R1、R2、R3、R4)所决定的。由于该病菌的变异性很大,有些菌种可以对具有不同程度抗病性的品种获得致病性,或逐代增加致病力,最后能够侵染原来高度抗病或免疫的品种。因此,致病疫霉菌对寄主适应的结果亦相应有 0;1;2;3;4;(1,2);(1,3);(1,4);…(1,2,3,4)等 16 个生理小种。"生理小种 1"对有 R1 基因型的品种有致病性,"生理小种 2"对含有 R2 的品种有致病性,品种与生理小种之间不含有相应组合者不感病。

马铃薯的抗性基因除上述 4 个外,以后又陆续鉴定出 11 个 R 基因,用这些基因的各种组合，又鉴定发现了许多致病疫霉菌的生理小种。

(3)发病规律　病害的发生、流行与气候条件、品种的抗病性、生育阶段以及病菌菌系致病力强弱都有密切关系。

病害的发生流行与马铃薯开花期前后的气候条件关系很大。一般在日暖而不超过 24℃，夜凉而不低于 10℃，天气阴雨连绵或多露、雾，相对湿度在 75% 以上时，最有利于晚疫病的流行。反之，如雨水少，湿度低，气温低于 10℃ 或高于 30℃ 时，则病害发生轻。

病菌多从气孔侵入叶片，在块茎上则多从伤口、皮孔或芽眼侵入。在叶片上，潜育期一般为 3～7 d，在块茎上约 30 d。

我国大部分马铃薯栽培地区，其生长阶段的温度均适于该病发生，所以本病发生的轻重主要取决于湿度。例如，在华北、西北、东北地区，马铃薯多春播秋收，七八月份的雨量对病害的轻重影响很大，每当雨季早、雨量多，则病害发生早而重。江苏、安徽、四川、广东等省年栽两季，前季适逢雨季，常可引致病害严重发生。

不同品种对晚疫病的抗病力有很大差异。一般株型直立、叶片具有茸毛的多抗病。有些品种在病菌侵入后，细胞中很快产生抗菌物质，抑制病菌的扩展，表现有生理机能上的抗病性。品种表现出来的抗病力强弱又与晚疫病菌生理小种有关。根据东北农学院的研究，病菌菌系致病力的强弱与品种的抗病性有关，自抗病的品种(波兰一号)上分离得到的菌系致病力最强，可侵染感病、中抗和高抗的品种，但自感病的品种(男爵等)上分离得到的菌系只能侵染感病的品种，而不能侵染中抗和高抗的品种，而且只有当田间存在相应的抗病品种时，才能在这些品种上采集到能侵染抗病品种的菌系。

马铃薯不同生育期的抗病性有差异，以芽期最感病，以后抗病力逐渐加强，到现蕾期又下降，开花期最感病。田间病害流行也多从开花期开始。

(4)防治措施

1)选育和推广抗病品种　积极选育和推广抗病品种是防治晚疫病的重要措施。国前抗病性强的品种有黑龙江推广的克新一号、二号、波兰一号、二号、米拉、燕子；河北的跃进、虎头；甘肃的胜利一号；青海的高原一号、二号、三号；陕西的沙杂十五号；山西的晋薯二号；内蒙古的克疫、乌盟 601、乌盟 623；广东的五台白、丰收白等。

晚疫病菌极易发生变异，专化抗性表现很不稳定，具有专化抗性的品种往往在种植几年后就丧失抗性的事例在国内外曾多次有过报道，应引为注意。如 292-20(即多籽白)1952 年引入黑龙江省，1956 年就开始失去抗性。又如，四川武隆地区 1958 年引进的巫峡洋芋当年表现抗病，1959 年大面积种植时就开始发病，到 1960—1962 年其病势发展速度已超过当地的感病品种白洋芋。但当地的滑石板洋芋种植历史长达 50 多年，虽长期受病害侵袭，但无论在什么气候条件下，病势上升总是很缓慢的，枯死面积从未超过 50%，是非专化抗性较强的品种。

2)建立无病种薯田，选用无病秆薯　鉴于在我国带病种薯几乎是唯一的初侵染源，因此，除了选用抗病品种外，严格选用无病种薯杜绝病害的侵染来源，对控制晚疫病起着重大作用。留种田用的种薯在收获时，应进行严格挑选，选取表面光滑、无病斑和无损伤的薯块，单独贮藏。催芽和切薯时还要仔细检查，彻底清除病薯，确保带病种薯不下田。生长期间要及时喷药保护，做到田间无感染。

在没有建立无病种薯田的地方，除把住选用无病种薯这一关外，要从轻病田选择无病植株单收单藏，留作种用。

3)及时发现中心病株,做好药剂防治 中心病株出现的迟早,对晚疫病的发生程度影响很大,要做好晚疫病的预测。在马铃薯开花前后要仔细检查有无中心病株。一般在此期间如遇有连续几天的阴雨天气,相对湿度在 75％以上,最低温度不低于 10℃,最高温度不超出 25℃,田间就有可能出现中心病株。中心病株出现后和仍保持日暖夜凉的高湿天气,病害便会很快蔓延至全田。所以封锁和消灭中心病株,是大田防治的关键措施。发现中心病株后,立即拔除销毁,并在距发病中心 30～50 m 的范围内喷洒 1％波尔多液或 0.15％硫酸铜液。如果田间有较多的植株发生病斑时,则应立即普遍喷药。常用药剂有:0.15％的硫酸铜液;75％百菌清500～1 000 倍液;或 65％代森锌可湿性粉剂、50％敌菌灵、50％退菌特、50％代森环 500 倍液;每 667 m² 75 kg 左右。根据天气预报和发病情况决定喷药次数,在多雨的地区或年份大约每隔 7 d 要喷 1 次,连喷 2～3 次。

4)改进栽培措施 改进栽培技术可减轻晚疫病的危害。选高燥、沙性强的地块种植马铃薯,做好培土和低洼地的排水;收前 1～2 周刈除地上部茎叶,或待地上部茎叶枯死后 1 周收获,收获时选择晴天,收获后立即曝晒 3～5 d;西北灌溉区,增加夏灌次数,避免秋灌;华南二季区秋植马铃薯早播,收获时错开雨季等措施,均有减轻田间发病或减少块茎被感染的作用,并可提高产量。

# 5.12 烟草病害

## 5.12.1 烟草野火病

烟草野火病 20 世纪 40 年代末期在中国云南烟区就零星发生,以后随着烟草栽培面积逐渐扩大,野火病渐趋严重。据 1989—1991 年全国烟草侵染性病害调查中已发现野火病的省(区)有广西、福建、湖南、云南、贵州、四川、浙江、安徽、陕西、山东、河南、辽宁、吉林、黑龙江等 14 个省(区),其中东北三省、山东、云南、贵州及四川等省,野火病分布广,为害重。

野火病常与角斑病混合发生,主要为害成株期叶片,而且是在暴风雨后爆发,常常使叶片破碎腐烂,甚至枯死,严重影响烟叶质量和产量。如黑龙江省 1990—1991 年曾大面积流行,发病率达 100％。山东省近年来野火病发生频繁,发病面积大,为害重。

(1)症状 该病主要为害叶片,也能侵染花、果和茎秆和种子。多发生在烟草生长中后期。发病初期病部产生黑褐色水渍状小圆斑,以后病斑逐渐扩大,直径可达 1～2 cm,周围有明显的黄色晕圈,中心红褐色坏死,严重时病斑融合成不规则大斑,上有轮纹。天气潮湿或有水滴存在,病部溢出菌脓,干燥后病斑破裂脱落。茎、花和蒴果染病形成不规则小斑,初水渍状,后变褐坏死,茎部病斑凹陷,黄晕不明显。花、果因病斑较多而坏死腐烂脱落。

(2)病原 *Pseudomonas syringae* pv. *tabaci*(Wolf et Foster)Young et al. 称烟草野火病菌,属细菌。烟草野火病是假单胞杆菌属丁香假单胞杆菌烟草专化型。此菌属不好气性细菌,生长温度为 2～34℃,最适温度为 24～30℃。菌体短杆状,单极生鞭毛 1～6 根,大小(2～2.5)μm×(0.5～0.7)μm,革兰氏染色阴性,无荚膜或芽孢。在 KB 培养基上形成灰白具绿色荧光菌落。野火病菌在致病过程中能产生一种野火毒素（图 5-12-1）。

（3）传播途径和发病条件　病残体及带菌种子是野火病菌的主要越冬场所。在田间杂草及禾本科作物根部存活的病菌也可引起初侵染。在田间病菌靠雨水或露水传播。经叶片气孔或伤口侵入。该菌生长温度 2～34℃，最适温度 24～30℃。除适宜温度条件外，雨水多，雨量大，特别是暴风雨常引致野火病大发生。田间施氮过多，叶片幼嫩，贪青晚熟，湿度过大，打顶过早或过低发病较重。

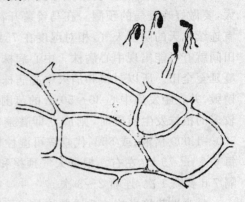

图 5-12-1　烟草野火病菌

（4）防治方法

1）选用抗病品种　烤烟品种有 G80、广黄 55 等；白肋烟有白肋 21、Kyl 2、Kyl 4、Kyl 65、Kyl 70、TT5 等，各地要因地制宜地选种。

2）实行 3～5 年轮作，不与茄科、豆科、十字花科作物轮作。

3）不偏施氮肥，注意氮、磷、钾配合施用，不施混有烟草病残体粪肥。适期早栽，适时适度打顶，提早收获。搞好田园卫生，及时清除病株残体，集中销毁。

4）选用无病种子或对种子进行消毒，育苗前用 0.2% 硫酸铜液或 0.1% 硝酸银液消毒 10 min，清水冲洗干净后播种。

5）早期发现少量病叶，应及早摘去或提早采收脚叶，以防蔓延；此病点片发生阶段可喷施药剂，一般用 160 倍波尔多液，或用浓度 200 U/mL 的农用链霉素，按 8 kg/m² 左右喷药，每周喷施 1 次，连续喷 3～5 次。

## 5.12.2　烟草立枯病

（1）症状　又称胫疮病。多发生在 3 叶期以前，主要为害烟苗的茎基部。初在病部表面产生褐斑，后逐渐扩展至绕茎一圈，造成茎基部缢缩或腐烂，湿度大时病部及周围的土壤黏附有菌丝，有时可见黑褐色小菌核。发病严重时，病苗干枯死亡（图 5-12-2）。

（2）病原　*Rhizoctonia solani kuhn* 称立枯丝核菌，属半知菌亚门真菌。有性态 *Thanatephorus cucumeris* (Frank) Donk. 称瓜亡革菌，属担子菌亚门真菌。形态特征参见大豆立枯病。

图 5-12-2　烟草立枯病

（3）发病规律　该菌可以菌丝潜伏在烟草病残组织上或以小菌核在土壤中长期存活，病菌可直接或间接地侵入烟苗的茎基部。苗期连阴天多，气温低于 20℃，湿度大易发病。地势低洼、土壤黏重发病重。

（4）防治方法

1）科学管理　①清除杂物。苗床周围的杂草和枯枝落叶，常是烤烟某些病害的中间寄主，整地前应全面清除烧毁,避免侵入苗床。烤烟移栽后,彻底清除苗床中的剩余烟苗。②合理施肥。苗床施用的氮、磷、钾及其他元素比例要适当,切勿偏施氮肥,可减少病害发生;③控制苗床湿度和后期床内温度。温湿度是左右病害发生的关键,既要避免土壤过湿,又要避免后期温度过高,对控制病害有重要意义。

　　2)土壤消毒　一是物理消毒。通常在苗床上铺一层稻草或干稻根,上面再盖一层干草皮和细土,选晴天点火燃烧,使火力下移达到消毒目的。二是药物消毒。①通常用 40% 福尔马林 800 倍液,于晴天泼浇于苗床上,边浇边用锄头翻动床土。用福尔马林 5 kg/m², 对水 200 kg。处理后用薄膜封严 10 d 左右,揭膜后再敞开 3~4 d,待药味完全挥发后播种。②可单用 40% 拌种双粉剂,也可用 40% 五氯硝基苯与福美双 1∶1 混合,每平方米苗床施药 8 g。或用 70% 敌克松可湿性粉剂每 6~8 g/m² 处理苗床土,取 1/3 充分拌匀的药土撒在畦面上,播种后再把其余 2/3 药土覆盖在种子上面,即上覆下垫。如覆土厚度不够可补撒药土使其达到适宜厚度,这样种子夹在药土中间,防效明显。也可用托布津、多菌灵或溴甲烷等药物拌细土措施,翻挖在苗床内,再整土播种。

　　3)选种与消毒　播种前,将烤烟种子进行风筛,选出病粒、瘪粒和杂物。风筛后再用 2% 福尔马林液、0.1% 的硝酸银溶液、1% 的硫酸铜溶液、0.5% 的升汞溶液,任选一种,以消灭附在种皮的菌源。具体做法是:将风选后的烟种装入清洁的布袋内,放入上述选定的药液中,浸泡 10~15 min 取出,将药液冲洗干净,晾干后播种。

　　4)药剂防治　发病初期喷洒 40% 百菌清悬浮剂 500 倍液或 70% 代森锰锌可湿性粉剂 500 倍液、50% 退菌特可湿性粉剂 800 倍液、70% 敌克松可湿性粉剂 800 倍液、20% 甲基立枯磷乳油 1 200 倍液、36% 甲基硫灵悬浮剂 500 倍液、95% 绿亨 1 号精品 4 500 倍液、3% 恶甲水剂 300 倍液。猝倒病、立枯病混合发生时,可用 72.2% 普力克水剂 800 倍液加 50% 福美双可湿性粉剂 800 倍液喷淋,每平方米 2~3 L。视病情隔 7~10 d 喷 1 次,连续防治 2~3 次。

## 5.12.3　烟草黑胫病

　　烟草黑胫病是烟草生产上最具有毁灭性病害之一,遍布世界各主要产烟区。在我国,烟草黑胫病一直是影响烟草生产的主要病害之一。截至 1992 年调查统计,我国主产烟区,除黑龙江省尚未发现此病外,其他各产烟省(区)包括台湾在内的 20 个省市都有此病发生,造成的产量和产值损失仅低于花叶型病毒病(TMV、CMV 和 PVY),居第二位。以山东、河南、安徽、云南等省发生最重。在长江以南各烟区又常与烟草青枯病混合发生,更加重了对烟草的危害。田间一旦发病,轻者整株枯死,重者成片死亡,甚至绝产。据山东、河南、安徽等地调查,一般平均发病率在 10%~20%,有的地区还出现了大面积绝产毁种现象。

　　(1)症状　烟农俗称"黑根"、"黑秆疯"。黑胫病在苗床期和大田成株期均可发生,以大田成株期为害最重。幼苗染病时,茎基部出现污黑色病斑,或从底叶发病沿叶柄蔓延至幼茎,引致幼苗猝倒。湿度大时病部长满白色菌丝,幼苗成片死亡。成株期染病时,症状典型,为害最重。主要为害部位是茎基部和根系。先在茎基部出现黑色凹陷的斑点,然后病斑纵向横向扩展,很快绕茎一周呈黑褐色病斑,沿茎基部向上扩展可达 30~70 cm 植株枯死,因此,群众把此现象称为"穿大褂"。纵剖病茎,可见髓部黑褐色坏死并干缩呈"笋节"状,"节"间长满白色絮状菌丝。叶片染病,初为水渍状暗绿色小斑,后扩大为中央黄褐色坏死、边缘不清晰隐约有轮纹呈"膏药"状黑斑。茎基部、叶片上发病,湿度大时,发病部位表面均可出现一层稀疏的白色丝状物。

(2)病原 烟草黑胫病的病原为疫霉菌属烟草变种 *Phytophthora parasitica* var. *nicotianaer*),属真菌中鞭毛菌亚门霜霉目。菌丝无色、无隔,生长的最适温度为28~32℃。最低10℃。最高36℃,不同生理小种或菌系略有差异。孢囊梗从病组织气也伸出,1~3根束生。孢子囊顶生或侧生,梨形至椭圆形,有乳突,大小(18~61)μm×(14~39)μm,孢子囊可释放5~30个游动孢子。游动孢子近圆形或肾形,大小7~11μm,无色,侧生2根鞭毛。病株残体中还可产生圆形黄褐色厚垣孢子,大小14~43μm,一般不产生卵孢子(图5-12-3)。迄今的报道,烟草是黑胫病菌唯一的自然寄主。人工接种可侵染番茄、辣椒、茄子、马铃薯等。据国外报道烟草黑胫病菌可分化为四个生理小种,分别为0、Ⅰ、Ⅱ和Ⅲ。近年来,中国许多研究表明,中国烟草黑胫病菌至少有"0"号和"1"号两个生理小种。

(3)发病规律 烟草黑胫病菌主要以休眠菌丝体和厚壁孢子随病株残体在土壤中越冬,其次是用病残沤积的肥料、病地土培育的幼苗等均可作为初侵染来源。在适宜条件下,越冬的厚壁孢子萌发产生芽管、孢子囊或在菌丝上形成孢子囊,再释放游动孢子,所有这些形式的孢子通过流水或其他途径传播到烟根、茎或飞溅到叶片上,萌发并侵入寄主组织。侵入途径主要有伤口、根冠、表皮等。降雨及田间土壤湿度是黑胫病流行的关键性因素,在适温条件下,雨后相对湿度80%以上保持3~5 d,病害即可流行。低洼地、土壤黏重地、碱性大、有效钙镁和氮含量较高地块易发病。线虫及地下害虫为害重的地块发病重。平畦、大水漫灌地块发病重。田间病害逐渐加

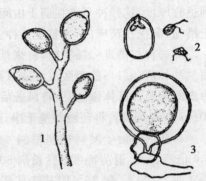

**图5-12-3 烟草黑胫病菌**
1.孢囊梗及孢子囊 2.孢子囊萌发逸出
游动孢子 3.藏卵器、卵孢子及雄器

重,主要是由大雨、灌溉水引起,每次大雨过后或大水漫灌后,即可出现一次发病高峰或成片发病中心。烟草生长后期,病原菌又直接或随病残体进入土壤,完成病害循环。

(4)防治方法 烟草黑胫病的防治应采取以选用抗病品种为主、加强栽培管理和适时药剂防治相结合的综合防治措施。

1)选种抗病品种 种植抗病品种是防治黑胫病的经济有效措施。如牛津1号、牛津4号、中烟90、富字64号、抵字101、G28、G52、G70、G140、G80、金星、偏金星、安选4号、安选6号、许金1号、许金2号、柯克48、柯克86、柯克139、柯克258、柯克298、柯克411、Nc13、Nc82、Nc89、Nc95、K326、Va770、Va8611、夏烟1号、夏烟3号、台烟及白肋烟中的粤白3号、建白80、8701、Va509、B77等。

2)加强栽培管理措施 ①轮作:该病害的病原菌的寄主范围均较窄,可以禾本科作物轮作3年以上。②铲除烟根、茎及其他病株残体,这是一项有效的栽培措施,包括移栽时剔除病苗,田间彻底清除病残体,当田间发现病株,应及时拔除带出田外作适当处理,不得随手乱扔。以减少初侵染来源。③平整土地,高垄栽培,防止积水。

3)药剂防治 根据烟草黑胫病菌主要分布在土表0~5 cm处,且主要在茎基部和根系上发生侵染,及现蕾前为感病阶段等特点,防治烟草黑胫病的主要施药时间是:在移栽后3~

6 周,视天气情况,或在连作烟田中感病品种的发病初始期,确定施药时间;施药方法是向茎基部及其土表浇灌法,实施局部保护,此法同整株喷雾法相比,可减少用药量,降低防治成本,又能充分发挥药剂的防病保产作用,提高防治效果。用 25％甲霜灵可湿性粉剂 10 g/m²,拌 10～12 kg 干细土,播种时 1/3 撒在苗床表面,播种后其余 2/3 覆盖在种子上。移栽前用此药 500～800 倍液喷 1 次,做到带药移栽。移栽时用药 50 g/667 m² 与干细土拌匀,撒入穴窝。也可用 95％敌克松可湿性粉剂,350～400 g/667 m² 穴施。烟株培土后发病前采用局部保护的灌根方法向茎部及其土表施用 58％甲霜灵·锰锌可湿性粉剂 600～800 倍液或 40％甲霜铜可湿性粉剂 600 倍液、64％杀毒矾 M8 可湿性粉剂 400～600 倍液、90％三乙膦酸铝可湿性粉剂 400 倍液、70％甲霜灵·福美双可湿性粉剂 600～800 倍液、1∶1∶(150～200)倍式波尔多液喷淋,隔 15 d 喷 1 次。

## 5.12.4 烟草炭疽病

(1)症状 多发生于幼苗期。在苗期 2 片真叶时的危害最重。发病部位以幼苗叶片为主,茎、叶、柄、蒴果、种子等也可发病。叶片染病 初为暗绿色水渍状小斑,1～2 d 后扩展为直径 2～5 mm 褐色圆斑,病斑中央稍凹陷,白至黄褐色,边缘明显,稍隆起,褐色。潮湿时病斑上产生轮纹和小黑点。干燥时病组织老硬,病斑多为黄色或白色,无轮纹和黑点。病害严重时病斑融合成大斑,使烟叶扭缩或枯焦,形如火烧状,有的烟农称之为"烘斑"。叶脉、叶柄及幼茎染病时,病斑梭形,褐色,凹陷纵裂,严重时幼苗折倒,叶柄折断。成株期多从下部叶片发病,渐向上蔓延。茎秆染病时,病斑较大,形成纵裂网状条斑,凹陷,黑褐色,天气潮湿时病部长出黑色小点。萼片、蒴果染病时,产生圆形或不规则的褐色小斑,种子也可受侵染。

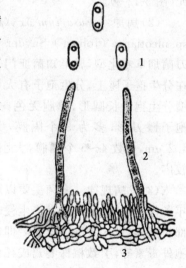

**图 5-12-4 烟草炭疽病菌**
1.分生孢子 2.刚毛
3.分生孢子盘

(2)病原 *Colletotrichum nicotianae* Av.-Saccá 称烟草炭疽菌,属半知菌亚门真菌。病斑上生小黑点为分生孢子盘。盘内密生分生孢子梗,分生孢子梗短棍棒形,无色,单胞,梗上顶生分生孢子。分生孢子长圆筒形,无色,单胞,梗上顶生分生孢子。分生孢子长圆筒形,无色,单胞,两端各有一油球。孢子堆内混生刚毛,刚毛暗褐色,具隔,外状稍弯(图 5-12-4)。

(3)发病规律 病菌以菌丝体和分生孢子随病残体遗留在土壤、粪肥上越冬,或以菌丝在种子内或以分生孢子在种子表面上越冬,成为翌年苗床病害初侵染源,主要靠雨水,灌溉水传播。分生孢子只有在潮湿情况下才产生,并且有水膜存在时,才能萌发侵染。烟草炭疽菌菌丝适宜生长温度 5～35℃,最适 25～30℃,超过 35℃较少发病。潜育期一般为 2～3 d,温度低潜育期延长。水分对炭疽病发病起决定作用。雨日多,雨量大,苗床排水不良,烟苗过密,苗床过湿,有利于病害发生。

(4)防治方法
1)选择地势高燥、排水良好、土壤肥沃的非重茬地块作苗床。采用薄膜育苗,适当稀植,早间苗、定苗,少浇水并选晴天上午进行,忌大水漫灌。

2）选择远离烟茬地、菜园、烤房、烟棚的地块种植。施用充分腐熟有机肥。

3）药剂防治。播前用 1%～2%硫酸铜或 0.1%硝酸银浸种 10 min，然后用清水冲洗干净再行播种。苗床用五氯硝基苯 5 g/m² 或敌克松 6 g/m² 消毒。发病初期可喷洒 75%百菌清可湿性粉剂 500～800 倍液或 70%代森锰锌、80%炭疽福美、80%喷克可湿性粉剂、25%炭特灵可湿性粉剂 500 倍液、50%硫菌灵或 50%退菌特可湿性粉剂 600～800 倍液，隔 7～10 d 1 次，连喷 2～3 次。

## 5.12.5 烟草枯萎病

我国山东、河南、安徽、福建、贵州、台湾曾多有发生。

（1）症状 苗期、成株期均可发病，病菌从根部侵入，一般在旺长期至现蕾期症状较明显，病株叶片逐渐变黄、萎蔫，以至枯死。有的仅在一侧发病，叶片小或主脉弯曲，病株顶部弯向一侧，剖开病茎、病根，可见木质部褐变，镜检病部变色处或导管附近可见菌丝或分生孢子。后期病株逐渐变黄萎蔫枯死（图 5-12-5）。

图 5-12-5 烟草枯萎病

（2）病原 *Fusarium oxysporum* （Schlecht） f. sp. nicotianae （Johns.） Snyder et Hansen 称尖孢镰刀菌烟草专化型，属半知菌亚门真菌。分生孢子梗长在分生孢子座上，分生孢子有大、小分生孢子两型：小型分生孢子长圆形，单胞无色，少数双胞。大型分生孢子镰刀形，多为 3 个隔膜，无色，大小 35 $\mu m$ × 4.2 $\mu m$，少数 4～5 个隔膜，大小 44.3 $\mu m$×4 $\mu m$，该菌能产生厚垣孢子和菌核。寄主范围较广。

（3）发病规律 病菌主要以厚垣孢子在病残体内或土壤中越冬，存活期长达 8～10 年。翌年条件适宜时，孢子萌发产生侵入丝，通过伤口或直接穿透根部细胞伸长区或分生区，向木质部扩展，当进入管胞或导管后即定植下来，并可侵染木质部薄壁组织。病菌产生果胶水解酶、胞外毒素等，引致植株萎蔫或死亡。气温 28～31℃易发病。生长后期暴雨之后的高温晴日及沙土地利其发病。该病属积年流行病害，初侵染决定病情严重度，田间发病只有一个高峰。

（4）防治方法

1）选用抗病品种。如 Nc95、Coker176、Nc567、Nc628、白肋 11A、白肋 11B 等。此外 T·1·448 是抗镰刀菌枯萎病兼抗青枯病的高抗抗原。

2）实行 5 年以上轮作，提倡与禾本科作物或棉花轮作。但白肋烟、深色烟不要与棉花、甘薯轮作。

3）提倡施用酵素菌沤制的堆肥或腐熟有机肥。

4）培育无病壮苗，必要时进行苗床消毒。

5）注意防治线虫，可减轻发病。

6）发病初期开始喷洒或浇灌 50%多菌灵可湿性粉剂 400～500 倍液或 70%甲基硫菌灵可湿性粉剂 600 倍液、50%苯菌灵可湿性粉剂 1 000 倍液、50 扑海因可湿性粉剂 1 000～1 200 倍液、70%甲基托布津可湿性粉剂 500～800 倍液灌根,每株灌对好的药液 400～500 mL,连灌 2～3 次。

## 5.12.6　烟草霜霉病

（1）症状　又称蓝霉病,是对外植检对象。主要为害叶片。幼嫩叶片发病,病叶直立;较大叶片发病初期形成黄色圆斑,后病斑中间下陷,背面产生灰色或蓝色霉层,严重时病斑融合成褐色坏死大斑,病叶皱缩扭曲。常表现系统感染,烟株矮化凋萎。在花、蒴果上也出现病斑(图 5-12-6)。

图 5-12-6　烟草霜霉病

（2）病原　*Peronospora tabacina* Adam 称烟草霜霉,属鞭毛菌亚门真菌。菌丝无隔,多核管状。无性态产生孢囊梗和孢子囊。孢囊梗树枝状,无色,长 450～750 μm,其上生有孢子囊。孢子囊卵圆形或柠檬状,无色透明,大小(17～28) μm×(13～17) μm。产生孢子囊适温 15～21℃,最高 30℃,最低 2℃。孢子囊萌发适温 15～20℃,要求相对湿度高于 95%,最适为 98.5%。

（3）发病规律　病菌以卵孢子随病残体在土壤中越冬并成为翌年初侵染源。发病烟草产生孢子囊,借气流传播,进行再侵染。也可经农事操作、农具、烟叶、烟种等携带病菌传播。未腐熟带有病残体的粪肥也可传播。烟草霜霉病在 16～23℃,夜间相对湿度 95% 以上,持续 3 h 就能形成孢子囊。霜霉菌在低温高湿条件下发病重。多雨、夜间结露利于霜霉病发生和流行。烟株密度大,低洼、排水不良烟田发病重。

（4）防治方法

1）加强植物检疫,对进口的烟草种子和烟叶商品要严格检疫。

2）烟草收获后要深翻土地,深埋病残体。严禁在病株上采种。床土要消毒或选未种过烟草的地块作苗床。施用充分分腐熟的有机肥。合理密植,避免田间积水,提高烟株的抗病力。

3）药剂防治用 25% 甲霜灵可湿性粉剂 800～1 000 倍液或 58% 甲霜灵·锰锌可湿性粉剂 1 000 倍液、64% 杀毒矾可湿性粉剂 600～800 倍液、72% 克露可湿性粉剂 900 倍液、69% 安克锰锌可湿性粉剂 1 000 倍液,每 667 m² 用对好的药液 50～70 L,喷药时注意叶片正面和背面均要喷到。

## 5.12.7　烟草低头黑病

（1）症状　烟草从苗期至成株期均可发病,主要为害地上部。苗床期染病,始于 2 片真叶期,先叶片主脉或侧脉上产生病斑,很快病斑沿中脉扩展到叶柄处及茎部形成圆形至椭圆形黑斑,大小 0.2～0.3 mm,后向上下扩展成条斑,随之顶芽向有病斑的一面弯曲,同时病株有病一侧叶片凋萎,全株呈"偏枯"状态,严重的全株枯死。剖开病茎从基部到顶芽的维管束内具明显的黑线,近黑线处叶脉变黑发皱,茎外密生小黑点,即病菌分生孢子盘。大田期症状类似于苗床期症状(图 5-12-7)。

（2）病原 *Colletotrichum capsici* (Syd.) Butler Bisby f. *nicotianae* G. M. Zhang G. Z. Jiang f. nov. 称刺盘孢菌，属半知菌亚门真菌。分生孢子盘上密生棍棒状单细胞的分生孢子梗，顶生分生孢子，分生孢子有新月形和圆筒形 2 种：前者有时略直，单胞，无色，大小（12～16）μm×（2.5～5.5）μm。圆筒形的单胞无色，大小（9.8～41.5）μm×（2.3～7.7）μm。刚毛散生在分生孢子盘上，暗褐色，具隔膜 1～5 个，大小（65～122）μm×（4.5～5.5）μm。该菌生长温度 5～38.5℃，32℃最适。适应 pH 1.8～11.5，最适 pH 为 4.5～9.6。

图 5-12-7　烟草低头黑病

（3）发病规律 病菌以菌丝在土壤中或病残体上越冬，在土壤中该菌能存活 3 年，另外施用带有病菌的有机肥亦可侵染。病部产生的分生孢子借风雨或流水传播，进行多次重复侵染。7～8 月份多雨高湿易发病，地势低洼、土壤黏重发病重。

（4）防治方法 ①选用抗病品种。凡抗黑胫病的品种均抗低头黑病。只要选出任何一种抗病品种，一般就可能同时防治这两种病害。抗低头黑病和黑胫病的品种有金星 6007、偏金黄、革新 3 号、G-28、G-140、NC82、NC89、中烟 15 等，各地可因地制宜地选用。②合理轮作。应实行 3～4 年轮作。③培育壮苗。选择背风向阳、土层深厚、灌排方便和生荒地作苗床；施用净肥，播种后用小水勤灌；移栽时要严格检查烟苗，剔除病苗，移栽期穴施甲基硫菌灵药土，0.5 kg/667 m² 用药拌少量细干土均匀地施于移栽穴内。④加强田间管理。应及早追肥，起垄培土。田间出现病株应及早拔除，病叶亦应及时摘除，集中烧毁深埋。⑤药剂防治。可用 50%退菌特可湿性粉剂 500 倍液，或 1∶1∶160 倍波尔多液喷雾。自幼苗拉十字开始，每隔 7～10 d 喷 1 次。一旦发现病株，应立即拔除，并喷药保护。多发期连续喷洒 50%甲基硫菌灵可湿性粉剂 500 倍液或 50%多菌灵可湿性粉剂 600 倍液、50%苯菌灵可湿性粉剂 1 500 倍液。

## 5.12.8　烟草剑叶病

我国河南、山东、云南、贵州、湖北、安徽、台湾均有分布。

（1）症状 从苗期至开花期均可发生。发病初期幼叶边缘退绿黄化，逐渐向中脉扩展，严重的整个叶脉都变为黄色，而侧脉保持深绿色，呈网纹状。叶片只有中脉伸长而形成剑状或带状叶片。病株顶端的生长受到抑制而呈现植株矮化，茎基部腋芽早发簇生呈丛枝状，新长出的叶片呈大小不等的剑叶状。有时除下部叶片变黄化、根部略粗短外，无其他异常现象（图 5-12-8）。

（2）病原 *Bacillus cereus* Frankland & Frankland 称枯草芽孢杆菌。菌体杆状，有芽孢，革兰氏染色阳性，大小（3.0～5.0）μm×（1.0～1.2）μm。在培养基上产生光滑或粗糙的菌体。光滑的菌体周生鞭毛多根，能活动；粗糙的菌体则多不能活

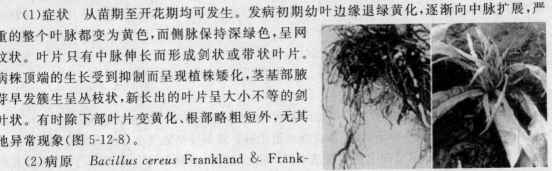

图 5-12-8　烟草剑叶病

动。用该菌的培养液刺激烟草后,能产生典型剑叶症状。该菌在病株根际的土壤中数量很大。

新近研究发现:异亮氨酸是引致该病剑叶症状的直接原因,且异亮氨酸的积累与细菌分泌的毒素破坏了寄主的正常氮素代谢。

(3)发病规律  病原细菌可在土壤中长期存活,一般不引起病害。只有在该菌分泌毒素破坏寄主正常代谢、造成异亮氨酸积累达一定量时,才能引致烟草形成剑叶症状。土壤潮湿、通气性差、排水不良或土壤盐碱、氮素缺乏时易发病。土温偏高、35℃以上发病重。土温低于21℃症状不明显。土壤结构不好,整地粗糙、排水不良或初开荒的烟田易发病。

(4)防治方法  ①选栽抗病品种。目前推广的有 Nc82、Nc88、Nc89、Nc95、Nc98、日本的山阳1号、远州1号、美国的马里兰609、Burleyl、Burley2 等,白肋烟有建白 80、8701、8301、B37、白肋 11A、11B、2lB、37B、49B 等。②与禾本科作物实行 4 年以上轮作,避免与豆科作物连作。③增施有机肥,改良土壤,改善土壤理化性状,提高土壤排水能力,防止烟田积水,满足烟草生长需要,发病后补施氮肥可减轻症状。④加强田间管理。采用高垄栽培,施用腐熟的有机肥,注意田间排湿,及时中耕松土,干旱年份及时灌溉和追肥。发现病株及时拔除深埋或烧掉。⑤秋耕时每 667 m² 施用硫黄 2 kg,可减轻下一年发病。

## 5.12.9  烟草细菌角斑病

(1)症状  该病是我国烟草栽植区常见病害,有些年份局部流行。角斑病可以发生在苗期和成株上,主要在成株上为害。烟株叶、茎、花果等均可感病。在叶部一般是从叶缘和叶脉两侧开始发病,在叶片上产生多角形至不规则形黑褐色病斑,边缘明显,周围没有明显的黄色晕圈,有的病斑扩展至 1～2 cm,四周色深于中间,常现多重云形轮纹。湿度大时病部表面溢有菌脓,干燥条件下病斑破裂或脱落。茎、蒴果、尊片染病产生黑褐色凹陷斑,与野火病难以区别(图 5-12-9)。

图 5-12-9  烟草细菌角斑病

(2)病原  *Pseudomonas syringae* pv. angulata (Frome et al)Holland 异名 P. angulata 称丁香假单胞杆菌角斑专化型。菌体杆状,单极或双极生鞭毛 1～6 根,革兰氏染色阴性,不产生荚膜和芽孢,病菌生长适温为 24～28℃,52℃湿热经 6 min 致死,不产生毒素。

(3)发病规律  病菌在病残体或种子上越冬,也能在一些作物和杂草根系附近存活,成为翌年该病的初侵染源。田间的病菌主要靠风雨及昆虫传播。苗期即可染病,造成大片死苗。烟苗栽到大田后,随气温上升或 6～8 月份多雨,尤其是暴风雨,造成烟株及叶片相互碰撞或摩擦,产生大量伤口,病菌就会通过伤口或从气孔、水孔侵入烟叶,引致发病。条件适宜时进行多次再侵染。几天内即可使叶片破烂枯焦。栽植过密、植株郁蔽、湿气滞留及施用氮肥过多易发病,长期连作的烟田或田间大水漫灌,雨多造成积水田块发病重。

(4)防治方法

1)提倡与水稻、棉花、玉米等禾本科作物进行 3 年以上轮作。

2)选用优良烟种。用 1%硫酸铜液或 2%的 43%福尔马林消毒 10 min,用清水冲洗干净后播种。

3)选用未种过烟草的地块育苗,施用酵素菌沤制的堆肥或腐熟的有机肥,采用配方施肥技术,培育壮苗。

4)根据土壤和地力合理密植,一般每 667 m² 栽植 1 200～1 400 株为宜,做到科学灌水施肥,避免偏施、过施氮肥,增施钾肥,做到适时、适度打顶,最好在初花期开始打顶,每株留叶18～22 片。病害发生初期及早摘除病叶。

5)田间发现病株后,根据天气情况及时喷洒 72％农用链霉素或硫酸链霉素 200 mg/kg 或50％琥胶肥酸铜(DT 杀菌剂)胶悬剂 500 倍液、12％绿乳铜乳油 600 倍液、77％可杀得可湿性粉剂 500 倍液、47％加瑞农可湿性粉剂 800 倍液、1∶1∶160 倍式波尔多液。

## 5.12.10 烟草丛枝病

(1)症状 染病烟株顶叶停止生长,侧芽丛生,植株上部产生许多硬而小的细枝,新生叶小,主叶脉短硬而皱缩,叶色暗淡。感病的植株矮化严重,叶片小、皱缩,后期花尊、花瓣变绿呈小叶状,不能正常开花结实。发病晚的植株,仅上部叶片表现明显症状(图 5-12-10)。

(2)病原 由烟草丛枝病类菌原体所致,属类菌原体,简称 MLO。菌体质粒多形,单细胞,大小 50～960 nm,外包一层单位膜,细胞质内有核区,并有核糖体颗粒存在。

图 5-12-10 烟草丛枝病

(3)发病规律 丛枝病类菌原体据报道可侵染 24科 65 种植物,能在多种野生寄主(如田旋花等)上越冬。除主要以大青叶蝉、烟草叶蝉等多种叶蝉传播外,还可通过嫁接、菟丝子等途径传播。叶蝉一旦获毒便终生传病,甚至可经卵传播。带毒叶蝉吸食烟草,将类菌原体传入植株叶脉韧皮部,病原在韧皮部繁殖,经筛管上管孔扩散。接种后由于温度、寄主及株系等原因经 9～30 d表现症状。凡越冬叶蝉虫量大,染病野生寄主多,有促使叶蝉迁移为害的气候环境,大面积种植感病品种且烟草植株处于感病阶段,则烟草丛枝病大发生。幼嫩植株较老化植株易感病。温度低于 25℃时,病害潜育期延长。冷凉条件发展慢,为害轻。

(4)防治方法 烟草丛枝病的防治主要通过缩短或调节作物的感病时间和控制传病介体的活动来完成。

1)适当调节播期、移栽期 在一年中选择叶蝉虫口密度较低的季节育苗或移栽,使烟草幼嫩感病期避开叶蝉迁飞高峰期。

2)烟苗移植前铲除烟田及周围的杂草,并喷洒杀虫剂,或用有机磷杀虫剂处理土壤。烟田附近不宜种植马铃薯、番茄等茄科植物。

3)栽烟前和移栽后,喷洒杀虫剂,防治烟草及周围杂草上的叶蝉,控制其传毒。移栽后初期叶面喷施乐果、杀多虫等杀虫剂。四环素族抗生素对烟草类菌原体有抑制作用,但无根治效果,尚无实用价值,目前国内外科学家正在试图利用细菌素的基因工程来防止此病。

## 5.12.11　烟草青枯病

我国浙江、福建、广东、广西、贵州、湖南、台湾均有发生,近年河南、陕西、山东、辽宁也有发现。

(1)症状　初发病时,病株多向一侧枯萎,拔出后可见发病的一侧支根变黑腐烂,未显症的一侧根系大部分正常。有的先在叶片支脉间局部叶肉产生病变,茎上出现长形黑色条斑,有的条斑扩展到病株顶部或枯萎的叶柄上。发病中期全部叶片萎蔫,条斑表皮变黑腐烂,根部也变黑腐烂,横剖病茎用力挤压切口,从导管溢出黄白色菌脓,病株茎和叶脉导管变黑。后病菌侵入髓部,茎髓部呈蜂窝状或全部腐烂形成空腔,仅留木质部(图5-12-11)。

图 5-12-11　烟草青枯病

(2)病原　*Pseudomonas solanacearum*(E. F. Smith)Smith 称青枯假单胞杆菌,属细菌。菌体杆状,两端钝圆,大小(0.9～2) $\mu$m×(0.5～0.8) $\mu$m, 有 1～3 根鞭毛,多单极生,无荚膜,革兰氏染色阴性,好气性。病菌生长温度 18～37℃,30～35℃最适。52℃经 10 min 致死。最适 pH 6.6。该菌已鉴别出 5 个小种及 5 个生物型,侵染烟草的菌株为小种 1 和生物型Ⅰ、Ⅲ、Ⅳ,自然条件下,生物型也常变化。

(3)发病规律　病原细菌在病残体中可存活 7 个月,病菌落入土壤中或在堆肥中越冬。该菌在不同土壤中存活时间差异很大,有的很短,有的长达 25 年。病菌从根部伤口侵入,产生胞外多糖(EPS),在菌体外形成胶状层,堵塞木质部纹孔膜,使病株萎蔫。此外,聚半乳糖醛酸酶可导致病组织变褐。病菌进入维管束后分泌出果胶酶,溶解寄主细胞中胶层,致寄主皮层及髓部组织腐烂死亡,且在茎基部形成空腔。在田间病菌借灌溉水及雨水和人畜及工具带菌传播。我国南方发病较重。品种间抗病性有差异。

(4)防治方法

1)因地制宜地选用抗青枯病的品种。高感青枯病品种是青枯病菌的良好宿主,在病区尤其是重病区必须种植抗病品种,从而切断感染源。如夏抗 1 号、夏抗 3 号、Cokerl 76、Va707、Va770、Nc89、Nc2326、台烟、抵字 101、G80、TT6、K394、C411、贝尔 93、莱姆森、柯克 316、柯克 319 等。

2)与禾本科作物进行 3 年以上的轮作。在有条件的烟区,可推行"烟、禾本科"轮作;对于种植面积大、不能进行有效轮作的烟区,可大力推广黑麦、燕麦、光叶苕子、苜蓿等冬季绿肥种植,通过半轮作的方式,既可以减少土壤病原量,又可以改良土壤的物理和化学性状;对于 pH 值低于 5.5 的烟田,可施用生石灰或白云石粉来调节土壤酸碱度。

3)培育无病苗。对常规育苗来说,要严格按照技术规程搞好土壤消毒处理和客土假植;对漂浮育苗来说,要搞好苗棚、苗池、营养液及剪叶工具消毒,按规定进行剪叶剔苗,并根据苗情和天气状况进行炼苗。

4)早播早栽,发病高峰躲过雨季可减少受害。在青枯病发生严重的地区,可通过栽地膜烟或膜下烟来预防,一般可将烟叶移栽期提早至5月上中旬,移栽时烟苗要带水、带肥、带药,高起垄深栽。

5)提倡施用酵素菌沤制的堆肥,不要用病株沤肥。注意增施硼肥。氮肥提倡用硝态氮,不用氨态氮。根据土壤肥力合理确定氮肥施用量,足量施用烟草专用肥,杜绝超量施用纯氮肥。合理确定有机肥和无机肥的比例,适量增施有机肥,有机肥要充分腐熟,其中堆沤的农家肥要腐熟2个月以上,并进行消毒处理。其中施用的有机氮肥占总氮肥量的20%。

6)加强管理,田间发现病株及时拔除后用生石灰消毒病穴。采用高畦栽培,雨后及时排水,防止湿气滞留。雨季,病菌随地表流水传播是土传病害蔓延的重要途径之一,因此,凡是病区烟田都要深挖排水沟,并合理布局排水沟渠。搞好田园卫生。在有条件的地方,最好选择沙壤土且排灌方便的田块栽烟。在地势较低、湿度大的地区要起高垄。

7)发病初期喷洒或浇灌硫酸链霉素4 000倍液或14%络氨铜水剂300倍液、77%可杀得微粒可湿性粉剂600倍液、47%加瑞农可湿性粉剂700~800倍液。灌根时,每株用对好的药液400~500 mL,隔10 d灌1次,连灌2~3次。

8)加强病虫害监测,及时进行统防统治。在青枯病的重病区要在烟苗移栽30 d后,每隔7 d进行田间病害发生情况调查,以便及时发现症状并加以处理;对有既往病史的田块,一旦发现病株,立刻进行全田施药。

## 5.12.12　烟草普通花叶病

我国各产烟区都有该病发生,以黑龙江、辽宁、吉林、山东、河南、安徽、四川、广东等省受害较重。此病田间发病率一般在5%~20%,而其邻近田块的烟株却往往保持健壮。幼苗期感染或大田初期感染,损失可达30%~50%;现蕾以后感染对产量影响不显著。病叶经调制后颜色不均匀,品质下降。

(1)症状　俗称聋烟、疯烟、青花、油头。此病自苗床至大田整个生育期均可连续发生、病情持续发展。烟株感病后,表现为整株系统症状。在气候温暖、光照充足的条件下,一般在5~7 d就表现症状。烟草植株染病后,幼嫩叶片侧脉及支脉组织呈半透明状,即明脉。叶脉两侧叶肉组织渐呈淡绿色。病毒在叶片组织内大量增殖,使部分叶肉细胞增大或增多,形成黄绿相间的斑驳。几天后就形成"花叶"。即叶片局部组织叶绿素退色,形成浓绿和浅绿相间的症状。这种花叶常出现两种类型:一种是轻型花叶,仅表现为叶片的局部或叶尖呈现黄绿、深绿、浅绿相间的花叶;株型矮化不明显。另一种是重型花叶,叶片上除表现花叶外,病叶边缘有时向背面卷曲,叶基松散。早期发病烟株节间缩短、植株矮化、生长缓慢,能发育的蒴果小而皱缩,种子量少且小,

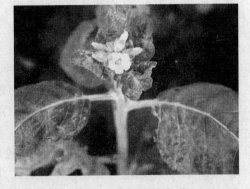

图5-12-12　烟草普通花叶病

多不能发芽。接近成熟的植株感病后,只在顶叶及杈叶上表现花叶,有时有1~3个顶部叶片不表现花叶,但出现坏死大斑块,被称为"花叶灼斑"。在表现花叶的植株中下部叶片常有1~2叶片沿叶脉产生闪电状坏死纹(图5-12-12)。

（2）病原　烟草花叶病毒病是由烟草普通花叶病毒（Tobacco Mosaic Virus，简称 TMV）引起的，该病毒是烟草花叶病毒属（*Tobamovirus*）的代表成员。病毒粒体杆状，大小 300 nm×18 nm。烟草普通花叶病毒增殖的最适温度是 28～30℃，37℃以上停止增殖。它的毒力和抗逆性都很强，含病毒的新鲜汁液稀释到 100 万倍时仍有致病力，在汁液中病毒的钝化温度为 93℃、10 min，或 82℃、24 h，或 75℃、40 d 才失去致病力；干病叶在 120℃下处理 30 min 仍不失其侵染活力，要在 140℃下 30 min 才失去活力。体外保毒期 72～96 h。在无菌条件下致病力达数年，在干燥病组织内存活 30 年以上。TMV 存在普通株系、潜隐株系、黄斑株系、坏疽株系等不同株系，因致病力差异及与其他病毒的复合侵染而造成症状的多样性。烟草普通花叶病毒，除烟草外，在自然条件下经常侵害的还有番茄、马铃薯、茄子、辣椒、龙葵等茄科作物。经接种鉴定其寄主范围很广，1966 年 Thornberry 列出了 TMV 的 350 多种寄主植物。

（3）发病规律　TMV 能在多种植物上越冬。初侵染源为带病残体和其他寄主植物，另外，未充分腐熟的带毒肥料也可引致初侵染。主要通过汁液传播。病、健叶轻微摩擦造成微伤口，病毒即可侵入，不从大伤口和自然孔口侵入。侵入后在薄壁细胞内繁殖，后进入维管束组织传染整株。在 22～28℃条件下，染病植株 7～14 d 后开始显症。田间通过病苗与健苗摩擦或农事操作进行再侵染。另外，烟田中的蝗虫、烟青虫等咀嚼式口器的昆虫也可传播 TMV 病毒。TMV 发生的适宜温度为 25～27℃，高于 38～40℃侵入受抑制，高于 27℃或低于 10℃病症消失。烟草普通花叶病主要发生在苗床期至大田现蕾期。温度和光照很大程度上影响病情扩散和流行速度，高温和强光可缩短潜育期。连作或与茄科作物套种使毒源增多，发病率和发病程度明显增加。不卫生栽培是造成流行的重要原因，在病、健株间往来触摸，施用未腐熟有机肥，培带有病毒的土壤都可加重病毒传播。凡前茬或本茬套种油菜、萝卜或马铃薯的烟田，花叶病发生均较重。土壤板结，气候干旱，田间线虫为害较重的地块发病重。

（4）防治方法

1）栽种抗耐病品种　这是防治 TMV 的经济有效的根本途径。在我国抗 TMV 的抗病育种开展得较早也较成功，较早的抗病品种有辽烟 8 号、辽烟 10 号、辽烟 12 号、台烟 5 号、台烟 6 号，白肋 21、柯克 86、贝尔 93、莱姆森、柯克 316、柯克 31；近年来还育成的抗 TMV 品种（系）有辽烟 15 号、延边的 9205、CV09-2 等。在生物技术抗 TMV 育种方面，方荣祥等转育的抗 TMV NC89 纯合品系，在黑龙江、利川等烟区试验，表现了极强的抗病性。

2）选用无病株上的种子　应从无病株上采种，单收、单藏，并须进行汰选，进一步防止混入病株残屑。

3）加强苗床管理，培育无病壮苗　注意苗床选地，苗床要尽可能远离菜地、烤房、晾棚等场所。床土及肥料不可混入病株残屑，注意清除苗床附近杂草。培育无病壮苗是防治花叶病的重要环节，烟苗生长健壮，移栽后还苗快，烟株根系发达，可提高抗病力。

4）与禾本科作物进行 3 年以上的轮作。早播早栽，发病高峰躲过雨季可减少受害。

5）提倡施用酵素菌沤制的堆肥，不要用病株沤肥。注意增施硼肥。氮肥提倡用硝态氮，不用氨态氮。

6）加强管理，田间发现病株及时拔除后用生石灰消毒病穴。采用高畦栽培，雨后及时排水，防止湿气滞留。

7）发病初期喷洒或浇灌硫酸链霉素 4 000 倍液或 14％络氨铜水剂 300 倍液、77％可杀得微粒可湿性粉剂 600 倍液、47％加瑞农可湿性粉剂 700～800 倍液。灌根时，每株用对好的药液 400～500 mL,隔 10 d 灌 1 次,连灌 2～3 次。

## 5.12.13 烟草黄瓜花叶病

20 世纪 80 年代后期以来,黄瓜花叶病毒一直是中国黄淮烟区、华南烟区及西北一些省份的烟草花叶型病毒病流行的主要毒源。如山东烟区 20 世纪 50 年代是以普通花叶病为主,60 年代黄瓜花叶病毒逐渐上升,70 年代开始大发生,80 年代中期达到高峰(1986 年我们对山东四个地区 15 个县市调查鉴定,黄瓜花叶病毒占 80%),该病发病流行速度极快,来势迅猛,常在移栽后团棵期发生,造成烟株早期发病,生长发育停滞,严重减产。

(1)症状　整个生育期均可发病,苗床期即可感染,移栽后开始发病,旺长期为发病高峰。发病初期表现明脉,后在新叶上表现花叶,叶片变窄,伸直呈拉紧状,叶片绒毛稀少,失去光泽。有的病叶形成深、浅绿相间花叶,呈疱斑;有的叶缘向上卷曲;有的叶片呈黄色斑驳;有的叶脉呈闪电状坏死,有的植株矮黄;有的病叶粗糙、发脆,如革质,叶基部伸长,两侧叶肉组织变窄变薄,甚至完全消失。叶尖细长、有些病叶边缘向上翻卷。CMV 也能引起叶面形成黄绿相间的斑驳或深黄色疱斑,但不如 TMV 多而典型。症状因品种、生育期不同表现有差异。与 TMV 显著不同的特点是病叶基部伸长,绒毛脱落成革质状,病叶边缘向上翻卷,对根系的影响很大(图 5-12-13)。

图 5-12-13　烟草黄瓜花叶病

(2)病原　黄瓜花叶病毒(Cucumber Mosaic Virus,CMV),属于雀麦花叶病毒科(Bromoviridae)黄瓜花叶病毒属(*Cucumovirus*)的典型成员。病毒粒体为球状正二十面体,直径 28～30 nm。CMV 在体外的抗逆性较 TMV 差,大部分株系在 65～70℃条件下 10 min 即丧失侵染力,稀释限点 100 000 倍,室温下体外存活期 72～96 h。CMV 的寄主范围十分广泛,能侵入 1 000 多种单、双子叶植物。烟草上 CMV 株系有:典型症状系(D 系)、轻症系(G 系)、黄斑系(Yl 和 Yz 系)、扭曲系(SD 系)、坏死株系(TN 系)。

(3)发病规律　黄瓜花叶病毒主要由介体传播,自然条件下主要由昆虫中的蚜虫传播,蚜传在病害流行中起决定性作用,据报道有 70 多种蚜虫可以传播这种病毒,而以桃蚜传为主。蚜虫传播 CMV 为非持久性传毒,蚜虫只需在病株上吸食 1 min 就可以获毒,在健株上吸食 15～120 s,就可以完成传毒过程。CMV 在烟株内增殖和转移很快,侵染后 24℃条件下,6 h 在叶肉细胞内出现,48 h 可再侵染,4 d 后即可显症。不能在病残体上越冬,主要在越冬蔬菜、多年生树木及农田杂草上越冬。翌春通过有翅蚜迁飞传到烟株上。烟株在现蕾前旺长阶段较感病,现蕾后抗病力增强。与黄瓜、番茄、甜椒等蔬菜相邻的烟田,蚜虫较多时发病重。大田蚜虫进入迁飞高峰后 10 d 左右,开始出现发病高峰。冬季及早春气温低,降雪量大,越冬蚜虫数量少,早春活动晚,CMV 轻。如翌春比较干旱,旺长前温度出现较大波动,有干热风,可导致 CMV 大流行。阴雨天较多,相对湿度大,蚜虫发生少,CMV 较轻。在病害流行过程中,除蚜虫传毒起主要作用外,病害在烟田中的扩散和加重也和机械传染如农事操作等有重要关系。

（4）防治方法

1）选育抗耐病品种烟草中对CMV的抗病品种很少，最近中国台湾培育出的TT6、TT7系列烤烟品种，具有对CMV很好的抗病性。近年，通过基因工程手段，也已获得了抗CMV的品种。例如，转CMV外壳蛋白基因的NC89、K326、G140均表现一定的抗性，田波等合成了R1卫星RNA的cDNA，并将其导入烟草，随后得到了能表达CMV卫星RNA和外壳蛋白基因的转基因烟草，该转双基因植株的抗病性大大高于单独转卫星RNA或外壳蛋白的植株。另外，双抗（抗CMV和TMV）的转基因NC89纯合系已经获得，并大面积试验，表现出较好的抗病性。

2）根据当地气候条件，因地制宜地调整移栽期，躲过蚜虫的迁飞高峰期。施足基肥，采用配方施肥技术，避免偏施、过施氮肥。烟田尽可能远离茄科蔬菜田和瓜田。及时清除田间杂草和毒源植物。

3）实行烟、麦套种为中心的农防措施。根据蚜虫趋黄性，烟蚜先飞到小麦上吸食，脱去口器中病毒，从而减少传毒机会，并使烟草避过感病期，如在小麦上喷洒防蚜药剂，效果更好。河南成功模式是一行麦一垄烟或二行麦一垄烟。也可采用银灰膜避蚜。

4）积极治蚜防病。3～4月份，当桃树上越冬卵孵化完毕后，尚未发生有翅蚜时，及时喷洒药剂控制，降低烟田发生量；推广银灰膜遮盖育苗技术，大田提倡银灰膜栽烟，有驱蚜及减轻烟蚜传毒防病之效。

5）发病初期用1.5%植病灵乳剂1 000倍液或10%病毒王可湿性粉剂600倍液喷施，能起到预防和缓解病毒危害的作用。有报道，用0.1%的褐藻酸钠喷雾也有一定效果。此外，还可选用2%宁南霉素水剂，用有效成分90～120 g/hm²，采收前14 d停止用药。

# 5.12.14　烟草根结线虫病

（1）症状　烟草根结线虫病又称根瘤线虫病。本病为烟草根部病害。苗期和成株期都可受害，但苗期症状不明显。大田烟株在根部形成大小不等根瘤，须根少，根瘤初为白色，渐增大，大者如花生米，呈圆形或纺锤形，可多个串生，严重时整个根系肿胀成鸡爪状。根结形成后地上部变黄，生长缓慢，叶边或叶尖出现黄色枯斑，叶片窄小枯焦。田间病株顺垄分布。病根后期中空腐烂，仅存留根皮和木质部，其中包含大量不同发育时期的病原线虫（图5-12-14）。

**图5-12-14　烟草根结线虫病**

（2）病原　为害烟草的根结线虫种类主要是南方根结线虫（*M. incognita*）、爪哇根结线虫（*M. javanica*）、花生根结线虫（*M. arenaria*）和北方根结线虫（*M. hapla*）等，均属植物寄生线虫。在我国优势种为南方根结线虫。根结内的乳白透明小粒即雌成虫，呈洋梨形，大小（400～1 300）$\mu m \times$（270～750）$\mu m$。头部有一中空口针。卵排出体外，外包棕黄色卵囊，椭圆形。幼虫为线形，经2次蜕皮后侵入根系。雄虫寄生于根系中，发育为成虫后离开，雌虫经3次蜕皮为腊肠状，4次脱皮为洋梨形。线虫在吸收养分同时分泌毒素刺激根系细胞膨大，最后形成根结。

(3)发病规律 以卵囊、幼虫及成虫在病根残体、土壤和未腐熟的粪肥内越冬,翌年卵孵化成 2 龄幼虫进行为害。线虫随农事操作及灌水传播,在适温 27~32℃条件下,20 d 完成一代,低于 8℃或高于 32℃,雌虫不能成熟。高湿对线虫生育不利。强烈光照、干旱或酷寒可杀死幼虫及卵。连作田、沙壤土利于线虫繁殖为害。早移栽比晚移栽发病轻。不合理轮作、套作易发病。洪水后线虫为害重。此外,线虫侵染导致其他病害加重。

(4)防治方法 对烟草根结线虫病的防治,虽然轮作是最经济有效的防治措施,但由于我国烟区分布比较集中,大面积轮作较难实行,在这种情况下,目前应采用以农业措施为基础,以选用抗、耐病品种和药剂防治为重点,积极开展生物防治的综合防治措施。

1)选用抗、耐病品种。目前世界范围内育成的抗病烟草品种只对南方根结线虫 1、3 号小种高抗,如 nc 89、k326、rg ll、k346 等,因此,各地在选用抗病品种防病时,应当明确当地为害的根结线虫种类,才能有效地利用这些品种的抗性,达到优质、增产的目的。

2)农业措施防病。①合理轮作。病区烟田实行 3 年或 3 年以上轮作,一般以选用与禾本科作物轮作为宜,在一些有条件的地区实行水旱轮作效果更为理想。②培育无病壮苗。培育无病壮苗可减少苗期感染,从而减轻根结线虫在大田期的危害。苗床土以选用山坡生土为最好,也可应用未栽过烟和未种过菜的大田土。配制营养土的农家肥应已经腐熟且未经烟草和蔬菜残体污染。目前苗床土和营养土采用溴甲烷和威百亩(斯美地或适每地)等药剂进行消毒,可以有效地杀灭线虫,并可兼治苗期土传病害、地下害虫,还可以防除苗床杂草。③清除烟株病残体及杂草。由于烟草生长后期,根结线虫的雌虫和卵大量留存在烟株残体上,在土壤中存活越冬,成为翌年的初侵染源,因此,在烟叶采收结束后,彻底清除和销毁病株残体以及田间杂草,可以有效地降低土壤中的虫源基数,减轻危害。④翻耕晒土。在烟草移栽前应及时翻耕晒土 2 次,每次置于烈日下曝晒 7 d 以上,可有效地杀死土壤中的 2 龄幼虫及卵,减少土壤中初侵染的线虫基数。另外,冬季翻耕晒土,可更有效地杀死土壤中的越冬线虫,从而减少土壤中的越冬线虫的成活数量。⑤施用有机饼肥,增施钾肥。施用有机饼肥有利于烟株根系发育,提高烟株抗性,还有利于土壤中根结线虫天敌的生长、繁殖,提高对线虫的控制作用。另外,很多有机肥中的降解产物可抑制线虫的正常生长发育。

3)化学药剂防治和生物制剂防治 ①化学药剂防治。一般采用移栽时穴施药土。移栽时穴施 15%铁灭克颗粒剂 900 g/667 m² 或 10%克线丹颗粒剂 1 500 g/667 m²、灭线威乳剂 2 000 g/667 m²;也可用熏蒸方法,选用 D-D 混剂 6 kg/667 m² 或 80%二氯异丙醚 90~170 mL/667 m² 对水 100 倍,施后覆土熏蒸 1~2 周,然后栽烟苗或播种,土壤湿度大时效果更好。但应注意尽量避免药剂与烟根直接接触,以免发生药害。但是由于大多数药剂毒性较高,使用成本也很高,不宜大面积进行化学药剂防治。另外,在南方水位较浅的地区不宜应用这些药剂,以避免污染水源,引起人畜毒害。②生物防治是目前积极倡导和推广的方法。目前在烟草生产上试验、示范以及推广应用的生物制剂主要有两种,一种主要由厚垣轮枝菌(verticillium chlamydosporium)研制的生物杀线粉剂,另一种主要由淡紫拟青霉(paeciomyces chlamydosporium)研制的生物杀线粉剂。两种制剂一般在田间移栽期和旺长前期进行 2 次穴施,对烟草根结线虫有较好的防治效果。

# 5.13　药用植物病害

药用植物(下称药材)是我国医药学伟大宝库的重要组成部分,是我国广大劳动人民与疾病作斗争的重要物质力量。

目前,我国医疗上应用的中草药已达 2 000 多种。过去种植比较集中的地产药材,按照国务院关于"实行就地生产,就地供应"的方针政策,以前只产在云南、广西的三七,已在贵州、四川、福建、广东、江西、浙江等地生产并获得成功;广东、广西新建的茯苓[Poriacocos(Schw.) Wolf]生产基地,其产量也远超过老产区;山药、地黄、牛膝(Achyranthes bidentata Blume)、菊花以及延胡索等著名地产药材,全国许多省、市、自治区现在也正有计划地进行种植。此外,除已有不少的野生药材逐渐变为家种外,还有计划地引种或试种,驯化了一些国外进口药材(称"南药")。

我国的药材病害种类很多,其中不少为害严重。如浙贝母在正常的年份,因病害而造成的损失达 10%～20%;又如红花遭受炭疽病为害严重时,花产量大幅度下降。因此,要确保药材的丰产丰收,病害防治也是其中重要一环。

## 5.13.1　白术白绢病

白绢病是白术的重要病害之一,俗称"白糖烂"。白术受此病为害后,主要为害近地面的茎基部或果实。植株染病后,茎基和根茎出现黄褐色至褐色软腐,有白色绢状菌丝,叶片黄化萎蔫,顶尖凋萎,下垂而枯死。一般损失在 1% 以上,严重的达 50% 以上。此病在南方多雨地区发生普遍,危害较重,发病率往往达 20% 左右。白绢病菌的寄主范围很广,除白术外,尚能为害玄参、白芍、附子、地黄、黄连、紫苑、附子等药材和其他多种农作物。

(1)症状　发病初期,受害植株叶片黄化萎蔫。白术株个别叶片萎垂。茎基部染病,初为暗褐色,其上长出辐射状白色绢丝状菌丝体,整个根茎被白色菌丝围绕时,呈淡黄白色软腐状,很似"烂甘薯",故称"白糖烂"。湿度大时,菌丝扩展到根部四周,产生菌核,严重时植株基部腐烂,致使地上部茎叶萎蔫枯死。根茎被害后呈褐色,随着病部不断扩大,植株顶端萎垂。主茎已木质化的术株被害后,直立枯死,根茎部薄壁组织腐烂殆尽,仅剩下木质化的纤维组织,呈一丝丝乱麻状,极易从土中拔出。白术苗被害后,整个植株倒伏死亡。

此外,触地的白术花蒲、叶片也易受害,常呈黄褐色,失去光泽,最后叶片仅剩下脉络,呈纱布状。

(2)病原　此病由齐整小核菌 Sclerotium rolfsii Sacc. 侵染所致,属真菌半知菌亚门。菌丝体白色,有绢丝般光泽,在基物上呈羽毛状,从中央向四周辐射状扩展。镜检菌丝呈淡灰色,有横隔膜,细胞大小为 23.5 $\mu m \times 1.0$ $\mu m$,分枝常呈直角,分枝处微缢缩,离缢缩不远有一横隔膜。菌核球形或椭圆形,大小不等,一般在玄参上的比白术上的大些,在白术根茎上的又比在茎、叶、花蒲(蕾)上的大些。一般菌核大小为 $0.97～1.30$ $\mu m$。在营养状况较好、温、湿度高时,2～3 个菌核也能相互联结成块。菌核切片在低倍显微镜下观察,中部细胞呈淡黄色,形状稍长,疏松状,边缘细胞呈香柏油黄色,形状较小,圆而密(图 5-13-1)。

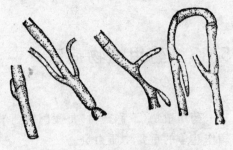

图 5-13-1　白术白绢病菌菌丝

病原菌在马铃薯蔗糖琼脂培养基上生长良好,可形成众多的菌核,颗粒较大,呈黄褐色,易联结成菌块。菌核萌发的温度范围为 10～35℃,以 30～35℃为最适宜。40℃处理 24 h 后,菌核均不萌发,如再移至 25℃时,仍能萌发。菌丝在 pH 2.0～10.0 均能发育,但以 pH 5.0～6.0 最适,pH 11.0 时菌丝不能发育。

据文献记载,白绢病菌的有性时期较为少见,1945 年 West 在薜荔(*Ficus pumila* L)上发现,定名为 *Pellculariarolfsii*(Sacc) West.

(3)侵染循环　病菌主要以菌核在土壤中越冬,或者以菌丝体在种栽或病残体上存活。据文献报道,菌核在土壤中可存活 4～5 年之久,土壤带菌为发病的主要初次侵染来源。菌核随水流、病土或混杂在种子中传播。菌丝能沿着土壤裂缝蔓延为害邻近植株。带病种栽栽植后继续引起发病。病菌借菌核传播和菌丝蔓延进行再次侵染。本病一般于 4 月下旬开始发生,6 月上旬至 8 月上旬为害最重。

(4)影响发病的因素

1)气候与发病关系　白绢病菌喜高温、高湿,从 6 月份以后,当旬平均地温(5 cm 深)在 25℃以上,都适宜本病的发展,一般在 30～35℃为最适。特别是 7～8 月份平均地温在 30℃以上的情况下,降雨量多,湿度大,是引起白绢病严重发生的因素。6 月上旬至 8 月上旬为发病盛期。

2)地势、水旱地与发病关系　在土壤、"术栽"相同的情况下,低坡地发病重于高坡地,水田发病重于旱地。土壤湿度高有利于病菌侵染蔓延。通气好、低氮的沙壤土发病重。

3)连作、排水与发病关系　地势较低,雨后积水的术地会加重本病的发生;地势稍高,排水较好的术地,则发病较轻。

4)株行距与发病关系　在白术产区,种白术的株行距一般有 7 寸×8 寸和 5 寸×10 寸两种。后者由于株距较窄,引起株间连续侵染而发病的比 7 寸×8 寸的要重得多。

(5)防治方法

1)选用无病土种植　土壤带菌是白绢病的重要侵染来源,因此,保证土壤无病是防治白绢病的关键措施之一。在栽前或栽植时沟施氯硝胺处理土壤。适量施用石灰,调整土壤酸碱度,可以减轻发病。一般可选新开荒地种植,并避免上一年术田的邻坡及下坡的土地作术田,以减轻白绢病的发生。

2)选用健壮无病种栽　①收获术栽时要严格挑选。剔除附有白色菌丝体的病栽及其上有伤痕、烂疤及淡褐色斑块的术栽。②贮藏期做好术栽的防烂工作。少量术栽用"缸藏法"——用 3～4 尺高的瓷缸,缸底铺沙一层,上放术栽,放至离缸口 2～3 寸高,其上盖沙至缸口平。术栽中央插上一束草,以利通气,减少烂栽。大量术栽用"层积沙藏法"——选地势高燥的室内,地面先铺沙一层,厚 1～2 寸,沙上铺一层术栽,厚 4～5 寸,这样依次层积,一般总高度 1 尺左右,并插上几个草束,以利通气降温。在贮藏期内,每隔 10～15 d 翻堆 1 次,以便散热降温,并及时剔除由于在堆贮期温湿度升高诱致病菌感染而出现的烂栽。

3)实行轮作　前茬以禾本科植物为好,不宜与花生及其寄生范围内的药用植物轮作。一般种一年白术后,轮种不适白绢病菌侵染的禾本科作物,如玉米、小麦、水稻等。间隔年限为4～5年。还应避免与玄参、附子等寄主植物轮作。水旱轮作,冬季灌水可促使菌核死亡,效果很好。

4)拔除病株和清洁田园　发现病株,带土移出白术地并销毁,病穴撒施石灰粉消毒。四周邻近植株浇灌50％多菌灵或甲基托布津500～1 000倍液,50％氯硝胺200倍液控制病害。

在清洁田园中,除了清除杂草和白术残株病叶外,应注意不在田边、地角种菊芋(*Helianthus tuberosus* Linn)。已种上菊芋的要严格检查,病株要及时挖除。同时菊芋及其附近的残株枯枝等未经处理的,不要作肥料,以防止把病菌带入术田。

5)改进栽培管理　筑高畦,疏沟排水,使畦面高燥,以抑制病菌发展。猪、牛栏等肥料最好翻至下层土中,不在畦面铺施,以减轻发病。采用7寸×8寸的株行距,以减少病菌侵染蔓延的机会。

6)药剂防治　施用70％五氯硝基苯,每667 m² 0.5 kg穴施并覆土或在白术发病初期喷射1％石灰液于根茎部,均有一定的效果。

## 5.13.2　白术根腐病

白术根腐病又名干腐病,是白术的重要根病之一。在新老白术产区发生普遍,严重发生年份产量损失可达50％以上,并使产品质量明显下降。

本病寄主范围很广,在自然情况下,约能侵染120种植物;在人工接种情况下,可为害植物达270余种。

(1)症状　白术根腐病主要为害根部,发病初期,术株地上部枝叶凋萎,基部叶片退绿发黄,随后整株叶片发黄到后期枯死。地下部受病初期根毛和细根呈褐色干枯,后期脱落,蔓延到根茎部,横切根茎部就可看到维管束变为褐色,病害扩展到主根以后,根茎部的须根全部干枯脱落,根茎变软,外皮皱缩干腐状,地上部萎蔫干枯,严重的病株枯死,致药材品质变劣。严重的根茎表皮壳开,易从土中拔出。

(2)病原(图5-13-2)　*Fusarium oxysporum* Schl.属真菌半知菌亚门尖孢镰刀菌,是一种土壤习居菌,在土壤中,当寄主死亡可营腐生生活;如离开寄主在土壤中可存活5～15年。病原菌大分生孢子镰刀形,微弯曲或近乎正直,无色透明,顶细胞圆锥形,多为3个隔膜。大小为(19～46) μm×(3～5) μm;小分生孢子生于气生菌丝

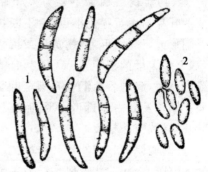

**图5-13-2　白术根腐病菌**
1.大分生孢子　2.小分生孢子

上,数量较多,无色透明,卵形或椭圆形,1～2个细胞,其中2个细胞的大小为(13～24) μm×(2.4～4) μm;1个细胞的为(6～14) μm×(2～4.5) μm。厚壁孢子颇多,顶生或间生,球形,单胞。

(3)侵染循环　病菌以菌丝体、厚壁孢子和菌核在土壤中越冬或依附于病残组织,成为翌年的初次侵染来源。经大田接种试验,潜育期最短为5 d,一般在10 d以上。病菌能借助虫

伤、机械伤等伤口侵入根系，也可直接侵入。此外，术栽也可带菌，成为初次侵染来源。

（4）影响发病的因素　天气时晴时雨、高温高湿以及术株生长不良都有利于本病的发生；在受蛴螬等地下害虫及根线虫为害的情况下，白术根茎部伤口增加，有利于病原菌侵染。在日平均气温 16～17℃时便开始发病，最适温度是 22～28℃。

（5）防治方法

1）实行合理轮作。一般与禾本科作物轮种 3～5 年以后，才能种白术。

2）选用抗病无病术栽品种。以矮秆阔叶型品种抗性较好。在贮藏期间要注意术栽保鲜、防热，以免失水干瘪；种前挑选无病健栽，并用 50％的退菌特 1 000 倍液浸 3～5 min，然后下种。

3）用"5406"菌肥作基肥，每 667 m² 用量 100～150 kg，有一定的防治效果与增产作用。

4）合理选地。选择地势高燥、排水良好的沙壤土种植。避免天旱、地干情况下种植，土壤湿度适当，有利于术栽发根生长。

5）苗期管理中耕宜浅，以免伤根，并及时防治地老虎等地下害虫，可浇灌 40％乐果 2 000 倍液，每隔 10～15 d 1 次，连续 2～3 次，可达到治虫防病的效果。

6）发病初期及时拔除中心病株，可喷 50％退菌特 1 000 倍液或 40％克瘟散 1 000 倍液，每隔 15 d 一次，连续 3～4 次。选用 50％多菌灵可湿性粉剂或 70％甲基托布津可湿性粉剂 500～1 000 倍液等浇灌病穴及周围植株。

## 5.13.3　白术铁叶病

白术铁叶病又名叶枯病，土名叫"癞叶"、"铁焦叶"。新老产区均有不同程度的发生，尤以浙江省的东阳、新昌、嵊县等白术产区最为严重，损失较大。

（1）症状　病害主要为害叶片，后期亦可为害茎及术蒲。叶片初生黄绿色小点，后不断扩大形成较大病斑；病斑近圆形或不规则形，呈锈黄色或褐色，后期病斑中央为灰白色，上生大量的黑色小点（分生孢子器）。分生孢子器表生或两面生，病斑后期汇合布满全叶呈铁黑色焦枯，故称铁叶病。病情发展由基部叶片逐渐向上蔓延，最后扩展到全株叶片，导致植株枯死。

（2）病原（图 5-13-3）　*Septoria atractylodis* Y. S. Yu et K. T. Chen。分生孢子器表生或生于叶的两面，球形或扁球形，灰褐色，大小（70～100） μm×（60～80） μm，孔口直径 32～40 μm；分生孢子线形，近直或弯曲，（0～）2～4（～7）隔，大小为（30～48） μm×（1.5～2.4）μm。

（3）侵染循环　在病残组织以及病土中越冬的病原菌为本病的初次侵染来源。生长期病菌借风雨传播进行再次侵染。铁叶病的潜育期为 7～17 d。本病发生时间很长，一般从 4 月下旬至 5 月初开始发生，6 月初进入发病盛期，一直持续到 8 月上旬，9 月以后为末期，如条件适宜仍然可以感染。

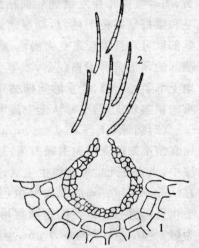

图 5-13-3　白术铁叶病菌
1.分生孢子器纵切面　2.分生孢子

（4）影响发病的因素　本病的发生需要较高的湿度，在 10～27℃温度范围内均可引起危害。高温多湿，连续降雨的气候条件可促使铁叶病流行，发病重。此外，连作、氮肥过多，土壤贫瘠，术栽质量差，均有利于发病。

（5）防治方法

1）选择地势高燥，排水良好的土壤种植白术。在初冬进行深翻，既可风化土壤，亦可深埋病残体，减少菌源，冻死地下害虫。

2）选用健壮术栽，剔除病栽，同时在可能条件下，术栽起土后，放在溪水中洗去附在术栽表面的病菌，以减轻翌年发病。

3）施足基肥，多施有机肥，增施磷、钾肥，对促进白术健壮生长，提高白术抗病能力有重要作用。有条件的地方实行轮作。

4）不宜在雨后、露水未干时进行术地中耕除草、病虫防治等农活，以减少感染机会，减轻发病。4 月中旬开始，经常检查术地，发现病株及时拔除，并摘去术株下部病叶，以防蔓延。

5）发病初期，选择晴朗天气，喷 1∶1∶100 波尔多液（硫酸铜 0.5 kg，质量好的生石灰 0.5 kg，水 50 kg 配制成天蓝色的药液），喷时要做到雾点细而均匀，叶面、叶背都要喷到。每隔 10～15 d 1 次，连续 4～5 次，基本上可控制本病的发生。

6）白术收获后，扫集并烧毁术田残株病叶，减少翌年发病菌源。

## 5.13.4　浙贝灰霉病

浙贝灰霉病俗称"早枯"、"青腐塌"，是浙贝常见的病害之一。浙江宁波樟村地区此病发生普遍，受害严重，常引起早枯，使浙贝减产 20%～30%，且降低种用鳞茎质量。

（1）症状　叶、茎、花和果实均可受害。发病初期，先在叶片出现黄褐色小点，不断扩大成椭圆形或不规则形的红褐色病斑。其边缘有明显的水浸状环，墨绿色，病斑直径 10～15 mm；第一批病斑出现时一般每叶仅一个，后病叶逐渐退绿，呈黄色，使全叶枯死。在连日阴雨后，出现的病斑不典型，小而多，每叶上有几个至几十个，全叶发黄。天晴即迅速干枯，病叶垂挂于茎上。

茎部受害，一般多从病叶经叶基延及茎秆而发病，出现灰色长形大斑。花被害后呈淡灰色，干缩不能开放。花柄淡绿色干缩。幼果暗绿色干枯；较大果实初在果皮、果翼生深褐色小点，扩大后干枯。叶片背面后期产生灰白色霉状物（病原菌分生孢子梗和分生孢子）。在阴雨天植株其他各部被害均可长灰色霉状物。

（2）病原　*Botrytis elliptica*（Berk.）Cke. 该病是由真菌引起的一种病害。分生孢子梗直立，淡褐色至褐色，有 3 至多个隔膜；顶端有 3 至多个分枝，其顶端簇生分生孢子呈葡萄状。分生孢子无色或淡褐色，椭圆、卵圆形，少数球形，单胞，大小为（16～32）$\mu m \times$（15～24）$\mu m$，一端有尖突，萌发能长出 1 个到多个芽管。菌核黑色，细小，直径 0.5～1.0 mm。

（3）侵染循环　病菌借分生孢子和菌核落入土中越冬，成为翌年的初次侵染源。翌年气温升高至 10～15℃，又遇阴雨连绵时，约 5% 残存的菌核产生菌丝、孢子初次侵染植株，田间初现病斑，并逐渐盛发激增；在适温时，病情进展随阴雨时日数的增多而激增。该病害一般年份在 3 月中旬初发，4 月上旬盛发，4 月下旬严重爆发。种植过密，生产嫩弱及多雨高温季节均有利于发病。

（4）防治方法

1）浙贝收获后，清除被害植株和病叶，最好将其烧毁，以减少越冬病原。

2）发病较严重的土地不种植重茬。实行轮作，不宜连作。

3）加强田间管理，合理密植，使株间通风，降低田间湿度，以减轻危害。

4）合理施肥，增强浙贝的抗病力。科学用肥，后期不要施过多的氮素化肥，要增施草木灰、焦泥灰等钾肥，以增强植株抗病力。

5）药剂防治。发病前，在 3 月下旬喷射 1∶1∶100 的波尔多液，7～10 d 喷 1 次，连续 3～4 次，有较好的防病效果。

## 5.13.5　浙贝干腐病

浙贝干腐病是影响浙贝安全过夏、留种以及产品产量和质量的病害，新老产区都有不同程度地发生危害。

（1）症状　在浙江宁波樟村浙贝老产区，鳞茎基都受害后呈蜂窝状，鳞片被害后呈褐色皱褶状，俗称"蛀屁眼"。这种鳞茎作种用，一般根部发育不良，植株早枯，产生的新鳞茎小。在杭州市郊区新产区，被害浙贝鳞茎基部呈青黑色，俗称"青屁股"，鳞茎内部腐烂成空洞或在鳞片上出现黑褐色、青色大小不一的斑点状空洞。

有的鳞茎受害，维管束变性，鳞片横切面可见褐色小点。有的鳞茎基部和中间被害后，根不生长，鳞茎失去种用价值。

（2）病原　*Fusarium avenaceu* （Fr.）Sacc. 该病是一种真菌引起的病害。在寄主上产生的大型分生孢子镰刀形，无色透明，两端逐渐尖削，微弯至弯曲，顶细胞近线形，足细胞显著或不显著，3～5 个隔膜，其中 3 个隔膜的大小为（32～48）μm×（3～4）μm，5 个隔膜的（54～64）μm×（3.5～4.5）μm；无小分生孢子（图 5-13-4）。

（3）侵染循环　病原菌适应性很强，一般在土壤内越冬。大地过夏和起土后贮藏的浙贝都可被侵染，且发病时间较长，除冬季外，春、夏、秋都可受侵染为害，但以 6～7 月份为发病盛期。

图 5-13-4　浙贝干腐病菌分生孢子

（4）影响发病的因素　浙贝起土过早，鳞茎幼嫩多汁，易发生本病。在杭州郊区，5 月中旬以前起土的浙贝，贮藏中会大量出现"青屁股"。

室内贮藏用的土含水量如过低，鳞茎失水多，会引起干腐病严重发生。大地过夏的鳞茎，在天气干旱缺少遮阳植物，土壤干燥的情况下，干腐病发生也较普遍。

（5）防治方法

1）选择健壮无病的鳞茎作种。如起土贮藏过夏的，应挑选分档，摊晾后贮藏。

2）选择排水良好的沙壤上种植，创造良好的过夏条件，并为浙贝过夏创造阴凉（如间作大豆等作物）、通风、干燥的环境。

3）在土壤条件不适宜大地过夏的情况下，可因地制宜地采取移地窖藏或室内贮藏过夏等方法。室内贮藏的,应将起土鳞茎挑选分档,进行摊晾,待鳞茎的呼吸强度和含水量降低后再贮藏,以减少腐烂。

4)药剂防治:配合使用各种杀菌剂和杀螨剂,在下种前浸种。如下种前用 20％可湿性三氯杀螨砜 800 倍液加 80％敌敌畏乳剂 2 000 倍液再加 40％克瘟散乳剂 1 000 倍液混合液浸种 10～15 min,有一定效果,以防浙贝鳞茎腐烂和螨的危害,同时可以减少过夏期间浙贝的损失。

5)在浙贝生长过程中,及时防治蛴螬等地下害虫,减少虫伤口,以防止病菌侵染而引起发病。

## 5.13.6 浙贝软腐病

浙贝软腐病和浙贝干腐病一样,是影响浙贝安全过夏、留种以及产品产量和质量的病害,新、老产区都有不同程度的发生和为害。

(1)症状 发病鳞茎初为褐色水渍状,后呈"豆腐渣"状或"糨糊状",软腐发臭。当空气湿度降低,鳞茎干缩后仅剩下空壳,腐烂鳞茎具特别的酒酸味。

(2)病原 *Erwinia carotovora*(Jones)Holhnd *E. aroideae*(Townsend)Holland 病原细菌短杆状,两端圆形,大小为(1.2～3.0)$\mu m$×(0.5～1.0)$\mu m$,有 2～8 根周生鞭毛(图 5-13-5);病原细菌发育最适温度为 27～30℃,最高 41℃,最低 2℃。pH 范围为 5.3～9.2。

(3)侵染循环 病原细菌随病株遗留土中或在肥料、垃圾中及昆虫体内越冬。伤口是病原细菌侵入的主要途径。

**图 5-13-5 浙贝软腐病菌**

(4)影响发病的因素 大地过夏的鳞茎,在梅雨季节(6 月上中旬至 7 月中旬)和伏季(7～8 月份)雨后发生较多。地势低洼,容易积水,通气性差的地块浙贝发病重;在高温高湿的条件下,病情发展很快,加速浙贝鳞茎腐烂,失去种用和商品价值。浙贝起土后,如不进行摊晾而立即贮藏,则因伤口和虫疤未能很好地愈合,加上土壤水分过多,就易造成大量腐烂。

(5)防治方法 参照浙贝干腐病的防治。

## 5.13.7 延胡索霜霉病

延胡索属罂粟科草本药用植物,以其块茎入药,具活血散淤、理气止痛功能。延胡索(即元胡)霜霉病是一种毁灭性的病害,浙江东阳农民叫"火烧瘟"。元胡主产区东阳、缙云、永康、建德等地普遍发生,为害严重,产量逐年下降,因此,防治霜霉病已成为元胡生产上突出的问题。

(1)症状 元胡在 2 月初出苗。霜霉病在 3 月初开始发生,4 月中下旬最重。延胡索霜霉病主要为害叶片,罹病初期,在叶面出现褐色小点或不规则的褐色病斑,失去翠绿色光泽,稍带黄绿色,病斑边缘不明显,随后病斑加多,并不断扩大,布满全叶,全株叶片失去光泽,叶片变厚,叶片不易平展而向叶面卷缩,叶面产生很多不规矩褐色雀斑。在湿度较大时,病叶背面生一层灰白色的白色霜状霉层,故称"霜霉病"。元胡发病后,在适宜的温、湿度条件下,病情发展很快,病叶色泽加深,最后叶片腐烂或干枯,植株死亡。

(2)病原(图 5-13-6) *Peronospora corydalis* de Bary。此病菌可以侵染紫堇属(*Corydalis*)的植物有下列的种及变种:①元胡;②*Corydalis solida* var. *baxa* (Fr) Mansf.;③*Corydalis pumila* (Host) Rchb.

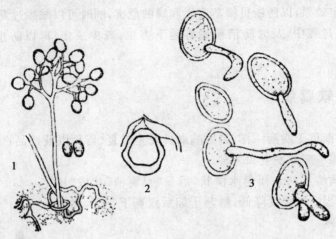

**图 5-13-6 延胡索霜霉病菌**
1.孢囊梗及孢子囊 2.卵孢子 3.孢子囊的萌发

除上述霜霉病外,*Corydalis* 属植物上还有两个种,其孢子形状及大小有区别。

延胡索霜霉病菌菌丝无色透明,在寄主细胞间生长,有繁盛的分枝。孢囊梗束生,主干大小为(198~430)μm×(8~11)μm,无色,自叶背的气孔伸出,在孢囊梗的 2/3 或较长一段中没有分枝,在顶端作双分叉两到多次,最末的分枝彼此相交成直角,孢子囊产生在最末分枝的顶端。孢子囊卵形或椭圆形,似柠檬状,一般无色,大小为(16.9~23.7)μm×(13.5~16.9)μm。

延胡索霜霉病菌具有很强的寄生性,菌丝相当发达,只限在寄主细胞间隙中生长。吸器很短,芽状略有分枝。孢子囊萌发不产生游动孢子,萌发时在孢子囊侧面的任何部位均可伸出芽管侵入寄主,扩大侵染。1972 年在浙江省缙云壶镇、建德三都等地的延胡索霜霉病病叶上的病斑组织内发现其卵孢子,黄褐色,球形,直径为 33.8~37.14 μm。

(3)侵染循环 病原菌的卵孢子随病组织遗落在土壤中越冬,是引起翌年初次侵染的主要来源。在种苗(块茎)表面或潜伏其内的菌丝体和卵孢子也可能是初次侵染源之一。因据实地调查和观察,一些从未种过元胡的地,霜霉病也有发生且严重。

元胡块茎收获后,遗留在土壤中的病叶组织,放在蒸馏水中浸洗,再取其混浊液数滴镜检,可观察到延胡索霜霉病菌的孢囊梗、孢子囊和已萌发的孢子囊。但霜霉病菌是专性寄生的,落到土中的病叶中菌丝不可能长期存活,而无性孢子囊的寿命一般又很短,借此以越冬的可能性也不大,因此通过病斑组织内的卵孢子越冬应是主要的方式。

(4)影响发病的因素 延胡索霜霉病的发生发展,与气候条件有密切关系。早春低温多雨,湿度大,有利于霜霉病的发生;如三四月间天气温暖,干燥,雨量偏少,则此病发生轻。春雨多,三四月气温高于 10℃、早春灌水过量、湿度大易发病,连作田、密度大株间郁蔽发病重。

（5）防治方法

1）轮作　履行 3 年以上轮作，并宜与禾本科作物轮作。

2）清洁田园　元胡收获后，及时清除病残组织，减少越冬菌源。

3）种用块茎处理　应进行种用块茎有效药剂和处理方法试验。播种前元胡块茎用 40％霜疫灵（疫霉净、乙膦铝）200 倍液，浸 24～72 h，晾干后播种。

4）开沟排水　低温多湿是发生延胡索霜霉病的有利条件。因此，在春寒多雨季节，必须开沟排水，以减少霜霉病的发生。

5）消灭发病中心　2 月份元胡出苗后，要经常检查发病情况，一旦发现发病中心，可把元胡植株铲除移出田间并深埋，在发病处撒施石灰粉加泥土封盖，消灭发病中心。

6）药剂防治　元胡齐苗后，在未发生霜霉病前，就要开始喷药保护，做到防重于治。喷药要早喷、多喷、及时喷和全面喷。做到块块地都喷到，搞好"联防"工作。药剂可用 65％代森锌 200～300 倍液防治，每隔 7 d 喷 1 次，或用 1：1：300 倍波尔多液，每隔 10～14 d 喷 1 次，连续 4～5 次。配药时应严格掌握药液的浓度，以免引起药害。在系统侵染症状涌现初期，喷洒 25％甲霜灵可湿性粉剂 800 倍液或 40％乙膦铝可湿性粉剂 250 倍液、72％杜邦克露可湿性粉剂 700 倍液，隔 10 d 1 次，防治 2～3 次。

元胡叶片翠绿幼嫩、表面光滑，药剂喷后不易黏着，流失很大，影响其防病效果。为提高防效，可在代森锌药液中加 0.2％～0.3％洗衣粉或 2％的茶子饼浸出液作黏着剂。

## 5.13.8　玄参叶枯病

玄参叶枯病，又称斑枯病、叶斑病，是一种重要的叶部病害，俗称"铁焦叶"。主要为害叶片，发病严重时因田间成片枯焦颇似火烧，故也有"火烧瘟"之称。玄参遭受叶枯病的危害，常致植株叶片成批枯死。

（1）症状　此病在 4 月中旬苗高 5 寸左右时开始出现，6～8 月份发病较重，直至 10 月份为止均可发生。一般在植株下部叶片先发生，逐渐蔓延全株。到后期几乎所有叶片均密布病斑，进而病叶卷缩干枯，垂挂于茎上，植株生长不良。

发病初期，叶面散生紫红色略凹陷的小斑点，随着病情发展，病斑逐渐扩大成中心呈白色或灰白色的多角形、圆形或不规则形大型病斑，直径 5～20 mm。病斑被叶上黑色叶脉分割成网状，边缘紫褐色。白斑上散生许多小黑点（即病原菌的分生孢子器）。发生严重时上病斑汇聚成片，叶片呈黑色干枯卷缩，常悬垂于茎上。植株下部叶片先发病，逐渐向上蔓延，最后整株植株呈黑褐色枯死。

（2）病原　*Septria scrophulariae* West。分生孢子器黑色球形，散生于病斑内，半埋或自基物突出，直径为 88.8～148.0 $\mu$m，顶端有圆形孔口，遇水湿，分生孢子由此孔口涌出。分生孢子无色，披针形，稍弯曲，大小为（46.2～59.4）$\mu$m×（3～3.3）$\mu$m，具 3～7 个横膈膜，大多是 7 隔；未成熟的分生孢子一般较短，隔膜大多不明显或较少。病菌以菌丝体或分生孢子器在病叶上越冬。分生孢子在玻片水滴中，于 25℃下经 6 h 即可发芽，每个孢子可长出 1～2 个或多个芽管（图 5-13-7）。

（3）侵染循环　越冬后病叶上的分生孢子具有 61.5％～75.0％的发芽率。据接种试验，这些孢子有较高的侵染力。

此外,据在新种植区(余杭)调查,此病也有发生,因此,病株的种芽带菌问题及引种的怀庆地黄(*Reh-mannia glutinosa* Libosch. var. *hueichingensis* Chao et Schih.)等玄参科植物上的同属病原,是否有传染的可能,均有待于进一步研究。

关于此病菌的潜育期,经人工接种测定,最短需11 d,最长29 d,一般为13~17 d。

雨水、露滴及风力是分生孢子传播的主要媒介。

(4)影响发病的因素

1)气候与发病关系　叶枯病发生发展与温湿度、降雨量有着密切的关系。高温高湿和阳光不足的阴天有利于病害的发生。在高温干旱的条件下,病害的发展受到抑制。全年共有3个高峰,分别在6月上中旬,7月上中旬,8月中旬。当温度在20℃以上,有1~2周的雨日、雨量较多和较高的相对湿度条件下,有利于叶枯病发展流行。例如,在6月22~28日连续降雨7 d,降雨总量达到14 mm,相对湿度在82%以

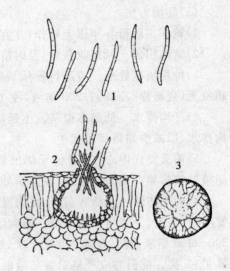

**图 5-13-7　玄参叶枯病菌**
1.分生孢子　2.分生孢子器纵剖面
3.分生孢子器

上,7月上中旬即出现全年发病最高峰。从降雨到发病高峰出现相隔约0.5个月,接近一个潜育期的天数。其他在6月及8月出现的两个高峰,也表现类似情况。而7月下旬至8月上旬期间,温度虽在20℃以上,但7月10~25日的15 d内均无降雨,相对湿度显著降低,因此,7月下旬至8月上旬病叶增加数显著减少。

2)栽培管理与发病关系　玄参叶枯病发生轻重与土质、施肥情况、管理条件等有一定关系。例如,在杭州药物试验场调查两块从未种过玄参的相邻地,管理及时而又肥力足的一块,植株生长健壮,发病较轻;反之则重。

(5)防治方法

1)合理轮作　栽过玄参的地块,应与禾本科作物实行3年以上的轮作。

2)清理田园　玄参收获以后,及时清除田间病残体和田边杂草,集中销毁,以减少越冬菌源。

3)加强管理　合理用肥,促进健壮生长,提高植株抗病能力,以减轻叶枯病的危害。

4)药剂防治　药剂防治是解决玄参叶枯病的重要措施之一,大田药剂防治效果考查证明,1:1:100的波尔多液是目前防治叶枯病较好的药剂,同时对植株有刺激生长的作用,喷药后叶色浓绿,生长健壮,发病指数降低47.4,块根产量比对照提高35.3%。从经济合理用药考虑,田间药剂防治应从5月上旬开始,每隔0.5个月喷1次,共4~5次即可;也可喷洒75%百菌清可湿性粉剂600倍液等。

5)种芽种前处理　为预防玄参的带菌种芽引起初次侵染,以提高玄参叶枯病的防病效果,可将种芽在种前用0.1%升汞水或1%波尔多液浸10 min后晾干再下种。同时苗期要采取摘除病叶再喷药。

## 5.13.9  红花炭疽病

红花炭疽病又名"烂颈瘟",是红花的主要病害之一,发生普遍,分布于全国各红花产区,为害严重,流行年份能使红花毁灭无收。

(1)症状  苗期、成株期均可发病。茎、叶和叶柄各部均能受害,尤以幼嫩的顶端或顶端分枝部分受害最重。茎部染病初呈水渍状斑点,稍长形,初呈淡绿色,后渐渐扩大呈梭形褐色病斑,上面生有黑褐色突出的小点(即病菌的分生孢子盘),病斑有时出现龟裂或皱缩,天气越湿润发展越快,病斑上生有无数橙红色的点状黏质物,即病原菌分生孢子盘。严重时造成烂茎,轻者不能开花结实。病情发展下去,逐渐造成植株烂头、烂梢,状如火烧。叶片染病初生圆形至不规则形褐色病斑,常使叶片干枯,后扩展成暗褐色凹陷斑,叶柄上的病斑长条形,褐色,稍凹陷,严重时导致叶片萎蔫。严重的叶柄染病症状与茎部相似。湿度大时,病斑上产生橘红色黏质物。

(2)病原  分生孢子盘生于寄主组织内,后突破表皮而外露,黑褐色,无刚毛,分生孢子梗无色,单胞,顶端较狭,大小为(8~16) $\mu$m×(3~5) $\mu$m(图 5-13-8)。

**图 5-13-8  红花炭疽病菌**
1.分生孢子盘纵剖面  2.分生孢子

(3)侵染循环  红花炭疽病菌主要以菌丝体潜伏在种子内或随病残体在土壤中越冬,同时种子表面及土壤也可带菌,成为来年的初次侵染源,分生孢子盘上的分生孢子具有黏性,借风雨分散传播,进行再次侵染,扩大危害。红花炭疽病在杭州地区一般于 4 月中下旬开始发生,5~6 月份进入发病盛期。

(4)影响发病的因素  根据辽宁省药材研究所的报道有如下几个因素。

1)降雨与发病关系  在红花生长期,如在适宜炭疽病发生发展的气温(20~25℃)条件下,遇连续降雨,病情就迅速发展;或在开花期降大雨或中、小雨日多,即降水量大、相对湿度高,则发病早、病势重。

2)湿度与发病关系  湿度(指空气湿度和土壤湿度)和雨量成正相关,雨量越大,湿度越高,炭疽病发生、流行也越迅速。气温 20~25℃,相对湿度高于 80% 易发病。

3)温度与发病关系  如前期温度低,红花生长发育慢,容易造成发病时期红花组织幼嫩,成熟晚,细胞壁多含有果胶质,有利于炭疽病菌的侵入和生长。且生长发育慢,则感病期延长,病原菌的侵入机会也越多。一般说红花炭疽病在适宜温度下,如相对湿度在 60% 以下,病害潜育期延长,重复侵染次数少,发病就较轻。

此外,感病红花品种种植面积的大小及播种期的迟早,病原菌致病力强的生理小种群体数量大小等也都与病害的发生流行有一定关系,但决定病害能否流行及发病程度,主要还须看上述雨量、湿度与温度的配合是否适当。

4)播种期与发病关系  适期早播,可以加快红花的生长发育,提前成熟收花,错过梅雨期,避开有利于炭疽病菌侵染和病害发生及流行的时期,则发病轻。

5)品种与发病关系  无论在北方或南方,红花的有刺种抗病性强,发病轻;无刺种抗病性弱,发病重。

6)施肥与发病关系　施肥的时期、种类和数量与炭疽病的发生有一定关系。在追肥过多或偏施氮肥时,会使红花黄青徒长,生长期延长,成熟期推迟,植株木质化晚,易于受病菌侵染,病害发生重。所以,红花最好多施底肥,少施或不施追肥。为使植株健壮,促进开花,定苗后可追施磷、钾肥料,如过磷酸钙和草木灰等,或开花前进行根外喷磷。

(5)防治方法

1)本病初次侵染来自种子带菌,因此,种子必须进行消毒,可在50℃恒温水中浸10 min后即行冷却,捞出晾干,再用30%菲醌50 g拌种子5 kg以消毒。

2)选择地势高燥、排水和通风良好的、肥沃的沙质土壤种植。忌连作并避免用前作为红花地附近的田块,一般以选前作为禾本科作物的地为好。

3)因地制宜选用有刺种或选育无刺抗病品种。

4)加强栽培措施。适期播种,合理密植;科学配方施肥,增施磷、钾肥,提高植株抗病力,收获后清除田间病残组织,减少翌年菌源。

5)加强田间管理,适时浇水,雨后及时排水,防止湿气滞留;雨季要及时清沟排水,促进植株生长,并避过雨季收花,以避免或减少炭疽病的危害。

6)药剂防治。发病初期开始喷洒70%代森锰锌可湿粉500倍液或50%苯菌灵可湿性粉剂1 500倍液、25%炭特灵可湿性粉剂500倍液、40%达科宁悬浮剂700倍液。或者在发病前,每隔7～10 d喷一次1:1:100的波尔多液或50%二硝散可湿性粉剂的200～300倍液进行轮换喷洒,有较好的防病效果。

# 5.13.10　米仁黑穗病

米仁是一种粮药禾本科作物,株高1～2 m,茎直立粗壮,有10～20节,节间中空,基部节上生根,叶互生。花期7～9月份,果期8～10月份,属高产药材,一般每667 m² 产量为300～500 kg。米仁喜温和潮湿气候,忌高温闷热、干旱,不耐寒。米仁黑穗病又名黑粉病,药农叫"乌米仁"。浙江省绍兴地区局部受此病为害,缙云、瑞安、慈溪等县也有零星发生。

(1)症状　黑穗病症状出现较晚,一般在抽穗以后,才在被害株的不同部位出现不同症状。

1)穗部　有时全穗或部分小穗受害。被害种子变形,细长或球形扁球形,有的肿大,种壳呈灰色或灰白色,病瘿内充满黑褐色粉末,这就是病原菌的厚垣孢子。有时种子局部受害,隆起处也充满黑粉。

2)叶部　病叶较小,局部隆起呈紫红色的瘤状体或小褐疮,后期也充满黑粉。

3)茎部　茎部受害后粗肿或隆起,后期也形成黑粉,但茎部发病较为少见。

(2)病原　*Ustilago coicis* Bref. 厚垣孢子球形或椭圆形,直径6.4～9.6 μm,壁厚,表面有刺(图5-13-9)。

1)不同温度和营养液对病菌孢子萌发率的影响

把几种不同的营养液,滴入双凹面玻片上,再用接种环蘸取孢子粉,置于不同营养液中,然后将

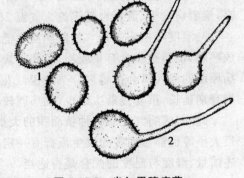

**图 5-13-9　米仁黑穗病菌**
1.厚垣孢子　2.厚垣孢子发芽

凹面玻片置于不同温度的定温箱中,48 h 后镜检每视野孢子总数与萌发数,每处理重复 2~3 次。

2)未经休眠的厚垣孢子的萌发　在早晨把被露水淋湿了的病穗采下,挑取其上的孢子置显微镜下进行检查,可发现已有部分孢子萌发,这表明黑穗病菌的厚垣孢子不需经休眠期,一般只要满足水分要求即可萌发。

(3)侵染循环　黑穗病菌的厚垣孢子,常附着在种子表面或者在土壤中过冬。米仁下种后,厚垣孢子遇到适宜的温湿度就发芽,侵入米仁种芽,以后菌丝随着植株生长而到穗部,破坏组织,变成黑穗,里面充满了黑褐色粉末,表皮破裂,散出黑粉,由风传播扩大侵染蔓延到其他植株上或落入土中,引起翌年发病。

(4)影响发病的因素　温、湿度对黑穗病发生有较大的影响,尤其在温度条件满足的情况下,水湿条件一达到,厚垣孢子即可萌发、侵入,引起发病。

(5)防治方法　根据黑穗病以上的发生特点,防治本病主要可采取以下几项措施。

1)种子处理　①温水浸种。在 60℃ 温水中浸种 30 min,或采用变温浸种法即用 4 倍于种子的水量,起温为 70℃ 浸种 4 h,在此过程中,温度逐渐冷却下来。②沸水烫种。将米仁种子置篾箕内,一次 2.5 kg 左右,放入沸水中 5~8 s,即迅速取出,摊晾后播种,既可杀死病菌又有催芽作用。③人尿浸种。用与米仁种子同等重量的鲜人尿浸种 3 h。④药剂消毒。用 1:1:100 的波尔多液浸种 24~72 h,或用 75% 五氯硝基苯 0.5 kg 拌 100 kg 米仁种子,或用种子重量的 0.4% 的粉锈宁或多菌灵于播种前 3 h 拌种,不仅可防治黑穗病菌,而且促使种子发芽,长势好。

2)轮作　实行 3 年以上的轮作。

3)消灭病株　生长期进行田间检查,如发现叶片有紫红色瘤状体的病株,即及时拔除,一般应在抽穗之前每隔 10~15 d 拔除一次,并烧毁病株。

4)加强田间管理　适时追肥:花期用 2% 过磷酸钙液进行根外追肥。中耕除草:苗高 5~10 cm 时进行浅锄草,苗高 20 cm 时进行第 2 次除草,苗高 30 cm 时,结合施肥、培土进行第 3 次除草。

## 5.13.11　荆芥茎枯病

茎枯病是荆芥的重要病害,前几年在浙江省萧山县荆芥茎枯病严重发生,影响了荆芥生产的发展。

(1)症状　茎枯病为害荆芥地上各部,因茎部受害损失最大,故称茎枯病。受害茎部初呈水浸状褐色病斑,后迅速向上、下部扩大,在初期绿色茎上可明显地出现一段褐色茎枯,病部不凹陷。当茎的一段被害后,病部以上枝叶萎蔫,渐枯黄,最后干枯而死。叶柄被害后,呈水浸状,病斑没有明显边界;叶片上病斑大多始于叶尖或叶缘,发病后似开水烫过一样,气候潮湿时,叶片互相搭在一起,成褐色腐烂。抽穗后穗部受害的,呈黄褐色,以后不能开花,但植株不死。在发病过程中,先出现发病中心,随后迅速蔓延。植株前期发病始于 5 月下旬,此时如果气候条件适宜,则茎、叶均可受害,植株倒伏腐烂,且可看到其上布有白色棉絮状的菌丝体。

(2)病原　*Fusarium graminearum* Schwabe 禾谷镰孢;*Fusarium equiseti* (Cda.) Sacc. 木贼镰孢;*Fusarium semitectum* Berk. et Rav.。

(3)侵染循环　据俞永信 1976 年报道,荆芥茎枯病的初次侵染来源主要是病残组织。此病的发生在萧山地区始见于 5 月下旬。潜伏期为 3 d 左右。

(4)影响发病的因素

1)气候与发病关系　荆芥茎枯病的发生发展与气象因素有密切关系,其中气温和雨量(湿度)影响最大。如 1972 年 5～7 月份雨水少,发病轻,荆芥产量高,萧山县全县平均 667 m² 产为 115 kg;1973 年 5 月份雨日 21 d,雨量为 308.00 mm,6 月份雨日 17 d,雨量为 312.50 mm,7 月份雨日 13 d,导致茎枯病大发生,全县平均 667 m² 产只有 30 kg。又据俞永信等 1973—1975 年大田观察,日平均温度 20℃ 以上,相对湿度 80% 以上,茎枯病开始发生;气温 25℃ 左右,相对湿度 100%,持续 3～6 d,就出现发病高峰。

2)土壤与发病关系　土壤黏性过重,排水不畅,有利于此病的发生;土壤贫瘠,碱性过重,表土板结,不利于荆芥生长,发病也重,幼苗容易死亡。

3)肥料与发病关系　氮肥施用过多,引起植株抗病力减弱,病害加重;施用过磷酸钙、草木灰、焦泥灰等肥料,可减轻此病发生且提高产量。

4)播种期及播种方式与发病关系　一般在 4 月下旬播种较为适期,如推迟播种则影响荆芥产量,且病害仍然严重。连作地块病害发生较重。播种方式上以采用条播(6 寸播幅,幅距 4 寸)为宜,对荆芥生长良好,病害较轻。

(5)防治方法

1)实行轮作　一般可采取与水稻等禾本科作物实行 3～5 年轮作。

2)土壤　选用疏松、肥沃、微酸性到微碱性和排水良好的土壤,麦茬地种植采用施足基肥,巧施苗肥,配施磷、钾肥的施肥方法,使芥苗生长健壮。

3)播种　荆芥必须适时早播,一般以 4 月下旬为好,不宜过迟。采取撒播的,可适当减少播种量。对于播幅 6 寸,幅距 4 寸的播种方式,可以继续试行,并注意提高播种质量,播后镇压、盖种,以争取早出苗。

4)药剂防治　在发病初期可喷洒 50% 代森锰锌 600 倍液、50% 多菌灵 500 倍液或 1:1:200 波尔多液各 1 次,间隔 7～10 d。

## 5.13.12　颠茄青枯病

颠茄青枯病是威胁颠茄生产的重要病害,据药农估计,每年受此病为害产量损失 30%～40% 以上。据 1962 年杭州、富阳两地调查,青枯病一般造成损失为 10%,严重的在 92% 以上,是历年引起颠茄减产的重要原因。

(1)症状　起初植株顶端幼嫩组织,中午凋萎;傍晚和早晨似能恢复"正常"。随后在颠茄生长盛期,植株或个别侧枝萎蔫,枝叶显著下垂,除基部几片黄叶外,其余叶面仍保持绿色,最后导致死亡。拔起颠茄病株将根茎纵切,可清楚地看到维管束呈黑褐色条斑。用手挤压其病部,有污白色汁液流出,但无特殊气味。

(2)病原　*Pseudomonas solanacearum* Smith。病原细菌短杆状,两端圆形,生有鞭毛,能游动,革兰氏染色阴性反应(图 5-13-10)。

(3)侵染循环　病原细菌在患病植株残体上越冬,其中大多在土壤中越冬,翌年再从寄主伤口侵入,引起发病。随雨水而广泛传播。

（4）影响发病的因素

1）气候与发病关系　高温低湿条件下发病严重。

2）肥料与发病关系　①基肥种类。在肥力及田间管理一致的情况下，分别用牛栏肥、猪栏肥、饼肥（茶饼）加焦泥灰作基肥使用，据 1962 年、1963 年两年试验结果，基肥以施牛栏肥的发病较重，施猪栏肥的次之，施饼肥加焦泥灰的发病较轻。②追肥与发病关系。在基肥一致用牛栏肥的条件下，定植后至返青成活均追施人粪，以后再分别追施人粪、饼肥（茶饼发酵 12 d）和肥田粉。追肥次数和时期均相同。两年试验证明，追肥用人粪发病较重，饼肥次之，硫酸铵（水液）较轻。这与有关文献报道及药农反映的情况，即增施氮肥可减轻青枯病的发生相一致。

图 5-13-10　颠茄青枯病菌

3）地势与发病关系　据调查，一般坡地（5°）发病轻，低洼地发病重，这主要是低洼地渗水通气性较差，易积水受涝，植株根系生长不良，抗病力减弱，有利于病菌侵染所致。

4）移栽时期与发病关系　早移栽的一般根系发达，植株生长旺盛，分枝多且高度大，对病害抵抗力强，并在病菌尚未加剧活动前，颠茄已可收获，故可避免危害；晚移栽的因根系不很发达，植株生长不良，分枝少且矮小，有利于病菌侵染，而遭致死亡。

5）移栽幼苗带土块情况与发病关系　不带土块移栽后，病株率较高。可能是带土移栽后，成活快、生长好，根系发达，抗病力增强；不带土块的定植后，因根系大量受伤，缓苗期长，植株生长不好，有利于病原细菌侵染所致。

（5）防治方法

1）建立无病苗床　选用无病苗床基地，采用竹林土、防风林土等作床土并经 1∶50 的福尔马林消毒处理。但在处理前应掘松苗床土壤，处理后用稻草覆盖 24 h，使挥发的药剂向土内渗透，不致很快散掉。处理后经 2 周才可种植，以防药害。

2）轮作　有计划地轮作，能有效降低土壤含菌量，减轻病害发生。颠茄种植后，需隔 4～5 年，并避免和甘薯、芝麻、花生以及其他茄科作物轮作。

3）提早育苗移栽　青枯病一般在 7 月以前发生，因此要做到提早育苗带土移栽，以促使早发早长，提前在发病之前收获。

4）施用净肥　基肥一般用饼肥和焦泥灰为好，追肥用硫酸铵为好，但也要因地制宜地采用。

5）加强田间管理　中耕时注意不使颠茄根部受损，以免病菌侵染。及时防治蝼蛄等地下害虫，可减轻病害发生。

6）药剂防治　除在育苗时进行土壤消毒外，可在本田生长前期施用石灰，每 667 m² 施 250 kg。应根据发病轻重的情况，掌握石灰用量。

# 5.13.13　三七炭疽病

三七炭疽病在新、老产区分布较普遍，为害严重，一年四季三七的整个生长期中，地上部均能发病,对其生长发育影响很大,成为三七生产上突出的问题之一。

(1)症状 苗期、成株期均可发病,苗期发病引起猝倒或顶枯。成株期发病主要为害叶、叶柄、茎及花果。叶片最初生褐色小病斑,圆形或近圆形,后逐渐扩大,边缘深褐色,病斑中央呈透明状坏死,后期干燥时病部易破裂穿孔。叶柄和茎被害后出现黄色病斑,逐渐扩大成梭形,中央下陷黄褐色,发展到最后,病部萎蔫干枯扭折,造成叶柄盘曲或茎部扭曲,上部茎叶枯死。茎和根茎连接处先出现黄褐色病斑,扩大后颜色变深,褐色或黑色,根茎腐烂。没有烂的为翌年烂根茎的发病来源。果实受害后,初为淡褐色病斑,扩大后呈褐色病斑,其上生有小黑点(分生孢子盘)。

(2)病原 *Colletotrichum panacicola* Uyeda et Takimoto。分生孢子盘散生或聚生,初埋生,后突破表皮,黑褐色;刚毛分散于分生孢子盘中,数量极少,暗褐色,顶端色淡,正直至弯曲,基部稍大、顶端较尖,1~3 个隔膜,大小为(32~118)$\mu$m×(4~6)$\mu$m;分生孢子梗圆柱形,无色,单胞,大小为(16~23)$\mu$m×(4~5)$\mu$m;分生孢子圆柱形,无色单胞,正直,二端较圆或一端钝圆,大小为(8~18)$\mu$m×(3~5)$\mu$m(图5-13-11)。

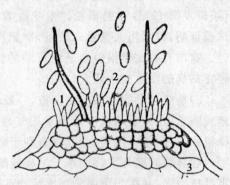

图 5-13-11 三七炭疽病菌
1.刚毛 2.分生孢子 3.分生孢子盘

(3)侵染循环 病原菌在被害植株上越冬,病株枯叶为翌年的初次侵染源。果实、子条(一年生根)和根茎带菌是新区三七发生炭疽病的主要来源。在云南,此病一般于 4~5 月份发生,在浙江一般于 6 月份开始发病,7~8 月份发生特别严重,9~10 月份天气转冷后逐渐减轻。

(4)影响发病的因素 据浙江省平阳亚热带作物研究所观察,三七炭疽病的发生发展与下列各因素有关,现分述如下。

1)气候与发病关系 据 1973 年观察,气温在 20℃以上,相对湿度在 80%以上时就可发生炭疽病。

2)老病株与发病关系 一般老病株上的子条带菌率越高,发病越重;因病菌在老病株上能产生大量分生孢子,并随风雨向四周扩散传播。

3)荫蔽度与发病关系 三七栽培园透光度大的,发病率高;透光度适中、四周有树林、棚内温度较低而凉爽的三七园,发病较轻。

(5)防治方法

1)种子处理可用 40%福尔马林 100~150 倍溶液浸 10 min 后取出,用清水洗净晾干播种。脱去软果皮后,用 0.5%~1.5%的 75%甲基托布津或 70%甲基硫菌灵可湿性粉剂拌种。也可用 75%甲基托布津 400 倍液与 45%代森锌可湿性粉剂 200 倍液按 1∶1 混合后浸种 2 h,防效优异。

2)子条选无病的,并用 1∶1∶300(0.5 kg 硫酸铜,0.5 kg 石灰,150 kg 水配制成)波尔多液浸 5 min 后移栽。

3)冬季清除三七园内外杂草和枯枝落叶,及时烧毁病残体或沤肥。在畦面喷 1∶2∶150石灰倍量式波尔多液。

4)及时调补天棚或使用遮阳网控制透光度,使园内透光度适中,以保持凉爽的小气候。雨后打开园门,促进通风,降低湿度。三七幼苗期荫棚的透光度调节到17%～25%为宜,2～4年生以20%～35%为宜,每年早春或秋末透光度可略高些。

5)生长期保持园内清洁,扫净落叶,剪除病枝枯叶,施用草木灰1～2次,促使三七健康生长,以增强抗病力。

6)在3月下旬开始喷65%代森锌500倍液,或代森铵800～1000倍液,每隔7～10 d 1次,连续喷2～3次;也可喷洒50%退菌特500倍液,每隔5～7 d 1次,连续喷2～3次,均可减轻危害。在出苗期或雨前雨后及时喷洒45%代森锌可湿性粉剂400倍液或75%甲基托布津可湿性粉剂1000倍液、50%多菌灵可湿性粉剂800～1000倍液、25%炭特灵可湿性粉剂500倍液、25%苯菌灵乳油900倍液。

# 参 考 文 献

[1] 薛金国,等.园林植物病害诊断与防治[M].北京:中国农业大学出版社,2009.

[2] 薛金国,等.植物病害防治原理与实践[M].郑州:中原农民出版社,2007.

[3] 中国农科院作物品种资源研究所.农作物病虫害.中国作物种植信息网(http://icgr.caas.net.cn/disease/default.html),2002.

[4] 薛金国,等.鳞茎鲜切花之王——百合[M].郑州:中原农民出版社,2006.

[5] 王春梅.草坪建植与养护[M].长春:延边大学出版社,2002.

[6] 陈延熙.植物病害的发生和防治[M].北京:农业出版社,1981.

[7] 华南农学院,河北农业大学.植物病理学[M].北京:农业出版社,1980.

[8] 浙江大学.农业植物病理学[M].上海:上海科学技术出版社,1980.

[9] 张俊楼,等.北方林果树病虫害防治手册[M].上海:科学技术文献出版社,1987.

[10] 陈凤英,吴宝荣.郁金香青霉腐烂病发生与防治[J].江西园艺,2003(3).

[11] 北京市林业局.北京果树栽培技术手册[M].北京:北京出版社,1982.

[12] 周仲铭,等.林木病理学[M].北京:中国林业出版社,1981.

[13] 柴立英,等.园艺作物保护学[M].北京:电子科技大学出版社,1999.

[14] 曾士迈,等.植物病害流行学[M].北京:农业出版社,1986.

[15] 江苏农学院植物保护系.植物病害诊断[M].北京:农业出版社,1978.

[16] 刘正南,等.东北树木病害菌类图志[M].北京:科学出版社,1981.

[17] 肖悦岩,等.植物病害流行与预测[M].北京:中国农业大学出版社,2005.

[18] 魏景超.真菌鉴定手册[M].上海:上海科学技术出版社,1979.

[19] 戴芳澜.中国真菌总汇[M].北京:科学出版社,1979.

[20] 李尉民.有害生物风险分析[M].北京:中国农业出版社,2003.

[21] 许志刚.普通植物病理学[M].3版.北京:中国农业出版社,2003.

[22] 李振歧,等.中国小麦锈病[M].北京:中国农业出版社,2002.

[23] 邓叔群.中国的真菌[M].北京:科学出版社,1963.

[24] 戴芳阑,等.中国经济植物病原目录[M].北京:科学出版社,1958.

[25] 张际中,等.落叶松早期落叶病的初步研究[M].北京:科学出版社,1965.

[26] 戚佩坤,等.吉林省栽培植物真菌病害志.北京:科学出版社,1966.

[27] 曾士迈.宏观植物病理学[M].北京:中国农业出版社,2005.

[28] 中国科学院微生物研究所,等.真菌名词及名称[M].北京:科学出版社,1976.

[29] 中国科学院植物研究所,等.拉汉种子植物名称[M].北京:科学出版社,1974.

[30] 百科名片.http://baike.baidu.com/view/6949.htm.

[31] 张传清,等.稻瘟病菌对三环唑的敏感性检测技术与抗药性风险评估[J].中国水稻学,2005,19(1).

[32] 周明国,等.杀菌剂抗性研究进展[J].南京农业大学学报,1994,17(3).

［33］景友三,等.松苗立枯病的研究[J].植物保护学报,1963,2(2).

［34］王美琴,等.番茄叶霉病菌对多菌灵、乙霉威及代森锰锌抗性检测[J].农药学学报,2003,5(4).

［35］纪明山,等.生物农药研究与应用现状及发展前景[J].沈阳农业大学学报,2006,37(4).

［36］袁善奎,等.玉蜀黍赤霉(Gibberel lazeae)对多菌灵的抗药性遗传研究[J].遗传学报,2003,30(5).

［37］张际中,等.桃树心腐病的初步调查与研究[J].植病知识,1959(7).

［38］向玉英,等.杨树水泡型溃疡病病原菌鉴定[J].微生物学报,1979,19(1).

［39］葛广儒,等.毛白杨锈病发生发展规律及其病原菌形态的观察[J].林业科学,1964(3).

［40］王蓓,等.香石竹斑驳病毒三种脱毒方法比较[J].病毒学报,1990(4).

［41］于天颖,等.葡萄贮藏期病害及保鲜技术研究进展[J].北方果树,2005(3).

［42］黄作喜,等.百合商品种球冷贮关键技术研究[J].北方园艺,2004(6).

［43］尚巧霞,等.百合鳞茎腐烂病病原菌分离鉴定[J].北京农学院学报,2005(1).

［44］洪波.百合花卉的研究综述[J].东北林业大学学报,2000(2).